TRAITÉ PRATIQUE

DES

CONSTRUCTIONS MÉTALLIQUES

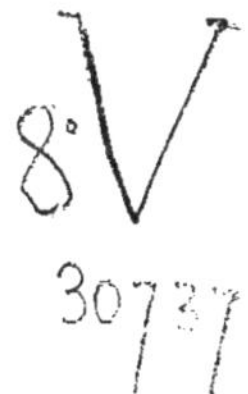

TRAITÉ PRATIQUE

DES

CONSTRUCTIONS MÉTALLIQUES

OUVRAGE FAISANT CONNAITRE PAR DES FORMULES TRÈS SIMPLES
LES SECTIONS, LES PROPORTIONS ET LE POIDS DES CONSTRUCTIONS MÉTALLIQUES
ET FACILITANT L'ÉLABORATION DES PROJETS
ET LA RÉDACTION DES NOTES DE CALCULS ET DES MÉTRÉS.

PAR

LÉON COSYN

Chef de section aux Chemins de fer de l'État belge.

PARIS

LIBRAIRIE POLYTECHNIQUE, CH. BÉRANGER, ÉDITEUR
SUCCESSEUR DE BAUDRY ET Cie
15, RUE DES SAINTS-PÈRES, 15
MÊME MAISON A LIÉGE, 21, RUE DE LA RÉGENCE

1904

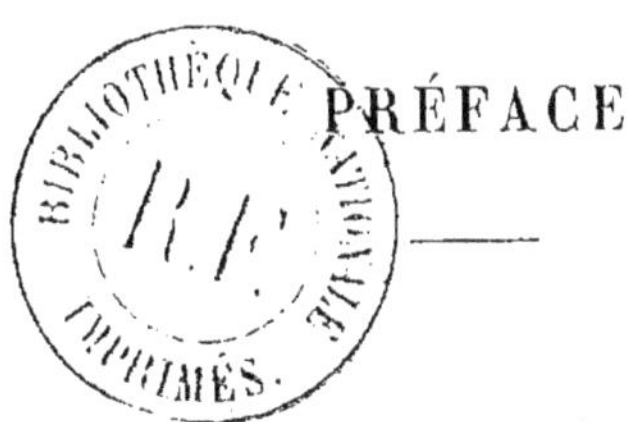

PRÉFACE

Ce livre s'adresse aux personnes qui s'occupent de l'étude ou de la construction d'ouvrages métalliques.

Rechercher des formules pratiques permettant de déterminer, au moyen d'opérations arithmétiques à la portée de tous, les sections, les proportions et le poids des constructions métalliques, tel est le but que nous nous sommes proposé.

Les formules que nous publions, au nombre de 260, apportent aux calculs et aux études des simplifications importantes.

Elles font connaître l'intensité du poids mort et les proportions généralement adoptées, ou les proportions exactes au point de vue théorique, en évitant les recherches et les calculs préliminaires que nécessitent les procédés habituels.

Elles permettent la détermination des sections sans recourir à aucun principe de résistance des matériaux pour les pièces aboutées et les poutres à âme pleine, et elles simplifient le calcul des poutres en treillis, des fermes, des arcs à trois rotules et des rivures.

Les formules relatives au poids des parties métalliques sont aussi d'une application utile pour l'estimation comparative d'avant-projets et pour l'établissement de devis définitifs. Elles font connaître ce poids sans nécessiter la rédaction de notes de calculs, ni l'élaboration de plans ou de métrés.

En outre, nous proposons des formules simplifiées pour la détermination des moments d'inertie et de résistance et de la flèche des poutres fléchies. Nous avons également été conduit à rechercher les proportions les plus économiques de certains organes et les charges unitaires de même action que les surcharges réelles des ponts et des charpentes.

Les formules, établies théoriquement, ont nécessité le calcul de 4300 coefficients numériques, abstraction faite de 4 200 nombres renseignés aux dernières parties. Elles laissent une approximation bien suffisante pour les besoins de la pratique.

Enfin, nous intercalons dans le texte des dessins d'ouvrages métalliques et nous rappelons les principaux éléments de la résistance des matériaux et de la statique graphique, ainsi que divers renseignements dont on pourra se servir très utilement au cours de l'élaboration des notes de calculs et des métrés.

L'ouvrage est du même genre que notre étude précédente sur la résistance des voûtes. Nous le publions avec l'espoir que sa forme pratique le fera apprécier de tous ceux qui s'occupent de constructions métalliques.

Juin 1904.

ABRÉVIATIONS

I. — Signes abréviatifs.

n° = numero.	fig. = figure.	cos = cosinus.
v. n° = voir numéro d'alinéa.	v. fig. = voir figure.	tg = tangente.
	sin = sinus.	cot = cotangente.

II. — Mesures.

m. = mètre.	kg. = kilogramme.
cm. = centimètre.	km. = kilogramomètre (unité de moments).
mm. = millimètre.	

III. — Lettres grecques employées dans l'ouvrage.

α alpha.	ε epsilon.	π pi
β bêta.	θ thêta.	Ψ psi
γ gamma.	λ lambda.	Ω ω oméga
δ delta.	μ mu.	

IV. — Principales notations.

Longueurs :

L : distance d'axe en axe des appuis;
h : hauteur d'une poutre ou hauteur d'une pièce aboutée;
l : ordinairement, largeur d'une pièce aboutée;
H : ordinairement, longueur de sinuosité d'une pièce aboutée;
e : épaisseur des âmes;
l, b et λ : distance d'axe en axe de poutres;

Rapports :

m : rapport de la longueur à la hauteur d'une poutre (hauteur de l'âme pour une poutre à âme pleine et hauteur théorique pour une poutre en treillis);
n : rapport de la hauteur minimum à la hauteur maximum d'une poutre cintrée;
r : rapport de la hauteur de l'âme à la largeur utile des cornières;
π : rapport de la circonférence au diamètre;

Surfaces :

S et Ω : grandes sections transversales ;
s et ω : petites — — ;

Poids et forces :

p : poids total d'un ouvrage par unité de longueur (par unité de surface aux gitages et aux charpentes) ;
p_m : charge permanente par unité de longueur ;
p_r : — roulante — — ;
P : une charge totale ;
q : poids moyen de l'ossature métallique par unité de longueur ;
Q : poids total de l'ossature métallique ;
C : ordinairement, un effort de compression ;
T : — — traction ;

Modules :

E : coefficient d'élasticité ;
R : résistance de sécurité du métal à la flexion ou au genre d'effort considéré ;
R_s : — — — au cisaillement ;
R_c : — — — à la compression ;
R_t : — — — à la traction ;
δ : densité du métal ;

Moments :

M : moment fléchissant ;
I : — d'inertie ;
$\frac{I}{V}$: — résistant ;

Coefficients :

k : coefficient par lequel il faut multiplier le poids théorique d'une construction pour avoir son poids réel ;
X, f et N : coefficients intervenant aux calculs de résistance simplifiés ;
A, B, C, D, E, F, G, H, I, J, K et N : coefficients intervenant aux formules relatives au poids des constructions et
α, β, γ, ε et θ : coefficients de flambage (les 3 premières lettres désigneront aussi les angles des fermes).

TRAITÉ PRATIQUE

DES

CONSTRUCTIONS MÉTALLIQUES

PREMIÈRE PARTIE

ÉLÉMENTS DE RÉSISTANCE DES MATÉRIAUX ET DE STATIQUE GRAPHIQUE

CHAPITRE PREMIER

RÉSISTANCE DES MATÉRIAUX ET DES ORGANES ISOLÉS

A. — DÉFINITIONS

1. Section transversale. — On donne la dénomination de section transversale à une section droite d'un prisme rencontrant les bords longitudinaux sous des angles égaux et de sens contraire.

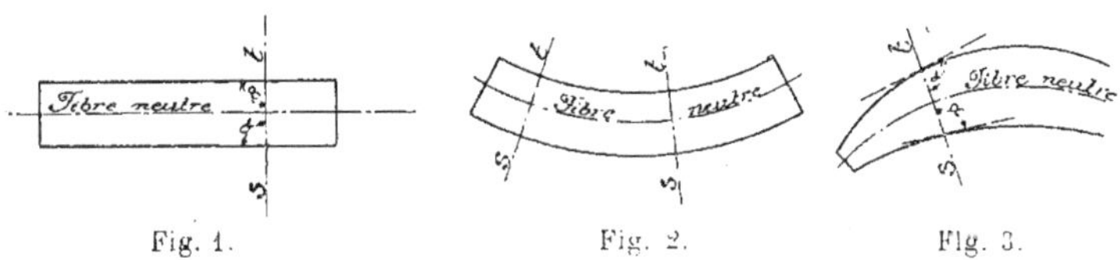

Fig. 1. Fig. 2. Fig. 3.

Les droites marquées *st* aux figures 1, 2 et 3 sont des sections transversales.

2. Fibre neutre. — La fibre neutre est la ligne formée par les centres de gravité des sections transversales; on l'appelle aussi *axe longitudinal* ou *fibre moyenne*.

3. Moment. — Le moment d'une force est le produit de cette force par son bras de levier par rapport à un point donné.

4. Moment d'inertie. — Le moment d'inertie d'une section transversale par rapport à un axe est la somme des produits tels que ωd^2 de tous les éléments de surface ω de cette section par le carré de leur distance d à cet axe. Ce moment se désigne par la notation I.

B. — FORMULES FONDAMENTALES DE LA RÉSISTANCE DES MATÉRIAUX

1° Prisme soumis a traction

5. — Se calcule par les deux relations ci-après :

$$T = R\Omega \qquad (I)$$

$$l = \frac{TH}{E\Omega}. \qquad (II)$$

Signification des notations :

T : effort de traction agissant suivant l'axe longitudinal ;

Ω : surface de la section transversale ;

R : taux de travail par unité de surface, au maximum la résistance de sécurité du métal ;

l : allongement du prisme sous l'action de l'effort ;

H : longueur du prisme ;

E : coefficient d'élasticité de la matière.

La formule (I) donne

$$\Omega = \frac{T}{R} \text{ et } R = \frac{T}{\Omega}.$$

Pour les valeurs de R et de E, v. n° 23.

2° Prisme soumis a compression

6. — Le prisme a peu de longueur (*pièce courte* ou *bloc*).

$$P = R\Omega \qquad (III)$$

$$l' = \frac{PH}{E\Omega}. \qquad (IV)$$

La formule (III) donne

$$\Omega = \frac{P}{R} \text{ et } R = \frac{P}{\Omega}.$$

7. — Le prisme présente une certaine longueur (*pièce aboutée* ou *chargée debout*).

Dans ce cas, le prisme a une tendance à flamber et il y a lieu de le calculer par une des formules ci-après :

Formule d'Euler :

$$P = \pi^2 \frac{EI}{4H^2} \qquad (V)$$

Formule de Rankine :

$$P = \Omega \frac{R}{1 + K \frac{H^2 \Omega}{I}} \cdot \qquad (VI)$$

Signification des notations :

Ω, R et E : même signification que ci-dessus ;

P : charge que le prisme peut porter en toute sécurité suivant l'axe longitudinal ;

π : rapport de la circonférence au diamètre ;

H : distance entre articulations ou entre points d'inflexion (v. n° 37) ;

I : moment d'inertie de la section pris dans le sens le plus défavorable ;

l' : raccourcissement du prisme sous l'action de l'effort ;

K : coefficient numérique que l'on fait généralement égal à 0,0001 avec le fer, l'acier et la fonte et égal à 0,00016 avec le bois.

Avec la formule d'Euler, P sera au maximum égal à $R\Omega$.

Pour les pièces sujettes à flamber, on admet encore que le raccourcissement est donné par la formule (IV).

La formule de Rankine peut aussi s'écrire sous la forme ci-après :

$$R = \frac{P}{\Omega} \left(1 + K \frac{H^2 \Omega}{I}\right)$$

relation qui renseigne le taux de travail lorsque la charge et la section sont connues.

3° Prisme soumis a flexion

8. — Considérons le prisme AB de la figure 4 appuyé à ses deux extrémités et soumis à l'action des charges p_1, p_2, p_3 et p_4

dont la ligne d'action est normale à la fibre neutre et dont les bras de levier par rapport au point B sont respectivement λ_1, λ_2, λ_3 et λ_4. Les appuis donnent naissance aux réactions R_g et R_d agissant respectivement en A et en B.

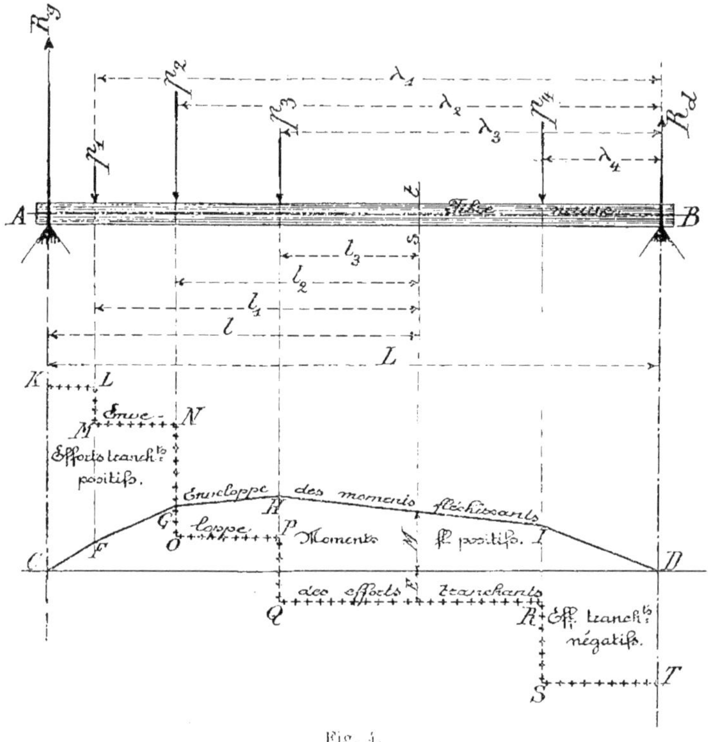

Fig. 4.

L'intensité des réactions est donnée par les deux relations suivantes, L étant la distance d'axe en axe des appuis :

$$R_g = \frac{p_1\lambda_1 + p_2\lambda_2 + p_3\lambda_3 + p_4\lambda_4}{L} \qquad \text{(VII)}$$

$$R_d = p_1 + p_2 + p_3 + p_4 - R_g. \qquad \text{(VIII)}$$

Déterminons le travail moléculaire dans la section marquée *st* à la figure précitée. A la gauche de cette section, agissent la réaction R_g et les charges p_1, p_2 et p_3 dont les bras de levier par rapport à *st* sont respectivement l, l_1, l_2 et l_3.

La section *st* est soumise à une action infléchissante et à un effort de tranchage.

On a, pour l'action infléchissante :

$$M = R_g l - (p_1 l_1 + p_2 l_2 + p_3 l_3) \quad \text{(IX)}$$

et

$$R = \frac{M}{\frac{I}{V}} \cdot \quad \text{(X)}$$

M est le *moment fléchissant*. Il est égal, suivant ce que montre la relation (IX), à la somme algébrique des moments des efforts sollicitant le prisme à la gauche de la section considérée, moments pris par rapport à cette section.

R est le taux de travail de la fibre la plus fatiguée, lequel doit être inférieur à la résistance de sécurité de la matière ;

I est le moment d'inertie de la section transversale par rapport à l'axe passant par son centre de gravité et tracé normalement au plan de flexion et

V est la distance de la fibre extrême à l'axe précité.

Le rapport $\frac{I}{V}$ se désigne sous le nom de *moment résistant*.

L'effort de tranchage, aussi appelé *effort tranchant*, s'obtient par la relation ci-après :

$$E = R_g - (p_1 + p_2 + p_3) \quad \text{(XI)}$$

c'est-à-dire qu'il est égal à la somme algébrique des efforts sollicitant le prisme à la gauche de la section considérée, les efforts agissant de bas en haut étant affectés du signe positif.

L'effort tranchant peut être positif ou négatif ; il est positif aux abords du point A et il devient négatif à une certaine distance de ce point. Le changement de signe se produit à la section milieu si le prisme est symétriquement chargé.

Le moment fléchissant prend son intensité maximum au point où l'effort tranchant change de signe ; cette situation se produit donc au milieu de la portée si le prisme est symétriquement chargé.

L'effort de tranchage se présente avec son intensité maximum au droit des appuis. On admet généralement qu'il est reporté intégralement et uniformément sur la section transversale de l'âme.

Si E est l'intensité de cet effort, Ω la section nette de l'âme et R_s la résistance du métal au cisaillement, il faut avoir :

$$R_s \Omega \geq E. \qquad \text{(XII)}$$

Pour la résistance au cisaillement, on prend les 4/5 de la résistance à la traction.

9. Enveloppe des moments fléchissants. — Supposons que l'on détermine l'intensité du moment fléchissant en un nombre suffisant de sections transversales et que l'on porte cette intensité en ordonnée à partir de la base CD (v. fig. 4) en se donnant une certaine échelle pour cette représentation graphique. On obtient ainsi la ligne brisée CFGHID qui est l'enveloppe des moments fléchissants. Cette enveloppe est un arc de parabole si la charge est uniformément répartie sur toute la longueur du prisme ; son ordonnée maximum est dans ce cas $\frac{pL^2}{8}$, p étant la charge par unité de longueur.

10. Enveloppe des efforts tranchants. — La ligne brisée KLMNOPQRST est l'enveloppe des efforts tranchants, si les ordonnées par rapport à la base CD sont proportionnelles à ces efforts. Pour tracer cette enveloppe, il suffit de prendre $CK = R_g$, $LM = p_1$, $NO = p_2$, etc., les lignes KL, MN, etc., étant parallèles à la base CD.

Avec une charge uniformément répartie p par unité de longueur, cette enveloppe est une ligne droite avec ordonnées maxima égales à $\frac{pL}{2}$.

11. Théorème de l'effort tranchant. — *En chaque point d'une poutre soumise à des efforts dirigés perpendiculairement à son axe longitudinal, l'effort tranchant est donné, en grandeur et en signe, par la pente de la représentative vraie des moments fléchissants.*

12. Convention sur les signes.

Effort tranchant. — L'effort tranchant sera positif, si le tronçon de gauche tend à être soulevé par rapport à celui de droite ; il est négatif dans le cas contraire.

Moment fléchissant. — Un moment fléchissant sera positif lorsqu'il tend à comprimer les fibres supérieures ; il est négatif dans le cas contraire.

13. Remarque. — Aux applications numériques, les longueurs s'écrivent en m., cm. ou mm., et les forces en kg. ou tonnes. Les surfaces, les moments, les résistances et les coefficients d'élasticité doivent être rapportés à l'unité correspondante.

4° Cas usuels des poutres a deux appuis de niveau

14. — L désigne la portée théorique du prisme, lequel est supposé être à section constante pour les flèches et les pentes.

I. — Une charge concentrée P

Cette charge agit au milieu de la portée aux trois premiers cas et à l'extrémité libre au dernier cas.

GENRE DE POUTRE	MOMENT fléchissant maximum.	FLÈCHE maximum.	PENTE SUR APPUI		RÉACTION DE L'APPUI	
			de gauche.	de droite.	de gauche.	de droite.
2 appuis simples. . .	$\frac{1}{4}$ PL	$\frac{1}{48}\frac{PL^3}{EI}$	$\frac{1}{16}\frac{PL^2}{EI}$	$\frac{1}{16}\frac{PL^2}{EI}$	$\frac{1}{2}$ P	$\frac{1}{2}$ P
2 extrémités encastrées	$\frac{1}{8}$ PL	$\frac{1}{192}\frac{PL^3}{EI}$	0	0	$\frac{1}{2}$ P	$\frac{1}{2}$ P
Extrémité de gauche encastrée, extrémité de droite simplement appuyée . . .	$\frac{3}{16}$ PL	$\frac{7}{768}\frac{PL^3}{EI}$	0	$\frac{1}{32}\frac{PL^2}{EI}$	$\frac{11}{16}$ P	$\frac{5}{16}$ P
Extrémité de gauche encastrée, extrémité de droite libre et portant le poids P (corbeau)	— PL	$\frac{1}{3}\frac{PL^3}{EI}$	0	»	P	»

II. — Un poids total P uniformément réparti

GENRE DE POUTRE	MOMENT fléchissant maximum.	FLÈCHE maximum.	PENTE SUR APPUI		RÉACTION DE L'APPUI	
			de gauche.	de droite.	de gauche.	de droite.
2 appuis simples. . .	$\frac{1}{8}$ PL	$\frac{5}{384}\,\frac{PL^3}{EI}$	$\frac{1}{24}\,\frac{PL^2}{EI}$	$\frac{1}{24}\,\frac{PL^2}{EI}$	$\frac{1}{2}$ P	$\frac{1}{2}$ P
2 extrémités encastrées	$\frac{1}{12}$ PL	$\frac{1}{384}\,\frac{PL^3}{EI}$	0	0	$\frac{1}{2}$ P	$\frac{1}{2}$ P
Extrémité de gauche encastrée, extrémité de droite simplement appuyée.	$\frac{1}{8}$ PL	$\frac{1}{192}\,\frac{PL^3}{EI}$	0	$\frac{1}{48}\,\frac{PL^2}{EI}$	$\frac{5}{8}$ P	$\frac{3}{8}$ P
Extrémité de gauche encastrée, extrémité de droite libre (corbeau)	$-\frac{1}{2}$ PL	$\frac{1}{8}\,\frac{PL^3}{EI}$	0	»	P	»

5° Poutre continue soumise a flexion

15. — Équations de *Bertot* et *Clapeyron*.

Intensité des moments fléchissants sur appuis en ligne droite (v. fig. 5).

a) Charges P et P′ uniformément réparties :

$$Ml + 2M'(l + l') + M''l' + \frac{Pl^2 + P'l'^2}{4} = 0. \qquad \text{(XIII)}$$

b) Charges P et P′ concentrées au milieu :

$$Ml + 2M'(l + l') + M''l' + \frac{3\,(Pl^2 + P'l'^2)}{8} = 0. \qquad \text{(XIV)}$$

M, M′ et M″ désignent trois moments consécutifs sur pile ;
P et P′ sont les charges totales par travée ;
l et l' sont les longueurs des travées.

Ces équations font connaître les moments fléchissants sur piles ; elles seront écrites pour chacun des appuis au-dessus desquels le moment n'est pas nul, ce qui donnera autant d'équations du premier degré qu'il en faudra pour déterminer les moments sur piles. Ce théorème n'est rigoureusement exact que si la poutre est à section constante ; cependant, en pratique, il est souvent appliqué lorsque le prisme est à sections variables.

La figure 5 montre comment on obtient la représentative des moments fléchissants pour le cas de charges uniformément répar-

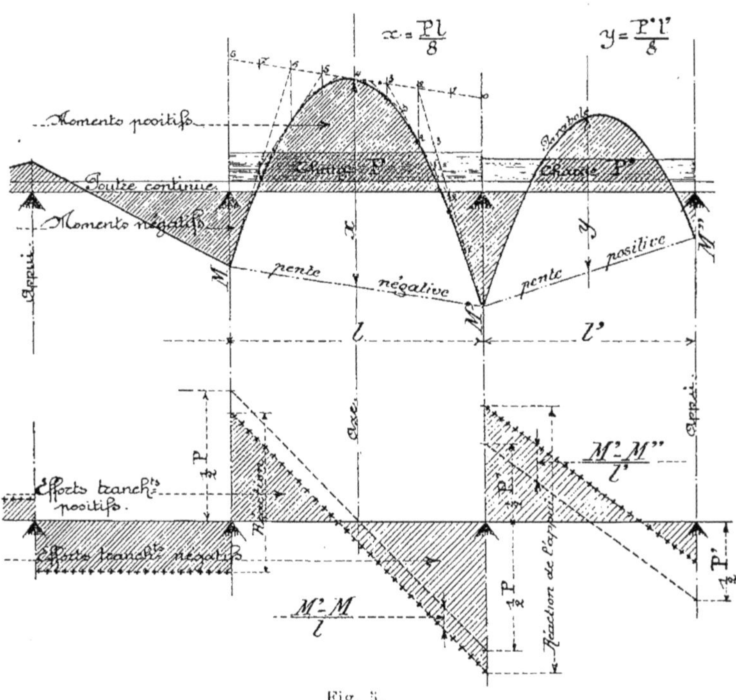

Fig. 5.

ties. Les moments seront généralement négatifs aux abords des piles et positifs vers le milieu des travées. Si les charges étaient concentrées au milieu des portées, les ordonnées marquées x et y à la figure précitée devraient être doublées et il y aurait lieu de substituer des droites aux arcs de parabole.

Pour connaître la représentative des efforts tranchants, on trace cette ligne dans l'hypothèse d'une poutre interrompue au droit des appuis. Les lignes ainsi obtenues sont ensuite remontées ou descendues d'une quantité égale à la pente vraie des droites MM', M'M'', formant l'enveloppe des moments sur piles ; elles sont remontées, si cette pente est positive et descendues dans le cas contraire. La réaction d'une pile est égale à la différence algébrique entre les efforts tranchants arrière et avant de cette pile.

6° Prisme soumis a torsion

16. — Le travail dans la fibre extrême est donné par la formule ci-après :

$$R_s = \frac{M'}{\frac{I'}{V'}} \qquad \text{(XV)}$$

relation dans laquelle

R_s est au maximum la résistance de sécurité au cisaillement ;

M' est le moment ou couple tordant maximum ;

I' est le moment d'inertie *polaire* de la section transversale et

V' est la distance de la fibre extrême à l'axe de torsion.

Valeurs de $\frac{I'}{V'}$:

Cercle plein de diamètre D :

$$\frac{\pi D^3}{16}.$$

Couronne circulaire avec D et d comme diamètres :

$$\frac{\pi (D^4 - d^4)}{16 D}.$$

Carré de côté b :

$$\frac{b^3}{3\sqrt{2}} = \frac{b^3}{4{,}243}.$$

Hexagone avec D comme diamètre circonscrit :

$$0{,}1353\ D^3.$$

Octogone avec D comme diamètre circonscrit :

$$0{,}1595\ D^3.$$

Rectangle avec b et h comme côtés :

$$\frac{b^2 h^2}{3\sqrt{b^2 + h^2}}.$$

7° Transmission des pressions par surfaces planes

17. — Soient P l'intensité de la charge, d son bras de levier par rapport à l'axe longitudinal du prisme et Ω la surface de la

section transversale. Nous supposons que P agit suivant un axe de symétrie de cette section.

a) *Section transversale rectangulaire* (v. fig. 6.).

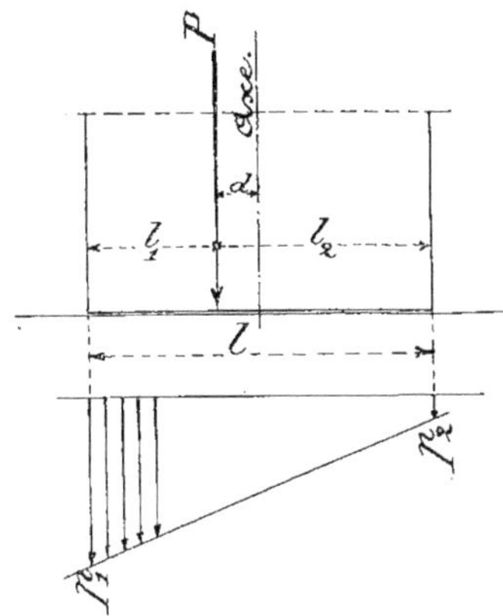

Fig 6.

$$p_1 = \frac{P}{\Omega} \frac{4l - 6l_1}{l} = \frac{P}{\Omega}\left(1 + \frac{6d}{l}\right) \qquad \text{(XVI)}$$

$$p_2 = \frac{P}{\Omega} \frac{4l - 6l_2}{l} = \frac{P}{\Omega}\left(1 - \frac{6d}{l}\right) \qquad \text{(XVII)}$$

b) *Surfaces quelconques* (v. fig. 7.).

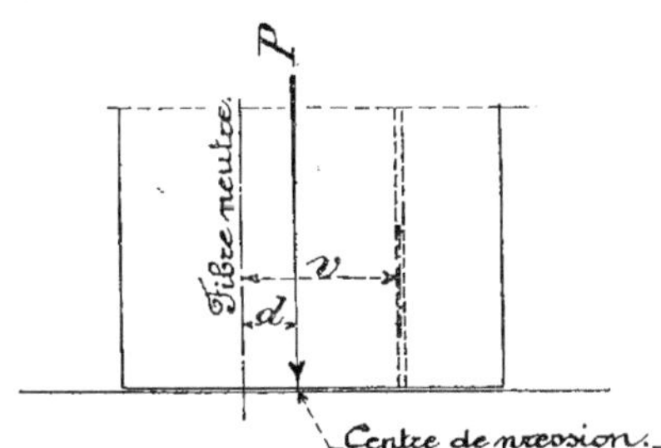

Fig. 7.

Le taux de travail pour une fibre située à une distance v de l'axe est égal à

$$\frac{P}{\Omega}\left(1 + \frac{d v \Omega}{I}\right), \qquad \text{(XVIII)}$$

si cette fibre et la ligne d'action de la charge se trouvent du même côté de l'axe, et ce taux est

$$\frac{P}{\Omega}\left(1 - \frac{d v \Omega}{I}\right) \qquad \text{(XIX)}$$

dans le cas contraire.

Ce dernier taux de travail sera nul si

$$\frac{d v \Omega}{I} = 1$$

c'est-à-dire si

$$d = \frac{I}{v \Omega}$$

relation qui détermine la largeur du *noyau central*, (c'est-à-dire de la zone dans laquelle doit se maintenir la ligne d'action de la charge pour éviter qu'aucune fibre ne travaille par extension), à condition de donner à v sa plus grande valeur.

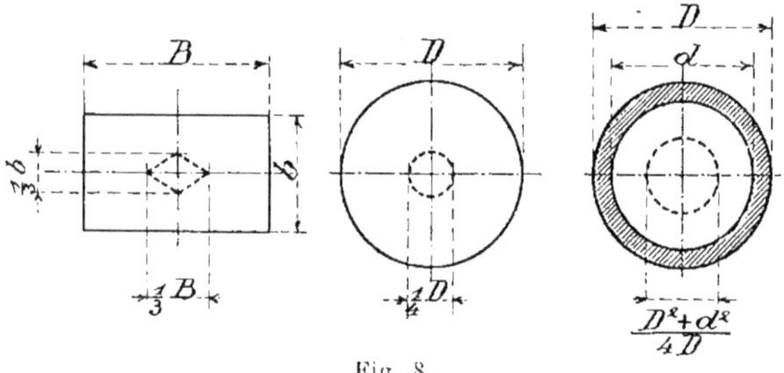

Fig. 8.

La figure 8 ci-dessus fait connaître la largeur du noyau central de quelques sections.

C. — CENTRE DE GRAVITÉ DES SECTIONS TRANSVERSALES

18. Principe. — *Si une surface présente un axe de symétrie ou simplement un diamètre, le centre de gravité se trouve sur cet axe ou sur ce diamètre ; si elle présente deux axes ou deux diamètres, le centre de gravité se trouve à l'intersection de ces axes ou de ces diamètres.*

En conséquence, les centres de gravité du rectangle et du parallélogramme se trouvent à l'intersection des diagonales. Celui du triangle est à la rencontre des médianes, c'est-à-dire au tiers d'une médiane à partir de la base. Celui du cercle est à son centre. Celui d'un polygone régulier est au centre du cercle inscrit ou circonscrit.

Nous donnons ci-après la position des centres de gravité d'autres figures géométriques (v. fig. 9).

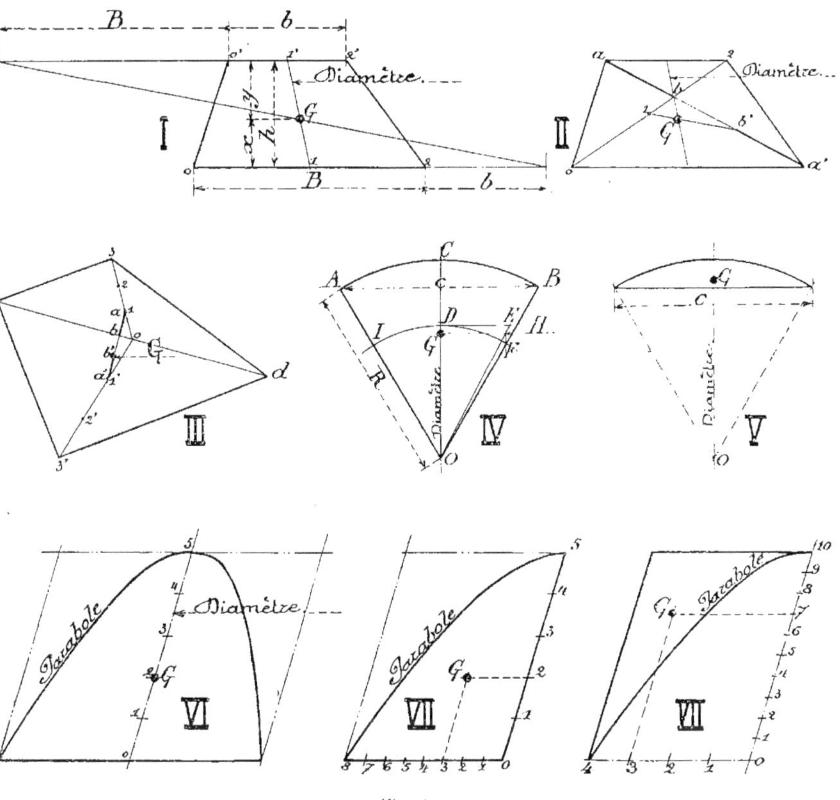

Fig. 9.

I. *Trapèze.* — Tracer le diamètre, c'est-à-dire la ligne passant par le milieu des bases parallèles; prolonger celles-ci comme il est indiqué à la figure 9-I et tracer l'oblique passant par l'extrémité des prolongements. Le centre de gravité G est à l'intersection du diamètre et de l'oblique. On a :

$$\frac{y}{x} = \frac{2B + b}{B + 2b} \quad \text{et} \quad x = \frac{h}{3}\,\frac{B + 2b}{B + b}. \qquad \text{(XX)}$$

II. *Trapèze.* — Autre méthode graphique. Tracer le diamètre et les deux diagonales; prendre en 1 le milieu de la diagonale 02; prendre $a'b' = ab$ et tracer l'oblique $1b'$. G est à l'intersection du diamètre et de cette oblique.

III. *Quadrilatère quelconque.* — Prendre en O le milieu de cd; marquer 1 et 1' respectivement au tiers de 03 et de 03'; prendre $a'b' = ab$. Le centre de gravité est en b'.

IV. *Secteur circulaire.* — Tracer l'arc de cercle IDF avec un rayon égal à $\frac{2}{3}$R; tracer DE tangent à cet arc en D et donner à cette droite une longueur égale à l'arc ID; tracer OE et FH, cette dernière droite parallèle au diamètre; faire passer en H une normale au diamètre. Le centre de gravité est au pied de cette perpendiculaire. On a :

$$OG = \frac{2}{3} R \cdot \frac{\text{corde } c}{\text{arc ACB}} \quad \text{(XXI)}$$

En appliquant cette formule au demi-cercle, on trouve :

$$OG = \frac{4R}{3\pi} . \quad \text{(XXII)}$$

V. *Segment de cercle.* — On a

$$OG = \frac{c^3}{12\,\Omega} \quad \text{(XXIII)}$$

Ω étant la surface du segment.

VI, VII et VIII. *Segments paraboliques.* — Les divisions indiquées sur les diamètres et les bases font connaître l'emplacement des centres de gravité.

IX. *Figure irrégulière.* — Si la figure est irrégulière, on la décompose en tranches très minces pouvant être assimilées à des rectangles dont on connaît le centre de gravité. On prend les moments de ces surfaces élémentaires par rapport à une base quelconque parallèle aux lignes de division. Le quotient de la somme de ces moments par la surface totale donne la distance du centre de gravité à la base considérée. En répétant les opérations par rapport à une deuxième base, de préférence normale à la première, on obtient l'emplacement du centre de gravité.

Mais dans les constructions métalliques, les sections transversales présentent généralement un axe de symétrie et il suffit de prendre les moments par rapport à une seule base normale à cet axe.

Ainsi pour la section en forme de simple T de la figure 9 *bis*, si ω_1, ω_2, ω_3 et ω_4 sont respectivement les surfaces des quatre rec-

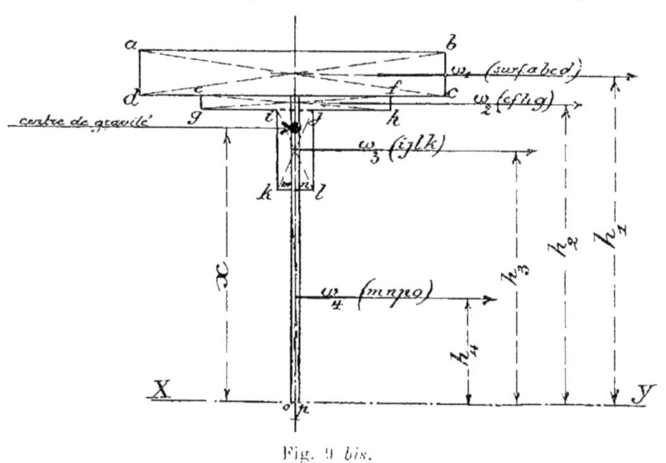

Fig. 9 *bis*.

tangles élémentaires, et h_1, h_2, h_3 et h_4 leurs bras de levier respectifs par rapport à la base XY, on a pour la distance x de cette base au centre de gravité de la section totale :

$$x = \frac{\omega_1 h_1 + \omega_2 h_2 + \omega_3 h_3 + \omega_4 h_4}{\omega_1 + \omega_2 + \omega_3 + \omega_4}. \qquad \text{(XXIV)}$$

D. — MOMENTS D'INERTIE I, DISTANCES V ET MOMENTS $\frac{I}{V}$

19. Théorème. — *Le moment d'inertie* I *d'une surface quelconque par rapport à un axe quelconque est égal à son moment d'inertie* i *par rapport à un second axe parallèle au premier et passant par son centre de gravité augmenté du produit* Ω d², Ω *étant la surface de la section et* d *la distance de son centre de gravité au premier axe.*

Ce qui se traduit par la relation suivante :

$$I = i + \Omega d^2. \qquad \text{(XXV)}$$

20. Corollaire. — Les moments d'inertie par rapport aux axes passant par le centre de gravité sont plus petits que ceux qui sont pris par rapport à d'autres axes qui leur sont parallèles.

21. Loi des variations des moments d'inertie.

Soient (v. fig. 10) :

OX et OY les axes principaux d'inertie, c'est-à-dire les axes donnant pour les moments d'inertie les valeurs maximum et minimum ;

I_x = le moment d'inertie par rapport à OX ;
I_y = — — OY ;
$I_{x'}$ = — — OX' faisant un angle α avec OX.

On a :

$$I_{x'} = I_x \cos^2 \alpha + I_y \sin^2 \alpha. \qquad \text{(XXVI)}$$

Aux sections ayant un axe de symétrie, si le point O est situé sur cet axe, cette ligne est un des axes principaux d'inertie.

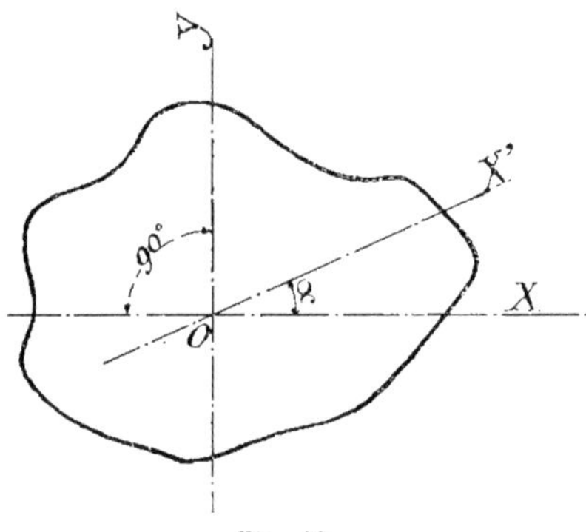

Fig. 10.

22. — Nous donnons ci-après la valeur du moment d'inertie I, de la distance V et du moment résistant $\frac{I}{V}$ pour certaines sections recevant application dans les constructions métalliques.

Aux figures 11 à 17, la droite portant la notation FN est considérée comme fibre neutre ; la notation g indique le centre de gravité.

1° *Carré* (v. fig. 11).

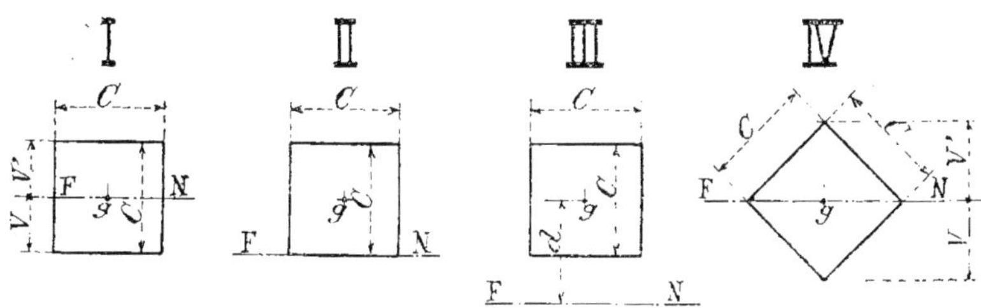

Fig. 11.

I. $I = \frac{C^4}{12}$ $V = V' = \frac{C}{2}$ $\frac{I}{V} = \frac{C^3}{6}$

II. $I = \frac{C^4}{3}$

III. $I = \frac{C^4}{12} + C^2 d^2$

IV. $I = \frac{C^4}{12}$ $V = V' = 0{,}707\,C$ $\frac{I}{V} = 0{,}118\,C^3$

2° *Rectangle* (v. fig. 12).

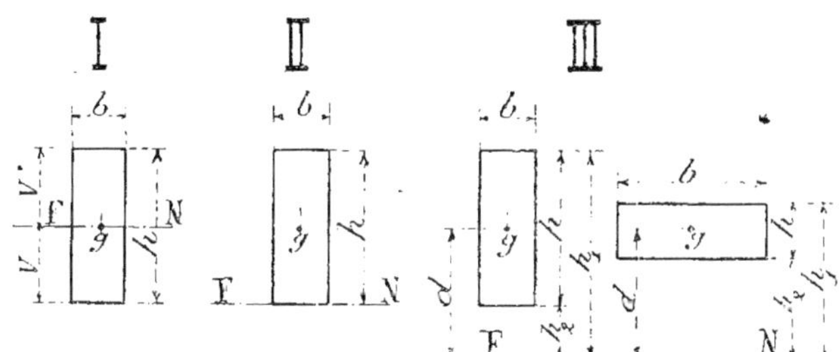

Fig. 12.

I. $I = \frac{1}{12} bh^3$ $V = V' = \frac{h}{2}$ $\frac{I}{V} = \frac{1}{6} bh^2$

II. $I = \frac{1}{3} bh^3$

III. $\begin{cases} I = \frac{1}{12} bh^3 + bhd^2 \\ I = \frac{1}{3} b (h_1^3 - h_2^3) \end{cases}$

3° *Cercle et demi-cercle* (v. fig. 13).

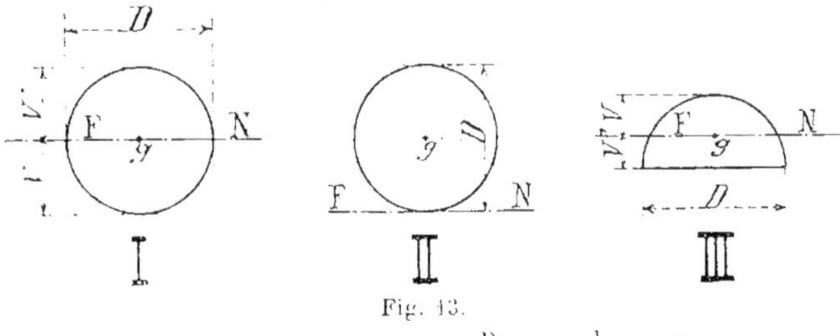

Fig. 13.

I. $I = \frac{\pi}{64} D^4 = 0{,}0491\ D^4 \quad V = V' = \frac{D}{2} \quad \frac{I}{V} = \frac{\pi}{32} D^3 = 0{,}0982\ D^3$

II. $I = \frac{5}{64} \pi D^4 = 0{,}2454\ D^4$

III. $I = 0{,}006875\ D^4 \quad \left\{ \begin{array}{l} V = 0{,}2878\ D \\ V' = 0{,}2122\ D \end{array} \right\} \quad \frac{I}{V} = 0{,}02375\ D^3$

4° *Triangle* (v. fig. 14).

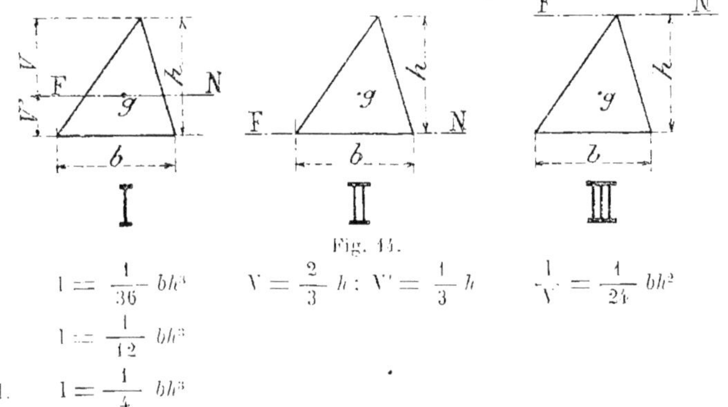

Fig. 14.

I. $I = \frac{1}{36} bh^3 \quad V = \frac{2}{3} h\ ;\ V' = \frac{1}{3} h \quad \frac{I}{V} = \frac{1}{24} bh^2$

II. $I = \frac{1}{12} bh^3$

III. $I = \frac{1}{4} bh^3$

5° *Hexagone* (v. fig. 15).

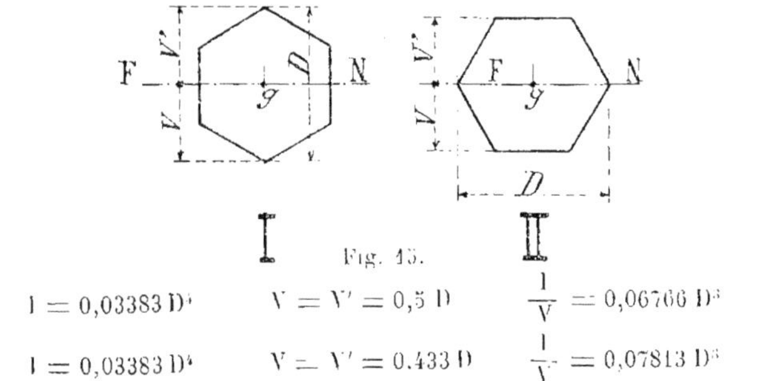

Fig. 15.

I. $I = 0{,}03383\ D^4 \quad V = V' = 0{,}5\ D \quad \frac{I}{V} = 0{,}06766\ D^3$

II. $I = 0{,}03383\ D^4 \quad V = V' = 0.433\ D \quad \frac{I}{V} = 0{,}07813\ D^3$

6° *Octogone* (v. fig. 16).

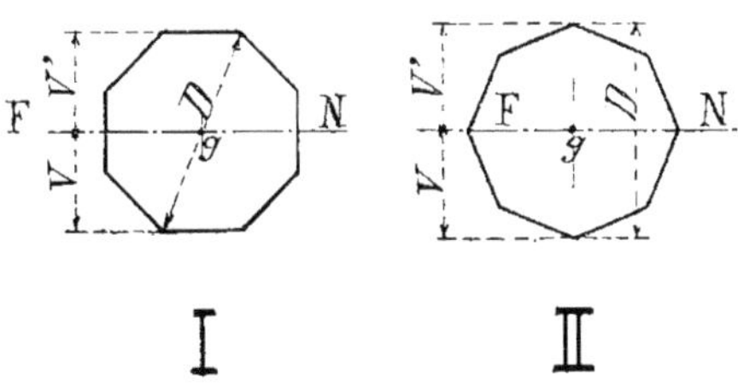

Fig. 16.

I. $I = 0{,}03988\ D^4$ $V = V' = 0{,}462\ D$ $\frac{I}{V} = 0{,}0863\ D^3$

II. $I = 0{,}03988\ D^4$ $V = V' = 0{,}5\ D$ $\frac{I}{V} = 0{,}0798\ D^3$

7° *Trapèze* (v. fig. 17).

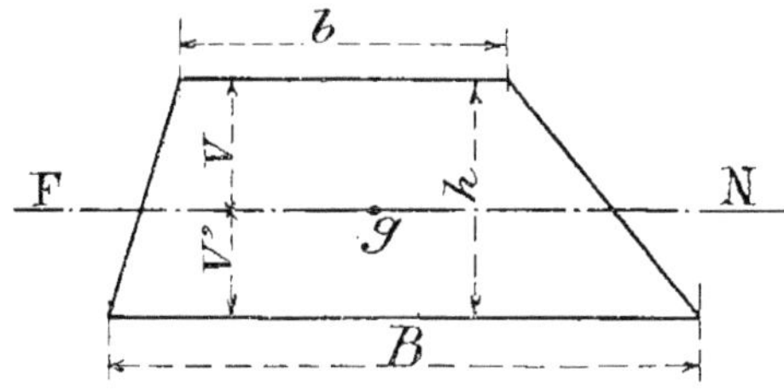

Fig. 17.

$$I = h^3 \frac{B^2 + 4Bb + b^2}{36\,(B + b)} \qquad V = \frac{h}{3}\,\frac{b + 2B}{B + b} \qquad \frac{I}{V} = h^2\,\frac{B^2 + 4Bb + b^2}{12\,(2B + b)}$$

$$V' = \frac{h}{3}\,\frac{B + 2b}{B + b}$$

Les relations ci-dessus suffisent pour déterminer les I et les $\frac{I}{V}$ des sections employées dans les constructions métalliques; ces sections, si elles présentent un contour irrégulier, peuvent en effet se décomposer en sections élémentaires dont les relations précitées feront connaître les moments d'inertie. La somme de ces moments élémentaires sera le moment d'inertie de la section totale, somme que l'on divisera par V pour avoir le moment résistant.

E. — VALEURS DES COEFFICIENTS D'ÉLASTICITÉ ET DE RÉSISTANCE

23. Métaux et bois.

NATURE des matériaux.	POIDS du mètre cube.	COEFFICIENTS d'élasticité.	CHARGES DE RUPTURE		CHARGES limites d'élasticité.		RÉSISTANCES de sécurité.	
			à la traction.	à la compression.	à la traction.	à la compression.	à la traction.	à la compression.
Fer (sens longitudinal). .	7 700	20 000	32 à 38	26 à 30	16,5	16,5	6 à 8	6 à 8
Acier dur. . .	7 850	21 560	65	79	40	40	9 à 12	9 à 12
Acier moyen .	7 830	21 560	55	67	34	34	9 à 12	9 à 12
Acier doux . .	7 830	22 000	45	55	28	28	9 à 12	9 à 12
Fonte ordinaire	7 200	10 000	13	78	6	16	2 à 3	10
Acier coulé . .	7 830 à 7 920	22 000	55	65	28	28	6 à 10	8 à 12
Bois chêne .	650 à 1 170	900 à 1 300	10	5	2,7	1,2	0,4 à 0,6	0,6 à 0,8
Bois sapin .	500 à 720	1000 à 1 500	8	4	2,7	1,2	0,4 à 0,6	0,4 à 0,6

Pour la résistance au cisaillement, prendre les 0,8 de la résistance de sécurité à la traction.

N.-B. Ces coefficients sont rapportés au millimètre carré; on les multipliera par 100 pour les avoir au centimètre carré et par 1 000 000 pour les avoir au mètre carré.

24. Maçonneries. — La nature du mortier et le mode d'exécution des joints ont une influence très grande sur la résistance d'une maçonnerie.

Si la maçonnerie est mal exécutée, avec des joints larges, irréguliers ou mal remplis, la résistance est inférieure à celle du mortier.

Dans une maçonnerie à joints épais exécutée dans de bonnes conditions, la résistance sera égale à celle du mortier.

Si la maçonnerie est confectionnée avec joints réguliers, de peu d'épaisseur, fichés sans la moindre imperfection, la résistance de sécurité est supérieure à celle que fournit le mortier seul.

En dernier lieu, la résistance du mortier varie suivant les proportions des mélanges et suivant la nature des matières actives et même des matières inertes.

Les résistances de sécurité généralement adoptées au centimètre carré pour des maçonneries bien exécutées sont les suivantes :

Béton avec mortier de chaux hydraulique. . .	4 à 5	kg.
— — de ciment ordinaire . . .	6 à 8	—
Béton riche de pierrailles calcaires ou porphyriques, au ciment.	15 à 25	—
Maçonnerie de briques avec mortier ordinaire.	6	—
Maçonnerie de briques avec mortier de ciment ordinaire	8 à 10	—
Maçonnerie de briques très résistantes avec mortier de ciment riche.	15 à 30	—
Maçonnerie de moellons ou de pierres tendres au mortier hydraulique.	6 à 10	—
Maçonnerie de pierres dures bien taillées au mortier hydraulique	20 à 30	
Béton armé, pour la gangue, au maximum. .	40 à 50	—

Ces chiffres ne sont que des moyennes et, pour des ouvrages importants, on les déterminera exactement en effectuant des expériences sur des prismes maçonnés, exécutés dans les conditions du travail sur chantier.

F. — DILATATION CALORIFIQUE

25. — Formule donnant le changement de longueur résultant d'un changement de température :

$$l = n\,L\,i. \qquad \text{(XXVII)}$$

Signification des notations :

n = nombre de degrés centigrades à considérer;
L = longueur du prisme;
i = coefficient de dilatation linéaire.

Valeurs du coefficient i.

Fer.	0,000 0122	Cuivre	0,000 0172
Acier.	0,000 0115	Zinc	0,000 0294
Fonte.	0,000 0111	Plomb	0,000 0285
Verre.	0,000 0086	Maçonnerie, en moyenne	0,000 0070

G. — FROTTEMENT

26. — Lorsqu'un corps repose sur un autre corps, en exerçant une pression N normale à la surface de contact, la résistance au

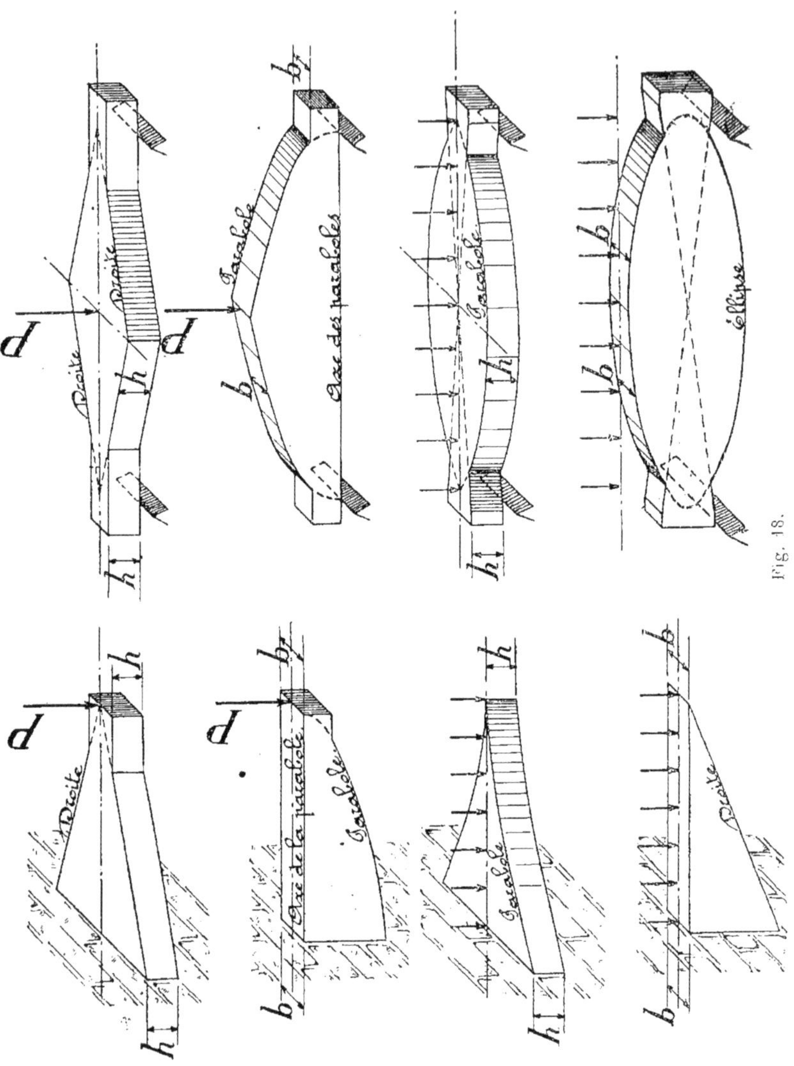

Fig. 18.

glissement F est donnée par l'égalité ci-après dans laquelle f est le coefficient de frottement :

$$F = fN. \qquad \text{(XXVIII)}$$

Valeurs du coefficient f.

		AU DÉPART	EN MOUVEMENT
Bois sur bois. . .	sans enduit. . . .	0,50	0,36
Métal sur métal.	sans enduit. . . .	0,19	0,18
Métal sur pierre.	sans enduit. . . .	0,42	0,30
Bois sur bois . . / Métal sur métal .	avec enduit. . . .	0,12	0,07
Pierre sur pierre. / Brique sur pierre.	sans mortier . . .	0,67	0,60
— —	avec mortier frais.	0,66	0,49
Pierre sur argile.	sèche	0,50	
Pierre sur argile.	humide	0,33	

II. — FORME DE SOLIDES D'ÉGALE RÉSISTANCE

27. — Nous renseignons à la figure 18, la forme à donner à certains solides fléchis en vue d'avoir dans chaque section même travail unitaire aux fibres les plus fatiguées.

CHAPITRE II

ÉLÉMENTS DE STATIQUE GRAPHIQUE

A. — DÉFINITIONS

28. Des forces. — On a donné le nom de *force* à toute cause qui modifie ou qui tend à modifier l'état de repos ou de mouvement des corps.

Dans une force on distingue :

1° Sa *ligne d'action*, c'est-à-dire la droite suivant laquelle elle tend à faire mouvoir un point matériel auquel elle serait appliquée si elle prenait ce point au repos ;

2° Sa *direction*, c'est-à-dire le sens du mouvement qui se produirait sur la droite précitée ;

3° Sa *grandeur* comparativement à une force connue prise comme unité ;

4° Son *point d'application*. Toutefois, l'équilibre statique du corps auquel la force est appliquée n'est pas changé si on déplace ce point sur la ligne d'action de l'effort ; aussi, la connaissance du point d'application n'a-t-elle aucune importance.

Un effort est donc déterminé si on connaît sa ligne d'action, sa direction et sa grandeur. Graphiquement, il est aisé d'indiquer la ligne d'action et la direction ; une flèche suffit à cet effet. Pour fixer la grandeur de l'effort, on donne à la flèche une longueur proportionnée à cette grandeur. On admettra par exemple qu'un millimètre de flèche correspond à 10, 100 ou 1 000 kg., et l'on dira que les forces sont représentées à l'échelle de 1 mm. par 10, 100 ou 1 000 kg.

29. Résultante et équilibrante. — On appelle *résultante* d'un système de forces, une force qui agissant seule produirait le même effet que ce système de forces.

L'*équilibrante* d'un système de forces est la force unique qui le tiendrait en équilibre.

La résultante et l'équilibrante ont même grandeur et même ligne d'action, mais elles ont des directions contraires.

B. — COMPOSITION DES FORCES

1° Composition de deux forces concourantes. Parallélogramme des forces

30. — Pour déterminer la résultante de deux forces, f_1 et f_2 par exemple (v. fig. 19), on représente ces deux forces en grandeur et en direction à partir d'un point quelconque A ; la diagonale du

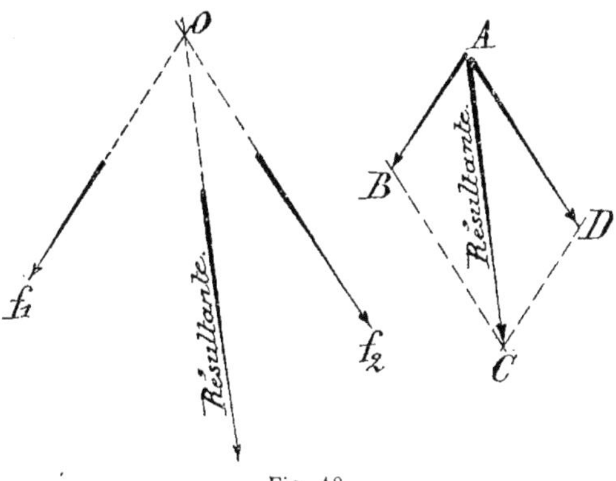

Fig. 19.

parallélogramme ABCD construit sur ces deux forces comme côtés fait connaître la résultante ou l'équilibrante. La force indiquée est la résultante ; une force de direction contraire serait l'équilibrante.

La ligne d'action de AC passe en O, au point de rencontre des deux forces données.

Remarque. — Il n'est pas nécessaire de tracer complètement le parallélogramme, chacun des triangles qui le composent faisant connaître les efforts cherchés.

2° Composition d'un système de forces concourantes Dynamique

31. — Pour trouver la résultante d'un système de forces concourantes situées dans un même plan, de f_1, f_2, f_3 et f_4 par exemple, on porte ces efforts, à partir d'un point quelconque, les uns à la suite des autres parallèlement à leur ligne d'action et en observant leur direction et leur grandeur, ce qui donne la ligne brisée

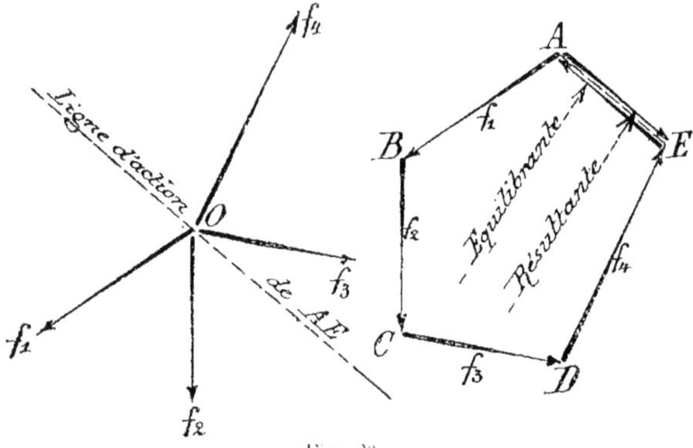

Fig. 20.

ABCDE (v. fig. 20). La droite AE, qui complète le polygone, donne la direction et la grandeur de l'équilibrante et de la résultante. Le point d'application de ces efforts est le point O. Le polygone ABCDE est le *dynamique* des forces.

Si un système de forces en équilibre autour d'un point est entièrement déterminé, exception faite pour l'intensité et la direction de deux efforts, le dynamique fera connaître ces facteurs. A cet effet, on trace bout à bout les forces connues et on complète le polygone par des droites parallèles à la ligne d'action des deux efforts incomplètement déterminés ; ces deux droites font connaître les facteurs cherchés. Cette propriété du dynamique est utilisée dans le calcul des systèmes triangulés.

3° Polygone funiculaire

a) *Construction.*

32. — Considérons les forces f_1, f_2, f_3, f_4 et f_5 situées dans un même plan (v. fig. 21).

Construisons, à partir d'un point quelconque A, le dynamique ABCDEF de ces forces en observant les indications données au 2°.

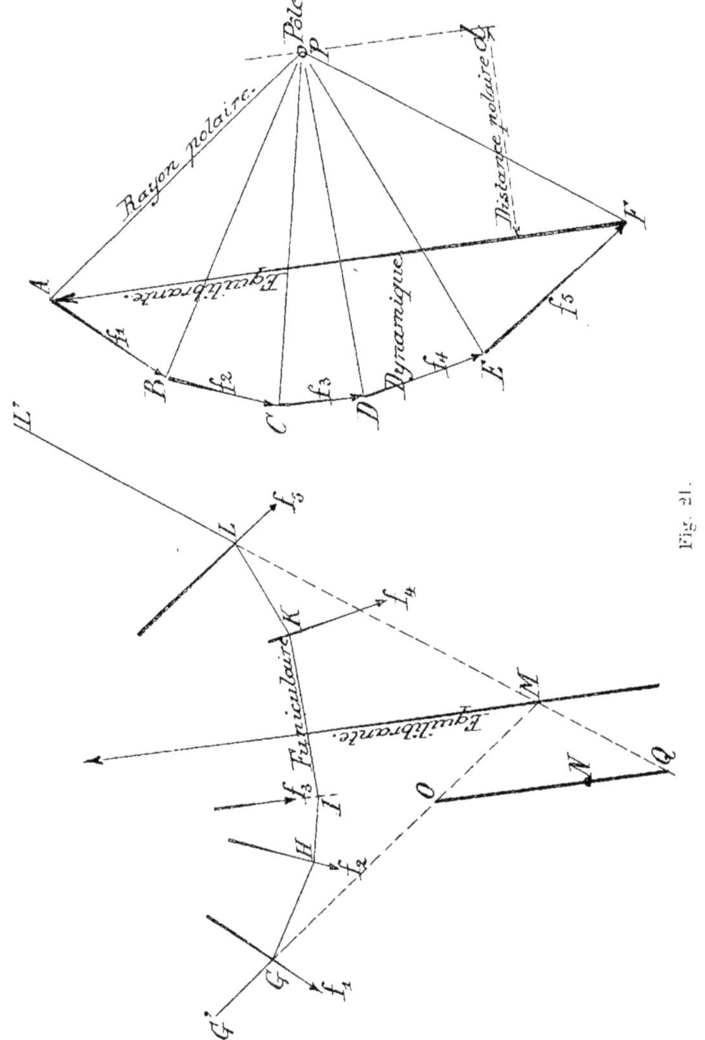

Fig. 21.

Joignons les sommets de ce dynamique à un point quelconque P recevant l'appellation de *pôle ;* ces droites sont des *rayons polaires.*

Menons à un emplacement quelconque la droite G'G parallèle

au rayon polaire AP. A partir du point G où elle rencontre la ligne d'action de f_1, traçons la droite GH parallèle à BP. Traçons de même HI, IK, KL et LL' respectivement parallèles à CP, DP, EP et FP. Nous obtenons ainsi la ligne brisée G'GHIKLL' qui est un *funiculaire*.

b) *Propriétés.*

1° La droite FA du dynamique, avec flèche en A, donne la direction et la grandeur de l'équilibrante des forces ; une force de direction contraire serait la résultante.

2° L'équilibrante et la résultante passent par le point M situé à la rencontre des prolongements des côtés extrêmes du funiculaire.

3° Si, par un point quelconque N, on mène une parallèle à la droite AF jusqu'à la rencontre en O et en Q avec les prolongements de GG' et de LL', le produit de OQ par la distance polaire donne le moment de la résultante par rapport au point N ; on sait que ce moment est égal à la somme algébrique des moments des forces élémentaires.

La distance polaire est, au dynamique, la distance du pôle à la ligne AF. Si M et d sont respectivement le moment précité et la distance polaire, on a :

$$M = OQ \times d.$$

OQ se mesure à l'échelle des forces et d à l'échelle des longueurs.

4° Cas particulier. — Poutre sur deux appuis avec charges normales

33. — Soient les 5 forces f_1, f_2, f_3, f_4 et f_5 agissant normalement sur la poutre AB (v. fig. 22).

Traçons le dynamique et le funiculaire qui correspondent aux charges précitées d'après ce qui est dit au 2° et au 3° ci-dessus. Le dynamique se réduit à une simple ligne, vu que toutes les forces ont même direction.

Le prolongement des côtés extrêmes du funiculaire nous donne en C le point de passage de la résultante, laquelle est égale à DE, c'est-à-dire à la somme des forces.

Menons par les points A et B des droites parallèles à la ligne d'action des forces. Ces droites rencontrent le funiculaire aux

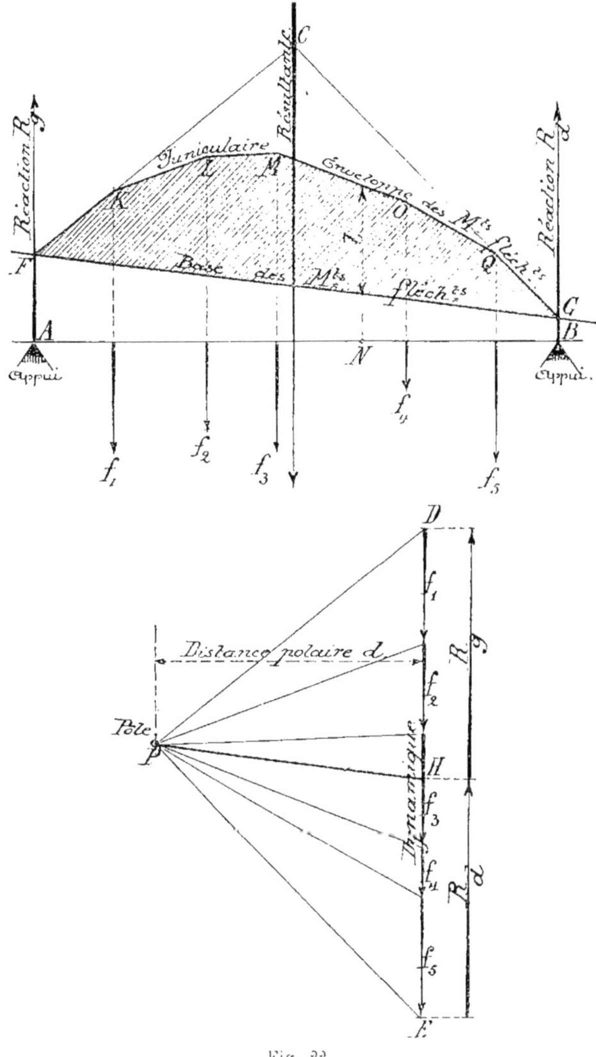

Fig. 22.

points F et G. Traçons la droite FG et, au dynamique, la droite PH qui lui est parallèle

1° Les segments DH et EH sont respectivement les réactions en A et en B;

2° En un point quelconque de la poutre, le moment M des forces situées à la droite ou à la gauche de ce point, y compris les réactions, est égal au produit de la distance polaire d par l'ordonnée t du funiculaire mesurée à partir de la base FG. Ainsi au point N, on a :

$$M = t \times d.$$

t se mesure à l'échelle des forces et d à l'échelle des longueurs.

La ligne brisée FKLMOQG correspond à la courbe à laquelle nous avons donné l'appellation d'*enveloppe des moments fléchissants*. Il est donc aisé de tracer cette courbe si l'on a recours aux indications ci-dessus.

5° Composition des forces appliquées a un corps solide

34. — Considérons le corps C (v. fig. 23) soumis à l'action de la force f.

L'équilibre n'est pas modifié si nous appliquons au corps en un même point, en B par exemple, les deux forces f_1 et f_2 parallèles et égales à f et avec directions opposées. f_2 peut être considéré comme étant la force résultant du transport de f en B : f et f_1 constituent un *couple* dont le moment est fd, d étant le bras de levier de f par rapport à B. Ce qui se traduit par le théorème suivant :

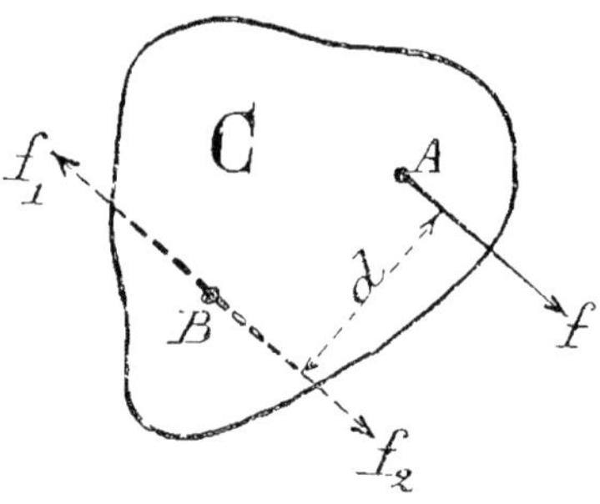

Fig. 23.

L'équilibre statique d'un corps solide soumis à l'action d'une force n'est pas modifié si l'on transporte cette force parallèlement à elle-même en un point quelconque B de ce solide, à condition d'introduire un couple dont le moment est égal au produit de la force par son bras de levier par rapport au point B.

De même, si le corps est soumis à l'action d'un système de

forces, ces forces peuvent être transportées en un même point à condition d'introduire autant de couples qu'il y a de forces. Mais toutes les forces transportées en ce point se composent et donnent naissance à une résultante unique qui est la *résultante de translation;* de même, les couples engendrent un couple unique qui est le *moment de transport.*

Le corps ne sera en équilibre qu'à la condition que la résultante de translation et le moment de transport soient nuls.

35. — Dans la suite nous n'aurons à considérer que des forces situées dans un même plan et, dans ce cas, ce que nous avons dit précédemment permet de déterminer la résultante de translation et le moment de transport. Par exemple, si on suppose que les forces f_1, f_2, f_3, f_4 et f_5 (v. fig. 21) sont appliquées à un même corps, et si on est conduit à transporter ces forces au point X intimement lié à ce corps, la résultante de translation sera égale et parallèle à AF, avec flèche en F, et le moment de translation sera OQ $\times$ *d*.

DEUXIÈME PARTIE

PIÈCES ABOUTÉES

SIMPLIFICATION AUX CALCULS DE RÉSISTANCE

A. — RAPPEL DE FORMULES

36. — Si la pièce a peu de longueur et si elle est soumise à un effort de compression P, sa section nette étant Ω, il suffit que l'on ait

$$\frac{P}{\Omega} \leq R \quad \text{ou} \quad \Omega \geq \frac{P}{R} \cdot$$

Pour les pièces comprimées d'une certaine longueur, il faut abandonner les relations précédentes et avoir recours aux formules d'Euler, Rankine, Love, Leber, Bricka, etc. Les deux premières sont les plus usitées ; toutefois, la formule d'Euler donne souvent une résistance à l'aboutement supérieure à la résistance ordinaire, même dans des conditions où la tendance au flambage semble exister. Nous préférons la formule de Rankine qui apporte au taux moyen de travail une majoration logiquement déterminée. Cette formule est de la forme suivante :

$$R = \frac{P}{\Omega}\left(1 + K\,\frac{H^2\Omega}{I}\right)$$

formule dans laquelle les notations ont la signification suivante :

R : résistance ordinaire de sécurité du métal;

P : charge en kilos supportée en sécurité;

H : longueur de sinuosité ;

Ω et I : respectivement la surface et le moment d'inertie de la section transversale, ce dernier pris dans le sens le plus défavorable ;

K : coefficient numérique.

Les ingénieurs ne sont pas d'accord pour la valeur à attribuer à K. Cependant, en pratique, on admet souvent pour le fer, pour la fonte et pour l'acier que K = 0,0001.

Dans la formule précédente, $\frac{P}{\Omega}$ est le travail moyen de la matière au cas où la longueur est faible; il doit être calculé en considérant la section *nette*, trous de rivets déduits. Les termes entre parenthèses introduisent la majoration nécessaire du fait du manque de raideur; nous proposons de les calculer par l'examen de la section *totale* parce que les trous de rivets ne diminuent pas sensiblement la raideur de la pièce.

B. — DÉTERMINATION DE LA LONGUEUR DE SINUOSITÉ

37. — La longueur de sinuosité est une certaine fonction de la longueur réelle, fonction variable selon l'agencement adopté aux extrémités du pilier.

Désignons par h la hauteur réelle du prisme et reportons-nous à la figure 24 qui montre les principales dispositions réalisables aux pièces qui nous occupent.

I. *Deux extrémités articulées.* — Dans ce cas, on a :

$$H = h.$$

II. *Une extrémité encastrée et une extrémité libre.* — La longueur de sinuosité est le double de ce qu'elle est dans le cas précédent; donc

$$H = 2h.$$

III. *Deux extrémités encastrées.* — Si les encastrements sont convenablement assurés et s'ils ne peuvent se déjeter latéralement, la longueur de sinuosité est la moitié de la hauteur réelle. Cependant, par mesure de sécurité, il convient de prendre les 7/10 de cette hauteur (la longueur théoriquement admissible est multipliée par 1,4). On a donc

$$H = 0,7\,h.$$

IV. *Une extrémité encastrée et une extrémité libre maintenue sur la verticale de l'extrémité encastrée.* — (Ce cas n'est pas indiqué à la figure 24; il équivaut à la moitié inférieure ou supérieure du montant du treillis double.)

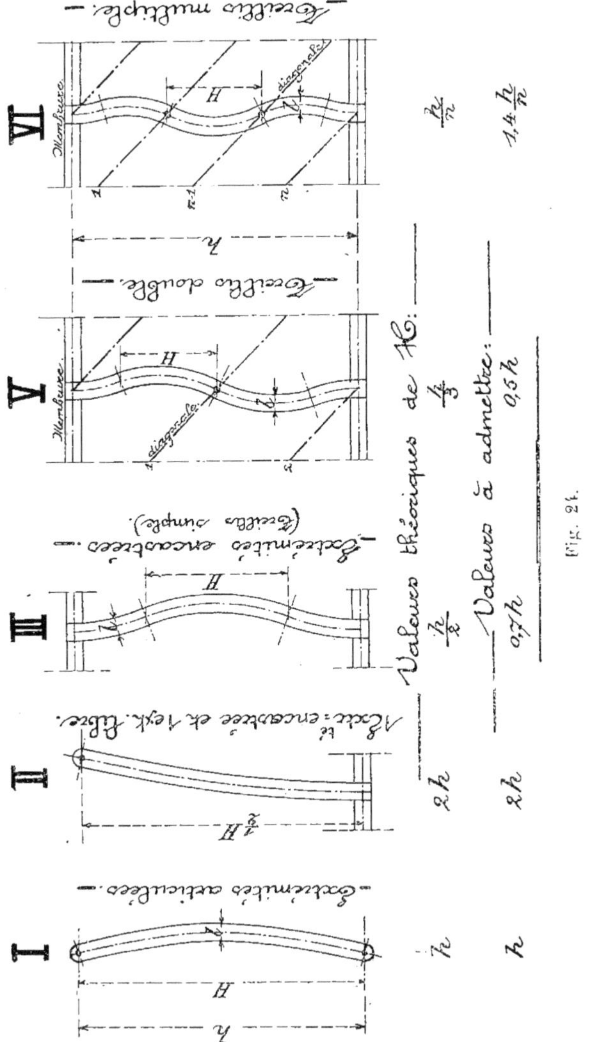

Fig. 24.

La longueur de sinuosité est égale aux $\frac{2}{3}$ de la longueur réelle. Mais il convient de multiplier ce rapport par 1,4, comme au cas précédent, ce qui donne, à peu de chose près :

$$H = h$$

V. *Montant d'une poutre en treillis double.* — La longueur de sinuosité correspond aux $\frac{2}{3}$ de la $\frac{1}{2}$ de h, soit au $\frac{1}{3}$ de h. Mais nous devons maintenir l'augmentation de 1,4 admise au troisième cas, ce qui donne, à peu de chose près :

$$H = 0{,}5\, h.$$

VI. *Montant d'une poutre à treillis multiple.* — Si n est le nombre d'obliques rencontrées par une section verticale, on fera

$$H = 1{,}4 \frac{h}{n}.$$

C. — SIMPLIFICATION AU CALCUL DES PIÈCES ABOUTÉES

38. — Désignons par l le petit côté de la section ou plus exactement la largeur de la section dans le sens du flambage.

Dans la suite, nous considérons une série de sections modulées et pour toutes les sections d'un même type, nous savons que le rapport I : Ω est en raison directe de l^2. Écrivons que

$$\frac{I}{\Omega} = f' l^2.$$

La formule de Rankine prend dès lors la forme ci-après :

$$R = \frac{P}{\Omega}\left(1 + K \frac{H^2}{f' l^2}\right).$$

Adoptons la notation f pour le rapport $\frac{K}{f'}$; il vient :

$$R = \frac{P}{\Omega}\left(1 + \frac{f H^2}{l^2}\right). \quad (1)$$

C'est la formule que nous proposons d'employer pour le calcul des prismes comprimés. Elle donne par transformation :

$$P = \frac{R\Omega}{1 + \frac{f H^2}{l^2}} \quad (1^a)$$

et

$$\Omega = \frac{P}{R}\left(1 + \frac{f H^2}{l^2}\right). \quad (1^b)$$

Nous avons calculé la valeur de f pour les différents types de sections utilisés en pratique et indiqués aux figures 25 et 25 *bis*, le flambage se produisant dans le sens des flèches dessinées à la droite de ces figures, et le coefficient K étant supposé être égal à 0,0001. Nous renseignons ci-après les résultats de ces calculs et nous faisons connaître également, pour les sections dissymétriques, la distance V entre le centre de gravité et la fibre la plus éloignée.

Pour les lettres désignant les sections ainsi que pour les diverses notations, v. fig. précitées.

VALEURS DU COEFFICIENT f ET DE V

Sections A et B. (Carré et rectangle.) $f = 0,00120$.

Section C. (Cercle.) . . . . $f = 0,00160$.

Section D. (Cercle évidé.)

Valeurs de c	0,01 l	0,02 l	0,05 l	0,10 l	0,15 l	0,20 l
Valeurs de f	0,00082	0,00084	0,00088	0,00098	0,00108	0,00118

Section E. (Cornières.)

a) *Flambage parallèlement aux branches.*

I. — *Cornières à branches égales (a = l).*

Epaisseurs des branches. . . .	$\frac{1}{6}\,l$	$\frac{1}{7}\,l$	$\frac{1}{8}\,l$	$\frac{1}{9}\,l$	$\frac{1}{10}\,l$	$\frac{1}{11}\,l$	$\frac{1}{12}\,l$
Valeurs de f . . .	0,00112	0,00110	0,00108	0,00107	0,00106	0,00105	0,00104
Valeurs de V. . .	0,689 l	0,698 l	0,704 l	0,709 l	0,713 l	0,716 l	0,719 l

II. — *Cornières à branches inégales.*

Valeurs de a		0,5 l	0,75 l	l	1,25 l	1,5
Valeurs de f. .	$e = \frac{1}{6}\,l$. .	0,00105	0,00107	0,00112	0,00119	0,00126
	$e = \frac{1}{8}\,l$. .	0,00101	0,00103	0,00108	0,00114	0,00121
	$e = \frac{1}{10}\,l$. .	0,00098	0,00100	0,00106	0,00112	0,00118
Valeurs de V.	$e = \frac{1}{6}\,l$. .	0,604 l	0,653 l	0,689 l	0,717 l	0,738 l
	$e = \frac{1}{8}\,l$. .	0,620 l	0,668 l	0,704 l	0,731 l	0,754 l
	$e = \frac{1}{10}\,l$. .	0,629 l	0,678 l	0,713 l	0,741 l	0,763 l

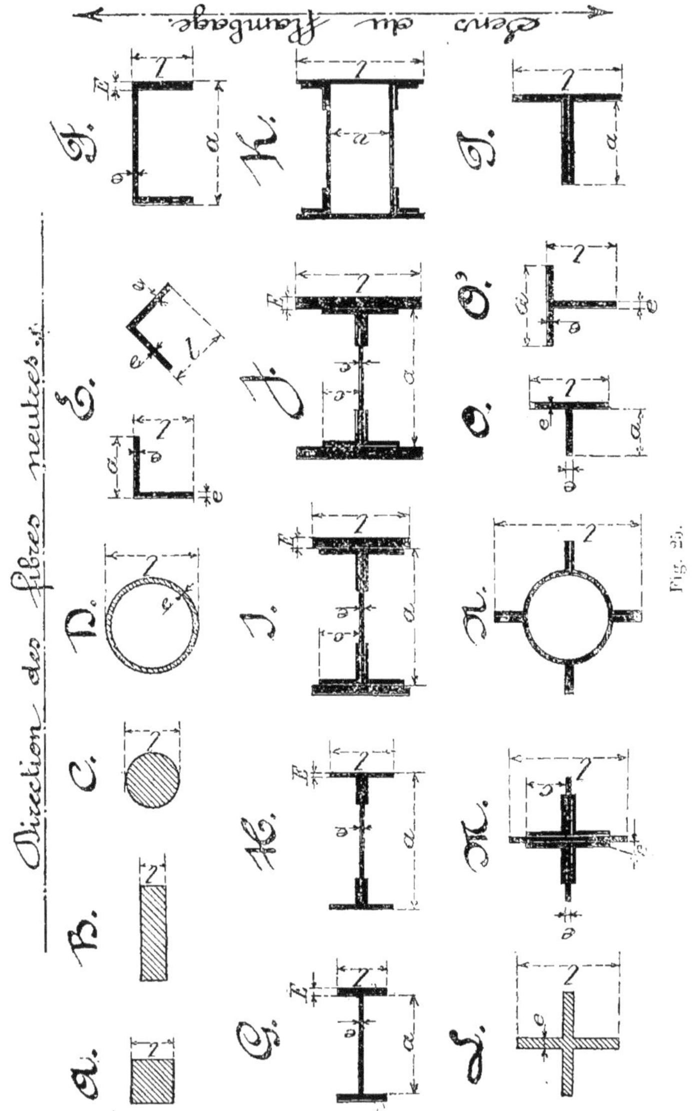

Fig. 25.

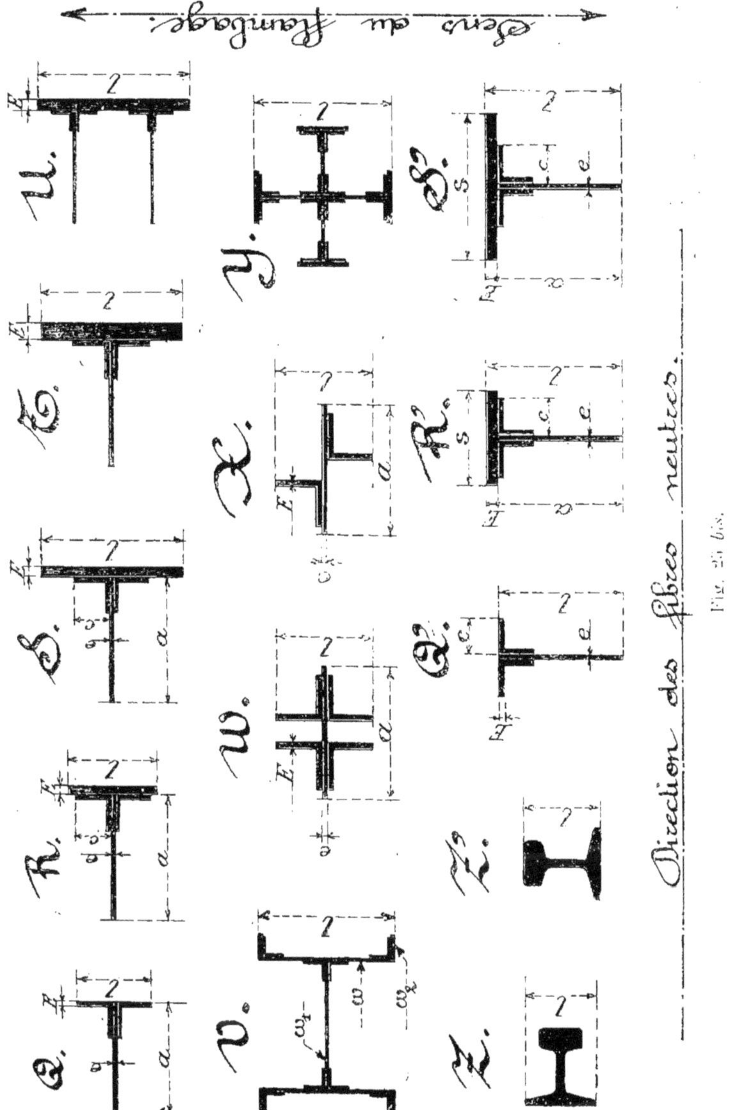

Fig. 23 bis.

b) *Flambage normalement à l'axe de symétrie.* — On a, avec des cornières à branches égales :

Épaisseurs e des branches.	$\frac{1}{6}l$	$\frac{1}{8}l$	$\frac{1}{10}l$	$\frac{1}{12}l$
Valeurs de f.	0,00264	0,00262	0,00259	0,00254

étant entendu, en vue de simplifier les calculs, que l est exceptionnellement la largeur des branches et non pas la largeur de la pièce dans le sens du flambage (v. fig. 25).

Section F. (Fer ⊏ laminé.)

DÉSIGNATION DE LA SECTION		$a = l$	$a = 1,5\,l$	$a = 2\,l$	$a = 2,5\,l$	$a = 3\,l$
		Valeurs de f.				
E = e . .	$e = \frac{1}{6}l$. . .	0,00105	0,00107	0,00112	0,00119	0,00126
	$e = \frac{1}{8}l$. . .	0,00101	0,00103	0,00108	0,00114	0,00121
	$e = \frac{1}{10}l$. . .	0,00098	0,00100	0,00106	0,00112	0,00118
E = 1,2 e .	$e = \frac{1}{6}l$. . .	0,00105	0,00105	0,00108	0,00113	0,00118
	$e = \frac{1}{8}l$. . .	0,00102	0,00102	0,00105	0,00109	0,00114
	$e = \frac{1}{10}l$. . .	0,00100	0,00099	0,00103	0,00107	0,00112
E = 1,5 e .	$e = \frac{1}{6}l$. . .	0,00107	0,00105	0,00106	0,00108	0,00112
	$e = \frac{1}{8}l$. . .	0,00104	0,00101	0,00102	0,00104	0,00108
	$e = \frac{1}{10}l$. . .	0,00102	0,00099	0,00100	0,00102	0,00106
		Valeurs de V.				
E = e . .	$e = \frac{1}{6}l$. . .	0,604 l	0,653 l	0,689 l	0,717 l	0,738 l
	$e = \frac{1}{8}l$. . .	0,620 l	0,668 l	0,704 l	0,731 l	0,754 l
	$e = \frac{1}{10}l$. . .	0,629 l	0,678 l	0,713 l	0,741 l	0,763 l
E = 1,2 e .	$e = \frac{1}{6}l$. . .	0,583 l	0,631 l	0,667 l	0,695 l	0,717 l
	$e = \frac{1}{8}l$. . .	0,599 l	0,646 l	0,681 l	0,710 l	0,731 l
	$e = \frac{1}{10}l$. . .	0,608 l	0,655 l	0,690 l	0,718 l	0,741 l
E = 1,5 e .	$e = \frac{1}{6}l$. . .	0,560 l	0,604 l	0,639 l	0,667 l	0,689 l
	$e = \frac{1}{8}l$. . .	0,575 l	0,619 l	0,654 l	0,681 l	0,704 l
	$e = \frac{1}{10}l$. . .	0,585 l	0,629 l	0,663 l	0,690 l	0,713 l

SECTION G. (Poutrelle.)

	Valeurs de a.				
	l	$1,5\,l$	$2\,l$	$2,5\,l$	$3\,l$
	Valeurs de f.				
E = e	0,00180	0,00210	0,00240	0,00270	0,00300
E = 1,2 e.	0,00170	0,00195	0,00220	0,00245	0,00270
E = 1,5 e.	0,00160	0,00180	0,00200	0,00220	0,00240
E = 2 e	0,00150	0,00165	0,00180	0,00195	0,00210

Ces valeurs ont été déterminées sans faire intervenir le moment d'inertie de l'âme, lequel est négligeable.

SECTION H. (Section composée en forme de double T sans semelles.) Nous supposons que les cornières sont à branches égales.

	Valeurs de a.				
	l	$1,5\,l$	$2\,l$	$2,5\,l$	$3\,l$
	Valeurs de f.				
	Cornières de $\frac{1}{6}$ d'épaisseur.				
E = e.	0,00249	0,00277	0,00305	0,00333	0,00360
E = 1,25 e	0,00243	0,00265	0,00288	0,00310	0,00333
	Cornières de $\frac{1}{8}$ d'épaisseur.				
E = e.	0,00262	0,00290	0,00319	0,00347	0,00376
E = 1,25 e	0,00253	0,00276	0,00299	0,00322	0,00346
	Cornières de $\frac{1}{10}$ d'épaisseur.				
E = e.	0,00275	0,00304	0,00333	0,00363	0,00393
E = 1,25 e.	0,00260	0,00283	0,00307	0,00330	0,00353

SECTION I. (Section composée en forme de double T à semelles étroites.)

		Valeurs de a.				
		l	$1,5\,l$	$2\,l$	$2,5\,l$	$3\,l$
		Valeurs de f.				
E = e. .	$l = 2,15\,c$. . . .	0,00194	0,00209	0,00224	0,00239	0,00254
	$l = 2,5\,c$	0,00220	0,00238	0,00256	0,00275	0,00294
E = 2 e .	$l = 2,15\,c$. . . .	0,00170	0,00180	0,00190	0,00200	0,00210
	$l = 2,5\,c$	0,00182	0,00193	0,00205	0,00216	0,00228
E = 3 e .	$l = 2,15\,c$. . . .	0,00157	0,00165	0,00172	0,00180	0,00188
	$l = 2,5\,c$	0,00165	0,00173	0,00182	0,00190	0,00198

Les valeurs ci-dessus sont établies en supposant que les cornières aient une épaisseur égale au 1/8 de leur largeur ; si cette proportion n'est pas observée, elles se modifient d'une façon négligeable (elles augmentent approximativement de 0,00003 ou de 0,00006 avec des cornières de 1/9 et 1/10 d'épaisseur et elles diminuent de 0,00004 ou de 0,00008 avec des cornières de 1/7 et 1/6 d'épaisseur).

Section J. (Section composée en forme de double T à larges semelles.)

On peut négliger l'épaisseur des cornières et il n'y a lieu de tenir compte de leur largeur qu'au cas où $E = e$.

Valeurs de a.		l	$1{,}5\,l$	$2\,l$	$2{,}5\,l$	$3\,l$
		Valeurs de f.				
$E = e$.	$l = 3\,c$	0,00242	0,00264	0,00286	0,00308	0,00330
	$l = 3{,}5\,c$	0,00252	0,00277	0,00301	0,00326	0,00350
	$l = 4\,c$ ou plus	0,00253	0,00279	0,00305	0,00330	0,00356
$E = 2\,e$		0,0019	0,0021	0,0022	0,0023	0,0025
$E = 3\,e$		0,0017	0,0018	0,0019	0,0020	0,0021

Section K. (Poutre-caisson.) La valeur de f dépend pour ainsi dire uniquement de la largeur relative du vide central. On peut admettre les valeurs ci-après pour le calcul des prismes comprimés :

Largeurs v du vide	$\frac{3}{5}\,l$	$\frac{1}{2}\,l$	$\frac{2}{5}\,l$	$\frac{1}{3}\,l$
Valeurs de f	0,0010	0,0012	0,0015	0,0018

Section L. (Section cruciforme coulée ou 4 cornières assemblées.)

Valeurs de e	$\frac{l}{5}$	$\frac{l}{6}$	$\frac{l}{7}$	$\frac{l}{8}$	$\frac{l}{10}$	$\frac{l}{12}$	$\frac{l}{15}$	$\frac{l}{20}$	$\frac{l}{25}$
Valeurs de f	0,00209	0,00215	0,00219	0,00222	0,00226	0,00229	0,00231	0,00233	0,00235

Section M. (Section cruciforme chaudronnée.)

Si les âmes ont même épaisseur que les cornières, et si e désigne cette épaisseur, on trouve :

Valeurs de l.		$2{,}15\,c$	$2{,}5\,c$	$3\,c$	$3{,}5\,c$	$4\,c$
Valeurs de f	$e = \frac{c}{6}$	0,00201	0,00246	0,00294	0,00324	0,00340
	$e = \frac{c}{8}$	0,00218	0,00262	0,00309	0,00337	0,00352
	$e = \frac{c}{10}$	0,00227	0,00272	0,00318	0,00344	0,00359

Section N. (Section circulaire à nervures, formée de 4 fers spéciaux assemblés.)

On peut admettre invariablement $f = 0,0014$, sauf pour les sections de faible largeur pour lesquelles f augmente de 1 ou 2 dix-millièmes.

Section O. (Fer T avec âme normale au sens du flambage.)

I. *Fers T à branches égales* $(a + e = l)$.

Épaisseurs des branches	$\frac{l}{5}$	$\frac{l}{6}$	$\frac{l}{7}$	$\frac{l}{8}$	$\frac{l}{9}$	$\frac{l}{10}$	$\frac{l}{11}$	$\frac{l}{12}$
Valeurs de f. . . .	0.00209	0.00215	0.00219	0,00222	0.00224	0.00226	0.00228	0.00229

II. *Fers T à branches inégales.* — Nous négligeons le moment d'inertie de la branche normale au plan du flambage. Cette hypothèse permet de ne pas faire mention de l'épaisseur des branches et elle donne :

Valeurs de a	0,5 l	0,75 l	l	1,25 l	1,5 l
— de f	0,00180	0,00210	0,00240	0,00270	0,00300

Section O'. (Fer T avec âme dans le sens du flambage.)

Voir section E, a-I et a-II.

Section P. (Deux cornières assemblées.)

I. — DEUX CORNIÈRES A BRANCHES ÉGALES

Épaisseurs des branches. .	$\frac{l}{12}$	$\frac{l}{14}$	$\frac{l}{16}$	$\frac{l}{18}$	$\frac{l}{20}$	$\frac{l}{24}$
Valeurs de f.	0,00215	0,00219	0,00222	0,00224	0,00226	0,00229

II. — DEUX CORNIÈRES A BRANCHES INÉGALES

Valeurs de a	0,25 l	0,50 l	0,75 l	l

Si l'épaisseur des cornières est $\frac{l}{16}$, on a :

Valeurs de f.	0,00178	0,00237	0,00294	0,00349

Si l'épaisseur des cornières est $\frac{l}{20}$, on a :

Valeurs de f	0,00179	0,00238	0,00296	0,00353

Section Q. (Section composée en forme de simple T sans semelles avec cornières à branches égales.)

	Valeurs de a.				
	0,50 *l*	0,75 *l*	*l*	1,25 *l*	1,50 *l*
			Valeurs de f.		
			Cornières de $\frac{1}{6}$ d'épaisseur.		
E = *c*	0,00249	0,00277	0,00305	0,00333	0,00360
E = 1,25 *c*	0,00243	0,00265	0,00288	0,00310	0,00333
			Cornières de $\frac{1}{8}$ d'épaisseur.		
E = *c*.	0,00262	0,00290	0,00319	0,00347	0,00376
E = 1,25 *c*	0,00253	0,00276	0,00299	0,00322	0,00346
			Cornières de $\frac{1}{10}$ d'épaisseur.		
E = *c*.	0,00275	0,00304	0,00333	0,00363	0,00393
E = 1,25 *c*.	0,00260	0,00283	0,00307	0,00330	0,00353

Section R. (Section composée en forme de simple T à semelles étroites.)

		Valeurs de a.				
		0,5 *l*	0,75 *l*	*l*	1,25 *l*	1,50 *l*
				Valeurs de f.		
E = *c* . .	*l* = 2,15 *c*	0,00194	0,00209	0,00224	0,00239	0,00254
	l = 2,5 *c*	0,00220	0,00238	0,00256	0,00275	0,00294
E = 2 *c*. .	*l* = 2,15 *c*	0,00170	0,00180	0,00190	0,00200	0,00210
	l = 2,5 *c*.	0,00182	0,00193	0,00205	0,00216	0,00228
E = 3 *c*. .	*l* = 2,15 *c*. . . .	0,00157	0,00165	0,00172	0,00180	0,00188
	l = 2,5 *c*.	0,00165	0,00173	0,00182	0,00190	0,00198

Les valeurs ci-dessus sont établies en supposant que les cornières aient une épaisseur égale au 1/8 de leur largeur; si cette proportion n'est pas observée, elles se modifient d'une façon négligeable (elles augmentent approximativement de 0,00003 ou de 0,00006 avec des cornières de 1/9 et 1/10 d'épaisseur et elles diminuent de 0,00004 ou de 0,00008 avec des cornières de 1/7 et 1/6 d'épaisseur).

Section S. (Section composée en forme de simple T à larges semelles.)

On peut négliger l'épaisseur des cornières et il n'y a lieu de tenir compte de leur largeur qu'au cas où E = e.

Valeurs de a.

	0,5 l	0,75 l	l	1,25 l	1,50 l

Valeurs de f.

		0,5 l	0,75 l	l	1,25 l	1,50 l
E = e.	l = 3c	0,00242	0,00264	0,00286	0,00308	0,00330
	l = 3,5 c	0,00252	0,00277	0,00301	0,00326	0,00350
	l = 4 c ou plus	0,00253	0,00279	0,00305	0,00330	0,00356
E = 2e.		0,0019	0,0021	0,0022	0,0023	0,0025
E = 3e.		0,0017	0,0018	0,0019	0,0020	0,0021

Section T. (Section en simple T avec semelles de plus de 0,03 m. d'épaisseur totale.)

Pour cette section, on peut négliger l'importance relative de l'âme et des cornières ; il suffit de prendre en considération l'épaisseur E.

Valeurs de E en *cm*.	4	5	6	7	10
Valeurs de *f*.	0,0017	0,0016	0,0015	0,0015	0,0014

Section U. (Section composée en forme de ⊏.)

Il suffit de considérer l'épaisseur E.

Si E est plus petit que 2 centimètres, $f = 0,0014$.
— grand — $f = 0,0013$.

Section V. (Section composée en forme de H.)

a) Les semelles marquées ω_2 sont supprimées :

Valeurs de ω_1.	0,50 ω	0,75 ω	ω	1,25 ω	1,50 ω
Valeurs de *f*.	0,0012	0,0012	0,0013	0,0014	0,0014

b) Les semelles ω_2 existent. Dans ce cas, on peut négliger l'importance relative de l'âme ω_1.

Section ω_2 d'une semelle	0,25 ω	0,50 ω	0,75 ω	ω	1,25 ω
Valeurs de *f*.	0,0010	0,0009	0,0008	0,0008	0,0007

Section W. (Section composée d'une âme et de 4 cornières à branches égales.)

Valeurs de a		l	$1,1l$	$1,2l$	$1,3l$	$1,4l$	$1,5l$
	Cornières de $\frac{1}{6}$ d'épaisseur.						
Valeurs de f.	$E = e$	0,00249	0,00255	0,00260	0,00266	0,00271	0,00277
	$E = 1,25\ e$	0,00243	0,00247	0,00252	0,00256	0,00261	0,00265
	Cornières de $\frac{1}{8}$ d'épaisseur.						
	$E = e$	0,00262	0,00268	0,00273	0,00279	0,00284	0,00290
	$E = 1,25\ e$	0,00253	0,00258	0,00262	0,00267	0,00271	0,00276
	Cornières de $\frac{1}{10}$ d'épaisseur.						
	$E = e$	0,00275	0,00281	0,00287	0,00292	0,00298	0,00304
	$E = 1,25\ e$	0,00260	0,00265	0,00269	0,00274	0,00278	0,00283

Section X. (Section composée d'une âme et de 2 cornières à branches égales.)

Valeurs de a		l	$1,1l$	$1,2l$	$1,3l$	$1,4l$	$1,5l$
	Cornières de $\frac{1}{6}$ d'épaisseur.						
Valeurs de f.	$E = e$	0,00305	0,00316	0,00327	0,00338	0,00349	0,00360
	$E = 1,25\ e$	0,00288	0,00297	0,00306	0,00315	0,00324	0,00333
	Cornières de $\frac{1}{8}$ d'épaisseur.						
	$E = e$	0,00319	0,00330	0,00342	0,00353	0,00365	0,00376
	$E = 1,25\ e$	0,00299	0,00308	0,00318	0,00327	0,00337	0,00346
	Cornières de $\frac{1}{10}$ d'épaisseur.						
	$E = e$	0,00333	0,00345	0,00357	0,00369	0,00381	0,00393
	$E = 1,25\ e$	0,00307	0,00316	0,00325	0,00335	0,00344	0,00353

Section Y. (Section composée en forme de croix.)

On peut poser invariablement $f = 0,00165$ si les semelles sont supprimées. Si elles existent, on a :

$f = 0,0014$ avec un seul plat à chaque membrure et

$f = 0,0013$ avec plusieurs plats — .

Section Z. (Rail à plat.) f varie entre 0,0024 et 0,0030.

Section Z'. (Rail debout.) f est égal à 0,0008 avec âme de forte épaisseur, et à 0,00075 avec âme de faible épaisseur.

Section Q'. (Section composée en forme de simple T sans semelles.)

Valeurs de l		1,5 c	2 c	,5 c	3 c	3,5 c	4 c
Valeurs de f	E = c	0,00139	0,00138	0,00130	0,00122	0,00115	0,00110
	E = 0,8 c	0,00132	0,00130	0,00122	0,00115	0,00110	0,00106
Valeurs de V	E = c	0,716 l	0,729 l	0,729 l	0,723 l	0,714 l	0,706 l
	E = 0,8 c	0,702 l	0,711 l	0,708 l	0,701 l	0,692 l	0,683 l

Ces valeurs sont établies en considérant des cornières à branches égales avec épaisseur correspondant au 1/8 de leur largeur; l'erreur sera négligeable pour f si ce rapport n'est pas observé.

Section R'. (Section composée en forme de simple T à semelles étroites.)

Valeurs de a		0,5s	0,75s	s	1,25s	1,5s
Valeurs de f	E = c	0,0015	0,0016	0,0015	0,0014	0,0013
	E = 2c	0,0018	0,0019	0,0018	0,0016	0,0015
	E = 3c	0,0020	0,0022	0,0020	0,0018	0,0017
	E = 4c	0,0022	0,0024	0,0022	0,0020	0,0019
Valeurs de V	E = c	0,815 a	0,822 a	0,814 a	0,800 a	0,787 a
	E = 2c	0,899 a	0,880 a	0,872 a	0,856 a	0,840 a
	E = 3c	0,969 a	0,943 a	0,918 a	0,897 a	0,880 a
	E = 4c	1,032 a	0,988 a	0,958 a	0,934 a	0,914 a

Ces valeurs sont obtenues en faisant $s = 2{,}5\ c$ et en supposant que l'âme et les cornières aient même épaisseur égale à $\frac{1}{8}$ c. Une modification est nécessaire si ces rapports ne sont pas observés, mais elle est négligeable pour f.

Section S'. (Section composée en forme de simple T à larges semelles.)

Valeurs de a		0,5s	0,75s	s	1,25s	1,50s
Valeurs de f	E = c	0,0017	0,0015	0,0013	0,0012	0,0011
	E = 2c	0,0022	0,0019	0,0016	0,0014	0,0013
	E = 3c	0,0026	0,0022	0,0019	0,0016	0,0015
	E = 4c	0,0029	0,0025	0,0022	0,0019	0,0017
Valeurs de V	E = c	0,853 a	0,834 a	0,812 a	0,791 a	0,771 a
	E = 2c	0,923 a	0,896 a	0,871 a	0,850 a	0,830 a
	E = 3c	0,976 a	0,940 a	0,913 a	0,891 a	0,871 a
	E = 4c	1,021 a	0,976 a	0,946 a	0,922 a	0,902 a

Ces valeurs sont obtenues en faisant $s = 4c$ et en supposant que l'âme et les cornières aient même épaisseur égale à $\frac{1}{8}$ c. Une modification est nécessaire si ces rapports ne sont pas observés, mais elle est négligeable pour f.

D. — APPLICATIONS

PREMIÈRE APPLICATION

39. — *Déterminer la résistance à la compression d'une pièce dont les dimensions sont données.*

Recherchons la résistance d'un montant de poutre en treillis simple de 3,50 *m. de hauteur théorique. Le montant est encastré à ses extrémités ; il est en forme de double* T *et il se compose d'une âme de* 350 × 8 *placée normalement au plan de la poutre et de* 4 *cornières de* 75 × 75 × 10. *Le métal peut travailler à* 825 *kg. au centimètre carré.*

Nous avons pour la longueur de sinuosité :

$$H = 0{,}7\,h = 0{,}7 \times 350 = 245 \text{ cm.}$$

La section décrite ci-dessus correspond à la section H; elle donne $l = 7{,}5 + 7{,}5 + 0{,}8 = 15{,}8$. De plus, nous trouvons, vu que $E = \frac{10}{8}\,e = 1{,}25\,e$, que les cornières ont à peu près $\frac{1}{8}$ d'épaisseur et que $a = \frac{35}{15{,}8}\,l = 2{,}2\,l$, que $f = 0{,}0031$. Dès lors, nous avons

$$1 + \frac{f\,H^2}{l^2} = 1 + \frac{0{,}0031 \times 245^2}{15{,}8^2} = 1{,}74.$$

La section utile du montant est de

Ame	35 × 0,8 =	28 cm²
Cornières	4 (7,5 + 6,5) 1 =	56
Total.		84
A déduire pour trous de rivets.	. 2 × 2 × 2,8 =	11,2
Reste.		72,8 cm².

Le montant peut donc porter, par application de la formule 1 :

$$72{,}8 \times \frac{825}{1{,}74} = 34\,500 \text{ kg.}$$

Par la méthode habituelle, nous trouvons que le moment d'inertie est égal à 680 et que

$$P = \frac{72{,}8 \times 825}{1 + 0{,}0001\,\dfrac{245^2 \times 84}{680}} = \frac{60\,000}{1 + 0{,}74} = 34\,500 \text{ kg.}$$

DEUXIÈME APPLICATION

40. — *Déterminer les dimensions transversales.*

Soit à connaître la section transversale à donner à une pièce comprimée devant porter 80 000 *kg. avec une longueur de sinuosité de* 3,5 *m., le métal travaillant à* 800 *kg. au centimètre carré.*

Considérons une section transversale en forme de simple T composée de fers laminés avec larges semelles, auxquelles nous donnons, à titre d'essai, une largeur l égale à 35 cm [1].

Nous avons, par application de la formule 1^b, sachant que la section précitée est du type S pour lequel la valeur moyenne de f est 0,0025 :

$$\Omega = \frac{P}{R}\left(1 + \frac{f H^2}{l^2}\right) = \frac{80\,000}{800}\left(1 + \frac{0.0025 \times 350^2}{35^2}\right) = 100 \times 1,25 = 125.$$

Il faudra donc, à peu de chose près, 125 cm. carrés de section nette. Nous obtenons une semblable section en utilisant :

Une âme de 35 × 1	donnant	$\Omega =$	35 cm².
2 L de 9 × 9 × 1	—	=	34
2 semelles de 35 × 1	—	=	70
	Total. . . .		139
A déduire pour trous de rivets :	2 × 2 × 3 =		12
	Reste. . . .		127 cm².

Mais pour cette section, donnant $a = l$ et $E = 2e$, nous trouvons $f = 0,0022$. au lieu de 0,0025, c'est-à-dire qu'il suffit d'avoir une section nette de 100 × 1,22 = 122 cm. carrés. Nous pouvons donc reprendre 5 cm. carrés de section à l'un ou l'autre organe. Nous adoptons, par exemple, des cornières de 90 × 90 × 8,5 ce qui donne une diminution de section de 4.2 et ce qui permet de ne pas refaire les calculs, vu que l, a et E ont conservé leur valeur primitive.

Mais le type S suppose que le flambage se produit normalement à l'âme et il importe de rechercher si le flambage parallèlement à l'âme n'est pas à craindre. Pour ce calcul, il y a lieu de reprendre la valeur de f au tableau se rapportant à la section S'; nous trouvons $f = 0,0016$, c'est-à-dire que ce coefficient a diminué de valeur ce qui est avantageux. Dès lors, vu que l est devenu 0,35 + 0,02, modification également avantageuse, nous pouvons nous dispenser d'effectuer le second calcul.

41. Remarque. — Par la formule d'Euler, nous aurions trouvé que la résistance de sécurité à l'aboutement était, à la deuxième application, de

$$P = \frac{\pi^2 EI}{4H^2} = \frac{\overline{3.142}^2 \times 2\,200\,000 \times 7\,645}{4 \times 350^2} = 340\,000 \text{ kg.}$$

Mais comme cette charge ferait travailler le métal à un taux supérieur à la résistance de sécurité, il y aurait lieu de prendre

$$P = 122,8 \times 800 = 98\,000 \text{ kg.},$$

au lieu de 80 000, résistance donnée par la formule de Rankine.

[1] Il est important de remarquer que le problème peut être résolu sans tâtonnements, si l'on se donne le rapport $\frac{H}{l}$ et la forme de la section transversale (type et proportions).

L'accord laisse donc à désirer sur la question des pièces chargées debout. Au surplus, nous avions fait remarquer déjà que pour une même formule, la formule de Rankine, les auteurs proposaient des valeurs différentes pour le coefficient K (valeur variant de 0,00005 à 0,0004).

Si l'on tient compte aussi que la longueur de sinuosité est déterminée arbitrairement, on est porté à croire qu'il n'y a guère utilité à effectuer les calculs qui nous occupent avec une grande approximation. On peut donc avoir recours sans appréhension à la formule simplifiée que nous préconisons, vu qu'elle laisse une erreur nulle ou très faible relativement aux résultats de la formule de Rankine qui est la formule généralement utilisée.

Les considérations précédentes conduisent à faire remarquer qu'il est superflu d'écrire le facteur f avec plus de 4 chiffres à la partie décimale et que si la valeur de ce facteur doit être déterminée par interpolation, cette opération se fera très approximativement et mentalement.

TROISIÈME APPLICATION

42. — *Déterminer les moments* I *et* $\frac{I}{V}$ *d'une section quelconque.*

Si nous nous reportons au n° 38, nous voyons que

$$\frac{I}{\Omega} = f'l^2.$$

Mais $f' = \frac{K}{f}$. Par conséquent

$$\frac{I}{\Omega} = \frac{K\,l^2}{f}$$

et

$$I = \frac{K\,l^2\,\Omega}{f} = \frac{l^2\,\Omega}{10\,000\,f}. \qquad (2)$$

Connaissant I, on déterminera aisément $\frac{I}{V}$, vu que nous avons donné la valeur de V pour les sections dissymétriques.

Pour les sections symétriques,

$$V = \frac{l}{2} \quad \text{et} \quad \frac{I}{V} = \frac{2\,l\,\Omega}{10\,000\,f}. \qquad (2^b)$$

Soit à connaître les I et $\frac{I}{V}$ de la section obtenue à l'application précédente.

Cette section donne $\Omega = 139 - 4,2 = 134.8$.

Pour la flexion normalement à l'âme,

$$I = \frac{l^2 \Omega}{10\,000\, f} = \frac{35^2 \times 134.8}{22} = 7\,500$$

$$\frac{I}{V} = \frac{2\, l\, \Omega}{10\,000\, f} = \frac{2 \times 35 \times 134.8}{22} = 427.$$

Pour la flexion dans le sens de l'âme,

$$I = \frac{37^2 \times 134.8}{16} = 11\,500$$

$$\frac{I}{V} = \frac{11\,500}{0,871 \times 35} = \frac{11\,500}{30.5} = 378.$$

Remarque I. Les valeurs f se rapportant à des sections *totales*, les formules (2) et (2^b) donneront un résultat légèrement trop faible si l'on considère des sections *nettes*, trous de rivets déduits.

Pour les moments des sections en I par rapport à l'axe normal à l'âme, v. 3e partie.

Remarque II. *Simplification à la formule d'Euler.* — Introduisons la valeur de I de la formule (2) dans la formule d'Euler. Il vient :

$$P = \frac{\pi^2 EI}{4\, H^2} = \frac{E}{4\,000} \frac{\Omega\, l^2}{f H^2}.$$

Si l'on admet que E a une valeur constante égale à 2 000 000 au centimètre carré, on obtient la relation ci-après :

$$P = \frac{500\, \Omega\, l^2}{f\, H^2} \qquad (2^c)$$

pour laquelle le centimètre sera pris obligatoirement comme unité de longueur.

TROISIÈME PARTIE

POUTRES A AME PLEINE

SIGNIFICATION DES TERMES ET DES NOTATIONS

43. — La tôle verticale est désignée sous le nom d'*âme* et l'ensemble des fers rivés à chacun des bords longitudinaux de cet organe porte la dénomination de *membrure*. Nous appelons *semelles* les plats des membrures et *raidisseurs* les fers verticaux rappliqués sur l'âme dans le but de la renforcer.

Nous adoptons les notations énumérées ci-après :

L, la portée de la pièce mesurée d'axe en axe des appuis;

h, la hauteur totale pour une poutrelle ou un fer ⊏ laminés et la hauteur de l'âme, pour une poutre chaudronnée;

m, le rapport $\frac{L}{h}$ de la portée à la hauteur; donc $m = \frac{L}{h}$;

Dans une poutre cintrée, à défaut d'indications contraires, h et m se rapporteront à la section située à égales distances des appuis.

n, le rapport, dans une poutre cintrée, entre la hauteur au droit des appuis et la hauteur au milieu de la portée;

R, la résistance de sécurité du métal pour le travail par flexion;

R_s, la résistance de sécurité du métal pour le travail par cisaillement, au maximum les $\frac{4}{5}$ de R;

E, le coefficient d'élasticité du métal ;

p, le poids que la pièce doit porter par unité de longueur, poids comprenant la surcharge et le poids mort, les charges irrégulièrement réparties étant, le cas échéant, remplacées par des charges uniformément réparties équivalentes. A moins d'indication contraire, l'équivalence devra être obtenue au point de vue des moments fléchissants;

q, le poids moyen de la poutre par unité de longueur;

M, le moment fléchissant donné par le poids mort et la surcharge :

I et $\frac{I}{V}$, respectivement le moment d'inertie et le moment de résistance d'une section transversale ;

Ω, la surface nette d'une membrure, trous de rivets déduits et non compris les cornières si la poutre présente des semelles, et non compris le prolongement de l'âme pour les poutrelles et les fers ⊏ ;

e, l'épaisseur de l'âme ;

r, le rapport entre la hauteur de l'âme et la largeur utile des cornières :

δ, la densité du métal ;

Ψ, la flèche maximum prise par la poutre sous l'action d'une charge continue *p* par unité de longueur :

k, coefficient par lequel il faut multiplier le poids théorique pour obtenir le poids réel, y compris les raidisseurs, les fourrures, les couvre-joints, les têtes de rivets, le métal en regard des trous de rivets et la surlongueur des appuis ;

A, B, C et X, coefficients variables selon l'agencement de la poutre et dont les valeurs numériques sont renseignées à la récapitulation.

CHAPITRE PREMIER

SIMPLIFICATIONS AUX CALCULS DE RÉSISTANCE

A moins d'indications contraires, nous supposons, au présent chapitre, que la pièce est simplement appuyée sur deux appuis de niveau et qu'elle ne porte que des charges uniformément réparties.

A. — FLÈCHE PRISE PAR LA POUTRE

44. 1er *Cas.* — Considérons une poutre prismatique avec membrures à section constante.

Si Ψ est la flèche prise par la poutre au milieu de la portée sous l'action des charges, on a :

$$\Psi = \frac{5}{384}\,\frac{PL^3}{EI} = \frac{5}{384}\,\frac{L^2}{E}\,\frac{PL}{I}\,.$$

La relation $M = \frac{RI}{V}$ nous donne $\frac{PL}{8} = \frac{RI}{V}$ d'où $\frac{PL}{I} = \frac{8R}{V}$. Mais V ne diffère pas sensiblement de $\frac{h}{2}$; donc $\frac{PL}{I} = \frac{16R}{h}$. Si nous faisons intervenir cette valeur de $\frac{PL}{I}$ dans la première relation, nous avons :

$$\Psi = \frac{5}{384}\,\frac{L^2}{E}\,\frac{16\,R}{h} = 0{,}208\,\frac{L^2}{h}\,\frac{R}{E}\,.$$

Mais $h = \frac{L}{m}$, donc

$$\Psi = 0{,}21\; m\,L\,\frac{R}{E}\,.$$

2e *Cas.* — La poutre est encore avec âme à hauteur constante, mais les membrures sont à section variable donnant l'égalité de résistance.

On démontre que la flèche est les $\frac{6}{5}$ de ce qu'elle est dans le cas précédent. Donc

$$\Psi = 0{,}25\; m\,L\,\frac{R}{E}\,.$$

Mais dans les poutres chaudronnées, les membrures ne réalisent l'égalité de résistance que d'une façon imparfaite ; en conséquence il est conseillable de donner au coefficient numérique la valeur 0,23.

3e *Cas.* — La poutre est cintrée avec âme limitée longitudinalement par des arcs de parabole.

Dans les conditions les plus défavorables, c'est-à-dire lorsque la hauteur d'âme au droit des appuis est pour ainsi dire nulle, la flèche devient les $\frac{8}{5}$ de ce qu'elle est dans le premier cas et l'on a :

$$\Psi = 0,33\, m\, L\, \frac{R}{E}\,.$$

Le coefficient numérique se rapprochera d'autant plus de 0,23 que la hauteur d'âme au droit des appuis est plus grande. Les proportions habituellement adoptées pour le tracé des âmes cintrées donnent

$$\Psi = 0,26\, m\, L\, \frac{R}{E}\,.$$

Dans la suite, nous désignons par β le coefficient numérique des formules précédentes. Dès lors, nous pouvons écrire d'une façon générale

$$\Psi = \beta\, m\, L\, \frac{R}{E}\,. \qquad (10)^1$$

Dans cette formule, R est le taux réel de travail du métal correspondant à la charge totale ou à la partie de la charge à considérer.

B. — HAUTEUR DE L'AME

45. — La hauteur de la poutre, laquelle doit être déterminée en premier lieu dans la recherche des dimensions transversales ou du poids unitaire, doit satisfaire à plusieurs conditions que nous exposons ci-après.

1° Hauteur donnant la raideur voulue

Nous savons que la flèche prise par la poutre, au milieu de la portée, est donnée par l'égalité ci-après :

$$\Psi = \beta\, m\, L\, \frac{R}{E}\,.$$

[1] Les numéros donnés aux formules dans la partie théorique sont ceux qui sont adoptés à la récapitulation.

Mais la flèche maximum doit être inférieure à une certaine fonction de l'ouverture; admettons qu'elle doive être inférieure à uL. En conséquence, la relation ci-après doit être observée :

$$\beta m L \frac{R}{E} \leq uL.$$

D'où il résulte qu'il faut avoir :

$$m \leq \frac{u}{\beta} \frac{E}{R} . \qquad (3)$$

Nous connaissons les valeurs de β; les valeurs de u sont renseignées à la récapitulation.

2° Hauteur satisfaisant au glissement longitudinal

La hauteur de la poutre doit être suffisante pour éviter, sous l'action du glissement longitudinal, le cisaillement des rivets fixant les membrures à l'âme, cisaillement qui tend à se produire à proximité des appuis.

Si nous considérons une section située à une certaine distance de l'appui et si, au droit de cette section, M_1, I_1 et Ω_1 sont respectivement le moment fléchissant, le moment d'inertie de la section totale et la section de la membrure, âme non comprise, nous savons que chacune des membrures est soumise à une tension longitudinale dont l'intensité est égale à $\frac{M_1}{I_1} \Omega_1 z$, z étant la distance entre la fibre neutre et le centre de gravité de la section des membrures.

Mais au droit de l'appui, la membrure n'est soumise à aucune action longitudinale. Donc sur la longueur existant entre la verticale d'appui et la section considérée, longueur qu'il est de règle de prendre égale à 1 m., la rivure doit donner une résistance au cisaillement égale ou supérieure à $\frac{M_1}{I_1} \Omega_1 z$. Or, si les rivets travaillent par double section et si nous représentons par t la résistance d'une section cisaillée et par l l'écartement d'axe en axe des rivets, cette résistance au cisaillement est de $2 \times \frac{1,00}{l} \times t$. Dès lors, nous voyons que la relation ci-après doit être observée :

$$2 \times \frac{1.00}{l} \times t \geq \frac{M_1}{I_1} \Omega_1 z.$$

Mais nous pouvons admettre que $I_1 = 2\Omega_1 z^2$ et que z est égal à $\frac{h}{2}$. De plus, on doit poser $M_1 = \frac{pL}{2} \times 1,00 = \frac{pL}{2}$. Dès lors, la relation précédente devient

$$\frac{2t}{l} \geq \frac{\frac{pL}{2}\,\Omega_1\,\frac{h}{2}}{2\Omega_1\,\frac{h^2}{4}} \quad \text{ou} \quad \frac{2t}{l} \geq \frac{pm}{2}.$$

Il faut donc avoir :

$$m \leq \frac{4t}{pl}. \qquad (4^a)$$

Mais, par l'adjonction des fourrures a et des goussets b indiqués à la figure 26, il est possible de faire travailler les rivets qui nous occupent par 4 sections. Dans ce cas, il suffit d'avoir :

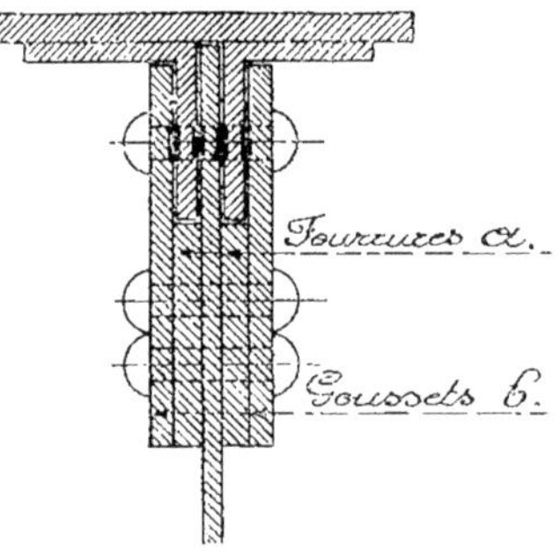

Fig. 26.

$$m \leq \frac{8t}{pl}. \qquad (4^b)$$

En dernier lieu, dans une poutre composée avec section en ⊏, les rivets travaillent par une section et dans ce cas il faut avoir :

$$m \leq \frac{2t}{pl}. \qquad (4^c)$$

Nous ferons remarquer que les simplifications que nous avons admises pour déterminer la valeur de M_1, de I_1 et de z conduisent à exiger une hauteur légèrement trop forte.

Avec les poutres cintrées, la valeur de m ci-dessus doit être observée au droit des appuis.

3° Hauteurs habituellement adoptées

Aux poutres maîtresses des ponts de chemins de fer, m varie généralement entre 12 et 13; aux mêmes poutres des ponts-route, la plus petite hauteur acceptable répond à $m = 17$. Aux entretoises et aux longrines de ponts, m est souvent égal à 7,5 aux ponts à simple voie et à 10 aux ponts de grande largeur. Pour des poutres ne recevant pas de véhicules, telles que les poutres de gitages de bâtiments, on atteint parfois $m = 25$ et même $m = 30$. Toutefois, si la poutre doit porter des maçonneries, il est bon de lui donner de la raideur en vue d'éviter des fissures dans les maçonneries exécutées en premier lieu et de prendre $m \leqq 17$.

La plus grande hauteur à donner à une poutre est le septième de la portée, sinon il devient difficile de raidir l'âme et d'éviter, pour certaines dispositions, le voilement de la poutre dans le sens latéral.

C. — ÉPAISSEUR DE L'AME

46. — Ce qui précède permet de déterminer la valeur convenant au rapport m. Cette valeur étant adoptée, l'épaisseur de l'âme doit satisfaire aux conditions énumérées ci-après.

1° Cette épaisseur doit être telle que la réaction des appuis ne puisse cisailler l'organe. Si R_s est la résistance au cisaillement, on devra avoir :

$$he\, R_s \geqq \frac{pL}{2}$$

c'est-à-dire :

$$e \geqq \frac{pm}{2R_s}. \qquad (7^a)$$

Mais au droit des appuis, l'âme peut être affaiblie par des trous de rivets. En général, et dans des conditions défavorables, ces trous réduisent d'un cinquième la section totale. Par conséquent, il faut avoir :

$$e \geqq \frac{5\,pm}{8R_s}. \qquad (7^b)$$

2° L'épaisseur de l'âme doit être suffisante pour empêcher le glissement longitudinal de la demi-section supérieure par rapport à la demi-section inférieure, c'est-à-dire pour éviter, au droit des appuis, le cisaillement de l'âme suivant la fibre neutre.

1er *Cas.* — La section de l'âme est négligeable relativement à celle des membrures, hypothèse favorable.

Dans ce cas, l'effort longitudinal agissant sur chacune des demi-sections a même intensité que l'effort considéré en B-2°.

Il faut donc avoir :

$$e \times 1,00 \times R_s \geq \frac{pm}{2}$$

ou

$$e \geq \frac{4\,pm}{8R_s}\,. \tag{7^c}$$

2e *Cas.* — La section des membrures est nulle ; la fatigue due au glissement longitudinal prend sa valeur maximum. On a :

$$I_1 = \frac{1}{12}\,eh^3\,; \qquad \Omega_1 = \frac{eh}{2} \qquad z = \frac{h}{4}\,.$$

Il faut avoir :

$$e\,R_s \geq \frac{\frac{pL}{2}}{\frac{1}{12}eh^3}\;\frac{eh}{2}\;\frac{h}{4} \qquad \text{ou} \qquad \geq \frac{6pm}{8}$$

ce qui donne :

$$e \geq \frac{6\,pm}{8R_s}\,. \tag{7^d}$$

Les hypothèses considérées ci-dessus sont des situations limites qui ne se présentent pas en pratique ; dans la généralité des cas, la valeur de e doit correspondre à peu de chose près à la moyenne des valeurs données par les deux dernières relations et on doit avoir :

$$e \geq \frac{5\,pm}{8R_s} \tag{7}$$

c'est-à-dire, la valeur trouvée au 1° ci-dessus avec âme affaiblie par la rivure. Nous proposons donc de fixer l'épaisseur de l'âme uniquement par la relation précédente.

La charge p à considérer pour le calcul de e sera la charge unitaire uniformément répartie, équivalente au point de vue des *efforts tranchants*, aux charges réelles, poids mort compris.

Avec les poutres cintrées, on ne devra pas perdre de vue que le rapport m doit être déterminé par l'examen de la hauteur au droit des appuis.

3° Résistance de l'ame aux actions atmosphériques

L'âme est l'organe qui subit l'action des agents atmosphériques dans les conditions les plus désavantageuses. Aussi importe-t-il de lui donner au minimum une épaisseur de 8 mm. Cependant, une épaisseur de 5 à 6 mm. suffira si la poutre n'est pas exposée à la pluie ou si elle est préservée de l'oxydation par un revêtement au mortier de ciment.

D. — DIMENSIONS TRANSVERSALES DES MEMBRURES

1° Poutre composée d'une ame, de 4 cornières et de semelles

47. — La figure 27 donne la coupe transversale de la poutre. L'âme présente une hauteur h et une épaisseur e; son moment d'inertie est $\frac{1}{12} h^3 e$.

Les cornières sont à branches égales; elles ont une largeur utile a que nous supposons être comprise r fois dans la hauteur de l'âme; donc

$$a = \frac{h}{r} \cdot$$

Nous admettons que leur épaisseur est égale au produit de l'épaisseur de l'âme par un certain coefficient auquel nous donnons la notation γ.

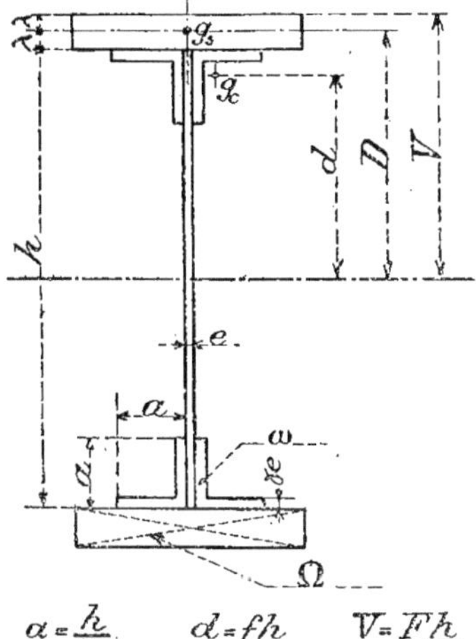

Fig. 27.

La section d'une cornière, que nous représentons par ω, est égale à $(2a - \gamma e)\,\gamma e = 2a\gamma e - (\gamma e)^2$. Mais $(\gamma e)^2$ a une valeur relativement faible et nous pouvons, sans crainte d'erreur appréciable, admettre que ce terme est égal au produit de γe par l'épaisseur adoptée habituellement, soit le huitième de la largeur des branches[1]. Dans cette hypothèse,

[1] La section des cornières sera affectée d'une erreur avantageuse de 2,3 p. 100 avec les plus fortes épaisseurs utilisées en pratique, et elle sera affectée inversement d'une erreur de 1,3 p. 100 avec les cornières à faible épaisseur.

on a :

$$\omega = 2a\gamma e - \frac{a\gamma e}{8} = a\gamma e\left(2 - \frac{1}{8}\right) = he\,\frac{15\,\gamma}{8\,r}\,.$$

Nous savons que le moment d'inertie des cornières est, par application de la formule (XXV), égal à $i + 4\omega d^2$.

d est la distance de la fibre neutre au centre de gravité des cornières ;

i est le moment d'inertie total des 4 cornières par rapport à l'axe passant par ce centre de gravité ; nous en donnons ci-après la valeur, par cornière.

$$i = \left\{\begin{array}{lllll} \text{branches de } \frac{1}{6} & \text{d'épaisseur :} & 0{,}0274\ a^4 & = & 0{,}0895\ a^2\omega \\ \quad - \quad \frac{1}{8} & \quad - & : \ 0{,}0217\ a^4 & = & 0{,}0926\ a^2\omega \\ \quad - \quad \frac{1}{10} & \quad - & : \ 0{,}0180\ a^4 & = & 0{,}0947\ a^2\omega \end{array}\right.$$

Il est visible que le coefficient numérique se modifie peu lorsque i est exprimé en fonction de la section. Or, ce moment ayant une importance relative très faible, nous pouvons poser invariablement :

$$i = 4 \times 0{,}0926\ a^2\omega = 0{,}37\ a^2\omega = h^3e\,\frac{0{,}694\ \gamma}{r^3}$$

sans qu'il puisse en résulter une erreur appréciable[1]. De plus, nous avons :

$$4\,\omega d^2 = he\,\frac{7{,}5\,\gamma d^2}{r}\,.$$

Donnons la notation f au rapport de la distance d à la hauteur de l'âme ; donc $d = fh$, et il vient :

$$4\,\omega d^2 = h^3e\,\frac{7{,}5\,\gamma f^2}{r}\,.$$

Représentons par Ω la section des semelles et par D, la distance de leur centre de gravité à la fibre neutre. Le moment d'inertie de ces organes est égal à $2\Omega D^2$, le moment élémentaire i étant négligeable.

[1] L'erreur est au maximum de 0,1 p. 100 ; elle est donc nulle.

Ce qui précède nous donne la relation suivante pour le moment d'inertie total :

$$I = h^3 c \left(\frac{1}{12} + \frac{0{,}694\,\gamma}{r^3} + \frac{7.5\,\gamma f^2}{r}\right) + 2\Omega D^2.$$

Pour obtenir le moment résistant de la section, nous devons diviser par V. Supposons que cette distance soit égale au produit de la moitié de h par un coefficient F. Donc

$$F = \frac{V}{\frac{h}{2}} \quad \text{et} \quad V = F\,\frac{h}{2}$$

et il vient :

$$\frac{I}{V} = h^2 c \frac{1}{F}\left(\frac{1}{6} + \frac{1{,}388\,\gamma}{r^3} + \frac{15\,\gamma f^2}{r}\right) + 2\,\Omega\,\frac{D^2}{V}.$$

Mais nous pouvons substituer $\frac{h}{2}$ à $\frac{D^2}{V}$. En effet, entre $\frac{h}{2}$ et D et entre D et V, il y a même différence; soit λ cette différence. Nous avons :

$$\frac{h}{2}\,V = (D - \lambda)\,(D + \lambda) = D^2 - \lambda^2.$$

Mais $D^2 - \lambda^2$ ne diffère pas sensiblement de D^2 [1]. Si nous admettons qu'il y a égalité entre ces deux quantités, nous avons :

$$\frac{h}{2}\,V = D^2 \quad \text{ou} \quad \frac{D^2}{V} = \frac{h}{2}$$

et

$$\frac{I}{V} = h^2 c \frac{1}{F}\left(\frac{1}{6} + \frac{1{,}388\,\gamma}{r^3} + \frac{15\,\gamma f^2}{r}\right) + \Omega\,h.$$

Substituons la notation X au produit des termes entre parenthèses par $\frac{1}{F}$, il vient :

$$\frac{I}{V} = h\,(hc\,X + \Omega). \qquad (14)$$

Introduisons cette valeur dans la formule fondamentale $M = \frac{RI}{V}$. Nous avons, en tenant compte que pour une poutre posée sur 2 appuis et portant une charge unitaire continue p, $M = \frac{pL^2}{8}$:

$$\frac{p\,L^2}{8} = Rh(hc\,X + \Omega)$$

[1] F dépasse rarement 1,20 et cette proportion donne $D^2 = (0{,}50 + 0{,}05)^2\,h^2 = 0{,}3025\,h^2$ et $D^2 - \lambda^2 = (0{,}3025 - 0{,}05^2)\,h^2 = 0{,}30\,h^2$. En posant qu'il y a égalité entre ces deux quantités, l'erreur sera de $\frac{0{,}0025}{0{,}30} = 0{,}8$ p. 100. En général $F = 1{,}08$ et cette proportion donne une erreur de 0,15 p. 100.

ce qui donne finalement pour la section des semelles au milieu de la portée :

$$\Omega = h\left(\frac{p\,m^2}{8\,R} - X\,c\right) \tag{8}$$

relation dans laquelle

$$X = \frac{1}{F}\left\{\frac{1}{6} + \gamma\left(\frac{1.388}{r^3} + \frac{15\,f^2}{r}\right)\right\}.$$

Mais le facteur f intervenant à cette relation, se modifie avec le rapport de l'épaisseur à la largeur des cornières ; ainsi

$$f = \begin{cases} 0{,}50 - \dfrac{0.3106}{r} & \text{avec des cornières de } \dfrac{1}{6} \text{ d'épaisseur ;} \\ 0{,}50 - \dfrac{0.3022}{r} & \text{— } \dfrac{1}{7} \text{ —} \\ 0{,}50 - \dfrac{0.2958}{r} & \text{— } \dfrac{1}{8} \text{ —} \\ 0{,}50 - \dfrac{0.2908}{r} & \text{— } \dfrac{1}{9} \text{ —} \\ 0{,}50 - \dfrac{0.2868}{r} & \text{— } \dfrac{1}{10} \text{ —} \end{cases}$$

Il est visible que les modifications à la valeur de f sont faibles ; elles prennent leur maximum d'importance pour la plus petite valeur de r que l'on peut supposer être égale à 4. Si nous faisons $r = 4$, on trouve respectivement pour les épaisseurs de $\frac{1}{6}$, $\frac{1}{8}$ et $\frac{1}{10}$:

$$f = \begin{cases} 0.50 - 0{,}0777 = 0{,}4223 \\ 0.50 - 0{,}0740 = 0{,}4260 \\ 0.50 - 0{,}0717 = 0{,}4283 \end{cases} \quad \text{et} \quad f^2 = \begin{cases} 0{,}1783 \\ 0{,}1815 \\ 0{,}1834 \end{cases}$$

En conséquence, si nous adoptions invariablement la valeur de f se rapportant aux cornières de $\frac{1}{8}$ d'épaisseur, nous aurions pour le carré de ce facteur une erreur qui serait au maximum de

$$\frac{0{,}1815 - 0{,}1783}{0{,}1783} = 1{,}8 \text{ p. } 100.$$

Mais cette erreur, déjà très faible, n'affecte que le dernier terme de la relation donnant la valeur de X ; pour $r = 4$, la discordance est limitée à 1,55 p. 100 si l'on considère la valeur totale de X en faisant $\gamma = 1{,}5$.

Nous pouvons donc donner à f une valeur constante se rapportant à des proportions moyennes, d'autant plus que les termes en X ont généralement une importance relative assez faible. Nous posons donc invariablement :

$$f = 0,50 - \frac{0,2958}{r}.$$

Nous donnons, à la récapitulation (v. page 109 et 110), les valeurs de X pour les différentes proportions de cornières admises en pratique. Ces valeurs ont été établies en faisant F = 1,08, proportion qui se présente très souvent. Aux applications numériques des formules (14) et (8), lorsque F ne sera pas égal à 1,08, il ne sera généralement pas nécessaire de corriger la valeur de X, parce que cette correction ne modifie sensiblement le résultat que si la section transversale comporte une âme de très grande hauteur et des semelles de très faible épaisseur totale, agencement très rarement adopté.

En tout cas, il est toujours possible de faire disparaître toute erreur en appliquant les formules précédentes une première fois, à titre provisoire, en vue de connaître l'épaisseur totale des semelles et la valeur de F qui y correspond. Ce dernier facteur étant connu, on détermine la valeur exacte de X en multipliant les coefficients du tableau n° 3 par 1,08 et en les divisant par la valeur réelle de F. En introduisant cette nouvelle valeur de X dans une deuxième application des formules, on obtient la section des semelles avec une exactitude rigoureuse, si l'on a soin de maintenir l'épaisseur totale obtenue à la première application numérique.

De plus, le produit par 1,08 de la valeur provisoire de X peut s'obtenir par simple lecture au tableau n° 2. Il suffit donc de diviser les indications de ce tableau par la valeur réelle de F.

2° Poutre composée d'une ame et de 4 cornières

48. — La figure 28 montre l'agencement de la poutre.

Les relations trouvées au 1° sont d'application à condition de faire $\Omega = 0$ et F = 1,00.

Par conséquent

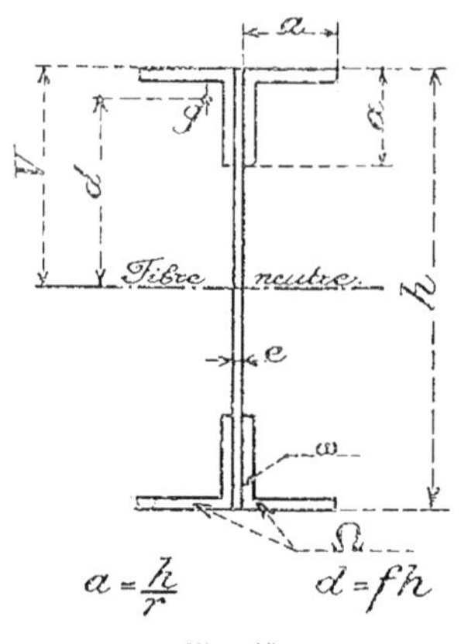

Fig. 28.

$$\frac{1}{V} = h^2 e X \qquad (14^a)$$

et

$$\frac{pm^2}{8R} - Xe = 0.$$

La dernière relation donne

$$X = \frac{pm^2}{8Re}. \qquad (8^a)$$

Connaissant la valeur de X, on en déduit les proportions des cornières par simple lecture au tableau n° 2, lequel renseigne les valeurs de X pour les différentes proportions réalisables en section transversale.

3° Mêmes poutres qu'aux 1° et 2° mais avec 2 cornières seulement

49. — Avec ces poutres, on doit avoir

$$X = \frac{1}{F} \left\{ \frac{1}{6} + \frac{1}{2} \gamma \left(\frac{1,388}{r^3} + \frac{15 f^2}{r} \right) \right\}$$

vu que nous n'avons que 2 cornières au lieu de 4 et que les cornières n'interviennent qu'aux termes entre parenthèses. Or cette relation sera observée si nous considérons une section composée d'une âme et de 4 cornières à condition de déterminer la valeur de γ pour une épaisseur de cornière égale à la moitié de l'épaisseur réelle.

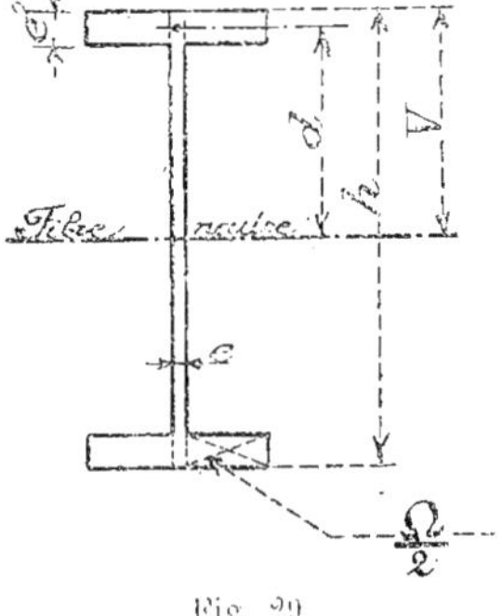

Fig. 29.

4° Poutrelles et fers [posés de champ

50. — La figure 29 donne la section transversale d'une poutrelle et elle fait connaître également la signification des notations.

Supposons encore que la distance d entre la fibre neutre et le centre de gravité des bourrelets soit égale à fh. Il vient, sachant que Ω est cette fois la section nette d'une membrure, non compris le passage de l'âme :

$$I = \frac{1}{12} eh^3 + 2\,\Omega d^2 = h^2 \left(\frac{h\,e}{12} + 2\,\Omega f^2\right)$$

$$V = \frac{h}{2}$$

$$\frac{I}{V} = h \left(\frac{he}{6} + 4\Omega f^2\right).$$

Le tableau ci-après donne les valeurs de $4f^2$ pour différentes épaisseurs de bourrelets.

Épaisseurs e' des bourrelets.	$\frac{h}{10}$	$\frac{h}{11}$	$\frac{h}{12}$	$\frac{h}{13}$	$\frac{h}{14}$	$\frac{h}{15}$	$\frac{h}{18}$	$\frac{h}{20}$
Valeurs de $4f^2$.	0,810	0,826	0,840	0,852	0,862	0,871	0,892	0,903

Mais c'est exceptionnellement que les albums des laminoirs renseignent des poutrelles dont l'épaisseur de bourrelets est supérieure au $\frac{1}{15}$ de la hauteur ; ce cas ne se présente qu'aux fers à faible hauteur. En général, ce rapport varie entre $\frac{1}{15}$ et $\frac{1}{20}$; or, entre ces limites, le produit $4f^2$ se modifie très peu et l'on peut adopter invariablement une valeur moyenne, soit 0,89, ce qui donne

$$\frac{I}{V} = h\left(\frac{he}{6} + 0{,}89\,\Omega\right) \qquad (14^b)$$

étant entendu que cette formule n'est d'application que pour

$$e' < \frac{h}{15}.$$

En introduisant cette valeur de $\frac{I}{V}$ dans la formule $M = \frac{RI}{V}$, il vient pour les poutres sur 2 appuis avec charges uniformément réparties :

$$\frac{pL^2}{8} = R\,h\left(\frac{h\,e}{6} + 0{,}89\,\Omega\right)$$

ce qui donne

$$\Omega = 1{,}12\,h\left(\frac{pn^2}{8R} - \frac{e}{6}\right). \qquad (8^c)$$

Si nous comparons cette formule à la formule générale (8), nous voyons que celle-ci est applicable aux poutres qui nous occupent, à condition de faire $X = \frac{1}{6}$ et de multiplier le résultat par 1,12.

Mais si l'épaisseur des bourrelets est supérieure au $\frac{1}{15}$ de h, il y aura lieu de multiplier le résultat non pas par 1,12, mais par les nombres renseignés ci-après :

Épaisseurs e' des bourrelets.	$\frac{h}{10}$	$\frac{h}{11}$	$\frac{h}{12}$	$\frac{h}{13}$	$\frac{h}{14}$
Valeurs du coefficient précité.	1,23	1,21	1,19	1,17	1,16

5° Trous de rivets des membrures

a) *Semelles.*

51. — Aux formules précédentes, Ω sera la section nette des semelles, trous de rivets déduits. Cette section s'obtiendra en considérant la largeur utile des semelles et non pas leur largeur réelle.

Aux cornières, deux cas sont à considérer ; en effet, on peut être conduit à tenir compte, soit du trou percé à l'aile en contact avec l'âme, soit du trou percé à l'aile normale à cet organe.

b) *Cornières à branches égales.*

52. — Dans le premier cas, il suffit de déduire de la largeur des branches la moitié du diamètre du trou. Ainsi, une cornière de 90×90 percée d'un trou de 20 de diamètre à l'aile en contact avec l'âme, correspond à une cornière de 80×80 $\left(80 = 90 - \frac{1}{2}\,20\right)$. La réduction est trop forte, mais l'erreur est très faible et négligeable.

Dans le second cas, nous proposons de déduire de la largeur de chacune des ailes une quantité déterminée exactement, afin d'éviter une erreur avantageuse.

Soient D le diamètre du trou de rivet percé à l'aile extérieure de la cornière (v. fig. 36, page 108), x la distance du centre de gravité de ce trou à la fibre neutre et e' l'épaisseur des cornières.

Avec la méthode proposée, nous déduisons à l'extrémité de chacune des ailes, le rectangle hachuré dont la largeur sera par exemple d et les bras de levier respectivement x et y.

Pour que la section fictive et la section réelle donnent même moment d'inertie, il faut et il suffit que

$$De'\,x^2 = de'(x^2 + y^2) = de'x^2\left(1 + \frac{y^2}{x^2}\right).$$

Ce qui donne

$$d = D \frac{1}{1 + \left(\frac{y}{x}\right)^2} . \qquad (16)$$

Aux applications numériques, on adoptera pour y une valeur approximative calculée en supposant que $d = \frac{D}{2}$.

c) *Cornières à branches inégales.*

53. — Dans certains cas, il est fait emploi de cornières à branches inégales. On appliquera pour cette disposition la règle que nous avons établie au deuxième cas ci-dessus.

Ainsi, supposons qu'il soit fait emploi de cornières de 110 × 100 et de 10 d'épaisseur rappliquées par la petite branche sur une âme de 1 000 de hauteur, et admettons qu'il faille tenir compte d'un trou de rivet de 20 de diamètre percé à l'aile en contact avec l'âme, ce qui conduit à considérer des largeurs de branche de 100 et 150.

Nous avons :

$$D = 150 - 100 = 50$$

$$\frac{y}{x} = \frac{400 - 12,5}{500 - 5} = \frac{387,5}{495} = 0,78$$

$$\text{et } d = 50 \frac{1}{1 + \overline{0,78}^2} = 50 \times 0,62 = 31.$$

Il importe donc de considérer des cornières à branches égales de 100 + 31 = 131 de largeur.

6° Degré d'approximation des formules (8) et (14).

54. — Si la poutre ne comprend qu'une âme et des cornières, l'erreur sera nulle si les cornières ont $\frac{1}{8}$ d'épaisseur. Si ce rapport n'est pas observé, l'erreur est maximum avec une âme de très faible épaisseur et de hauteur réduite donnant $r = 4$; elle sera dans ce cas limitée à + (2,3 + 1,55) = + 3,85 p. 100 avec des cornières à très forte épaisseur, et à — (1,3 + 0,9) = — 2,2 p. 100 avec des cornières à très faible épaisseur.

Si la poutre comprend des semelles, l'erreur sera au maximum de 0,8 p. 100 si l'âme et les cornières ont une importance relative négligeable ou s'il est fait emploi de cornières de $\frac{1}{8}$ d'épaisseur. Si les cornières ont un peu plus de $\frac{1}{8}$ d'épaisseur, l'erreur précédente tend à disparaître. Si les cornières ont des dimensions anormales et si les semelles ont une section aussi réduite que possible, l'erreur sera au maximum de + 2.6 p. 100 ou de — 1.7 p. 100. Mais avec les proportions habituellement données aux poutres à semelles, l'erreur ne s'écartera pas sensiblement de 0,2 p. 100.

Pour les fers laminés, dans les limites d'application de la formule générale, l'erreur sera au maximum de + 2.4 p. 100 ou de — 1,1 p. 100.

Ce qui précède établit qu'à l'application des formules (8) et (14) et des formules qui en découlent, l'erreur peut être considérée comme étant nulle au point de vue pratique.

E. — LONGUEUR DES SEMELLES

1° La poutre présente une ame a hauteur constante

55. — Pour connaître la longueur des semelles d'une poutre à égalité de résistance, on trace aux abords de l'enveloppe ACB des

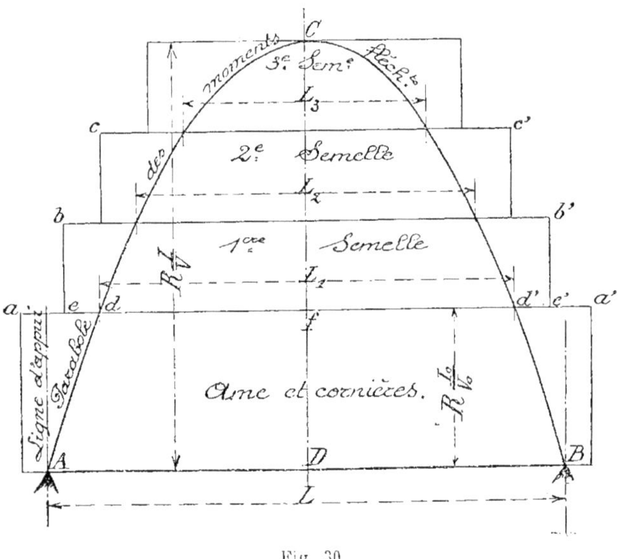

Fig. 30.

moments fléchissants (v. fig. 30), les lignes aa', bb', cc', etc., dont les distances à la base AB sont proportionnelles au produit du taux de travail par les moments résistants.

Si la ligne aa' limite le $\frac{RI}{V}$ de l'âme et des cornières, le premier plat est nécessaire entre les points d et d' se trouvant à l'intersection de aa' et de l'enveloppe des moments. Mais le plat ne peut travailler en d et en d' au taux de sécurité qu'après rivure suffisante aux cornières. C'est pourquoi il prendra naissance en e et en e'. (Les rivets des extrémités de et $d'e'$ doivent présenter une résistance au cisaillement égale à la résistance à la tension d'un plat).

Déterminons analytiquement la longueur dd', à laquelle nous donnons la notation L_1. On a, par application de l'équation de la parabole :

$$CD = \frac{1}{4p'} AD^2 = \frac{1}{4p'} \frac{L^2}{4}$$

$$Cf = \frac{1}{4p'} \overline{df}^2 \text{ et } Df = CD - Cf = \frac{1}{4p'} \left(\frac{L^2}{4} - \overline{df}^2\right).$$

Désignons par $\frac{I}{V}$ le moment résistant au milieu et par $\frac{I_0}{V_0}$ le moment résistant de l'âme et des cornières.

Il vient :

$$\frac{RI_0}{V_0} = \frac{1}{4p'} \left(\frac{L^2}{4} - \overline{df}^2\right) = \frac{RI}{V} \frac{4}{L^2} \left(\frac{L^2}{4} - \overline{df}^2\right) = \frac{RI}{V} \left(1 - \frac{4}{L^2}\overline{df}^2\right).$$

De cette égalité, il résulte que

$$L_1 = 2df = L\sqrt{\frac{\frac{I}{V} - \frac{I_0}{V_0}}{\frac{I}{V}}}.$$

Mais les recherches que nous avons faites précédemment nous permettent de simplifier le calcul du rapport $\frac{\frac{I}{V} - \frac{I_0}{V_0}}{\frac{I}{V}}$. En effet, nous avons établi aux n°s 47 et 48, que pour les poutres avec semelles

$$\frac{I}{V} = h\left(heX + \Omega\right)$$

et que pour la section sans semelle, pour laquelle $\Omega = 0$ et $F = 1,00$, nous avons :

$$\frac{I_0}{V_0} = h^2e\, 1,08\, X.$$

Donc

$$\frac{\frac{I}{V} - \frac{I_0}{V_0}}{\frac{I}{V}} = \frac{h\,(heX + \Omega - 1,08\, heX)}{h\,(heX + \Omega)} = \frac{\Omega - 0,08\, heX}{heX + \Omega}.$$

Mais 0,08 heX a une valeur très faible relativement à Ω ; nous pouvons donc négliger ce terme d'autant plus que cette simplification majore légèrement la longueur cherchée. Dès lors, nous avons :

$$\frac{\frac{I}{V} - \frac{I_0}{V_0}}{\frac{I}{V}} = \frac{\Omega}{heX + \Omega} = \frac{1}{1 + \frac{heX}{\Omega}} .$$

La longueur théorique du premier plat est donc donnée par l'égalité ci-après :

$$L_1 = L\sqrt{\frac{1}{1 + \frac{heX}{\Omega}}} . \qquad (9)$$

56. — Connaissant la longueur théoriquement nécessaire au premier plat, comme nous supposons que la poutre est à hauteur constante, les longueurs des autres plats L_2, L_3, etc., peuvent se déterminer très facilement.

En effet, on peut admettre que les lignes bb', cc', etc., divisent la hauteur Cf en parties égales. Dès lors, il est possible de déterminer théoriquement les rapports numériques qui doivent exister entre les longueurs des plats supplémentaires et la longueur du premier plat. Nous avons calculé ces rapports ; ils sont renseignés à la récapitulation de l'étude, au tableau n° 9, p. 113.

Pour avoir L_2, L_3, etc., il suffit donc de multiplier L_1 par les coefficients numériques renseignés au tableau précité.

En pratique, les surlongueurs des plats, marquées de et $d'e'$ à la première semelle, ne se calculent généralement pas : on se contente de leur donner invariablement une longueur de 40 centimètres. En conséquence, les longueurs L_1, L_2, L_3, etc., données par les formules, seront majorées de 0,80 m.

2° La poutre présente une ame a hauteur variable

57. — Soient, à la figure 31, ACB la courbe enveloppe des moments fléchissants et DEFG, le tracé de l'âme.

Pour connaître la longueur des semelles, nous proposons de

rechercher en différents endroits, la section totale à donner à ces organes. En comparant ces sections, on pourra déterminer avec une approximation suffisante les points où les différents plats doivent prendre naissance.

Nous sommes conduit, en conséquence, à rechercher la surface

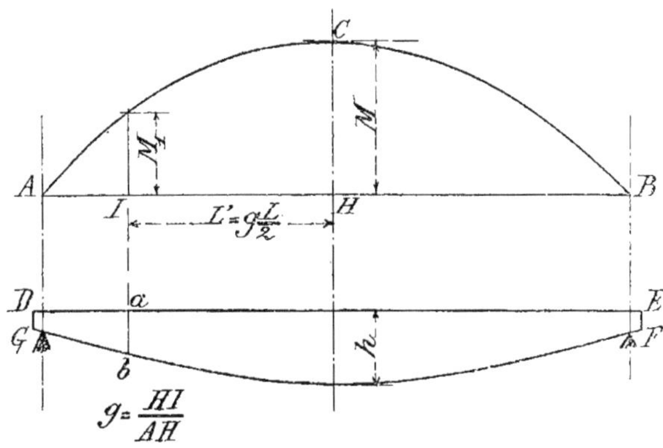

Fig. 31.

des semelles en une section quelconque. Considérons la section marquée ab à la figure précitée, section située à une distance L′ de l'axe.

Admettons que $L' = g\,\frac{L}{2}$.

Au droit de la section ab, le moment fléchissant est égal à $\frac{pL^2}{8}(1 - g^2)$.

Or, nous obtiendrions un tel moment au milieu de la portée, si la poutre était chargée uniformément d'une charge unitaire égale à $p\,(1 - g^2)$.

Par conséquent, le problème est ramené à chercher la surface des semelles nécessaire au milieu de la portée avec une charge unitaire $p\,(1 - g^2)$ et une hauteur d'âme égale à ab, problème qui sera résolu par la formule (8) du n° 47.

En résumé, la surface totale des semelles d'une membrure nécessaire en une section de hauteur h' située à une distance $g\,\frac{L}{2}$ de l'axe est la même que celle qui est nécessaire au milieu de la portée, avec cette hauteur h', lorsque l'on donne à p une valeur égale au produit de la charge unitaire par $(1 - g^2)$.

F. — RÉSISTANCE D'UNE POUTRE

58. — Nous avons obtenu, au n° 47, la formule ci-après se rapportant à la section située à égales distances des appuis :

$$\Omega = h\left(\frac{pm^2}{8\,R} - Xe\right).$$

Cette formule donne

$$p = \frac{8\,R}{m^2}\left(\frac{\Omega}{h} + Xe\right) \qquad (12)$$

et

$$R = \frac{pm^2}{8\left(\frac{\Omega}{h} + Xe\right)} \qquad (13)$$

relations qui font connaître la charge unitaire ou le taux de travail d'une poutre dont les éléments sont connus.

Ω et X seront déterminés par l'examen de la section au milieu de la portée.

Avec une poutre sans semelle, $\Omega = 0$ et le terme $\frac{\Omega}{h}$ disparaît.

Avec les poutrelles et les fers [laminés, Ω doit être divisé par 1,12 ou par les nombres renseignés au n° 50, page 68, si les bourrelets ont une épaisseur supérieure à $\frac{1}{15}\,h$.

G. — CALCUL DE LA SECTION D'UNE POUTRE DANS UN CAS QUELCONQUE

59. — Si la poutre est soumise à une sollicitation spéciale ou si elle présente des encastrements ou un mode particulier d'appui, on calcule le moment fléchissant en un nombre suffisant de sections et, pour chacune de ces sections, on se donne les dimensions de l'âme, ou de l'âme et des cornières si la poutre présente des semelles.

La section d'une membrure peut dès lors s'obtenir directement.

En effet, si nous nous reportons au n° 47, nous voyons que

$$\frac{I}{V} = h\,(heX + \Omega).$$

Introduisons cette valeur de $\frac{I}{V}$ dans la relation $M = \frac{RI}{V}$; il vient :

$$M = Rh\,(heX + \Omega).$$

D'où il résulte que pour un état de sollicitation quelconque, on a, en une section quelconque où le moment fléchissant est M :

$$\Omega = \frac{M}{Rh} - he\,X. \tag{15}$$

Si la poutre ne comprend qu'une âme et des cornières, $\Omega = 0$ et la formule précédente devient :

$$\frac{M}{Rh} = he\,X$$

ce qui donne

$$X = \frac{M}{Rh^2e} \tag{15a}$$

relation qui fait connaître la valeur de X, et partant les proportions des cornières, par simple lecture au tableau n° 2.

Si la poutre est formée d'une poutrelle ou d'un fer [laminés, avec épaisseur ordinaire aux bourrelets, nous avons :

$$\frac{I}{V} = h\left(\frac{he}{6} + 0{,}89\,\Omega\right)$$

ce qui donne

$$\Omega = 1{,}12\left(\frac{M}{Rh} - \frac{he}{6}\right). \tag{15b}$$

Nous voyons donc que la formule générale (15) est applicable à ces fers à condition de faire $X = \frac{1}{6}$ et de multiplier le résultat par 1,12 ou par les nombres renseignés au n° 50, page 68, si les bourrelets reçoivent une épaisseur supérieure au $\frac{1}{15}$ de h.

CHAPITRE II

POIDS DES POUTRES A AME PLEINE

Nous supposons que la pièce est simplement appuyée sur deux appuis de niveau et qu'elle ne porte que des charges uniformément réparties.

A. — ÉTABLISSEMENT DES FORMULES

1° Poutres prismatiques droites a section constante

a) *Poutrelles et fers laminés.*

60. — Nous avons pour la section Ω d'une membrure (v. n° 50) :

$$\Omega = 1{,}12\, h \left(\frac{pm^2}{8\,R} - \frac{e}{v}\right).$$

D'où il résulte que

$$2\,\Omega = \frac{L}{m}\left(\frac{pm^2}{3{,}6\,R} - 0{,}37\,e\right).$$

Si nous ajoutons à $2\,\Omega$, la section de l'âme qui est he ou $\frac{Le}{m}$, nous obtenons la section totale de la pièce. En multipliant le résultat par la densité du métal, nous avons le poids au mètre courant. La section totale est égale à

$$\frac{L}{m}\left(e - 0{,}37\,e + \frac{pm^2}{3{,}6\,R}\right).$$

Le poids au mètre courant est donné par l'égalité ci-après :

$$q = \frac{\delta L}{m}\left(0{,}63\,e + \frac{pm^2}{3{,}6\,R}\right).$$

C'est le poids théoriquement nécessaire. Mais ce poids doit être majoré s'il y a des trous de rivets ou si la pièce est munie d'organes accessoires ; nous admettons qu'il doit être multiplié par un coefficient auquel nous donnons la notation k et dont nous déterminons plus loin la valeur. D'une façon générale, nous écrivons :

$$q = \frac{k\delta L}{m}\left(0{,}63\, e + \frac{pm^2}{3{,}6R}\right). \tag{11^a}$$

Pour connaître le poids au mètre courant, il faut donc se donner le rapport entre la portée et la hauteur ainsi que l'épaisseur de l'âme, c'est-à-dire les dimensions de l'âme. Mais lorsque les charges sont faibles, il peut arriver que cet organe ait la résistance voulue sans l'adjonction de bourrelets et, dans ce cas, la formule n'est plus d'application.

Pour obtenir un résultat exact, il faut que le moment fléchissant soit supérieur au produit de R par le moment résistant de l'âme, ce qui revient à dire qu'il faut avoir :

$$\frac{pL^2}{8} > \frac{Reh^2}{6} \quad \text{ou} \quad \frac{pm^2}{R} > \frac{4}{3}\, e$$

d'où il résulte que la formule n'est applicable qu'à la condition que l'on ait :

$$\frac{pm^2}{3{,}6\,R} > 0{,}37\; e.$$

En conséquence, il y aura lieu de s'assurer, aux applications numériques de la formule 11^a, que le second terme entre parenthèses donne une valeur supérieure aux $\frac{37}{100}$ de l'épaisseur de l'âme.

61. Remarque. — Toutes les formules que nous établissons dans la suite prennent la forme trouvée pour le cas élémentaire considéré ci-dessus, c'est-à-dire que si nous désignons respectivement par A, B et C les coefficients 0,63, 3,6 et 0,37 des relations précédentes, le poids par unité de longueur est invariablement :

$$q = \frac{k\delta L}{m}\left(A\, e + \frac{pm^2}{BR}\right) \tag{11}$$

et invariablement cette formule n'est applicable qu'à la condition que l'on ait la relation ci-après dans laquelle intervient le deuxième terme entre parenthèses de la formule précédente :

$$\frac{pm^2}{BR} > Ce$$

les coefficients A, B et C prenant des valeurs différentes suivant l'agencement de la poutre.

Les recherches que nous faisons ci-après, relativement aux diverses dispositions, ont donc un double but : montrer que les relations cherchées sont de la forme des formules générales et déterminer la valeur algébrique des coefficients variables A, B et C.

Nous ferons connaître les valeurs numériques de ces coefficients à la récapitulation de l'étude.

b) *Poutres à section rectangulaire.*

62. — Soient e l'épaisseur de l'âme et $h = \frac{L}{m}$ la hauteur de la pièce.

On a :

$$\frac{I}{V} = \frac{eh^2}{6} = \frac{eL^2}{6\,m^2}.$$

La relation $M = \frac{RI}{V}$ donne :

$$\frac{pL^2}{8} = \frac{R\,e\,L^2}{6\,m^2}.$$

D'où il résulte que

$$e = \frac{6}{8}\,\frac{pm^2}{R} = \frac{pm^2}{1{,}33\,R}.$$

Dès lors, le poids par unité de longueur est donné par l'égalité ci-après :

$$q = \frac{k\delta L}{m} \times \frac{pm^2}{1{,}33\,R}. \qquad (11^{b})$$

Il en résulte que A = 0 et que B = 1,33.

Toutes les valeurs de m étant théoriquement acceptables, nous ne devons pas rechercher la valeur algébrique du coefficient C.

Faisons remarquer que si l'on se donne l'épaisseur, la hauteur s'obtiendra par la relation ci-après :

$$h = L\sqrt{\frac{0{,}75\,p}{Re}}. \qquad (17)$$

c) *Poutres composées d'une âme et de cornières.*

63. — La formule sera la même pour une âme et 4 cornières que pour une âme et 2 cornières, à la condition que les 2 cornières ne se trouvent pas du même côté de la fibre neutre.

Considérons une âme et 4 cornières, poutre dont l'agencement est indiqué à la figure 28, page 66.

Représentons encore, suivant ce qui a été admis au chapitre précédent, par f le rapport $\frac{d}{h}$, donc $d = fh = f\frac{L}{m}$, et par r le rapport $\frac{h}{a}$. Ce que nous avons dit au n° 47, nous permet de poser invariablement :

$$f = 0,50 - \frac{0,2958}{r}$$

et d'admettre que le moment d'inertie d'une cornière par rapport à l'axe passant par son centre de gravité est égal à $0,0926\, a^2\omega$.

Dès lors, le moment d'inertie total est donné par l'égalité ci-après :

$$\mathrm{I} = \frac{1}{12}\, eh^3 + 4\,\omega\, 0,0926\, a^2 + 4\,\omega\, d^2 =$$

$$= \frac{L^2}{m^2}\left(\frac{0,0926}{r^2} + f^2\right)\left(\frac{Le}{m}\,\frac{1}{12\left(\frac{0,0926}{r^2} + f^2\right)} + 4\,\omega\right).$$

Désignons la section totale des cornières par 2Ω. Nous avons, sachant que $V = \frac{1}{2}h$:

$$\frac{\mathrm{I}}{V} = \frac{L}{m}\, 2\left(\frac{0,0926}{r^2} + f^2\right)\left(\frac{Le}{m}\,\frac{1}{12\left(\frac{0,0926}{r^2} + f^2\right)} + 2\,\Omega\right).$$

La relation $M = \frac{R\mathrm{I}}{V}$ nous donne :

$$\frac{pL^2}{8} = \frac{RL}{m}\, 2\left(\frac{0,0926}{r^2} + f^2\right)\left(\frac{Le}{m}\,\frac{1}{12\left(\frac{0,0926}{r^2} + f^2\right)} + 2\,\Omega\right)$$

d'où il résulte que

$$2\,\Omega = \frac{L}{m}\left\{\frac{pm^2}{16\left(\frac{0,0926}{r^2} + f^2\right)R} - e\,\frac{1}{12\left(\frac{0,0926}{r^2} + f^2\right)}\right\}.$$

La section de l'âme étant $\frac{Le}{m}$, on a :

$$q = \frac{k\delta L}{m}\left\{e\left(1 - \frac{1}{12\left(\frac{0,0926}{r^2} + f^2\right)}\right) + \frac{pm^2}{16\left(\frac{0,0926}{r^2} + f^2\right)R}\right\}. \quad (11^c)$$

Dans cette formule, les coefficients de e et de R dépendent uniquement de r; nous pouvons les calculer pour les différentes valeurs qui se présentent en pratique pour ce facteur.

Les formules générales peuvent donc être reprises si l'on fait

$$A = 1 - \frac{1}{12\left(\frac{0.0926}{r^2} + f^2\right)} \quad \text{et} \quad B = 16\left(\frac{0.0926}{r^2} + f^2\right).$$

La formule n'est applicable qu'à la condition que le moment fléchissant soit supérieur au produit de R par le moment résistant de l'âme, c'est-à-dire qu'il faut avoir comme précédemment

$$\frac{pm^2}{R} > \frac{4}{3} \cdot e \quad \text{ou} \quad \frac{pm^2}{BR} > \frac{4}{3B} e.$$

Il en résulte que la valeur du coefficient C, dont il est fait mention à l'exposé des formules générales, est donnée par l'égalité ci-après :

$$C = \frac{4}{3B} = \frac{1}{12\left(\frac{0.0926}{r^2} + f^2\right)}.$$

Mais il peut arriver que la hauteur admise pour l'âme ne convienne pas pour obtenir la résistance voulue, ou tout au moins qu'elle ne convienne pas par suite de l'importance des cornières. Il sera donc généralement nécessaire d'appliquer deux fois la formule; une première fois, m et r recevront des valeurs choisies arbitrairement et on recherchera quelle largeur de cornière correspond au résultat de la formule. Si le rapport r n'est pas observé avec cette largeur, on appliquera la formule une deuxième fois après avoir corrigé les valeurs primitives de m et de r. Il va de soi qu'il n'y aura pas lieu de faire intervenir le coefficient k à la première application numérique.

d) *Poutres composées d'une âme, de 4 cornières et de semelles.*

64. — La figure 27 montre la coupe en travers de ces poutres.

Nous avons établi au n° 47 la relation suivante faisant connaître la section nette des semelles d'une membrure :

$$\Omega = h\left(\frac{pm^2}{8R} - Xe\right)$$

relation dans laquelle

$$X = \frac{1}{F}\left(\frac{1}{6} + \frac{1,388\,\gamma}{r^3} + \frac{15\,\gamma f^2}{r}\right).$$

Mais, à la dernière relation, le deuxième terme entre parenthèses a une importance très faible et il peut être négligé dans la recherche du poids de la poutre. De plus, nous pouvons sans inconvénient faire $\gamma = 1$. En conséquence, comme nous devons avoir la section totale des semelles, nous écrivons :

$$2\,\Omega = \frac{L}{m}\left\{\frac{pm^2}{4\,R} - e\left(\frac{1}{3\,F} + \frac{30\,f^2}{Fr}\right)\right\}$$

étant entendu que f a une valeur constante égale à $0,50 - \frac{0,2958}{r}$.

Nous devons ajouter à 2Ω la section de l'âme et des cornières. La première est égale à $he = \frac{Le}{m}$; la section d'une cornière est $(2a-e)e = 2ae-e^2$, vu que nous faisons $\gamma = 1$.

Mais nous pouvons admettre que e^2 est égal au produit de e par l'épaisseur adoptée habituellement, soit un huitième de la largeur des branches. Dans cette hypothèse, nous avons pour la section totale des cornières :

$$4\left(2\,ae - \frac{ae}{8}\right) = \frac{7,5}{r}\,\frac{Le}{m}.$$

Finalement, nous avons la relation suivante :

$$q = \frac{k\delta L}{m}\left\{e\left(1 + \frac{7,5}{r} - \frac{1}{3F} - \frac{30\,f^2}{Fr}\right) + \frac{pm^2}{4R}\right\}. \qquad (11^a)$$

Mais la valeur de F s'écarte peu de l'unité et ce facteur n'intervenant que dans la détermination du moment résistant de l'âme et des cornières, lequel est faible relativement à celui des semelles, il en résulte que nous pouvons lui donner une valeur invariable égale à la valeur qui se présente généralement en pratique, soit 1,08. Dès lors, le coefficient de e dépend uniquement de r. La forme de la formule générale se représente donc et nous pouvons écrire :

$$A = 1 + \frac{7,5}{r} - \left(\frac{1}{3 \times 1,08} + \frac{30\,f^2}{1,08\,r}\right) \quad \text{et} \quad B = 4.$$

La formule ne peut être utilisée qu'à la condition que le moment fléchissant soit supérieur au produit de R par le moment résistant de l'âme et des cornières ; il faut donc avoir :

$$\frac{pL^2}{8} > \frac{Rh^2c}{2}\left(\frac{1}{3F} + \frac{30f^2}{Fr}\right)$$

ou

$$\frac{pm^2}{4R} > c\left(\frac{1}{3F} + \frac{30f^2}{Fr}\right)$$

c'est-à-dire que

$$C = \frac{1}{3 \times 1{,}08} + \frac{30f^2}{1{,}08\,r}.$$

2° Poutres a section variable

a) *Poutres droites composées d'une âme, de 4 cornières et de semelles donnant l'égalité de résistance.*

65. — Les calculs que nous avons faits aux mêmes poutres à section constante montrent que la section des semelles au milieu est

$$2\,\Omega = \frac{L}{m}\left\{\frac{pm^2}{4R} - c\left(\frac{1}{3F} + \frac{30f^2}{Fr}\right)\right\}.$$

Mais avec les poutres à égalité de résistance, cette section n'est nécessaire qu'au milieu ; de part et d'autre de ce point, l'épaisseur peut décroître pour être nulle au droit des appuis. On peut admettre que les variations de section des semelles correspondent aux variations d'intensité des moments fléchissants et dans cette hypothèse, la section moyenne des membrures est égale aux deux tiers de la section maximum. Elle est donc de

$$\frac{L}{m}\left\{\frac{pm^2}{6R} - c\left(\frac{2}{9F} + \frac{60f^2}{3Fr}\right)\right\}.$$

En nous reportant au n° 64, nous voyons que l'âme et les cornières ont une section totale égale à

$$\frac{Lc}{m}\left(1 + \frac{7{,}5}{r}\right).$$

Le poids au mètre courant est donc, en tenant compte des pertes de métal :

$$q = \frac{k\delta L}{m}\left\{c\left(1 + \frac{7{,}5}{r} - \frac{2}{9F} - \frac{60f^2}{3Fr}\right) + \frac{pm^2}{6R}\right\}. \qquad (11^c)$$

Cette relation présente la forme de la formule générale et nous avons :

$$A = 1 + \frac{7,5}{r} - \frac{2}{3}\left(\frac{1}{3 \times 1,08} + \frac{30\,f^2}{1,08\,r}\right) \quad \text{et} \quad B = 6.$$

Elle n'est applicable qu'à la condition d'avoir, comme dans le cas précédent :

$$\frac{pm^2}{4R} > e\left(\frac{1}{3F} + \frac{30\,f^2}{Fr}\right) \quad \text{ou} \quad \frac{pm^2}{6R} > e\,\frac{2}{3}\left(\frac{1}{3F} + \frac{30\,f^2}{Fr}\right).$$

C'est-à-dire que $C = \frac{2}{3}\left(\frac{1}{3 \times 1,08} + \frac{30\,f^2}{1,08\,r}\right)$.

POUTRES A MEMBRURES CINTRÉES

66. — Ces poutres présentent l'une des formes indiquées à la figure 32.

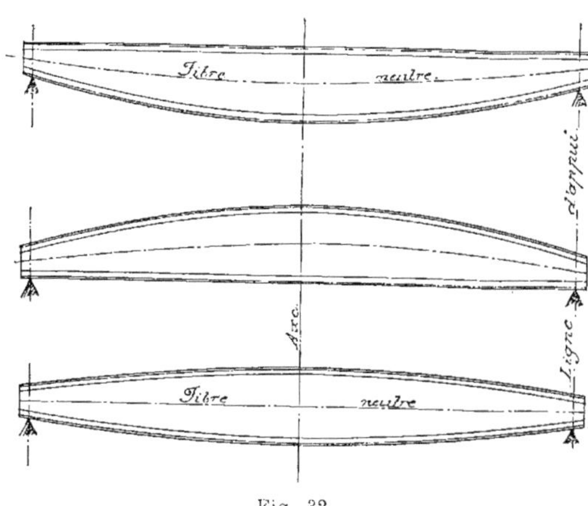

Fig. 32.

On peut admettre que le poids est le même pour ces trois agencements ; dans la suite, nous n'aurons en vue que la première disposition.

b) *Poutres cintrées avec membrures à section constante.*

67. — Nous supposons que les membrures comprennent des semelles.

Si les membrures ont une très faible section, leur moment résistant sera négligeable relativement à celui de l'âme et on obtiendra l'égalité de résistance, au point de vue des actions infléchissantes, en donnant à l'âme le tracé elliptique dessiné en pointillé à la figure 33.

Si, au contraire, l'âme donne un moment résistant négligeable,

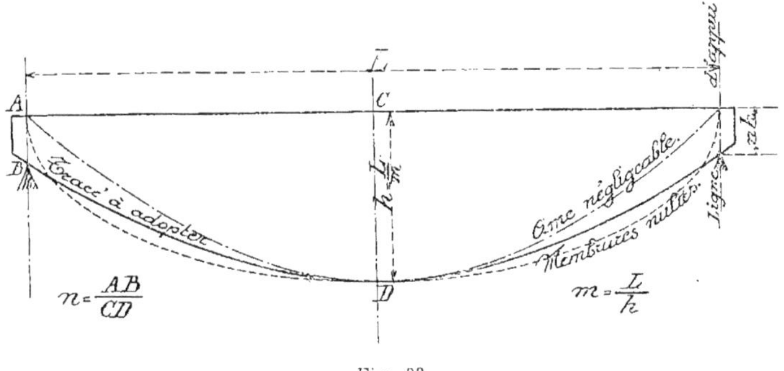

Fig. 33.

le bord longitudinal inférieur doit être tracé suivant l'arc de parabole dessiné en trait mixte.

Il en résulte que si l'invariabilité de section des membrures est imposée, le tracé de l'âme qui répond le plus avantageusement à l'enveloppe des moments fléchissants, est situé entre les deux courbes précitées.

Mais les courbes obtenues par l'examen des moments fléchissants ne laissent aucune hauteur à l'âme au droit des appuis, alors que l'effort tranchant exige en ces endroits une certaine quantité de métal. Les hauteurs extrêmes doivent varier selon l'intensité des charges et il y a lieu de les déterminer d'après ce qui est dit au n° 45.

Supposons que la hauteur au droit des appuis soit égale à la hauteur maximum multipliée par un coefficient n et admettons aussi, suivant ce qui se fait généralement en pratique, que le bord inférieur de l'âme soit l'arc de parabole tracé en trait plein à la figure 33.

La surface de l'âme est :

$$\frac{nL^2}{m} + \frac{2}{3}\left(\frac{L}{m} - \frac{nL}{m}\right)L = \frac{L^2}{m}\left(0,667 + \frac{n}{3}\right).$$

La section moyenne de l'âme est donc $\frac{Le}{m}\left(0,667 + \frac{n}{3}\right)$.

Pour déterminer la section des membrures, nous devrions faire intervenir les efforts transmis normalement aux sections transversales par suite de la courbure de la fibre neutre. Mais ces efforts ont une intensité très faible et nous les négligeons. Cette simplification est d'ailleurs généralement admise en pratique.

Dès lors, si r désigne le rapport entre la hauteur de l'âme au milieu de la poutre et la largeur des cornières, nous avons, pour la section des semelles :

$$2\Omega = \frac{L}{m}\left\{\frac{pm^2}{4R} - e\left(\frac{1}{3F} + \frac{30\,f^2}{Fr}\right)\right\}.$$

En y ajoutant la section des cornières qui est $\frac{Le}{m}\cdot\frac{7,5}{r}$, nous obtenons la section totale des membrures.

Mais la longueur totale des membrures n'est plus 2L comme précédemment; supposons qu'elle soit égale à $2L \times \lambda$. Cette augmentation de longueur conduit à devoir multiplier par λ la section trouvée ci-dessus pour les membrures.

Le poids moyen au mètre courant est dès lors donné par l'égalité ci-après :

$$q = \frac{k\delta L}{m}\left\{e\left(0,667 + \frac{n}{3} + \frac{7,5\,\lambda}{r} - \frac{\lambda}{3F} - \frac{\lambda\,30f^2}{Fr}\right) + \frac{\lambda pm^2}{4R}\right\}. \quad (11')$$

Cette égalité est de la forme de la formule générale et nous voyons que

$$A = 0,667 + \frac{n}{3} + \frac{7,5\,\lambda}{r} - \lambda\left(\frac{1}{3 \times 1,08} + \frac{30\,f^2}{1,08\,r}\right)$$

et que

$$B = \frac{4}{\lambda}.$$

La formule n'est applicable qu'à la condition que l'on ait :

$$\frac{pm^2}{4R} > e\left(\frac{1}{3F} + \frac{30\,f^2}{Fr}\right) \quad \text{ou} \quad \frac{\lambda pm^2}{4R} > e\,\lambda\left(\frac{1}{3F} + \frac{30f^2}{Fr}\right)$$

c'est-à-dire que

$$C = \lambda\left(\frac{1}{3 \times 1,08} + \frac{30\,f^2}{1,08\,r}\right).$$

c) Poutres cintrées avec membrures à section variable.

68. — Dans ce cas, les membrures sont formées de plusieurs semelles.

Nous avons comme au cas précédent :

Pour la section de l'âme :

$$\frac{Le}{m}\left(0,667 + \frac{n}{3}\right)$$

Pour la section des cornières :

$$\frac{Le}{m}\,\frac{7,5\,\lambda}{r}$$

Pour la section des semelles au milieu de la portée :

$$\frac{L}{m}\left\{\frac{pm^2}{4R} - c\left(\frac{1}{3F} + \frac{30\,f^2}{Fr}\right)\right\}.$$

Mais nous considérons le cas où les semelles réalisent la forme d'égale résistance. Si n est à peu près égal à 1, c'est-à-dire si l'âme peut être considérée comme étant rectangulaire, les semelles présentent une section moyenne égale aux $\frac{2}{3}$ de la valeur donnée ci-dessus ; si n prend une valeur très faible, c'est-à-dire si la forme de l'âme se rapproche d'un segment parabolique, la section moyenne devient égale à peu de chose près à la section au milieu.

Supposons que la section moyenne des semelles à faire intervenir dans la relation donnant le poids unitaire soit égale à la section au milieu multipliée par un coefficient recevant la notation μ.

On peut admettre que le volume des semelles en une section quelconque est en raison directe de l'intensité des moments fléchissants au droit de cette section et en raison inverse de la hauteur de l'âme. Or, dans cette hypothèse, la valeur de μ dépend uniquement du rapport entre les hauteurs extrêmes et la hauteur centrale, c'est-à-dire qu'elle dépend uniquement de n. Nous avons calculé les valeurs prises par ce coefficient pour différents rapports n ; le tableau ci-contre renseigne les résultats des calculs.

RAPPORTS n	0,80	0,70	0,60	0,50	0,40	0,30	0,20
Valeurs de μ	0,70	0,72	0,74	0,76	0,78	0,81	0,85

Si nous tenons compte que la section moyenne des semelles doit être multipliée par λ pour compenser l'augmentation de longueur due à la courbure, nous avons :

$$q = \frac{k\delta L}{m}\left[e\left\{0,667 + \frac{n}{3} + \frac{7,5\,\lambda}{r} - \lambda\mu\left(\frac{1}{3F} + \frac{30\,f^2}{Fr}\right)\right\} + \frac{\lambda\mu p m^2}{4R}\right] \quad (11^a)$$

Les coefficients **A** et **B** introduits dans les formules générales ont donc les valeurs suivantes :

$$A = 0,667 + \frac{n}{3} + \frac{7,5\,\lambda}{r} - \lambda\mu\left(\frac{1}{3 \times 1,08} + \frac{30\,f^2}{1,08\,r}\right)$$

et

$$B = \frac{4}{\lambda\mu}\cdot$$

La formule n'est applicable qu'à la condition d'avoir :

$$\frac{pm^2}{4R} > c\left(\frac{1}{3F} + \frac{30\,f^2}{Fr}\right)$$

ou

$$\frac{\lambda\mu p m^2}{4R} > e\lambda\mu\left(\frac{1}{3F} + \frac{30\,f^2}{Fr}\right).$$

C'est-à-dire que

$$C = \lambda\mu\left(\frac{1}{3 \times 1,08} + \frac{30\,f^2}{1,08\,r}\right).$$

Valeur à attribuer à λ. — La valeur de λ ne dépend pas uniquement de n, elle varie aussi suivant l'importance de m. Nous donnons à m une valeur constante égale à 10, ce qui répond aux proportions habituellement adoptées en pratique. Dans cette hypothèse, en supposant qu'il n'y ait qu'une seule membrure cintrée, on trouve pour λ les valeurs renseignées ci-après :

Valeurs de n	0,20	0,30	0,40	0,50	0,60	0,70	0,80
Valeurs de λ	1,009	1,007	1,005	1,003	1,002	1,001	1,001

B. — POIDS DES ORGANES ACCESSOIRES (VALEURS DU COEFFICIENT k)

69. — Le coefficient de majoration k, dont nous recherchons ci-après la valeur, intervient pour renforcer le poids théorique en vue de tenir compte des têtes de rivets, des raidisseurs, des fourrures, des couvre-joints, de la matière perdue aux abouts et aux redans des semelles et du métal situé en regard des trous de rivets, métal qu'il est de règle de négliger dans le calcul du moment résistant.

Pour connaître la valeur à attribuer à ce coefficient, nous prenons comme base le poids des poutres maîtresses des ponts à âmes pleines du chemin de fer de Pékin à Hankow dont les taux de travail et les poids ont été déterminés très exactement, ouvrages étudiés par M. Cl. Van Bogaert, directeur à la Société d'Étude de Chemins de fer en Chine.

Les poutres considérées sont à égalité de résistance et elles présentent des couvre-joints à partir de 15 m. de portée et des raidisseurs à toutes les ouvertures. Ces raidisseurs sont placés à écartement de 2 m. et ils sont composés d'une ou de deux âmes de 100 ou 130 × 8, de 2 ou de 4 cornières de 65 × 65 × 7 ou de 70 × 70 × 8 et de fourrures rachetant l'épaisseur des cornières longitudinales.

Les pertes de métal aux poutres à section constante ont été calculées en apportant les modifications voulues aux indications des ouvrages précités.

Les tableaux ci-après renseignent les résultats des calculs.

Le premier tableau montre que :

Avec raidisseurs : $k = 1,45$ si la poutre a plus de 11 m. de portée. Si elle a moins de 11 m. de portée, on ajoute 0,01 par mètre de différence; ainsi pour $L = 4$ m., on a $k = 1,45 + 0,01 (11-4) = 1,52$.

Sans raidisseurs : $k = 1,29$ si la poutre a plus de 11 m. de portée. Si elle a moins de 11 m. de portée, on ajoute 0,02 par mètre de différence.

1° Poutres droites a égalité de résistance

Portées théoriques	Valeurs de			Charges totales au mètre courant.	Taux de travail au millimètre carré.	Poids réels au m. c^t. ($\delta = 7830$).	Poids théoriques nets en faisant $k = 1$.	Valeurs à attribuer à k.	Pourcentages par rapport aux poids nets					
	m	r	e						raidisseurs.	couvre-joints.	redans des semelles.	trous de rivets.	têtes de rivets.	surlongueur des appuis.
m.			mm.	kg.	kg.	kg.	kg.		0/0	0/0	0/0	0/0	0/0	0/0
4,10	11,7	5	8	5200	6,80	125	82.5	1,52	9	»	10	17	9	7
5,60	12,5	6 3/7	8	4710	7,00	151	100	1,51	11	»	10	16	9	5
8,70	13,4	9 2/7	8	4200	7,20	201	135	1,49	15	»	9	15	7	3
10,75	13,4	11 3/7	8	3900	7,43	222	153	1 45	16	»	8	12	6	3
15,84	12,7	15 5/8	8	3700	7,20	310	213	1.45	16	5	7	11	4	2
21,01	12,7	20 5/8	10	3730	7,03	436	306	1,43	15	7	6	10	4	1

2° Poutres a section constante avec cornières et semelles

Portées théoriques	Valeurs de			Charges totales au mètre courant.	Taux de travail au millimètre carré.	Poids réels au m. c^t. ($\delta = 7830$).	Poids théoriques nets en faisant $k = 1$.	Valeurs à attribuer à k.	Pourcentages par rapport aux poids nets				
	m	r	e						raidisseurs.	couvre-joints.	trous de rivets.	têtes de rivets.	sur longueur des appuis.
m.			mm.	kg.	kg.	kg.	kg.		0/0	0/0	0/0	0/0	0,0
2,60	8,65	5	8	7970	7,90	105	65.6	1,60	17	»	17	12	14
4,10	11,7	5	8	5200	6,80	133	95,4	1,40	8	»	15	9	8
5,60	12,5	6 3/7	8	4710	7,00	162	117,6	1.38	10	»	15	7	6
8,70	13,4	9 2/7	8	4200	7,20	228	167.7	1,36	12	»	14	6	4
10,75	13,4	11 3/7	8	3900	7,43	251	188,1	1,33	13	»	12	5	3
15,84	12,7	15 5/8	8	3700	7,20	349	261,3	1,33	13	4	10	4	2
21,01	12,7	20 5/8	10	3730	7,03	490	370 3	1,33	13	6	9	3	2

Ce tableau montre que :

Avec raidisseurs : $k = 1,33$ si la poutre a plus de 11 m. de portée. Si elle a moins de 11 m. de portée, on ajoute 0,01 par mètre de différence. Pour les portées de moins de 3 m., on fera $k = 1,60$. Mais, en général, les semelles ne présenteront pas les fortes sections qu'elles avaient aux poutres considérées ce qui augmente l'importance relative des raidisseurs. Dès lors, il est conseillable de majorer le terme 1,33 de 0,05.

Sans raidisseurs : $k = 1,20$ si la poutre a plus de 11 m. de portée. Si elle a moins de 11 m. de portée, on ajoute 0,02 par mètre de différence. Pour les portées de moins de 3 m., on fera $k = 1,43$.

3° Poutres composées d'une ame et de cornières

Le tableau ci-après renseigne les pertes de métal aux différents organes.

PORTÉES THÉORIQUES	VALEURS de k.	POURCENTAGES PAR RAPPORT AUX POIDS NETS				
		raidisseurs.	couvre-joints.	trous de rivets.	têtes de rivets.	surlongueur des appuis.
m.		0/0	0/0	0/0	0/0	0/0
2.6	1,54	24	»	11	5	14
4.1	1.48	26	»	9	5	8
5.6	1,46	28	»	8	4	6
8.70	1,42	28	»	7	3	4
10,75	1,41	29	»	6	3	3
15.84	1,42	29	4	5	2	2
21,01	1,40	27	6	4	1	2

Ce tableau montre que :

Avec raidisseurs : $k = 1,41$ si la poutre a plus de 11 m. de portée. Si elle a moins de 11 m. de portée, on ajoute 0,01 par mètre de différence.

Sans raidisseurs : $k = 1,13$ si la poutre a plus de 11 m. de portée. Si elle a moins de 11 m. de portée, on ajoute 0,01 par mètre de différence.

4° Poutres cintrées

Nous considérons deux poutres cintrées, la première reprise aux ouvrages d'art de la ligne Pékin-Hankow, avec membrures donnant l'égalité de résistance, la deuxième avec membrures à section constante. La portée est de 26,20 m.; les hauteurs d'âme : 2,15 au milieu et 1,152 aux appuis, ce qui donne $n = \frac{1,152}{2,15} = 0,535$. Le tableau ci-après renseigne les résultats des calculs.

DISPOSITION DES MEMBRURES	VALEURS DE				CHARGES TOTALES au mètre courant.	TAUX DE TRAVAIL au millimètre carré.	POIDS RÉELS au m. c^t. ($\delta = 7830$).	POIDS THÉORIQUES nets en faisant $k = 1$.	VALEURS à attribuer à k.	POURCENTAGES PAR RAPPORT AUX POIDS NETS					
	m	n	r	e						raidisseurs.	couvre joints.	redans.	trous de rivets.	têtes de rivets.	surlongueur des appuis.
				mm.	kg.	kg.	kg.								
Égalité de résistance	12,2	0,535	26.9	10	3760	8.10	485	336	1.45	16	7	6	11	4	1
Section constante.	»	»	»	»	»	»	529	386	1.36	13	6	»	12	3	2

Il est visible que les valeurs trouvées aux poutres à hauteur d'âme constante peuvent être maintenues pour les poutres qui nous occupent.

5° Poutrelles et fers ⊏

Si, dans la zone centrale, la pièce n'est pas affaiblie par des trous de rivets, $k = 1,00$.

S'il y a des trous de rivets aux bourrelets, on fera $k = 1,20$ s'il y a 2 trous en regard à chaque semelle, et $k = 1,10$ s'il n'y a qu'un trou par semelle. Les trous à l'âme peuvent être négligés.

Il n'est pas fait mention de raidisseurs, car il n'est pas de règle de les appliquer aux fers qui nous occupent. De plus, les valeurs renseignées ne tiennent pas compte de la surlongueur des appuis (v. à ce sujet le tableau 3°).

CHAPITRE III

A. — HAUTEUR DE POUTRE DONNANT LE MAXIMUM D'ÉCONOMIE

70. — Il peut être utile de connaître la hauteur de poutre donnant le maximum d'économie. Recherchons pour quelle valeur de m cette condition est réalisée.

1er *Cas. — La poutre n'a pas de raidisseurs.*

Nous avons, formule (11) :

$$q = \frac{k\delta L}{m}\left(Ae + \frac{pm^2}{BR}\right).$$

Cette relation peut s'écrire sous la forme ci-après :

$$q = k\delta L \frac{p}{BR}\left(\frac{\frac{BR}{p}\,Ae + m^2}{m}\right).$$

Or, les facteurs devant les parenthèses sont invariables quelle que soit la valeur de m. Le poids q est donc minimum lorsque la fraction

$$\frac{AB\frac{Re}{p} + m^2}{m}$$

prend sa valeur minimum. Or, il en est ainsi lorsque

$$m^2 = AB\,\frac{Re}{p},$$

c'est-à-dire lorsque

$$m = \sqrt{AB\,\frac{Re}{p}}. \qquad (5)$$

Cette relation suppose que e est invariable quelle que soit la valeur attribuée à m. Théoriquement, il n'en est pas ainsi ; cependant, cette condition est souvent observée parce que l'épaisseur d'âme satisfaisant aux conditions théoriques est généralement insuffisante. Remarquons d'ailleurs que la valeur de m la plus économique correspond à une grande hauteur d'âme et la remarque précédente est surtout vraie dans ce cas. Donc, dans la généralité des cas, on peut admettre, à l'application de la formule (5), que e est invariable et égal à l'épaisseur minimum pratiquement acceptable.

Si nous introduisons la valeur de m déterminée ci-dessus, dans la formule (11) celle-ci prend une forme très simple. Il vient en effet :

$$q = \frac{k\delta L}{m} 2\,Ae. \qquad (11'')$$

2° *Cas. — La poutre présente des raidisseurs.*

Recherchons le poids théorique des raidisseurs.

La réaction étant $\frac{pL}{2}$ et les raidisseurs travaillant par compression, ce qui exige une augmentation de section qui peut être évaluée à 30 p. 100, on a pour la section ω des raidisseurs extrêmes,

$$\omega = \frac{1,3\,pL}{2\,R} = \frac{0,65\,pL}{R}.$$

Supposons qu'aux pièces centrales on réduise cette section de 1/4 (une forte réduction est irréalisable en pratique). La section moyenne à faire intervenir dans les calculs est donc

$$\frac{1}{2}\left(\omega + \frac{3}{4}\omega\right) = \frac{7}{8}\omega = \frac{0,57\,pL}{R}.$$

Il est de règle de placer des raidisseurs tous les 2 m. environ, quelle que soit la hauteur de la poutre. Il en résulte que le poids moyen des raidisseurs au mètre courant est

$$\frac{1}{2} k\delta \frac{0,57\,pL}{R} \frac{L}{m} = \frac{k\delta L}{m} \frac{0.28\,pL}{R}.$$

La formule (11) devient :

$$q = \frac{k\delta L}{m}\left(Ae + \frac{pm^2}{BR} + \frac{0,28\,pL}{R}\right).$$

Cette formule peut s'écrire sous la forme ci-après :

$$q = k\delta L \frac{p}{BR} \frac{\frac{BR}{p} Ae + m^2 + \frac{BR}{p}\frac{0,28\,pL}{R}}{m} =$$

$$= k\delta L \frac{p}{BR} \frac{\frac{ABRe}{p} + 0,28\,BL + m^2}{m}.$$

D'où il résulte que le poids moyen au mètre courant est minimum lorsque

$$m = \sqrt{AB \frac{Re}{p} + 0,28\ BL} \qquad (6)$$

et, dans ce cas, la formule (11) devient :

$$q = \frac{k\delta L}{m} \left(2\ Ae + \frac{0,28\ pL}{R}\right). \qquad (11')$$

Les calculs précédents montrent qu'il est possible de faire une estimation théorique du poids des raidisseurs. Cependant nous n'avons pas fait intervenir aux formules la relation obtenue parce qu'il est souvent impossible, surtout pour les petites ouvertures, de donner aux raidisseurs des dimensions théoriques. On constate que pour des ouvertures égales, les raidisseurs, que l'on ne calcule généralement pas, ont une importance à peu près constante répondant surtout à des considérations d'exécution et d'aspect. Nous avons préféré, afin d'obtenir un poids moyen plus exact, assimiler ces organes à des pièces surabondantes renforçant le coefficient k.

B. — INFLUENCE DE LA VALEUR DE m SUR LE POIDS DE LA POUTRE

71. — Nous avons, formule (11) :

$$q = \frac{k\delta L}{m} \left(Ae + \frac{pm^2}{BR}\right)$$

relation qui peut s'écrire

$$q = k\delta L \left(\frac{Ae}{m} + \frac{pm}{BR}\right).$$

Pour une portée donnée, les facteurs en évidence sont invariables et la consommation de métal est proportionnelle à

$$\frac{Ae}{m} + \frac{pm}{BR}.$$

Recherchons les rapports des poids q correspondant à différentes valeurs de m. Adoptons à cet effet pour les facteurs variables des valeurs moyennes, à savoir : $e = 0,008$, $p = 4\,000$, $B = 6$ et $R = 9\,000\,000$. De plus, supposons que les cornières présentent une largeur constante donnant $r = 12$ si $m = 10$. Le tableau ci-après renseigne les résultats des calculs.

$m =$	7,5	10	12,5	15	17,5	20
$r =$	16	12	9,6	8	6,9	6
A = ...	1,00	1,07	1,15	1,24	1,33	1,42
$\frac{Ae}{m} =$	0,00107	0,00086	0,00074	0,00066	0,00061	0,00057
$\frac{pm}{BR} =$	0,00055	0,00074	0,00092	0,00111	0,00129	0,00148
$\frac{Ae}{m} + \frac{pm}{BR} =$ . . .	0,00162	0,00160	0,00166	0,00177	0,00190	0,00205
Rapports . .	1,01	1	1,04	1,11	1,18	1,28

Ce tableau montre que la consommation de métal n'augmente d'une façon appréciable qu'aux poutres à faible hauteur s'écartant notablement de la hauteur la plus avantageuse.

Il en résulte qu'il n'est pas nécessaire de serrer de près la valeur de m répondant aux formules (5) et (6). Nous en déduirons aussi que si nous devons établir une formule approximative pour le poids d'une construction complète, nous pouvons sans crainte d'erreur conséquente supposer que m conserve, pour chaque série de poutres, une valeur invariable se rapprochant de la proportion la plus économique ou du rapport généralement adopté.

CHAPITRE IV

SUBSTITUTION DE CHARGES UNIFORMÉMENT RÉPARTIES AUX CHARGES IRRÉGULIÈRES

72. — Aux chapitres précédents, nous avons généralement supposé que la pièce était soumise à une charge uniformément répartie; mais, la plupart du temps, la poutre subit l'action de charges concentrées irrégulièrement placées et, dans ce cas, il y a lieu de déterminer par des opérations préliminaires les charges uniformément réparties à faire intervenir aux calculs.

Soient :

p = la charge uniformément répartie par unité de longueur donnant l'équivalence au point de vue du moment fléchissant;

π = la charge unitaire donnant l'équivalence au point de vue de l'effort tranchant;

M = le moment fléchissant maximum et

R_a = la réaction maximum des appuis.

Aux poutres à âme pleine, l'effort tranchant doit uniquement intervenir aux calculs avec la valeur la plus défavorable prise au droit des appuis. En conséquence

$$\pi = \frac{2 R_a}{L}. \tag{18}$$

Pour les moments fléchissants, deux cas peuvent se présenter.

a) *Le moment fléchissant est maximum au milieu de la portée.* Dans ce cas, on doit avoir :

$$\frac{pL^2}{8} = M.$$

Ce qui donne :

$$p = \frac{8 M}{L^2}. \tag{19}$$

b) *Le moment fléchissant prend sa valeur maximum en un point quelconque* C, à des distances l_g et l_d des appuis (v. fig. 34).

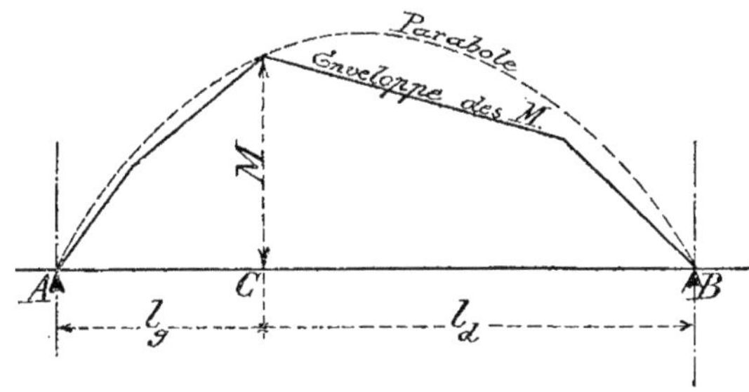

Fig. 34.

Si la poutre est à section constante, le fait que le moment fléchissant a sa valeur maximum à distance de l'axe n'a aucune influence ; on peut reprendre la relation (19).

Mais si la poutre est à section variable réalisant l'égalité de résistance, il n'en est plus ainsi. En effet, l'arc de parabole qui sera la représentative des moments pour la charge uniformément répartie, doit être circonscrit au polygone irrégulier formant l'enveloppe réelle des moments. Or, au droit du point C, la charge fictive donne un moment fléchissant égal à :

$$\frac{p\mathrm{L}}{2}\, l_g - p l_g \frac{l_g}{2} = \frac{p l_g}{2}\, (\mathrm{L} - l_g) = \frac{p l_g\, l_d}{2}\,.$$

Il faut donc avoir :

$$\frac{p l_g\, l_d}{2} = \mathrm{M}$$

c'est-à-dire que

$$p = \frac{2\,\mathrm{M}}{l_g\, l_d}\,. \tag{20}$$

Pour tracer l'enveloppe des moments fléchissants et pour trouver l'intensité des réactions, on aura recours aux indications données aux n°s 32 et 33.

73. Application. — *Déterminer les charges unitaires pour une poutre de 12 mètres de portée soumise à l'action d'une charge de 12 000 kg. uniformément répartie et de 4 charges isolées de 3 000, 1 500, 4 500 et 4 000 kg., agissant comme il est indiqué à la figure 35.*

Les opérations graphiques s'effectuent dans l'ordre suivant :

1° Dessiner l'axe AB de la poutre à une échelle de longueur quelconque, y faire figurer les points d'application des charges isolées et tracer les lignes d'action de ces charges, que nous supposons être normales à l'axe et verticales.

2° Tracer à partir d'un point quelconque et à une échelle de forces quelconque, le dynamique des charges isolées. A cet effet, il suffit de porter les charges sur une droite parallèle à la ligne d'action des forces et dans l'ordre

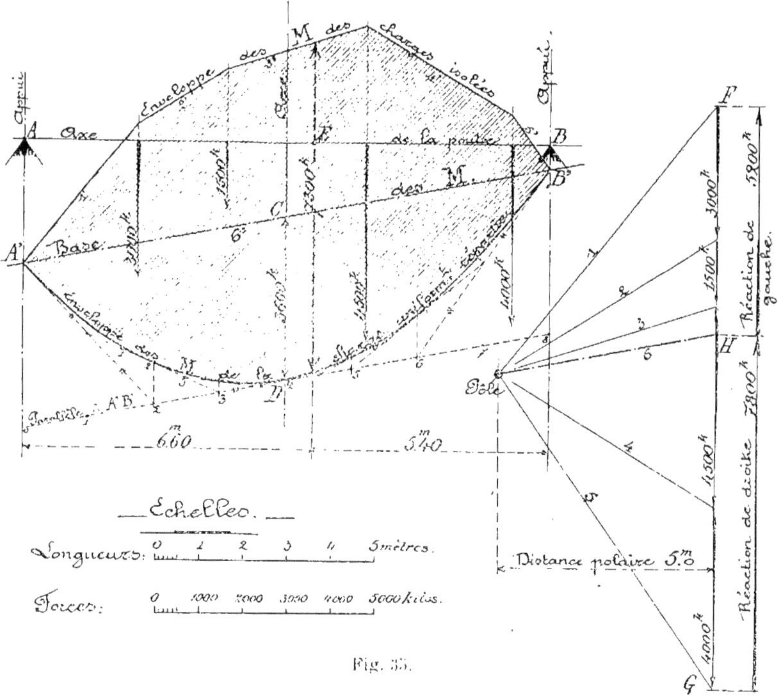

Fig. 35.

suivant lequel elles se présentent sur la poutre. Nous choisissons la verticale FG et nous commençons par les charges de gauche.

3° Choisir comme pôle un point quelconque à peu près à mi-hauteur du dynamique et à une distance quelconque de celui-ci et tracer les rayons polaires 1, 2, 3, 4 et 5 ; nous adoptons une distance polaire de 5 mètres.

4° Construire le funiculaire des charges isolées en traçant 1' parallèle à 1, 2' parallèle à 2, etc. et en commençant par la gauche, vu que le dynamique est tracé en commençant par les forces de gauche. Le funiculaire rencontre les verticales d'appui en A' et en B'.

5° Tracer la base A'B' du funiculaire et sa parallèle 6 du dynamique, laquelle détermine par son intersection avec FG l'intensité des réactions des charges isolées ; FH est la réaction de l'appui de gauche et GH la réaction de droite.

6° Tracer la représentative des moments des charges uniformément réparties, laquelle est un arc de parabole. Remarquons que ces charges donnent un moment maximum égal à $\frac{PL}{8} = \frac{12\,000 \times 12,0}{8} = 18\,000$ km.; la distance polaire étant de 5 mètres, l'ordonnée maximum de la parabole doit être de $\frac{18000}{5} = 3\,600$ kg. En conséquence, sur la verticale d'axe, portons vers le bas, de C en D, une longueur correspondant à une force de 3600 kg. Le problème est ramené à faire passer par les points A', D et B' un arc de parabole à axe vertical ce qui se fait aisément par la construction graphique indiquée en pointillé.

En un point quelconque de la poutre, le moment fléchissant est égal au produit de la distance polaire par la distance verticale existant au droit du point précité entre l'arc de parabole et le funiculaire des charges isolées. Il est de règle de mesurer la première distance à l'échelle des longueurs et la deuxième à l'échelle des forces.

Finalement, nous voyons :

Aux funiculaires, que le moment fléchissant est maximum au droit du point E, respectivement à 6,60 et à 5,40 m. des appuis et qu'il est égal à

$$7\,300 \text{ k.} \times 5,00 \text{ m.} = 36\,500 \text{ km.}$$

(7300 kg. est l'ordonnée maximum des funiculaires mesurée à l'échelle des forces et 5 mètres est la distance polaire mesurée à l'échelle des longueurs).

Au dynamique, que les charges isolées donnent des réactions de 7800 et de 5200 kg. En conséquence, vu que la charge uniformément répartie reporte 6000 kg. sur chacun des appuis, la réaction maximum est de

$$7\,800 + 6\,000 = 13\,800 \text{ kg.}$$

En appliquant les formules (18) et (20), nous trouvons :

$$\pi = \frac{2 \times 13\,800}{12,0} = 2\,300 \text{ kg.}$$

et

$$p = \frac{2 \times 36\,500}{6,6 \times 5,4} = 2\,050 \text{ kg.}$$

La poutre doit donc être calculée pour une charge uniformément répartie de 2050 kg. au mètre courant au point de vue des moments, et de 2300 kg. au mètre courant au point de vue des efforts tranchants.

CHAPITRE V

RÉCAPITULATION

74. — Ce qui suit est la récapitulation des trois premiers chapitres de la troisième partie.

A. — POUTRES A UNE AME PLEINE. — EXPOSÉ DES FORMULES

Nous donnons les formules dans l'ordre suivant lequel il y a lieu de les appliquer. A moins d'indications contraires, elles supposent deux appuis simples de niveau et des charges uniformément réparties sur toute la longueur de la pièce.

1° Hauteur de l'ame (*valeur de m.*)

a) *Hauteur donnant la raideur voulue* (v. n° 45-1°).

Il faut avoir :

$$m \leq \frac{u}{\beta} \frac{E}{R} \cdot \tag{3}$$

Valeurs de u : (*u* est le rapport de la flèche maximum à la portée.)

0,001 pour les poutres maîtresses des ponts de chemins de fer (à la rigueur 0,0013 si on est gêné en hauteur) ;

0,0015 pour les poutres maîtresses des ponts-route et les poutres de bâtiments portant maçonnerie ;

0,0007 pour les longrines et les entretoises de ponts ;

0,003 pour les longerons à utiliser dans les gitages de bâtiments ;

0,004 valeur maximum admissible, lorsque la question de raideur a peu d'importance.

Valeurs de β.

0,21 si la poutre est à hauteur d'âme constante et membrures à section constante ;

0,23 si la poutre est à hauteur d'âme constante et membrures à section variable ;

0,33 si la poutre est cintrée et à hauteur nulle au droit des appuis ;

0,26 si la poutre est cintrée et si elle présente les proportions d'âme généralement adoptées ($n = 0,50$ environ).

b) *Hauteur évitant le glissement des cornières sur l'âme* (v. n° 45-2°).

Pour éviter, près des appuis, le cisaillement des rivets fixant les membrures à l'âme, sous l'effet du glissement longitudinal, il faut avoir :

$$m \leq \frac{4t}{pl}. \qquad (4)$$

l est l'écartement d'axe en axe des rivets fixant les cornières à l'âme et t est la résistance au cisaillement d'une section des rivets précités.

Toutefois, si ces rivets ne travaillent que par une section, comme dans un fer avec section en ⊏ comprenant une âme et 2 cornières, le coefficient numérique 4 devient 2, et il devient 8 si ces rivets travaillent par 4 sections, ce qui est réalisable en rappliquant des fourrures et des goussets sur l'âme et sur la branche verticale des cornières. Cette dernière disposition est dessinée à la figure 26.

Le facteur p doit donner l'équivalence au point de vue des efforts tranchants.

Si la poutre est cintrée, la valeur de m donnée par la formule (4) s'applique à la hauteur de l'âme au droit des appuis.

c) *Hauteur donnant le maximum d'économie* (v. n° 70).

La hauteur d'âme la plus économique répond à

$$m = \sqrt{AB \frac{Rc}{p}}. \qquad (5)$$

Cependant, si l'âme est renforcée par des raidisseurs, il y a intérêt à faire

$$m = \sqrt{AB \frac{Re}{p} + 0,28\ BL.} \qquad (6)$$

Remarque. — La consommation de métal se modifie peu aux environs de la valeur de m la plus avantageuse (v. n° 71).

d) *Hauteurs habituellement adoptées* (v. n° 45-3°).

En pratique, on fait souvent :

$m = 12,5$ pour les poutres maîtresses des ponts de chemins de fer ;

$m = 7,5$ ou 10 pour les entretoises et les longrines de ces ponts, selon que le tablier est à simple ou à double voie ;

$m = 17$ au maximum, pour les poutres maîtresses des ponts-route ;

$m = 10$ pour les entretoises et les longrines des ponts-route ;

$m = 17$ au maximum, pour les poutres de bâtiments portant des maçonneries ;

$m = 25$ à 30 pour les poutres des charpentes et des gitages de bâtiments ne portant pas de maçonneries.

La plus grande hauteur admissible correspond à $m = 7$.

2° Épaisseur de l'ame (v. n° 46.)

L'épaisseur de l'âme doit satisfaire la relation ci-après :

$$e \geqq \frac{5pm}{8R_s}. \qquad (7)$$

Si la poutre est cintrée, m répondra à la hauteur de l'âme au droit des appuis. Le facteur p doit donner l'équivalence au point de vue des efforts tranchants.

L'épaisseur de l'âme sera au minimum de 8 mm. si la pièce est soumise à l'action des agents atmosphériques et de 5 ou 6 mm. dans le cas contraire.

3° Section nette d'une membrure au milieu de la portée (v. n°s 47 à 50.)

a) *Poutres avec âme, cornières et semelles.* — On obtient la section nette d'une membrure, trous de rivets déduits et cornières non comprises, par l'égalité ci-après :

$$\Omega = h\left(\frac{pm^2}{8R} - Xc\right) \tag{8}$$

section nécessaire au milieu de la portée.

Les valeurs de X sont renseignées au tableau n° 3, page 110; elles varient suivant l'importance des cornières.

Si le résultat est négatif, il faut en conclure que les dimensions adoptées pour l'âme et pour les cornières rendent inutile l'adjonction de semelles.

b) *Poutrelles et fers* [. — La formule (8) est applicable, mais le résultat doit être multiplié par 1,12, ou par les nombres renseignés au n° 50 si on adopte pour les bourrelets une épaisseur supérieure au $\frac{1}{15}$ de h. Avec ces fers, $X = \frac{1}{6}$ et Ω est la section nette d'une membrure, le prolongement de l'âme non compris.

c) *Poutres avec âme et cornières (sans semelles)*. — La formule (8) est applicable, mais comme $\Omega = 0$, on trouve :

$$X = \frac{pm^2}{8Rc} \tag{8a}$$

relation qui fait connaître les proportions des cornières par simple lecture au tableau n° 2, page 109.

4° Longueur des semelles d'une poutre a égalité de résistance et ame de hauteur constante (v. n°s 55 et 56.)

Si L_1, L_2, L_3, etc., désignent respectivement les longueurs théoriquement nécessaires à la première, à la deuxième, à la troisième semelle, etc., on a, pour la première semelle, c'est-à-dire pour la semelle adjacente aux cornières :

$$L_1 = L\sqrt{\frac{1}{1 + \frac{hcX}{\Omega}}}. \tag{9}$$

Les valeurs numériques de X seront reprises au tableau n° 3.

L_2, L_3, L_4, etc., s'obtiennent en multipliant L_1 par les coefficients du tableau n° 9, page 113.

Ainsi, si la poutre reçoit 4 plats

$$L_2 = 0{,}866\ L_1;\ —\ L_3 = 0{,}707\ L_1 \quad \text{et} \quad L_4 = 0{,}500\ L_1.$$

Aux longueurs ainsi obtenues, on ajoute une surlongueur de 80 centimètres pour la rivure des deux extrémités.

5° Section des semelles dans les poutres cintrées (v. n° 57)

Dans les poutres à âme cintrée, on ne recherche pas directement la longueur des semelles. On détermine la surface totale à donner aux semelles en un nombre suffisant de sections et la comparaison de ces surfaces montre où les plats doivent prendre naissance.

Pour une section située à une distance $g\ \frac{L}{2}$ de l'axe, la section des semelles s'obtient par l'égalité ci-après :

$$\Omega = h \left\{ \frac{p\,(1 - g^2)\, m^2}{8R} - Xc \right\}. \qquad (8^b)$$

m, h et X se rapporteront à la section considérée.

6° Flèche maximum prise par la poutre (v. n° 44.)

Cette flèche, que nous désignons par Ψ, est donnée par l'égalité ci-après :

$$\Psi = \beta\, m\, L\, \frac{R}{E}\ . \qquad (10)$$

Les valeurs de β sont renseignées au 1° ci-dessus.

R est le taux réel de travail du métal correspondant à la charge totale ou à la partie de la charge à considérer.

7° Poids moyen par unité de longueur (v. n°s 60 à 69.)

Le poids moyen, par unité de longueur, y compris les pertes de métal et les organes accessoires et non compris les appareils d'appui, s'obtient par l'égalité ci-après :

$$q = \frac{k\delta L}{m} \left(Ac + \frac{pm^2}{BR} \right). \qquad (11)$$

Le résultat n'est exact qu'à la condition que la relation ci-après soit observée :

$$\frac{pm^2}{BR} > Cc.$$

On remarquera que $\frac{pm^2}{8R}$ est le second terme entre parenthèses de la formule (11).

Si cette relation n'est pas observée, il faut en conclure que l'âme et les cornières ont des dimensions exagérées ou bien que l'adjonction de semelles est inutile.

Cette vérification peut se faire mentalement et elle devient inutile si l'application numérique de la formule (8) a donné un résultat positif.

Les valeurs numériques de A, B et C seront reprises au n° 75-3° à la rubrique qui correspond à l'agencement de la poutre et dans la colonne indiquée par le rapport r de la hauteur de l'âme mesurée au milieu de la portée à la largeur utile des cornières. On trouvera au n° 75-5° les valeurs numériques de k.

8° Résistance d'une poutre donnée (v. n° 58.)

Une poutre dont on connaît les divers éléments peut porter, par unité de longueur, y compris le poids mort, la charge donnée par l'égalité ci-après :

$$p = \frac{8R}{m^2}\left(\frac{\Omega}{h} + Xe\right). \tag{12}$$

Le taux de travail par flexion s'obtient par la formule suivante :

$$R = \frac{pm^2}{8\left(\frac{\Omega}{h} + Xe\right)}. \tag{13}$$

Ω et X seront déterminés par l'examen de la section située à égale distance des appuis.

Avec une poutre chaudronnée sans semelles, $\Omega = 0$ et le terme $\frac{\Omega}{h}$ disparaît.

Avec les poutrelles et les fers [laminés, $X = \frac{1}{6}$ et Ω doit être divisé par 1,12, ou par les nombres renseignés au n° 50 si l'épaisseur des bourrelets est supérieure à $\frac{h}{15}$.

9° Moment résistant d'une section donnée (v. nos 47 à 50.)

Avec les poutres chaudronnées,

$$\frac{I}{V} = h\,(heX + \Omega). \tag{14}$$

$\Omega = 0$, et ce terme disparaît, si la poutre ne comprend qu'une âme et des cornières. On a, dans ce cas :

$$\frac{I}{V} = h^2 eX. \qquad (14^a)$$

Avec les poutrelles et les fers [laminés,

$$\frac{I}{V} = h\left(\frac{he}{6} + 0{,}89\ \Omega\right). \qquad (14^b)$$

Toutefois, il y a lieu de substituer au coefficient 0,89 les valeurs renseignées au n° 50, si l'épaisseur des bourrelets est supérieure au $\frac{1}{15}$ de h.

10° Section des membrures pour une sollicitation quelconque (v. n° 59.)

La surface transversale des semelles, dans une section quelconque de hauteur h, soumise à un moment fléchissant M, est donnée par l'égalité ci-après :

$$\Omega = \frac{M}{Rh} - heX. \qquad (15)$$

Si la poutre ne comprend qu'une âme et des cornières, $\Omega = 0$ et la formule donne

$$X = \frac{M}{Rh^2e} \qquad (15^a)$$

relation qui fait connaître les proportions des cornières par simple lecture au tableau n° 2.

Avec les poutrelles et les fers [laminés, $X = \frac{1}{6}$ et le résultat obtenu par application de la formule (15) doit être multiplié par 1,12, ou par les nombres renseignés au n° 50 si les bourrelets reçoivent une épaisseur supérieure au $\frac{1}{15}$ de h.

Aux poutres cintrées, h et X se rapporteront à la section considérée.

B. — POUTRES A UNE AME PLEINE ET 2 CORNIÈRES

(1 *à chaque membrure.*)

Les formules ci-dessus sont applicables à condition de déterminer les valeurs de X en supposant que l'épaisseur des cornières soit la moitié de l'épaisseur réelle.

C. — POUTRES A PLUSIEURS AMES EN CAISSON

Les poutres en caisson sont assimilables aux poutres considérées ci-dessus, soit en les décomposant en plusieurs poutres élémentaires recevant chacune une partie de la charge, soit en les condensant en une ou plusieurs poutres à âme renforcée. La première méthode est d'application si les âmes ont chacune quatre cornières, la seconde, lorsque les âmes n'ont chacune que deux cornières.

D. — REMARQUES

Les notations ont la signification renseignée au n° 43.

On prendra de préférence le mètre comme unité de longueur et le kilogramme comme unité de force. Donc toutes les longueurs seront écrites en mètres et les surfaces en mètres carrés; q, p et δ seront écrits en kilogrammes et rapportés respectivement au mètre courant et au mètre cube et R, R_s et E seront écrits en kilogrammes et rapportés au mètre carré. Ainsi, pour l'acier, on fera $\delta = 7\,830$ kg.; $R = 7\,000\,000$ à $14\,000\,000$ kg. et $E = 22\,000\,000\,000$ kg. Pour le fer, $\delta = 7\,700$ kg.; $R = 6\,000\,000$ à $10\,000\,000$ kg. et $E = 20\,000\,000\,000$ kg.

E. — VALEURS NUMÉRIQUES DES COEFFICIENTS

1° Largeur utile des cornières (*valeur de r*)

75. — Aux tableaux ci-après, r désigne le rapport de la hauteur de l'âme à la largeur utile des cornières supposées être à branches égales. Si ce rapport a une valeur qui n'est pas renseignée aux tableaux, il y aura lieu d'interpoler par la méthode des variations proportionnelles.

Pour avoir la largeur utile des cornières, on opère comme suit :

1er *Cas. — Les cornières sont à branches égales et il importe de tenir compte du trou percé à l'aile en contact avec l'âme.*

Il suffit de diminuer la largeur des branches de la moitié du diamètre du trou. Ainsi une cornière de 90×90, percée comme il est dit ci-dessus d'un trou de 20, correspond à une cornière de 80×80. ($80 = 90 - \frac{1}{2}$ de 20).

2e *Cas.* — *Les cornières sont à branches égales et il importe de tenir compte du trou percé à la branche normale à l'âme.*

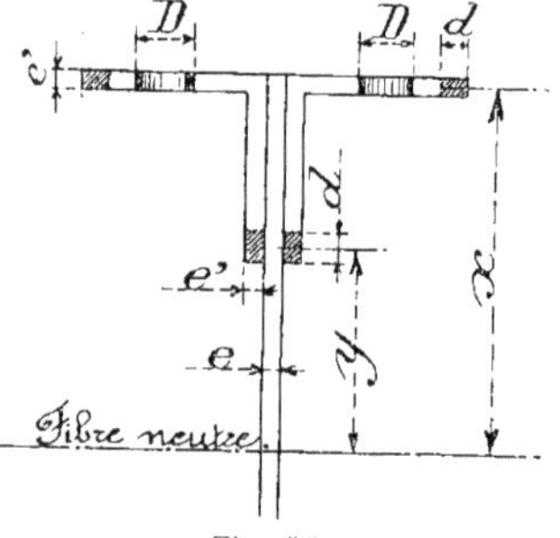

Fig. 36.

La cornière fictive à considérer a une largeur égale à la largeur réelle diminuée d'une largeur d donnée par l'égalité ci-après :

$$d = D \frac{1}{1 + \left(\frac{y}{x}\right)^2}. \qquad (16)$$

Les lettres inscrites à la figure 36 ont la signification suivante :

D est le diamètre du trou de rivet;

x est égal à $\frac{h - e'}{2}$;

y est égal à la moitié de la hauteur de l'âme mesurée entre cornières et augmentée de $\frac{d}{2}$ que l'on se donne arbitrairement (on prendra pour le cas qui nous occupe $\frac{d}{2} = 5$ mm.)

3e *Cas.* — *Les cornières sont à branches inégales.*

On obtient la largeur des cornières fictives en ajoutant ou en retranchant de la largeur de la branche en contact avec l'âme, une largeur d déterminée comme il est dit au deuxième cas, D étant cette fois la différence de largeur des deux ailes. On ajoute, si l'aile extérieure est plus large que l'aile en contact avec l'âme et on retranche dans le cas contraire. Il va de soi que les largeurs à faire intervenir à ce calcul sont les largeurs réelles diminuées de la quantité correspondant au trou de rivet.

Valeurs du rapport $\frac{1}{1 + \left(\frac{y}{x}\right)^2}$.

TABLEAU N° 1

Valeurs de $\frac{y}{x}$	0,50	0,53	0,56	0,60	0,63	0,66	0,70
Valeurs de $\frac{1}{1 + \left(\frac{y}{x}\right)^2}$	0,80	0,78	0,76	0,74	0,72	0,70	0,67

Valeurs de $\frac{y}{x}$	0,73	0,76	0,80	0,83	0,86	0,90	0,93	0,96
Valeurs de $\frac{1}{1 + \left(\frac{y}{x}\right)^2}$	0,65	0,63	0,61	0,59	0,57	0,55	0,54	0,52

Métal déduit pour trou de rivet...

Fig. 37.

2° Valeurs du coefficient X

a) *Poutres composées d'une âme et de 4 cornières.*

Tableau N° 2

$$\left(\text{Valeurs renseignées : } \frac{1}{F}\left\{\frac{1}{6} + \frac{e'}{e}\left(\frac{1{,}388}{r^3} + \frac{15f^2}{r}\right)\right\} \text{ en faisant } F = 1\ 00.\right)$$

Épaisseur e' des cornières	Valeurs de r $\left(r = \frac{h}{a}\right)$																		
	4	**5**	**6**	**7**	**8**	**9**	**10**	**11**	**12**	**13**	**14**	**15**	**16**	**17**	**18**	**19**	**20**	**25**	**30**
0,50 e	0,518	0,464	0,424	0,393	0,369	0,349	0,333	0,320	0,308	0,298	0,290	0,282	0,275	0,270	0,264	0,259	0,255	0,238	0,227
0,60 e	0,588	0,523	0,475	0,439	0,410	0,386	0,367	0,350	0,337	0,325	0,314	0,305	0,297	0,290	0,284	0,278	0,273	0,253	0,239
0,70 e	0,659	0,582	0,527	0,484	0,450	0,423	0,400	0,381	0,365	0,351	0,339	0,328	0,319	0,311	0,303	0,296	0,290	0,267	0,251
0,80 e	0,729	0,642	0,578	0,529	0,490	0,459	0,433	0,412	0,393	0,377	0,364	0,352	0,341	0,331	0,323	0,315	0,308	0,281	0,263
0,90 e	0,799	0,701	0,629	0,574	0,531	0,496	0,467	0,442	0,422	0,404	0,388	0,375	0,363	0,352	0,342	0,334	0,326	0,295	0,275
e	**0,869**	**0,761**	**0,681**	**0,620**	**0,571**	**0,532**	**0,500**	**0,473**	**0,450**	**0,430**	**0,413**	**0,398**	**0,384**	**0,372**	**0,362**	**0,352**	**0,343**	**0,310**	**0,287**
1,10 e	0,940	0,820	0,732	0,665	0,612	0,569	0,533	0,504	0,478	0,456	0,437	0,421	0,406	0,393	0,381	0,371	0,361	0,324	0,299
1,20 e	1,010	0,879	0,784	0,710	0,652	0,605	0,567	0,534	0,507	0,483	0,462	0,444	0,428	0,414	0,401	0,389	0,379	0,338	0,311
1,25 e	**1,045**	**0,909**	**0,809**	**0,733**	**0,673**	**0,624**	**0,583**	**0,549**	**0,521**	**0,496**	**0,474**	**0,456**	**0,439**	**0,424**	**0,411**	**0,398**	**0,388**	**0,346**	**0,317**
1,30 e	1,080	0,939	0,835	0,756	0,693	0,642	0,600	0,565	0,535	0,509	0,487	0,467	0,450	0,434	0,420	0,408	0,396	0,353	0,323
1,40 e	1,150	0,998	0,887	0,801	0,733	0,678	0,633	0,595	0,563	0,535	0,511	0,490	0,471	0,455	0,440	0,426	0,414	0,367	0,335
1,50 e	1,221	1,058	0,938	0,846	0,774	0,715	0,667	0,626	0,592	0,562	0,536	0,513	0,493	0,475	0,459	0,445	0,432	0,381	0,347
Différences pour 0,10 e	0,070	0,059	0,051	0,045	0,040	0,037	0,033	0,031	0,028	0,026	0,025	0,023	0,022	0,021	0,020	0,019	0,018	0,014	0,012

Fig. 38.

2° (*suite*) Valeurs du coefficient X

b) *Poutres composées d'une âme, de 4 cornières et de semelles.*

Tableau n° 3

(Valeurs renseignées : $\frac{1}{F}\left\{\frac{1}{6}+\frac{e'}{e}\left(\frac{1,388}{r^3}+\frac{15f^2}{r}\right)\right\}$ en faisant F = 1,08.)

Épaisseur e' des cornières	Valeurs de r $\left(r=\frac{h}{a}\right)$ 4	5	6	7	8	9	10	11	12	13	14	15	16	17	18	19	20	25	30
0,50 *e*.	0,480	0,429	0,392	0,364	0,342	0,324	0,309	0,296	0,285	0,276	0,268	0,261	0,255	0,250	0,245	0,240	0,236	0,221	0,210
0,60 *e*.	0,545	0,484	0,440	0,406	0,379	0,357	0,340	0,324	0,312	0,301	0,291	0,283	0,275	0,269	0,263	0,257	0,252	0,234	0,221
0,70 *e*.	0,610	0,539	0,488	0,448	0,417	0,391	0,370	0,353	0,338	0,325	0,314	0,304	0,295	0,288	0,281	0,274	0,269	0,247	0,232
0,80 *e*.	0,675	0,594	0,535	0,490	0,454	0,425	0,401	0,381	0,364	0,349	0,337	0,326	0,316	0,307	0,299	0,292	0,285	0,260	0,243
0,90 *e*.	0,740	0,649	0,583	0,532	0,492	0,459	0,432	0,409	0,390	0,374	0,360	0,347	0,336	0,326	0,317	0,309	0,302	0,274	0,254
e	**0,805**	**0,704**	**0,630**	**0,574**	**0,529**	**0,493**	**0,463**	**0,438**	**0,417**	**0,398**	**0,382**	**0,368**	**0,356**	**0,345**	**0,335**	**0,326**	**0,318**	**0,287**	**0,266**
1,10 *e*.	0,870	0,759	0,678	0,616	0,567	0,527	0,494	0,466	0,443	0,423	0,405	0,390	0,376	0,364	0,353	0,343	0,334	0,300	0,277
1,20 *e*.	0,935	0,814	0,726	0,658	0,604	0,561	0,525	0,495	0,469	0,447	0,428	0,411	0,396	0,383	0,371	0,360	0,351	0,313	0,288
1,25 e.	**0,968**	**0,842**	**0,749**	**0,679**	**0,623**	**0,577**	**0,540**	**0,509**	**0,482**	**0,459**	**0,439**	**0,422**	**0,406**	**0,392**	**0,380**	**0,369**	**0,359**	**0,320**	**0,293**
1,30 *e*.	1,000	0,869	0,773	0,700	0,641	0,594	0,556	0,523	0,495	0,471	0,451	0,433	0,416	0,402	0,389	0,378	0,367	0,327	0,299
1,40 *e*.	1,065	0,924	0,821	0,741	0,679	0,628	0,586	0,551	0,522	0,496	0,473	0,454	0,436	0,421	0,407	0,395	0,383	0,340	0,310
1,50 *e*.	1,130	0,979	0,868	0,783	0,716	0,662	0,617	0,580	0,548	0,520	0,496	0,475	0,457	0,440	0,425	0,412	0,400	0,353	0,321
Différences pour 0,10 *e*.	0,065	0,055	0,048	0,042	0,037	0,034	0,031	0,028	0,026	0,024	0,023	0,021	0,020	0,019	0,018	0,017	0,016	0,013	0,011

Remarques. — *Tableau n° 2.* — Une poutre en forme de [comprenant une âme et 2 cornières correspond à une poutre avec 4 cornières dont l'épaisseur serait la moitié de l'épaisseur réelle.

Tableau n° 3. — Les valeurs de X sont calculées en supposant que le rapport F entre la hauteur totale de la poutre et la hauteur de l'âme soit égal à 1,08. Si ce rapport n'est pas observé, et si l'on désire une exactitude rigoureuse, il y a lieu de multiplier ces valeurs par 1,08 — ce qui donne les valeurs du tableau n° 2 — et de les diviser par la valeur réelle de F. En pratique, cette correction n'est nécessaire que si la section transversale de la poutre présente une âme de très grande hauteur et des semelles avec faible épaisseur totale.

Une poutre en forme de [ne comprenant que deux cornières, correspond à une poutre avec 4 cornières dont l'épaisseur serait la moitié de l'épaisseur réelle.

3° Valeurs des coefficients A, B et C

1° *Poutres à section rectangulaire.*

A = 0. B = 1.33.

2° *Poutrelles et fers* [*laminés.*

A = 0.63. B = 3,60. C = 0,37.

3° *Poutres en* I, *en* [*ou en* Z *composées d'une âme et de 4 ou de 2 cornières.*

Tableau n° 4

Valeurs de r	4	5	6	7	8	9	10	11	12	13	14	15	17	20	25	30
Valeurs de A. . .	0.56	0,58	0,60	0,61	0,61	0,62	0,62	0,63	0,63	0,63	0,64	0,64	0,64	0,65	0,65	0,65
— B. . .	3,00	3,17	3,29	3,38	3.45	3,51	3,56	3,59	3,63	3,65	3,68	3,70	3,73	3,77	3,81	3,85
C. . .	0,44	0,42	0.40	0,39	0,39	0,38	0,38	0,37	0,37	0,37	0,36	0,36	0,36	0,35	0,35	0,35

4° *Poutres à section constante composées d'une âme, de 4 cornières et de semelles.*

TABLEAU Nº 5

VALEURS DE r	4	5	6	7	8	9	10	11	12	13	14	15	17	20	25	30
Valeurs de A. . .	1,30	1,11	1,00	0,93	0,88	0,85	0,83	0,81	0,79	0,78	0,77	0,76	0,75	0,74	0,73	0,72
— C. . .	1,57	1,30	1,25	1,14	1,05	0,98	0,92	0,88	0,83	0,80	0,76	0,74	0,69	0,64	0,57	0,53
— B. . .	Invariablement 4.															

5° *Poutres à égalité de résistance composées d'une âme à hauteur constante, de 4 cornières et de semelles en nombre variable.*

TABLEAU Nº 6

VALEURS DE r	4	5	6	7	8	9	10	11	12	13	14	15	17	20	25	30
Valeurs de A. . .	1,83	1,57	1,42	1,31	1,24	1,18	1,13	1,10	1,07	1,05	1,03	1,01	0,98	0,95	0,92	0,90
C. . .	1,05	0,93	0,83	0,76	0,70	0,66	0,62	0,58	0,56	0,53	0,51	0,49	0,46	0,42	0,38	0,35
— B. . .	Invariablement 6.															

Aux tableaux nᵒˢ 7 et 8 ci-après, se rapportant aux poutres cintrées (âme parabolique), le coefficient n désigne le rapport entre la hauteur de l'âme au droit des appuis et la hauteur de l'âme au milieu de la portée. Le rapport r sera calculé en considérant cette dernière hauteur.

6° *Poutres cintrées avec membrures à section constante composées d'une âme parabolique, de 4 cornières et de semelles en nombre constant.*

TABLEAU Nº 7

VALEURS DE r		4	5	6	7	8	9	10	11	12	13	14	15	17	20	25	30
	Valeurs de B.	Valeurs de A.															
$n = 0,20$.	3,96	»	»	»	»	»	»	0,56	0,54	0,52	0,51	0,50	0,49	0,48	0,47	0,46	0,45
$n = 0,30$.	3,97	»	»	0,77	0,70	0,65	0,62	0,59	0,57	0,56	0,55	0,54	0,53	0,52	0,50	0,49	0,48
$n = 0,40$.	3,98	»	0,91	0,80	0,7[illegible]	0,68	0,65	0,63	0,61	0,59	0,58	0,57	0,56	0,55	0,54	0,53	0,52
$n = 0,50$.	3,99	1,14	0,95	0,83	0,76	0,72	0,68	0,66	0,64	0,62	0,61	0,61	0,60	0,58	0,57	0,56	0,55
$n = 0,60$.	3,99	1,17	0,98	0,87	0,80	0,75	0,72	0,69	0,67	0,66	0,65	0,64	0,63	0,[illegible]2	0,61	0,59	0,58
$n = 0,70$.	4,00	1,20	1,01	0,90	0,83	0,78	0,75	0,73	0,71	0,69	0,68	0,67	0,66	0,65	0,64	0,63	0,62
$n = 0,80$.	4,00	1,24	1,05	0,93	0,86	0,82	0,78	0,76	0,74	0,72	0,71	0,70	0,69	0,68	0,67	0,66	0,65
Valeurs de C . . .		1,58	1,39	1,25	1,14	1,06	0,99	0,93	0,88	0,84	0,80	0,77	0,74	0,69	0,64	0,58	0,53

7° *Poutres cintrées avec membrures à section variable, composées d'une âme parabolique, de 4 cornières et de semelles en nombre variable.*

TABLEAU N° 8

VALEURS DE r		4	5	6	7	8	9	10	11	12	13	14	15	17	20	25	30
	Valeurs de B.	Valeurs de A.															
$n = 0,20$.	4,66	»	»	»	»	»	»	0,70	0,67	0,65	0,63	0,62	0,61	0,59	0,57	0,54	0,53
$n = 0,30$.	4,91	»	»	1,01	0,91	0,85	0,80	0,77	0,74	0,72	0,70	0,68	0,67	0,65	0,63	0,60	0,59
$n = 0,40$.	5,10	»	1,22	1,08	0,98	0,92	0,87	0,83	0,80	0,78	0,76	0,74	0,73	0,70	0,68	0,65	0,63
$n = 0,50$.	5,25	1,52	1,28	1,13	1,04	0,97	0,92	0,88	0,85	0,83	0,81	0,79	0,77	0,75	0,72	0,70	0,68
$n = 0,60$.	5,39	1,58	1,34	1,19	1,09	1,03	0,97	0,93	0,90	0,88	0,85	0,84	0,82	0,80	0,77	0,74	0,72
$n = 0,70$.	5,55	1,64	1,40	1,25	1,15	1,08	1,03	0,99	0,95	0,93	0,90	0,89	0,87	0,84	0,82	0,79	0,77
$n = 0,80$.	5,71	1,71	1,46	1,31	1,21	1,13	1,08	1,04	1,00	0,97	0,95	0,93	0,92	0,89	0,86	0,83	0,81
		Valeurs de C.															
$n = 0,20$.		»	»	»	»	»	»	0,79	0,75	0,71	0,68	0,66	0,63	0,59	0,55	0,49	0,46
$n = 0,30$.		»	»	1,02	0,93	0,86	0,80	0,75	0,71	0,68	0,65	0,62	0,60	0,56	0,52	0,47	0,43
$n = 0,40$.		»	1,09	0,98	0,90	0,83	0,77	0,73	0,69	0,65	0,62	0,60	0,58	0,54	0,50	0,45	0,42
$n = 0,50$.		1,20	1,06	0,95	0,87	0,80	0,75	0,71	0,67	0,64	0,61	0,58	0,56	0,53	0,49	0,44	0,41
$n = 0,60$.		1,17	1,03	0,93	0,85	0,78	0,73	0,69	0,65	0,62	0,59	0,57	0,55	0,51	0,47	0,43	0,39
$n = 0,70$.		1,13	1,00	0,90	0,82	0,76	0,71	0,67	0,63	0,60	0,57	0,55	0,53	0,50	0,46	0,41	0,38
$n = 0,80$.		1,10	0,97	0,88	0,80	0,74	0,69	0,65	0,61	0,58	0,56	0,54	0,52	0,48	0,45	0,40	0,37

4° TABLEAU N° 9 (*longueur des semelles*).

Rapports entre les longueurs des plats supplémentaires et la longueur du premier plat dans les poutres à hauteur d'âme constante avec égalité de résistance.

L_1 est la longueur des plats adjacents aux cornières ; L_2, L_3, L_4, etc., la longueur des plats supplémentaires.

NOMBRE de semelles à chaque membrure.	RAPPORTS ENTRE LES LONGUEURS CI-APRÈS ET L_1									
	L_1	L_2	L_3	L_4	L_5	L_6	L_7	L_8	L_9	L_{10}
2	1	0,707								
3	1	0,816	0,577							
4	1	0,866	0,707	0,500						
5	1	0,895	0,775	0,632	0,447					
6	1	0,913	0,817	0,707	0,577	0,408				
7	1	0,926	0,845	0,756	0,655	0,535	0,378			
8	1	0,935	0,866	0,791	0,707	0,612	0,500	0,354		
9	1	0,943	0,882	0,817	0,745	0,667	0,577	0,471	0,333	
10.	1	0,949	0,894	0,837	0,775	0,707	0,632	0,548	0,447	0,316

5° Valeurs du coefficient k (v. n° 69).

a) *Poutres à section rectangulaire.* — Si la pièce n'est pas affaiblie par des trous ni renforcée par des organes accessoires, $k = 1,00$.

b) *Poutrelles et fers [laminés.*

$k = 1,00$, si, dans la zone centrale, la pièce n'est pas affaiblie par des trous de rivets ;

$k = 1,20$, s'il y a 4 trous de rivets aux bourrelets dans une même section de la zone centrale.

$k = 1,10$, s'il y a 2 trous de rivets aux bourrelets dans une même section de la zone centrale.

Les trous à l'âme peuvent être négligés. Les valeurs ci-dessus ne tiennent pas compte du poids des raidisseurs, des couvre-joints, des abouts ni des appareils d'appui.

c) *Poutres chaudronnées composées d'une âme et de cornières.*

a) *Avec raidisseurs.*

$k = 1,41$, si la poutre a plus de 11 mètres de portée. Si elle a moins de 11 mètres de portée, on ajoute 0,01 par mètre de différence; ainsi pour 4 m. de portée, $k = 1,41 + 0,01 (11 - 4) = 1,48$.

b) *Sans raidisseurs.*

$k = 1,13$, si la poutre a plus de 11 m. de portée. Si elle a moins de 11 m. de portée, on ajoute 0,01 par mètre de différence.

d) *Poutres chaudronnées, droites ou cintrées, avec semelles et membrures à section constante.*

a) *Avec raidisseurs.*

$k = 1,38$, si la poutre a plus de 11 m. de portée. Si elle a moins de 11 m. de portée, on ajoute à cette valeur 0,01 par mètre de différence. Pour les portées de moins de 3 m., on fera $k = 1,60$.

b) *Sans raidisseurs.*

$k = 1,20$, si la poutre a plus de 11 m. de portée. Si elle a moins de 11 m. de portée, on ajoute 0,02 par mètre de différence. Pour les portées de moins de 3 m., on fera $k = 1,43$.

e) *Poutres chaudronnées, droites ou cintrées, avec membrures à section variable donnant l'égalité de résistance.*

a) *Avec raidisseurs.*

$k = 1,45$, si la poutre a plus de 11 m. de portée. Si elle a moins de 11 m. de portée, on ajoute 0,01 par mètre de différence.

b) *Sans raidisseurs.*

$k = 1,29$, si la poutre a plus de 11 m. de portée. Si elle a moins de 11 m. de portée, on ajoute 0,02 par mètre de différence.

Remarques. — Les valeurs de k relatives aux poutres chaudronnées tiennent compte du poids des abouts, mais elles négligent les appareils d'appui. Il en résulte que pour avoir le poids total de la poutre, non compris ces appareils, il suffit de multiplier le poids unitaire q, par la portée théorique mesurée d'axe en axe des appuis.

Ces valeurs ont été établies en donnant aux raidisseurs les dimensions strictement nécessaires en vue de permettre une bonne exécution et l'application de charges ordinaires (v. fig. 39). Avec lourdes charges, le coefficient k devra subir une augmentation ; on pourrait d'ailleurs, dans ce cas, calculer le poids des organes qui nous occupent d'après la formule établie au n° 70, deuxième cas.

CHAPITRE VI

APPLICATIONS

1re Application. *Calcul d'une poutre droite.*

76. — *Déterminer les dimensions et le poids d'une poutre en acier laminé de 16 m. de portée devant porter une voie ferrée.*

La poutre sera composée d'une âme à hauteur constante, de 4 cornières et de semelles donnant l'égalité de résistance.

La surcharge correspond à une charge uniformément répartie de 3 200 kg. au mètre courant pour les moments fléchissants et à 3 800 kg. pour les efforts tranchants. Les organes accessoires reportent sur la poutre une charge permanente de 200 kg. au mètre courant.

Le métal peut travailler par flexion à 7,20 kg. au millimètre carré.

1° Importance du poids mort. — Avant d'entamer les calculs, il importe de déterminer aussi exactement que possible, quel sera le poids de la pièce elle-même.

Ce facteur nous est donné par la formule (11) ci-après :

$$q = \frac{k\delta L}{m}\left(Ac + \frac{pm^2}{BR}\right).$$

A dépend de l'importance des cornières, mais comme nous considérons une poutre de grande portée, les cornières donneront à peu près $r = 15$ et dans ce cas $A = 1,00$ environ (v. tableau n° 6).

La poutre étant destinée à un pont de chemin de fer, adoptons provisoirement $m = 12$ et $c = 0,008$ et supposons, pour la détermination de p, que la pièce pèse 250 kg. au mètre courant. Il vient, la poutre étant forcément avec raidisseurs et le mètre étant pris comme unité :

$$q = \frac{1,45 \times 7\,830 \times 16,0}{12}\left\{(1,00 \times 0,008) + \frac{(3\,200 + 200 + 250)\,12^2}{6 \times 7\,200\,000}\right\} =$$
$$= 15\,200\,(0,008 + 0,012) = 15\,200 \times 0,02 = 304 \text{ kg.}$$

La poutre pèsera donc, à peu de chose près, 300 kg. au mètre courant. En conséquence, la charge unitaire totale est de 3200 + 200 + 300 = 3 700 kg. pour les moments, et de 3 800 + 200 + 300 = 4 300 kg. pour les efforts tranchants.

2° Hauteur de l'âme. — Il faut rechercher en premier lieu la hauteur de l'âme, c'est-à-dire la valeur du rapport m entre la portée théorique et cette hauteur.

Nous savons qu'il faut avoir :

a) *Hauteur donnant la raideur voulue.*

$$\text{Formule (3)} : m \leq \frac{u}{\beta}\frac{E}{R} \text{ ou } m \leq \frac{0{,}001}{0{,}23}\ \frac{22\,000\,000\,000}{7\,200\,000} \text{ ou } m \leq 13{,}3.$$

b) *Hauteur évitant le glissement longitudinal des membrures.* — En supposant que l'on adopte la disposition ordinaire pour la fixation des cornières à l'âme, dans laquelle les rivets assurant cette fixation travaillent par 2 sections, la formule (4) donne la relation suivante, si les rivets ont 0, 02 m. de diamètre et s'ils sont espacés de 0,10 d'axe en axe, rivets pour lesquels $t = 3{,}14 \times 0{,}01^2 \times \frac{4}{5} \times 7200000 = 1\,800$ kg.

$$\text{Formule (4)} : m \leq \frac{4t}{pl} \quad \text{ou} \quad m \leq \frac{4 \times 1\,800}{4\,300 \times 0{,}10} \quad \text{ou} \quad m \leq 16{,}8.$$

c) *Hauteur donnant le maximum d'économie.* — La pièce ayant des raidisseurs, la plus faible consommation de métal correspond à

$$\text{Formule (6)} \qquad m = \sqrt{AB\frac{Rc}{p} + 0{,}28\,BL.}$$

Faisons encore A = 1,00 et $e = 0{,}008$. Il vient :

$$m = \sqrt{\frac{1{,}00 \times 6 \times 7\,200\,000 \times 0{,}008}{3\,700} + (0{,}28 \times 6 \times 16{,}0)} = \sqrt{94 + 27} = 11.$$

De ce qui précède, il résulte que la hauteur de l'âme sera au minimum égale à la portée divisée par 13,3, ce qui donne 1,21 m., et que l'on obtiendra un minimum de poids en faisant cette hauteur égale au $\frac{1}{11}$ de la portée, soit 1,46 m. Adoptons une hauteur d'âme égale à 1,25 m. ce qui donne $m = \frac{16}{1{,}25} = 12{,}8$.

3° Épaisseur de l'âme. — Nous devons avoir :

$$\text{Formule (7)} : e \geq \frac{5pm}{8R_s} \quad \text{ou} \quad e \geq \frac{5 \times 4\,300 \times 12{,}8}{8 \times \frac{4}{5} \times 7\,200\,000} \quad \text{ou} \quad e \geq 0{,}006.$$

L'épaisseur de 0,006 est inacceptable, la pièce subissant l'action des agents atmosphériques. Adoptons l'épaisseur minimum admissible, soit 0,008.

4° Section de la pièce au milieu de la portée. — L'âme devant avoir 1,25 m. de hauteur, nous sommes conduit, en vue d'obtenir une bonne proportion, à faire emploi de cornières de 90 × 90. Recherchons la réduction à apporter à la largeur des branches afin de tenir compte de l'affaiblissement résultant du trou de rivet percé à la branche normale à l'âme.

Nous avons (v. n° 75) :

$$\frac{y}{x} = \frac{625 - 90 + 5}{625 - 5} = 0,87.$$

Si nous nous reportons au tableau n° 1, nous voyons que la largeur des cornières doit, avec des trous de 20 de diamètre, être réduite de :

$$20 \times 0,57 = 12 \text{ mm}.$$

Les cornières de 90 × 90 correspondent donc à des cornières de 78 × 78. Donnons leur 10 mm. d'épaisseur.

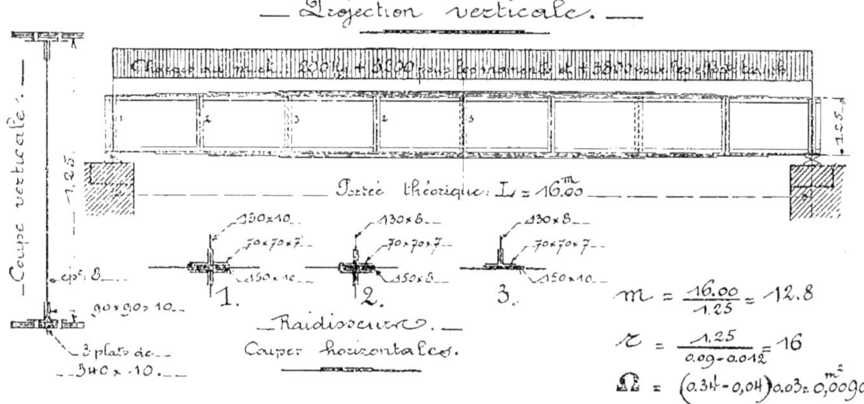

Fig. 39.

Le rapport r a pour valeur $\frac{1,25}{0,078} = 16$. Dès lors, comme il est à présumer qu'il sera nécessaire de placer des semelles aux membrures, nous trouvons en consultant le tableau n° 3, 9e ligne, 14e colonne :

$$X = 0,406.$$

La formule (8) ci-après

$$\Omega = h\left(\frac{pm^2}{8R} - Xe\right)$$

donne

$$\Omega = 1,25\left\{\frac{3\,700 \times \overline{12,8}^2}{8 \times 7\,200\,000} - (0,406 \times 0,008)\right\} =$$

$$= 1,25\,(0,0105 - 0,0032) = 0,0091.$$

Le résultat étant positif, cela prouve que l'âme et les cornières n'ont pas à elles seules une résistance suffisante et qu'il faut effectivement des semelles ; celles-ci doivent avoir, à chaque membrure, une section nette totale de 91 centimètres carrés, ce que nous obtiendrons avec 3 plats de 0,303 × 0,01.

Mais nous devons, pour la rivure, percer à ces plats deux trous de 2 centimètres de diamètre, ce qui conduit à porter leur largeur à 0,303 + (2 × 0,02) = 0,34, à peu de chose près.

La hauteur totale de la poutre sera de $1{,}25 + (2 \times 0{,}03) = 1{,}31$.

Le rapport entre cette hauteur totale et la hauteur de l'âme, rapport auquel nous avons donné la notation F, est donc $\frac{1{,}31}{1{,}25} = 1{,}05$. Or les valeurs de X, renseignées au tableau n° 3, sont calculées en supposant que l'on ait $F = 1{,}08$. Le coefficient X étant en raison inverse de F, il en résulte que la valeur exacte de X, dans le cas qui nous occupe, n'est pas 0,406 comme nous avons trouvé ci-dessus, mais bien $\frac{0{,}406 \times 1{,}08}{F} = \frac{0{,}439}{1{,}05} = 0{,}418$.

Si on veut une précision rigoureuse, on fera une nouvelle application numérique de la formule (8) en faisant $X = 0{,}418$ laquelle donne :

$$\Omega = 1{,}25 \left\{ 0{,}0105 - (0{,}418 \times 0{,}008) \right\} = 1{,}25\,(0{,}0105 - 0{,}0033) = 0{,}0090$$

c'est-à-dire que les semelles doivent avoir une largeur nette de $\frac{0{,}0090}{3 \times 0{,}01} = 0{,}300$.

Il est visible que la correction apportée au coefficient X n'a pas modifié les sections des semelles d'une façon appréciable. Il faut encore à chaque membrure 3 plats de $0{,}34 \times 0{,}01$. En pratique, cette correction n'est nécessaire que si l'on considère une très grande hauteur d'âme avec des semelles d'une très faible épaisseur totale.

A titre de vérification, appliquons la méthode habituelle de calculs. Recherchons le taux de travail de la section obtenue à la deuxième application numérique. Il vient :

$$P = 3\,700 \times 16{,}0 = 59\,200 \text{ kg.}$$

$$M = \frac{PL}{8} = \frac{59\,200 \times 16{,}0}{8} = 118\,400 \text{ km.}$$

$$\frac{I}{V} = \frac{1}{6 \times 1{,}31} \left\{ 0{,}300\left(\overline{1{,}31}^3 - \overline{1{,}25}^3\right) + 0{,}12\left(\overline{1{,}25}^3 - \overline{1{,}23}^3\right) + \right.$$

$$\left. + 0{,}02\left(\overline{1{,}25}^3 - \overline{1{,}07}^3\right) + \left(0{,}008 \times \overline{1{,}25}^3\right) \right\} = 0{,}01651$$

$$f = \frac{118\,400}{0{,}01651} = 7\,170\,000 \text{ kg.}$$

au lieu de 7 200 000 qui est le taux qui a servi de base à la recherche de la section.

L'erreur est donc nulle.

Par la formule (14) nous trouverions :

$$\frac{I}{V} = 1{,}25 \left\{ (1{,}25 \times 0{,}008 \times 0{,}418) + 0{,}0090 \right\} = 0{,}01648 \text{ au lieu de } 0{,}01651$$

erreur 0,18 p. 100.

5° Longueur des semelles. Les premiers plats auront une longueur théorique L_1, calculée par la formule (9) ci-après :

$$L_1 = L\sqrt{\frac{1}{1 + \frac{hcX}{\Omega}}}$$

$X = 0,406$ ou bien 0.418 si l'on veut opérer avec une exactitude rigoureuse.

$$\Omega = 3 \times (0,34 - 0.04)\, 0.01 = 0,0090.$$

On a :

$$L_1 = 16,0 \sqrt{\frac{1}{1 + \frac{1,25 \times 0.008 \times 0.418}{0,0090}}} = 16,0 \sqrt{\frac{1}{1,465}}$$

$$= 16.0 \times 0,825 = 13,20.$$

Dès lors, en consultant le tableau n° 9, 2ᵉ ligne, nous voyons que

$$L_2 = 0,816 \times 13,20 = 10,80 \quad \text{et que} \quad L_3 = 0,577 \times 13,20 = 7,60.$$

Comme il faut ajouter 0,80 m. à ces longueurs, pour la rivure des extrémités, la longueur est de :

Aux premières semelles : 13,20 + 0,80 = 14,00 m.
— deuxièmes — 10,80 + 0,80 = 11,60 —
— troisièmes — 7,60 + 0,80 = 8,40 —

6° Flèche prise par la poutre. — Sous l'action des charges totales, la poutre prendra une flèche donnée par la formule (10) ci-après :

$$\Psi = \beta\, m\, L\, \frac{R}{E} = 0,23 \times 12,8 \times 16,0 \times \frac{7\,200\,000}{22\,000\,000\,000} = 0,015 \text{ m}.$$

Sous l'action de la surcharge seule, la flèche sera de

$$0.015 \times \frac{3\,200}{3\,200 + 500} = 0,013 \text{ m}.$$

7° Poids moyen au mètre courant. — Le poids moyen au mètre courant est donné par la formule (11) ci-après :

$$q = \frac{k\delta L}{m} \left(Ae + \frac{pm^2}{BR} \right).$$

Le rapport r étant égal à 16, nous trouvons en consultant le tableau n° 6, colonnes 15 et 17,

$$A = \frac{1,01 + 0,98}{2} = 1,00 \quad \text{et} \quad B = 6,00$$

Page 115, nous trouvons $k = 1,45$.
Il vient :

$$q = \frac{1,45 \times 7\,830 \times 16,0}{12,8} \left\{ (1,00 \times 0,008) + \frac{(3\,200 + 200 + 300)\, \overline{12,8}^2}{6 \times 7\,200\,000} \right\} =$$

$$= 14\,200\,(0.0080 + 0,0140) = 14\,200 \times 0.022 = 311 \text{ kg}.$$

Le poids total de la poutre, y compris les abouts et non compris les appareils d'appui, sera de $311 \times 16,0 = 4\,976$ kg.

Si nous avions adopté la hauteur de poutre la plus économique, nous aurions eu, en maintenant des cornières de 90 × 90 :

$$q = \frac{1,45 \times 7830 \times 16,0}{11} \left\{ (0,97 \times 0,008) + \frac{3\,700 \times \overline{11}^2}{6 \times 7\,200\,000} \right\} =$$
$$= 16\,500\,(0,0078 + 0,0104) = 300 \text{ kg. au lieu de } 311 \text{ kg.}$$

2e Application. *Calcul d'une poutre cintrée.*

77. — *Déterminer les dimensions et le poids d'une poutre en acier laminé avec portée et état de sollicitation comme à l'application précédente.*

La poutre sera composée d'une âme à hauteur variable avec bord inférieur tracé en arc de parabole, de 4 cornières et de semelles donnant l'égalité de résistance.

Taux de travail à admettre : 7 200 000 kg. au mètre carré, comme à l'exemple précédent.

1° Hauteur de l'âme. — a) *Hauteur donnant la raideur voulue.*

La formule (3) devient :

$$m \leqq \frac{0,001}{0,26} \, \frac{22\,000\,000\,000}{7\,200\,000} \quad \text{ou} \quad m \leqq 11,8,$$

c'est-à-dire que la hauteur au milieu sera au minimum de $\frac{16,0}{11,8} = 1,35$ m.

b) *Hauteur évitant le glissement longitudinal des membrures.* — Supposons encore que les rivets travaillent par 2 sections. La formule (4) indique, de même qu'à l'exemple précédent, que m doit être inférieur à 16,8. On sait que ce rapport doit être observé au droit des appuis ; donc, en ce point, la hauteur d'âme sera au minimum de $\frac{16,0}{16,8} = 0,95$.

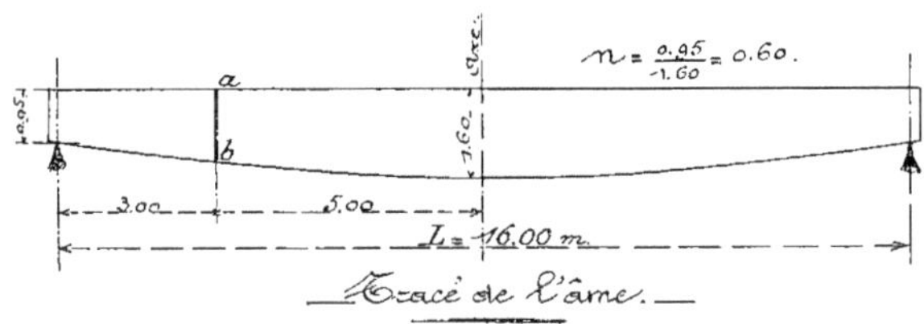

Fig. 40.

c) *Hauteur la plus économique.* — Le tableau n° 8 nous montre que A sera vraisemblablement égal à 0,80 environ et que B ne s'écartera pas sensiblement de 5,40. Donc, il est avantageux de faire

$$m = \sqrt{\frac{0,80 \times 5,40 \times 7\,200\,000 \times 0,008}{3\,700} + (0,28 \times 5,40 \times 16,0)} =$$
$$= \sqrt{67,5 + 24,2} = 9,6.$$

Pour le milieu de la poutre, la hauteur la plus économique est donc de

$$\frac{16,0}{9,6} = 1,67.$$

Adoptons au milieu une hauteur de $1,60 > 1,35$, et au droit des appuis la hauteur minimum admissible, soit 0,95 laquelle correspond à $n = \frac{0,95}{1,60} = 0,60$. Ces dimensions donnent pour l'âme le tracé indiqué à la figure 40.

2° Épaisseur de l'âme.

Au droit des appuis,

$$m = \frac{16,0}{0,95} = 16,8.$$

La formule (7) donne

$$e \geqq \frac{5 \times 4\,300 \times 16,8}{8 \times \frac{4}{5} \times 7\,200\,000} \quad \text{ou} \quad e \geqq 0,0079$$

Adoptons une âme de 0,008 d'épaisseur.

3° Section transversale en un point quelconque. — Déterminons les dimensions de la section transversale marquée *ab* à la figure 40 et située à 5 m. de l'axe.

La hauteur de l'âme au point précité est égale à

$$h\left\{1 - g^2(1-n)\right\} = 1,60\left\{1 - \frac{5,00^2}{8,00^2}(1-0,60)\right\} = 1,365.$$

Le facteur g, dont il est fait mention au 5° de la récapitulation, a pour valeur $\frac{5,0}{8,0} = 0,625$. Dès lors,

$$1 - g^2 = 1 - \overline{0,625}^2 = 0,609$$

$$m = \frac{16,0}{1,365} = 11,7.$$

Si nous faisons emploi de cornières de 100×100,

$$\frac{y}{x} = \frac{0,6825 - 0,10 + 0,005}{0,6825 - 0,005} = 0,87.$$

En consultant le tableau n° 1, nous trouvons que la largeur utile des cornières est de

$$100 - (0,57 \times 20) = 88$$

$r = \frac{1,365}{0,088} = 15,5$. Dès lors, comme nous comptons adopter des membrures avec semelles, nous voyons au tableau n° 3 que si les cornières ont, par exemple, une épaisseur égale à 1,25 fois celle de l'âme,

$$X = \frac{0,422 + 0,406}{2} = 0,414.$$

On a, pour la section des semelles d'une membrure, en appliquant la formule (8^b) :

$$\Omega = 1{,}365 \left\{ \frac{3\,700 \times 0{,}609 \times \overline{11{,}7}^2}{8 \times 7\,200\,000} - (0{,}414 \times 0{,}008) \right\} =$$
$$= 1{,}365\,(0{,}0054 - 0{,}0033) = 0{,}0029.$$

Le résultat étant positif, cela montre que l'adjonction de semelles est indispensable. Si celles-ci ont 0,34 de largeur, c'est-à-dire 0,30 de largeur utile, et 0,01 d'épaisseur il faut une semelle à chaque membrure, au point considéré.

Si on voulait une précision rigoureuse, on appliquerait à nouveau la formule (8^b) en donnant à X la valeur correspondant à $F = \frac{1{,}385}{1{,}365} = 1{,}02$.

En répétant les calculs précédents pour un certain nombre de sections, il sera aisé de voir où les différents plats doivent prendre naissance.

4° Poids moyen de la poutre au mètre courant. — Au milieu, nous avons $r = \frac{1{,}60}{0{,}090} = 18$ et $m = \frac{16{,}0}{1{,}6} = 10$.

On trouve au tableau n° 8, sachant que $n = \frac{0{,}95}{1{,}60} = 0{,}60$:

$$B = 5{,}39 \quad \text{et} \quad A = 0{,}80 - \frac{1}{3}\,0{,}03 = 0{,}79$$

Il vient :

$$q = \frac{1{,}45 \times 7\,830 \times 16{,}0}{10} \left\{ (0{,}79 \times 0{,}008) + \frac{3\,700 \times \overline{10}^2}{5{,}39 \times 7\,200\,000} \right\} =$$
$$= 18\,100\,(0{,}0063 + 0{,}0096) = 290 \text{ kg.}$$

(Il était de 311 kg. à la disposition précédente.)

3e Application. *Calcul d'une poutre droite sans semelles.*

78. — *Calculer la section transversale d'une poutre de 10 m. de portée théorique, composée d'une âme et de 4 cornières et devant porter au total 638 kg. au mètre courant. L'âme aura 0,40 m. de hauteur et 0,008 d'épaisseur et le taux de travail sera de 6 kg. au millimètre carré.*

La formule (8^a) donne, sachant que

$$m = \frac{10}{0{,}4} = 25 :$$

$$X = \frac{pm^2}{8Re} = \frac{638 \times 25^2}{8 \times 6\,000\,000 \times 0{,}008} = 1{,}04$$

Supposons que nous fassions emploi de cornières de 90 × 90 et qu'il suffise de tenir compte du trou de rivet percé à la branche en contact avec l'âme. Dans ce cas, la largeur utile est de $90 - \frac{20}{2} = 80$ si les trous de rivet ont 20 de diamètre ; ce qui donne $r = \frac{400}{80} = 5$.

Si nous nous reportons au tableau n° 2, dans la colonne marquée $r = 5$, nous trouvons que pour avoir $X = 1,04$ il faut à peu de chose près une épaisseur de branche égale à 1,5 fois celle de l'âme. Les cornières doivent donc avoir une épaisseur de $1,5 \times 8 = 12$ mm.

4e Application. *Détermination des moments résistants.*

79. — *Déterminer le moment résistant de la section représentée à la figure 41.*

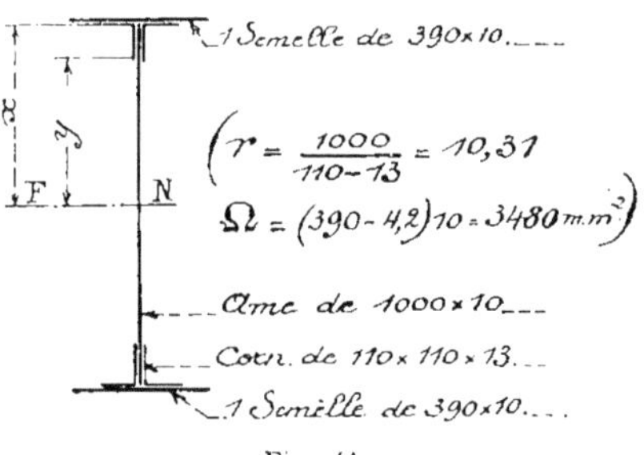

Fig. 41.

Recherchons d'abord la largeur utile des cornières en tenant compte, par exemple, d'un trou de rivet de 21 mm. de diamètre percé aux branches horizontales.

$$\frac{y}{x} = \frac{500 - 110 + 5}{500 - 6,5} = 0,80.$$

Le tableau n° 1 montre qu'il y a lieu de déduire de chacune des branches une largeur égale à $0,61 \times 21 = 13$ mm. La largeur utile est donc de $110 - 13 = 97$.

$$r = \frac{1\,000}{97} = 10,31$$

$$F = \frac{1\,020}{1\,000} = 1,02.$$

Afin de calculer avec le plus d'exactitude possible, tenons compte de cette valeur de F. Dans ce cas, nous devons reprendre les valeurs de X au tableau n° 2 et nous devons diviser ces valeurs par 1,02.

Nous trouvons à ce tableau, 10e ligne, 8e et 9e colonnes :

$$X = \frac{0,600 - 0,31\,(0,600 - 0,565)}{1,02} = \frac{0,589}{1,02} = 0,577.$$

Dès lors, si nous prenons le centimètre comme unité,

$$\frac{I}{V} = 100 \left\{ (100 \times 1 \times 0,577) + (39 - 4,2) \right\} =$$

$$= 100\,(57,7 + 34,8) = 9250.$$

Par la méthode ordinaire, nous aurions trouvé :

$$\frac{1}{V} = \frac{1}{6 \times 102} \left\{ 34,8\,(102^3\text{-}100^3) + 15,2\,(100^3\text{-}97,4^3) + 2,6\,(100^3\text{-}78^3) + (1 \times 100^3) \right\} = 9\,234.$$

L'erreur est de 0,17 p. 100.

Sans semelle, on aurait :

$$\frac{I}{V} = h^2 c X = 10\,000 \times 1 \times 0,589 = 5\,890.$$

(La théorie ordinaire donne 5 868 ; erreur 0,37 p. 100).

CHAPITRE VII

PROPORTIONS DES SECTIONS TRANSVERSALES

80. — A quantité égale de métal, la section transversale la plus avantageuse est celle qui donne le moment résistant maximum.

Il est visible *à priori* qu'il y a intérêt à faire emploi d'une âme de très faible épaisseur et, avec les poutres à semelles, de cornières aussi petites que possible.

Il y a une limite à la réduction que l'on peut apporter à l'épaisseur de l'âme, soit que les efforts tranchants aient une grande intensité, soit qu'il y ait lieu d'éviter une destruction trop rapide de l'organe sous l'action des agents atmosphériques (v. n° 46-3°).

Avec les poutres chaudronnées, la largeur des cornières doit être déterminée à un point de vue pratique. Elles ont, en effet, une tendance à festonner, au droit des trous, sous l'action du poinçonnage et du rivetage et s'il faut une exécution irréprochable, elles ne pourront pas avoir moins de

100 mm.	de largeur avec	des rivets de	25	de diamètre ;
90	—	—	22	—
80	—	—	20	—
70	—	—	18	—
60	—	—	15	—

En dernier lieu, à surfaces égales, les moments résistants sont différents selon la hauteur admise pour l'âme. Recherchons quelle est, pour cet organe, la hauteur la plus avantageuse, la surface de la section transversale et l'épaisseur de l'âme étant données.

A. — Poutrelles et fers ⊏

Nous avons, formule (14^b) :

$$\frac{I}{V} = h\left(\frac{he}{6} + 0,89\ \Omega\right).$$

Substituons la notation K au coefficient variable 0,89 et désignons par S, la surface de la section transversale. On a, sachant que $\Omega = \frac{1}{2}(S\text{-}he)$:

$$\frac{I}{V} = \frac{h^2 e}{6} + \frac{KSh}{2} - \frac{Kh^2 e}{2} = \frac{KSh}{2} - \frac{h^2 e}{2}\left(K - \frac{1}{3}\right) =$$

$$= \frac{\left(K - \frac{1}{3}\right)e}{2}\left\{\frac{KSh}{\left(K - \frac{1}{3}\right)e} - h^2\right\}.$$

Mais nous pouvons admettre que l'épaisseur des bourrelets sera une certaine fraction de la hauteur de la poutre, hypothèse qui donne à K une valeur constante. Le moment résistant sera donc maximum lorsqu'il en sera ainsi pour

$$\frac{KSh}{\left(K - \frac{1}{3}\right)e} - h^2.$$

Or cette expression devient un maximum, si l'on prend

$$h = \frac{1}{2}\frac{KS}{\left(K - \frac{1}{3}\right)e} = \frac{K}{2\left(K - \frac{1}{3}\right)}\frac{S}{e}.$$

Il y a intérêt à donner aux bourrelets une épaisseur e' aussi faible que possible; de plus, la section transversale la plus avantageuse comporte toujours une âme à grande hauteur. Il y a lieu, en conséquence, de déterminer K pour un rapport $\frac{h}{e'}$ assez élevé. Donnons à ce rapport des valeurs variant de 20 à 40; il vient :

Valeurs de $\frac{h}{e'}$:	20	25	30	35	40
Valeurs de K :	0,902	0,922	0,934	0,944	0,951
Valeurs de $\frac{K}{2\left(K - \frac{1}{3}\right)}$:	0,79	0,78	0,78	0,77	0,77

Il est visible que l'on peut adopter pour les derniers facteurs une valeur constante égale à 0,78.

En conséquence, pour les poutrelles et les fers I laminés, la section la plus avantageuse s'obtient en donnant à l'âme une épaisseur e aussi faible que possible et une hauteur h déterminée par la formule ci-après :

$$h = 0{,}78\,\frac{S}{e}. \qquad (21)$$

B. — Poutres composées d'une ame, de cornières et de semelles

$$\frac{I}{V} = h(heX + \Omega) = h\left(heX + \frac{S - he\left(1 + \frac{7,5\,\gamma}{r}\right)}{2}\right) =$$

$$= \frac{1}{2}\left\{Sh - h^2 e\left(1 + \frac{7,5\,\gamma}{r} - 2X\right)\right\} =$$

$$= \frac{1}{2\left(1 + \frac{7,5\,\gamma}{r} - 2X\right)e}\left\{\frac{Sh}{\left(1 + \frac{7,5\,\gamma}{r} - 2X\right)e} - h^2\right\}.$$

Supposons que les cornières aient par rapport à l'âme des proportions imposées. Dans cette hypothèse, les termes devant l'accolade sont invariables et $\frac{I}{V}$ est maximum lorsque

$$h = \frac{S}{e}\,\frac{1}{2\left(1 + \frac{7,5\,\gamma}{r} - 2X\right)}. \qquad (22)$$

(Si on fait $r = 30$ et $\gamma = 1,0$, on a $X = 0,266$ et $h = 0,70\,\frac{S}{e}$, ce qui laisse environ 3 p. 100 de métal pour les semelles.)

La relation trouvée ci-dessus donne une très grande hauteur d'âme qu'il n'est généralement pas possible d'adopter. On peut donc écrire qu'il y a intérêt, avec les poutres à semelles, à faire l'âme aussi haute que possible. On aboutit à une conclusion différente en considérant le poids total de la pièce, si celle-ci est à égalité de résistance, car dans ce cas il est avantageux de laisser une certaine importance aux semelles vu que celles-ci ne sont pas nécessaires sur toute la longueur de la pièce (v. à ce sujet le chapitre III).

CHAPITRE VIII

COMPARAISON ENTRE LES DIFFÉRENTS TYPES DE POUTRES A AME PLEINE

A. — Poutres avec une seule ame

81. — La formule (11) nous permet de comparer les différents types de poutres à âme pleine au point de vue de la consommation de métal. Elle montre en effet que cette consommation est, pour une ouverture donnée, proportionnelle à

$$\frac{k}{m}\left(Ae+\frac{pm^2}{BR}\right).$$

Adoptons les valeurs qui se présentent habituellement aux poutres maîtresses de ponts-rails, soient :

$p = 4\,000$ kg. ;

$m = 12$ aux poutres à hauteur constante et 10 aux poutres cintrées ;

$r = 14$ aux poutres cintrées et 12 aux poutres à hauteur constante excepté aux poutres composées d'une âme et de cornières où nous ferons $r = 8$, ce qui est nécessaire en vue d'obtenir la résistance voulue ;

$e = 0{,}008$ m. et $R = 7\,000\,000$ kg.

Enfin, renforçons les âmes par des raidisseurs.

Nous trouvons, dans ces conditions, que les poids des poutres sont proportionnels aux nombres ci-après :

1,00 pour les poutres cintrées avec membrures à égalité de résistance ;

1,02 pour les poutres cintrées avec membrures à section constante ;

1,07 pour les fers laminés à bourrelets intacts;

1,10 pour les poutres droites à égalité de résistance ;

1,22 pour les poutres droites avec semelles et section constante ;

1,27 pour les fers laminés avec trous de rivets aux bourrelets ;

1,31 pour les poutres droites avec âme et cornières ;

1,32 pour les fers laminés avec trous de rivets aux bourrelets et âme à épaisseur renforcée.

Mais pour se rendre compte de la valeur relative des divers systèmes, il ne suffit pas de considérer simplement le poids mort de la pièce, il faut tenir compte également du prix unitaire du métal. Dans des conditions ordinaires, ces prix sont par kilogramme :

0 fr. 32 pour les poutres chaudronnées cintrées ;

0 fr. 30 pour les poutres chaudronnées droites ;

0 fr. 27 pour les poutres composées d'une âme et de cornières ;

0 fr. 20 pour les fers laminés.

En tenant compte de ce dernier facteur et en désignant par l'unité le prix de revient de la poutre cintrée avec membrures à section variable, nous voyons que le prix de revient des divers systèmes est proportionnel aux nombres ci-après :

1,00 pour les poutres cintrées avec égalité de résistance ;

1,02 pour les poutres cintrées avec membrures à section constante ;

1,03 pour les poutres droites avec égalité de résistance ;

1,11 pour les poutres droites composées d'une âme et de cornières ;

1,15 pour les poutres droites à section constante ;

0,83 pour les poutres droites formées de poutrelles ou de fers [avec trous de rivets aux bourrelets et âme à épaisseur renforcée ;

0,79 pour les poutres droites comme ci-dessus sans majoration à l'épaisseur de l'âme ;

0,67 pour les poutres droites comme ci-dessus à bourrelets intacts.

En résumé, au point de vue économique, c'est aux poutres laminées en forme de I ou de [qu'il y a lieu de donner la préférence chaque fois que la chose est possible. Viennent ensuite les poutres cintrées[1], les poutres droites avec semelles donnant l'égalité de résistance, les poutres composées d'une âme et de cornières, et finalement les poutres droites avec semelles et section constante.

On tiendra compte aussi que les poutres cintrées corrigent quelque peu l'aspect disgracieux d'une poutre droite.

B. — Poutres avec plusieurs ames

82. — Les poutres à plusieurs âmes donnent une grande section d'âme, même sous une faible hauteur, et elles permettent d'obtenir une plus grande raideur dans le sens transversal.

Toutefois, il est généralement impossible d'entretenir les parties intérieures, ce qui peut porter atteinte à la conservation de la pièce. Ces poutres conduisent aussi à une plus grande consommation de métal, surtout avec charges de faible intensité, et elles peuvent donner certaines difficultés pour l'assemblage de poutres transversales.

Les poutres à plusieurs âmes ne doivent être utilisées qu'en cas de nécessité. Si la chose est possible, les âmes laisseront entre elles un espace ayant au minimum 0,40 m. de largeur et elles seront percées de trous d'homme elliptiques ayant au minimum 0,40 × 0,30, fermés par plaques vissées en vue de permettre l'entretien des caissons. Un dispositif de ce genre est indiqué à la figure 162.

[1] Ces poutres viendraient en troisième ordre, si la faible hauteur au droit des appuis amenait une majoration à l'épaisseur de l'âme.

QUATRIÈME PARTIE

ORGANES D'APPUI

CHAPITRE PREMIER

DIMENSIONS DES ORGANES D'APPUI

Les indications ci-après s'appliquent aux poutres à âme pleine ainsi qu'aux poutres en treillis.

A. — COUSSINETS D'APPUI SANS ROULEAUX DE DILATATION

83. — Se présentent sous les formes des trois types renseignés en I et en II à la figure 42. On a généralement un appui fixe et un appui à glissement permettant les dilatations calorifiques.

Soient :

p : la charge unitaire de la poutre surcharge comprise et donnant l'équivalence au point de vue des efforts tranchants ;

P : la charge transmise à chaque appareil d'appui, charge égale à $\frac{1}{2}pL$;

R_m : la résistance de sécurité à la flexion du métal des plaques d'appui (2 kg. au millimètre carré pour la fonte ordinaire et 7 kg. pour l'acier coulé) ;

R_p : la résistance de sécurité à la compression de la pierre (au maximum 30 kg. au centimètre carré avec des pierres de bonne qualité ; cette limite pourra être portée à 50 kg. aux ouvrages à grande ouverture moyennant une exécution très soignée) ;

R_b : la résistance de sécurité à la compression de la maçonnerie (6 kg. au centimètre carré avec des maçonneries au mortier ordinaire et 8 à 25 kg. avec des maçonneries au mortier de ciment),

1° *Surface d'appui sur la maçonnerie.*

La surface de la base d'appui de la pierre sera

$$\frac{P}{R_b}. \qquad (23)$$

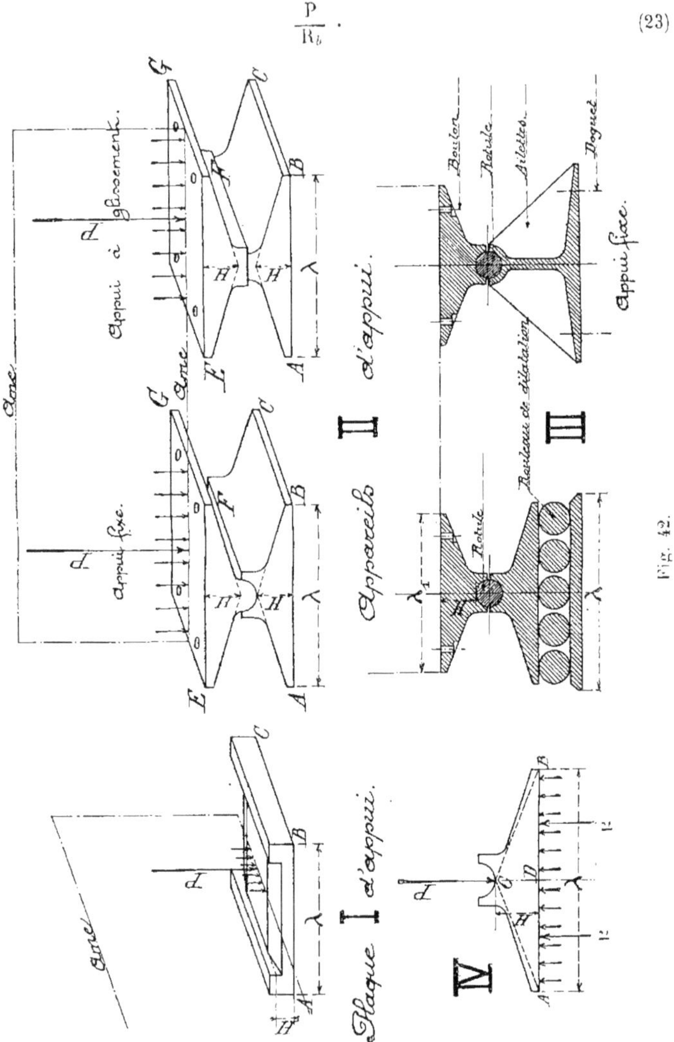

Fig. 42.

2° *Surface d'appui sur la pierre.*

La surface de la base du coussinet inférieur, base marquée ABC à la figure 42, sera

$$\frac{P}{R_p}. \qquad (24)$$

3° *Hauteur du coussinet inférieur.*

On admet généralement que le plateau inférieur est soumis à une flexion simple laissant le côté BC en ligne droite et imprimant une déformation au côté AB ; soit λ la longueur du côté fléchi.

Considérons (v. fig. 42-IV) une tranche d'une unité de profondeur, tranche prise parallèlement aux côtés fléchissants.

Les dimensions de la surface d'appui étant déterminées en premier lieu, en s'imposant un taux de compression sur la pierre R_p, on a pour la résultante des réactions de la pierre sur la longueur AD :

$$\pi = R_p \frac{\lambda}{2} \cdot$$

Pour la section CD la plus fatiguée, $M = \frac{\pi\lambda}{4} = R_p \frac{\lambda^2}{8}$.

Si nous désignons par H la hauteur CD, on a :

$$\frac{I}{V} = \frac{H^2}{6} \cdot$$

Dès lors, la relation $M = \frac{RI}{V}$ nous donne :

$$R_p \frac{\lambda^2}{8} = \frac{R_m H^2}{6} \cdot$$

D'où il résulte que

$$H = \lambda \sqrt{0,75 \frac{R_p}{R_m}} \cdot \qquad (25)$$

Application. — *Calculer les dimensions d'un plateau inférieur devant porter 64 000 kilogrammes.*

S'il est fait emploi d'une pierre d'appui d'excellente qualité, le plateau inférieur devra avoir à la base une surface de

$$\frac{64\,000}{30} = 2\,133 \text{ cm}^2, \text{ soit } 0,40 \times 0,53 \text{ m.}$$

Supposons que nous donnions 0.40 m. au côté BC ; dans ce cas, $\lambda = 0,53$.

Si la plaque est exécutée en acier coulé, elle aura une hauteur égale à :

$$H = 0,53 \sqrt{0,75 \frac{30}{700}} = 0,53 \times 0,18 = 0,095 \text{ m.}$$

Si la pierre repose sur une maçonnerie ordinaire, elle aura une surface d'appui égale à :

$$\frac{64\,000}{6} = 10\,700 \text{ cm}^2, \text{ soit } 1,20 \times 0,90 \text{ m.}$$

On obtient une bonne proportion en lui donnant une hauteur égale au double de la plus grande saillie qu'elle laisse autour du coussinet inférieur, soit dans le cas qui nous occupe 1,20 — 0,53 = 0,67 m.

4° *Coussinet supérieur.* — Il est de règle de donner au coussinet supérieur même hauteur H qu'au coussinet inférieur, mais les longueurs EF et FG sont souvent inférieures aux longueurs correspondantes AB et BC.

5° *Rotule.* — La rotule a pour but de maintenir les pressions dans la partie centrale de la pierre et au droit du montant extrême si la poutre est en treillis. Exécutée en acier, ce qu'il est de règle de faire, elle peut travailler dans le plan diamétral à un taux de compression qui sera au maximum de 325 kg. au centimètre carré ; cependant, afin de conserver des dimensions acceptables, on limite souvent ce taux à 200 kg. aux ouvertures moyennes et à 150 kg. aux petites ouvertures.

Ainsi, dans le cas considéré ci-dessus, il faut une rotule de 40 cm. de longueur et de $\frac{64\,000}{200 \times 40} = 8$ cm. de diamètre.

B. — CHARIOTS DE DILATATION

84. — Avec les appuis à glissement, les dilatations calorifiques rencontrent une certaine résistance par suite de l'adhérence aux plaques d'appui. Cette résistance donne naissance à une poussée sur les massifs d'appui et à une traction ou à une compression sur la poutre. Les appuis avec chariots de dilatation réduisent, dans la mesure du possible, l'intensité de ces efforts horizontaux.

Nous renseignons à la figure 42-III une coupe verticale de ces appuis. Ils comprennent un appui fixe avec rotule généralement indépendante et un appui à roulement avec rotule et une série de rouleaux. Celle-ci porte la dénomination de *chariot de dilatation*. Parfois, on substitue au chariot de dilatation un rouleau unique. Il est de règle de donner aux deux appuis même hauteur totale.

Les longueurs λ, λ_1 et H, les dimensions de la pierre et le diamètre de la rotule se calculent par les relations indiquées ci-dessus.

D'après M. Résal, on calcule les rouleaux de dilatation par la formule

$$P \leq \frac{8}{3} \frac{d}{2} R \sqrt{\frac{R}{E}}. \qquad \text{(XXIX)}$$

Dans cette formule,

P est la charge que peut porter un rouleau par unité de longueur;

d est le diamètre du rouleau;

R et E conservent leur signification habituelle.

Mais il est de règle de confectionner les rouleaux en acier forgé, métal pour lequel R = 1 200 et E = 2 200 000 au centimètre carré. Dès lors, on a, en prenant le centimètre comme unité :

$$P = \frac{8}{3}\frac{d}{2}\,1\,200\sqrt{\frac{1\,200}{2\,200\,000}} = 37d.$$

C'est-à-dire que la formule précitée conduit avec l'acier à admettre, dans le plan diamétral des rouleaux, un taux moyen de travail de 37 kg. au centimètre carré. En pratique, on limite souvent ce taux à 30 kg.

L'épaisseur de la plaque inférieure ne se calcule généralement pas, les dimensions théoriques n'étant pas acceptables en pratique. Il convient de prendre pour cette épaisseur la moitié ou même les $\frac{2}{3}$ de la distance d'axe en axe de deux rouleaux adjacents.

Il est conseillable de réduire le nombre des rouleaux de dilatation. Plus ce nombre est élevé et plus il est à craindre que certains rouleaux restent inactifs, soit par suite d'une flexion au sabot supérieur, soit par suite d'une erreur d'usinage à la partie métallique ou d'une erreur de taille au coussinet en pierre. En conséquence, lorsque l'intensité des charges le permettra, on fera emploi d'un rouleau unique en lieu et place de la série de rouleaux indiquée à la figure 42-III.

La figure 43 montre la disposition habituelle des appuis avec chariot de dilatation. Les cotes renseignées conviennent à un ouvrage d'importance ordinaire; elles devraient être majorées pour une poutre à grande ouverture.

La figure 44 donne les détails des appuis des tabliers de 41,60 m. de portée du chemin de fer de Pékin à Hankow. L'appareil à roulement ne comporte qu'un seul rouleau de dilatation. Chaque appui est calculé pour une charge de 100 000 kg.

85. — Les chariots de dilatation majorent sensiblement le prix des poutres ; pour un pont de chemin de fer de 30 m. d'ouverture,

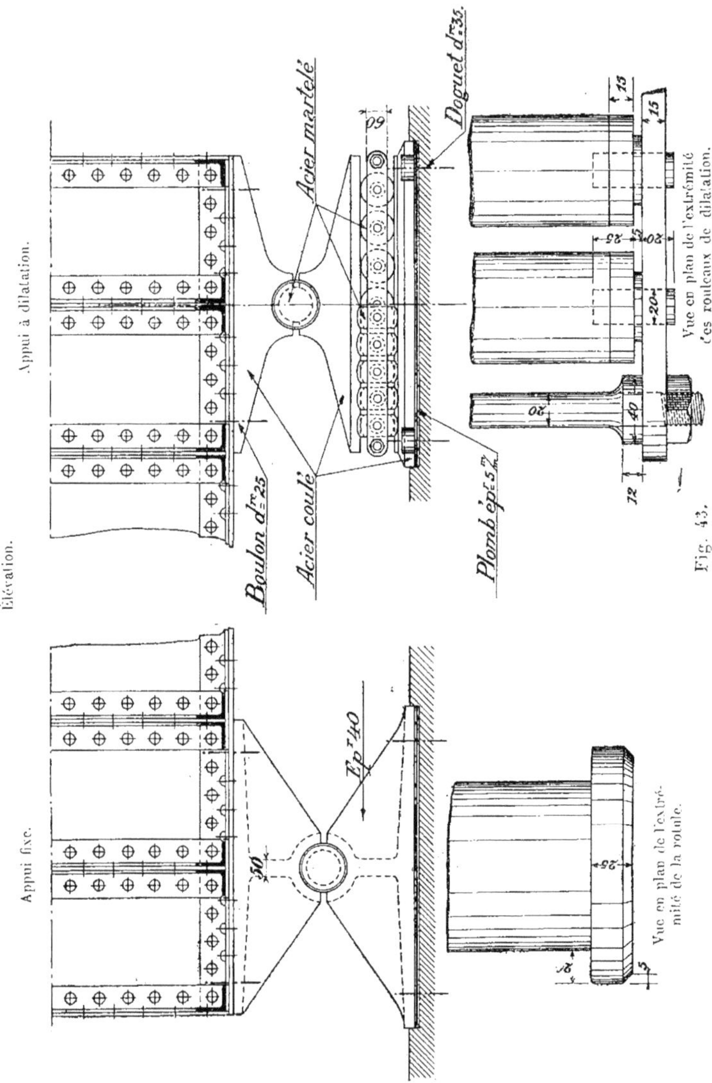

Fig. 43.

le poids de ces appareils est environ les 8 centièmes du poids des longerons avec rouleaux de dilatation, tandis qu'il n'est que les

4 centièmes de ce poids, si l'on se contente de plaques à simple glissement. De plus, ces organes devant être rabotés et tournés

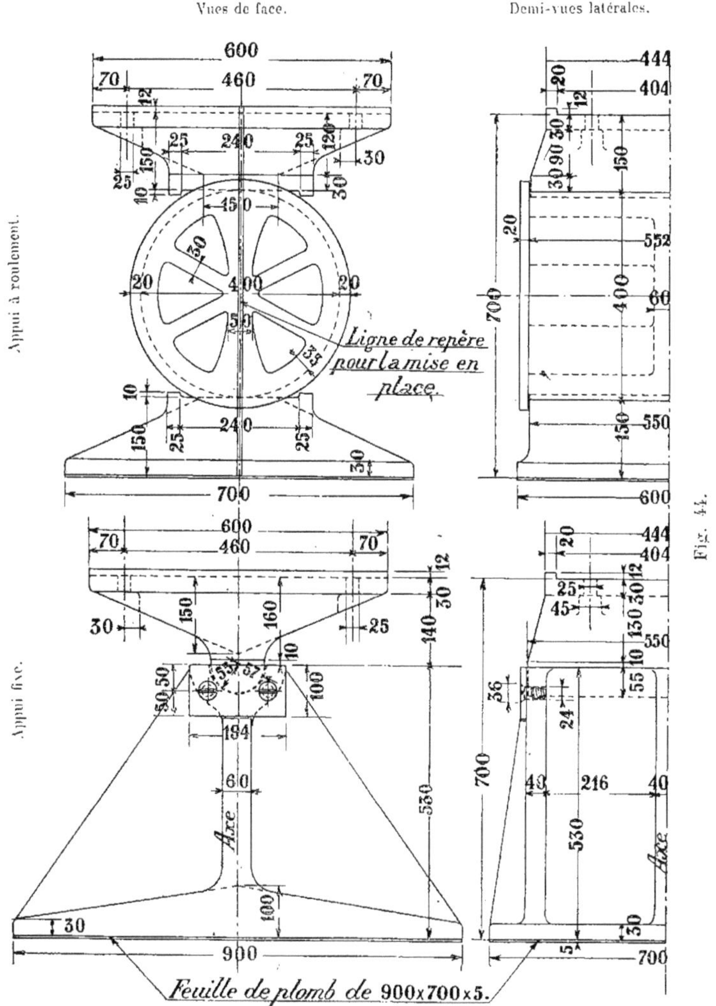

Fig. 44.

sur toutes les faces donnant lieu à transmission de charge, sont fournis à un prix unitaire très élevé. Il y a donc intérêt à ne faire emploi du chariot de dilatation que si la chose est indispensable.

Déterminons la fatigue supplémentaire du métal aux poutres avec appuis à glissement.

Considérons la poutre à âme pleine de la figure 45.

Sur chacune des plaques, la réaction est $\frac{pL}{2}$. Par suite de l'absence de rouleaux de dilatation, la poutre peut être soumise à un effort longitudinal dont l'intensité maximum est $\frac{fpL}{2}$, f étant le coefficient de glissement de métal sur métal.

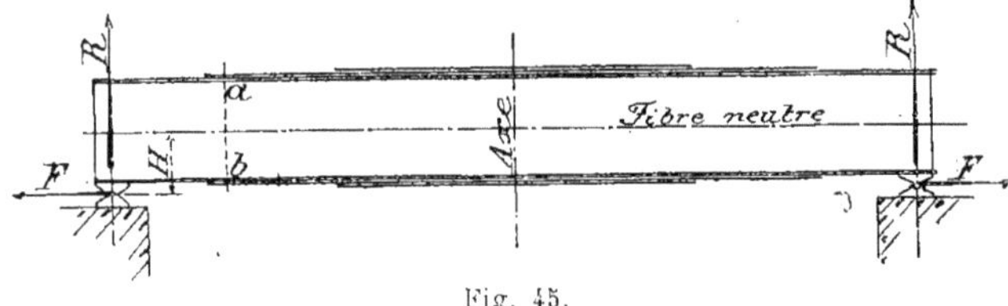

Fig. 45.

Cet effort agit excentriquement, en tension ou en compression, et il engendre un travail moléculaire qui prend sa valeur maximum dans la section la plus faible. Pour la poutre dessinée ci-dessus, il y a donc lieu de considérer la section portant la notation *ab* où les membrures ne comportent qu'une seule semelle.

Si nous désignons par S la surface totale nette de la section à considérer et par H le bras de levier de l'effort longitudinal par rapport au centre de gravité de la section, on a pour le travail R' amené par l'absence de rouleaux de dilatation :

$$R' = \frac{fpL}{2}\left(\frac{1}{S} + \frac{H}{\frac{I}{V}}\right). \qquad (26)$$

Le coefficient f est en général égal à 0,20 pour fer sur fer raboté et sans enduit, mais, en vue d'avoir toute sécurité, il convient de faire $f = 0{,}40$.

Déterminons la fatigue supplémentaire prenant naissance aux poutres en treillis. Considérons la poutre de ce système dessinée à la figure 46.

L'organe le plus fatigué, pour la disposition dessinée à la figure précitée, est la membrure inférieure. Pour cette membrure, le tronçon adjacent aux appuis sera la partie la plus faible si la poutre est à égalité de résistance et simplement appuyée à ses extrémités.

Une équation de moments, par rapport au point A, donne pour l'effort T sollicitant le tronçon BC à considérer, H étant cette fois

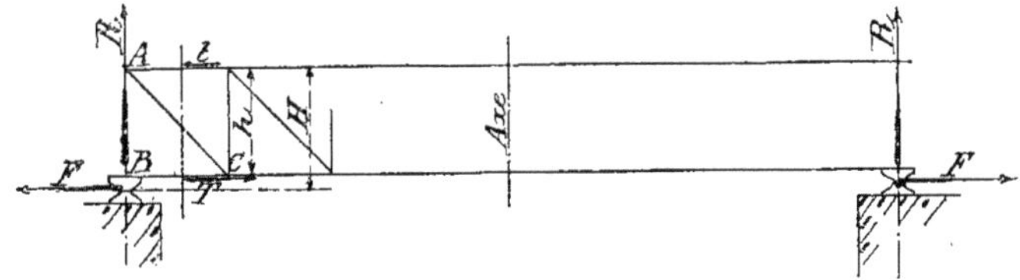

Fig. 46.

mesuré par rapport à la fibre neutre de la membrure supérieure :

$$T = \frac{fpL}{2} \frac{H}{h} .$$

Si S désigne la section nette du tronçon de membrure précité, on a :

$$R' = \frac{fpL}{2S} \frac{H}{h} . \qquad (27)$$

C. — LONGUEUR DE LA PIERRE D'APPUI

86. — La face verticale intérieure de la pierre d'appui se trouve généralement dans le parement de la pile et, dans ce cas, la longueur théorique de la poutre est égale à l'ouverture utile augmentée de la longueur du sommier. Dans la plupart des cas, l'ouverture est la seule donnée du problème, ce qui conduit à déterminer en premier lieu les dimensions des pierres d'appui.

Nous avons vu que la surface de leur base est égale à

$$\frac{P}{R_b} .$$

Mais $P = \frac{pL}{2}$; donc cette surface est

$$\frac{pL}{2R_b} .$$

La base est généralement rectangulaire; soient x la longueur dans le sens longitudinal et rx la longueur dans le sens opposé.

Nous avons :

$$r x^2 = \frac{pL}{2 R_b} .$$

D'où il résulte que

$$x = \sqrt{\frac{pL}{2 r R_b}} . \qquad (28)$$

Mais le calculateur peut se donner r et R_b et il peut déterminer la valeur de p. Dès lors, nous pouvons écrire que

$$x = N \sqrt{L} \qquad (29)$$

étant entendu que N est égal à

$$\sqrt{\frac{p}{2 r R_b}} .$$

Si l'ouverture est donnée, on appliquera la formule une première fois en substituant à L une valeur choisie arbitrairement et une deuxième fois, si la chose est nécessaire, avec une valeur de L rectifiée.

Nous voyons donc que la longueur du sommier est une certaine fonction de la racine carrée de la portée théorique. Faisons connaître quelle est la valeur de cette fonction à certains ouvrages existants ; nous trouvons :

N = 0,17 au pont-rails à simple voie sur le Hollandsch Diep, portée théorique 103,25 m., pierres de 1,75 m. de longueur ;

N = 0,26 à la travée de 154,4 m. du pont-rails à double voie de Kuilenburg, (pierres de 3,23 m. de longueur comprimant la maçonnerie à 7,62 kg. au centimètre carré) ;

N = 0,26 à la travée de 83,50 m. du pont-rails précité, (pierres de 2,23 m.) ;

N = 0,14 à la travée de 89,75 m. du pont-rails à simple voie d'Anseremme, Belgique, (taux de compression de la maçonnerie, 21 kg. au centimètre carré) ;

N = 0,30 au pont de 45,10 m. de portée à simple voie de Waulin, Belgique, (pierres de 2,00 m. de longueur posées sur maçonnerie au mortier hydraulique).

Chemin de fer de Pékin à Hankow.

Tabliers à simple voie.

VALEURS DE N	PORTÉES THÉORIQUES	DIMENSIONS DES PIERRES	TAUX DE COMPRESSION de la maçonnerie.
0,25	41,60 m.	1,60 × 1,10 m.	5,70 kg. au cm².
0,23	31,30 —	1,30 × 0,95 —	5,90 —
0,23	26,20 —	1,20 × 0,95 —	5,60 —
0,22	21,01 —	1,01 × 0,85 —	6,10 —
0,21	15,84 —	0,84 × 0,80 —	6,00 —
0,23	10,75 —	0,75 × 0,70 —	5,50 —
0,24	8,70 —	0,70 × 0,60 —	5,90 —
0,25	5,60 —	0,60 × 0,60 —	5,50 —
0,30	4,10 —	0,60 × 0,50 —	5,30 —
0,37	2,60 —	0,60 × 0,50 —	3,96 —

Valeur théorique de N. — Nous calculons, ci-après, les valeurs de N convenant au point de vue théorique dans certains cas particuliers, en donnant au rapport r entre le côté transversal et le côté cherché la valeur 0,90. Nous faisons successivement $R_b = 6$, 10 et 20 kg. au centimètre carré.

a) *Ponts-rails à simple voie sans ballast.*

La charge p, que nous devons déterminer au mètre courant de poutre, comprend généralement dans des conditions défavorables :

Surcharge : $\frac{8\,000}{2} =$ . . . . 4 000 kg.

Poids mort : $\frac{1\,300}{2} =$ . . . . 650 —

Composante verticale du vent . . . . 350 —

Total $p =$ 5 000 kg.

$$\text{Si } R_b = 6 \text{ kg. au cm}^2, \quad N = \sqrt{\frac{5\,000}{2 \times 0{,}9 \times 60\,000}} = 0{,}22$$

$$\text{Si } R_b = 10 \quad — \quad N = \sqrt{\frac{5\,000}{2 \times 0{,}9 \times 100\,000}} = 0{,}17$$

$$\text{Si } R_b = 20 \quad — \quad N = \sqrt{\frac{5\,000}{2 \times 0{,}9 \times 200\,000}} = 0{,}12.$$

b) *Ponts-rails à simple voie et ballast.*

La charge p se décompose comme suit :

Surcharge, comme ci-dessus	4 000 kg.
Poids mort : $\dfrac{(3,0 \times 1\,400) + 1\,300}{2}$ = ...	2 750 —
Composante verticale du vent	350 —
Total p =	7 100 kg.

On trouve successivement N = 0,26, 0,20 et 0,14.

c) *Ponts-rails à double voie sans ballast.*

$$p = 8\,000 + 1\,300 = 9\,300 \text{ kg.}$$

On trouve successivement N = 0,29, 0,23 et 0,16.

d) *Ponts-route pavés à simple circulation.*

La charge unitaire se décompose généralement comme suit :

Surcharge : . . . . $\dfrac{3\,300}{2} + 400$ = ...	2 050 kg.
Matériaux pierreux : $\dfrac{4,5 \times 1\,400}{2}$ = ...	3 150 —
Partie métallique : $\dfrac{1\,300}{2}$ = ...	650 —
Total p =	5 850 kg.

On trouve N = 0,23, 0,18 et 0,13.

e) *Ponts-route pavés à double circulation.*

$$p = 3\,300 + 600 + \frac{8,0 \times 1\,400}{2} + \frac{2\,500}{2} = 10\,750 \text{ kg.},$$

ce qui donne à N les valeurs suivantes : 0,32, 0,25 et 0,17.

Si nous résumons ce qui précède, nous voyons que N égale successivement :

	Valeurs de p :	5 000	5 850	7 100	9 300	10 750
N =	Pour R = 6 kg. au cm² :	0,22	0,23	0,26	0,29	0,32
	— R = 10 —	0,17	0,18	0,20	0,23	0,25
	— R = 20 —	0,12	0,13	0,14	0,16	0,17

Or, sous la pierre d'appui, la maçonnerie peut être comprimée à raison de 20 ou 25 kg. au centimètre carré avec mortier de ciment et à raison de 8 kg. avec mortier hydraulique, vu que le taux de compression diminue rapidement pour les assises à distance des sommiers et, avec les taux précités, nous voyons que N dépassera rarement 0,15 dans le premier cas et 0,27 dans le second cas. Mais, aux petites ouvertures, il est indispensable de rester sensiblement en dessous des taux limites, sinon on obtiendrait de mauvaises proportions et il serait à craindre, si la pierre était placée près du parement de la pile, que la maçonnerie ne fût cisaillée au droit de la face postérieure du sommier. En conséquence, nous proposons de faire pour les poutres avec lourdes charges :

Avec maçonneries au mortier de ciment :

N = 0,18 aux ouvrages à grande ouverture (plus de 60 mètres) ;

N = 0,20 aux ouvrages à ouverture moyenne, et

N = 0,22 à 0,40 aux ouvrages de moins de 10 m. d'ouverture, chaque mètre de différence, par rapport à l'ouverture précitée, devant majorer la valeur 0,22 de 2 centièmes.

Avec maçonneries au mortier hydraulique :

N = 0,25 aux ouvrages à grande ouverture ;

N = 0,27 aux ouvrages à ouverture moyenne, et

N = 0,30 à 0,40 aux ouvrages de moins de 10 m. d'ouverture.

CHAPITRE II

POIDS DES ORGANES D'APPUI

Nous prenons le mètre comme unité de longueur et le kilogramme comme unité de force ; les autres facteurs devront être rapportés à l'unité correspondante.

A. — APPUIS DU TYPE II. (v. fig. 42).

87. — Nous avons à l'appui fixe :

Surface de la base d'appui : . . . . $S = \frac{P}{R_p}$

Hauteur des plaques par application de la formule (25) : . . . . $H = 0{,}87\,\lambda\sqrt{\frac{R_p}{R_m}}$

Volume des 4 plaques : . . . . $4\,S\,\frac{H}{2} = P\lambda\,\frac{1{,}74}{\sqrt{R_p\,R_m}}$.

Désignons par R_r le taux de travail du métal dans le plan diamétral de la rotule. Nous avons vu que la forme de cet organe et des ergots adjacents se rapproche d'un prisme à base carrée :

Surface du plan diamétral : . . . . $S' = \frac{P}{R_r}$

Diamètre de la rotule : . . . . $D = \lambda\,\frac{R_p}{R_r}$

Volume de la rotule et de la partie correspondante de l'appareil à glissement : $2\,S'D = P\lambda\,\frac{2\,R_p}{R_r^2}$.

Pour tenir compte des pertes de métal, nous multiplions le volume théorique par k. Dès lors, nous avons pour le poids total Q des deux organes d'appui d'une poutre :

$$Q = k\delta P\lambda\left(\frac{1{,}74}{\sqrt{R_p\,R_m}} + \frac{2\,R_p}{R_r^2}\right).$$

Il convient de faire $k = 1{,}20$ et $\delta = 7830$. Si nous introduisons ces valeurs dans la relation précédente, nous avons :

$$Q = P\lambda\left(\frac{16\,300}{\sqrt{R_p\,R_m}} + \frac{18\,800\,R_p}{R_r^2}\right). \qquad (30)$$

Avec le type d'appuis qui nous occupe, on a généralement $R_p = 27 \times 10^4$, $R_m = 600 \times 10^4$ et $R_r = 175 \times 10^4$, ces taux devant être rapportés au mètre carré. Ces valeurs donnent :

$$Q = P\lambda\,(0{,}0127 + 0{,}0017) = \frac{P\lambda}{70}. \tag{30^a}$$

B. — APPUIS DU TYPE I. (v. fig. 42).

88. — Les appuis du type I ont un volume total égal à 2SH, ce qui correspond au volume des 4 plateaux du type précédent. Dès lors :

$$Q = k\delta P\lambda \frac{1{,}74}{\sqrt{R_p R_m}}. \tag{30^b}$$

Il convient de faire $k = 1{,}10$, $\delta = 7\,830$, $R_p = 20 \times 10^4$ et $R_m = 600 \times 10^4$. Ces valeurs donnent, à peu de chose près :

$$Q = \frac{P\lambda}{70} \tag{30^c}$$

comme au cas précédent.

C. — APPUIS DU TYPE III. (v. fig. 42).

89. — Nous désignons par :

d le diamètre des rouleaux ;

R'_r le taux de travail dans le plan diamétral de ces organes, et par

R_r le taux de travail dans le plan diamétral des rotules.

Les recherches faites au n° 87 font connaître le poids des rotules et des 4 plateaux adjacents. Nous pouvons admettre en effet que l'augmentation de hauteur de l'appareil fixe ne majore pas la consommation de métal, vu que cet appareil peut être exécuté à nervures.

La longueur totale des rouleaux est égale à

$$\frac{P}{d\,R'_r}$$

et leur volume est

$$\frac{P}{d\,R'_r}\,\frac{\pi d^2}{4} = P\,\frac{0{,}785\,d}{R'_r}.$$

La surface de la plaque donnant appui aux rouleaux est $\frac{P}{R_p}$. Sa hauteur répond à des considérations d'ordre pratique. Nous adoptons une hauteur de 0,08 m. Dès lors, le volume de l'organe qui nous occupe est $\frac{0{,}08\,P}{R_p}$.

Finalement, nous avons pour le poids total des appareils :

$$Q = k\delta P \left\{ \lambda \left(\frac{1{,}74}{\sqrt{R_p R_m}} + \frac{2 R_p}{R_r^2} \right) + \frac{0{,}785\, d}{R'_r} + \frac{0{,}08}{R_p} \right\}.$$

Si nous faisons $k = 1{,}20$ et $\delta = 7\,830$, il vient :

$$Q = P \left\{ \lambda \left(\frac{16\,300}{\sqrt{R_p R_m}} + \frac{18\,800\, R_p}{R_r^2} \right) + \frac{7\,400\, d}{R'_r} + \frac{750}{R_p} \right\}. \qquad (30^d)$$

Si nous donnons à R_p, R_m et R_r, les valeurs déjà admises au n° 87 et si nous faisons $R'_r = 30 \times 10^6$ kg. au mètre carré, il vient :

$$Q = P\,(0{,}0144\,\lambda + 0{,}025\,d + 0{,}0028). \qquad (30^e)$$

Si $d = 0{,}15$ m., on a :

$$Q = P \left(\frac{\lambda}{70} + 0{,}0066 \right). \qquad (30^f)$$

D. — APPUIS AVEC UN ROULEAU DE DILATATION. (v. fig. 44).

89 *bis*. — Nous reprenons au n° 87, le poids des plateaux et de la rotule de l'appui fixe et au n° 89, le poids du rouleau. Toutefois, nous faisons $k = 1{,}30$ pour les plateaux afin de tenir compte de la forme trapézoïdale de ces organes, et $k = 1{,}10$ au rouleau. Nous trouvons :

$$Q = P \left\{ \lambda \left(\frac{17\,700}{\sqrt{R_p R_m}} + \frac{9\,400\, R_p}{R_r^2} \right) + \frac{6\,800\, d}{R'_r} \right\}. \qquad (30^g)$$

Si le rouleau est évidé, le terme en d sera multiplié par le rapport du volume réel au volume total de l'organe (ce rapport est dans des conditions ordinaires 0,70).

N. B. — Rappelons qu'aux formules précédentes, P est la charge maximum qui peut être transmise à un des appareils d'appui ; cette charge est égale à $\frac{1}{2}\,pL$, p étant la charge unitaire donnant l'égalité au point de vue des efforts tranchants.

Il est obligatoire d'écrire les forces en kilogrammes et les longueurs en mètres. Par conséquent, les taux de travail devront être exprimés en kilogrammes et rapportés au mètre carré.

Les formules donnent le poids des deux appareils d'une poutre.

E. — APPLICATIONS

1° *Déterminer le poids d'appareils d'appui du type II, la charge à chaque appui étant de 32 000 kg. et les divers facteurs ayant les valeurs ci-après indiquées :*

$\lambda = 0{,}45$ m., $R_p = 29 \times 10^4$, $R_m = 690 \times 10^4$ et $R_r = 190 \times 10^4$ kg. au m².

Il vient, par application de la formule (30) :

$$Q = P\lambda\,(0{,}0115 + 0{,}0015) = \frac{P\lambda}{77} = \frac{52\,000 \times 0{,}45}{77} = 305 \text{ kg.}$$

Les conditions examinées ci-dessus sont reprises aux tabliers de 21,01 m. de portée de la ligne Pékin-Hankow. A ces ouvrages, le poids des deux appareils d'une poutre est de 318 kilogrammes au lieu de 305, poids donné par la formule.

2° *Rechercher le poids des appareils d'appui de la figure 44, sachant que la charge d'un appareil est de 100 000 kg. et que les taux de travail ont les valeurs suivantes à l'appui mobile :*

$R_p = 24 \times 10^4$, $R_m = 392 \times 10^4$, $R_r = 166 \times 10^4$ et $R'_r = 45{,}6 \times 10^4$.

Le rouleau est évidé ; le volume reel de cet organe correspond aux 0,69 du volume total.

On tiendra compte que $\lambda = 0{,}70$ à l'appui mobile et 0,90 m. à l'appui fixe.

Nous avons, par application de la formule (30^a), en négligeant la surlongueur de l'appui fixe.

$$Q = P\left\{\lambda\left(\frac{17\,700}{\sqrt{24 \times 392 \times 10^8}} + \frac{9\,400 \times 24 \times 10^4}{166^2 \times 10^8}\right) + \frac{0{,}69 \times 6\,800\,d}{45{,}6 \times 10^4}\right\} =$$

$$= P\left(\frac{\lambda}{52{,}5} + 0{,}0103\,d\right) = 100\,000\left\{\frac{0{,}70}{52{,}5} + (0{,}0103 \times 0{,}40)\right\} =$$

$$= 100\,000\,(0{,}0134 + 0{,}0041) = 1\,750 \text{ kg.}$$

A l'appui fixe, la surlargeur de 0,20 m. de la base, a pour conséquence de majorer de 2/7 le poids d'un plateau lequel est égal au quart de $\frac{P \times 0{,}70}{52{,}5}$. L'augmentation de poids est donc de ce fait de

$$\frac{2}{7}\,\frac{1}{4}\,\frac{100\,000 \times 0{,}70}{52{,}5} = 95 \text{ kg.}$$

Le poids total des appareils doit être de $1750 + 95 = 1\,845$ kg.

Or les pesages ont donné un poids de :

1 appui fixe	890 kg.
1 appui mobile	965 —
Total	1 855 kg.

CINQUIÈME PARTIE

PONTS AVEC POUTRES A AME PLEINE

CHAPITRE PREMIER

PONTS DE CHEMINS DE FER

A. — TAUX DE TRAVAIL DU MÉTAL

90. — Aux poutres maîtresses, le taux de travail du métal peut avoir une valeur plus élevée aux tabliers à grande portée. Pour les ponts de moins de 20 m. d'ouverture, il est généralement limité avec l'acier doux à 7,50 kg. au millimètre carré ; on atteint 8,50 kg. vers 25 m. d'ouverture et 10 kg. vers 30 m. d'ouverture. Les taux ci-dessus se rapportent au poids mort et à la surcharge, l'action du vent étant négligée.

Dans les entretoises et les longrines, pièces soumises à de nombreuses intermittences au passage de la surcharge, il convient de ne pas faire travailler l'acier doux à plus de 7,50 kg. au millimètre carré, 6,5 kg. étant un taux convenant pour les ouvrages importants.

Avec le fer, les taux ci-dessus subiront une réduction d'un cinquième.

Pour le cisaillement et le glissement longitudinal des tôles, il est de règle de prendre les $\frac{4}{5}$ du taux de travail par flexion.

Pour le cisaillement des rivets, il importe de ne pas dépasser les $\frac{4}{5}$ de la limite qui aura été admise pour la plus faible des pièces à assembler.

Les calculs doivent se rapporter à la situation du train la plus défavorable et en considérant la section nette des pièces, trous de rivets déduits.

Action du vent. — Le travail du métal sous l'action des plus grands vents peut dépasser de 1 kg. les limites fixées ci-dessus. Il importe de considérer un vent de 170 kg. au mètre carré dans l'hypothèse d'une surcharge sur le tablier. Pour celle-ci on compte généralement, pour la surface verticale nette, un rectangle de 3 m. de hauteur ayant même longueur que le pont et dont le côté inférieur est placé à 0,50 m. au-dessus de la surface de roulement.

Pour les calculs de stabilité, il y a lieu de considérer l'action du vent dans l'hypothèse où l'ouvrage ne porterait que des véhicules à vide. Or, en donnant à ceux-ci 3 m. de hauteur pleine, à 0,50 m. du rail, ils ne peuvent se maintenir en stabilité, sous l'action d'un vent de 170 kg. au mètre carré, qu'à la condition qu'ils pèsent au minimum, au mètre courant :

Avec les voies à écartement normal :

$$\frac{3.00 \times 170 \times (0,50 + 1,50)}{0,75} = 1\,360 \text{ kg.}$$

Avec les voies à petit écartement :

$$\frac{3,00 \times 170 \times (0,50 + 1,50)}{0,50} = 2\,040 \text{ kg.}$$

B. — CHARGES UNIFORMÉMENT RÉPARTIES DE MÊME ACTION QUE LA SURCHARGE

91. — Nous renseignons à la 12e partie la composition des trains-types imposés par le règlement ministériel français du 29 août 1891 (v. fig. 185 et 187).

Les tableaux nos 10 et 11 font connaître les charges uniformément réparties équivalentes à ces trains-types. Elles ont été calculées en prenant comme base les moments et les efforts tranchants maximums renseignés dans l'ouvrage *Formules, barèmes et tableaux*, par M. E. Henry, inspecteur général des Ponts et Chaussées.

Charges uniformément réparties équivalentes au train-type pour voie normale imposé par le règlement ministériel français du 29 août 1891.

TABLEAU N° 10.

Les charges sont données en tonnes au mètre courant de voie.

OUVERTURES en mètres.	CHARGES POUR LES		OUVERTURES en mètres.	CHARGES POUR LES	
	Moments.	Efforts tranchants.		Moments.	Efforts tranchants.
2	14,0	19,6	20	6,1	7,2
3	13,1	16,8	22	5,9	7,1
4	12,6	15,4	24	5,7	6,9
5	12,3	14,3	26	5,5	6,8
6	11,2	13,1	28	5,4	6,7
7	10,5	11,9	30	5,3	6,5
8	9,8	10,9	35	5,3	6,2
9	9,2	10,2	40	5,1	5,9
10	8,5	9,6	45	5,0	5,7
11	8,0	9,2	50	4,8	5,4
12	7,5	8,8	55	4,7	5,3
13	7,3	8,5	60	4,5	5,1
14	7,0	8,1	65	4,3	4,9
15	6,8	7,8	70	4,2	4,8
16	6,6	7,6	75	4,1	4,7
17	6,4	7,4	80	4,0	4,6
18	6,3	7,3	90	3,7	4,4
19	6,2	7,2	100	3,6	4,2

L'abaque n° 1 renseigne la composition des trains-types considérés en Belgique et les charges équivalentes. Les courbes en trait plein se rapportent aux moments fléchissants, les courbes pointillées aux efforts tranchants. Aux petites ouvertures et pour les courbes *a* et *b*, nous avons considéré un essieu unique de 20 tonnes lorsque cette hypothèse était désavantageuse.

Enfin, on trouvera au n° 136, la composition et les charges équivalentes du train-type imposé en Belgique pour les chemins de fer vicinaux.

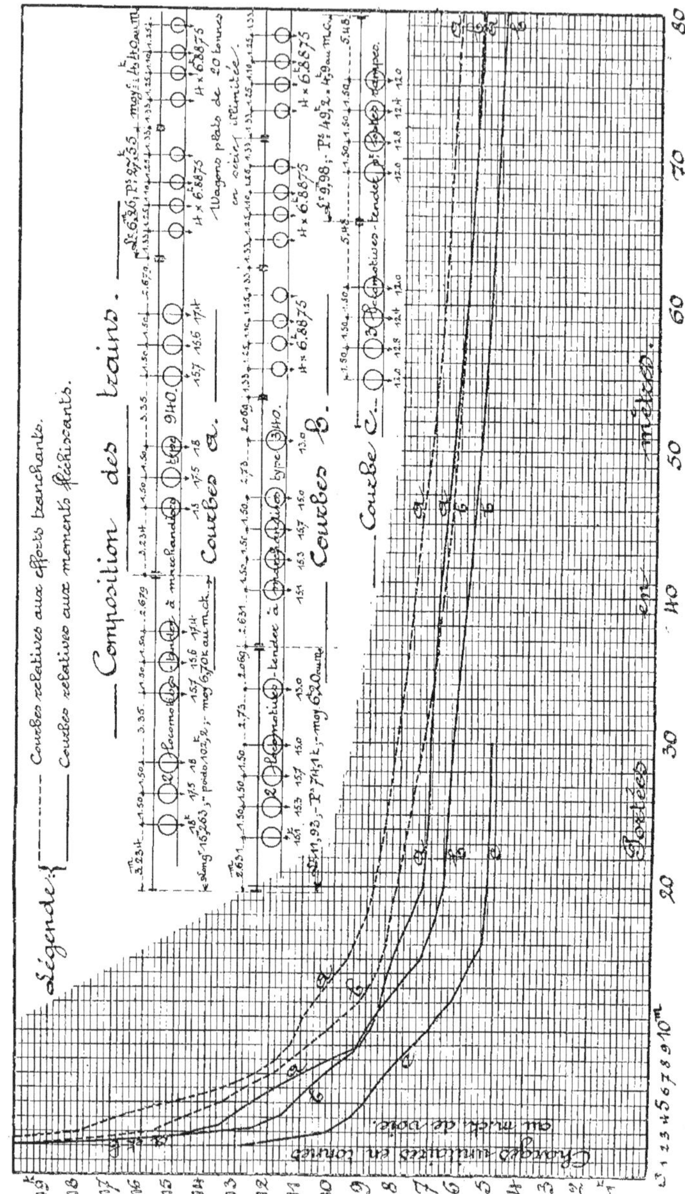

ABAQUE N° 1. Charges uniformément réparties équivalentes aux trains-types pour voie normale considérés en Belgique.

Charges uniformément réparties équivalentes au train-type pour voie étroite imposé par le règlement ministériel français du 29 août 1891.

TABLEAU N° 11.

Les charges sont données en tonnes au mètre courant de voie.

OUVERTURES en mètres.	CHARGES POUR LES		OUVERTURES en mètres.	CHARGES POUR LES	
	Moments.	Efforts tranchants.		Moments.	Efforts tranchants.
2	10,0	14,0	17	4,7	5,3
3	9,4	12,0	18	4,6	5,3
4	9,0	11,0	20	4,4	5,2
5	8,8	10,2	22	4,2	5,1
6	8,0	9,3	25	4,1	4,9
7	7,5	8,5	30	3,9	4,7
8	7,0	7,8	35	3,9	4,5
9	6,6	7,4	40	3,8	4,3
10	6,1	7,0	45	3,7	4,2
11	5,8	6,6	50	3,6	4,1
12	5,5	6,3	55	3,5	4,0
13	5,3	6,0	60	3,4	3,9
14	5,1	5,8	65	3,3	3,8
15	5,0	5,6	70	3,2	3,7
16	4,8	5,5	75	3,1	3,7

92. REMARQUE. — Les charges unitaires renseignées au présent litt. sont déterminées en considérant uniquement, pour les moments, la valeur maximum qui peut être atteinte près du milieu de la portée et pour les efforts tranchants, la valeur maximum au droit des appuis.

Si l'on considère pour les moments des sections plus rapprochées des appuis et pour les efforts tranchants des sections plus rapprochées du milieu de la portée, on trouve que les charges unitaires augmentent en intensité. L'augmentation est faible et négligeable pour les moments, mais elle est assez importante pour les efforts tranchants; déterminons celle-ci.

Considérons la poutre AB dessinée en I à la figure 47 dont la portée est L et soit à connaître la charge unitaire fictive p à considérer pour les efforts tranchants dans la section C située à une distance l de l'appui de droite.

Nous devons charger la poutre entre la section considérée et un des appuis; chargeons le tronçon de droite BC. La charge amenée sur ce tronçon est la même que celle qu'il y aurait lieu de considérer pour une poutre de portée l au calcul de l'appui de gauche ; cette poutre est dessinée en II et elle est marquée DE.

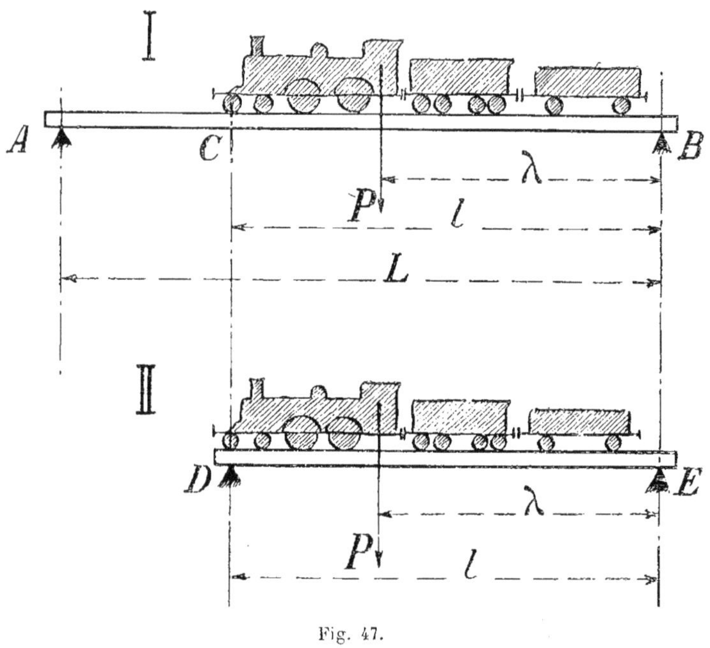

Fig. 47.

Pour la poutre DE, si P est la résultante des charges et λ son bras de levier par rapport à l'appui de droite, la réaction de l'appui de gauche est $\frac{P\lambda}{l}$ et la charge unitaire fictive donnant pour cet appui l'équivalence au point de vue des efforts tranchants, est

$$p' = \frac{2 P\lambda}{l^2}.$$

Pour la poutre AB, la réaction de l'appui de gauche, laquelle correspond à l'effort tranchant de la section C, est égale à $\frac{P\lambda}{L}$.

Or la charge unitaire p uniformément répartie sur la longueur BC, donne en C, un effort tranchant égal à $\frac{p}{2L} l^2$ (v, page 258).

Il faut donc avoir

$$\frac{p}{2L} l^2 = \frac{P\lambda}{L}$$

et

$$p = \frac{2P\lambda}{l^2}.$$

C'est-à-dire que p est égal à p', ou, en d'autres termes, que *Au point de vue des efforts tranchants, pour une section située à une distance l des appuis, dans une poutre de portée L, la charge unitaire fictive reprise aux tableaux et aux abaques devra se rapporter à l'ouverture l et non pas à l'ouverture L.*

On considérera pour la détermination de l, l'appui le plus éloigné pour les efforts tranchants positifs et l'appui le moins éloigné pour les efforts tranchants négatifs.

Aux formules relatives au poids des ouvrages et à toutes les formules des poutres à âme pleine, p se rapportera à la portée L.

Application. — *Déterminer les surcharges unitaires des poutres maîtresses d'un tablier de 40 mètres de portée destiné à livrer passage au train-type à voie normale du règlement français.*

Si nous nous reportons au tableau n° 10, nous voyons que, au point de vue des moments, l'ouvrage doit être calculé pour une surcharge de 5,1 t. au mètre courant de voie. Nous avons dit que cette surcharge peut être supposée constante pour toutes les sections de la poutre.

Au point de vue des efforts tranchants, nous voyons, au tableau précité, que l'ouvrage sera calculé pour une surcharge de 5,9 t. au mètre courant de voie au droit des appuis. A distance des appuis, la surcharge unitaire doit augmenter. Elle sera, par exemple, à 30 mètres de l'appui de droite, de 6,5 t. pour les efforts tranchants positifs et de 9,6 t. pour les efforts tranchants négatifs, chiffres correspondant respectivement aux ouvertures de 30 m. et de 40 — 30 = 10 mètres.

C. — CHARGES ET MOMENTS DES ENTRETOISES ET DES LONGRINES

Nous désignons par *entretoises* les pièces transversales reliant les poutres maîtresses, et par *longrines* les pièces longitudinales placées entre les entretoises.

Les pièces qui nous occupent sont calculées pour la série d'essieux la plus défavorable ou pour un essieu unique à charge renforcée. Le rapport de la charge renforcée à la charge normale est :

Aux termes du règlement ministériel français du 29 août 1891 de :

1,43 pour la voie normale (un essieu de 20 t. ou une série d'essieux de 14 t.) et

1,40 pour la voie étroite (un essieu de $14^t \times v$ ou une série d'essieux de $10 \times v$).

En Belgique, on admet souvent que ce rapport est égal à 1,30 (par exemple, un essieu de 20 t. au lieu de la série d'essieux de 15 à 15,7 t. du type *Cinquantenaire*).

A moins de spécification contraire, il sera admis ci-après que les essieux en série ont même poids et qu'ils sont équidistants.

Signification des notations :

P : poids de l'essieu unique à charge renforcée;

P' : poids des essieux en série à charge normale;

a : distance des essieux en série et

b : distance d'axe en axe des entretoises.

1° Entretoises

93. *Principe. — La charge sur l'entretoise ne peut prendre sa valeur maximum que lorsqu'une des roues du train-type se trouve au droit de la pièce.*

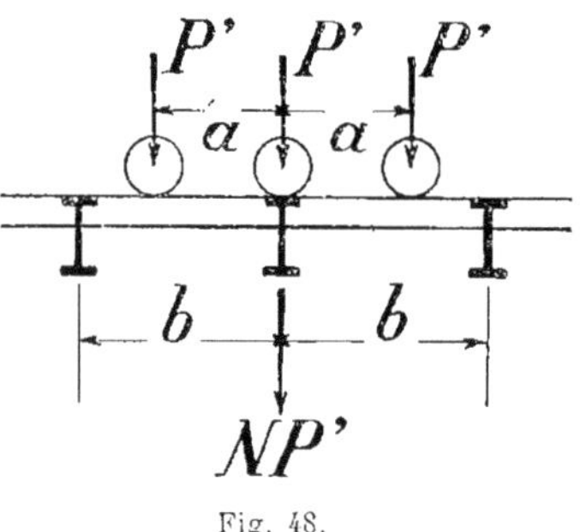

Fig. 48.

Nous écrivons que la charge reportée sur une entretoise au droit de chaque rail est égale à $\frac{NP'}{2}$; nous faisons connaître ci-après la valeur à attribuer à N.

1er *Cas* : $b < a$.

L'entretoise doit être calculée pour l'essieu unique. Dès lors $N = 1{,}00$ et il y a lieu de substituer P à NP' à toutes les formules où cette expression intervient.

2e *Cas* : $b > a$ et $< 2a$.

L'entretoise doit être calculée pour une série de 3 essieux, l'essieu intermédiaire étant placé au droit de l'organe, suivant ce qui est indiqué à la figure 48.

La charge sur l'entretoise, au droit de chaque rail, est

$$3\frac{P'}{2} - \frac{P'}{2}\frac{2a}{b} = \frac{P'}{2}\left(3 - \frac{2a}{b}\right)$$

c'est-à-dire que

$$N = 3 - \frac{2a}{b}.$$

Cependant, si le poids de l'essieu isolé est supérieur à NP', il y a lieu de calculer la pièce dans l'hypothèse du passage de cet essieu, hypothèse qui donne $N = 1{,}00$ et qui conduit à substituer P à NP' à toutes les formules où cette expression intervient.

3ᵉ *Cas :* $b > 2a$.

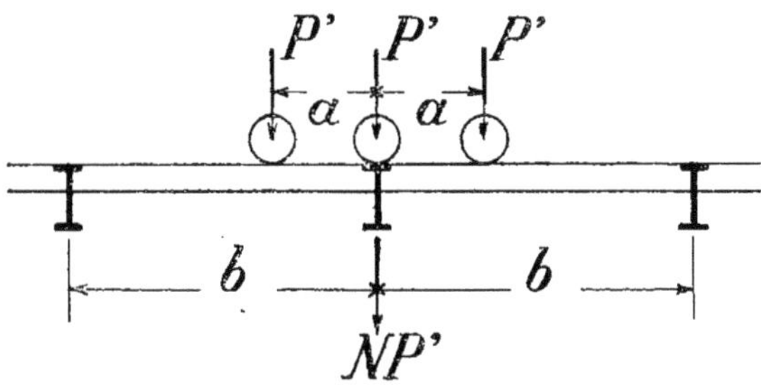

Fig. 49.

Si le train-type n'amène que 3 essieux sur les deux longrines adjacentes à l'entretoise, suivant ce qui est indiqué à la figure 49, on a, comme au cas précédent :

$$N = 3 - \frac{2a}{b}.$$

Dans le cas qui nous occupe, il ne sera jamais nécessaire de considérer l'essieu isolé parce que si $b = 2a$, on trouve $N = 2$ et parce que P est toujours inférieur à 2P'.

Si le train-type amène 4 essieux sur les deux longrines précitées (v. fig. 50), il y a lieu de placer le 2ᵉ essieu au droit de l'entretoise, et l'on a :

$$N = 4 - \frac{4a}{b}.$$

S'il en amène 5, suivant ce qui est indiqué à la figure 51, on a

$$N = 5 - \frac{6a}{b}.$$

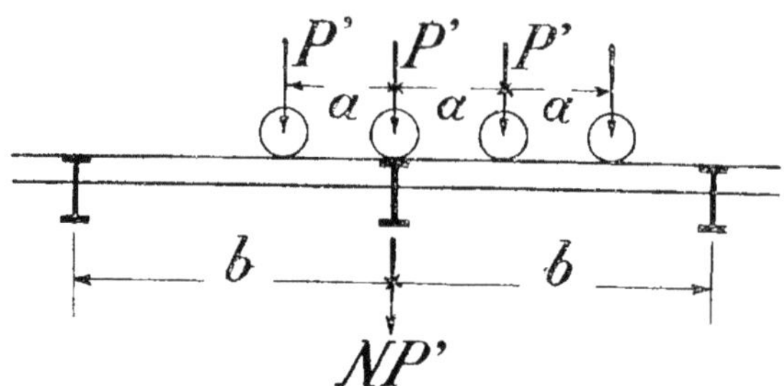

Fig. 50.

Application aux trains-types du règlement français. — On pourra considérer indifféremment l'essieu unique ou une série de 3 essieux.

Avec la voie large, si

$$1{,}43 = 3 - \frac{2 \times 1{,}20}{b}$$

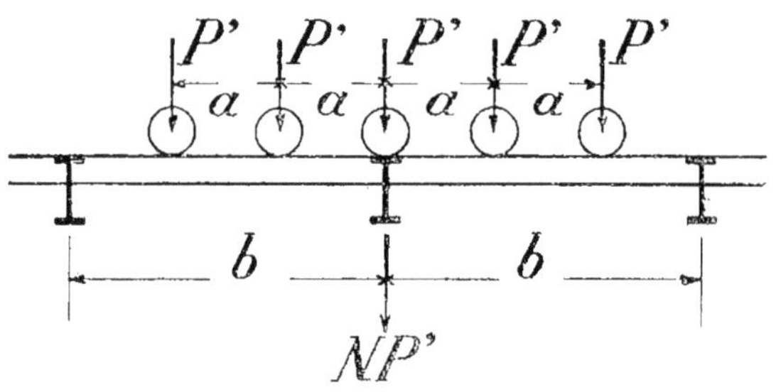

Fig. 51.

c'est-à-dire, si

$$b = \frac{2 \times 1.20}{3 - 1{,}43} = 1{,}53 \text{ m}.$$

Avec la voie étroite, si

$$b = \frac{2 \times 1{,}20}{3 - 1{,}40} = 1{,}50 \text{ m}.$$

Par conséquent, on considérera :

1 *essieu à charge renforcée*, si $b < 1{,}53$ m. avec la voie large et $< 1{,}50$ avec la voie étroite et dans ce cas $N = 1$ et on substitue P à NP' à toutes les formules où cette expression intervient.

3 *essieux*, si $b > 1,53$ ou $1,50$ et $< 2,40$ m. et, dans ce cas,

$$N = 3 - \frac{2,40}{b}.$$

4 *essieux*, si $b > 2,40$ et $< 5,80$ avec la voie large et $< 5,30$ avec la voie étroite et, dans ce cas,

$$N = 4 - \frac{4,80}{b}.$$

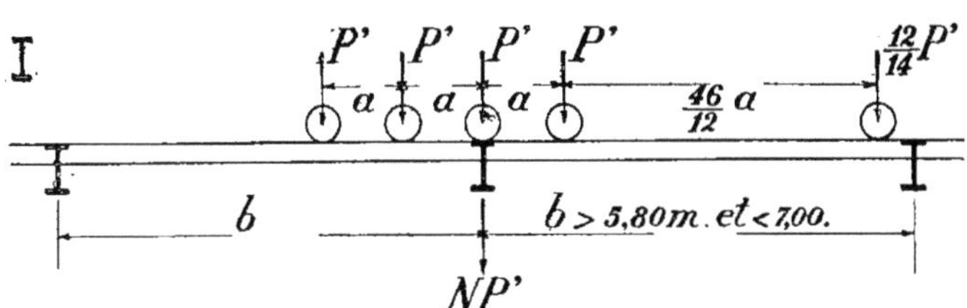

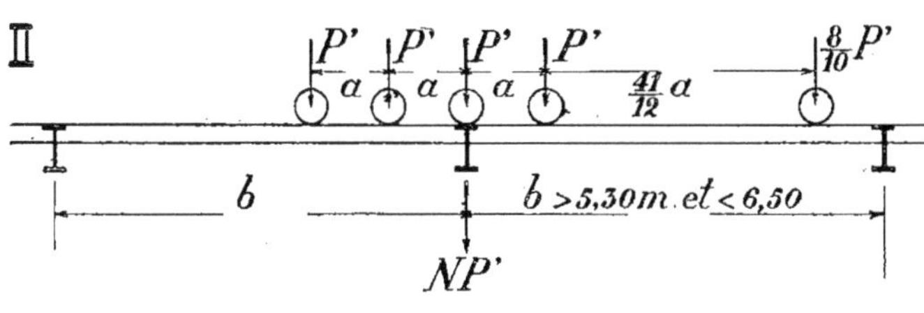

Fig. 52.

5 *essieux*, si $b > 5,80$ et $< 7,00$ m. avec la voie large, ou si $b > 5,30$ et $< 6,50$ avec la voie étroite. Dans ce cas, la charge doit être placée comme il est indiqué à la figure 52, en I pour la voie large et en II pour la voie étroite. (On remarquera que des essieux de tender se placent sur une des longrines.)

On trouve, avec la voie large :

$$N = \frac{34}{7} - \frac{57\,a}{7b} = 4,86 - \frac{9,77}{b}$$

Avec la voie étroite :

$$N = 4,8 - \frac{22,6\,a}{3b} = 4,8 - \frac{9,04}{b}.$$

Les deux dernières relations sont établies de telle sorte qu'il suffira de donner à P' la valeur se rapportant à la machine, sans tenir compte de la discordance de poids à l'essieu du tender.

Application aux trains-types de l'État belge. — Les règles généralement admises à l'État belge conduisent à proposer pour le calcul des entretoises soit un essieu unique de 20 t., soit les 3 essieux de 18 t. environ du type « 940 », soit les 4 essieux de 15,3 t. environ du type « 340 ». Les essieux en série donnent $a = 1,50$ m.

L'essieu unique est abandonné si on a

$$20 < 18\ 3 - \frac{2 \times 1{,}50}{b}$$

c'est-à-dire si on a

$$b > \frac{2 \times 1{,}5}{3 - 1{,}11} = 1{,}59 \text{ m}.$$

Les 3 essieux de 18 t. donneront même charge que les 4 essieux de 15,3 t. si

$$\left(3 - \frac{2 \times 1{,}5}{b}\right) 18 = \left(4 - \frac{4 \times 1{,}5}{b}\right) 15{,}3$$

c'est-à-dire si

$$b = 5{,}25 \text{ m}.$$

Toutefois, des essieux supplémentaires s'engagent sur une des longrines dès que b dépasse 4.23 m.

Par conséquent, on considérera :

1 *essieu de* 20 *t.*, si $b < 1{,}59$; dans ce cas $N = 1$ et on substitue P, soit 20 t., à NP' à toutes les formules où cette expression intervient.

3 *essieux de* 18 *t.*, si $b > 1{,}59$ et $< 4{,}23$; dans ce cas

$$N = 3 - \frac{3{,}00}{b} \quad \text{et} \quad P' = 18 \text{ t.}$$

Application au train-type des vicinaux belges. — On considère généralement un essieu de 10 t. ou 3 essieux de 9 t. placés à 0,90 m.

L'essieu unique est abandonné si on a

$$10 < 9\left(3 - \frac{2 \times 0{,}90}{b}\right)$$

c'est-à-dire si on a

$$b > \frac{2 \times 0{,}90}{3 - \frac{10}{9}} = 0{,}95 \text{ m}.$$

Par conséquent, on considérera :

1 *essieu de* 10 *t.* avec $b < 0{,}95$ m. et

3 *essieux de* 9 *t.*, avec $b > 0{,}95$ et $< 5{,}04$ et, dans ce cas,

$$N = 3 - \frac{1{,}80}{b}.$$

Remarque. — Pour les valeurs de N données aux applications, le mètre sera obligatoirement l'unité de longueur.

2° Longrines

94. Action infléchissante des longrines.

a) *La longrine doit être calculée pour une série d'essieux à charge normale.*

Les longrines ne portant que la moitié de la charge d'une voie, nous trouvons que, avec un seul essieu à charge normale, le moment fléchissant maximum est égal à

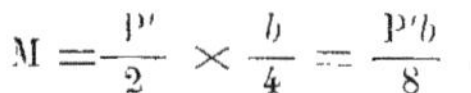

$$M = \frac{P'}{2} \times \frac{b}{4} = \frac{P'b}{8} .$$

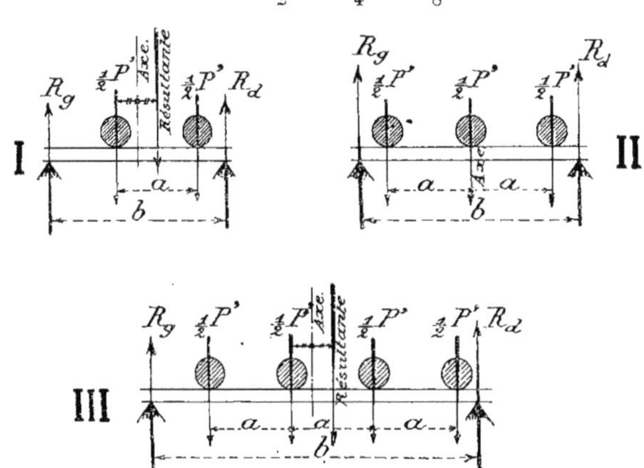

Fig. 53.

Avec une série d'essieux, nous écrivons que ce moment est égal à

$$M = \frac{N'P'b}{8} . \qquad (31)$$

Nous déterminons ci-après la valeur de N'.

1er *Cas. Deux essieux.*

Avec deux essieux, on obtient l'action infléchissante la plus désavantageuse lorsque l'axe vertical de la pièce passe à égale distance de la résultante et d'une des charges, suivant ce qui est indiqué à la figure 53-I[1].

[1] La position de la surcharge est déterminée par application du théorème suivant : *Au droit de l'un des essieux d'un convoi mobile, le moment fléchissant prend sa*

On a pour la réaction de gauche :

$$R_g = \frac{P'\left(\frac{b}{2} - \frac{a}{4}\right)}{b}.$$

Le moment fléchissant maximum est

$$R_g\left(\frac{b}{2} - \frac{a}{4}\right) = \frac{P'\left(\frac{b}{2} - \frac{a}{4}\right)^2}{b} = \frac{P'b}{8} 2\left(1 - \frac{a}{2b}\right)^2.$$

Donc,

$$N' = 2\left(1 - \frac{a}{2b}\right)^2.$$

Le résultat sera égal à l'unité si $b = (1 + \sqrt{0,5})\, a = 1,71\, a$. Une longrine sera donc calculée pour un seul essieu, si sa longueur est inférieure à $1,71\, a$.

2e *Cas. Trois essieux.*

Si les longrines doivent être calculées pour trois essieux, le système de charge devra être placé de telle sorte que l'essieu central se trouve à égales distances des appuis, suivant ce qui est indiqué à la figure 53-II.

Le moment fléchissant maximum est égal à

$$\frac{3P'}{4}\,\frac{b}{2} - \frac{P'a}{2} = \frac{P'b}{8}\left(3 - \frac{4a}{b}\right)$$

c'est-à-dire que

$$N' = 3 - \frac{4a}{b}.$$

On pourra considérer indifféremment deux essieux ou trois essieux si

$$2\left(1 - \frac{a}{2b}\right)^2 = 3 - \frac{4a}{b}.$$

Or, il en est ainsi si $b = (1 + \sqrt{1,5})\, a = 2.23\, a$.

3e *Cas. Quatre essieux.*

valeur maximum au moment où le milieu de la poutre divise en deux parties égales la distance qui sépare l'essieu considéré du centre de gravité de la charge (charge permanente et poids de la partie du convoi engagé sur le pont).

Les charges doivent être placées comme il est indiqué à la figure 53-III; on a pour la réaction de gauche :

$$R_g = \frac{2 P' \left(\frac{b}{2} - \frac{a}{4}\right)}{b}$$

et pour le moment fléchissant maximum :

$$M = R_g \left(\frac{b}{2} - \frac{a}{4}\right) - \frac{P'}{2} a = \frac{P'b}{8} \left\{ \left(4 - \frac{a}{b}\right)^2 - 12 \right\}$$

c'est-à-dire que

$$N' = \left(4 - \frac{a}{b}\right)^2 - 12.$$

On pourra considérer indifféremment trois ou quatre essieux si

$$\left(4 - \frac{a}{b}\right)^2 - 12 = 3 - \frac{4a}{b}.$$

Or, il en est ainsi si $b = (2 + \sqrt{3})\, a = 3{,}73\, a$.

4e *Cas. Cinq essieux.*

Le moment fléchissant est $\frac{P'b}{8}\left(5 - \frac{12a}{b}\right)$ et il a même intensité que dans le cas précédent si $b = (2 + \sqrt{5})\, a = 4{,}24\, a$.

En résumé :

Si la longueur b de la longrine est inférieure à $1{,}71\, a$, elle doit être calculée pour un seul essieu et $N' = 1$.

Si cette longueur est supérieure à $1{,}71\, a$, la pièce doit être calculée pour plusieurs essieux et N' prend les valeurs ci-après indiquées :

Si b est $> 1{,}71\, a$ et $< 2{,}23\, a$, on considérera deux essieux et

$$N' = 2\left(1 - \frac{a}{2b}\right)^2.$$

Si b est $> 2{,}23\, a$ et $< 3{,}73\, a$, on considérera trois essieux et

$$N' = 3 - \frac{4a}{b}.$$

Si b est $> 3{,}73\, a$ et $< 4{,}24\, a$, on considérera quatre essieux et

$$N' = \left(4 - \frac{a}{b}\right)^2 - 12.$$

b) *La longrine doit être calculée pour l'essieu unique à charge renforcée.*

L'hypothèse précédente doit être abandonnée si le produit N'P' est inférieur au poids P de l'essieu unique à charge renforcée et, dans ce cas, on substitue P à N'P' à toutes les formules où cette expression intervient.

Par conséquent, on peut considérer indifféremment l'essieu unique ou une série d'essieux si $P = N'P'$, c'est-à-dire si $N' = \frac{P}{P'}$.

Nous savons que $2{,}23\,a$ est la plus grande portée admettant l'hypothèse d'une série de deux essieux. Or, pour cette valeur de b, on trouve $N' = 1{,}20$. Par conséquent, si N' est plus grand que 1,20 — et il en est presque toujours ainsi — l'hypothèse d'une série de deux essieux ne saurait entrer en ligne de compte pour aucune valeur de b.

De plus, ce n'est qu'au cas où b est plus grand que $3{,}73\,a$, que la série de quatre essieux doit être considérée. Pour cette valeur de b, on trouve $N' = 1{,}93$. Or, il n'est jamais imposé une valeur aussi élevée pour le rapport P : P'. Par conséquent, dès que P : P' est plus grand que 1,20, si l'on est conduit à rechercher la valeur de b pour laquelle il y a égalité d'action infléchissante entre l'essieu unique et la série d'essieux, il faut mettre en parallèle le rapport P : P' avec la valeur de N' correspondant à une série de trois essieux.

Application aux trains-types du règlement français. Le rapport P : P' étant plus grand que 1,20, on pourra considérer indifféremment l'essieu unique ou une série de 3 essieux :

Avec la voie large, si

$$1{,}43 = 3 - \frac{4a}{b}$$

c'est-à-dire si

$$b = \frac{4}{3 - 1{,}43}\,a = 2{,}55\,a = 3{,}06 \text{ m}.$$

Avec la voie étroite, si

$$b = \frac{4}{3 - 1{,}40}\,a = 2{,}50\,a = 3{,}00 \text{ m}.$$

On abandonnera la série de 3 essieux si on a $b > 3{,}73 \times 1{,}20 = 4{,}48$ m.

Par conséquent, la longrine sera calculée pour

1 *essieu*, si on a $b < 3{,}06$ avec la voie large et $< 3{,}00$ m. avec la voie étroite et il y aura lieu de substituer P au produit N'P' à toutes les formules où cette expression intervient.

3 *essieux*, si on a $b > 3{,}06$ et $< 4{,}48$ avec la voie large, et $> 3{,}00$ et $< 4{,}48$ avec la voie étroite, et il y aura lieu de faire

$$N' = 3 - \frac{4{,}80}{b}.$$

4 *essieux*, si on a $b > 4{,}48$ et il y aura lieu de faire

$$N' = \left(4 - \frac{1{,}20}{b}\right)^2 - 12.$$

La limite supérieure d'application de la dernière relation répond à peu près à $b = 11$ mètres.

Application aux trains-types belges pour voie normale. — Les règles généralement admises à l'État belge conduisent à proposer pour le calcul des longrines, soit un essieu unique de 20 t., soit les 3 essieux de 18 t. environ du type « 940 », soit les 4 essieux de 15,3 t. environ du type « 340 ». Les essieux en série donnent $a = 1{,}50$.

La plus grande valeur de b admettant l'essieu unique répond à la relation ci-après :

$$\frac{20}{18} = 1{,}11 = 2\left(1 - \frac{a}{2b}\right)^2$$

relation qui donne

$$b = \frac{a}{2\left(1 - \sqrt{\frac{1{,}11}{2}}\right)} = \frac{a}{0{,}51} = 2{,}94 \text{ m.}$$

On abandonnera la série de 2 essieux si on a $b > 2{,}23 \times 1{,}5 = 3{,}35$.

On pourra considérer indifféremment 3 essieux de 18 t. ou 4 essieux de 15,7 t. si

$$18\left(3 - \frac{4a}{b}\right) = 15{,}7\left\{\left(4 - \frac{a}{b}\right)^2 - 12\right\}$$

c'est-à-dire si $b = 5{,}70\,a = 8{,}55$ m.

Par conséquent, la longrine sera calculée pour

1 *essieu*, si on a $b < 2{,}94$ et il y aura lieu, dans ce cas, de substituer P à N'P';

2 *essieux de* 18 *t.*, si on a $b > 2{,}94$ et $< 3{,}35$ et, dans ce cas,

$$N' = 2\left(1 - \frac{1{,}50}{2b}\right)^2.$$

3 *essieux de* 18 *t.*, si on a $b > 3{,}35$ et $< 8{,}55$ et, dans ce cas,

$$N' = 3 - \frac{6{,}00}{b}.$$

Application au train-type vicinal belge.

Si on considère 3 essieux de 9 t., à une distance de 0,90 m., ou un essieu de 10 t., on trouve que celui-ci donne même action infléchissante qu'une série de deux essieux si

$$\frac{10}{9} = 1,11 = 2\left(1 - \frac{a}{2b}\right)^2$$

relation qui donne

$$b = \frac{a}{0,51} = 1,77 \text{ m.}$$

On abandonnera la série de deux essieux si on a $b > 2,23\ a = 2,01$.

Par conséquent, on considérera

1 *essieu*, si on a $b < 1,77$ m. et, dans ce cas, on substitue P à N'P';

2 *essieux*, si on a $b > 1,77$ et $< 2,01$ et, dans ce cas, $N' = 2\left(1 - \frac{0,45}{b}\right)^2$;

3 *essieux*, si on a $b > 2,01$ et $< 9,00$ m. et, dans ce cas, $N' = 3 - \frac{3,60}{b}$.

N. B. — Pour les valeurs de N' données aux applications, le me. e sera obligatoirement l'unité de longueur.

Remarque. — On peut avoir recours aux relations précédentes pour déterminer les charges unitaires donnant, pour des poutres quelconques de petites portées, l'équivalence au point de vue des moments fléchissants.

En effet, nous savons que si la poutre porte une demi-voie, on a

$$M = \frac{N'P'b}{8}.$$

Or, si p désigne la charge unitaire précitée, on doit avoir :

$$M = \frac{pb^2}{8}.$$

Dès lors, la relation ci-après doit être observée :

$$\frac{N'P'b}{8} = \frac{pb^2}{8}$$

d'où l'on déduit

$$p = \frac{N'P'}{b}. \qquad (32)$$

Si la poutre porte une voie entière, on a :

$$p = \frac{2N'P'}{b} \qquad (32^b)$$

b désignant la portée théorique de la poutre.

Application. — Déterminer la charge unitaire équivalente au point de vue des moments au train-type à voie normale du règlement français pour une ouverture de 10 m.

On a

$$N' = \left(4 - \frac{1,20}{10}\right)^2 - 12 = 3,05$$

$$p = \frac{2 \times 3,05 \times 14\ \text{t}}{10} = 8,54\ \text{t}.$$

Au lieu de 8,50 renseigné au tableau n° 10.

95. Efforts tranchants des longrines. — Pour obtenir au droit d'un des appuis, l'effort tranchant le plus intense, il y a lieu d'amener l'essieu unique ou la roue de tête de la série d'essieux au droit de l'appui considéré ou plus exactement en deçà de cet appui à une distance infiniment petite.

Avec un seul essieu à charge normale, la réaction de l'appui est, sachant que la longrine ne porte qu'une demi-voie :

$$R = \frac{P'}{2}. \qquad (33^a)$$

Avec une série d'essieux, nous écrivons que cette réaction est :

$$R = N'' \frac{P'}{2}. \qquad (33^b)$$

Nous renseignons ci-après, les valeurs de N'' :

1er *cas*, 2 *essieux* : $N'' = 2 - \dfrac{a}{b}$, pour $b > a$;

2e — 3 — : $N'' = 3 - \dfrac{3a}{b}$, pour $b > 2a$;

3e — 4 — : $N'' = 4 - \dfrac{6a}{b}$, pour $b > 3a$;

4e — 5 — : $N'' = 5 - \dfrac{10a}{b}$, pour $b > 4a$.

Si $N'' P'$ est $< P$, on pose $R = \dfrac{P}{2}$.

Remarque. — Les relations précédentes seront utiles pour déterminer les charges unitaires donnant, pour des poutres quelconques de petites portées, l'équivalence au point de vue des efforts tranchants.

En effet, nous savons que si la poutre porte une demi-voie, on a :

$$R = \frac{N''P'}{2}.$$

Or, si p' désigne la charge unitaire précitée, on doit avoir :

$$R = p' \frac{b}{2}.$$

Dès lors, la relation ci-après doit être observée :

$$\frac{N''P'}{2} = \frac{p'b}{2}$$

d'où l'on déduit :

$$p' = \frac{N''P'}{b}. \qquad (34^a)$$

Si la poutre porte une voie entière

$$p' = \frac{2N''P'}{b} \qquad (34^b)$$

b, désignant la portée théorique de la poutre.

Application. — Déterminer la charge unitaire équivalente au point de vue des efforts tranchants au train-type b de l'État belge (v. abaque n° 1) pour une ouverture de 7 m.

Sur 7 m. nous pouvons amener 4 essieux, donc

$$N'' = 4 - \frac{6 \times 1.50}{7,00} = 2,71.$$

Dès lors

$$p' = \frac{2 \times 2.71 \times 15.3}{7} = 11,8 \text{ tonnes}.$$

D. — DESCRIPTION ET POIDS DES DIVERS SYSTÈMES

SIGNIFICATION DES TERMES ET DES NOTATIONS

95 *bis*. — Nous adoptons les notations suivantes :

L : la portée théorique des poutres maîtresses, mesurée d'axe en axe des appuis ;

l : l'écartement d'axe en axe de ces poutres ;

b : — — des entretoises ;

v : l'écartement des rails ou des roues ;

a : la distance, dans le sens longitudinal, des essieux à considérer au calcul des entretoises et des longrines ;

c : la largeur de l'entrevoie des ponts-rails à double voie ;

p : le poids total du tablier au mètre courant, poids comprenant le poids mort et la surcharge ; si celle-ci est irrégulièrement répartie on prendra la charge uniformément répartie donnant l'équivalence au point de vue des moments fléchissants ;

P : le poids de l'essieu unique à charge renforcée à considérer au calcul des entretoises et des longrines ;

P′ : le poids normal des essieux en série à considérer au calcul des entretoises et des longrines ;

x : le poids du mètre carré horizontal de tablier, poutres maîtresses et surcharge non comprises ;

R : le taux de travail admissible aux poutres maîtresses et rapporté au mètre carré ;

R′ : le taux de travail admissible aux entretoises et aux longrines et rapporté au mètre carré ;

q : le poids de l'ossature métallique au mètre courant, y compris les organes accessoires et notamment la surlongueur des appuis, les appareils d'appui, les pièces d'attache de la voie, les pièces de l'entrevoie, les platelages, les trottoirs et les garde-corps ;

D : même poids que ci-dessus, mais non compris les poutres maîtresses.

Aux applications, le mètre sera obligatoirement l'unité des longueurs et le kilogramme l'unité des forces.

Remarque. — Il ne sera question ci-après, sauf spécification contraire, que de tabliers avec poutres maîtresses librement appuyées sur deux appuis de niveau et avec forme d'égale résistance.

1° Tablier a simple voie avec poutres sous rails

96. *Agencement.* — La figure 54 montre la disposition généralement adoptée aux tabliers de ce type.

Les poutres maîtresses sont droites ou cintrées, simples ou jumelées.

Le contreventement horizontal peut être composé de traverses

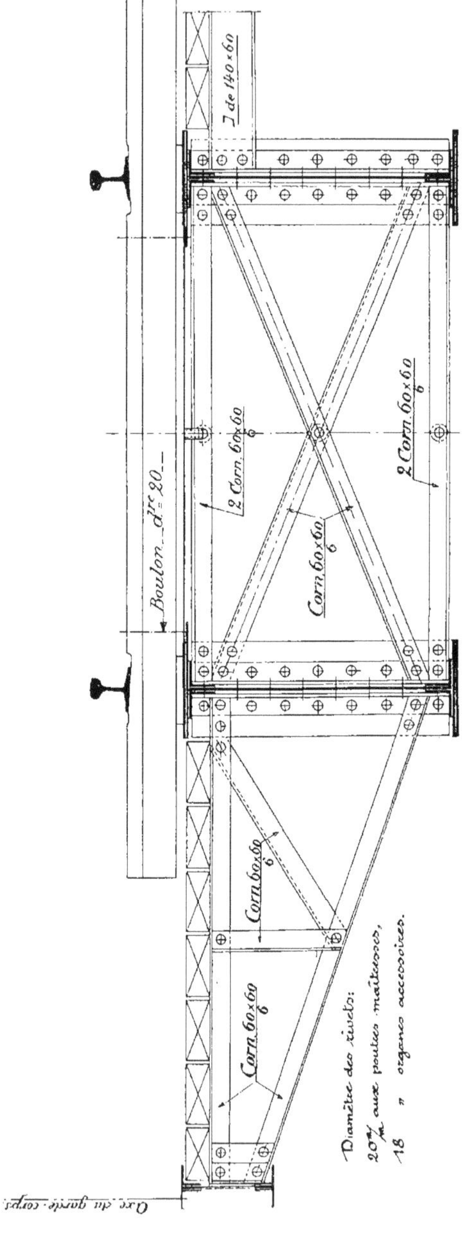

Fig. 51. — Coupe transversale d'un tablier avec poutres sous rails simples.

et de diagonales ou être formé d'une simple tôle pleine. Il sera placé de préférence à hauteur des semelles supérieures des poutres maîtresses, car cette disposition réduit le taux de travail de ces poutres sous l'action du vent.

Les contreventements verticaux sont nécessaires tous les 2 m. environ. Les contreventements intermédiaires sont tous du même type; les contreventements extrêmes doivent présenter des sections renforcées surtout si le contreventement horizontal est placé à la partie supérieure du tablier.

Les rails peuvent être posés sur longrines ou sur traverses en bois. La deuxième disposition est préférable.

a) Tabliers avec poutres simples

97. *Hauteur perdue.* — La hauteur perdue au tablier, c'est-à-dire la distance verticale entre le dessous des poutres et le dessus du rail est, à peu de chose près, égale à

$$0{,}30 + \frac{L}{12{,}5}.$$

Aux petites ouvertures, le dénominateur doit être réduit ; il variera entre 8,5 pour 2 m. d'ouverture et 12,5 pour 5 m. d'ouverture.

98. *Poids.* — *Poutres droites.* — Supposons que les poutres maîtresses présentent une âme de 0,008 d'épaisseur, renforcée par des raidisseurs, et dont la hauteur constante corresponde à $m = 12{,}5$, conditions souvent observées. Si la largeur utile des cornières est la dixième partie de la hauteur de l'âme, et si nous admettons que les semelles réalisent la forme d'égale résistance, l'application de la formule (11) donne pour le poids des poutres précitées au mètre courant, sachant que nous devons faire $A = 1{,}13$, $B = 6$ et $k = 1{,}45$:

$$\frac{1.45 \times 7830 \times L}{12{,}5} \left\{ (2 \times 1{,}13 \times 0{,}008) + \frac{p\, 12{,}5^2}{6\, R} \right\} =$$
$$= L \left(16 + \frac{23\,500\, p}{R} \right).$$

Les appareils d'appui peuvent être à simple glissement, vu la faible intensité des charges. Nous avons démontré à la quatrième partie que leur poids est, pour chaque poutre maîtresse, $\frac{P\lambda}{70}$, P étant la charge maximum reportée sur un appui et λ la longueur du côté fléchi à la base inférieure. Mais P est égal à $\frac{1}{4} p$ L; le poids des appareils d'appui est donc

$$\frac{pL\lambda}{140} \text{ au total et } \frac{p\lambda}{140} \text{ au mètre courant de tablier.}$$

p et λ se modifient suivant l'ouverture, mais cette modification se fait en sens contraire. Ainsi, aux petites ouvertures, p augmente et λ diminue. Nous pouvons donc donner à ces facteurs les valeurs qu'ils prennent pour une ouverture moyenne, soit $p = 8\ 000$ kg. et $\lambda = 0{,}50$ et la relation précédente devient :

$$\frac{p \times 0.50}{140} = \frac{p}{280}$$

ce qui correspond, à peu de chose près, à. . . . . . . 30 kg.

Les autres organes donnent, étant entendu que nous supposons que l'ouvrage fait partie d'un pont à double voie et qu'il faut en conséquence tenir compte d'un trottoir et d'une demi-entrevoie :

Contreventements vertical et horizontal et platelage	170 —
Plaques et boulons d'attache des pièces de bois	15 —
Un garde-corps	25 —
Traverses de l'entrevoie	20 —
Une poutre de rive	55 —
Consoles d'un trottoir	25 —
Total	340 kg.

Le poids total de l'ouvrage au mètre courant est en conséquence donné par l'égalité ci-après :

$$q = L\left(16 + \frac{23\ 500\ p}{R}\right) + 340. \qquad (35)$$

Remarquons que si l'âme avait eu plus de 8 mm d'épaisseur, chaque millimètre de différence aurait apporté au premier terme entre parenthèses une majoration d'un huitième, soit de 2 unités.

Le tableau n° 12 renseigne les poids et les taux de travail d'une série de tabliers du type qui nous occupe. Ces indications ont été établies d'après les métrés et les notes de calculs des ouvrages d'art de la ligne de Pékin à Hankow. Nous avons également inscrit à ce tableau les poids au mètre courant obtenus par l'application de la formule précédente. On remarquera que les résultats ne sont affectés que d'une erreur négligeable.

Poids des tabliers avec poutres droites sous rails.

TABLEAU N° 12.

OUVERTURES.	PORTÉES théoriques.	ÉPAISSEURS de l'âme.	CHARGES AU MÈTRE COURANT			TAUX de travail sans vent.	POIDS RÉELS de la partie métallique.		POIDS donnés par la formule 35.
			Poids mort.	Surcharge.	Total.		Total.	au mètre courant.	
m.	m.	m.	kg.	kg.	kg.	kg.	kg.	kg.	kg.
2,00	2,60	0,008	720	15 400	16 120	8,00	1 320	511	504
3,50	4,10	»	780	9 800	10 580	6,90	2 200	537	555
5,00	5,60	»	800	8 800	9 600	7,10	3 280	588	608
8,00	8,70	»	980	7 600	8 580	7,35	6 350	730	720
10,00	10,75	»	980	7 000	7 980	7,60	8 290	770	778
15,00	15,84	»	1 180	6 400	7 580	7,40	15 400	970	975
20,00	21,01	0,010	1 440	6 200	7 640	7,20	25 300	1 200	1 280

99. *Poutres cintrées.* — Dans les poutres cintrées, on a généralement $m = 10$, $r = 12$, $n = 0,50$ et faisons encore $e = 0,008$. Le poids unitaire des poutres devient

$$\frac{1,45 \times 7830 \times L}{10} \left\{ (2 \times 0,83 \times 0,008) + \frac{p\,\overline{10}^2}{5,25\,R} \right\} = L \left(15 + \frac{21\,500\,p}{R} \right).$$

Si l'âme a plus de 8 mm. d'épaisseur, chaque millimètre de différence majore le terme 15 d'un huitième, soit de 2 unités environ.

Nous avons donc

$$q = L \left(15 + \frac{21\,500\,p}{R} \right) + 340. \qquad (36)$$

A la ligne de Pékin à Hankow, il est fait emploi de tabliers à poutres paraboliques de 26,20 m. de portée dont la charge totale est de 7 700 kg. au mètre courant et le taux de travail de 8,30 kg. au millimètre carré. Le poids total de l'acier laminé est de 34 800 kg., soit 1 330 au mètre courant. La formule précédente donne, sachant que l'âme avait 0,01 d'épaisseur :

$$26,20 \left(15 + 4 + \frac{21\,500 \times 7\,700}{8\,300\,000} \right) + 340 = 1\,360 \text{ kg. au lieu de } 1\,330.$$

b) Tabliers avec poutres jumelées en caisson

La figure 55 montre, par des coupes transversales, deux dispositions qui peuvent être adoptées aux poutres maîtresses de ce genre de tabliers.

100. *Hauteur perdue.* — L'épaisseur totale du tablier est, avec une longrine de 0,20 m. de hauteur et des poutres maîtresses donnant $m = 13$, de :

0,36 m.	aux ouvrages de	4,5 m.	d'ouverture et moins;	
0,52	—	6 m.	—	
0,60	—	7 m.	—	
0,70	—	8 m.	—	

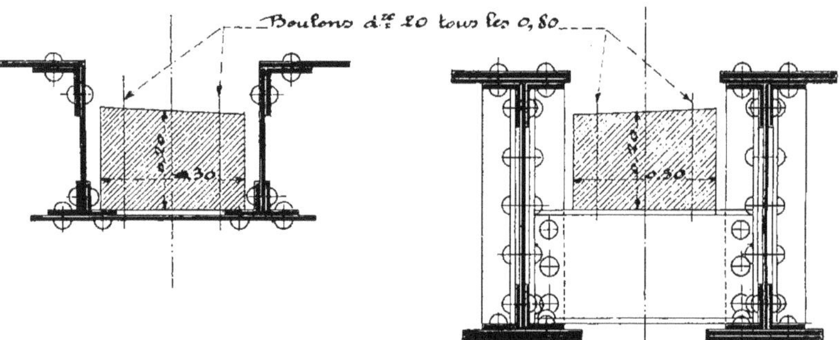

Fig. 55. — Coupe transversale de poutres jumelées sous rails.

101. *Poids.* — Les poutres maîtresses sont toujours droites ; elles pèsent au mètre courant :

$$\frac{k\delta L}{m}\left(4Ac + \frac{pm^2}{BR}\right) = L\left(32 + \frac{23\,500\,p}{R}\right).$$

Le poids des organes accessoires établi ci-dessus peut être maintenu. Il en résulte que la formule trouvée pour les poutres droites est d'application à condition de doubler le premier terme entre parenthèses et d'ajouter 4 unités à ce terme par millimètre de différence, si l'épaisseur d'une âme dépasse 8 mm.

Les tabliers avec poutres en caisson majorent la consommation de métal; de plus, il est difficile ou impossible d'entretenir certaines parties de la construction. L'emploi de ce système ne peut se justifier que dans le cas de faible différence de niveau entre les deux voies de communication, la hauteur perdue étant réduite au minimum.

102. Remarques. — Les hypothèses auxquelles nous avons eu recours pour déterminer le poids des poutres maîtresses peuvent être reprises quels que soient l'affectation et l'agencement du tablier; il en résulte que le poids de ces poutres est donné, dans les différents cas, par les relations trouvées ci-dessus. Ce poids doit être majoré d'une quantité variable suivant l'agencement du tablier, quantité à laquelle nous donnons la notation D. Nous pouvons donc écrire que le poids q de l'ossature métallique d'un pont quelconque pour chemin de fer — exception faite pour les ponts avec poutres jumelées — est invariablement donné par les égalités ci-après :

Avec poutres maîtresses droites :

$$q = L\left(16 + \frac{23\,500\,p}{R}\right) + D. \tag{37}$$

Avec poutres maîtresses cintrées :

$$q = L\left(15 + \frac{21\,500\,p}{R}\right) + D. \tag{38}$$

Ces formules supposent que l'âme des poutres maîtresses a 8 mm. d'épaisseur. Si elle a une épaisseur plus forte, on ajoute un huitième au premier terme entre parenthèses par millimètre de différence.

Les recherches ci-après ont pour but de déterminer les valeurs à attribuer à D avec les différents systèmes de tabliers. Pour les dispositions considérées ci-dessus, D = 340 kg.

La valeur de D est invariable quelle que soit la forme des poutres maîtresses, vu que ce terme se rapporte uniquement aux entretoises, aux longrines et aux organes accessoires.

2° Tablier a simple voie avec entretoises et longrines en bois

103. *Agencement.* — La figure 56 montre l'agencement de ce tablier.

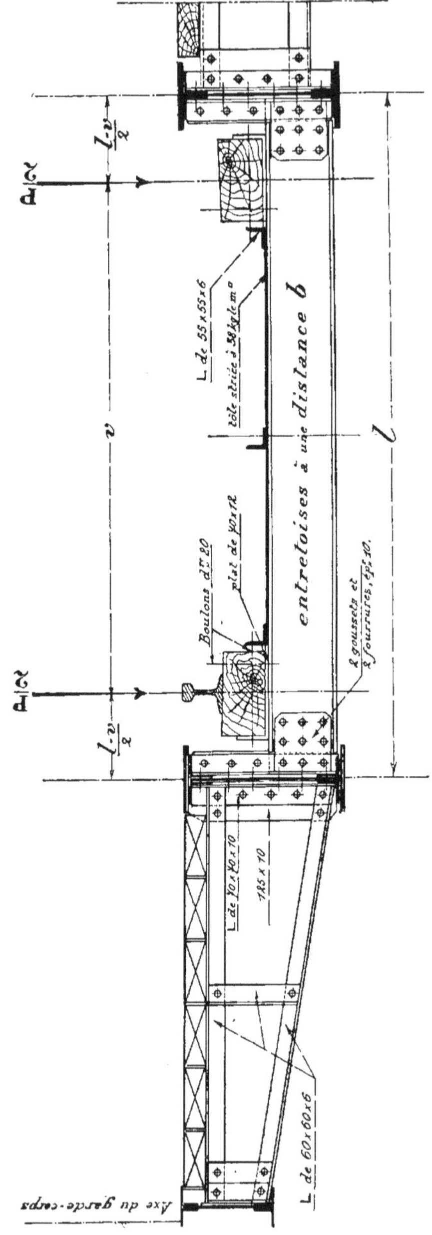

Fig. 56. — Coupe transversale d'un tablier avec longrines en bois et entretoises.

104. *Hauteur perdue.* — La hauteur perdue au tablier est à peu de chose près égale à

$$0,33 + \frac{l}{7,5} \cdot$$

S'il y a insuffisance de hauteur libre, le dénominateur peut être porté à 9.

105. *Poids.* — Les longrines étant en bois, la distance b d'axe en axe des entretoises ne peut guère dépasser sensiblement l'écartement normal des billes ; elle est généralement de 0,90 m. Il en résulte que la charge transmise à l'entretoise par la surcharge, au droit de chaque rail, correspond à la moitié du poids d'un essieu à charge renforcée ; cette charge est donc $\frac{P}{2}$. Le poids mort étant négligeable au calcul de l'entretoise, nous pouvons poser pour le moment fléchissant maximum sollicitant cet organe :

$$M = \frac{P}{2}\left(\frac{l-v}{2}\right) = \frac{P}{4}(l-v).$$

Nous supposons, pour tous les tabliers à simple voie, que l'entretoise est à section constante. Dans cette hypothèse, il n'y a pas lieu de tenir compte que le moment fléchissant conserve sa valeur maximum sur la longueur v et il suffit de calculer la pièce précitée pour une charge uniformément répartie dont l'intensité est, par unité de longueur, égale à :

$$\frac{8M}{l^2} = 2P\frac{l-v}{l^2}.$$

Cette pièce est généralement composée d'une âme sans raidisseurs et de cornières. Il convient de lui donner une hauteur assez forte correspondant à peu près à $m = 7,5$ et nous pouvons également poser $r = 6$, ce qui donne, pour l'application de la formule (11) :

$$A = 0,60 \quad \text{et} \quad B = 3,29.$$

Le coefficient k se décompose comme suit :

Poids théorique	1,00
Trous de rivets	0,10
Têtes de rivets.	0,05
Organes d'attache aux poutres	0,15
Total k = ...	1,30

Le poids total de l'organe est de

$$\frac{1,30 \times 7\,830}{7,5} \left\{ (0,60 \times 0,008 \times l^2) + \frac{2\,P(l-v)\,\overline{7,5}^2}{3,29\,R'} \right\} =$$

$$= 6,53\,l^2 + \frac{46\,400\,P\,(l-v)}{R'}\,.$$

La substitution d'une poutrelle à la poutre chaudronnée considérée ci-dessus ne laisserait pas une économie de poids parce que l'épaisseur de l'âme devrait être majorée ; on ne lamine pas en effet à 8 mm. d'épaisseur d'âme, les profilés ayant la résistance nécessaire.

Mais il convient de renforcer le poids ci-dessus de 10 p. 100 pour tenir compte de la consommation de métal aux tôles garde-grève et du supplément de poids aux entretoises extrêmes. Dès lors, les pièces qui nous occupent se trouvant à une distance b, donnent au mètre courant de tablier :

$$\frac{7,2\,l^2}{b} + \frac{51\,000\,P\,(l-v)}{b\,R'}\,.$$

Les organes accessoires majorent ce poids de :

Contreventement horizontal, en supposant que l'on ait comme section moyenne des diagonales, des cornières de 80 × 80 × 10 :

Poids théorique : $2 \times \sqrt{2} \times 11,70 = 33$ kg.
Poids y compris goussets : $1,30 \times 33$ kg =. . . . . 45 kg.

Platelage en tôle striée à 40 kg. le mètre carré renforcée par 3 cornières de 60 × 60 × 7 à 6 kg. 20 :

(1,20 × 40 kg.) + (3 × 6,2 kg.) =.	65 —
Organes d'appui : $\frac{8\,000}{280}$ = ...	30 —
Plaques et boulons d'attache des pièces de bois . . .	15 —
Un garde-corps	25 —
Traverses de l'entrevoie	20 —
Une poutre de rive	55 —
Consoles d'un trottoir	25 —
Total.	280 kg.

Finalement, nous voyons que

$$D = \frac{7,2\,l^2}{b} + \frac{51\,000\,P\,(l-v)}{b\,R'} + 280. \qquad (41)$$

3° Tablier a simple voie avec voussettes et ballast

106. *Agencement.* — Avec ce système de tablier, dessiné à la

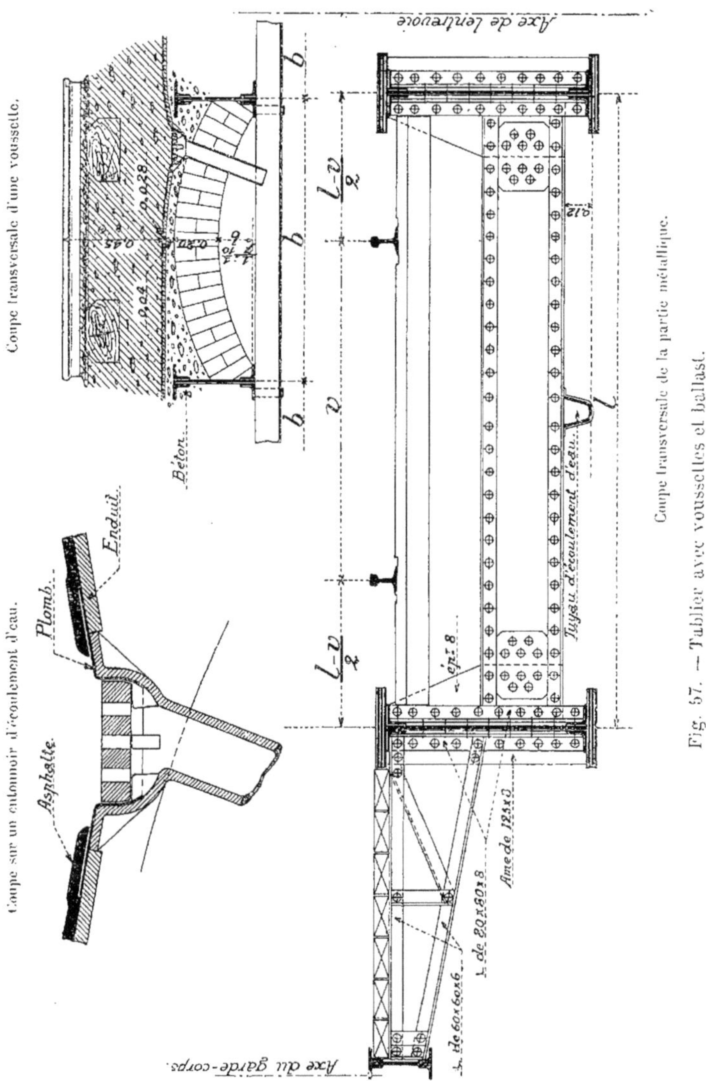

Fig. 57. — Tablier avec voussettes et ballast.

figure 57, la voie prend appui sur le tablier par l'intermédiaire de voussettes et de ballast. L'interposition de ballast a pour but de laisser une certaine élasticité à la voie et d'obtenir un roulement aussi doux que possible ; elle est indispensable pour les lignes à circulation rapide.

Les voussettes sont généralement exécutées en maçonnerie de briques au mortier de ciment à 450 kg. de ciment par mètre cube de sable. Les reins sont remplis d'un béton de fines pierrailles au même mortier ; la face supérieure du bétonnage est en pente pour l'écoulement des eaux pluviales. Le béton est recouvert d'une chape de 15 mm. d'épaisseur au mortier de ciment composé à raison de 1 300 kg. de ciment par mètre cube de sable et d'un asphaltage généralement de 13 mm. d'épaisseur. Celui-ci s'exécute en asphalte coulé ou en feutre asphalté ; ce dernier revêtement est préférable parce qu'il est moins sujet à se fendre.

Il importe de prendre des dispositions spéciales à la jonction de l'asphalte avec les parties métalliques en vue d'éviter les infiltrations. Il est conseillable d'adopter l'agencement indiqué à la figure 57, pour la jonction aux entonnoirs. Pour le joint aux poutres maîtresses, on rivera sur l'âme, par petits rivets très rapprochés, un plat plié qui formera rejet d'eau.

Les voussettes ont généralement une brique d'épaisseur (0,18 à 0,22), une flèche variant du 1/7e au 1/10e et, dans ces conditions, au maximum 1,25 m. d'ouverture. Le ballast doit avoir une épaisseur minimum de 0,45 m., hauteur mesurée à partir du dessus du rail.

Faisons remarquer qu'il doit exister, entre les rails et les poutres maîtresses, une distance suffisante en vue d'éviter des fissures transversales aux têtes des voussettes. Cette distance sera au moins de 0,65 m.

Aux voussettes extrêmes, un agencement spécial est nécessaire pour empêcher la déformation horizontale des entretoises.

107. *Hauteur perdue.* — En laissant une certaine différence de niveau entre le dessous des entretoises et le dessous des poutres maîtresses, afin de mettre les tuyaux d'écoulement d'eau à l'abri des chocs, la hauteur perdue est :

	Au minimum.	Ordinairement.
	—	—
Ballast.	0,45 m.	0,50 m.
Bétonnage et enduits	0,05	0,07
Voussette de 1,25 de largeur ; épaisseur à la clef .	0,18	0,20
— — ; flèche	0,13	0,16
Tuyaux d'écoulement, semelles et rivets.	0,14	0,17
Totaux.	0,95 m.	1,10 m.

108. *Poids.* — Il est visible que le poids mort prend une certaine importance et que nous ne pouvons plus, comme au cas précédent, le négliger au calcul de l'entretoise. Représentons par x le poids du tablier, par unité de surface, poutres maîtresses et surcharge non comprises.

Nous avons en supposant, comme à l'exemple précédent, que l'entretoise soit calculée pour la charge d'un seul essieu :

$$M = \frac{P}{4}(l - v) + \frac{xbl^2}{8}$$

et

$$\frac{8M}{l^2} = \frac{2P}{l^2}(l - v) + xb.$$

Le poids total de cet organe devient :

$$6{,}53\, l^2 + \frac{46\,400\, P\,(l - v)}{R'} + \frac{23\,200\, xbl^2}{R'}$$

poids que nous devons majorer de 10 p. 100 pour tenir compte de la consommation de métal aux entretoises extrêmes.

Les organes accessoires donnent au mètre courant :

Pièces d'attache du platelage en bois des trottoirs.	7 kg.
Appareils d'appui à glissement: $\frac{12\,000}{280}$ =.	43 —
Un garde-corps.	25 —
Partie métallique d'une demi-entrevoie.	20 —
Une poutre de rive.	55 —
Consoles d'un trottoir	25 —
Total	175 kg.
	soit 180 kg.

On a dès lors :

$$D = l^2\left(\frac{7.2}{b} + \frac{25\,500\, x}{R'}\right) + \frac{51\,000\, P\,(l - v)}{b\, R'} + 180. \qquad (42)$$

Si l'entretoise doit être calculée pour une série de 3 essieux, le facteur P devient (v. n° 93) :

$$\left(3 - \frac{2a}{b}\right) P'.$$

109. *Valeur de x.*

Voussettes :	$0,20 \times 1\,800 = \ldots\ldots\ldots\ldots$	360 kg.
Béton :	$\left(0,04 + \frac{1,25}{3 \times 7}\right) 2000 = 0,10 \times 2\,000 = \ldots$	200 —
Enduits :	$0,02 \times 2\,000 = \ldots\ldots\ldots\ldots$	40 —
Ballast (l'épaisseur moyenne qui est 0,45 — 0,07 = 0,38 m. est réduite de 0,04 m. par les billes) : $0,34 \times 2\,000 = \ldots$		680 —
Voie :	$\frac{200}{3} = \ldots\ldots\ldots\ldots$	70 —
Entretoise (poids à vérifier par les formules (40) ou (42) si l'on veut une grande approximation)		100 —
	Total x = ...	1450 kg.

4° Tablier a simple voie avec tôles cintrées bétonnées et ballast

110. *Agencement.* — La figure 58 indique l'agencement de l'ouvrage.

On substitue à la voussette en briques du système précédent une tôle cintrée à laquelle une couche de béton donne la raideur voulue. Le bétonnage met également les surfaces métalliques à l'abri de l'oxydation ; il est recouvert d'une chape au mortier de ciment, d'un asphaltage et d'une couche de ballast, comme dans le cas précédent.

Pour le bétonnage, les enduits et le ballast, v. n° 106.

111. *Hauteur perdue :*

	Au minimum.	Ordinairement.
	—	—
Ballast	0,40 m.	0,50 m.
Enduits	0,03	0,03
Bétonnage et tôle cintrée	0,10	0,12
Flèche pour une ouverture de 1,50 m.	0,15	0,20
Semelles, tuyaux d'écoulement et rivets.	0,14	0,17
Totaux.	0,82 m.	1,02 m.

112. *Poids.* — Ce que nous avons dit au n° 108, relativement au poids des entretoises, reste d'application.

Supposons que l'épaisseur des tôles cintrées soit de 8 mm. et qu'elles prennent appui sur des cornières de $60 \times 60 \times 10$. Dans

Coupe transversale des toles cintrées.

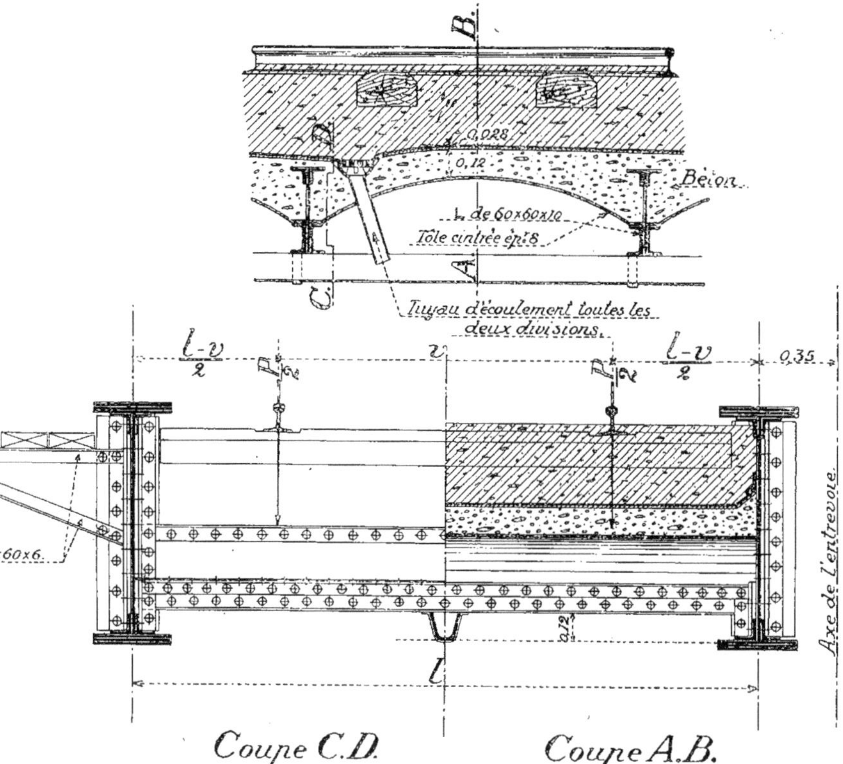

Fig. 58. — Tablier avec tôles cintrées, bétonnées et ballast.

ces conditions, le poids de ces organes est au mètre courant de tablier, en faisant $b = 1,50$ m. :

$$(l \times 0,008 \times 7\,830) + \frac{2 \times 8,60 \times l}{1,5} = 80\, l \text{ environ.}$$

Les organes accessoires pèsent 180 kg. comme au 3°.

On a dès lors :

$$\mathrm{D} = l^2\left(\frac{7,2}{b} + \frac{25\,500\, x}{\mathrm{R}'}\right) + \frac{51\,000\, \mathrm{P}\,(l - v)}{b\, \mathrm{R}'} + 80\, l + 180. \qquad (43)$$

Si l'entretoise doit être calculée pour une série de 3 essieux, le facteur P devient (v. n° 93) :

$$\left(3 - \frac{2a}{b}\right) P'.$$

Il est visible que si l'on réduit l'épaisseur de 8 mm. des tôles cintrées, ce qui est admissible si la charge roulante n'a pas très grande intensité, le coefficient 80 de l'avant-dernier terme diminue de 8 unités par millimètre de différence.

113. *Valeur de x.*

Tôles cintrées et cornières d'attache	80 kg.
Béton : $\left(0{,}12 + \frac{0{,}20}{3}\right) 2000 - 0{,}20 \times 2\,000 =$	400 —
Enduits, ballast et voie, comme au n° 109 : $40 + 680 + 70 =$	790 —
Entretoise.	80 —
Total x = ...	1 350 kg.

5° Tablier a simple voie avec entretoises et longrines métalliques

114. *Agencement.* — La figure 59 indique l'agencement de ce tablier.

115. *Hauteur perdue.* — Est généralement égale à

$$0{,}30 + \frac{l}{7{,}5}.$$

116. *Poids.* — Les recherches faites au n° 94 permettent d'écrire que les longrines doivent être calculées pour une charge unitaire égale à $\frac{NP'}{b}$. Dès lors, les deux longrines donnent, au mètre courant de tablier, sachant qu'elles sont constituées de poutrelles et que nous devons faire $m = 7{,}5$ et $k = 1{,}20$:

$$\frac{2 \times 1{,}20 \times 7\,830\, b}{7{,}5} \left\{ (0{,}63 \times 0{,}008) + \frac{NP' \overline{7{,}5}^2}{b\, 3{,}6\, R'} \right\} = 2\,500 \left(0{,}005\, b + \right.$$
$$\left. + \frac{15{,}6\, NP'}{R'} \right) = 12{,}5\, b + \frac{39\,000\, NP'}{R'}.$$

Les entretoises se trouvant à une distance assez grande, elles

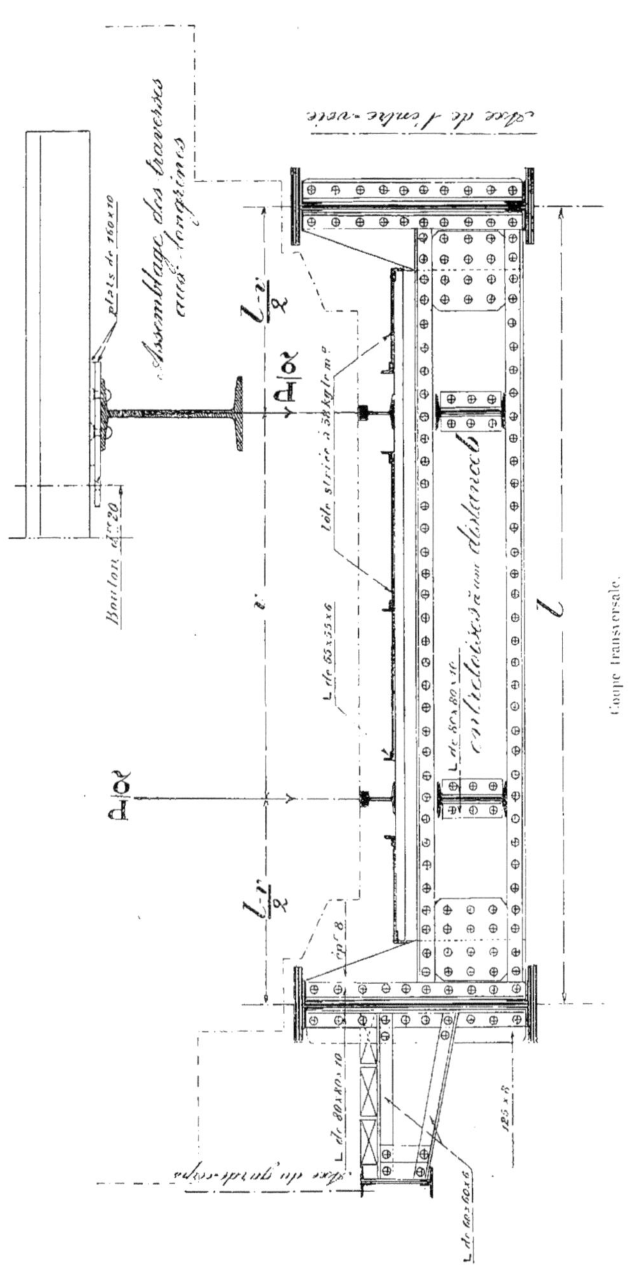

Coupe transversale.

Fig. 59. — Tablier avec entretoises et longrines métalliques.

seront calculées pour une série d'essieux. Dans cette hypothèse, elles portent au droit de chaque rail une charge qui est, par application des principes énoncés au n° 93, égale à $\frac{NP'}{2}$. Dès lors

$$M = \frac{NP'}{2}\,\frac{l - v}{2} + \frac{xbl^2}{8}$$

et

$$\frac{8M}{l^2} = \frac{2NP'(l - v)}{l^2} + xb.$$

La majoration de poids au mètre courant de tablier est

$$l^2\left(\frac{7,2}{b} + \frac{25\,500\,x}{R'}\right) + \frac{51\,000\,N\,P'(l - v)}{b\,R'}.$$

Les organes accessoires ayant même importance qu'au n° 105, sauf qu'il y a lieu d'ajouter 60 kg., pour deux platelages latéraux, nous avons :

$$D = 12,5\,b + \frac{39\,000\,N'P'}{R'} + l^2\left(\frac{7,2}{b} + \frac{25\,500\,x}{R'}\right) + \\ + \frac{51\,000\,N\,P'(l - v)}{b\,R'} + 340. \qquad (44)$$

Voir les nos 93 et 94 pour les valeurs de N et de N'.

117. *Valeur de x.* — Pour un tablier de largeur ordinaire, on a :

Entretoise et longrine (poids à vérifier par la formule (44) si l'on veut une grande approximation)	130 kg.
Voie	70 —
Platelage	40 —
Total x =	240 kg.

6° Tablier a simple voie avec tôles bouclées et ballast

118. *Agencement.* — La voie prend appui sur l'ossature métallique par l'intermédiaire de ballast et de tôles bouclées suivant ce qui est indiqué à la figure 60. Les tôles bouclées ont généralement 10 mm. d'épaisseur et au maximum 1,50 m. de côté, ce qui conduit à placer une entretoise tous les 1,50 m. environ et à les relier par une longrine longitudinale.

Pour assurer l'étanchéité, les angles rentrants aux entretoises

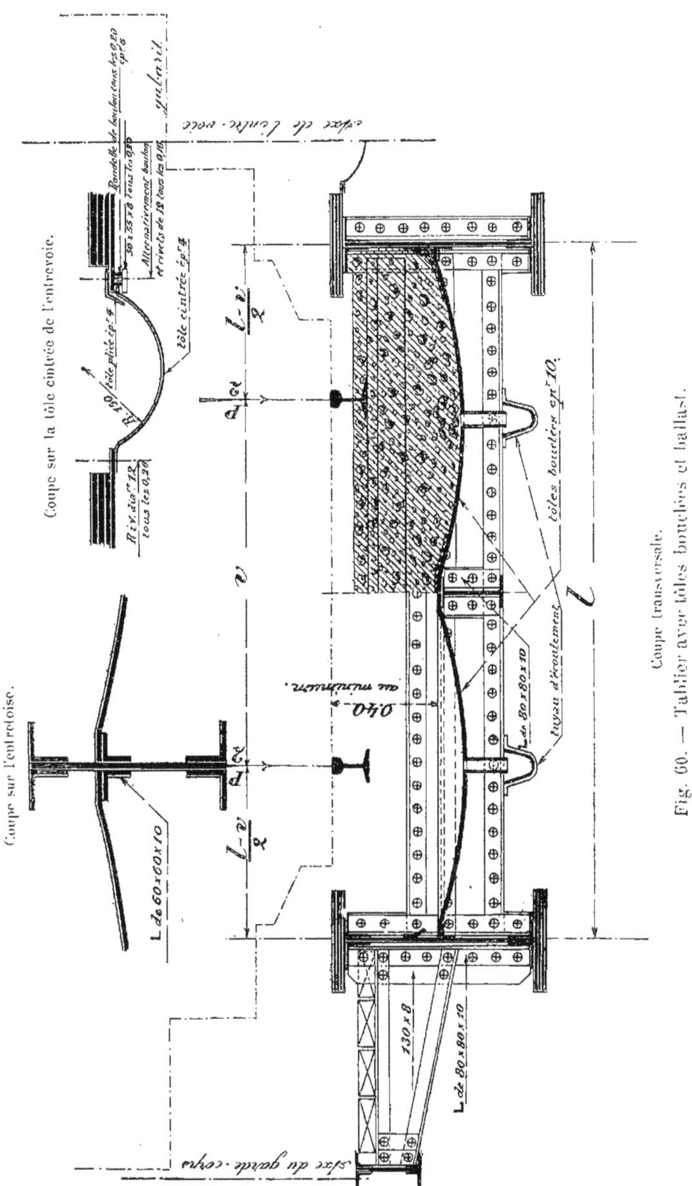

Coupe transversale.

Fig. 60. — Tablier avec tôles bouclées et ballast.

et aux longrines sont remplis de mastic d'asphalte s'ils ne sont pas trop importants, et bétonnés dans le cas contraire. Tous les joints sont ensuite enduits avec une matière spéciale, appelée *Klebe asphalt*, et recouverts de feutre asphalté. Finalement, tout l'ouvrage reçoit une couche de *Klebe asphalt*.

Les cornières d'attache des tôles bouclées seront à branches étroites à forte épaisseur parce qu'elles sont soumises à une action

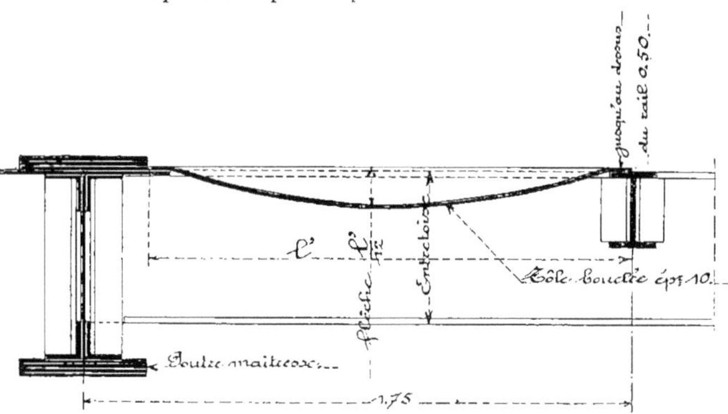

Fig. 61. — Coupe transversale.

inflléchissante résultant de la tension de la tôle bouclée. (Dimensions convenables : 60 × 60 × 10.)

La couche de ballast a généralement 0,50 m. d'épaisseur moyenne, épaisseur mesurée à partir de la surface de roulement.

Les tôles bouclées peuvent se placer à la partie supérieure du tablier suivant ce qui est dessiné à la figure 61. Ce système améliore le contreventement horizontal, facilite le remplacement des tôles bouclées et donne toute latitude pour la pose des voies, surtout si l'on a soin de placer les poutres maîtresses à une distance égale à la distance minimum de deux voies adjacentes en service (généralement 3,50 m.) et de les calculer pour la surcharge d'une voie.

119. *Hauteur perdue.* — Avec le système indiqué à la figure 61, la hauteur perdue est assez importante ; elle est généralement égale à :

$$0{,}50 + 0{,}02 + \frac{L}{13} + 0{,}05 = 0{,}57 + \frac{L}{13}$$

le terme $\frac{L}{13}$ étant au minimum égal à $\frac{l}{7{,}5} + 0{,}16$.

Pour réduire l'épaisseur du tablier, on descend le niveau des tôles bouclées et on les assemble soit à hauteur des semelles des entretoises, soit à l'âme des entretoïses. Cette dernière disposition est indiquée à la figure 60.

La hauteur perdue est ordinairement dans le premier cas :

$$0{,}40 + 0{,}01 + \frac{l}{7{,}5} + 0{,}16 = 0{,}57 + \frac{l}{7{,}5}$$

et dans le second cas :

$$0{,}40 + 0{,}01 + \frac{b}{7{,}5} + 0{,}16 = 0{,}57 + \frac{b}{7{,}5}.$$

120. *Poids.* — Pour la longrine, le poids mort a une intensité négligeable. De plus, par suite de sa faible portée, elle doit être calculée pour l'essieu unique à charge renforcée. Dès lors, si nous nous reportons au n° 116, nous voyons qu'elle donne au mètre courant de tablier :

$$6{,}25\, b + \frac{19\,500\ \mathrm{P}}{\mathrm{R}'}.$$

Ce que nous avons fait connaître au n° 108, relativement aux entretoises, reste d'application.

Les tôles bouclées pèsent, par unité de longueur de tablier, puisqu'il convient de leur donner 10 mm. d'épaisseur, $0{,}01 \times 7\,830 \times l = 80\ l$; les cornières d'attache de ces tôles pèsent $30\ l$; les organes accessoires donnent 180 kg. comme au n° 108.

En conséquence :

$$\mathrm{D} = 6{,}25\, b + \frac{19\,500\ \mathrm{P}}{\mathrm{R}'} + l^2\left(\frac{7{,}2}{b} + \frac{25\,500\ x}{\mathrm{R}'}\right) +$$
$$+ \frac{51\,000\ \mathrm{P}\ (l - v)}{b\ \mathrm{R}'} + 110\ l + 180. \qquad (45)$$

Si l'entretoise doit être calculée pour une série d'essieux, il y aura lieu, au 4e terme, de substituer $\left(3 - \frac{2a}{b}\right)\mathrm{P}'$ au facteur P.

121. *Valeur de x.*

Tôles bouclées et cornières d'attache	110 kg.
Asphaltage	30 —
Ballast : 0,34 × 2 000 =	680 —
Voie	70 —
Entretoise et longrine	110 —
Total x =	1000 kg.

7° Tablier a double voie, avec entretoises et longrines métalliques

122. *Agencement.* — La figure 62 donne la coupe transversale de ce tablier.

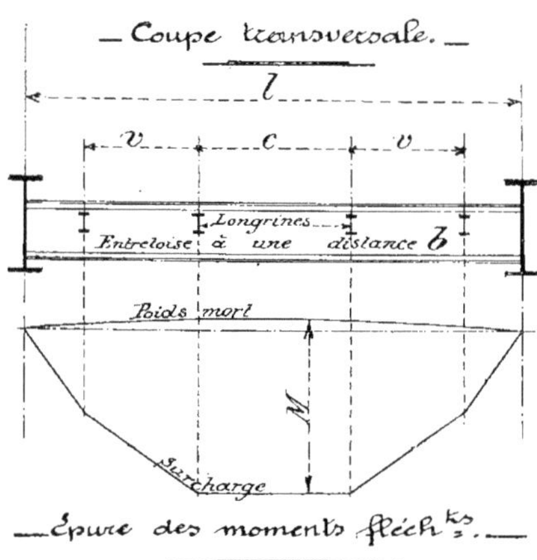

Fig. 62. — Coupe transversale.

123. *Hauteur perdue.* — Est généralement égale à

$$0{,}30 + \frac{l}{9}.$$

124. *Poids.* — Si nous nous reportons au n° 116, nous voyons que les quatre longrines majorent le poids du tablier de

$$25\,b + \frac{78\,000\ \mathrm{N'P'}}{\mathrm{R'}}.$$

De plus, nous savons par application des principes énoncés au n° 93 que la charge reportée sur l'entretoise au droit de chaque longrine est $\frac{\mathrm{NP'}}{2}$. Dès lors, nous avons pour l'entretoise :

$$\mathrm{M} = 2\mathrm{N}\,\frac{\mathrm{P'}}{2}\,\frac{l-c}{2} - \mathrm{N}\,\frac{\mathrm{P'}}{2}\,v + \frac{xbl^2}{8} = \mathrm{N}\,\frac{\mathrm{P'}}{2}\,(l-c-v) + \frac{xbl^2}{8}$$

$$\text{et}\quad \frac{8\mathrm{M}}{l^2} = 4\mathrm{NP'}\,\frac{l-c-v}{l^2} + xb.$$

L'enveloppe des moments fléchissants présente une forme irrégulière, suivant ce qui est indiqué à la figure 62. L'aire de ce polygone est souvent égale à 0,71 Ml au lieu de $\frac{2}{3}$ Ml que donne une charge uniformément répartie. Or, dans la suite, nous supposons que la pièce est à égalité de résistance et, dès lors, sachant que la largeur utile des cornières correspond généralement à $r = 11$, si nous nous reportons au n° 65, nous voyons que, à l'application de la formule (11), nous devons faire

$$B = \frac{4}{0,71} = 5,65$$

$$\text{et } A = 1 + \frac{7,5}{r} - 0,71\left(\frac{1}{3 \times 1,08} + \frac{30\,f^2}{1,08\,r}\right) = 1,06.$$

Valeur à attribuer à k.

Poids théorique	1,00
Redans des semelles	0,09
Trous de rivets	0,15
Têtes de rivets	0,07
Organes d'attache	0,11
Total k =	1,42

Donnons à l'âme une hauteur égale au neuvième de la portée ; dès lors, en tenant compte de l'augmentation habituelle de 10 p. 100, nous trouvons que l'entretoise majore le poids du tablier de

$$\frac{1,10 \times 1,42 \times 7\,830}{9}\left\{\frac{1,06 \times 0,008\,l^2}{b} + \frac{4NP'(l-c-v)\,9^2}{5,65\,bR'} + \frac{xl^2\,9^2}{5,65R'}\right\} =$$

$$= \frac{11,5\,l^2}{b} + \frac{78\,000\,NP'(l-c-v)}{bR'} + \frac{19\,500\,xl^2}{R'}.$$

Les organes accessoires pèsent :

Contreventement horizontal (section moyenne des diagonales : cornières de 80 × 80 × 10) :

Poids théorique : $2 \times \sqrt{2} \times 11,70 = 33$ kg.

Poids y compris goussets : 1,25 × 33 =	41 kg.
Organes d'attache des pièces de bois	34 —
Platelage en tôle striée à 40 kg. le mètre carré, avec cornières de 60 × 60 × 7 à 6,20 kg.	
2 (0,60 + 1,20 + 0,85) 40 + (14 × 6,2) =	295 —
Appareils d'appui à glissement avec $\lambda = 0,55$: $\frac{17\,000}{250}$ =	70 —
Deux garde-corps	50 —
Traverses métalliques de l'entrevoie	40 —
Deux poutres de rive	110 —
Consoles de deux trottoirs	50 —
Total	690 kg.

Finalement, nous pouvons écrire :

$$D = 25\,b + \frac{78\,000\,N'P'}{R'} + l^2\left(\frac{11,5}{b} + \frac{19\,500\,x}{R'}\right) +$$
$$+ \frac{78\,000\,NP'\,(l - c - v)}{bR'} + 690. \qquad (46)$$

Voir les nos 93 et 94, pour la valeur de N et de N'.

125. *Valeur de x.*

Entretoise et longrine	190 kg.
Voie	60 —
Organes accessoires	50 —
Total x = ...	300 kg.

8° Tablier a double voie avec longrines en bois

126. — Ce tablier n'est jamais utilisé, car les entretoises ayant de fortes sections, il serait dispendieux de les placer au faible écartement nécessaire avec les longrines en bois.

9° Tablier a double voie avec voussettes et ballast

127. — Avec ce système, il n'y a pas de longrines. Les entretoises reçoivent une charge $\frac{P}{2}$ au droit de chaque rail et elles portent une charge unitaire xb.

Les organes accessoires donnent :

Pièces d'attache du platelage en bois des trottoirs	10 kg.
Appareils d'appui à glissement. Vu l'intensité des charges, faisons $\lambda = 0,60$; il vient $\frac{26\,000}{230}$ = ...	110 —
Deux garde-corps	50 —
Deux poutres de rive	110 —
Consoles de deux trottoirs	50 —
Total	330 kg.

Dès lors, nous avons :

$$D = l^2\left(\frac{11.5}{b} + \frac{19\,500\,x}{R'}\right) + \frac{78\,000\,P\,(l - c - v)}{bR'} + 330. \qquad (47)$$

Si l'entretoise doit être calculée pour une série de 3 essieux, il y a lieu de substituer $\left(3 - \frac{2a}{b}\right)$ P' au facteur P.

128. — Si nous nous reportons au n° 109, nous voyons que x sera généralement égal à 1 450 + 150 = 1 600 kg. (150 kg. est le supplément de poids se produisant aux entretoises par suite de leur grande longueur).

10° Tablier a double voie avec tôles cintrées bétonnées et ballast

129. — La formule précédente reste d'application, mais il convient d'ajouter pour les tôles cintrées 80 l, si leur épaisseur est de 8 mm. Si ces organes ont moins de 8 mm. d'épaisseur, on retranche du coefficient 8 unités par millimètre de différence. La charge x est généralement égale à 1 350 + 150 = 1 500 kg. (V. n°s 113 et 128.)

11° Tablier a double voie avec tôles bouclées et ballast

130. — Ce système comporte trois longrines. Les tôles bouclées donnant 110 l au mètre courant (v. n° 120), et les organes accessoires ayant même importance qu'au n° 127, on a :

$$D = 18{,}75\,b + \frac{58\,500\,P}{R'} + l^2\left(\frac{11{,}5}{b} + \frac{19\,500\,x}{R'}\right) + \\ + \frac{78\,000\,P\,(l - c - v)}{bR'} + 110\,l + 330. \quad (48)$$

Si l'entretoise doit être calculée pour une série de 3 essieux, il y a lieu, au 4e terme, de substituer $\left(3 - \frac{2a}{b}\right)P'$ au facteur P.

131. — Généralement $x = 1\,000 + 150 = 1150$ kg. (V. n°s 121 et 128.)

12° Tablier avec poutres continues

132. — Lorsque la portée est grande, il y a économie à donner plusieurs appuis aux poutres maîtresses, tout en maintenant la continuité de ces poutres au droit des appuis intermédiaires. De plus, cette disposition permet l'emploi de poutres relativement basses ce qui réduit la hauteur perdue au tablier et recule la limite à partir de laquelle il y a lieu d'adopter des poutres en garde-corps, lesquelles élargissent l'entrevoie.

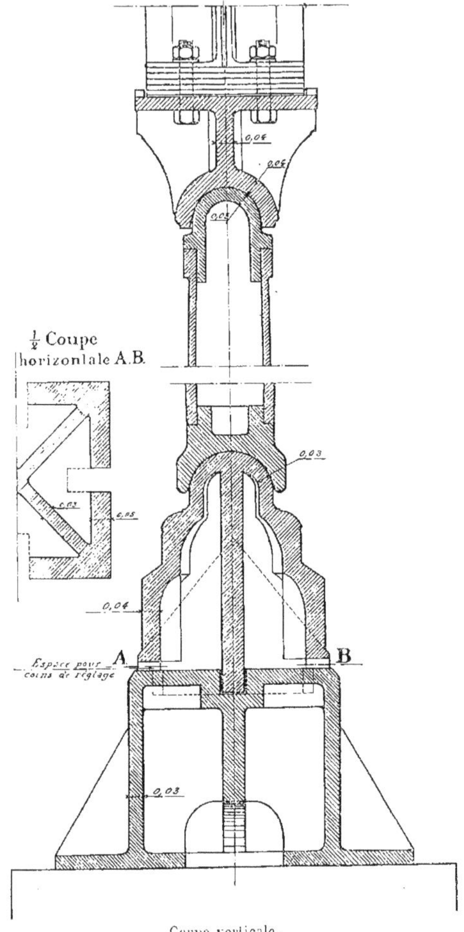

Coupe verticale.
Fig. 63. — Colonne articulée.

Toutefois, si un des appuis subit un tassement après montage de la partie métallique, le travail de celle-ci se modifie considérablement. Pour cette raison, il ne sera fait emploi du système qui nous occupe qu'en cas de nécessité.

Les appuis intermédiaires sont des massifs maçonnés ou des

piliers métalliques. Ceux-ci sont souvent des colonnes articulées à leurs extrémités et agencées suivant les indications de la figure 63. Les articulations ont pour but d'éviter que l'effort de compression ne puisse agir avec excentricité. Les petites pièces seront confectionnées en acier coulé ; le fût, par suite de sa grande hauteur, se fera en fonte de fer, mais on aura soin de prescrire l'emploi d'un métal de première qualité (résistance minimum à la rupture : 80 kg. pour la compression et 17 kg. pour l'extension, au millimètre carré). Il est conseillable de remplir les vides de béton au mortier de ciment.

Pour ce qui concerne le poids de l'ouvrage, nous ferons remarquer que les valeurs déterminées précédemment pour D peuvent être reprises, mais qu'il y a lieu de calculer le poids unitaire des poutres maîtresses, travée par travée si les ouvertures sont variables, en considérant des poutres fictives dont la portée serait les 8/10 de la portée réelle et dont la hauteur serait égale à la hauteur des poutres continues. Le calcul de ce dernier poids ne sera qu'approximatif, mais il ne saurait être entaché de forte erreur.

13° Remarques relatives aux entretoises

Chaque fois que la chose est possible, les entretoises seront constituées de poutrelles lesquelles laissent une certaine économie. Elles sont aussi préférables au point de vue théorique ; en effet, elles sont peu fatiguées sous l'effet de la tendance au glissement des membrures, tandis qu'aux poutres chaudronnées cette tendance au glissement fait généralement travailler le métal à la limite de sécurité.

Aux figures se rapportant aux tabliers, nous avons renseigné deux modes d'assemblage pour l'entretoise. Cet assemblage peut se faire soit en prolongeant l'âme de cet organe entre les deux cornières des raidisseurs, soit en utilisant un grand gousset d'assemblage. Celui-ci augmente la consommation de métal et crée souvent une section faible dans l'entretoise. En conséquence, il n'en sera fait emploi que si les poutres maîtresses ont une très grande hauteur demandant un solide contreventement vertical.

E. — RÉCAPITULATION

POIDS DES TABLIERS A AMES PLEINES POUR VOIES FERRÉES

133. — Le poids q en kilogrammes, au mètre courant, de la partie métallique d'un tablier simplement appuyé à ses extrémités et portant une ou deux voies ferrées, s'obtient par les égalités ci-après :

a) *Poutres maîtresses droites*, avec forme d'égale résistance et âme de 8 mm. d'épaisseur :

$$q = \mathrm{L}\left(16 + \frac{23\,500\,p}{\mathrm{R}}\right) + \mathrm{D}. \qquad (37)$$

b) *Poutres maîtresses cintrées* (une ou deux membrures en arc de parabole), avec forme et âme comme ci-dessus :

$$q = \mathrm{L}\left(15 + \frac{21\,500\,p}{\mathrm{R}}\right) + \mathrm{D}. \qquad (38)$$

c) *Poutres maîtresses jumelées en caisson*, avec forme et deux âmes comme en *a* :

$$q = \mathrm{L}\left(32 + \frac{23\,500\,p}{\mathrm{R}}\right) + \mathrm{D}. \qquad (39)$$

Si l'âme des poutres maîtresses a plus de 8 mm. d'épaisseur, les termes 16, 15 et 32 seront majorés d'un huitième par millimètre de différence.

Le poids obtenu comprend les organes accessoires et notamment la surlongueur des appuis, les appareils d'appuis, les pièces d'attache de la voie, les platelages, les trottoirs et les garde-corps.

Pour avoir le poids total du tablier, on multiplie q par la longueur des poutres maîtresses mesurée d'axe en axe des appuis.

Pour les tabliers avec poutres continues, voir n° 132.

Les notations ont la signification suivante :

L : la portée des poutres maîtresses, mesurée en mètres, d'axe en axe des appuis ;

p : le poids total du tablier au mètre courant, poids exprimé en kilogrammes et comprenant le poids mort et la surcharge ; si celle-ci est irrégulièrement répartie, on prendra la charge uniformément répartie donnant l'équivalence au point de vue des moments fléchissants ;

R : le taux de travail des poutres maîtresses sous l'action du poids mort et de la surcharge, taux rapporté au mètre carré et exprimé en kilogrammes;

D : quantité variable suivant l'agencement des pièces secondaires à calculer par les formules (41) à (48). Toutefois, si on donne aux différents facteurs les valeurs qu'ils ont habituellement, ces formules prennent invariablement la forme ci-après :

$$D = l(El + F) + G. \tag{40}$$

l est la largeur du tablier mesurée en mètres d'axe en axe des poutres maîtresses;

E, F et G sont des coefficients numériques variables suivant le système de tablier et donnés aux tableaux nos 13 à 16 ci-après.

VALEURS DES COEFFICIENTS E, F ET G

Les tabliers sont supposés être exécutés en acier donnant une densité de 7 830 kg. et pouvant travailler soit à 6,5 kg., soit à 7,5 kg. au mm² dans les entretoises et les longrines.

1° PONTS-RAILS AVEC VOIE NORMALE ET TRAIN-TYPE BELGE

Les valeurs des coefficients sont indiquées au tableau n° 13.

Nous faisons $v = 1{,}50$ m.; $a = 1{,}50$ m.; $c = 2{,}00$ m. et $P = P' = 20\,000$ kg. L'écartement b d'axe en axe des entretoises est variable et indiqué au tableau.

Si le terme G est précédé du signe —, il devra être porté en déduction, c'est-à-dire que D sera égal à $l(El + F) - G$.

Les valeurs numériques du tableau n° 13, tiennent compte des organes accessoires énumérés ci-après :

Pour les tabliers à simple voie qui sont supposés faire partie d'un pont à deux voies : une poutre de rive (55 kg. au mètre courant), un trottoir (25 kg.), un garde-corps (25 kg.), les appareils d'appuis (30 ou 43 kg.) et les traverses d'une demi-entrevoie (20 kg.).

Pour les tabliers à double voie : deux poutres de rive (110 kg. au mètre courant), deux trottoirs (50 kg.), deux garde-corps (50 kg.), les appareils d'appuis (70 ou 110 kg. au mètre courant).

Les trottoirs, l'entrevoie et l'espace entre les rails et les pou-

Tabliers avec voie normale et train-type belge. Valeurs de E, F et G.

TABLEAU N° 13

TAUX de travail R'.	SYSTÈME de tablier.		POUTRES sous rails.	TABLIERS AVEC ENTRETOISES										
				et longrines en bois.	voussettes et ballast.			tôles cintrées bétonnées et ballast.		et longrines métalliques.			tôles bouclées et ballast.	
	Écartement b des entretoises			0,90	1,00	1,25	1,50[1]	1,30	1,50	2,00	2,50	3,00	1,30	1,50
6,50 kg. au mm²	Tabliers à simple voie.	E =	0	8	13	11	11	11	10	5	4	3	10	9
		F =	0	175	157	126	105	201	185	118	113	105	231	215
		G =	340	20	— 60	— 10	20	0	20	310	320	360	70	90
	Tabliers à double voie.	E =	—	—	16	14	13	13	12	7	6	5	12	11
		F =	—	—	210	192	160	265	240	180	173	160	295	270
		G =	—	—	— 510	— 340	— 230	— 310	— 230	350	390	480	— 110	— 20
7,50 kg. au mm²	Tabliers à simple voie.	E =	0	8	12	11	10	10	9	4	4	3	9	8
		F =	0	152	136	109	91	185	171	102	98	91	215	201
		G =	340	50	— 20	20	40	20	40	320	330	360	80	100
	Tabliers à double voie.	E =	—	—	16	13	12	13	12	7	5	5	12	11
		F =	—	—	208	166	139	240	219	156	150	139	270	249
		G =	—	—	— 400	— 250	— 150	— 230	— 160	400	440	520	— 50	30

[1] Avec l'écartement de 1,50, les voussettes sont supposées avoir 0,30 d'épaisseur ce qui donne $x = 1\,630$ kg.

tres maîtresses sont supposés recevoir un platelage en bois chaque fois que la chose est possible (v. coupe des ouvrages, fig. 54 à 61).

Si les conditions précitées ne sont pas réalisées, il y aura lieu de modifier le coefficient G.

Les tôles bouclées doivent avoir obligatoirement 10 mm. d'épaisseur. Les tôles cintrées, préservées en partie de l'oxydation par le bétonnage, sont supposées avoir 8 mm. d'épaisseur. Cependant, si la charge roulante n'a pas trop d'importance, cette épaisseur peut être réduite de 2 ou 3 mm. et, dans ce cas, le coefficient F diminue de 8 unités par mm. de différence.

2° Ponts-rails avec voie normale et train-type français

Le tableau précédent s'applique également aux ouvrages à calculer d'après le train-type français, exception faite pour les tabliers avec entretoises et longrines métalliques pour lesquels on reprendra la valeur des coefficients au tableau n° 14.

Pour ces tabliers, $a = 1,20$, $P = 20$ tonnes et $P' = 14$ tonnes.

Tabliers avec entretoises et longrines métalliques, voie à écartement normal et train-type français.

Valeurs de E, F *et* G.

Tableau n° 14

Valeurs de *b*.	R' = 6,50 kg. au millimètre carré						R' = 7,50 kg. au millimètre carré					
	tabliers à simple voie.			tabliers à double voie.			tabliers à simple voie.			tabliers à double voie.		
	E	F	G	E	F	G	E	F	G	E	F	G
m. 2,00	5	99	340	7	152	450	4	86	340	7	131	490
2,50	4	91	355	6	139	500	4	79	360	5	121	540
3,00	3	88	370	5	135	540	3	76	370	5	117	570

3° Ponts-rails avec voie étroite et train-type belge

Les valeurs des coefficients sont indiquées au tableau n° 15.

Nous faisons $v = 1,00$, $a = 0,90$ et $P = P' = 10\,000$ kg. pour une série de 3 essieux (v. page 212, pour la composition de ce train-type).

L'écartement des entretoises est variable et indiqué au tableau précité.

Tabliers avec simple voie à petit écartement et train-type belge.

Valeurs de E, F *et* G.

TABLEAU N° 15

TAUX de travail R'.	SYSTÈME de tablier.	POUTRES sous rails.	TABLIERS AVEC ENTRETOISES								
			et longrines en bois.	voussettes et ballast.		tôles cintrées bétonnées et ballast.		et longrines métalliques.	tôles bouclées et ballast.	
	Écartement des entretoises. .	—	0,90	1,00	1,25	1,30	1,50	2,00	1,30	1,50
6,5 kg. au mm²	E = ...	0	8	13	11	11	10	5	10	9
	F = ...	0	87	94	98	162	158	83	208	204
	G = ...	350	220	140	130	130	140	380	170	180
7,5 kg. au mm²	E = ...	0	8	12	11	10	9	4	9	8
	F = ...	0	76	82	85	149	146	72	195	192
	G = ...	350	230	150	150	150	150	380	180	180

Les valeurs numériques du tableau n° 15 supposent que les tabliers sont à simple voie et qu'ils comprennent deux poutres de rive (90 kg. au mètre courant), deux trottoirs (40 kg.), deux garde-corps (50 kg.) et les appareils d'appui (25 ou 38 kg. au mètre courant). Si ces conditions ne sont pas réalisées, il y a lieu de modifier le terme G.

Les tôles cintrées bétonnées sont supposées avoir 6 mm. d'épaisseur; si cette épaisseur n'est pas observée, le terme F subit, en plus ou en moins, une modification de 8 unités par millimètre de différence. Les tôles bouclées sont supposées avoir 10 mm. d'épaisseur.

Même remarque qu'au 1° relativement aux platelages.

4° PONTS-RAILS AVEC VOIE ÉTROITE ET TRAIN-TYPE FRANÇAIS

Les valeurs des coefficients sont indiquées au tableau n° 16.

Nous faisons $v = 1{,}00$, $a = 1{,}20$ m., $P = 14$ tonnes et $P' = 10$ tonnes.

L'écartement des entretoises est variable et indiqué au tableau précité.

Les organes accessoires ont les poids et les dimensions indiqués au 3°.

Tabliers avec simple voie à petit écartement et train-type français.

Valeurs de E, F et G.

TABLEAU N° 16

TAUX de travail R'.	SYSTÈME de tablier.	POUTRES sous rails.	TABLIERS AVEC ENTRETOISES								
			et longrines en bois.	voussettes et ballast.		tôles cintrées bétonnées et ballast.		et longrines métalliques.		tôles bouclées et ballast.	
	Ecartement des entretoises.	»	0,90	1,00	1,25	1,30	1,50	2,00	2,50	1,30	1,50
6,5 kg. au mm².	E =	»	8	13	11	11	10	5	4	10	9
	F =	»	122	110	88	149	137	71	64	195	184
	G =	350	190	120	140	150	160	410	420	200	210
7,5 kg. au mm².	E =	»	8	12	11	10	9	4	4	9	8
	F =	»	106	95	76	137	127	61	56	183	174
	G =	350	200	135	150	160	170	410	420	200	210

F. — COMPARAISON ENTRE LES DIVERS TYPES DE TABLIERS

1° TABLIERS A SIMPLE VOIE

a) *Prix de revient.*

134. — Considérons des portées théoriques de 5, 10 et 20 m. et recherchons quelle est la consommation de métal avec les divers types dont il a été question. Faisons invariablement $l = 3{,}00$, $v = 1{,}50$, $e = 0{,}008$, $R = 7\,500\,000$ et $R' = 6\,500\,000$ et supposons que les poutres maîtresses soient droites. Admettons que la surcharge donne 7 000 kg. au mètre courant de voie et qu'elle conduise à considérer 3 essieux de 20 t. pour le calcul des entretoises. Nous comptons pour le poids de la voie 110 kg.

pour la partie métallique et 90 kg. pour les traverses, soit au total 200 kg.

Le tableau ci-après renseigne les résultats des calculs.

	VALEUR donnée à h.	POIDS D'ACIER AU MÈTRE COURANT			RAPPORTS DE CES POIDS		
		L = 5,0	L = 10,0	L = 20,0	L = 5,0	L = 10,0	L = 20,0
	m.	kg.	kg.	kg.			
a) Tabliers avec poutres sous rails.	»	540	750	1 190	1,00	1,00	1,00
b) Tabliers avec poutres en caisson	»	620	910	»	1,15	1,21	»
c) Tabliers avec longrines en bois	0,90	830	1 040	1 490	1,53	1,39	1,25
d) Tabliers avec voussettes	1,25	740	1 010	1 590	1,37	1,35	1,34
e) Tabliers avec tôles cintrées bétonnées . . .	1,50	930	1 210	1 790	1,72	1,62	1,50
f) Tabliers avec longrines métalliques . . .	2,00	920	1 130	1 580	1,70	1,51	1,33
g) Tabliers avec tôles bouclées	1,50	1070	1 330	1 870	1,98	1,78	1,58

Mais, pour avoir une comparaison exacte, il importe de considérer le coût total du tablier, afin de tenir compte des dépenses supplémentaires nécessaires aux ouvrages avec ballast. Comptons l'acier à 0 fr. 35 le kg., la maçonnerie des voussettes à 27 fr., le bétonnage à 20 fr., le ballast à 10 fr. le m³, l'enduit et l'asphaltage à 7 fr. le m² et l'asphaltage des tôles bouclées à 4 fr. 50 le m². Nous négligeons le coût de la voie, lequel est à peu près constant.

Avec ces prix unitaires, les travaux de parachèvement reviennent à :

	Au mètre carré.		Au mètre courant de tablier.
d) Voussettes et ballast : (0,20 × 27) + (0,10 × 20) + (0,34 × 10) + 7 = ...	17,8 fr.	× 3 =	53,4 fr.
e) Tôles bétonnées et ballast : (0,20 × 20) + (0,34 × 10) + 7 = ...	14,4 fr.	× 3 =	43,2 fr.
g) Tôles bouclées et ballast : (0,41 × 10) + 4,5 =	8,6 fr.	× 3 =	25,8 fr.

Et le coût total des tabliers au mètre courant est, non compris la voie ni les boisages :

	PRIX AU MÈTRE COURANT			RAPPORTS DE CES PRIX		
	L = 5,0	L = 10,0	L = 20,0	L = 5.0	L = 10,0	L = 20,0
	fr.	fr.	fr.			
a) Tabliers avec poutres sous rails	190	262	416	1,00	1,00	1,00
b) Tabliers avec poutres en caisson	220	320	»	1,15	1,21	»
c) Tabliers avec longrines en bois	290	365	520	1,52	1,40	1,25
d) Tabliers avec voussettes	310	410	610	1,64	1,56	1,47
e) Tabliers avec tôles cintrées bétonnées	370	470	670	1,95	1,80	1,62
f) Tabliers avec longrines métalliques	320	400	550	1,68	1,52	1,32
g) Tabliers avec tôles bouclées	400	490	680	2,10	1,87	1,64

Ce tableau montre que pour une ouverture moyenne, et en prenant comme base le coût du système le plus économique, c'est-à-dire du tablier avec poutres sous rails, l'augmentation pour les frais de premier établissement est environ de

20 p. 100 avec poutres jumelées en caisson ;
40 p. 100 avec entretoises et longrines en bois ;
50 p. 100 — — métalliques ;
60 p. 100 — voussettes ;
80 p. 100 — tôles cintrées bétonnées ;
90 p. 100 — — bouclées.

Mais il importe de tenir compte aussi de la durée d'utilisation des ouvrages et de l'importance des frais d'entretien et, sous ce rapport, ce sont les tabliers sans ballast et avec entretoises et longrines qui sont les moins avantageux, vu que tous les organes sont exposés aux agents atmosphériques et que certains assemblages sont très fatigués par les chocs aux joints des rails.

Les tabliers avec tôles cintrées bétonnées et les tabliers avec voussettes doivent, à ce point de vue, bénéficier de sérieux avantages. L'interposition de ballast entre la voie et l'ossature soulage celle-ci ; les bétonnages et les maçonneries protègent les fers avec lesquels ils se trouvent en contact et, en dernier lieu, la possibilité d'obtenir une étanchéité parfaite permet de tenir une partie des organes à l'abri des eaux pluviales.

b) *Qualités.*

Tabliers sans ballast. — Ces systèmes sont équivalents au point de vue du roulement des véhicules. Au point de vue de la sécurité et des frais d'entretien, les meilleurs sont les tabliers avec poutres sous rails, parce que la charge est reportée directement sur les poutres maîtresses sans l'intermédiaire d'entretoises ni de longrines. Cependant, on ne fera emploi des poutres en caisson qu'en cas de nécessité absolue, l'entretien des parties en contact avec les longrines étant à peu près impossible.

En conséquence, il y a lieu d'adopter des poutres simples sous rails, chaque fois que l'on dispose d'une hauteur libre suffisante. Les poutres seront droites ou cintrées pour les petites ouvertures et obligatoirement avec membrure inférieure en arc de parabole aux grandes ouvertures, afin d'éviter que les efforts de renversement (mouvement de lacet et poussée du vent) ne puissent rompre l'équilibre statique. Ce système n'est plus susceptible d'application au delà de 25 m. de portée pour la voie à écartement normal, ni au delà de 15 m. pour la voie à petit écartement ; pour des ouvertures plus grandes la raideur horizontale serait insuffisante.

Tabliers avec ballast. — Si l'ouvrage est destiné à une ligne à circulation rapide, il est indispensable de faire emploi de tabliers avec ballast afin de laisser à la voie l'élasticité qui lui est nécessaire et d'obtenir certaines qualités de roulement. Ces tabliers sont également d'une application conseillable dans les villes, car ils évitent le bruit désagréable qui se produit avec les tabliers ordinaires au passage des véhicules.

Les moins coûteux sont les ponts avec voussettes, mais ils amènent une légère augmentation à l'épaisseur du tablier.

Les tabliers avec tôles bouclées réduisent cette épaisseur au minimum, mais ils présentent deux inconvénients : d'abord il est difficile de les rendre étanches tandis que l'on obtient une étanchéité parfaite avec les tabliers bétonnés ; en second lieu, les tôles bouclées n'étant pas susceptibles d'entretien à la face supérieure, et ne pouvant pas être asphaltées dans de bonnes conditions, elles doivent être renouvelées après une certaine période d'emploi et ce renouvellement est difficile et il nécessite un temps très long.

En conséquence, on utilisera les tabliers avec tôles bétonnées ou mieux encore les tabliers avec voussettes dès que la hauteur libre le permet, et on ne fera emploi du système à tôles bouclées qu'en cas de nécessité. Les deux premiers systèmes ont aussi l'avantage de renforcer les entretoises, les membrures supérieures de ces pièces étant noyées dans un bétonnage au mortier de ciment; ces pièces ont quelque analogie avec les prismes en béton armé et leur résistance doit être supérieure à celle de la partie métallique laquelle est uniquement considérée dans les calculs.

2° Tabliers a double voie

Comparons les tabliers à double voie à deux tabliers à simple voie. Considérons à cet effet le système avec entretoises et longrines métalliques en faisant $b = 2,00$ m.

Reprenons les taux de travail de 7 500 000 et de 6 500 000 kg., la surcharge de 7 000 kg., les 3 essieux de 20 t. et la voie à écartement normal du poids de 200 kg. considérés précédemment. Le tableau ci-contre renseigne les résultats des calculs.

	$L = 5,00$ $e = 0,008$	$L = 10,00$ $e = 0,008$	$L = 20,0$	
			$e = 0,008$	$e = 0,012$
Deux tabliers à simple voie ($l = 3,00$) . .	1840	2 260	3 160	3 480
Un tablier à double voie ($l = 6,50$) . . .	2150	2 500	3 230	3 420
Rapports des poids	1,17	1,11	1,03	0,99
Deux tabliers à simple voie ($l = 5,00$). .	2470	2 910	3 830	4 180
Un tablier à double voie ($l = 8,50$) . . .	2740	3 100	3 850	4 020
Rapports des poids	1,11	1,07	1,01	0,96

Il est visible que les tabliers à double voie sont généralement désavantageux à cause de la grande consommation de métal qui se produit aux entretoises. Ils ne peuvent laisser une certaine économie que pour les ouvertures de plus de 20 m. à condition qu'il soit nécessaire, aux deux systèmes, de faire emploi aux poutres maîtresses d'une âme à forte épaisseur.

Ces tabliers permettent de maintenir l'entrevoie à sa largeur normale, ce qui réduit le cube des culées et des remblais et peut faire bénéficier, dans certains cas, d'une économie considérable.

On doit remarquer aussi que dans le tablier à double voie le métal des entretoises et des poutres maîtresses travaille rarement au taux limite, vu qu'il ne peut en être ainsi que si les deux voies sont chargées simultanément de locomotives de fort tonnage ; ils donnent donc une plus grande sécurité et une légère économie dans les frais d'entretien.

Cependant, il est rarement fait emploi de tabliers à double voie parce qu'ils présentent un grave inconvénient lorsqu'il s'agit de les renouveler. Ce travail ne peut en effet s'effectuer sans interrompre la circulation, à moins que l'on ne dispose de plus de deux voies.

CHAPITRE II

PONTS-ROUTE

A. — TAUX DE TRAVAIL DU MÉTAL

135. — Il y a lieu de s'imposer les mêmes taux de travail que pour les ponts de chemins de fer (v. n° 90).

B. — CHARGES UNIFORMÉMENT RÉPARTIES DE MÊME ACTION QUE LA SURCHARGE

136. — Il est généralement admis que les ponts-route doivent être calculés pour une surcharge de 400 kg. par mètre carré uniformément répartie sur toute la largeur de l'ouvrage, trottoirs compris, ou bien pour le passage de convois-types formant autant

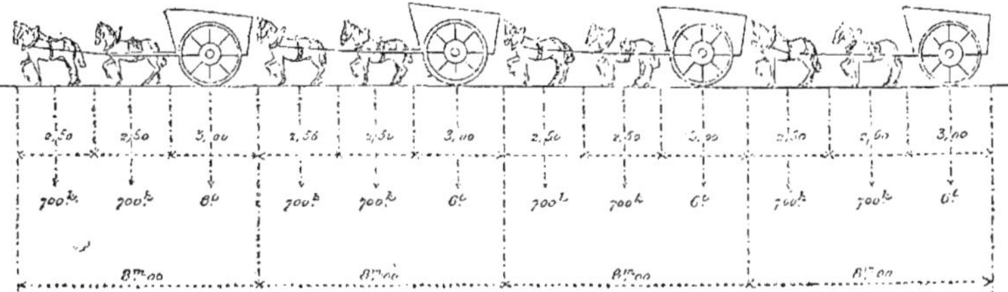

Fig. 64. — Convoi-type n° 1. (Tombereaux de 6 t. à 2 chevaux.)

de files continues que le comporte la largeur de la chaussée. Dans la deuxième hypothèse, les trottoirs sont surchargés uniformément à raison de 400 kg. par mètre carré.

Le règlement ministériel français du 29 août 1891, renseigne les 3 convois-types indiqués aux figures 64, 65 et 66.

M. E. Henry, dans son ouvrage *Formules, barèmes et tableaux*, propose un convoi-type supplémentaire composé comme il est indiqué à la figure 67, lequel conduit à un moindre travail des pièces et qui est susceptible d'être adopté quand on ne juge pas

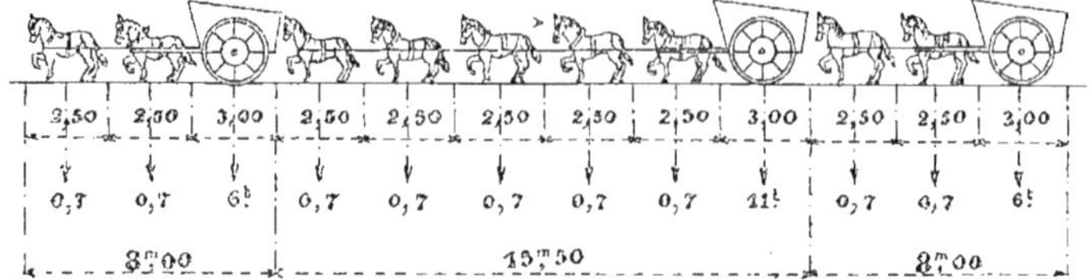

Fig. 65. — Convoi-type n° 2. (Charrette de 11 t. à 5 chevaux, suivie et précédée de tombereaux de 6 t. à 2 chevaux.)

nécessaire d'assurer le passage des véhicules mentionnés au règlement précité.

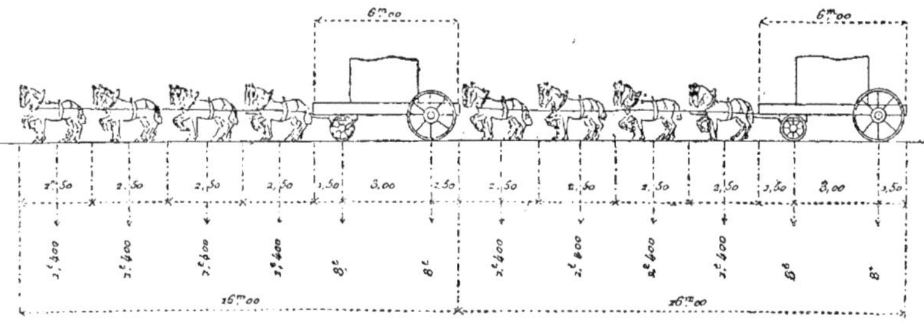

Fig. 66. — Convoi-type n° 3. (Chariots de 16 t. à 8 chevaux.)

Le tableau n° 17 fait connaître les charges uniformément réparties de même action que les convois-types nos 1 à 4 dont il vient

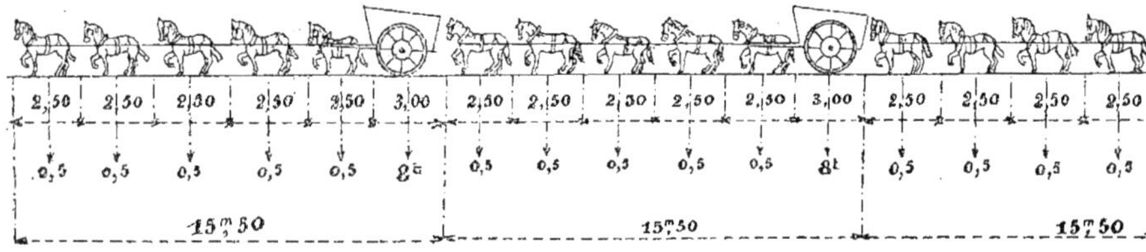

Fig. 67. — Convoi-type n° 4. (Charrettes de 8 t. à 5 chevaux.)

d'être fait mention. Elles ont été calculées en prenant comme base les moments et les efforts tranchants maximums renseignés dans l'ouvrage précité de M. E. Henry.

Charges uniformément réparties équivalentes aux convois-types nos 1 à 4.

TABLEAU N° 17

OUVERTURES en mètres.	CONVOI N° 1		CONVOI N° 2		CONVOI N° 3		CONVOI N° 4	
	Mom.	Ef. tranch.	Mom.	Ef. tranch.	Mom.	Ef. tranch.	Mom.	Ef. tranch.
2	6,0	6,0	11,0	11,0	8,0	8,0	8,0	8,0
3	4,0	4,1	7,4	7,4	5,4	5,4	5,4	5,4
4	3,0	3,1	5,5	5,6	4,0	5,0	4,0	4,1
5	2,4	2,6	4,4	»	3,2	4,5	3,2	3,3
6	2,1	2,2	3,7	»	3,1	4,1	2,7	2,8
7	1,8	1,9	3,3	»	3,0	3,7	2,4	2,5
8	1,6	1,7	2,9	»	2,8	3,4	2,1	2,2
9	1,5	1,7	»	»	2,7	3,1	1,9	2,0
10	1,4	1,6	»	»	2,5	2,9	1,7	1,8
11	1,3	1,6	»	»	2,4	2,7	1,6	1,6
12	1,2	1,5	»	»	2,3	2,5	1,5	1,5
13	1,1	1,5	»	»	2,1	2,4	1,4	1,4
14	1,1	1,4	»	»	2,0	2,3	1,3	1,3
15	1,1	1,4	»	»	1,9	2,2	1,2	1,3
16	1,1	1,3	»	»	1,9	2,1	1,2	1,2
18	1,0	1,3	»	»	1,8	2,1	1,1	1,2
20	1,0	1,3	»	»	1,7	2,0	1,0	1,2
25	1,0	1,2	»	»	1,5	1,9	0,9	1,1
30	1,0	1,2	»	»	1,5	1,8	0,8	1,0
35	1,0	1,1	»	»	1,4	1,7	0,8	1,0
40	1,0	1,1	»	»	1,4	1,7	0,8	0,9
45	1,0	1,1	»	»	1,4	1,6	0,8	0,9
50	1,0	1,1	»	»	1,4	1,6	0,8	0,9
60	1,0	1,0	»	»	1,4	1,6	0,7	0,8
70	1,0	1,0	»	»	1,4	1,5	0,7	0,8

Pour le convoi n° 2, il n'est inscrit au tableau que les valeurs des moments et des efforts tranchants supérieurs à ceux qui sont produits par le convoi n° 3.

En Belgique, le chariot et le train vicinal qui doivent servir aux épreuves des ponts-route ont la composition indiquée à la figure 68. L'abaque n° 2 renseigne les charges uniformément réparties donnant l'équivalence avec les charges de ces convois. Les courbes en traits pleins se rapportent aux moments fléchissants, les courbes pointillées aux efforts tranchants.

C. — AGENCEMENT ET POIDS DES DIVERS SYSTÈMES

137. — Nous reprenons les notations et les hypothèses dont il est fait mention au n° 95*bis*.

Toutefois, nous désignons par

v : l'écartement des roues du chariot d'épreuve ;

e : — entre deux chariots d'épreuve ;

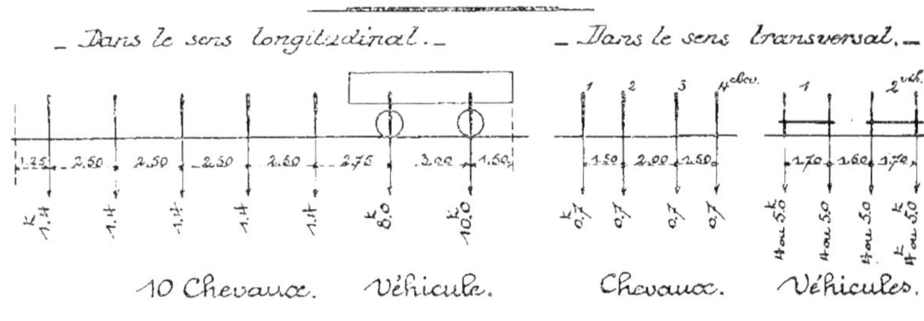

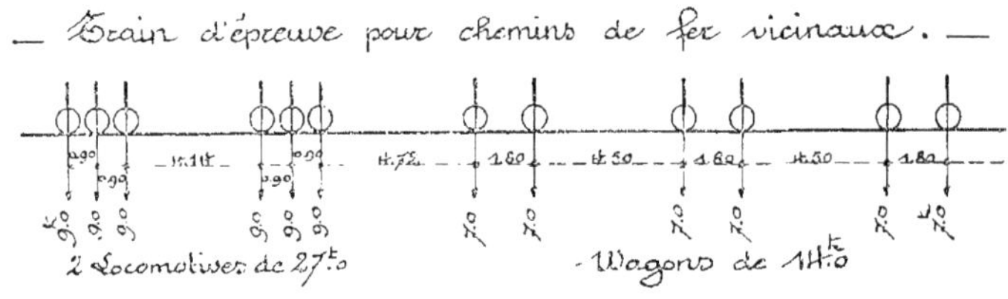

Fig. 68. — Composition de trains-types imposés en Belgique.

P : le poids de l'essieu le plus lourd ;

t : la largeur d'un trottoir.

En dernier lieu, à moins d'indication contraire, l désignera la largeur du tablier d'axe en axe des garde-corps.

Aux applications numériques, on devra obligatoirement prendre le mètre comme unité de longueur et le kilogramme comme unité de force.

1° Tabliers avec une série de poutres maîtresses sans entretoises

138. — Ce système de tablier, représenté à la figure 69, comprend plusieurs poutres maîtresses placées sous la voie charretière et reliées par des contreventements verticaux. Aux poutres de rive posées sur consoles, il est parfois substitué des poutres maîtresses prenant appui sur les culées.

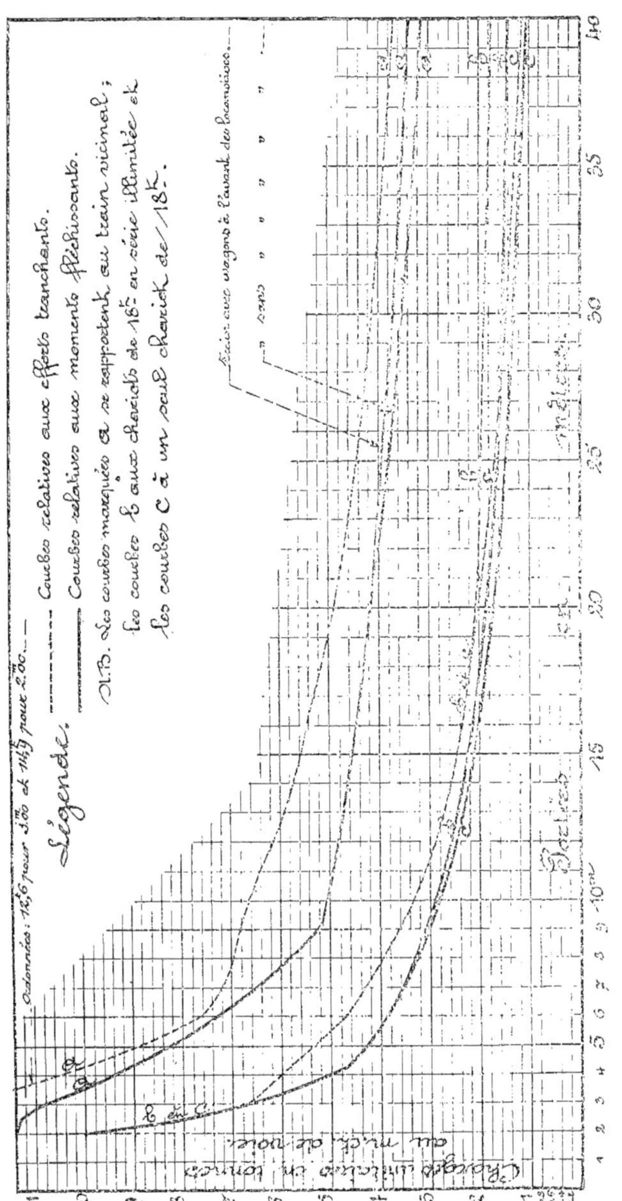

Abaque n° 2. — Charges uniformément réparties équivalentes aux trains-types de la figure 68.

Supposons qu'il y ait n poutres maîtresses. Comme on rencontrera généralement de la difficulté à leur donner une hauteur suffisante, faisons $m = 17$. Supposons que l'âme ait 0,008 d'épaisseur et que la largeur des cornières corresponde à $r = 8$.

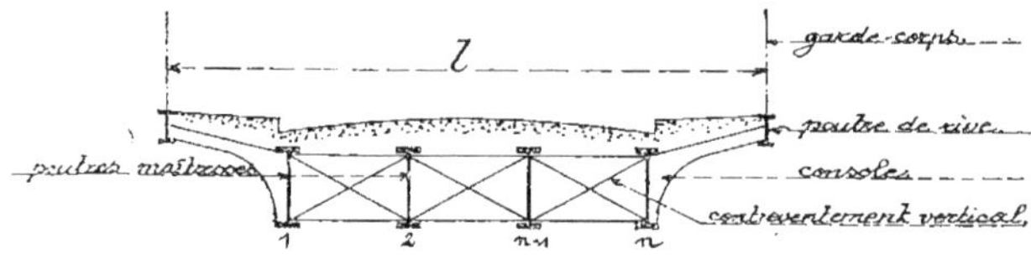

Fig. 69.

Les poutres maîtresses donnent au mètre courant de tablier

$$\frac{1,45 \times 7\,830 \times \mathrm{L}}{17} \left\{ (n \times 1,24 \times 0,008) + \frac{p\ 17^2}{6\ \mathrm{R}} \right\} =$$
$$= \mathrm{L}\left(6,6\ n + \frac{32\,000\ p}{\mathrm{R}}\right).$$

Nous pouvons supposer que les consoles des trottoirs ont, par unité de longueur, même poids que les contreventements verticaux et qu'elles sont placées comme ceux-ci à 2 m. de distance. Admettons que ces contreventements sont exécutés en cornières de $70 \times 70 \times 7$ à 7,3 kg. au mètre courant, les diagonales en fers simples, les barres horizontales et verticales en fers doubles. En dernier lieu, comptons sur une majoration de 25 p. 100 pour goussets et rivets et sur une majoration de 10 p. 100 pour les contreventements extrêmes. Dans ces conditions, la consommation de métal aux contreventements verticaux et aux consoles est au mètre courant de :

$$\frac{1,10 \times 1,25 \times 7,30\ l}{2,0}\left(4 + 2\sqrt{2}\right) = 35\ l.$$

Les appareils d'appui pèsent $\frac{p}{280}$ (v. n° 98).

Les organes accessoires donnent :

Deux poutres de rive	110 kg.
Deux garde-corps (poids très variable)	120 —
Contreventement horizontal.	50 —
Total.	280 kg.

Nous avons finalement :

$$q = \mathrm{L}\left(6,6\ n + \frac{32\,000\ p}{\mathrm{R}}\right) + 35\ l + \frac{p}{280} + 280. \qquad (19)$$

Si les âmes des poutres maîtresses ont plus de 8 mm. d'épaisseur, le coefficient 6,6 du premier terme entre parenthèses, augmente de 0,8 par millimètre de différence.

Aux applications numériques, il y aura lieu de tenir compte que p comprend le poids mort et le total des surcharges que les poutres maîtresses portent théoriquement. Ainsi, si le poids mort donne 5 500 kg. au mètre courant de tablier, si chaque poutre maîtresse doit être calculée pour une surcharge de 1 650 kg. au mètre courant et s'il y a, comme à la figure 69, 4 poutres maîtresses,

$$p = 5\,500 + (4 \times 1\,650) = 12\,100 \text{ kg.}$$

La formule précédente reste d'application lorsque l'on substitue deux poutres maîtresses aux poutres de rive, mais dans ce cas n augmente de 2 unités et le dernier terme diminue de 110 kg., par suite de la suppression des poutres de rive.

2° Tabliers avec une série de poutres maîtresses et entretoises

139. — La figure 70 montre une coupe transversale de l'ouvrage. Les poutres maîtresses donnent le même poids que précédemment.

Les entretoises ayant généralement peu de longueur, nous pou-

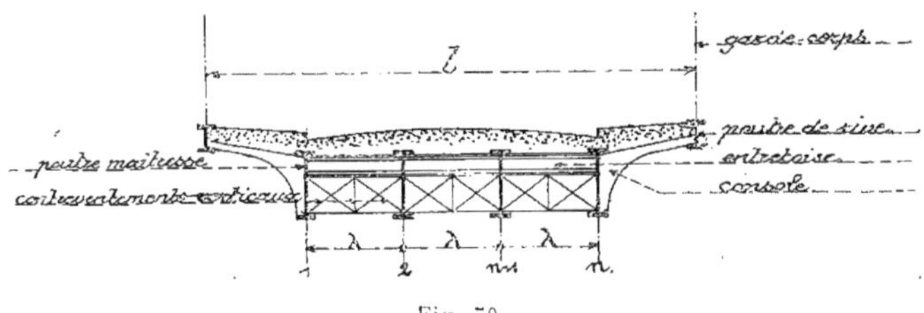

Fig. 70.

vons supposer qu'elles doivent être calculées pour une charge $\frac{1}{2}$ P placée au milieu de leur portée. De plus, il importe de supposer qu'elles sont sectionnées au droit des poutres. Soient λ leur longueur et b la distance d'axe en axe des entretoises. On a :

$$M = \frac{P\lambda}{8} + \frac{xb\lambda^2}{8}$$

et

$$\frac{8M}{\lambda^2} = \frac{P}{\lambda} + xb\,.$$

Les pièces qui nous occupent seront généralement constituées d'une poutrelle donnant $e = 0,008$, $m = 8$ et nous ferons $k = 1,30$ parce que les extrémités doivent être solidement assemblées aux poutres maîtresses.

Elles pèseront au mètre courant :

$$\frac{1,30 \times 7830}{8} \left\{ (0,63 \times 0,008\,\lambda) + \frac{P\,8^2}{3,6\,R'} + \frac{xb\lambda\,8^2}{3,6\,R'} \right\} =$$
$$= 6,40\,\lambda + \frac{22\,500\,P}{R'} + \frac{22\,500\,xb\lambda}{R'}$$

et elles augmenteront le poids de l'ouvrage, en tenant compte de la majoration habituelle de 10 p. 100, et en supposant que les consoles des trottoirs ont même poids unitaire, de :

$$l\left(\frac{7\lambda}{b} + \frac{25\,000\,P}{bR'} + \frac{25\,000\,x\lambda}{R'}\right).$$

En reprenant le poids des poutres principales, des contreventements verticaux et des organes accessoires au calcul précédent, nous avons :

$$q = L\left(6,6\,n + \frac{32\,000\,p}{R}\right) + l\left(\frac{7\lambda}{b} + \frac{25\,000\,P}{bR'} + \right.$$
$$\left. + \frac{25\,000\,x\lambda}{R'} + 35\right) + \frac{p}{280} + 280. \qquad (50)$$

Si les entretoises avaient plus de $1,71\,v$ de longueur, soit 2,90 m., elles devraient être calculées pour deux charges $\frac{1}{2}$ P et il y aurait lieu de multiplier le facteur P de la formule précédente par $2\left(1 - \frac{v}{2\lambda}\right)^2$ (v. n° 94).

Si l'on adopte deux poutres maîtresses, en lieu et place des poutres de rive, n augmente de 2 unités et le dernier terme devient 170.

Voyez n° 138, p. 215, pour la valeur à attribuer à p.

3° Tabliers avec deux poutres maîtresses et entretoises

140. — Ces systèmes, représentés aux figures 71 à 76, comprennent deux poutres maîtresses placées au droit des garde-corps ou au droit des filets d'eau.

Comme il est généralement possible de donner à ces poutres une grande hauteur, posons $m = 10$ aux poutres droites et $m = 8$ aux poutres cintrées.

Le poids des deux poutres maîtresses est, avec âme de 8 mm. et cornières donnant $r = 10$, de :

Avec poutres droites :

$$\frac{1{,}45 \times 7\,830 \times L}{10} \left\{(2 \times 1{,}13 \times 0{,}008) + \frac{p\,10^2}{6\,R}\right\} = \\ = L\left(20 + \frac{19\,000\,p}{R}\right).$$

Avec poutres cintrées donnant $n = 0{,}50$ et $r = 12$:

$$\frac{1{,}45 \times 7\,830 \times L}{8} \left\{(2 \times 0{,}83 \times 0{,}008) + \frac{p\,8^2}{5{,}25\,R}\right\} = L\left(19 + \frac{17\,000\,p}{R}\right).$$

Nous avons, dès lors, les deux formules ci-après :

a) Avec poutres maîtresses droites :

$$q = L\left(20 + \frac{19\,000\,p}{R}\right) + D'. \tag{51}$$

b) Avec poutres maîtresses cintrées :

$$q = L\left(19 + \frac{17\,000\,p}{R}\right) + D'. \tag{52}$$

On tiendra compte que p est le poids total de l'ouvrage au mètre courant et que ce facteur comprend le poids mort et le total des surcharges unitaires que les deux poutres maîtresses portent théoriquement.

Ces formules supposent que l'âme des poutres maîtresses a 8 mm. d'épaisseur. Si elle a une épaisseur plus forte, on majore le premier terme entre parenthèses d'un huitième par millimètre de différence.

D′ est, comme au chapitre premier, un terme variable suivant l'agencement du tablier; nous en déterminons ci-après la valeur.

Valeurs de D′

Remarques. — Nous considérons aux n°s 141 à 146 des tabliers sans longrines ni tôles cintrées ou bouclées. Pour l'augmentation de poids résultant de l'adjonction de ces organes, voyez nos 147 et 148.

Les entretoises sont calculées pour des chariots à un seul essieu. Si le chariot d'épreuve comprend 2 essieux de même poids et si b est plus grand que 3 m., il y aura lieu de multiplier le facteur P des formules (53) à (58) par $2 - \frac{3}{b}$, b étant écrit en m.

a) *Tablier à simple circulation.*

141. — La voie charretière ayant environ 2,50 m. de largeur et les roues étant distantes de 1,70, l'entretoise subit la sollicitation

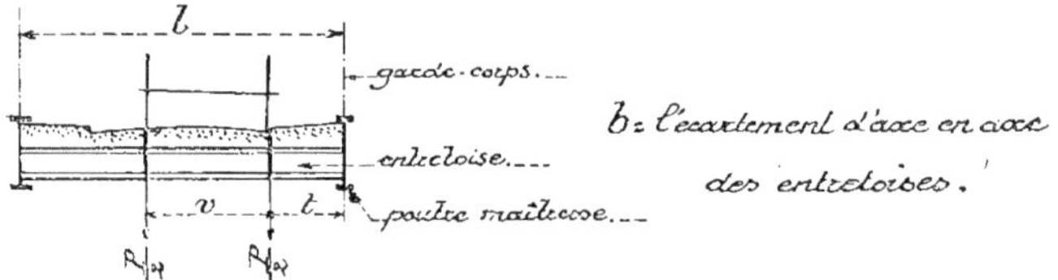

Fig. 71.

la plus défavorable en plaçant le chariot dans la situation indiquée à la figure 71.

La surcharge donne naissance à l'appui de gauche à une réaction égale à

$$\frac{Pt + P(t+v)}{2l} = P\frac{2t+v}{2l}$$

la surcharge de 400 kg. des trottoirs pouvant être négligée.

Le moment fléchissant maximum dû à la surcharge est

$$M = P\frac{2t+v}{2l}(l-v-t).$$

Mais, dans la suite, nous admettons que l'entretoise est à section constante et il en résulte qu'il suffit de la calculer pour une charge uniformément répartie dont l'intensité est par unité de longueur :

$$\frac{8M}{l^2} + xb = 4P\frac{2t+v}{l^3}(l-v-t) + xb.$$

La pièce ayant 4,50 m. de portée, elle est généralement composée d'une âme à laquelle nous donnons 0,008 m. d'épaisseur et une hauteur correspondant à $m = 10$, de 4 cornières et d'une semelle à chaque membrure, semelle que nous maintenons sur toute la longueur de la poutre. Il en résulte que $B = 4,00$ et que $A = 0,965$ si nous admettons que l'on fasse emploi de cornières donnant $r = 6,5$.

La valeur de k se décompose comme suit :

Poids théorique	1,00
Trous de rivets	0,15
Têtes de rivets	0,08
Organes d'attache aux poutres	0,15
Total $k =$	1,38

Ce qui précède nous conduit à écrire que le poids total de l'entretoise est égal à

$$\frac{1,38 \times 7\,830}{10}\left\{(0,965 \times 0,008\, l^2) + \frac{4\,P\,(2t+v)\,(l-v-t)\,10^2}{4l\,R'} + \frac{xbl^2\,10^2}{4\,R'}\right\} =$$

$$= 8,35\, l^2 + \frac{108\,000\,P\,(2t+v)\,(l-v-t)}{l\,R'} + \frac{27\,000\,xbl^2}{R'}.$$

Si nous tenons compte de la majoration habituelle de 10 p. 100, nous trouvons que les entretoises pèsent au mètre courant de tablier :

$$\frac{9,2\, l^2}{b} + \frac{118\,800\,P\,(2t+v)\,(l-v-t)}{b\,l\,R'} + \frac{29\,700\,xl^2}{R'}.$$

Les organes accessoires majorent ce poids de

Appareils d'appui : $\frac{p}{250} = \frac{10\,000}{250} =$	40 kg.
Contreventement horizontal	50 —
Deux garde-corps	120 —
Total	210 kg.

Finalement, nous avons :

$$D' = l^2\left(\frac{9,2}{b} + \frac{29\,700\,x}{R'}\right) + \frac{118\,800\,P\,(2t+v)\,(l-v-t)}{b\,l\,R'} + 210. \quad (53)$$

b) *Tablier à double circulation.*

142. — L'entretoise doit pouvoir porter 4 charges $\frac{1}{2}$ P que nous

plaçons comme il est indiqué à la figure 72. Le moment fléchissant maximum dû à la surcharge est

$$M = \frac{P}{2}(l - c) - \frac{P}{2}v = \frac{P}{2}(l - c - v).$$

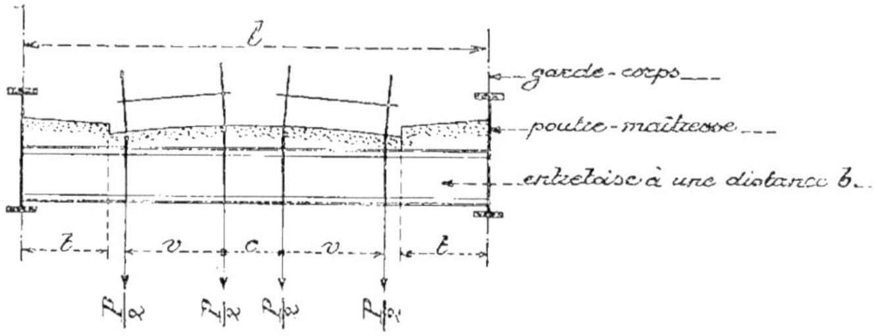

Fig. 72.

Dès lors, la pièce doit être calculée pour une charge unitaire uniformément répartie égale à

$$\frac{8\,M}{l^2} + xb = 4\,P\,\frac{l - c - v}{l^2} + xb.$$

Les organes accessoires donnent :

Appareils d'appui : $\frac{20\,000}{230}$ = ...	90 kg.
Contreventement horizontal	60 —
Deux garde-corps.	120 —
Total.	270 kg.

La pièce ayant 8 m. de portée et l'enveloppe des moments n'étant pas un arc de parabole, nous donnerons à k, A et B les valeurs admises au n° 124. Nous avons, dès lors, sachant que l'âme a généralement une hauteur égale au dixième de sa portée :

$$D' = \frac{1{,}10 \times 1{,}42 \times 7\,830}{10}\left(\frac{1{,}06 \times 0{,}008\,l^2}{b} + \frac{4\,P\,(l - c - v)10^2}{5{,}65\,bR'} + \frac{xl^2\,10^2}{5{,}65\,R'}\right) + 270$$

ou

$$D' = l^2\left(\frac{10{,}4}{b} + \frac{21\,500\,x}{R'}\right) + \frac{86\,000\,P\,(l - c - v)}{bR'} + 270. \qquad (54)$$

c) *Tablier de grande largeur.*

143. — La figure 73 montre la coupe transversale de l'ouvrage.

Pour les tabliers ayant plus de 5 m. de voie charretière, les essieux constituent pour l'entretoise, à peu de chose près, une charge uniformément répartie dont l'intensité est par unité de longueur :

$$\frac{P}{v + c}$$

et qui recouvrira la pièce sur la partie se trouvant sous la voie charretière.

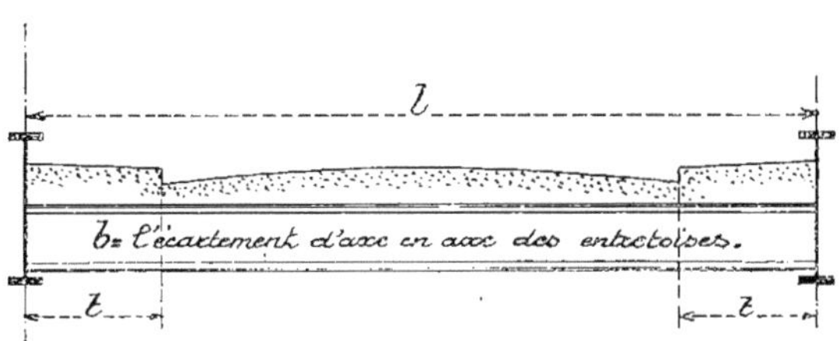

Fig. 73.

Les trottoirs ayant une certaine importance, chargeons-les de 400 kg. au mètre carré. Dès lors, nous avons pour le moment fléchissant maximum dû à la surcharge :

$$M = \left\{ 400\, bt + \frac{P}{2(v+c)}(l - 2t) \right\} \frac{l}{2} - 400\, bt \frac{l - t}{2} - \frac{P}{2(v+c)}(l - 2t)\frac{l - 2t}{4} =$$

$$= 200\, bt^2 + \frac{P(l^2 - 4t^2)}{8(v+c)} .$$

Ce qui donne :

$$\frac{8M}{l^2} + xb = \frac{1\,600\, bt^2}{l^2} + \frac{P(l^2 - 4t^2)}{(v+c)\, l^2} + xb.$$

Faisons $c = 0{,}008$, $m = 12{,}5$ et $r = 10$ et supposons que les entretoises présentent la forme d'égale résistance et qu'elles soient renforcées par des raidisseurs donnant avec les organes d'attache $k = 1{,}45$. Dès lors, ces pièces pèsent au mètre courant de tablier :

$$\frac{1{,}10 \times 1{,}45 \times 7\,830}{12{,}5} \left(\frac{1{,}13 \times 0{,}008\, l^2}{b} + \frac{1\,600\, t^2\, 12{,}5^2}{6R'} + \right.$$

$$\left. + \frac{P(l^2 - 4t^2)\, 12{,}5^2}{6b\,(v+c)\, R'} + \frac{xl^2\, 12{,}5^2}{6R'} \right) =$$

$$= \frac{9l^2}{b} + \frac{41\,500\,000\, t^2}{R'} + \frac{26\,000\, P(l^2 - 4t^2)}{bR'\,(v+c)} + \frac{26\,000\, xl^2}{R'} .$$

Les appareils d'appui pèsent $\frac{p}{230}$.

Les organes accessoires donnent :

Contreventement horizontal.	80 kg.
Deux garde-corps.	120 —
Total.	200 kg.

Finalement, on a :

$$D' = l^2\left(\frac{9}{b} + \frac{26\,000\,x}{R'}\right) + \frac{41\,500\,000\,t^2}{R'} + \frac{26\,000\,P\,(l^2 - 4t^2)}{bR'\,(v + c)} + $$
$$+ \frac{p}{230} + 200. \qquad (55)$$

d) *Tablier avec encorbellements et simple circulation.*

144. — Les poutres maîtresses sont placées en dessous ou au-dessus des entretoises et, pour simplifier les calculs, nous sup-

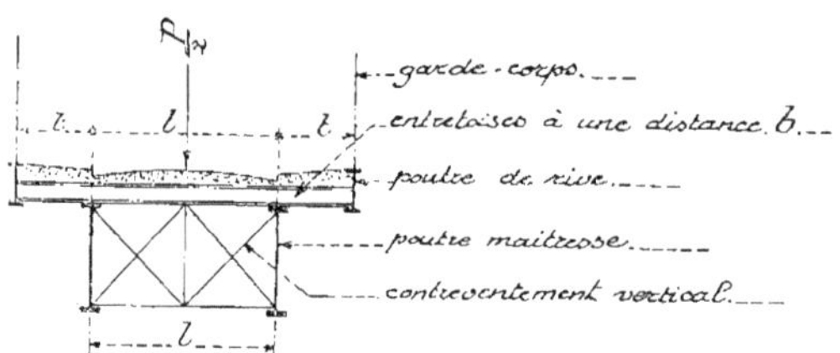

Fig. 74.

posons qu'elles se trouvent à la limite de la voie charretière (v. fig. 74).

Il est visible que l'entretoise ne doit être calculée que pour la charge d'une seule roue, charge que nous amènerons au milieu de la voie charretière pour nous placer dans des conditions défavorables. Nous supposons que le poids mort a même intensité aux trottoirs qu'à la voie charretière. Ces hypothèses nous permettent d'écrire la relation ci-après au sujet du moment fléchissant maximum sollicitant l'entretoise, étant entendu que l désigne cette fois la distance d'axe en axe des poutres maîtresses :

$$M = \frac{Pl}{8} + \frac{xbl^2}{8} - \frac{xbt^2}{2} = \frac{Pl}{8} + \frac{xb}{8}\,(l^2 - 4t^2).$$

Les moments sur les appuis auront une valeur moindre.

On a pour la charge uniformément répartie de même action que les charges réelles :

$$\frac{8M}{l^2} = \frac{P}{l} + xb\left(1 - \frac{4t^2}{l^2}\right).$$

Vu la faible portée des entretoises, on pourra faire emploi d'une poutrelle laminée. Il convient de donner à l'âme une épaisseur de 10 mm. et une hauteur correspondant au dixième de l. Dès lors, le poids de ces organes est au mètre courant en faisant $k = 1{,}25$:

$$\frac{1{,}25 \times 7\,830}{10}\left\{(0{,}63 \times 0{,}01\ l) + \frac{P\ \overline{10}^2}{3{,}6\ R'} + \frac{xb\left(l - \frac{4t^2}{l}\right)\overline{10}^2}{3{,}6\ R'}\right\} =$$

$$= 6{,}15\,l + \frac{27\,200\ P}{R'} + \frac{27\,200\ xb\left(l - \frac{4t^2}{l}\right)}{R'}.$$

Tenant compte de la majoration habituelle de 10 p. 100 et sachant que la longueur de la pièce est $l + 2t$, nous trouvons que les organes qui nous occupent donnent au mètre courant de tablier :

$$\frac{6{,}8\ l\ (l + 2\ t)}{b} + \frac{30\,000\ P\ (l + 2t)}{bR'} + \frac{30\,000\ x\ (l^2 - 4t^2)\ (l + 2t)}{lR'}.$$

Les organes accessoires pèsent :

Appareils d'appui : $\frac{10\,000}{250}$ = ...	40 kg.
Contreventements verticaux des poutres maîtresses : $\frac{1{,}10 \times 1{,}25 \times 7{,}30}{2{,}0}(2 + 2\sqrt{2} + 1)\,2{,}50 = 30 \times 2{,}50 =$	75 —
Contreventement horizontal	50 —
Deux poutres de rive	110 —
Deux garde-corps	120 —
Total	395 kg.

Finalement, nous avons :

$$D' = \frac{6{,}8\ l\ (l + 2t)}{b} + \frac{30\,000\ P\ (l + 2t)}{bR'} + \frac{30\,000\ x\ (l^2 - 4t^2)\ (l + 2t)}{lR'} + 395. \qquad (56)$$

Rappelons que l est exceptionnellement la distance d'axe en axe des poutres maîtresses.

e) *Tablier avec encorbellements et double circulation.*

145. — L'agencement du tablier est représenté à la figure 75.

$$M = P\,\frac{l - c}{2} - \frac{P}{2}\,v + \frac{xbl^2}{8} - \frac{xbt^2}{2} = \frac{P}{2}\,(l - c - v) + \frac{xb}{8}\,(l^2 - 4t^2).$$

Ce qui donne $\dfrac{8M}{l^2} = \dfrac{4P\,(l - c - v)}{l^2} + xb\left(1 - \dfrac{4t^2}{l^2}\right)$.

Les entretoises doivent être constituées d'une âme de 8 mm. d'épaisseur et d'une hauteur égale au dixième de l, de cornières

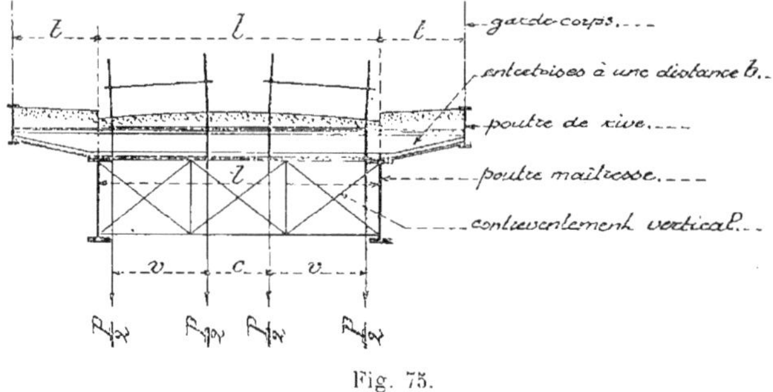

Fig. 75.

donnant $r = 7$ et de semelles. Toutefois, les membrures ne devront généralement avoir qu'une seule semelle et, dès lors, les changements de signe des moments fléchissants nous conduisent à supposer que la pièce est à section constante. Nous avons $A = 0{,}93$ et $B = 4{,}00$; de plus, il convient de faire $k = 1{,}00 + 0{,}15 + 0{,}07 + 0{,}08 = 1{,}30$.

Il en résulte que la travée centrale des entretoises majore le poids du mètre courant de tablier de :

$$\frac{1{,}10 \times 1{,}30 \times 7\,830}{10}\left(\frac{0{,}93 \times 0{,}008\,l^2}{b} + \frac{4P\,(l - c - v)10^2}{4bR'} + \frac{x\,(l^2 - 4t^2)\,10^2}{4R'}\right) = \frac{8{,}3\,l^2}{b} + \frac{112\,000\,P\,(l - c - v)}{b\,R'} + \frac{28\,000\,x\,(l^2 - 4t^2)}{R'}.$$

Aux porte-à-faux des entretoises, l'âme et les cornières sont suffisantes. Ces organes pèsent par unité de longueur :

$$7\,830\left\{\frac{0{,}008\,l}{10} + \frac{4l}{7 \times 10}\,0{,}008\left(2 - \frac{1}{8}\right)\right\} =$$
$$= 7\,830\,l\,(0{,}0008 + 0{,}00086) = 13\,l.$$

Comme il y a lieu de faire $k = 1,15$, les porte-à-faux majorent le poids du mètre courant d'ouvrage de

$$\frac{1,15 \times 2t \times 13l}{b} = \frac{30lt}{b}.$$

Les organes accessoires pèsent :

Appareils d'appui : $\frac{20\,000}{230}$ = ...	90 kg.
Contreventements verticaux des poutres maîtresses : $30 \times 5,0 =$	150 —
Contreventement horizontal.	60 —
Deux poutres de rive	110 —
Deux garde-corps.	120 —
Total	530 kg.

Finalement, nous avons :

$$D' = \frac{l}{b}\,(8,3\,l + 30\,t) + \frac{112\,000\,P\,(l - c - v)}{bR'} + \\ + \frac{28\,000\,x\,(l^2 - 4t^2)}{R'} + 530 \,. \qquad (57)$$

Rappelons que l est exceptionnellement la distance d'axe en axe des poutres maîtresses.

f) *Tablier de grande largeur avec encorbellements.*

146. — Pour les tabliers ayant plus de 5,00 m. de voie charretière (v. fig. 76), les essieux constituent pour l'entretoise, à peu de chose près, une charge uniformément répartie dont l'intensité est, par unité de longueur,

$$\frac{P}{v + c}$$

et qui recouvre la pièce sur la longueur l.

Nous avons, pour la travée centrale de l'entretoise :

$$M = \frac{Pl^2}{8\,(v + c)} + \frac{xb}{8}(l^2 - 4t^2).$$

Ce qui donne

$$\frac{8M}{l^2} = \frac{P}{v + c} + xb\left(1 - \frac{4t^2}{l^2}\right).$$

Cette travée étant supposée avoir une certaine importance, nous devons admettre qu'elle est constituée d'une âme, de cornières et de semelles donnant l'égalité de résistance. En conséquence, nous pouvons reprendre les hypothèses admises au n° 143 et nous voyons que la travée centrale majore le poids au mètre courant de

$$\frac{9l^2}{b} + \frac{26\,000\ Pl^2}{bR'(v+c)} + \frac{26\,000\ x\ (l^2 - 4t^2)}{R'}.$$

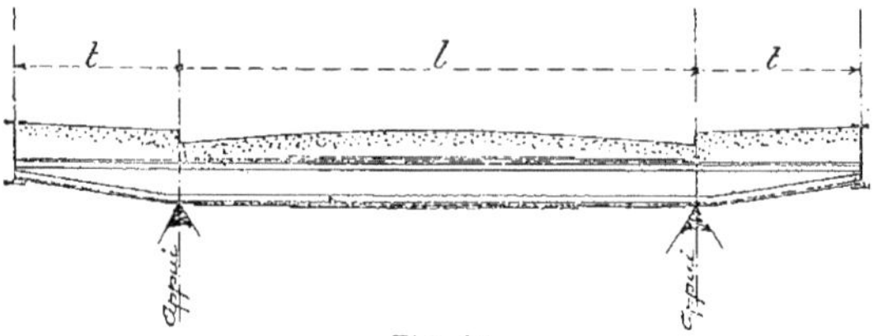

Fig. 76.

Aux porte-à-faux des entretoises, l'âme et les cornières sont suffisantes. Ces organes pèsent, par unité de longueur,

$$7\,830 \left\{ \frac{0,008\ l}{12,5} + \frac{4l}{10 \times 12,5} \cdot 0,008 \left(2 - \frac{1}{8}\right) \right\} =$$
$$= 7\,830\ l\ (0,00064 + 0,00048) = 8,8\ l$$

et ils majorent le poids du tablier de

$$\frac{1,15 \times 2t \times 8,8l}{b} = \frac{20lt}{b}.$$

Les appareils d'appui pèsent $\frac{p}{230}$.

Le contreventement des poutres maîtresses, s'il est exécuté en cornières de 70 × 70 × 7, suivant les indications du n° 138, donne

$$\frac{1,10 \times 1,25 \times 7,3}{2,00}\ (2 + 2\sqrt{2} + 1)\ l = 30\ l.$$

Les organes accessoires pèsent :

Contreventement horizontal.	70 kg.
Deux poutres de rive	110 —
Deux garde-corps.	120 —
Total	300 kg.

Finalement, nous avons :

$$D' = \frac{l}{b}\ (9\,l + 20\ t) + \frac{26\,000\ Pl^2}{bR'\ (v+c)} + \frac{26\,000\ x\ (l^2 - 4t^2)}{R'} +$$
$$+ \frac{p}{230} + 30\,l + 300. \qquad (58)$$

Rappelons que l est exceptionnellement la distance d'axe en axe des poutres maîtresses.

4° Mêmes tabliers que précédemment avec longrines

147. — Si nous nous reportons au n° 116, nous voyons qu'une rangée de longrines majore le poids du tablier de

$$6,25\,b + \frac{19\,500\,\mathrm{N'P}}{\mathrm{R'}} \qquad (59)$$

Avec les chariots à 1 essieu, $N' = 1$.

Avec les chariots à 2 essieux, $N' = 1$ si la longrine a moins de 5,1 m. de portée et $2\left(1 - \frac{a}{2b}\right)^2$ dans le cas contraire.

Si l'âme a plus de 8 mm. d'épaisseur, chaque millimètre de différence majore le facteur 6,25 d'un huitième.

La formule (59) ne tient pas compte du poids mort qui est généralement négligeable. S'il en est autrement, il y a lieu d'ajouter au résultat, pour chaque rangée de longrines,

$$\frac{1,20 \times 7\,830\,b}{7,5} \times \frac{x\lambda\,7,5^2}{3,6\,\mathrm{R'}} = \frac{19\,500\,xb\lambda}{\mathrm{R'}} \qquad (59\ bis)$$

λ étant l'écartement des longrines.

5° Mêmes tabliers que précédemment avec tôles cintrées ou tôles bouclées

148. — Il y a lieu de tenir compte d'une majoration de poids de

$$80\,l \quad \text{ou de} \quad 110\,l \quad \text{au mètre courant de tablier,} \qquad (60)$$

selon que l'on fait emploi de tôles cintrées bétonnées ou de tôles bouclées. De plus, avec ces systèmes, on supprime les contreventements horizontaux, ce qui donne lieu à une diminution de poids de 50 à 80 kilogrammes au mètre courant.

Les tôles bouclées sont supposées avoir 0,01 d'épaisseur et il ne serait pas conseillable de réduire cette dimension. Les tôles cintrées sont supposées avoir 8 mm. d'épaisseur; cette épaisseur peut, pour des charges légères, être réduite de 2 ou 3 mm. et, dans ce cas, le coefficient 80 diminue de 8 unités par millimètre de différence.

6° Passerelles pour piétons

149. — Les passerelles pour piétons avec poutres maîtresses à âme pleine présentent l'une des deux dispositions indiquées ci-dessous aux figures 77.

Fig. 77.

Les organes accessoires donnent :

Appareils d'appui : $\frac{2\,500}{280}$ = ...	10 kg.
Contreventement horizontal	30 —
Garde-corps, au 1er système seulement	120 —
Total.	160 kg.

Nous calculons la section des entretoises pour le cas le plus défavorable qui puisse se présenter en pratique, c'est-à-dire pour un tablier avec poutres en garde-corps et voussettes pesant y compris bétonnages et asphaltages, 500 kilogrammes au mètre carré.

Si nous tenons compte d'un vent de 170 kilogrammes au mètre carré, et si nous supposons que les entretoises sont placées à une distance b et que les poutres maîtresses ont 2,00 m. de hauteur, on a :

$$M = \frac{(500 + 400)\, bl^2}{8} + 170 \times 2b \times 0,90 = \frac{900\, bl^2}{8} + 306\, b$$

et

$$\frac{8M}{l^2} = 900\, b + \frac{8 \times 306\, b}{l^2} = 900\, b + \frac{2\,448\, b}{l^2}.$$

Les entretoises donnent au mètre courant d'ouvrage :

$$\frac{1,10 \times 1,45 \times 7\,830}{7,5}\left(\frac{0.63 \times 0,008\, l^2}{b} + \frac{900 \times \overline{7.5}^2\, l^2}{3,6\, R'} + \frac{2\,448 \times \overline{7,5}^2}{3.6\, R'}\right) =$$

$$= \frac{8,4\, l^2}{b} + 4\, l^2 + 10 = l^2\left(\frac{8.4}{b} + 4\right) + 10.$$

Les poutres maîtresses pèsent au mètre courant :

Pour le premier agencement (poutres très basses, $m = 20$ et $r = 8$) :

$$\frac{1,45 \times 7\,830\,L}{20} \left\{ (2 \times 1,24 \times 0,008) + \frac{p \times 20^2}{3,6\,R} \right\} = L \left(11 + \frac{63\,000\,p}{R} \right).$$

Pour le second agencement (poutres très hautes, $m = 7$ et $r = 20$) :

$$\frac{1,45 \times 7\,830\,L}{7} \left\{ (2 \times 0,95 \times 0,008) + \frac{p \times 7^2}{3,6\,R} \right\} = L \left(25 + \frac{22\,000\,p}{R} \right).$$

Nous avons donc :

a) *Poutres maîtresses de faible hauteur :*

$$q = L \left(11 + \frac{63\,000\,p}{R} \right) + l^2 \left(\frac{8,4}{b} + 4 \right) + 170. \qquad (61)$$

b) *Poutres maîtresses en garde-corps :*

$$q = L \left(25 + \frac{22\,000\,p}{R} \right) + l^2 \left(\frac{8,4}{b} + 4 \right) + 50. \qquad (62)$$

D. — VALEURS DE x

150. — Nous recherchons ci-après la valeur de x, c'est-à-dire le poids du mètre carré de tablier, surcharge et poutres maîtresses non comprises.

Nous désignons par l' la portée en m. des entretoises.

Aux tabliers à simple circulation, il ne sera pas inutile de majorer quelque peu les valeurs renseignées ci-après afin de tenir compte de la surélévation des trottoirs.

1° Voussettes et pavage ordinaire

Voussettes : $0,20 \times 1\,800 =$	360 kg.
Bétonnage : $\left(0,05 + \frac{0,15}{3}\right) 2\,000 =$	200 —
Enduits :	40 —
Pierraille ou sable : $\left(0,10 + \frac{2 \times 0,15}{3}\right) 1\,800 =$ . .	360 —
Pavage : $0,15 \times 2\,800 =$	420 —
Total.	1 380 kg.

A ce chiffre, il importe d'ajouter le poids des entretoises que nous déterminons par application de la formule (55). A cet effet, nous faisons :

$$v = 1{,}7 \qquad c = 1{,}6 \qquad P = 10\,000 \qquad R' = 6\,500\,000 \qquad \text{et} \qquad t = \frac{l}{5}.$$

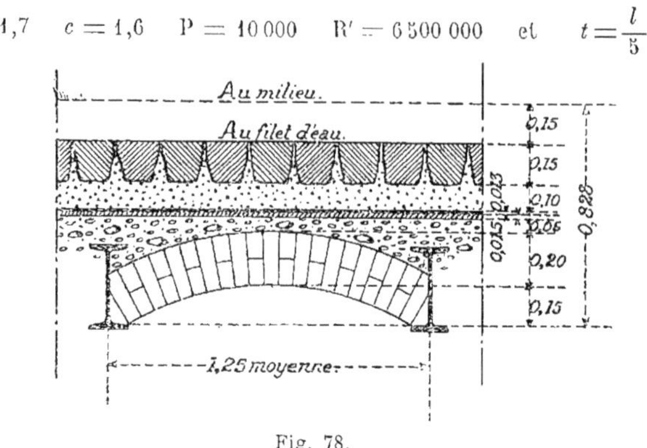

Fig. 78.

Il vient, pour ce qui concerne les entretoises :

$$D' = l'^2 \left(\frac{19{,}2}{b} + 0{,}004\,x + 0{,}3 \right).$$

Dès lors, ces organes pèsent au mètre carré de tablier :

$$l' \left(\frac{19{,}2}{b} + 0{,}004\,x + 0{,}3 \right).$$

Finalement, nous avons :

$$x = 1\,380 + l' \left(\frac{19{,}2}{b} + 0{,}004\,x + 0{,}3 \right)$$

relation qui donne

$$x = \frac{1\,380 + l' \left(\frac{19{,}2}{b} + 0{,}30 \right)}{1 - 0{,}004\,l'}. \tag{63}$$

Ainsi, pour un tablier de 4,7 m. de largeur à deux poutres maîtresses en garde-corps et entretoises tous les mètres, on trouve :

$$x = \frac{1\,380 + 4{,}7 \left(\frac{19{,}2}{1{,}00} + 0{,}30 \right)}{1 - (0{,}004 \times 4{,}70)} = 1\,483 \text{ kg}.$$

2° Voussettes et empierrement

Voussettes : $0{,}20 \times 1\,800 =$	360 kg.
Bétonnage : $\left(0{,}05 + \frac{0{,}15}{3}\right) 2\,000 =$	200 —
Enduits :	40 —
Empierrement : $\left(0{,}35 + \frac{2 \times 0{,}20}{3}\right) 2\,000 =$	970 —
Total.	1 570 kg.

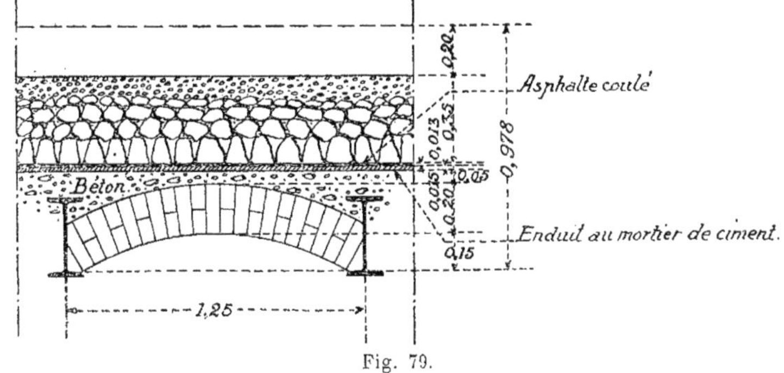

Fig. 79.

Dès lors

$$x = \frac{1\,570 + l'\left(\frac{19{,}2}{b} + 0{,}30\right)}{1 - 0{,}004\ l'} \qquad (64)$$

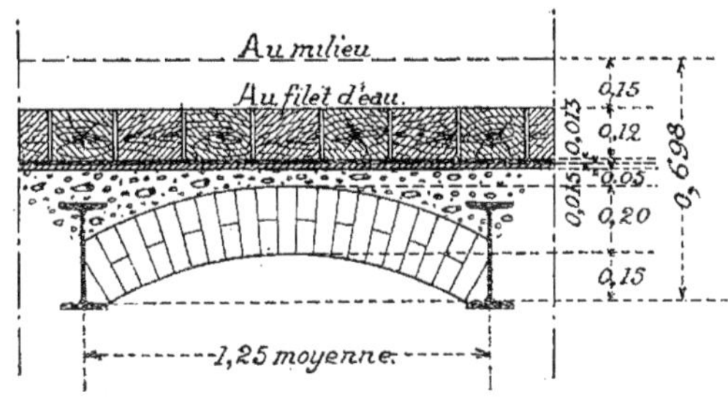

Fig. 80.

3° Voussettes et pavage en bois

Voussettes : $0{,}20 \times 1\,800 =$	360 kg.
Bétonnage : $\left(0{,}05 + \frac{0{,}15}{3} + \frac{2 \times 0{,}15}{3}\right) 2\,000 =$	400 —
Enduits :	40 —
Pavage en bois : $0{,}12 \times 800 =$	100 —
Total.	900 kg.

Dès lors

$$x = \frac{900 + l'\left(\frac{19,2}{b} + 0,30\right)}{1 - 0,004\, l'}. \qquad (65)$$

4° Voussettes et asphaltage

Voussettes : $0,20 \times 1\,800 =$	360 kg.
Bétonnage : $\left(0,10 + \frac{0,15}{3} + \frac{2 \times 0,15}{3}\right) 2\,000 =$.	500 —
Enduit au mortier de ciment :	30 —
Asphaltage : $0,05 \times 2\,000 =$	100 —
Total.	990 kg.

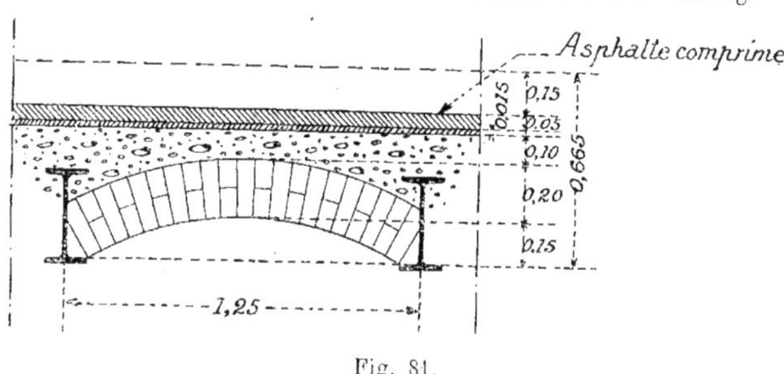

Fig. 81.

Dès lors

$$x = \frac{990 + l'\left(\frac{19,2}{b} + 0,30\right)}{1 - 0,004\, l'}. \qquad (66)$$

5° Tôles cintrées et pavage ordinaire

Tôles cintrées et accessoires :	80 kg.
Bétonnage : $\left(0,10 + \frac{0,20}{3}\right) 2\,000 =$	340 —
Enduits :	40 —
Pierraille ou sable : $\left(0,10 + \frac{2 \times 0,15}{3}\right) 1\,800 =$.	360 —
Pavage : $0,15 \times 2\,800 =$	420 —
Total.	1 240 kg.

Dès lors

$$x = \frac{1\,240 + l'\left(\frac{19,2}{b} + 0,30\right)}{1 - 0,004\, l'}. \qquad (67)$$

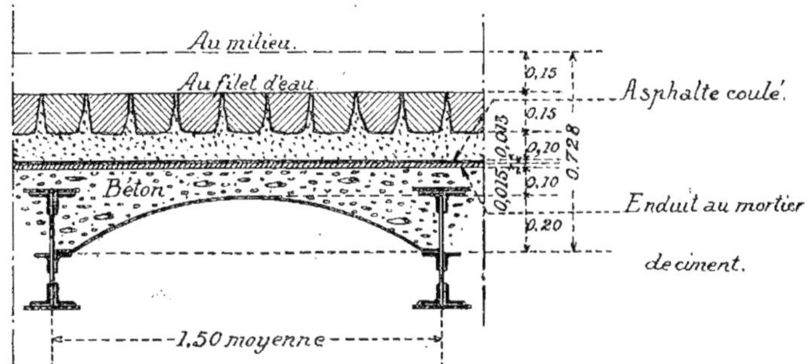

Fig. 82.

6° Tôles cintrées et empierrement

Tôles cintrées et accessoires :	80 kg.
Bétonnages : $\left(0,10 + \frac{0,20}{3}\right) 2\,000 =$	340 —
Enduits :	40 —
Empierrement : $\left(0,35 + \frac{2 \times 0,20}{3}\right) 2\,000 =$	970 —
Total.	1 430 kg.

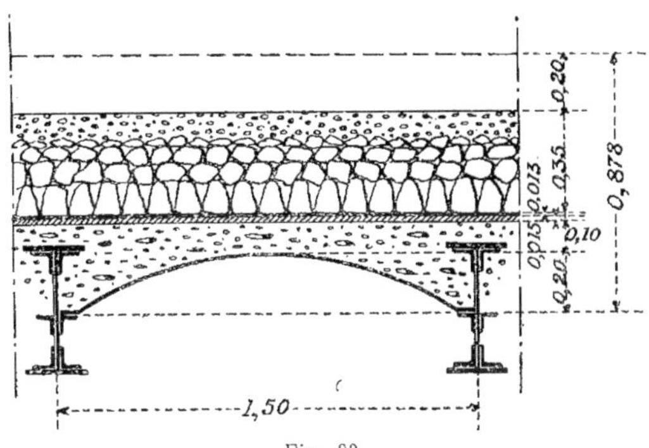

Fig. 83.

Dès lors

$$x = \frac{1\,430 + l'\left(\frac{19,2}{b} + 0,30\right)}{1 - 0,004\ l'} \cdot \qquad (68)$$

7° Tôles cintrées et pavage en bois

Tôles cintrées et accessoires : . . . . 80 kg.

Bétonnages : $\left(0,15 + \frac{0,20}{3} + \frac{2 \times 0,15}{3}\right) 2\,000 =$. 640 —

Enduits : . . . . 40 —

Pavage en bois : 0,12 × 800 . . . . 100 —

Total. . . . . 860 kg.

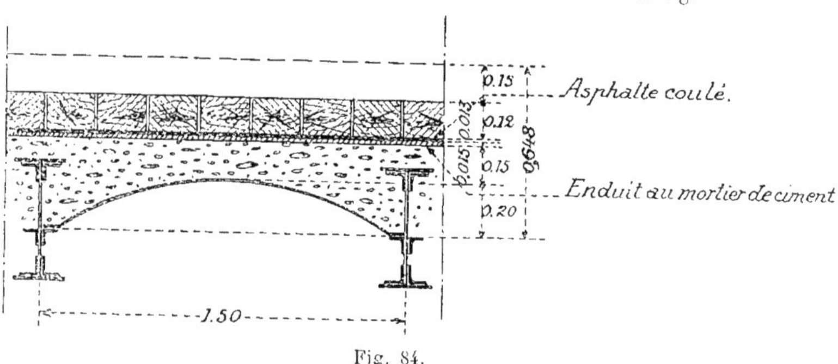

Fig. 84.

Dès lors

$$x = \frac{860 + l'\left(\frac{19.2}{b} + 0,30\right)}{1 - 0,004\, l'}. \qquad (69)$$

8° Tôles cintrées et asphaltage

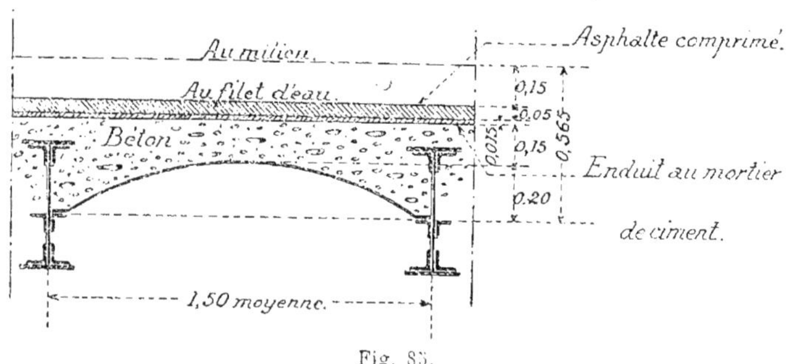

Fig. 85.

Tôles cintrées et accessoires : . . . . 80 kg.

Bétonnages : $\left(0.15 + \frac{0.20}{3} + \frac{2 \times 0,15}{3}\right) 2\,000 =$. 640 —

Enduits : . . . . 40 —

Asphaltage : 0,05 × 2 000 = ... 100 —

Total. . . . . 860 kg.

Dès lors

$$x = \frac{860 + l'\left(\frac{19,2}{b} + 0,30\right)}{1 - 0,004\, l'}. \qquad (70)$$

9° Platetage en bois

Platelage : 0,20 × 800 = ... 160 kg.

Patins: $\frac{0,17 \times 0,12 \times 800}{1,00}$ =. . . . . 20 —

Total . . . . 180 kg.

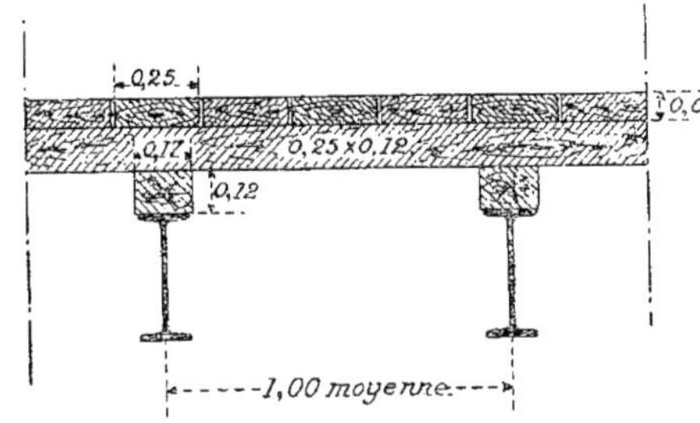

Fig. 86.

Dès lors

$$x = \frac{180 + l'\left(\frac{19,2}{b} + 0,30\right)}{1 - 0,004\, l'}. \qquad (71)$$

10° Pavement pour passerelles

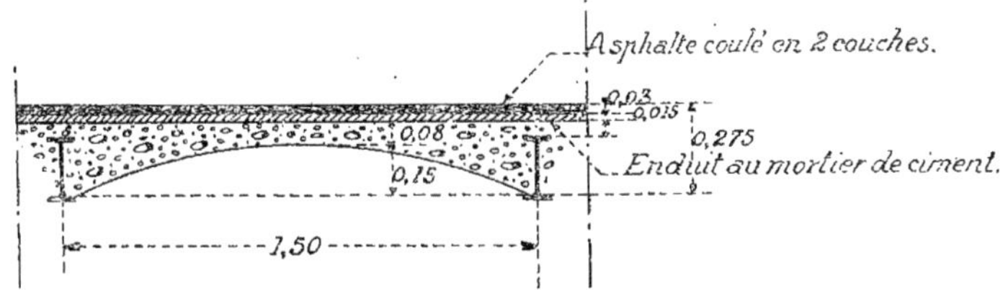

Fig. 87.

Bétonnage : $\left(0,08 + \frac{0,15}{3}\right)$ 2 000 = ... 260 kg.

Enduit : . . . . 30 —

Asphaltage : 0,03 × 2 000. . . . . 60 —

Total. . . . . 350 kg.

La partie métallique donne $l'\left(\frac{8,4}{b}+4\right)$.

Donc

$$x = 350 + l'\left(\frac{8,4}{b}+4\right). \qquad (72)$$

E. — **RÉCAPITULATION**

Poids des tabliers à âme pleine pour routes.

151. — Ce qui suit forme la récapitulation des nos 137 à 149.

Le poids q en kilogrammes, au mètre courant, de la partie métallique d'un tablier simplement appuyé à ses extrémités et portant une voie charretière avec trottoirs, s'obtient par les égalités ci-après :

a) *Tablier avec n poutres maîtresses sans entretoises* (v. fig. 69 et n° 138).

$$q = L\left(6,6\,n + \frac{32\,000\,p}{R}\right) + 35\,l + \frac{p}{280} + 280. \qquad (49)$$

b) *Tablier avec n poutres maîtresses et entretoises* (v. fig. 70 et n° 139).

$$q = L\left(6,6\,n + \frac{32\,000\,p}{R}\right) + l\left(\frac{7\lambda}{b} + \frac{25\,000\,P}{bR'} + \frac{25\,000\,x\lambda}{R'} + 35\right) + \frac{p}{280} + 280. \qquad (50)$$

(λ est la distance d'axe en axe des poutres maîtresses.)

c) *Tablier avec 2 poutres maîtresses et entretoises* (v. fig. 71 à 76 et n° 140).

Avec poutres maîtresses droites :

$$q = L\left(20 + \frac{19\,000\,p}{R}\right) + D'. \qquad (51)$$

Avec poutres maîtresses cintrées :

$$q = L\left(19 + \frac{17\,000\,p}{R}\right) + D'. \qquad (52)$$

d) *Passerelles pour piétons.*

Avec garde-corps (v. fig. 77-I et n° 149) :

$$q = L\left(11 + \frac{63\,000\,p}{R}\right) + l^2\left(\frac{8,4}{b}+4\right) + 170. \qquad (61)$$

Avec poutres maîtresses en garde-corps (v. fig. 77-II et n° 149) :

$$q = \mathrm{L}\left(25 + \frac{22\,000\,p}{\mathrm{R}}\right) + l^2\left(\frac{8,4}{b} + 4\right) + 50. \qquad (62)$$

Si l'âme des poutres maîtresses a plus de 8 mm. d'épaisseur, le premier terme entre les premières parenthèses sera majoré d'un huitième par millimètre de différence.

Le poids obtenu comprend les organes accessoires et notamment la surlongueur des appuis, les appareils d'appui et les garde-corps, mais il ne comprend pas les longrines, les tôles cintrées, ni les tôles bouclées dont le poids est indiqué aux n°s 147 et 148.

Pour avoir le poids total du tablier, on multiplie q par la longueur des poutres maîtresses mesurée d'axe en axe des appuis.

Pour les tabliers avec poutres continues, v. n° 132.

Les notations ont la signification suivante :

L : la portée des poutres maîtresses mesurée en mètres d'axe en axe des appuis ;

l : aux formules ci-dessus, la largeur du tablier mesurée en mètres, d'axe en axe des garde-corps ;

b : la distance d'axe en axe des entretoises ;

p : le poids total du tablier au mètre courant exprimé en kilogrammes, poids comprenant le poids mort et le total des surcharges que les poutres maîtresses portent théoriquement.

Exemple : si le poids mort est de 5 500 kg au mètre courant de tablier et s'il y a quatre poutres maîtresses devant être surchargées théoriquement à raison de 1 650 kg. au mètre courant de poutre, $p = 5\,500 + (4 \times 1\,650) = 12\,100$ kg.

R : le taux de travail des poutres maîtresses sous l'action du poids mort et de la surcharge, taux rapporté au mètre carré.

D' : quantité variable selon la longueur et la disposition des entretoises et à calculer d'après les formules (53) à (58) établies aux n°s 141 à 146.

F. — APPLICATION

151 *bis*. — *Déterminer le poids de l'ossature métallique d'un pont-route de 9,20 m. de portée théorique avec voie charretière pavée de 2,50 m. et trottoirs de 1,10 m. de largeur. L'ouvrage présentera deux poutres droites avec âme de 0,01 d'épaisseur placées au droit des garde-corps et pouvant travailler à 8 kg. au mm², des entre-*

toises tous les mètres pouvant travailler à 6,5 kg. au passage d'un essieu de 10 t. et des voussettes d'une brique d'épaisseur. On admettra que chacune des poutres maîtresses doit être calculée pour une surcharge de 1 650 kg. au mètre courant.

Recherchons d'abord la valeur de D', laquelle nous est donnée par la formule (53). A l'application de cette formule, nous devons faire :

$l = 2,50 + (2 \times 1,10) = 4,70$; $b = 1,00$; $R' = 6\,500\,000$; $P = 10000$; $t = 1,10$; $v = 1,70$. De plus, les indications du n° 150 — 1° donnent $x = 1\,483$ kg. Il importe d'ajouter à cette valeur de x $\frac{2 \times 1,10 \times 0,15 \times 2500}{4,7} = 180$ kg. pour la surélévation des trottoirs. C'est-à-dire que $x = 1483 + 180 = 1663$ kg. dont 1 560 pour matériaux pierreux et 103 kg. pour pièces métalliques.

Dès lors, l'application de la formule (53) donne

$$D' = \frac{}{4,7^2}\left(\frac{9,20}{1,00} + \frac{29\,700 \times 1\,663}{6\,500\,000}\right) + \frac{118\,800 \times 10\,000 \times 3,90 \times 1,90}{1,00 \times 4,70 \times 6\,500\,000} + 210 = 875 \text{ kg.}$$

La formule (51) devient

$$q = 9,2 \left\{ 20 + (2 \times 2,5) + \frac{19000\,p}{8\,000\,000} \right\} + 875.$$

Valeur à attribuer à p :

Poids des matériaux pierreux : 1 560 × 4,7. . . .	7 300 kg.
Surcharge : 2 × 1 650 = ...	3 300 —
Partie métallique, poids présumé	1 000 —
Total	11 600 kg

Si nous introduisons cette valeur dans la relation précédente, il vient :

$$q = 485 + 875 = 1\,360 \text{ kg.}$$

Mais nous avons supposé que la partie métallique pesait 1 000 kg. au mètre courant ; x est donc augmenté de

$$9,20 \times \frac{360 \times 19\,000}{8\,000\,000} = 8 \text{ kg.}$$

et le poids d'acier au mètre courant est de 1 368 kg.

Le poids total de la partie métallique sera de

$$1\,368 \times 9,20 = 12\,600 \text{ kg.}$$

L'Etat belge a fait construire pour la ligne d'Anvers-Sud à Malines un tablier qui réalise les conditions examinées ci-dessus. Si nous reprenons au métré le poids des organes qui interviennent à notre formule, nous trouvons que la consommation de métal est de 12 740 kg. La formule laisse donc une erreur de 140 kg. ou de 1 p. 100.

SIXIÈME PARTIE

POUTRES EN TREILLIS

CHAPITRE PREMIER

CALCULS DE RÉSISTANCE

A. — HYPOTHÈSES

152. — Les systèmes en treillis sont composés de pièces généralement rectilignes portant la dénomination de *barres;* les points de jonction des barres sont les *nœuds.*

Les barres longitudinales sont les *membrures;* les pièces réunissant les membrures constituent le *treillis.*

Les barres verticales du treillis sont les *montants*, les barres inclinées, les *diagonales.*

Les barres peuvent être réunies soit par un axe permettant la rotation des pièces, soit par rivure rigide. Dans le premier cas, les pièces sont *articulées* à leurs extrémités et si elles sont convenablement tracées, les charges des nœuds ne pourront leur transmettre que des efforts longitudinaux de traction ou de compression. Dans le second cas, le système est dit à *assemblages rigides* et les déformations de la poutre impriment des courbures aux différentes barres; celles-ci sont soumises à des fatigues supplémentaires désignées sous le nom de *flexions secondaires.* Quel que soit le mode de construction de la poutre, il est de règle d'admettre, en vue de simplifier les calculs de résistance, que les barres sont articulées à leurs extrémités, mais on a soin, avec les systèmes à assemblages rigides, de réduire le taux limite de travail du métal aux barres où les flexions secondaires prennent une certaine importance.

Pour déterminer l'intensité des efforts longitudinaux, si la

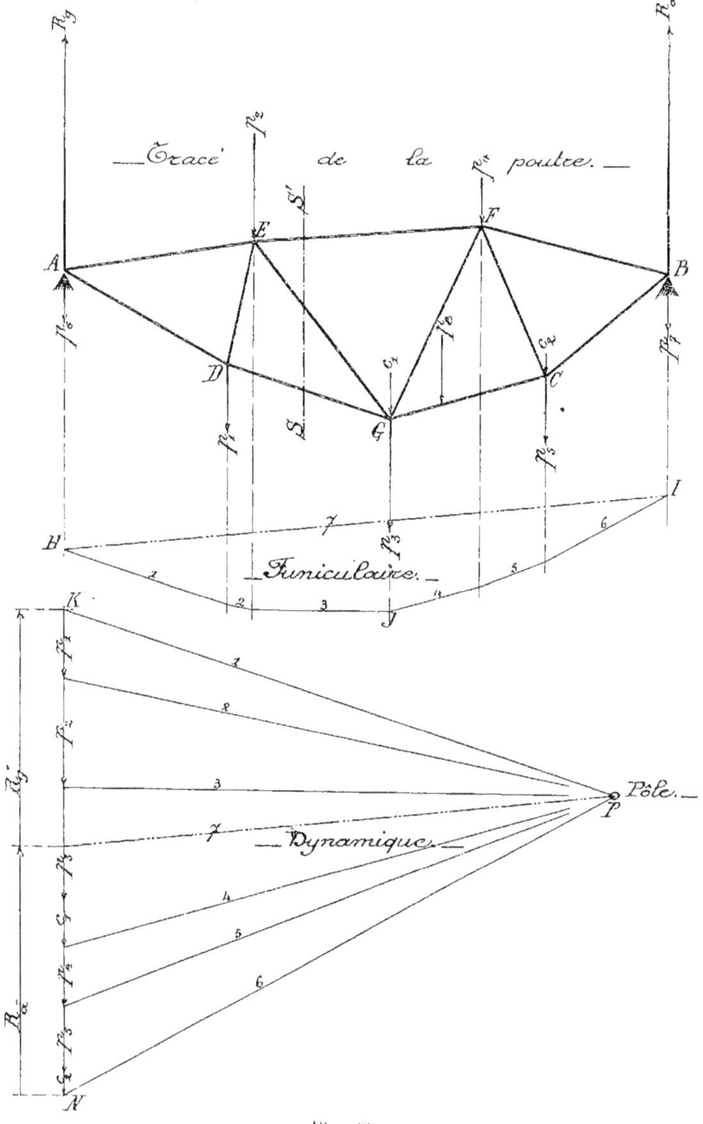

Fig. 88.

ligne d'action de certaines charges passe à distance des articulations, on substitue à ces charges les composantes qu'elles engendrent aux points d'appui de la barre. Ainsi, à la poutre représentée à la figure 88, la charge p_8 sera remplacée par les composantes c_1 et c_2 à calculer par les règles de la statique en supposant que la pièce ADGCB soit coupée au droit des nœuds.

Les efforts tels que p_6 et p_7 agissant au droit des appuis sont sans influence sur les fatigues des barres et ils ne doivent intervenir qu'aux calculs des organes d'appui.

Pour les barres qui ne portent aucune charge à distance de leur point d'attache, on prend simplement en considération les efforts longitudinaux. Pour les barres telles que GC qui ne satisfont pas à cette condition, on ajoute au travail du métal dû aux tensions longitudinales, la fatigue résultant de l'action infléchissante.

B. — DÉTERMINATION DES TENSIONS INTÉRIEURES

1° La poutre n'est soumise qu'à des charges statiques

153. — Considérons toujours la poutre dessinée à la figure 88 et déterminons, par exemple, les efforts sollicitant les barres EF, EG et DG.

Supposons que les charges p_1, p_2, p_3, etc., agissant en chaque nœud, soient connues. Ces charges sont tenues en équilibre par la réaction des appuis dont nous pouvons déterminer l'intensité d'après ce qui est exposé aux n°s 30 à 33. A cet effet, nous sommes conduit à tracer le dynamique KNP et le funiculaire HJI. Les réactions des appuis, respectivement désignées par R_g et R_d, s'obtiennent par simple lecture à la droite KN.

Coupons la poutre par le plan SS' rencontrant les barres précitées et considérons le tronçon de gauche (v. fig. 89). Pour que l'équilibre et le travail intérieur de ce tronçon ne soient pas modifiés, il faut appliquer aux points de sectionnement des forces égales au point de vue de la ligne d'action, de la direction et de l'intensité, aux forces intérieures que leur transmettait le tronçon supprimé. Nous connaissons la ligne d'action de ces forces car les pièces étant supposées être articulées, cette ligne doit passer par le centre des articulations ; nous devons déterminer leur direction et leur intensité.

Supposons que dans la poutre complète les barres coupées travaillent par extension. Dans cette hypothèse, nous devons appliquer aux points de sectionnement des forces avec direction conforme à l'indication des flèches C, t et T se rapportant respectivement aux barres EF, EG et DG.

Le tronçon qui nous occupe est en équilibre sous l'action de la réaction R_g, des charges p_1 et p_2 et des forces intérieures C, t et T.

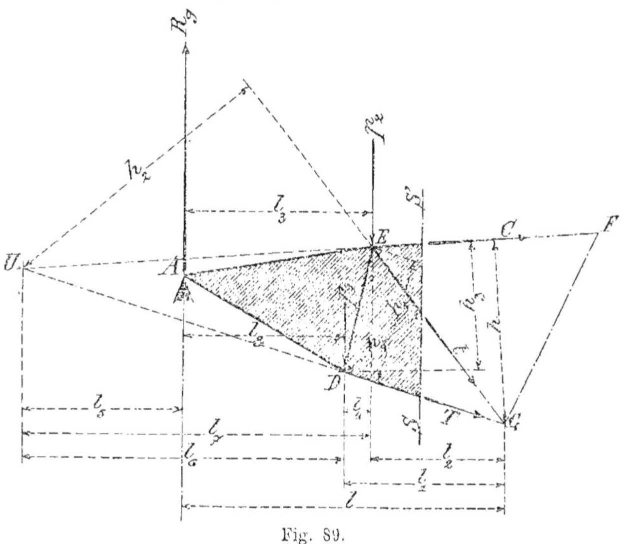

Fig. 89.

Dès lors, si nous prenons les moments de ces forces par rapport à un point quelconque, et si nous faisons la somme algébrique de ces moments, cette somme doit être égale à zéro par application du principe énoncé au n° 34. Or, si nous prenons ces moments par rapport au point de rencontre de deux des barres coupées, l'équation ne renferme comme seule inconnue que l'effort sollicitant la troisième barre et elle donne la direction et l'intensité de cet effort.

Examinons la rotation autour du point G, point de rencontre des deux barres inférieures coupées. Si nous convenons de donner le signe plus aux moments tendant à faire tourner le tronçon dans le sens des aiguilles d'une montre, nous avons :

$$+ R_g\, l + Ch - p_1\, l_1 - p_2\, l_2 = 0.$$

Cette équation ne renferme comme seule inconnue que l'effort C et elle donne :

$$C = \frac{p_1 l_1 + p_2 l_2 - R_g l}{h} .$$

Si, à l'application numérique, le second terme prend une valeur positive, on en déduira que l'effort C a effectivement la direction que nous lui avons supposée et qui fait travailler la barre EF par traction. Si, au contraire, le résultat est négatif, cela signifiera que l'effort C fait travailler cette barre par compression.

Il est visible que $R_g\ l$ est supérieur à $p_1\ l_1 + p_2\ l_2$. La relation donne donc un résultat négatif et il est logique de l'écrire sous la forme suivante :

$$C = - \frac{R_g l - p_1 l_1 - p_2 l_2}{h} .$$

Mais $R_g\ l - p_1\ l_1 - p_2\ l_2$ est le moment fléchissant au droit du point G. Désignons ce moment par M_G ; nous pouvons écrire :

$$C = - \frac{M_G}{h} .$$

De même en considérant l'équilibre de rotation autour du point E, point de rencontre des barres supérieures coupées, nous avons :

$$R_g l_3 - T h_1 - p_1 l_4 = 0.$$

D'où il résulte que

$$T = \frac{R_g l_3 - p_1 l}{h_1} .$$

Le résultat sera positif vu que $R_g\ l_3$ est supérieur à $p_1\ l_4$. Il en résulte que l'effort T agit effectivement avec la direction que nous lui avons supposée et qui fait travailler la barre DG par traction. Mais $R_g\ l_3 - p_1\ l_4$ est le moment fléchissant en E ; si nous désignons ce moment par M_E, nous avons :

$$T = + \frac{M_E}{h_1} .$$

Pour déterminer l'effort t, les règles précédentes nous conduisent à considérer l'équilibre autour du point U, point de rencontre des barres extérieures coupées et nous obtenons :

$$th_2 + p_1 l_6 + p_2 l_7 - R_g l_5 = 0.$$

D'où

$$t = \frac{R_g l_5 - p_1 l_6 - p_2 l_7}{h_2}.$$

S'il y a prédominance au terme $R_g l_5$, le résultat est positif et la barre considérée travaille par traction ; si le résultat est négatif, elle travaille par compression.

Mais il peut arriver que le point de rencontre des droites DG et EF tombe en dehors de l'épure. Dans ce cas, on écrit l'équation d'équilibre de rotation autour d'un point situé sur la ligne d'action de l'un des deux autres efforts intérieurs; choisissons le point D, par exemple. Il vient, sachant que nous devons faire intervenir l'effort C avec l'intensité et la direction que nous avons déterminées précédemment :

$$+ R_g l_8 + p_2 l_4 - Ch_3 + th_4 = 0.$$

D'où

$$t = \frac{Ch_3 - R_g l_8 - p_2 l_4}{h_4}.$$

On opérera de même pour des sections faites dans les autres panneaux.

154. — Mais l'agencement peut être tel qu'une section droite rencontre plus de trois barres. Il en est ainsi à la ferme Polonceau à 6 bielles dessinée à la figure 90.

Pour résoudre le problème, dans ce cas particulier, on considère les sectionnements ci-après indiqués.

Sections I, II et III. — Ne rencontrent que 3 barres et donnent C_1, C_2, C_4, T_1, T_2, T_3, q_1, t_1 et t_4 par la marche exposée précédemment.

Section IV. — Les moments par rapport au point B, relativement au tronçon supérieur, déterminent l'intensité de q_3.

Section V. — Les moments par rapport à B, en considérant toujours le tronçon supérieur, donnent t_2.

Section VI. — Les moments par rapport au point A, en considérant le tronçon de gauche, donnent q_2 vu que la section précédente a fait connaître t_2. Les moments par rapport à D donnent C_3.

Section VII. — Les moments par rapport au point C, en considérant le tronçon de gauche, donnent t_3.

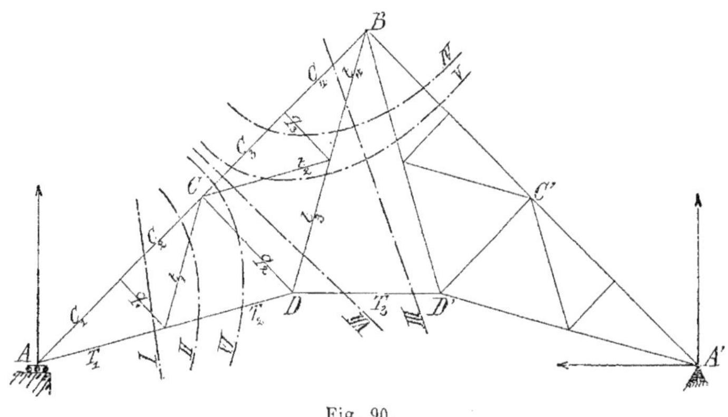

Fig. 90.

Les mêmes sectionnements seront répétés sur la demi-ferme de droite.

155. — La méthode de calculs que nous exposons ci-dessus (méthode de Ritter) permet de résoudre un cas quelconque, à condition toutefois que le système ne soit ni déformable ni surabondant.

Nous aurions un *système déformable* avec un nombre insuffisant de barres et un *système surabondant* en réunissant certains nœuds par des barres inutiles. Le calcul de ces deux systèmes est très compliqué et ne peut se faire qu'en faisant intervenir les déformations élastiques. Cependant, les poutres en treillis multiple sont des systèmes surabondants dont l'étude peut encore se faire par les méthodes élémentaires. En effet, on peut décomposer ces poutres en plusieurs poutres à treillis simple ne présentant aucune barre surabondante.

Ainsi, le treillis triple marqué I à la figure 91 peut se décomposer suivant les 3 treillis II, III et IV recevant chacun 1/3 des charges et dont le calcul s'effectue d'après les règles énoncées précédemment. Seulement, pour les tronçons des membrures, on additionne les efforts trouvés aux trois systèmes élémentaires.

156. — Déterminons la condition nécessaire pour que le système ne soit ni déformable ni surabondant.

Dans une poutre ou une ferme, on a généralement un appui à roulement et un appui fixe. Le premier donne naissance à une réaction verticale, le second à une réaction verticale et à une réaction horizontale, suivant ce qui est indiqué à la figure 90.

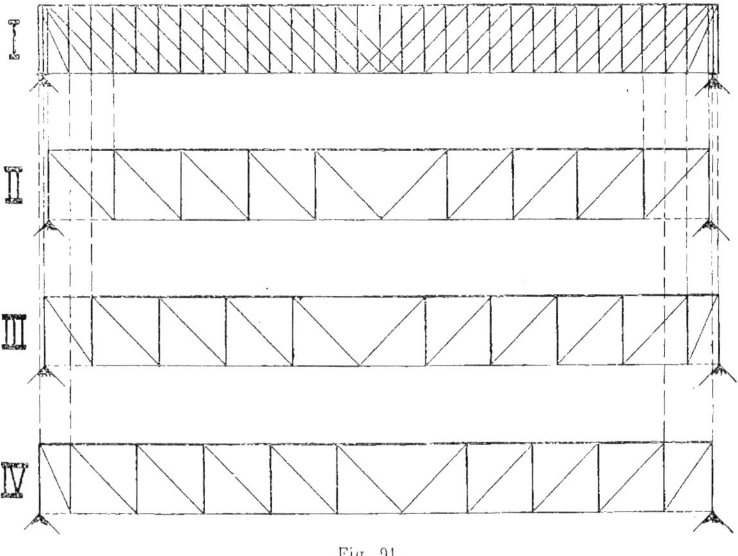

Fig. 91.

Soient N le nombre des nœuds et n le nombre des barres. Nous avons comme inconnues, les trois réactions et les tensions longitudinales des barres ; nous avons donc $n + 3$ inconnues.

Supposons que nous déterminions les tensions des barres en isolant successivement chacun des nœuds et en projetant les forces qui les sollicitent sur deux axes perpendiculaires. Pour chaque nœud, nous pourrons écrire deux équations ; le nombre total des équations sera 2N et comme il faut autant d'équations que d'inconnues, il faut avoir :

$$2N = n + 3$$

ou

$$n = 2N - 3. \tag{73}$$

Le nombre des barres doit donc être égal au double du nombre des nœuds diminué de 3. S'il y a moins de barres, l'ensemble peut se déformer; dans le cas contraire, il y a des barres inutiles.

A la ferme de la figure 90, on trouve 15 nœuds et 27 barres. La relation (73) est observée vu que $27 = (2 \times 15) - 3$. Le système n'est donc ni déformable ni surabondant.

2° La poutre reçoit des charges roulantes

157. — Recherchons la situation la plus désavantageuse que puisse occuper une charge roulante.

a) *Membrures.*

Nous avons démontré précédemment que pour les barres extérieures, désignées habituellement sous le nom de membrures, l'effort prenant naissance dans une barre quelconque est en raison directe du moment fléchissant pris par rapport au nœud opposé.

Or, toute charge, quel que soit son point d'application, augmente l'intensité des moments fléchissánts dans toute l'étendue de la poutre. La fatigue des membrures sera donc maximum lorsque la surcharge recouvrira toute la poutre.

b) *Barres du treillis.*

Considérons la barre EH de la poutre représentée à la figure 92. Sectionnons suivant le plan SS'.

Pour connaître l'intensité de l'effort sollicitant cette barre, nous devons prendre les moments par rapport au point U, point de rencontre des prolongements de EG et de FH.

N'amenons sur la poutre qu'une seule charge; soit p cette charge. Plaçons-la en E au droit de l'articulation de gauche de la barre EH.

Il faut avoir :

$$pl_2 + th - R_g l_1 = 0$$

ce qui donne :

$$t = \frac{R_g l_1 - pl_2}{h}.$$

Mais p est plus grand que R_g et l_2 est également plus grand que l_1. L'effort t aura donc toujours une valeur négative, c'est-à-dire que la charge p soumet la barre EH à un effort de compression.

De même, nous obtiendrons un effort de compression pour toute charge ayant sa ligne d'action à la gauche de la verticale E.

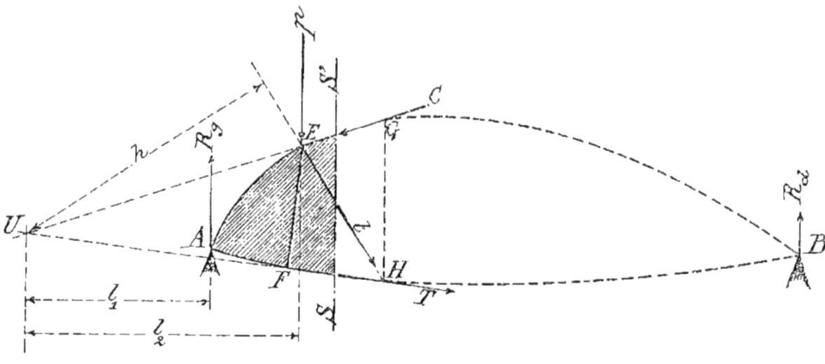

Fig. 92.

Amenons l'effort p au droit de la verticale H. Nous remarquons, à la figure 93, que l'équilibre de rotation du tronçon considéré

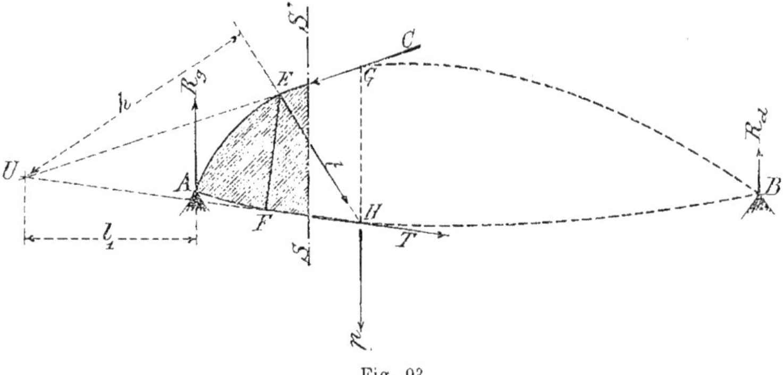

Fig. 93.

autour du point U doit s'établir entre la réaction R_g et la force intérieure t.

Nous avons :

$$+ th - R_g l_1 = 0.$$

D'où

$$t = + \frac{R_g l_1}{h}.$$

C'est-à-dire que t est cette fois un effort de traction.

Nous démontrerions de même que tout effort amené entre la verticale H et l'appui B donne naissance à un effort de même direction.

Il résulte de ce qui précède que la barre EH peut travailler par compression ou par tension; que le travail par compression est maximum lorsque tous les nœuds situés à la gauche du point H sont chargés et que le travail par tension est maximum en chargeant ce nœud ainsi que tous les nœuds situés à sa droite.

Si, dans le panneau considéré, la triangulation avait été faite par la diagonale FG, nous aurions obtenu des conclusions du

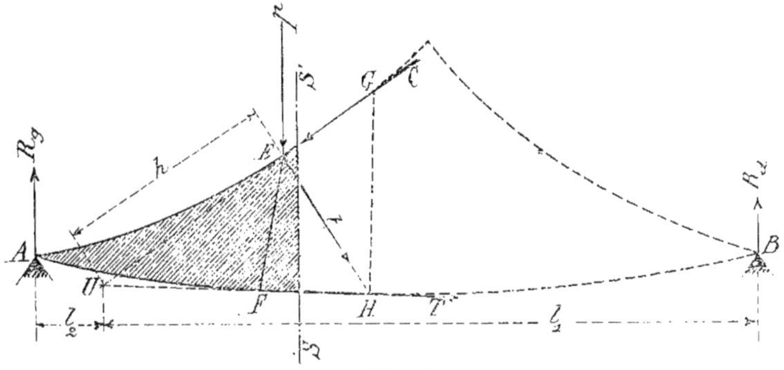

Fig. 94.

même genre, mais la surcharge de gauche aurait amené le travail maximum par tension et la surcharge de droite, le travail maximum par compression.

Si les membrures sont parallèles, le point U tombe à l'infini. Il est visible *a priori* que cette situation ne change rien aux conclusions précédentes.

Si le tracé des membrures est tel que le point U vient se placer sur la verticale A, les charges à la droite de la verticale H sont sans influence sur le travail du treillis vu que dans ce cas le bras de levier de l'effort R_g est nul. Mais nous aurons encore un travail maximum en chargeant les nœuds situés à la gauche du point H.

En dernier lieu, voyons ce qui a lieu lorsque le point U tombe entre les verticales d'appui; considérons à cet effet la poutre dessinée à la figure 94.

Plaçons la charge p à la gauche du point H, en E par exemple.

Au lieu de prendre les moments de R_g et de p, considérons leur résultante, laquelle est égale et contraire à la réaction de droite R_d. Il vient :

$$+ R_d l_1 + th = 0.$$

d'où

$$t = -\frac{R_d l_1}{h}.$$

Ce qui nous montre que les charges de gauche soumettent la diagonale EH à des efforts de compression comme aux cas précédents.

Si la charge se trouve en H, ou à la droite du point H, le tronçon de gauche n'est soumis qu'à une seule force extérieure, la réaction R_g, et nous avons :

$$+ R_g l_2 + th = 0.$$

D'où

$$t = -\frac{R_g l_2}{h}.$$

Nous voyons donc que les charges de droite produisent cette fois dans la barre considérée même travail que les charges de gauche. En conséquence, nous pouvons avancer, pour le cas où le point U tombe entre les verticales d'appui, que les barres du treillis reçoivent leur fatigue maximum lorsque le pont est entièrement surchargé.

158. — Ce qui précède nous permet d'énoncer les principes suivants relativement aux charges mobiles, étant entendu que les tensions se calculent par la méthode de Ritter en considérant l'équilibre du tronçon de gauche.

Dans les membrures, les efforts longitudinaux prennent leur intensité maximum lorsque la surcharge recouvre toute la poutre.

Pour les barres du treillis, trois cas sont à considérer selon que le point de rencontre U du prolongement des lignes d'axe des membrures coupées par le plan de sectionnement se trouve en dehors des verticales d'appui, sur ces verticales ou entre ces verticales :

a) *Si le point U se trouve en dehors des verticales d'appui, soit à petite distance de ces verticales, soit à l'infini, les charges ayant leur point d'application à la gauche du plan de démarcation défini ci-après, engendrent des moments positifs, les charges à la droite de ce plan des moments négatifs; en conséquence, il y a lieu de considérer isolément les charges de gauche et de droite ;*

b) *Si le point U se trouve sur une des verticales d'appui, sur la verticale de gauche par exemple, les charges ayant leur point d'application à la gauche du plan de démarcation engendrent encore des moments positifs, mais les charges de droite sont sans influence ; il suffit donc d'examiner les charges de gauche ;*

c) *Enfin, si le point U se trouve entre les verticales d'appui, les deux genres de charges produisent mêmes moments et il y a lieu de surcharger toute la poutre.*

Le plan de démarcation dont il est question ci-dessus est le plan de sectionnement intervenant avec la méthode de Ritter au calcul de la barre considérée et reculé autant que possible vers le milieu de la poutre.

159. — En conséquence, si la poutre reçoit des charges roulantes, les membrures seront calculées pour les efforts longitudinaux correspondant aux charges totales, la surcharge recouvrant tout l'ouvrage.

Pour les barres du treillis, on ajoutera aux efforts longitudinaux engendrés par le poids mort, les actions dues aux surcharges partielles les plus défavorables, à moins que le point U tombe entre les verticales d'appui, auquel cas il y a lieu de considérer la surcharge totale.

C. — CALCUL DES SECTIONS

1° Barres tirées

160. — Pour les pièces soumises à extension, il suffit que le travail moyen dans la section la plus faible soit inférieur au taux de sécurité. Soient :

T : l'effort longitudinal ;

Ω : la section nette de la pièce, trous de rivets déduits, et

R : le taux de travail de sécurité.

Il faut avoir :

$$\frac{T}{\Omega} \leq R.$$

La plus petite section admissible est donnée par la relation suivante :

$$\Omega = \frac{T}{R}.$$

2° Barres comprimées

161. — Si la pièce a peu de longueur et si elle est soumise à un effort de compression P, sa section nette étant Ω, il suffit que l'on ait :

$$\frac{P}{\Omega} \leq R$$

ce qui donne, pour la section minimum :

$$\Omega = \frac{P}{R}.$$

Mais, dans les poutres en treillis, les barres sont généralement sujettes à flamber et dans ce cas il faut avoir, par application de la formule (1) :

$$\frac{P}{\Omega}\left(1 + \frac{fH^2}{l^2}\right) \leq R$$

ce qui donne pour la section minimum, formule (1^b) :

$$\Omega = \frac{P}{R}\left(1 + \frac{fH^2}{l^2}\right).$$

Pour la signification et la valeur de H, l et f, voir la deuxième partie, n°s 36, 37 et 38.

3° Barres soumises a flexion composée

162. — Une pièce peut recevoir une action infléchissante par suite d'une charge appliquée à distance des nœuds. Dans ce cas, si la pièce est comprimée, on néglige la majoration de travail due au flambage dès que l'action infléchissante présente une certaine intensité et le calcul se fait par la formule ci-après :

$$R = \frac{M}{\frac{I}{V}} + \frac{P \text{ ou } T}{\Omega}.$$

M est le moment fléchissant dû à la charge et $\frac{I}{V}$ le moment résistant de la section par rapport à l'axe perpendiculaire au plan de flexion et passant par le centre de gravité.

S'il y a lieu de calculer la pièce en tenant compte de la majoration de travail due au flambage, on écrira :

$$R = \frac{M}{\frac{I}{V}} + \frac{P}{\Omega}\left(1 + \frac{fH^2}{l^2}\right).$$

D. — SIMPLIFICATION AU CALCUL DES POUTRES A MEMBRURES PARALLÈLES ET CHARGES UNIFORMÉMENT RÉPARTIES

163. — En pratique, il est de règle de substituer aux charges statiques et aux charges roulantes des charges uniformément

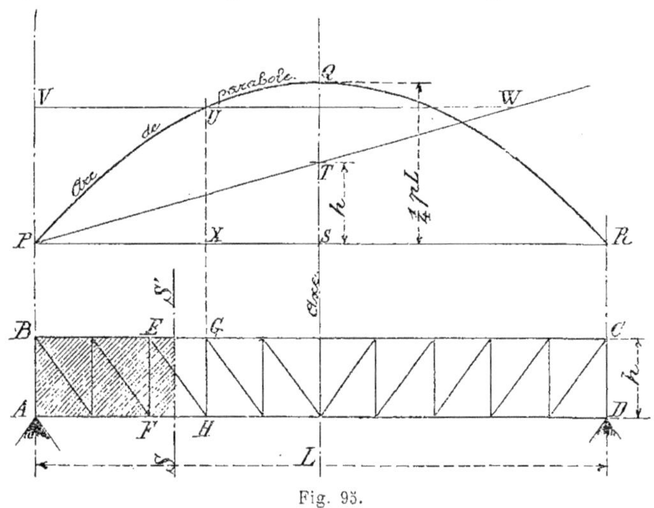

Fig. 95.

réparties. Si, en outre, les membrures sont parallèles, les calculs de résistance se simplifient considérablement.

1° Calcul des membrures

Considérons la poutre ABCD dessinée à la figure 95. Nous savons que dans un tronçon quelconque des membrures, dans la barre EG par exemple, l'intensité de l'effort longitudinal est égale au quotient du moment fléchissant en H par la distance de la barre au point précité. Mais, par suite du parallélisme des membrures, cette distance est constante et égale à la hauteur théorique de la poutre, hauteur à laquelle nous donnons la notation h.

Les efforts longitudinaux peuvent aussi se déterminer graphiquement par différentes méthodes. Le procédé exposé ci-après est d'une application facile.

Comme nous substituons une charge uniformément répartie aux charges réelles, la courbe enveloppe des moments fléchissants est un arc de parabole. Traçons cet arc avec une ordonnée maximum égale au quart de la charge totale; la valeur réelle des moments s'obtiendra donc en multipliant les ordonnées de la parabole par $\frac{1}{2}$ L. Soit, à la figure 95, PQR cet arc de parabole. Prenons sur l'axe, à partir du point S situé sur la corde, une longueur ST égale à la hauteur de la poutre et menons l'oblique PT. S'il s'agit de déterminer l'effort sollicitant la barre EG, faisons passer par le point H une verticale jusqu'à la rencontre en U avec l'arc de parabole. Par le point U, menons une horizontale; le segment VW de cette horizontale compris entre la verticale passant par l'appui de gauche et l'oblique PT, ou le prolongement de cette oblique, donne à l'échelle des forces l'intensité de la tension longitudinale de la barre EG. En effet, aux triangles semblables PVW et PST, nous avons :

$$\frac{VW}{PV} = \frac{PS}{ST}$$

ou

$$VW \times ST = PV \times PS.$$

Mais PV est égal à UX, c'est-à-dire au moment fléchissant en H divisé par $\frac{1}{2}$ L. De plus, PS $= \frac{1}{2}$ L et ST $= h$. Donc, si nous désignons par M le moment fléchissant en H, nous avons :

$$VW \times h = \frac{M}{\frac{L}{2}} \times \frac{L}{2} = M$$

c'est-à-dire que

$$VW = \frac{M}{h} \cdot \qquad \text{C. Q. F. D.}$$

On obtiendra de même la tension dans les autres barres.

2° Calcul des barres du treillis

Diagonales. — Soit à connaître l'effort sollicitant la barre EH de la figure 96. Sectionnons la poutre par le plan SS'.

Considérons le tronçon de gauche soumis à l'action des forces extérieures R_g, p_1, p_2, p_3 et p_4 et des forces intérieures C, T et t ces dernières agissant respectivement en EG, FH et EH.

Projetons ces forces sur un axe vertical ; le tronçon considéré étant en équilibre, la somme de ces projections doit être nulle.

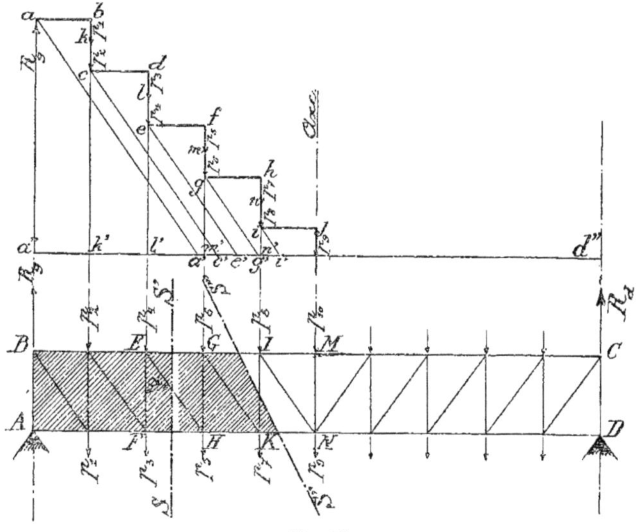

Fig. 96.

Les forces extérieures C et T étant dirigées perpendiculairement à l'axe, donnent une projection nulle ; de plus, aux forces extérieures, nous pouvons substituer leur résultante qui est l'effort tranchant dans la section SS'. Nous voyons donc que si nous désignons par N cet effort tranchant et par α l'angle que fait la diagonale considérée avec la verticale, et si nous convenons de donner le signe + aux efforts dirigés de bas en haut, il faut avoir :

$$+ N + t \cos \alpha = 0$$

d'où il résulte que

$$t = - \frac{N}{\cos \alpha}$$

t prenant une valeur négative est dirigé vers le bas. C'est-à-dire qu'il constitue un effort de tension pour la barre EH.

Mais, si le polygone $a\ b\ c\ d\ e\ f$..... est l'enveloppe des efforts tranchants avec $a''\ d''$ comme base, il est visible qu'il nous suffira de mener les obliques aa', cc'..... ii', pour obtenir l'intensité des tensions des différentes diagonales, ces obliques étant tracées parallèlement aux diagonales auxquelles elles se rapportent.

Montants. — En coupant la poutre par le plan S″ S‴ et si nous supposons que la barre IK est verticale, nous pouvons de même

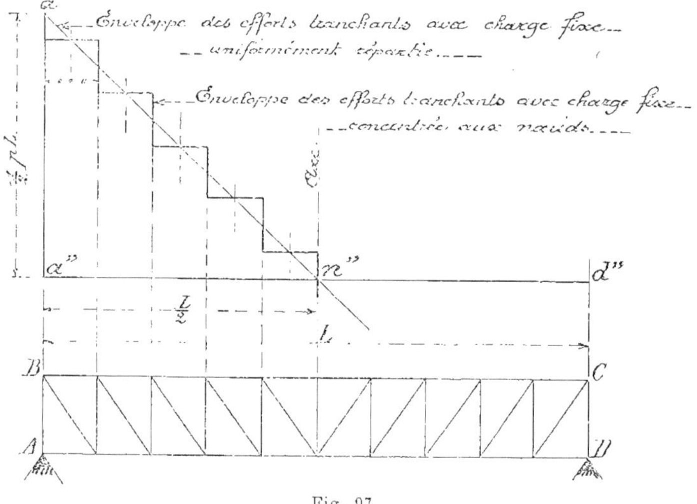

Fig. 97.

démontrer que cette barre est comprimée avec une intensité égale à la résultante des forces R_g, p_1, p_2.... p_6 et p_7, c'est-à-dire que l'effort longitudinal sollicitant les barres verticales est égal à l'effort tranchant à la gauche de la pièce considérée, diminué de la charge appliquée au nœud donnant naissance à la diagonale de gauche. On obtiendra donc aisément la fatigue des montants si l'on a tracé l'enveloppe des efforts tranchants.

Pour les barres verticales, aussi bien que pour les barres obliques, il importe donc de tracer cette enveloppe laquelle affecte une forme différente selon que les charges sont fixes ou mobiles. Déterminons ce tracé.

Considérons d'abord une charge fixe uniformément répartie dont l'intensité est p par unité de longueur.

Pour cette charge, nous savons que l'effort tranchant a une intensité égale à $\frac{L}{2}$ au droit des appuis. Cette intensité diminue d'une façon constante au fur et à mesure que l'on s'écarte des

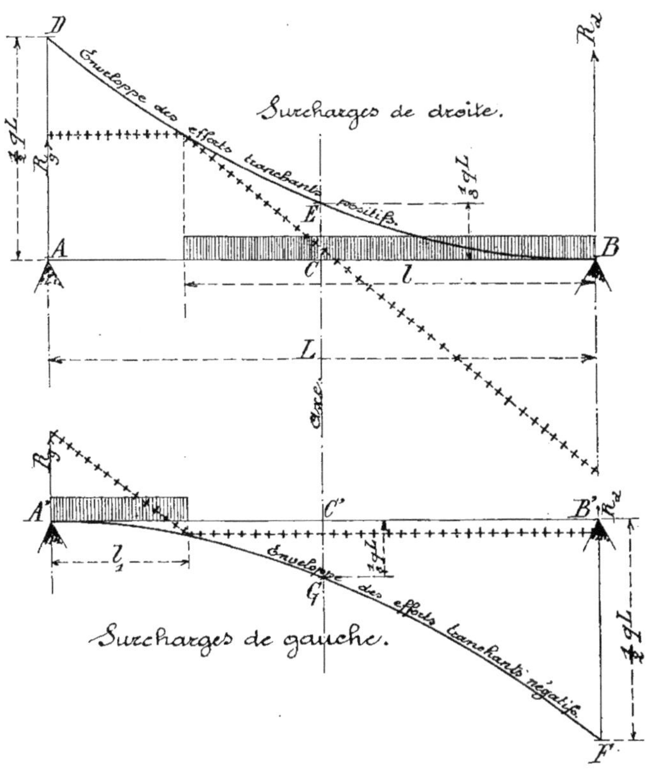

Fig. 98.

appuis pour prendre une valeur nulle au milieu de la poutre. Dès lors, si, à la figure 97, aa'' est égal à $\frac{1}{2}p$L, et si nous menons l'oblique an'', n'' étant situé sur la base $a''d''$ au droit de l'axe de la poutre, nous savons que cette oblique est l'enveloppe des efforts tranchants. Mais la charge doit être répartie sur les nœuds et il en résulte que nous devons substituer à l'oblique précitée un polygone en gradins dont les côtés horizontaux rencontrent l'oblique en des points situés sur les verticales passant à égales distances des points d'application des charges.

Considérons une charge mobile uniformément répartie q par unité de longueur. Nous savons que cette charge doit être amenée progressivement sur la poutre et qu'il importe de connaître la valeur de l'effort tranchant dans la section où la charge prend naissance.

Soit L la longueur de la poutre et chargeons d'abord le tronçon de droite sur une longueur l. La réaction de l'appui de gauche sera égale à

$$+\frac{ql \times \frac{l}{2}}{L} = +\frac{ql^2}{2L}$$

c'est-à-dire que l'effort tranchant dans la section à considérer a une intensité égale à

$$+\frac{q}{2L}\,l^2.$$

Le facteur $\frac{q}{2L}$ ayant une valeur constante, nous voyons que l'effort tranchant qui nous intéresse croît cette fois comme le carré de l. Il en résulte que l'enveloppe de ces efforts est l'arc de parabole marqué BD à la figure 98 avec axe vertical passant en B. L'ordonnée maximum est égale à

$$+\frac{q}{2L}\,L^2 = +\frac{qL}{2}.$$

L'ordonnée au milieu de la portée est égale à

$$+\frac{q}{2L} \times \frac{L^2}{4} = +\frac{qL}{8}$$

c'est-à-dire qu'elle est le quart de l'ordonnée maximum.

Si nous chargeons le tronçon de gauche sur une longueur l_1, l'effort tranchant dans la section où la charge prend naissance sera égal à

$$+ql_1\,\frac{L - \frac{l_1}{2}}{L} - q\,l_1 = -\frac{q}{2L}\,l_1^2.$$

La représentative de ces efforts tranchants sera l'arc de parabole A'F tracé avec la verticale A' comme axe en dessous de la base A'B', les efforts tranchants ayant pris une valeur négative. Cette parabole a même patron que la courbe supérieure.

En conséquence, si nous traçons sur une même épure (v. fig 99), les courbes BD et AF que nous venons de déterminer, et si nous sectionnons la poutre par un plan vertical passant en *a*, par exemple, la résultante des forces extérieures sollicitant le tronçon de gauche sera l'effort positif *ab* dirigé de bas en haut, effort correspondant à la surcharge de droite, ou l'effort

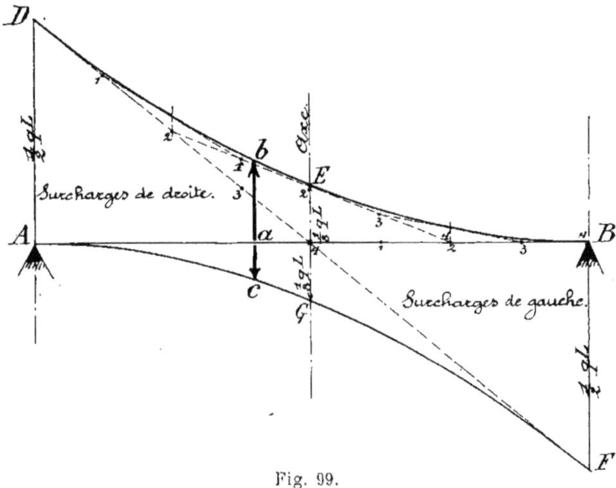

Fig. 99.

négatif *ac* dirigé de haut en bas et correspondant à la surcharge de gauche. Si les diagonales sont tracées avec l'inclinaison admise précédemment, le premier effort amènera dans ces pièces un travail par tension et dans les montants un travail par compression, l'inverse ayant lieu pour l'effort *ac*.

Les lignes pointillées de la figure 99 font connaître le procédé auquel on aura recours pour tracer les enveloppes des efforts tranchants. A ces enveloppes, on substituera un polygone en gradins dont les côtés horizontaux seront tracés suivant ce qui est dit pour les charges permanentes. Cette substitution de gradins aux paraboles des charges roulantes n'est pas mathématiquement exacte, mais elle laisse une approximation suffisante.

En général, la poutre subit simultanément l'action d'une charge permanente et d'une charge roulante et il convient d'additionner les efforts tranchants des deux genres de charge.

On se rendra compte, à l'examen de la figure 100, comment cette addition doit se faire. La courbe DG devient l'enveloppe des

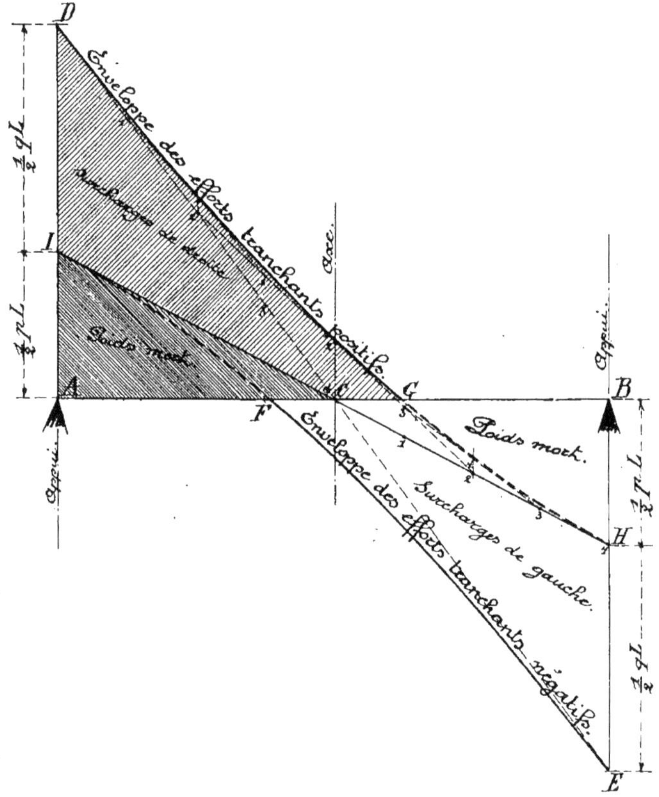

Fig. 100.

efforts tranchants positifs et la courbe EF, l'enveloppe des efforts tranchants négatifs. Il est visible que de A en F, l'effort tranchant ne peut avoir qu'une valeur positive. De F en G, cet effort peut avoir une valeur positive ou négative. Il en résulte que sur cette longueur les barres du treillis doivent pouvoir travailler aussi bien par compression que par tension, à moins que les panneaux n'y reçoivent une double triangulation, auquel cas les montants travaillent toujours par compression et les diagonales de l'un ou l'autre système, par traction.

3° Emploi de l'abaque n° 3.

L'abaque ci-contre évite la rédaction d'épures graphiques. Pour en faire emploi, on trace sur une bande de papier calque les lignes

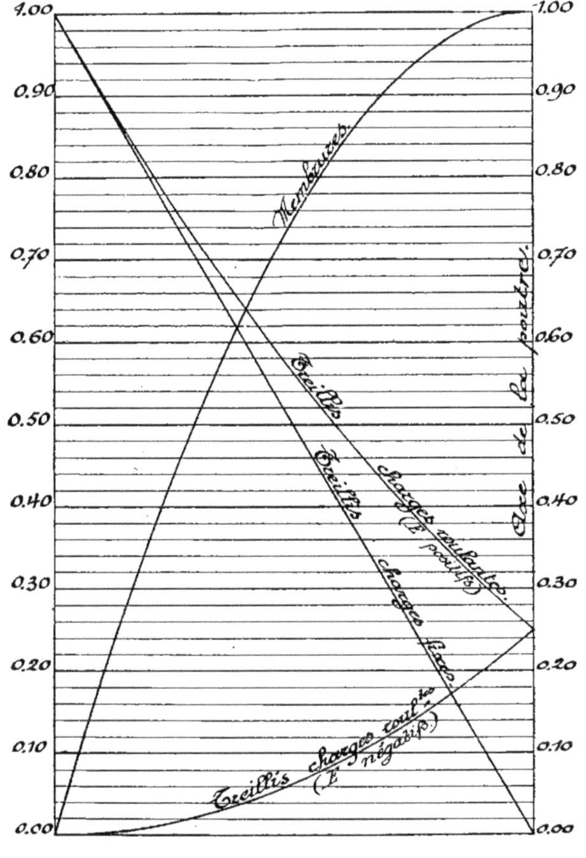

Abaque n° 3.

d'axe de la demi-poutre de gauche en ayant soin de faire ce tracé sur une longueur correspondant exactement à la largeur de l'abaque. En déplaçant la bandelette verticalement, la ligne d'axe et la verticale d'appui de la bandelette étant maintenues sur les bords verticaux de l'abaque, on détermine par une lecture à droite ou à gauche, le rapport entre les tensions maxima et les tensions pour un panneau quelconque.

Il suffit donc de calculer la valeur des tensions maxima laquelle est :

1°) Pour les membrures : $\frac{(p+q)\,L^2}{8h}$;

2°) Pour les montants : $\frac{pL}{2}$ pour les charges fixes et $\frac{qL}{2}$ pour les charges roulantes ;

3°) Pour les diagonales : $\frac{pL}{2\cos\alpha}$ pour les charges fixes et $\frac{qL}{2\cos\alpha}$ pour les charges roulantes, α étant l'angle que fait la diagonale avec la verticale ;

et de multiplier ces valeurs par les rapports obtenus par la lecture à l'abaque.

Pour les charges roulantes du treillis, la courbe partielle supérieure concerne les efforts tranchants positifs et la courbe inférieure les efforts tranchants négatifs.

Ainsi, pour connaître la compression de la membrure EG de la figure 96, on amènera le point H de la bandelette sur la parabole marquée *membrures*. La concordance se produit à hauteur de l'horizontale 0,84. C'est-à-dire que la compression cherchée est égale à $0{,}84\,\frac{(p+q)\,L^2}{8h}$.

S'il s'agit de connaître la tension de la diagonale EH, on cherche l'intersection de la verticale d'axe du panneau EGHF avec les 3 lignes marquées *treillis* et on trouve que les ordonnées de ces points sont respectivement 0,06, 0,50 et 0,56. En conséquence :

les charges fixes engendrent une traction égale à $0{,}50\,\frac{pL}{2\cos\alpha}$;
les charges roulantes, une traction égale à $0{,}56\,\frac{qL}{2\cos\alpha}$,
ou une compression égale à $0{,}06\,\frac{qL}{2\cos\alpha}$.

Pour les montants, on considère l'axe de la pièce elle-même si les charges sont réparties également entre les deux membrures ou l'axe de l'un des panneaux adjacents si les charges ont leur point d'action à une seule et même membrure, et on reconnaît s'il faut se reporter à la gauche ou à la droite de la pièce en considérant la situation des charges par rapport au plan de sectionnement.

Ainsi, pour le montant IK de la figure 96, si les charges sont toutes appliquées à la lisse inférieure, il faut lire les rapports sur l'axe du panneau IMNK.

4° Flèche prise par la poutre

Les défigurations sont plus fortes dans une poutre en treillis que dans une poutre à âme pleine. Il est presque impossible de les déterminer par le calcul exact si les barres sont réunies par assemblages rigides.

D'après M. *Résal*, la flèche peut s'obtenir d'une façon suffisamment approchée en employant les formules des poutres à âme pleine, à condition d'attribuer au coefficient E la valeur réduite renseignée ci-après, valeur rapportée au millimètre carré.

	Fer.	Acier.
	—	—
Barres articulées	14 000	15 500
— reliées par assemblages rigides.	16 000	18 000

Les calculs sont simplifiés en faisant emploi des formules déterminées au n° 44 et rappelées au n° 74-6°.

CHAPITRE II

CONSIDÉRATIONS D'ORDRE PRATIQUE

A. — TRACÉ DES PIÈCES

164. — Les lignes d'axe des barres aboutissant à un même nœud doivent se rencontrer en un même point et les appareils d'appui seront agencés de telle sorte que les réactions passent par les nœuds extrêmes.

Les lignes d'axe coïncident avec le centre de gravité des sections transversales dont on déterminera l'emplacement par les indications du n° 18.

B. — FORME DES SECTIONS TRANSVERSALES

165. — Nous renseignons à la figure 101 la forme généralement donnée aux sections transversales ; les sections vers la gauche se rapportent aux petites ouvertures avec faibles charges.

Les barres tirées du treillis sont parfois exécutées en fers méplats. Cette disposition est défectueuse car les pièces peuvent être placées avec excès de longueur et elles manquent de fixité s'il y a des charges roulantes.

Faisons remarquer que les membrures peuvent être à âme simple ou double et, dans le second cas, les diagonales se présentent également en deux systèmes indépendants.

Les poutres à âmes dédoublées ont l'avantage de donner plus de raideur aux semelles dans le sens transversal et de faciliter l'assemblage des barres du treillis aux âmes. Elles ont, par contre, un grave inconvénient ; elles sont effectivement constituées de deux poutres jumelées et les déformations au passage de la surcharge ou la moindre erreur de montage peuvent amener une répartition irrégulière des charges entre les deux poutres élémentaires. En conséquence, il y a lieu de faire emploi de poutres simples chaque fois que la chose est possible et que les contre-

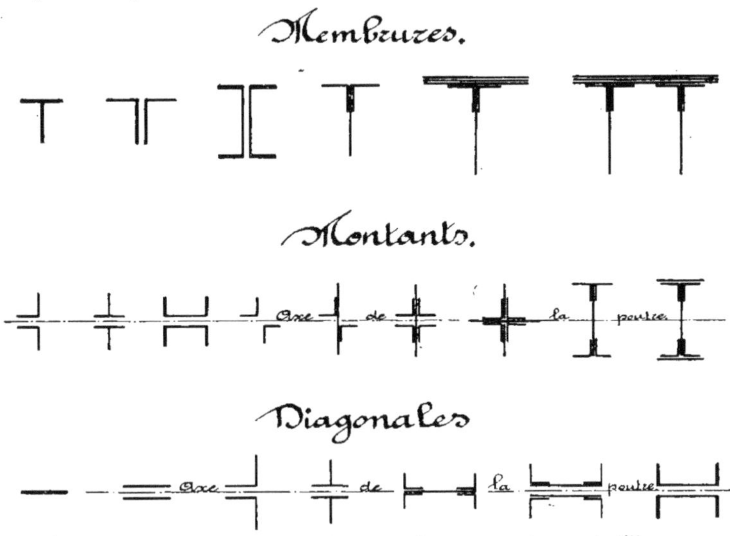

Fig. 101. — Types de sections transversales pour poutres en treillis.

ventements horizontaux donnent une raideur suffisante dans le sens horizontal ; il en est souvent ainsi jusqu'à 40 m. d'ouverture.

C. — TREILLIS MULTIPLES

166. — Le treillis peut être simple ou multiple ; il est simple si une section verticale d'un panneau ne rencontre qu'une diagonale ; on dit qu'il est double, triple ou quadruple lorsque cette section rencontre deux, trois ou quatre barres.

Les treillis multiples permettent d'assembler aisément les barres du treillis aux âmes vu que les tensions longitudinales de ces barres perdent considérablement en intensité. Disons aussi que ce système réduit la longueur de sinuosité des montants pour le flambage dans le plan de la poutre. Par contre, les nombreuses liaisons que l'on crée entre certaines barres sont de nature à nuire à l'exactitude des calculs de résistance car elles donnent naissance à des flexions secondaires indéterminables. C'est la raison pour laquelle il n'en sera fait emploi qu'en cas de nécessité.

DIMENSIONS PRINCIPALES DE POUTRES MAÎTRESSES EN TREILLIS DE TABLIERS EXISTANTS

Tableau n° 18.

A. — *Poutres sur deux appuis.*

OUVRAGES CONSIDÉRÉS.	Date d'achèvement.	Nombre de voies ferrées par tablier.	Ouverture.	Portée.	Forme de la poutre.	Valeur de *m*.	Valeur de *n*.	Genre de treillis.	AMES Hauteur.	AMES Rapport.	SEMELLES Largeur.	SEMELLES Rapport.	MONTANTS HAUTEUR Au milieu.	MONTANTS HAUTEUR Aux appuis.	MONTANTS Épaisseur.	MONTANTS Rapport.	MONTANTS LARGEUR Au milieu.	MONTANTS LARGEUR Aux appuis.	MONTANTS Rapport Au milieu.	MONTANTS Rapport Aux appuis.
				L					l^1	$\frac{l^1}{\sqrt{L}}$	l^2	$\frac{l^2}{l^1}$	h	nh	l^3	$\frac{h}{l^3}$	l^4	l^5	$\frac{H}{l^4}$	$\frac{H}{l^5}$
Poutres à simple paroi verticale.			m.	m.					m.		m.		m.	m.	m.		m.	m.		
Ligne Han-kow-Pékin. Tabliers de 30 m. en garde-corps	1904	1	30.00	34,30	droite	9,0	»	simple	0,35	0,062	0,35	1,0	3,50	3,50	(1) 0,35 (2) 0,25	10 14	0,15 0,17	0,16 0,21	16 14	15 12
Ligne Han-kow-Pékin. Tabliers de 40 m. en garde-corps	1904	1	40,00	41,60	droite	10,4	»	simple	0,45	0,070	0,40	0,9	4,00	4,00	0,40	10	0,17	0,21	16	13
Poutres à double paroi verticale.																				
Pont de Meirelbeke. Tablier de 20 m. en garde-corps	1891	pont-	20,00	20,90	droite	11,2	»	simple	0,35	0,076	0,55	1,6	1,87	1,87	0,33	6	0,13	0,18	10	7
Pont de Meirelbeke. Tablier de 38 m. en garde-corps	1891	route	38,00	39,36	cintrée	9,8	0,5	simple	0,45	0,072	0,55	1,2	4,00	1,90	0,33	12	0,14	0,20	20	7
Pont de Wanlin en garde-corps	1892	1	43,10	45,10	cintrée	9,0	0,6	double	0,50	0,074	0,60	1,2	5,00	3,00	0,38	13	0,075	0,15	33	10
Pont de Boom en caisson	1881	2	60,00	61,08	cintrée	6,1	0,5	double	0,55	0,071	0,80	1,5	10,00	5,00	0,54	17	0,24	0,24	21	16
Pont d'Anseremme en caisson	1897	1		89,75	cintrée	7,2	0,8	simple	0,69	0,073	1,00	1,4	12,48	9,80	0,50	25	0,30	0,80	29	9
Pont de Kuilenburg. Tabliers de 57 m. en caisson	1868	2	57,00	59,50	droite	7,7	»	double	0,60	0,078	1,00	1,7	7,84	7,76	0,46	17	0,30	0,40	13	10
Pont de Kuilenburg. Tabliers de 80 m. en caisson	1868	2	80 00	83,50	droite	11,0	»	double	0,70	0,077	1,20	1,7	7,86	7,61	0,54	14	0,30	0,40	13	10
Pont de Kuilenburg. Tabliers de 150 m. en caisson	1868	2	150,00	154,40	cintrée	7,8	0,4	triple	1,04	0,084	1,80	1,7	19,79	7,89	0,98	20	0,32	0,40	29	14
Pont du Hollandsch Diep en caisson	1868	1	100,00	103,25	cintrée	8,5	0,5	double	0,60	0,059	1,01	1,7	12,08	6,09	0,48	25	0,16	0,34	38	10

[1] Tablier à voie inférieure. [2] Tablier à voie supérieure.

TABLEAU N° 18 (*Suite*).

B. — *Poutres continues*.

OUVRAGES CONSIDÉRÉS.	Date d'achèvement.	Nombre de voies par tablier.	OUVERTURE des travées.		Valeurs de *m*.	Genre de treillis.	AMES		SEMELLES		Hauteur de la poutre.	MONTANTS	
			Intermédiaires	Extrêmes.			Hauteur.	Rapport.	Largeur.	Rapport.		Epaisseur	Rapport.
							l^1	$\frac{l^1}{\sqrt{L}}$	l^2	$\frac{l^2}{l^1}$	h	l^3	$\frac{h}{l^3}$
Poutres à simple paroi verticale.			m.	m.			m.		m.		m.	m.	
Pont d'Argenteuil en garde-corps. . .	1863	2	40,00	30,00	10,3	mailles serrées.	0,47	0,079	0,60	1,3	3,40	0,60	6
Pont de Chalonnes avec poutres sous rails.	1865	2	43,10	36,90	10,8	id.	0,50	0,079	0,40	0.8	3,70		
Pont d'Empalot en caisson.	1875	2	44,25	38,80	6,0	id.	0.60	0,093	0,45	0.8	6,90		
Pont de Conflans en caisson.	1877	2	47,00	39,25	6,8	id.	0,60	0,092	0,60	1,0	6,30	0,30	21
Pont de Tours en caisson	1875	1	60,00	60,00	10,0	en croix de St-André.	0,55	0,071	0,50	0,9	6,00		
Poutres à double paroi verticale.													
Pont de Lorient en caisson.	1862	2	64,34	51,92	9,2	mailles serrées.	0,45	0,059	0,80	1,8	6,36	0,50	13
Pont d'Arles en caisson	1867	2	65,00	50,50	9,3	id.	0,60	0,079	1,00	1,7	6,20	0,60	10
Pont de Tamise en caisson.	1871	1	68,00	56,00	10,3	id.					6,00	0,70	9
Pont de Bordeaux en caisson.	1860	2	73,46	55,56	10,2	en croix de St-André.	0,85	0,106	0,88	1,0	6,35	0,56	11
Pont de Pesth en caisson.	1876	2	94,00	94,00	9,6	mailles serrées.	0,60	0,062	1,40	2,3	9,80	0,66	15
Pont de Cologne en caisson	1859	2	96,25	96,25	11,4	id.	1,20	0,104	1,20	1,0	8,50	0,66	13

D. — DIMENSIONS ADMISES A DES OUVRAGES EXISTANTS

167. — Le tableau n° 18 renseigne les principales dimensions admises aux poutres maîtresses de ponts existants pour chemins de fer.

Pour les poutres continues, les rapports des âmes et des semelles ont été déterminés en prenant comme base l'ouverture moyenne, tandis qu'aux poutres sur deux appuis, nous avons pris comme base la portée théorique.

Pour les montants, $\frac{h}{l^3}$ est le rapport de la hauteur à l'épaisseur, c'est-à-dire à la largeur mesurée perpendiculairement au plan de la poutre, et $\frac{H}{l^4}$ et $\frac{H}{l^5}$ sont les rapports des longueurs de sinuosité aux largeurs mesurées parallèlement au plan précité. Le premier et le second rapport sont repris vers le milieu de la poutre, le troisième près des appuis.

E. — PROPORTIONS PROPOSÉES

168. — Des considérations théoriques et l'examen du tableau n° 18 nous conduisent à proposer, pour les dimensions principales d'une poutre en treillis, les proportions ci-après définies.

1° Hauteur de la poutre

Les poutres droites prennent généralement une bonne proportion avec une hauteur égale au neuvième de la portée théorique. Cependant cette hauteur peut être sensiblement réduite s'il n'y a pas de charges roulantes ; par exemple, aux poutres de charpentes ou de passerelles, on peut sans inconvénient porter ce rapport à 15 ou 20. Il n'est pas conseillable d'adopter une hauteur supérieure au sixième de la portée.

Pour les poutres cintrées avec fortes charges, la hauteur au milieu de la portée varie du sixième au dixième ; au droit des appuis la hauteur théorique peut être nulle, ou bien être comprise entre le tiers et les deux tiers de la hauteur maximum. Pour le dernier genre de poutre, on obtient une bonne proportion avec une hauteur maximum d'un huitième réduite de moitié au droit des appuis.

Aux ponts avec poutres en garde-corps, il y a intérêt à adopter une hauteur aussi faible que possible en vue d'augmenter la stabilité des poutres dans le sens transversal ; en conséquence, cette hauteur variera entre le neuvième et le douzième.

2° Écartement des montants

Pour les poutres à membrures parallèles et treillis simple, on adopte généralement $m + 1$ panneaux afin de donner aux diagonales une inclinaison convenable. On préférera un nombre impair de divisions, afin d'avoir un panneau au droit de l'axe, ce qui est de meilleur aspect.

Pour les poutres cintrées, on obtient une bonne proportion lorsque la distance d'axe en axe des montants est égale aux 0,8 de la hauteur moyenne laquelle s'obtient en ajoutant à la hauteur au droit des appuis les deux tiers de la différence entre les hauteurs maximum et minimum. Si la hauteur au droit des appuis est nulle, l'œil est généralement satisfait avec 9 panneaux aux poutres hautes et 13 panneaux aux poutres basses.

Pour passer du treillis simple au treillis multiple, on divise les panneaux déterminés comme il est dit ci-dessus, en 2, 3, 4 parties, selon que le treillis est double, triple, quadruple, etc.

3° Épaisseur des montants

Dans l'étude d'une poutre, il convient de déterminer en second lieu l'épaisseur des montants, c'est-à-dire la dimension des montants dans le sens perpendiculaire au plan de la poutre, dimension qui doit être suffisante pour empêcher le flambage et surtout le dérobement latéral.

On obtient généralement une bonne proportion avec une épaisseur égale au quinzième de la hauteur théorique. Cependant, aux ponts à grande hauteur, les montants peuvent être raidis à mi-hauteur par les contreventements verticaux et, dans ce cas, ce rapport peut être porté à 20 ou 25.

Dans les ponts avec poutres en garde-corps, une grande épaisseur est indispensable pour donner à l'ouvrage, dans le sens transversal, la résistance et la raideur voulues ; cette épaisseur sera au minimum la dixième partie de la hauteur.

4° Hauteur des ames

L'âme des membrures doit avoir une hauteur permettant l'assemblage des barres du treillis.

On obtient une bonne proportion en faisant cette hauteur égale à :

$0,06\sqrt{L}$ aux poutres à faible charge ;

$0,07\sqrt{L}$ aux ponts-route et aux tabliers à 1 voie ferrée ;

$0,08\sqrt{L}$ aux tabliers à 2 voies ferrées et aux poutres à lourde charge.

5° Largeur des semelles

La largeur des semelles dépend surtout de l'épaisseur des montants. Il convient aussi qu'elle soit suffisante pour donner à la membrure comprimée et à la poutre une raideur convenable et éviter une épaisseur totale trop forte.

Cette largeur est généralement égale à la hauteur de l'âme aux poutres à paroi simple et à 1,6 fois cette hauteur aux poutres à paroi double.

Nous ferons remarquer que les membrures sont peu fatiguées par les flexions secondaires dues à la rigidité des assemblages, flexions d'autant plus intenses que la largeur des barres dans le plan de flexion est plus grande. Rien ne s'oppose donc à porter leur hauteur et leur largeur à la cote demandée par les calculs de résistance ; on évitera cependant des dimensions qui pourraient nuire à l'aspect de l'ouvrage.

6° Épaisseur des ames

Au passage de l'âme, les rivets fixant les barres du treillis travaillent généralement par double cisaillement, ce qui tend à donner une certaine importance au taux de compression de la tige si l'âme a une faible épaisseur. On obtiendra donc un meilleur assemblage avec des âmes à forte épaisseur. En conséquence, lorsque l'agencement des nœuds le permettra, il y aura lieu de donner à l'âme d'une poutre simple, et à chacune des âmes si la poutre est à double paroi verticale, une épaisseur égale à $0,0022\sqrt{L}$ et cette dimension sera au minimun de 10 mm. aux petites portées.

Nous renseignons ci-après les épaisseurs adoptées à certains ouvrages existants et les épaisseurs données par la relation proposée.

DÉSIGNATION DE L'OUVRAGE	PORTÉES	ÉPAISSEURS réelles.	ÉPAISSEURS calculées.
Chemins de fer de Chine. .	31,30	0,012	0,012
Pont de Chalonnes	40,00 (moy.)	0,016	0,014
— d'Empalot.	41,52 (moy.)	0,014	0,014
— de Wanlin	45,10	0,010	0,015
— de Kuilenburg. . . .	59,50	0,017	0,017
— de Boom	61,08	0,012	0,017
— de Bordeaux.	64,50 (moy.)	0,012	0,018
— de Kuilenburg. . . .	83,50	0,030	0,020
— d'Anseremme	89,75	0,024	0,021
— du Hollandsch Diep .	103,25	0,025	0,022
— de Kuilenburg. . . .	154,40	0,030	0,027

7° Largeur des montants

Les montants sont très fatigués par les flexions secondaires et, en conséquence, il convient de réduire autant que possible leur largeur suivant le plan de la flexion principale.

On obtient généralement une bonne proportion en donnant aux montants extrêmes, une largeur égale au $\frac{1}{10}$ de la longueur de sinuosité avec les treillis multiples et au $\frac{1}{15}$ de cette longueur avec les treillis simples.

Aux montants centraux, le dénominateur de ces rapports peut être majoré de quelques unités, mais il n'est pas conseillable qu'il dépasse 20 aux poutres à hauteur ordinaire (3 à 10 mètres) et 25 aux poutres de grande hauteur.

8° Largeur des diagonales

Ces pièces sont également soumises à des flexions secondaires et, en conséquence, il y a lieu de réduire leur largeur autant que le permet l'assemblage des extrémités. A proximité des appuis, cette largeur est souvent égale à 1,5 fois la largeur des montants.

F. — ASSEMBLAGE DES BARRES DU TREILLIS AUX MEMBRURES

169. — Cet assemblage peut se faire sans organe intermédiaire,

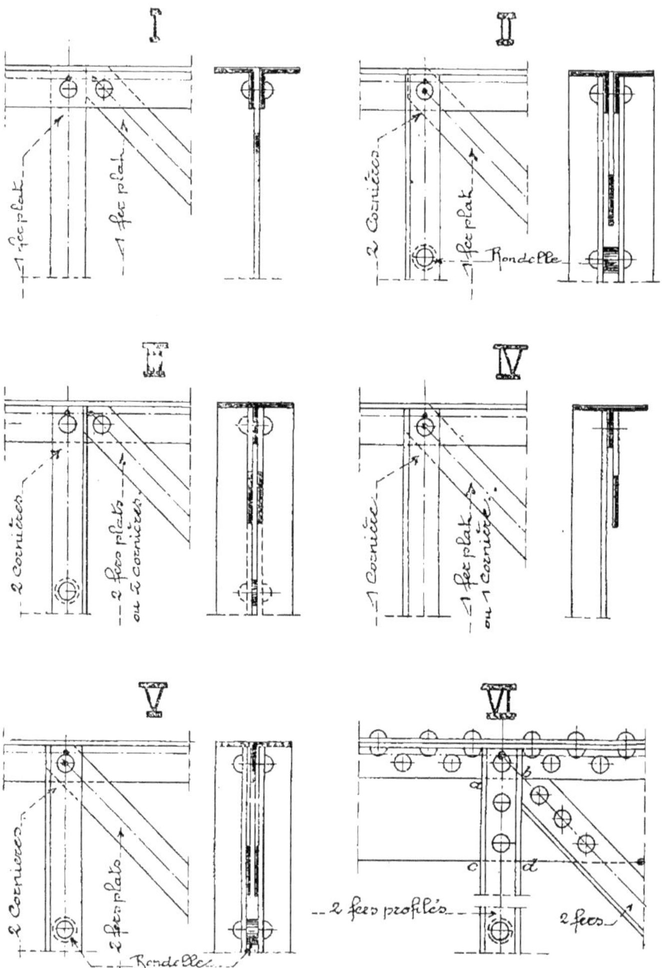

Fig. 102. — Assemblages directs.

ou bien avec un ou plusieurs goussets. De là, trois séries d'assemblages.

1re *Série. — Assemblages directs* (v. fig. 102).

La figure 102 renseigne l'agencement de six types d'assemblages directs, c'est-à-dire d'assemblages sans goussets. Les types I à V sont forcément entachés d'excentricité au croisement des barres, seul le type VI peut être disposé logiquement ; les premiers types ne peuvent donc être utilisés qu'avec faibles charges ainsi qu'aux contreventements.

Aux types I et II, les membrures sont constituées de deux cornières laissant entre elles le vide nécessaire au passage des diagonales. Ce vide ayant peu de largeur, l'entretien des faces intérieures est impossible.

Au type III, l'entretien est impossible aux montants et aux diagonales.

Au type IV, les efforts sont transmis excentriquement aux barres du treillis qui ne se trouvent pas dans le plan moyen de la poutre ; ce défaut crée une torsion dans la membrure et une flexion dans les barres précitées.

Au type V, l'entretien est impossible aux diagonales.

Au type VI, même observation qu'au type V. Aux montants le vide a plus de largeur, car il rachète trois épaisseurs (il y a deux fourrures en *abcd*), ce qui permet l'entretien.

Pour les charges légères, on donnera la préférence au type II qui laisse une faible excentricité au croisement des barres et avec lequel il est possible de faire disparaître le vide des membrures, soit en y plaçant une fourrure, soit en le remplissant de mortier de ciment. Rien ne s'oppose à faire emploi du type IV aux contreventements. Le type VI sera d'un emploi obligatoire avec charges de quelque importance.

2e *Série. — Assemblages par un gousset* (v. fig. 103).

Au type VII, on constate un vide de peu de largeur aux membrures et aux diagonales.

Le type VIII est utilisé aux poutres à grande portée. On peut lui reprocher de créer de nombreux sectionnements aux âmes ; ce défaut perd de son importance avec les membrures cintrées dont les âmes doivent forcément être sectionnées et que l'on coupera à la naissance des goussets.

Le type IX comporte en réalité deux goussets, mais la poutre

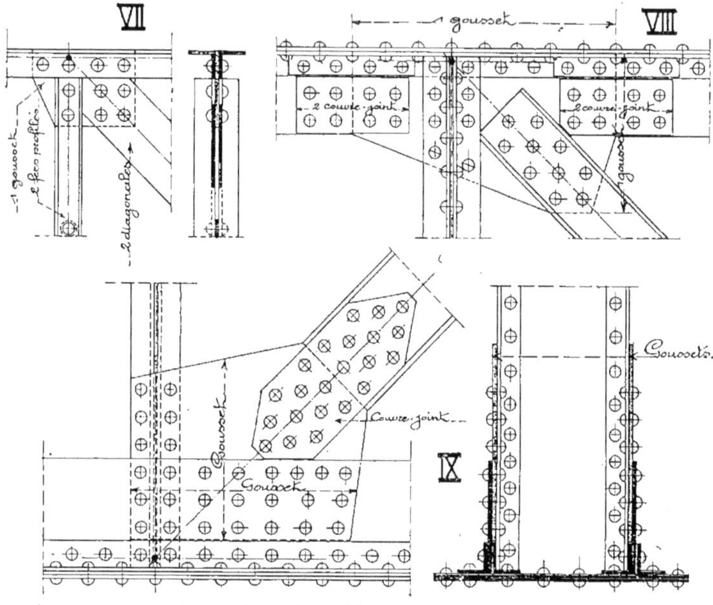

Fig. 103. — Assemblages par un gousset.

ayant deux parois verticales, il est logique de le ranger dans la deuxième série. Les diagonales ne se trouvent pas dans le plan des âmes, ce qui est une défectuosité.

3e *Série. — Assemblages par deux goussets* (v. fig. 104).

Le type X a beaucoup d'analogie avec le type VII, mais il doit être préféré à celui-ci, car il supprime le vide des diagonales et des membrures. Il sera d'une application judicieuse aux poutres à grande portée des charpentes.

Le type XI est d'un emploi recommandable aux poutres à treillis simple et fortes charges.

Le type XII constitue un agencement économique et à l'abri d'objections; il n'est applicable que si l'âme a une grande importance relativement aux barres du treillis.

Types à utiliser. — Nous avons dit que dans la première série, on utilisera de préférence le type II avec faibles charges, le type VI avec charges ordinaires et le type IV aux contreventements. Ces assemblages réalisent la disposition la plus économique.

Dans la deuxième série, le type VII peut être utilisé aux poutres

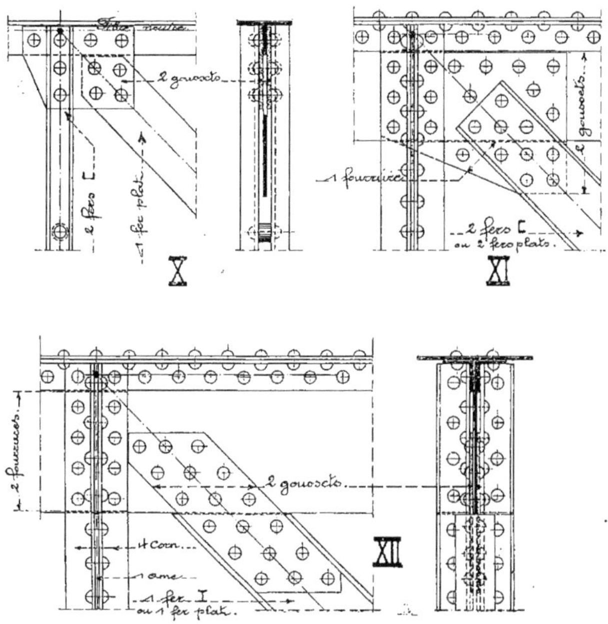

Fig. 104. — Assemblages par deux goussets.

de peu d'importance ; le type VIII laissera une certaine économie avec les poutres à treillis simple et membrures cintrées.

Dans la troisième série, le type X convient avec faibles charges, le type XI avec treillis simple et fortes charges, le type XII avec treillis multiple et avec treillis simple à faibles charges.

170. Remarques. — Il y a lieu d'éviter les plis aux montants et aux diagonales ; en conséquence on intercalera des fourrures entre l'âme et les barres s'appliquant sur la branche verticale des cornières.

Si l'assemblage des diagonales se fait par plusieurs files de rivets, il est conseillable de n'avoir qu'un seul rivet dans la première section affaiblie, deux au maximum dans la deuxième section, trois au maximum dans la troisième section, etc. Si l'on adopte cette répartition, la section brute des diagonales n'est affaiblie théoriquement que par un seul trou de rivet.

Si l'on sectionne l'âme, il y a lieu de placer également des couvre-joints sur les cornières, suivant ce qui est indiqué au type VIII, figure 103.

171. *Fixation des goussets.* — La fixation des goussets à l'âme est différente selon qu'ils reçoivent simplement les diagonales, ou les diagonales et les montants.

Le premier cas se présente au type XII. Le nombre de rivets à l'âme est le même que celui qui est nécessaire à la diagonale.

Dans le deuxième cas, les goussets sont soumis à la traction des diagonales ainsi qu'à la compression des montants. A la fixation sur l'âme, les rivets doivent avoir une résistance au cisaillement égale à la résultante de ces deux efforts. Avec une poutre à membrures parallèles, montants normaux et diagonales à 45°, cette résultante a même intensité que la compression du montant.

Mais, en général, le nombre de sections de rivets de l'assemblage extrême des montants sera insuffisant pour la fixation des goussets sur l'âme. En effet, il peut donner naissance à un travail exagéré par compression sur la tige du rivet au passage de l'âme et à un travail trop intense par cisaillement, parce que la résultante des efforts transmis aux goussets ne passe pas par le centre de gravité des sections de rivets cisaillées. Il convient que l'assemblage des goussets comporte au moins autant de sections cisaillées que l'assemblage des diagonales et ce nombre sera majoré si la résultante agit avec une forte excentricité.

CHAPITRE III

POIDS DES POUTRES EN TREILLIS

Établissement des formules

172. *Signification des notations.* — Dans les poutres en treillis, il ne peut être question de calculer les divers organes avec un taux de travail uniforme. Les flexions secondaires se présentent en effet avec une intensité plus grande dans les barres du treillis et elles sont surtout de nature à susciter certaines appréhensions dans les barres tirées pour lesquelles le taux moyen de travail ne subit pas la majoration admise aux pièces comprimées en vue d'éviter le flambage. Nous sommes conduit en conséquence à calculer les sections d'après les taux de travail énumérés ci-après :

R = le taux de travail des membrures ;
R_c = — — barres comprimées du treillis ;
R_t = — — — tirées — — .

Pour les barres comprimées, le taux de travail moyen obtenu en divisant l'effort longitudinal par la section doit être majoré pour tenir compte de la tendance au flambage. En d'autres termes, le taux de travail moyen des pièces comprimées doit être multiplié par un certain coefficient, que nous appellerons *coefficient de flambage*, pour avoir le taux de travail réel. Nous adoptons les notations ci-après pour ces coefficients :

α : coefficient de flambage des membrures comprimées ;
β : — — barres verticales comprimées ;
et γ : — — barres obliques comprimées.

Nous supposons que ces coefficients conservent, pour chaque

système d'organes, une valeur constante dans toute la poutre, valeur déterminée par l'examen des barres les plus fatiguées.

Si nous nous reportons à la deuxième partie, nous trouvons que le coefficient de flambage a pour expression :

$$1 + \frac{fH^2}{l^2} .$$

Nous reprenons les notations L, h, m, n, p, q, M, δ et k dont il est fait mention à la troisième partie ; leur signification est donnée au n° 43. Toutefois, h désigne ci-après la hauteur théorique de la poutre, mesurée aux membrures de centre à centre de gravité, et pour p, il y a lieu de prendre la moyenne des charges unitaires uniformément réparties donnant l'équivalence au point de vue des moments fléchissants et des efforts tranchants.

Nous supposons que les poutres sont simplement appuyées à leurs extrémités sur deux appuis de niveau et qu'elles ne portent que des charges uniformément réparties.

Nous déterminons successivement le poids moyen par unité de longueur des deux membrures, des montants et des diagonales. Ces calculs se font d'abord pour une poutre à égalité de résistance, ensuite pour une poutre à sections constantes aux trois systèmes de barres.

Nous désignons respectivement par ω et par q la section nette maximum ou moyenne et le poids moyen net par unité de longueur de poutre d'un système de barres. Ces lettres sont affectées des indices $_1$, $_2$, $_3$ et $_4$ selon qu'il s'agit de la membrure étendue, de la membrure comprimée, des barres du treillis comprimées ou des barres du treillis tirées.

A. — POUTRES A MEMBRURES PARALLÈLES

1° Poutre avec treillis en N et diagonales tirées (*système Pratt*).

173. — La figure 105 montre le tracé de cette poutre.

Membrure tirée. — Au milieu de la portée, la tension longitudinale T est, à peu de chose près, donnée par l'égalité suivante :

$$T = \frac{M}{h} = \frac{pL^2}{8h} = \frac{pLm}{8} .$$

Au point précité, la section transversale nette ω_1 s'obtient donc par la relation ci-après :

$$\omega_1 = \frac{T}{R} = \frac{pLm}{8R}.$$

Si la membrure est à section variable et égalité de résistance, les variations de sections correspondent aux variations d'intensité des moments fléchissants et le poids total est réduit aux deux

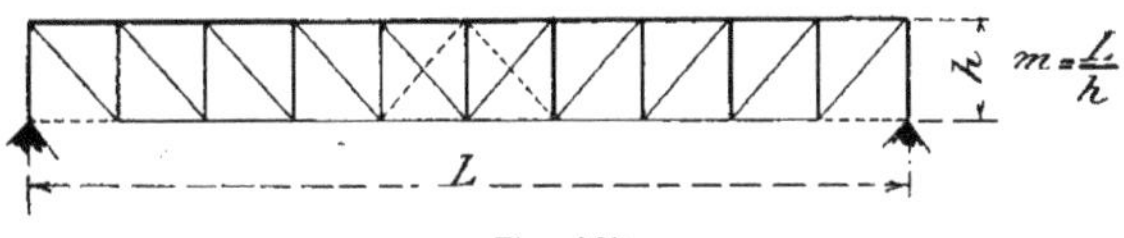

Fig. 105.

tiers du poids d'une pièce à section constante. Dès lors, nous avons la relation ci-après pour le poids moyen net par unité de longueur :

$$q_1 = \frac{2}{3}\delta\omega_1 = \frac{2\delta pLm}{3 \times 8R} = \frac{\delta pL}{12R}m.$$

Membrure comprimée. — L'effort sollicitant la membrure au milieu de la portée est cette fois exactement $\frac{M}{h} = \frac{pLm}{8}$. Le taux de travail moyen est $\frac{pLm}{8\omega_2}$ et comme la pièce est comprimée, ce taux doit être multiplié par le coefficient de flambage et il devient $\frac{\alpha pLm}{8\omega_2}$. Le taux majoré étant égal à R, nous avons :

$$\frac{\alpha pLm}{8\omega_2} = R$$

d'où

$$\omega_2 = \alpha\frac{pLm}{8R}.$$

Nous voyons donc que la section trouvée précédemment est multipliée par α. Dès lors, nous avons :

$$q_2 = \frac{\delta pL}{12R}\alpha m.$$

Si les membrures sont à sections constantes, q_1 et q_2 doivent être multipliés par 3/2 ou par 1,5.

Les calculs précédents donnent un léger excès de poids à la membrure tirée et une erreur de sens inverse à la membrure comprimée ; mais nous obtenons le volume théorique total des deux organes avec une erreur pour ainsi dire nulle si $\alpha = 1$. Ce coefficient ne différant pas sensiblement de l'unité, nous aurons une approximation bien suffisante. Dans ce volume théorique, n'interviennent pas les deux tronçons extrêmes de la membrure inférieure qui ne sont soumis à aucun travail moléculaire et dont le poids doit majorer le coefficient k.

Montants. — Avec le système de poutre considéré, l'intensité de l'effort sollicitant un montant correspond à peu de chose près à l'intensité prise par l'effort tranchant au droit de la pièce.

Nous supposons que tous les montants ont même section,

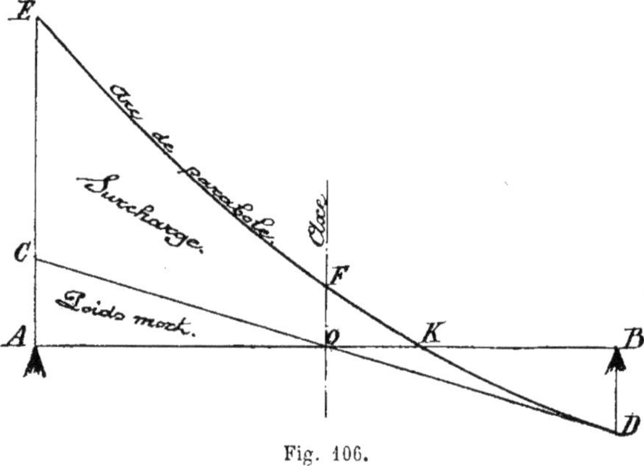

Fig. 106.

laquelle est déterminée en prenant comme base la valeur moyenne de l'effort tranchant.

Mais, en général, la charge unitaire p comprend deux parties : une partie donnée par le poids mort et une partie donnée par les charges mobiles.

Pour la première partie, l'enveloppe des efforts tranchants est une droite. Ce sera la droite COD, de la figure 106, si AC est la réaction en A donnée par cette partie de la charge.

Pour la seconde partie, l'enveloppe de ces efforts est l'arc de parabole EFD, ayant CD comme base, si CE correspond à l'intensité de la réaction de la charge roulante totale.

Il en résulte que, à la demi-poutre de gauche, les montants doivent être calculés en considérant l'arc de parabole EF avec AB comme base. Mais nous pouvons substituer une ligne droite à l'arc EF, ce qui nous conduit à augmenter légèrement la moyenne des efforts tranchants.

Nous avons démontré que $OF = \frac{CE}{4}$. Par conséquent, si c'est la surcharge qui prédomine, ce qui est le cas des ponts à petite ouverture, l'effort tranchant au milieu se rapproche du quart de $\frac{pL}{2}$ soit de $\frac{pL}{8}$ et la valeur moyenne des efforts tranchants tend à devenir $\frac{5}{16} pL$.

Si, au contraire, c'est le poids mort qui prédomine, ou bien s'il n'y a que des charges permanentes, l'effort tranchant prend au milieu une valeur négligeable ou nulle et on peut prendre comme valeur moyenne des efforts tranchants $\frac{4}{16} pL$.

Cette valeur moyenne se modifie donc peu. Mais remarquons que les montants centraux doivent présenter un excès de résistance, les faibles sections données par la théorie étant irréalisables en pratique, et parce que certaines vérifications expérimentales ont montré que pour les pièces à faible sollicitation théorique, le taux de travail réel est supérieur au taux de travail calculé.

Remarquons aussi que les montants sont généralement des pièces constitutives des contreventements et que, dans ce cas, il ne peut être question d'établir les montants centraux aux dimensions qui suffiraient pour la flexion verticale.

Ces considérations nous conduisent à proposer comme valeur moyenne des efforts tranchants $\frac{5,5}{16} pL$, au lieu de $\frac{5}{16}$ et $\frac{4}{16} pL$ que nous trouvons comme valeurs limites par des recherches d'ordre théorique.

Dès lors, si ω_3 est la section d'un montant, nous aurons pour le taux de travail réel, en tenant compte du flambage :

$$R_c = \frac{55}{160} \frac{\beta pL}{\omega_3}$$

d'où

$$\omega_3 = \frac{55}{160} \frac{\beta pL}{R_c} .$$

Si l'inclinaison des diagonales est de 45°, il y aura m panneaux; mais en général, en vue d'améliorer l'aspect, on préfère adopter $m + 1$ panneaux, ce qui donne $m + 2$ montants.

Dès lors, nous avons :

$$q_3 = \delta\omega_3 \frac{(m+2)h}{L} = \frac{\delta pL}{12R} 4,1 \beta \frac{m+2}{m} \frac{R}{R_c}.$$

Si tous les montants ont même section, celle-ci doit être calculée pour l'effort tranchant aux appuis, soit pour $\frac{80}{160} pL$. Cette valeur doit être substituée à la valeur moyenne $\frac{55}{160} pL$ admise ci-dessus et, dès lors, le coefficient 4,1 de la relation précédente devient $4,1 \times \frac{80}{55} = 6$.

Diagonales. — Dans une division quelconque de la poutre, l'intensité de la composante verticale de la tension de la diagonale correspond à la valeur prise par l'effort tranchant dans cette division. Conséquemment, si nous supposons que les diagonales sont inclinées à 45°, l'effort qui les sollicite est égal au produit de l'effort tranchant par $\sqrt{2}$.

Suivant ce qui a été admis pour les montants, nous ne considérons pas successivement chacune des diagonales ; nous supposons que toutes ces pièces reçoivent un même effort d'extension dont l'intensité est la moyenne des valeurs réelles.

Dans le cas d'une charge roulante, on adopte à la partie centrale soit un treillis double, soit des diagonales à section renforcée permettant un travail par compression. Nous supposons que les deux systèmes donnent la même consommation de métal et nous calculons celle-ci par l'examen de la première solution.

Si nous nous reportons à la figure 106, nous remarquons que les diagonales de la demi-poutre de gauche doivent prendre naissance en K. L'aire des efforts tranchants se rapportant aux diagonales de la demi-poutre précitée est limitée par l'arc de parabole EFK auquel nous substituons la ligne droite EK. Cette façon de faire conduit à augmenter légèrement l'intensité moyenne des efforts tranchants. Mais cette augmentation n'est pas inutile car il est impossible de réaliser aux diagonales centrales, les faibles sections données par la théorie.

Dans cette hypothèse, la réaction au droit des appuis étant $\frac{1}{2} pL$, l'intensité moyenne des efforts tranchants est $\frac{1}{4} pL$.

Avec une inclinaison de 45°, la tension des diagonales a donc une valeur moyenne égale à $\frac{pL}{4}\sqrt{2}$, ce qui donne :

$$\omega_4 = \frac{pL}{4} \frac{\sqrt{2}}{R'} .$$

S'il n'y a que du poids mort, leur longueur totale est $L\sqrt{2}$; avec charges roulantes cette longueur doit être majorée dans le rapport de AK à AO (v. fig. 106). Le taux de majoration est :

Au pont de Kuilenburg :

$\frac{24}{21} = 1,14$, à la travée de 83,50 ;

$\frac{18}{15} = 1,20$, aux travées de 59,50 ;

Au pont d'Anseremme :

$\frac{20}{16} = 1,25$, à la travée centrale ;

$\frac{18}{14} = 1,28$, aux travées latérales.

Enfin il est :

$\frac{12}{9} = 1,33$, au pont sur le canal de Charleroi à Bruxelles.

Ces chiffres montrent que nous pouvons admettre que, avec charges roulantes, la majoration à la longueur totale est invariablement égale à 1,25.

Conséquemment, avec charges mobiles,

$$q_4 = 1,25\,\delta\omega_4\sqrt{2} = \frac{\delta pL}{12\,R}\ 7,5\ \frac{R}{R_t} .$$

Mais nous avons donné aux diagonales une inclinaison de 45°. Recherchons ce que deviendrait le coefficient 7,5 si la diagonale faisait par exemple avec la verticale un angle de 40°. Nous trouvons :

$$\frac{12 \times 1,25}{4 \cos 40^\circ \sin 40^\circ} = 7,6 \text{ au lieu de } 7,5.$$

L'inclinaison de 45° peut donc être admise d'une façon invariable ; il est visible que toute modification apportée à cette inclinaison modifie la section en un sens et la longueur totale en sens inverse.

S'il n'y a que du poids mort, le coefficient 7,5 devient $\frac{7,5}{1,25} = 6$.

Si toutes les diagonales ont même section, le poids des diagonales est doublé et les coefficients 7,5 et 6 deviennent 15 et 12. Dans la suite, nous substituons la notation N aux coefficients numériques intervenant à q_4.

Poids total. — Le poids théorique total par unité de longueur est pour une poutre avec égalité de résistance :

$$q = q_1 + q_2 + q_3 + q_4 = \frac{\delta p L}{12R}\left(m + \alpha m + 4,1\,\beta\,\frac{m+2}{m}\,\frac{R}{R_c} + N\frac{R}{R_t}\right).$$

Mais nous devons tenir compte des couvre-joints, des goussets, des fourrures, des têtes de rivets et de la surlongueur des appuis, ce qui conduit à multiplier le résultat par un coefficient de majoration que nous désignons par la notation k comme aux poutres à âme pleine. Nous avons finalement, *pour une poutre à égalité de résistance :*

$$= \frac{k\delta p L}{12R}\left\{m\,(1+\alpha) + 4,1\,\beta\,\frac{m+2}{m}\,\frac{R}{R_c} + N\,\frac{R}{R_t}\right\}. \qquad (74)$$

N est égal à 6 s'il n'y a que des charges permanentes et on peut admettre que ce facteur est égal à 7,5 avec charges roulantes [1].

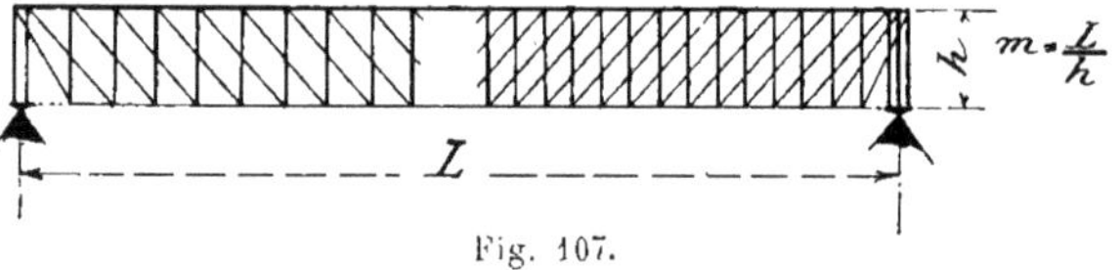

Fig. 107.

La formule est de la forme suivante, *pour une poutre à sections constantes aux trois systèmes de barres :*

$$= \frac{k\delta p L}{12R}\left\{1,5\,m\,(1+\alpha) + 6\,\beta\,\frac{m+2}{m}\,\frac{R}{R_c} + N\,\frac{R}{R_t}\right\}. \qquad (75)$$

Pour N, doubler les valeurs renseignées ci-dessus.

Il va de soi que ces formules sont applicables à une poutre à treillis multiple si les treillis élémentaires sont du type qui nous

[1] Si une précision rigoureuse est de mise, on écrira que

$$N = 6\,\frac{AK}{AO} = 12\left(1 + \frac{p_m}{p_r} - \sqrt{\frac{p_m}{p_r} + \frac{p_m^2}{p_r^2}}\right)$$

p_m et p_r désignant respectivement les charges unitaires données par les efforts tranchants pour le poids mort et la surcharge mobile.

occupe. La figure 107 donne deux exemples de treillis multiples.

Nous recherchons plus loin quelle est la valeur à attribuer aux divers facteurs.

2° Poutre inférieure avec treillis en N a diagonales tirées (*système Pratt*).

174. — Les montants au droit des appuis ainsi que les tronçons extrêmes de la membrure inférieure peuvent être supprimés, ce qui donne le type de poutre représenté à la figure 108.

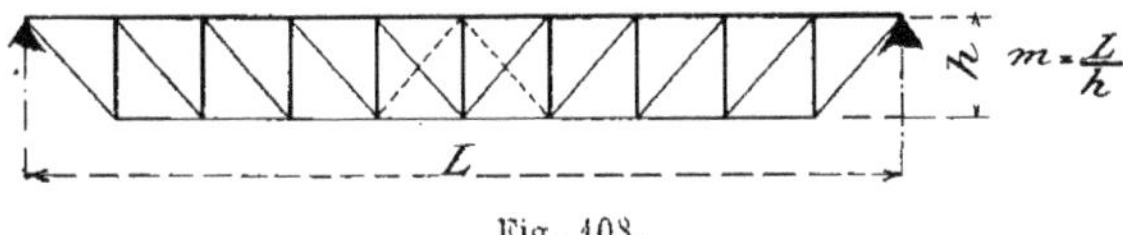

Fig. 108.

Pour la membrure inférieure, les barres supprimées n'intervenant pas aux calculs, la relation obtenue précédemment pour q_2 doit être reprise sans modification.

Les montants extrêmes étant supprimés, il y a de ce chef dans une poutre à égalité de résistance, une diminution de poids égale à :

$$\frac{\delta\beta pL}{2R_c} \times \frac{2L}{m} : L = \frac{\delta pL}{12R}\,\beta\,\frac{12}{m}\,\frac{R}{R_c}.$$

Nous avons donc :

$$q_3 = \frac{\delta pL}{12R}\,\beta\left\{4,1\,\frac{m+2}{m} - \frac{12}{m}\right\}\frac{R}{R_c} = \frac{\delta pL}{12R}\,\beta\,\frac{4,1\,m - 3,8}{m}\,\frac{R}{R_c}.$$

Si tous les montants ont même section, nous avons en supposant que les diagonales extrêmes sont inclinées à 45° :

$$\omega_3 = \frac{\beta}{R_c}\left(\frac{pL}{2} - \frac{3}{4}\,\frac{pL}{2}\,\frac{2}{m}\right) = \frac{\beta pL}{2R_c}\,\frac{m - 1.5}{m}$$

$$q_3 = \delta\omega_3\,\frac{L}{m}\,m : L = \frac{\delta pL}{12R}\,6\,\beta\,\frac{m - 1,5}{m}\,\frac{R}{R_c}.$$

Dès lors, nous pouvons écrire :

Pour les poutres à égalité de résistance :

$$q = \frac{k\delta pL}{12R}\left\{m\,(1+\alpha) + \beta\,\frac{4,1\,m - 3,8}{m}\,\frac{R}{R_c} + N\,\frac{R}{R_t}\right\}. \qquad (76)$$

N = 7,5 avec charges roulantes et 6 s'il n'y a que des charges permanentes.

Pour les poutres à sections constantes aux trois systèmes de barres :

$$q = \frac{k\delta pL}{12R} \left\{ 1,5\, m\,(1 + \alpha) + 6\,\beta\, \frac{m - 1,5}{m} \frac{R}{R_c} + N \frac{R}{R_t} \right\}. \qquad (77)$$

N = 15 avec charges roulantes et 12 s'il n'y a que des charges statiques.

3° Poutre supérieure avec treillis en N a diagonales extrêmes comprimées

175. — Ce type de poutre est dessiné à la figure n° 109.

Si nous comparons cette poutre à la disposition faisant l'objet du 2°, nous voyons que nous devons faire entrer en ligne de

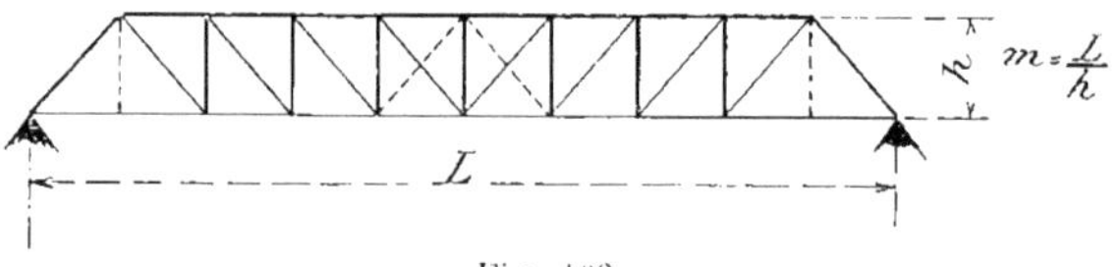

Fig. 109.

compte une diminution de poids aux montants extrêmes et une augmentation de poids aux diagonales des appuis.

Montants. — Généralement, on n'allégit pas les montants extrêmes autant que le permet la théorie, parce que ces pièces remplissent un rôle important dans les contreventements verticaux. Si nous leur donnons même section qu'aux montants adjacents, nous avons, comparativement à la poutre du 2°, avec diagonales à 45°, une diminution de section égale à

$$\frac{\beta}{R_c} \frac{3}{4} \frac{pL}{2} \frac{2}{m} = \frac{0,75\, \beta pL}{mR_c}$$

d'où il résulte que q_3 peut être réduit de

$$\frac{0,75\, \delta\beta pL}{mR_c} \frac{2L}{m} : L = \frac{\delta pL}{12R} \frac{18\beta}{m^2} \frac{R}{R_c}.$$

Si tous les montants ont même section, nous pouvons reprendre la valeur trouvée pour q_3 au cas précédent à condition de substituer $(m - 3)$ au facteur $(m - 1,5)$.

Diagonales. — Le poids des diagonales extrêmes soumises à compression est, par unité de longueur de poutre,

$$\frac{\delta \gamma p L \sqrt{2}}{2 R_c} \sqrt{2} \, \frac{2}{m} = \frac{\delta p L}{12 R} \, \frac{24 \gamma}{m} \, \frac{R}{R_c}.$$

poids qu'il y a lieu d'ajouter à q_3.

Aux poutres à égalité de résistance et charges roulantes, il est visible que par suite de la suppression des diagonales extrêmes

$$q_4 = \frac{\delta p L}{12 R} \left(7{,}5 - \frac{24}{m} \right) \frac{R}{R_t} \cdot$$

S'il n'y a que des charges permanentes, le coefficient 7,5 devient 6.

Si les diagonales sont à section constante,

$$\omega_4 = \frac{\sqrt{2}}{R_t} \left(\frac{pL}{2} - \frac{3}{4} \, \frac{pL}{2} \, \frac{2}{m} \right) = \frac{pL\sqrt{2}}{2 R_t} \, \frac{m - 1{,}5}{m}$$

et nous avons, avec charges roulantes :

$$q_4 = \delta \omega_4 \sqrt{2} \, \frac{1{,}25 \, m - 2}{m} = \frac{\delta p L}{12 R} \, 12 \, \frac{(1{,}25 \, m - 2) \, (m - 1{,}5)}{m^2} \, \frac{R}{R_t}.$$

Sans charges roulantes, le facteur 1,25 disparaît et on peut négliger la faible modification qui survient à l'intensité maximum de l'effort de traction.

Finalement, nous avons :

Pour les poutres à égalité de résistance :

$$q = \frac{k \delta p L}{12 R} \left[m \, (1 + \alpha) + \left\{ \frac{\beta \, (4{,}1 \, m - 3{,}8) + 24 \, \gamma}{m} - \frac{18 \, \beta}{m^2} \right\} \frac{R}{R_c} + \right.$$
$$\left. + \left(N - \frac{24}{m} \right) \frac{R}{R_t} \right] \cdot \qquad (78)$$

$N = 7{,}5$ avec charges roulantes et 6 sans charges roulantes.

Pour les poutres à sections constantes :

$$q = \frac{k \delta p L}{12 R} \left[1{,}5 \, m \, (1 + \alpha) + \left\{ 6 \beta \, \frac{(m - 3)}{m} + \frac{24 \gamma}{m} \right\} \frac{R}{R_c} + \right.$$
$$\left. + 12 \, \frac{(N m - 2) \, (m - 1{,}5)}{m^2} \, \frac{R}{R_t} \right] \cdot \qquad (79)$$

$N = 1{,}25$ avec charges roulantes et ce facteur disparaît s'il n'y a que des charges permanentes.

4° Poutre avec treillis en N a diagonales comprimées (*système Howe*).

176. — La figure 110 renseigne le tracé de la poutre.

Les barres extrêmes pointillées sont des pièces admises en certains cas, mais dont le travail théorique est nul. Nous n'établi-

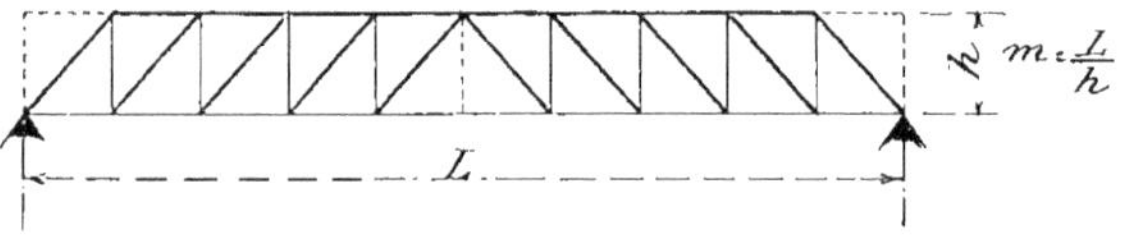

Fig. 110.

rons donc qu'une seule formule pour les deux types de poutres réalisables.

Membrures. — Le poids trouvé précédemment reste d'application.

Diagonales. — Ces pièces sont soumises à des efforts de compression dont la composante verticale est égale à l'effort tranchant. Ce que nous avons dit au 1° nous conduit à écrire, pour la section moyenne :

$$\omega_3 = \frac{55}{160} \frac{\gamma p L}{R_c} \sqrt{2}$$

et pour le poids par unité de longueur :

$$q_3 = \delta \omega_3 \sqrt{2} = \frac{55}{80} \frac{\delta \gamma p L}{R_c} = \frac{\delta p L}{12 R} 8{,}2 \gamma \frac{R}{R_c}.$$

Si les diagonales sont à section constante, le coefficient 8,2 devient

$$\frac{8.2 \times 80}{55} = 12.$$

Montants. — Les montants travaillent par extension; cependant, dans la partie centrale, ils peuvent aussi travailler par compression s'il y a des charges roulantes.

Avec charges permanentes, nous avons pour la section maximum, en supposant que les diagonales soient inclinées à 45° :

$$\omega_4 = \frac{pL}{2R_t} \frac{m-2}{m}$$

et

$$q_4 = \delta \frac{\omega_4}{2} = \frac{\delta p L}{12 R} 3 \frac{(m-2)}{m} \frac{R}{R_t}.$$

Toutefois, nous substituons $(m - 1{,}5)$ au facteur $(m - 2)$ afin que les formules ci-après se présentent sous une forme plus simple.

Si les pièces sont à section constante, le coefficient 3 devient 6.

Si la poutre est appelée à recevoir des charges roulantes,

$$\omega_1 = \frac{1}{R_t}\left(\frac{pL}{2} - \frac{3}{4}\frac{pL}{2}\frac{2}{m}\right) = \frac{pL}{2R_t}\frac{m - 1{,}5}{m}$$

et il convient de tenir compte d'une majoration de 25 p. 100 pour l'augmentation de section aux montants comprimés. Dès lors,

$$q_1 = 1{,}25\,\delta\,\frac{\omega_1}{2} = \frac{\delta pL}{12R}\;3{,}75\;\frac{m - 1{,}5}{m}\;\frac{R}{R_t}.$$

Si les pièces sont à section constante, le coefficient 6 trouvé aux charges permanentes est insuffisant; nous le majorons de $3{,}75 - 3{,}00 = 0{,}75$.

Nous avons en conséquence :

Pour les poutres à égalité de résistance :

$$q = \frac{k\delta pL}{12\,R}\left\{m(1 + \alpha) + 8{,}2\,\gamma\,\frac{R}{R_c} + N\,\frac{m - 1{,}5}{m}\,\frac{R}{R_t}\right\}. \qquad (80)$$

$N = 3{,}75$ avec charges roulantes et 3 s'il n'y a que des charges permanentes.

Pour les poutres à sections constantes :

$$q = \frac{k\delta pL}{12R}\left\{1{,}5\,m\,(1 + \alpha) + 12\,\gamma\,\frac{R}{R_c} + N\,\frac{m - 1{,}5}{m}\,\frac{R}{R_t}\right\}. \qquad (81)$$

$N = 6{,}75$ avec charges roulantes et 6 s'il n'y a que des charges permanentes.

5° Poutre avec treillis en V (*système Warren*).

177. — La figure 111 renseigne le tracé de cette poutre.

Rappelons que les barres extrêmes pointillées ne sont soumises à aucun travail et qu'elles ne doivent pas intervenir aux calculs ci-après.

Les membrures donnent le même poids qu'au 1°.

Diagonales comprimées. — Si nous nous reportons au numéro précédent, nous voyons que, avec égalité de résistance,

$$q_3 = \frac{\delta p L}{12R} 4,1 \gamma \frac{R}{R_c}.$$

Avec sections constantes, le coefficient 4,1 devient 6.

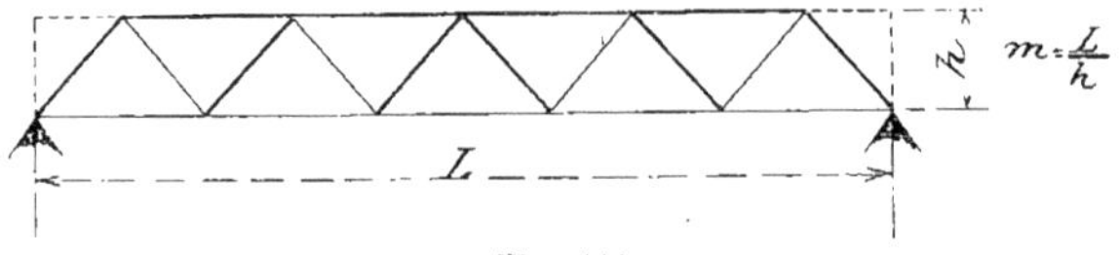

Fig. 111.

Diagonales tirées. — Si nous nous reportons au n° 173, nous voyons que, avec charges roulantes,

$$q_4 = \frac{\delta p L}{12R} 3,75 \frac{R}{R_t}.$$

Avec charges permanentes, le coefficient 3,75 devient 3,00. Si les pièces sont à section constante, ces coefficients doivent être doublés.

Nous pouvons donc écrire :

Pour les poutres à égalité de résistance :

$$q = \frac{k\delta p L}{12R} \left\{ m(1 + \alpha) + 4,1 \gamma \frac{R}{R_c} + N \frac{R}{R_t} \right\}. \quad (82)$$

N = 3,75 s'il y a des charges roulantes et 3,00 dans le cas contraire.

Si on donne aux barres étendues même section qu'aux barres comprimées, le 2e terme doit être doublé et le 3e terme disparaît.

Pour les poutres à sections constantes :

$$q = \frac{k\delta p L}{12R} \left\{ 1,5\, m(1 + \alpha) + 6 \gamma \frac{R}{R_c} + N \frac{R}{R_t} \right\}. \quad (83)$$

N = 7,5 avec charges roulantes et 6 s'il n'y a que des charges permanentes.

Même remarque que ci-dessus pour le cas où l'on n'adopte qu'un seul type de diagonales.

6° Poutres avec treillis multiples a diagonales tirées et comprimées

178. — Les formules (82) et (83) sont également applicables aux poutres à treillis double ou multiple, seulement les montants amènent une majoration de poids.

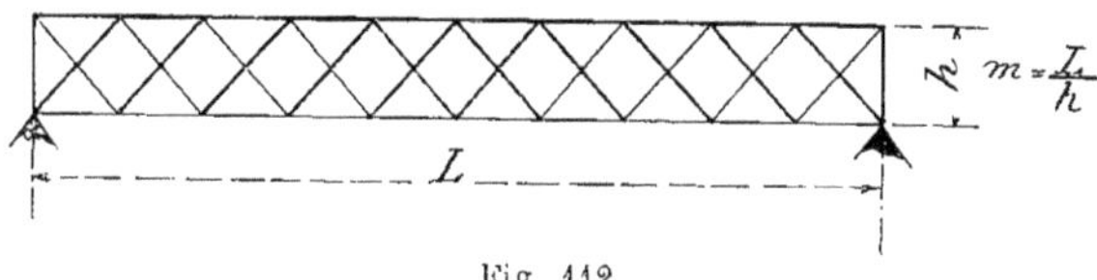

Fig. 112.

a) *Treillis double* (v. fig. 112).

Les montants extrêmes ne sont plus des pièces surabondantes. Ils subissent un effort de compression égal à la moitié de la réaction d'un appui. Ils donnent :

$$\omega_3 = \frac{\beta p L}{4 R_c}$$

ce qui conduit à ajouter à q_3

$$\delta \omega_3 \frac{2}{m} = \frac{\delta \beta p L}{2 m R_c} = \frac{\delta p L}{12 R} \frac{6\beta}{m} \frac{R}{R_c}.$$

Nous avons, dès lors, les formules suivantes :

Pour les poutres à égalité de résistance :

$$q = \frac{k \delta p L}{12 R} \left\{ m (1 + \alpha) + \left(\frac{6\beta}{m} + 4,1\, \gamma \right) \frac{R}{R_c} + N \frac{R}{R_t} \right\}. \tag{84}$$

$N = 3,75$ avec charges roulantes et 3,00 sans charges roulantes.

Pour les poutres à sections constantes :

$$q = \frac{k \delta p L}{12 R} \left\{ 1,5\, m (1 + \alpha) + 6 \left(\frac{\beta}{m} + \gamma \right) \frac{R}{R_c} + N \frac{R}{R_t} \right\}. \tag{85}$$

$N = 7,50$ avec charges roulantes et 6 s'il n'y a que des charges permanentes.

b) *Treillis à mailles serrées et montants de renfort.*

Avec les treillis multiples à mailles serrées (v. fig. 113), il est de règle de renforcer la paroi verticale par des montants raidisseurs appelés *montants de renfort*. Ces pièces doivent être à même de résister à l'effort tranchant et l'on obtient une bonne proportion en les plaçant à une distance égale à 1,5 fois la hauteur de la poutre.

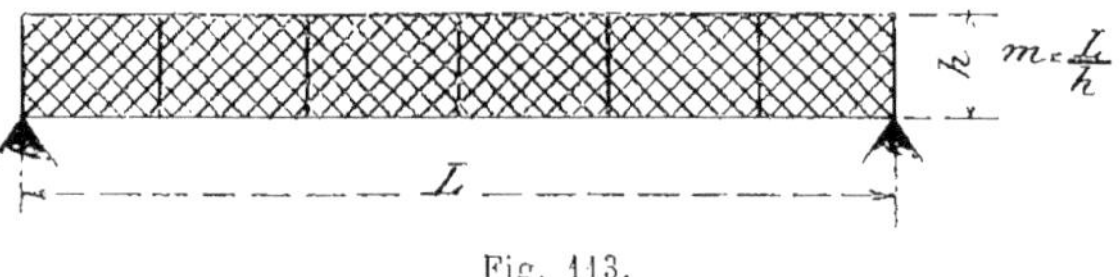

Fig. 113.

Nous avons, si les pièces sont à section variable :

$$\omega_3 = \frac{55}{160} \frac{\beta p L}{R_c}$$

et

$$q_3 = \delta\omega_3 \frac{\frac{m}{1,5} + 1}{m} = \frac{\delta p L}{12R} \frac{\beta}{m} \frac{m + 1,5}{0,36} \frac{R}{R_c}.$$

Si les pièces sont à section constante, le dénominateur 0,36 devient 0,25.

En conséquence, s'il y a des montants de renfort, la fraction $\frac{6\beta}{m}$ du deuxième terme entre accolades devient :

Pour les poutres à égalité de résistance : $\frac{\beta}{m} \frac{m + 1,5}{0,36}$;

Pour les poutres à sections constantes : $\frac{\beta}{m} \frac{m + 1,5}{0,25}$.

c) *Treillis en croix de Saint-André.*

Ce treillis représenté à la figure 114 est assimilable au treillis

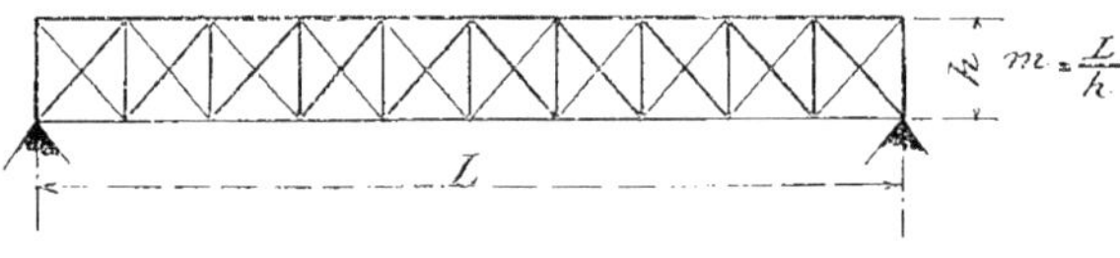

Fig. 114.

considéré en *b*. Cependant, les montants sont situés à une distance égale à la hauteur de la poutre, mais comme ils ne remplissent qu'un rôle théorique secondaire, nous estimons que la majoration trouvée au cas précédent peut être reprise.

Nous avons donc les deux formules ci-après, pour les treillis à mailles serrées et montants de renfort et les treillis en croix de Saint-André.

Pour les poutres à égalité de résistance :

$$q = \frac{k\delta p L}{12R} \left\{ m(1+\alpha) + \left(\frac{\beta(m+1{,}5)}{0{,}36\, m} + 4{,}1\,\gamma \right) \frac{R}{R_c} + N \frac{R}{R_t} \right\}. \qquad (86)$$

N = 3,75 avec charges roulantes et 3,00 sans charges roulantes.

Pour les poutres à sections constantes :

$$q = \frac{k\delta p L}{12R} \left\{ 1{,}5\, m(1+\alpha) + \left(\frac{\beta(m+1{,}5)}{0{,}25\, m} + 6\gamma \right) \frac{R}{R_c} + N \frac{R}{R_t} \right\}. \quad . \qquad (87)$$

N = 7,50 avec charges roulantes et 6 sans charges roulantes.

Si les diagonales étendues ont même section que les diagonales comprimées, le 3e terme entre accolades des formules (84) à (87) disparaît et le terme en γ est doublé.

7° Poutre continue

179. — Si la poutre a plus de 2 appuis, la continuité au droit des appuis a pour effet de réduire le poids des membrures et d'augmenter le poids du treillis.

On calculera le poids unitaire de cette poutre, travée par travée, en considérant une poutre fictive dont la hauteur serait égale à la hauteur de la poutre continue et dont la portée serait égale à la distance d'axe en axe des appuis de la travée considérée multipliée par

0,90 aux travées extrêmes et aux poutres à 2 travées;
0,88 — intermédiaires des poutres à 3 ou 4 travées;
0,85 — — — à plus de 4 travées.

Il va de soi que pour obtenir le poids total d'une travée, il y aura lieu de multiplier le poids unitaire par la distance des appuis.

La méthode de calculs proposée ci-dessus n'est qu'approximative, mais elle est suffisamment exacte pour les besoins de la pratique.

B. — POUTRES A MEMBRURES CINTRÉES

180. — Nous supposons que les membrures cintrées sont tracées en arc de parabole.

Nous désignons, comme aux poutres cintrées à âme pleine, par m le rapport de la portée à la hauteur maximum et par n le rapport de la hauteur minimum à la hauteur maximum.

1° Poutres avec montants aux appuis

181. — Le treillis est en N à diagonales tirées, suivant les indications de la figure 115.

Par suite de la réduction apportée aux extrémités à la hauteur

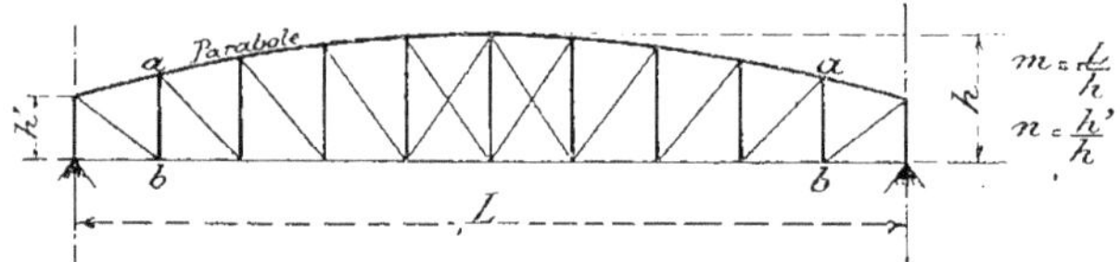

Fig. 115.

de la poutre, la section des membrures à proximité des appuis est plus forte que dans les poutres à membrures parallèles ayant même hauteur à l'axe. Par contre, il y a économie aux barres du treillis. En effet, dans une section quelconque, ces pièces ne doivent pas résister à la totalité de l'effort tranchant; il convient de déduire de cet effort la composante verticale de la compression prenant naissance dans la membrure cintrée. Il y a lieu de remarquer aussi que la diminution de hauteur à l'endroit où les efforts tranchants ont le maximum d'intensité est de nature à réduire la majoration de section amenée par la tendance au flambage. On conçoit donc que l'emploi de poutres cintrées puisse laisser une notable économie, malgré l'augmentation apportée au prix unitaire par la courbure d'une partie des barres.

a) *Membrure tirée.*

Nous avons établi, en étudiant la poutre A — 1° la relation ci-après pour la section au milieu de la portée :

$$\omega_1 = \frac{pLm}{8R} .$$

Pour connaître la section moyenne, il nous suffit de multiplier la section précédente par les coefficients μ intervenant au calcul du poids des poutres cintrées à âme pleine (v. n° 68). Nous avons dès lors :

$$q_1 = \delta\mu\omega_1 = \frac{\delta pL}{12\,R}\,1{,}5\,\mu m.$$

b) *Membrure comprimée.*

Négligeons momentanément l'augmentation de longueur due à la courbure. Dans cette hypothèse, nous avons :

$$q_2 = q_1\alpha$$

et

$$q_1 + q_2 = \frac{\delta pL}{12\,R}\,1{,}5\,\mu m\,(1+\alpha).$$

La courbure de la membrure supérieure allonge celle-ci de 35 millièmes dans des conditions défavorables et d'environ 10 millièmes avec les proportions habituellement adoptées. Nous admettons d'une façon invariable une majoration de 2 centièmes, laquelle correspond à peu de chose près à une augmentation de 1 centième à l'ensemble des deux organes. Donc, en tenant compte de la courbure, nous avons :

$$q_1 + q_2 = \frac{\delta pL}{12\,R}\,1{,}51\,\mu m\,(1+\alpha).$$

Dans la suite, nous substituons la notation A au produit $1{,}51\,\mu$.

c) *Montants.*

Supposons que l'effort de compression du montant extrême *a b* (v. fig. 115) soit égal au produit de la réaction par θ. Si nous supposons que la réaction est égale à $\frac{1}{2}\,pL$, hypothèse défavorable, nous trouvons que la section du montant précité a pour expression

$$\frac{\theta pL\beta}{2\,R_c}.$$

Mais nous devons connaître la section moyenne des montants. Or, aux poutres qui nous occupent, de même qu'aux poutres à membrures parallèles, il est impossible de réduire la section des montants centraux autant que le permet la théorie. Nous admettons encore que la section moyenne est égale aux 69 centièmes de la section déterminée ci-dessus. En conséquence

$$\omega_3 = \frac{0.345\,\theta p L \beta}{R_c}.$$

Les panneaux prennent une bonne proportion en leur donnant une largeur égale aux 0,8 de la hauteur moyenne de la poutre et, dans ce cas, la longueur totale des montants a pour expression

$$L\left(\frac{1}{0,8} + \frac{2+n}{3\,m}\right).$$

Nous pouvons négliger $\frac{2+n}{3m}$ qui a une valeur relative assez faible, d'autant plus que nous avons exagéré l'intensité de la réaction. Dans cette hypothèse, la longueur totale des montants est égale à 1,25 fois la longueur de la poutre.

Ce qui précède se traduit par la relation ci-après :

$$q_3 = \delta\omega_3\, 1,25 = \frac{\delta p L}{12\,R}\; 5,2\;\theta\;\beta\,\frac{R}{R_c}.$$

Substituons la notation B au produit 5,2 θ, il vient :

$$q_3 = \frac{\delta p L}{12\,R}\; B\beta\,\frac{R}{R_c}.$$

Toutefois, lorsque la hauteur extrême est faible, les sections théoriques peuvent être insuffisantes pour assurer la stabilité de la poutre dans le sens transversal. Si nous nous reportons au n° 168-3°, nous voyons que, dans des conditions moyennes, il convient que la largeur transversale des montants soit la vingtième partie de la hauteur maximum de la poutre. En donnant à l'âme une épaisseur réduite et en y ajoutant 4 cornières à faibles dimensions, on a, le mètre étant l'unité de longueur :

$$\omega_3 = 2,5\,\frac{L}{20\,m}\,0,008 = 0,001\,\frac{L}{m}$$

et $$q_3 = \delta\omega_3\,1,25 = \frac{\delta L}{m}\,0,00125 = \frac{\delta p L}{12\,R}\,\frac{0,015\,R}{mp}.$$

Le produit $B\beta$ ne pourra donc pas être inférieur à $\frac{0,015\,R}{mp}$.

d) *Diagonales.*

Supposons que l'effort d'extension de la diagonale extrême soit égal au produit de la réaction par θ'. Dès lors, la section de cette diagonale est égale à

$$\frac{\theta' p\mathrm{L}}{2\,\mathrm{R}_t} .$$

Admettons que la section moyenne des diagonales soit donnée par le produit de la section extrême par θ''. Donc

$$\omega_4 = \frac{\theta'\theta'' p\mathrm{L}}{2\,\mathrm{R}_t} .$$

Sans charges roulantes, la longueur totale des diagonales est égale à

$$1{,}25\ \mathrm{L}\sqrt{\overline{0{,}8}^2 + 1{,}0} = 1{,}6\ \mathrm{L}.$$

Avec charges roulantes, cette longueur doit être majorée; nous reprenons à cet effet le taux de majoration de 1,25 admis aux poutres à membrures parallèles, taux qui porte la longueur totale à 2 L. Dès lors, nous avons :

$$q_4 = \delta\omega_4\,\frac{2\mathrm{L}}{\mathrm{L}} = \frac{\delta p\mathrm{L}}{12\,\mathrm{R}}\ 12\,\theta'\theta''\,\frac{\mathrm{R}}{\mathrm{R}_t} .$$

Substituons la notation C au produit $12\theta'\theta''$; il vient :

$$q_4 = \frac{\delta p\mathrm{L}}{12\,\mathrm{R}}\ \mathrm{C}\ \frac{\mathrm{R}}{\mathrm{R}_t} .$$

La valeur de θ' dépend de n, de m, ainsi que du nombre de panneaux; nous l'avons déterminée analytiquement pour différentes proportions de poutres, en donnant au dernier facteur la valeur correspondant à l'écartement des montants.

Nous avons recherché θ'' par l'examen d'ouvrages existants.

Nous avons trouvé :

Valeurs de n :	0,30	0,40	0,50	0,60	0,70
— θ'' :	0,30	0,33	0,37	0,40	0,44

Finalement, nous pouvons écrire :

Pour les poutres à égalité de résistance :

$$q = \frac{k\delta p\mathrm{L}}{12\,\mathrm{R}}\left\{\mathrm{A}m(1+\alpha) + \mathrm{B}\beta\,\frac{\mathrm{R}}{\mathrm{R}_c} + \mathrm{C}\,\frac{\mathrm{R}}{\mathrm{R}_t}\right\}. \qquad (88)$$

Pour les poutres à sections constantes :

A = 1,51, les valeurs de B du tableau n° 19 seront multipliées par $\frac{1}{0,69} = 1,45$ et celles de C seront divisées par θ''.

Il va de soi que la formule est applicable aux poutres avec treillis multiple si les treillis élémentaires sont du type considéré ci-dessus.

Valeurs des coefficients A, B *et* C.

TABLEAU N° 19

VALEURS DE n		0,30	0,40	0,50	0,60	0,70
VALEURS DE A		1,22	1,18	1,15	1,12	1,09
VALEURS DE B	$m = 6$	1,73	2,20	2,57	2,88	3,15
	$m = 7$	2,07	2,51	2,86	3,16	3,40
	$m = 8$	2,33	2,75	3,09	3,38	3,62
	$m = 9$	2,55	2,98	3,30	3,59	3,76
	$m = 10$	2,72	3,15	3,46	3,72	3,89
VALEURS DE C avec charges roulantes	$m = 6$	4,43	4,75	5,31	5,78	6,42
	$m = 7$	4,70	4,96	5,50	5,90	6,54
	$m = 8$	4,93	5,16	5,65	6,05	6,66
	$m = 9$	5,14	5,34	5,82	6,19	6,72
	$m = 10$	5,33	5,50	5,94	6,28	6,82
VALEURS DE C sans charges roulantes	$m = 6$	3,54	3,80	4,25	4,62	5,14
	$m = 7$	3,76	3,97	4,40	4,72	5,23
	$m = 8$	3,94	4,13	4,52	4,84	5,33
	$m = 9$	4,11	4,27	4,66	4,95	5,38
	$m = 10$	4,26	4,40	4,75	5,02	5,46

Aux applications numériques, on devra s'assurer que le produit $B \beta \frac{R}{R_c}$ est supérieur à $\frac{0,015 R}{mp}$; s'il n'en est pas ainsi, on adoptera la valeur donnée par la dernière relation.

2° POUTRES EN SEGMENT PARABOLIQUE

Nous supposons que les charges sont appliquées à hauteur de la membrure rectiligne.

I. — Poutre sans charges roulantes.

182. — La membrure supérieure étant tracée en arc de parabole et le poids mort étant supposé être uniformément réparti, il est inutile de trianguler les panneaux.

a) *Tirant.*

La tension du tirant est constante et elle est égale à

$$\frac{M}{h} = \frac{pLm}{8}.$$

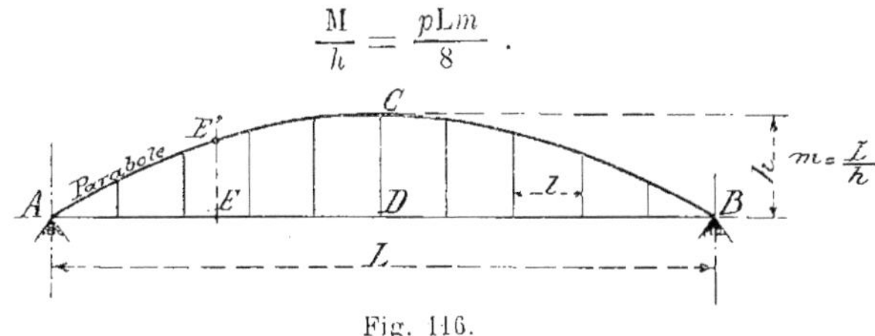

Fig. 116.

Sa section est $\frac{pLm}{8R}$, ce qui donne :

$$q_1 = \frac{\delta pL}{12R} 1{,}5\, m.$$

b) *Membrure cintrée.*

La longueur de la courbe parabolique est égale à

$$L \left\{ 1 + \frac{1}{3.2}\left(\frac{4}{m}\right)^2 - \frac{1}{5.8}\left(\frac{4}{m}\right)^4 + \frac{1}{7.16}\left(\frac{4}{m}\right)^6 - \frac{1}{9.12}\left(\frac{4}{m}\right)^8 + \text{etc.}\right.$$

En s'arrêtant aux deux premiers termes de la série, la longueur est

$$L\left(1 + \frac{8}{3m^2}\right).$$

En C, l'arc doit être calculé pour un effort de compression Q de même intensité que la tension de la membrure inférieure, c'est-à-dire qu'en ce point la section transversale de l'arc est égale à $\frac{pLm}{8R}\alpha$.

En A, nous obtiendrons l'intensité de l'effort de compression en prenant la résultante de Q et des charges appliquées à la demi-poutre de gauche. Cette résultante est égale à

$$\sqrt{Q^2 + \left(\frac{pL}{2}\right)^2} = \frac{pLm}{8}\sqrt{1 + \frac{16}{m^2}}.$$

Par conséquent, si l'arc est à dimensions constantes, sa section aura pour expression

$$\frac{pLm}{8R}\alpha\sqrt{1 + \frac{16}{m^2}}.$$

S'il est à égalité de résistance, nous pouvons considérer comme section moyenne, la section nécessaire en E', point situé sur la verticale passant en E au quart de la portée. Or en E', la membrure est soumise à un effort de compression qui est la résultante de Q et des charges appliquées à la poutre de D en E. Cette résultante est

$$\sqrt{Q^2 + \frac{p^2L^2}{16}} = \frac{pLm}{8}\sqrt{1 + \frac{4}{m^2}}\,.$$

Ecrivons que la section à faire intervenir aux calculs est égale à

$$\frac{pLm}{8\,R}\,\alpha\mu'$$

étant entendu que μ' égale $\sqrt{1 + \frac{16}{m^2}}$ dans le cas de sections constantes et $\sqrt{1 + \frac{4}{m^2}}$ avec membrures à sections variables.

Dès lors, nous avons :

$$q_2 = \frac{\delta pL}{12R}\,1{,}5\,m\,\mu'\left(1 + \frac{8}{3\,m^2}\right)\alpha.$$

c) *Montants*.

Ces pièces sont soumises à des efforts d'extension.

Désignons par l la distance d'axe en axe de deux montants adjacents.

La longueur totale des montants est

$$\frac{L\,\frac{2}{3}\,h}{l} = \frac{2\,L^2}{3lm}\,.$$

L'effort d'extension étant égal à pl, il en résulte que

$$q_4 = \frac{\delta pl}{R_t}\,\frac{2\,L}{3\,lm} = \frac{\delta pL}{12\,R}\,\frac{8}{m}\,\frac{R}{R_t}\,.$$

Finalement, nous avons pour le poids total, par unité de longueur :

$$q = \frac{k\delta pL}{12\,R}\left[m\left\{1{,}5 + 1{,}5\,\mu'\left(1 + \frac{8}{3m^2}\right)\alpha\right\} + \frac{8}{m}\,\frac{R}{R_t}\right].$$

Substituons la notation D au produit $1,5\ \alpha'\left(1+\frac{8}{3m^2}\right)$. Il vient :

$$q = \frac{k\delta pL}{12\ R}\left\{ m\,(1,5 + D\alpha) + \frac{8}{m}\,\frac{R}{R_t} \right\}. \tag{89}$$

Valeurs de D.

Tableau n° 20

Valeurs de m.		5	6	7	8	9	10
Valeurs de D.	poutres à sections variables	1,79	1,70	1,64	1,61	1,59	1,57
	poutres à sections constantes	2,13	1,94	1,82	1,75	1,70	1,66

La formule précédente est également applicable à une poutre dont la membrure cintrée serait placée à la partie inférieure ; mais dans ce cas les termes entre accolades deviennent :

$$m\,(1,5\,\alpha + D) + \beta\,\frac{8}{m}\,\frac{R}{R_c}.$$

II. — **Poutre avec charges roulantes et simple triangulation.**

183. — La figure 117 montre l'agencement de la poutre.

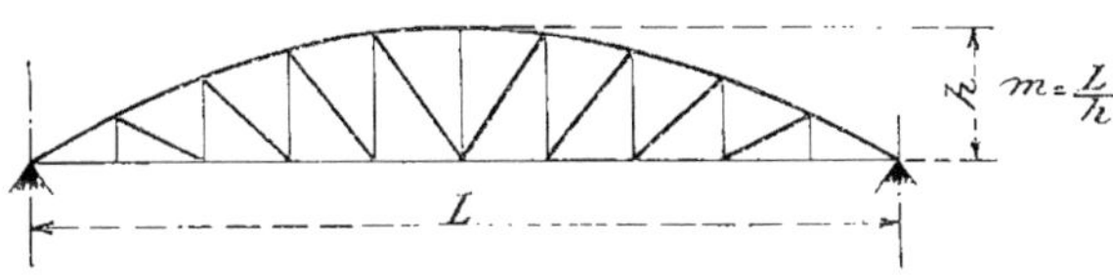

Fig. 117.

a) Membrures.

La fatigue des membrures est maximum avec surcharge complète. En conséquence, la relation trouvée pour ces organes au cas précédent est d'application.

b) Montants.

Pour un montant quelconque de la demi-poutre de gauche, la surcharge de droite donne un effort de compression, la surcharge de gauche un effort de tension et la surcharge complète également un effort de tension. Il en résulte que l'action longitudinale due aux surcharges partielles prend sa plus grande intensité sous forme d'extension.

Le poids mort qui est une charge totale uniformément répartie, engendre un effort de tension. Les pièces qui nous occupent doivent donc être calculées pour les efforts d'extension, ce qui donne

$$q_3 = \frac{\delta p L}{12R} \frac{1}{m} \left(8 + 5{,}5 \frac{p_r}{p} \right) \frac{R}{R_t}$$

p_r étant la charge mobile par unité de longueur. Le coefficient 5,5 suppose que la poutre présente 10 montants; si ce nombre n'est pas observé, on ajoute ou l'on retranche à ce coefficient 0,75 pour chaque montant en plus ou en moins.

Mais l'ouvrage devant porter des charges roulantes, les montants seront des pièces constitutives des contreventements verticaux et, dans ce cas, les sections données par les efforts d'extension sont insuffisantes. Nous devons adopter des barres rigides et reprendre la relation ci-après établie au n° 181 :

$$q_3 = \frac{\delta p L}{12R} \frac{0{,}015 R}{mp} .$$

c) *Diagonales.*

Dans la demi-poutre de gauche, les diagonales travaillent par extension avec les surcharges de droite, et par compression avec les surcharges de gauche. Si la surcharge recouvre tout l'ouvrage, les diagonales ne subissent aucune action longitudinale. Il en résulte que les efforts engendrés par les surcharges partielles précitées ont même intensité.

Les charges permanentes qui constituent une charge complète uniformément répartie n'amènent aucune fatigue dans les barres qui nous occupent.

Ce qui précède montre que les diagonales doivent être calculées pour les efforts de compression dus aux surcharges partielles de gauche. Nous avons :

$$q_4 = \frac{\delta p_r L}{12R} E\gamma \frac{R}{R_c} .$$

E dépend de m ainsi que du nombre de panneaux. Ce dernier

facteur ayant peu d'influence et les diagonales ayant d'ailleurs une importance relative assez faible, il n'en sera pas fait mention au tableau ci-après.

Finalement nous pouvons écrire :

$$q = \frac{k\delta p L}{12R}\left\{ m\,(1{,}5 + D\alpha) + \frac{0{,}015\ R}{mp} + \frac{p_r}{p} E\gamma \frac{R}{R_r} \right\}. \qquad (90)$$

III. — **Poutre avec charges roulantes et double triangulation.**

184. — Le tracé de la poutre est indiqué à la figure 118.

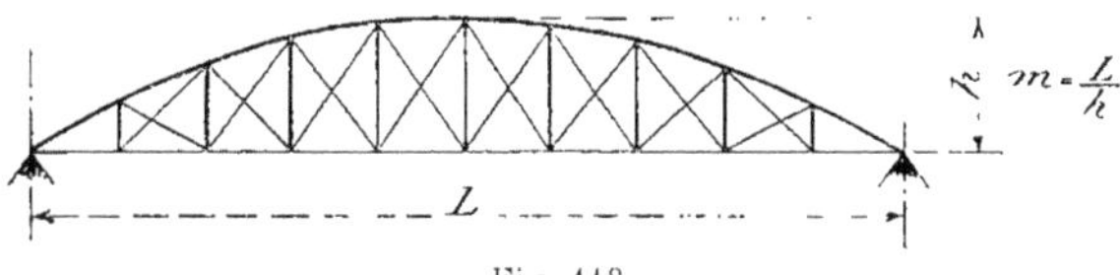

Fig. 118.

Nous avons vu que dans le cas d'une simple triangulation, les diagonales doivent être calculées pour des efforts de compression. Or, si les charges mobiles ont une faible intensité, on n'obtiendra la raideur des barres qu'au prix d'une grande perte de métal et, dans ce cas, il y aura intérêt à adopter une double triangulation dont les diagonales tirées interviendront seules aux calculs de résistance.

Nous laissons aux montants des dimensions permettant leur utilisation aux contreventements verticaux, ce qui nous donne la formule ci-après :

$$q = \frac{k\delta p L}{12R}\left\{ m\,(1{,}5 + D\,\alpha) + \frac{0{,}015\ R}{mp} + \frac{p_r}{p} F \frac{R}{R_t} \right\}. \qquad (91)$$

Valeurs des coefficients.

TABLEAU N° 21

$m =$	5	6	7	8	9	10
Poutres à sections variables :						
D =	1,79	1,70	1,64	1,61	1,59	1,57
E =	2,00	1,90	1,85	1,85	1,85	1,85
F =	4,60	4,20	4,00	4,00	4,00	4,00
Poutres à sections constantes :						
D =	2,13	1,94	1,82	1,75	1,70	1,66
E =	2,40	2,20	2,10	2,10	2,10	2,10
F =	5,40	4,90	4,60	4,50	4,40	4,40

3° Poutres a deux membrures cintrées

185. — Ces poutres représentées à la figure 119 sont généralement désignées sous le nom de *bow-strings*.

Nous supposons que les membrures sont tracées suivant des arcs de parabole de même paramètre et que la charge est appli-

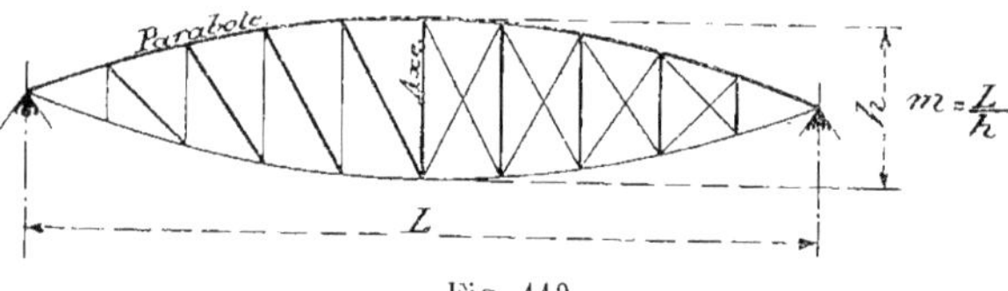

Fig. 119.

quée à la membrure inférieure. Généralement, il existera des tiges de suspension sous la poutre, mais ces organes de longueur variable n'interviennent pas aux formules ci-après.

Nous nous bornons à un simple exposé des formules, car elles découlent des relations obtenues au 2°.

I. — **Poutre sans charges roulantes et sans diagonales.**

$$q = \frac{k\delta pL}{12R} \left\{ Gm(1+\alpha) + \frac{8}{m} \frac{R}{R_t} \right\}. \tag{92}$$

II. — **Poutre avec charges roulantes et simple triangulation.**
(disposition de gauche de la fig. 119).

$$q = \frac{k\delta pL}{12R} \left\{ Gm(1+\alpha) + \frac{0.01R}{mp} + \frac{p_r}{p} E\gamma \frac{R}{R_r} \right\}. \tag{93}$$

III. — **Poutre avec charges roulantes et double triangulation.**
(disposition de droite de la fig. 119).

$$q = \frac{k\delta pL}{12R} \left\{ Gm(1+\alpha) + \frac{0,01R}{mp} + \frac{p_r}{p} F \frac{R}{R_t} \right\}. \tag{94}$$

Aux formules (93) et (94), la valeur donnée aux seconds termes entre accolades permet de faire travailler les montants dans les contreventements verticaux (nous avons réduit d'un tiers la valeur admise aux formules précédentes parce que ces contreventements pourront être établis en croix de Saint-André).

Valeurs des coefficients.

TABLEAU N° 22

$m =$	5	6	7	8	9	10
Poutres à sections variables :						
G = ...	1,57	1,55	1,54	1,53	1,52	1,52
E = ...	2,00	1,90	1,85	1,85	1,85	1,85
F = ...	4,60	4,20	4,00	4,00	4,00	4,00
Poutres à sections constantes :						
G = ...	1,66	1,61	1,58	1,56	1,55	1,54
E = ...	2,40	2,20	2,10	2,10	2,10	2,10
F = ...	5,40	4,90	4,60	4,50	4,40	4,40

C. — VALEURS DES COEFFICIENTS

186. — Aux applications numériques, il sera de règle de prendre comme unités le kilogramme pour les forces et le mètre pour les longueurs ; les autres facteurs seront rapportés à l'unité correspondante.

1° *Taux de travail du métal.* — Le taux de travail R des membrures peut atteindre la résistance de sécurité du métal ; il sera rapporté au mètre carré. Il varie généralement entre 6 000 000 et 9 000 000 pour le fer et entre 8 000 000 et 12 500 000 pour l'acier.

Les taux de travail R_c et R_t doivent être inférieurs à cette résistance parce qu'ils se rapportent aux barres du treillis, pièces très fatiguées par les flexions secondaires. Nous estimons qu'il importe d'avoir au minimum :

$$\frac{R}{R_c} = \frac{1,00}{0,90} = 1,10$$

et

$$\frac{R}{R_t} = \frac{1,00}{0,80} = 1,25.$$

Avec des dispositions vicieuses, ces valeurs seront majorées (voir à ce sujet n° 223—1°-1).

2° *Densité du métal.* — Sera rapportée au mètre cube.

Avec l'acier $\delta = 7830$; avec le fer $\delta = 7700$.

3° *Charges unitaires.* — La charge unitaire p sera rapportée au mètre courant et elle sera la moyenne des charges donnant l'équivalence au point de vue des moments et des efforts tranchants.

4° *Coefficients de flambage.* — Il résulte des recherches faites à la deuxième partie que

$$\alpha, \beta \text{ et } \gamma = 1 + \frac{fll^2}{l^2}. \qquad (95)$$

On trouvera la signification et la valeur des notations aux nos 36, 37 et 38.

Avec les proportions et la forme habituellement données aux barres, on a :

Membrures :

$$\alpha = 1 + \frac{0{,}0020\left(\frac{L}{m}\right)^2}{\left(\frac{L}{80}\right)^2} = 1 + \frac{0{,}0020 \times 80^2}{9^2} = 1{,}16.$$

Montants :

$$\beta = 1 + (0{,}0025 \times 12^2) = 1{,}36.$$

Diagonales :

$$\gamma = 1 + (0{,}0025 \times 15^2) = 1{,}56.$$

Les valeurs limites semblent être 1,01 et 1,25 pour α et 1,25 et 2,00 pour β et γ.

Si l'on désire une grande approximation, il est indispensable de déterminer la valeur des coefficients de flambage par la formule (95). Disons que ces coefficients doivent être calculés uniquement pour les barres les plus fatiguées, c'est-à-dire pour les membrures centrales et les barres extrêmes du treillis, et qu'il suffit de connaître à cet effet la longueur de sinuosité et la forme et la largeur de la section transversale.

4° *Coefficient m.* — Voir n° 168—1°.

5° *Coefficient k.* — Le coefficient k est le rapport entre le poids total et le poids théorique net ; il est égal à l'unité augmentée des quantités ci-après :

	Poutres à sections constantes.	Poutres à sections variables.
Redans des membrures	0,00	0,05
Métal en regard des trous de rivets	0,09	0,10
Têtes de rivets avec toutes barres chaudronnées	0,05	0,06
Couvre-joints pour joints transversaux de montage	0,07	0,09
Goussets et fourrures. Assemblage du type I à V	0,00	0,00
— — VI	0,02	0,02
— — VII	0,05	0,06
— — X	0,08	0,10
— — VIII, IX et XI	0,13	0,16
— — XII	0,07	0,08

Ces valeurs se rapportent aux dispositions ordinaires ; elles devront subir une modification si l'ouvrage présente des agencements spéciaux à même de donner une importance anormale aux pertes de métal.

Les chiffres renseignés pour les goussets du type VIII tiennent compte des couvre-joints d'âme adjacents à ces goussets.

Le coefficient k varie donc aux poutres chaudronnées avec égalité de résistance, entre

$1{,}00 + 0{,}05 + 0{,}10 + 0{,}06 + 0{,}09 = 1{,}30$ sans goussets ni fourrures, et

$1{,}30 + 0{,}16 = 1{,}46$ avec goussets d'une certaine importance.

D. — APPLICATIONS

1° Poutre inférieure du type 2° de 31,30 m. de portée

187. — *Soit à connaître le poids au mètre courant d'une poutre en acier du type 2° de 31,30 m. de portée devant porter au mètre courant 730 kg. de poids mort et une charge roulante de 3000 kg. pour les moments et de 3400 kg. pour les efforts tranchants, avec un taux de travail de 9 200 000 kg. au mètre carré.*

La formule à appliquer est la suivante :

$$q = \frac{k\delta pL}{12\,R}\left\{ m(1+\alpha) + \beta\,\frac{4{,}1\,m - 3{,}8}{m}\,\frac{R}{R_c} + N\,\frac{R}{R_t} \right\} \qquad (76)$$

Nous avons :

$$L = 31{,}30\,; \ - p = 730 + \frac{3\,000 + 3\,400}{2} = 3\,930\,; \ - R = 9\,200\,000$$

$$N = 7{,}5 \quad \text{et} \quad \delta = 7830.$$

Faisons

$$m = 9,\ \alpha = 1{,}15,\ \beta = 1{,}39,\ R_c = 8\,500\,000 \text{ et } R_t = 7\,500\,000.$$

Admettons que les assemblages soient du type XI. Dans ce cas,

$$k = 1{,}00 + 0{,}05 + 0{,}10 + 0{,}06 + 0{,}09 + 0{,}16 = 1{,}46.$$

Toutefois, avec le type de poutre qui nous occupe, on est conduit à adopter de grands goussets aux extrémités des membrures et il convient de majorer d'un quart le chiffre relatif aux goussets. Nous obtenons ainsi 1,46 + 0,04 = 1,50.

Finalement, nous pouvons écrire :

$$q = \frac{1{,}50 \times 7\,830 \times 3\,930 \times 31{,}3}{12 \times 9\,200\,000} \left\{ 9(1 + 1{,}15) + 1{,}39 \frac{(4{,}1 \times 9) - 3{,}8}{9} \frac{9{,}2}{8{,}5} + 7{,}5 \frac{9{,}2}{7{,}5} \right\} = 13{,}1\ (19{,}35 + 5{,}52 + 9{,}20) = 445 \text{ kg.}$$

La poutre considérée ci-dessus correspond aux poutres maîtresses des tabliers de 31,30 m. de portée à voie supérieure du chemin de fer de Pékin à Hankow. Au métré de ces ouvrages, nous trouvons que le poids théorique net, est au total :

Membrures	5 250 kg.
Montants.	1 738
Diagonales	2 356
Total	9 344 kg.

et que les majorations de poids ont l'importance ci-après indiquée :

Redans des membrures. . . .	508 kg.	soit	5,4 p. 100
Trous de rivets	920	—	9,9 —
Têtes de rivets.	585	—	6,4 —
Couvre-joints	851	—	9,1 —
Goussets d'assemblage	1 745	—	18,8 —
Totaux	4 609 kg.	soit	49,6 p. 100

c'est-à-dire que nous aurions dû faire $k = 1{,}496$.

Le poids unitaire de la poutre est effectivement de

$$\frac{9\,344 + 4\,609}{31{,}30} = 446 \text{ kg.}$$

au lieu de 445 donnés par la formule (76).

2° Poutre supérieure du type 3°

Considérons les poutres maîtresses des tabliers de 31,30 m. de portée à voie inférieure du chemin de fer de Pékin à Hankow.

Si nous donnons aux divers facteurs les valeurs qu'ils ont effectivement, nous trouvons par application de la formule (78) et en maintenant pour k la valeur

1,50 déterminée à l'application précédente :

$$q = \frac{1,50 \times 7\,830 \times 4\,020 \times 31,3}{12 \times 9\,500\,000} \left[9\,(1 + 1,16) + \right.$$

$$\left\{ \frac{1,65\,(4,1 \times 9 - 3,8) + (24 \times 1,46)}{9} - \frac{18 \times 1,65}{9^2} \right\} \frac{9,5}{8,25} + \left(7,5 - \frac{24}{9}\right)$$

$$\left. \frac{9,5}{8} \right] = 12,9\,(19,44 + 11,02 + 5,74) = 467 \text{ kg}.$$

Or, la poutre pèse $\frac{14\,580}{31,30} = 466$ kg.

3° Poutres a treillis multiple et diagonales tirées du pont de Kuilenburg

Les goussets d'assemblage sont du type XII et ils ont très peu d'importance, mais les diagonales présentent des joints de montage intermédiaires. En conséquence, nous avons :

$$k = 1,00 + 0,05 + 0,10 + 0,06 + 0,09 + 0,08 = 1,38.$$

a) *Poutres de 83,50 m. de portée.* (Poutres du type A—1°.)

Si nous nous en rapportons aux données de l'ouvrage de M. Croizette Desnoyers : *Notice sur les travaux publics en Hollande*, nous sommes conduit à écrire, par application de la formule (74) :

$$q = \frac{1,38 \times 7\,700 \times 7\,750 \times 83,50}{12 \times 6\,650\,000} \left\{ 10,7\,(1 + 1,03) + \left(4,1 \times 1,20 \times \right.\right.$$

$$\left.\left. \frac{10,7 + 2}{10,7} \times \frac{6,65}{5,93} \right) + \frac{7,5 \times 6,65}{6.15} \right\} = 86\,(21,6 + 6,6 + 8,1) = 3\,130 \text{ kg}.$$

Or, elles pèsent effectivement, d'après l'ouvrage précité :

$$\frac{528\,756}{2 \times 83,50} = 3\,150 \text{ kg}.$$

b) *Poutres de* 59,50 *m.* (Poutres du type A—1°).

Nous trouvons d'après les données précitées :

$$q = \frac{1,38 \times 7\,700 \times 6\,625 \times 59.5}{12 \times 6\,200\,000} \left\{ 7,6\,(1 + 1,03) + \left(4,1 \times 1,42 \times \right.\right.$$

$$\left.\left. \frac{7,6 + 2}{7,6} \times \frac{6,20}{5,85} \right) + \frac{7,5 \times 6,20}{5.60} \right\} = 56\,(15,4 + 7,8 + 8,3) = 1\,770 \text{ kg}.$$

En réalité, elles pèsent : $\frac{206\,241}{2 \times 59.5} = 1\,730$ kg.

c) *Poutres cintrées de 154,4 m.* (Poutres du type B—1° ; $n = 0,40$)

$$q = \frac{1,38 \times 7\,700 \times 10\,330 \times 154,4}{12 \times 7\,000\,000} \Big\{ 1,18 \times 7,82 \, (1 + 1,01) +$$

$$\left(2,70 \times 1,35 \times \frac{7,0}{6,1} \right) + 5,12 \; \frac{7,0}{7,0} \Big\} = 202 \, (18,60 + 4,17 + 5,12) = 5\,630 \text{ kg.}$$

En réalité, elles pèsent :

$$\frac{1\,725\,557}{2 \times 154,4} = 5\,600 \text{ kg.}$$

CHAPITRE IV

COMPARAISON ENTRE LES DIVERS TYPES DE POUTRES

A. — COMPARAISON ENTRE LES DIVERS TYPES DE POUTRES EN TREILLIS

1° Au point de vue de la consommation de métal

188. — Les formules donnant le poids unitaire des poutres en treillis, ont en évidence la fraction $\frac{k\delta p L}{12R}$ dans laquelle seule le terme k prend des valeurs variables suivant l'agencement de la poutre. Pour comparer les différents systèmes, au point de vue du poids du métal, il suffit donc de faire entrer en ligne de compte le facteur k et les termes entre accolades.

Si nous faisons $m = 9$ aux poutres rectilignes et 8 aux poutres cintrées ; si, de plus, nous faisons

$$k = 1{,}00 + 0{,}05 + 0{,}10 + 0{,}06 + 0{,}09 + \text{goussets} = 1{,}30 + \text{goussets}\,;$$

$$\alpha = 1{,}16 \qquad \beta = 1{,}36 \qquad \gamma = 1{,}56$$

$$\frac{R}{R_c} = 1{,}15 \text{ et } \frac{R}{R_t} = 1{,}30$$

et si nous supposons que les poutres sont à sections variables avec charges roulantes, nous trouvons, quelles que soient la portée et les charges, que les consommations de métal sont proportionnelles aux nombres ci-après :

		Poutres droites.		*Rapports.*
Type	A — 1°	(1,30 + 0,16) (19,4 + 7,8 + 9,8) =	54,0	1,14
—	A — 2°	(1,30 + 0,20) (19,4 + 5,7 + 9,8) =	52,3	1,10
—	A — 3°	(1,30 + 0,20) (19,4 + 10,2 + 6,3) =	53,9	1,14
—	A — 4°	(1,30 + 0,20) (19,4 + 14,7 + 4,1) =	57,3	1,21
—	A — 5°	(1,30 + 0,20) (19,4 + 7,4 + 4,9) =	47,6	1,00
—	A — 6° *a*	(1,30 + 0,16) (19,4 + 8,4 + 4,9) =	47,7	1,00
—	A — 6° *c*	(1,30 + 0,16) (19,4 + 12,5 + 4,9) =	53,5	1,13

Poutres cintrées.

—	B — 1°	(1,30 + 0,12)	(19,8 + 4,7 + 7,4) =	45,3	0,95
—	B — 2°	(1,30 + 0,08)	(26,7 + 4,2 + 2,5) =	46,0	0,97

Ces chiffres montrent que, dans des conditions ordinaires, les poutres les plus économiques sont les poutres cintrées avec une certaine hauteur au droit des appuis; elles font bénéficier d'une économie de 17 p. 100 par rapport aux poutres droites ordinaires (A — 1°). Il est vrai qu'elles sont d'un prix de revient plus élevé, mais la majoration n'est guère de plus de 6 ou 7 p. 100, ce qui laisse encore une économie de 10 p. 100. On fera donc emploi des poutres cintrées chaque fois que la chose est possible et d'autant plus que cette disposition améliore l'aspect de l'ouvrage.

Les poutres cintrées B — 2°, avec hauteur nulle au droit des appuis, viennent en second ordre. Cependant, sans charges roulantes, elles auraient été les plus avantageuses.

Parmi les poutres droites, les plus économiques sont les poutres A — 5° et 6° *a*, c'est-à-dire les poutres avec treillis simple ou double en V (système Warren); elles font bénéficier de 12 p. 100 d'économie par rapport aux poutres du type ordinaire, et l'économie serait encore majorée si nous avions tenu compte, pour le treillis double, que par la jonction des diagonales à leur point de croisement on peut réduire la valeur de γ. (Nous ferons remarquer que nous n'avons pas majoré la valeur de α, ce qui suppose de larges semelles au treillis simple avec lequel la longueur de sinuosité est doublée). Malheureusement, ces poutres ne possèdent pas de montants intermédiaires et elles ne permettent de réaliser un solide contreventement vertical qu'à la condition que le pont soit à voie supérieure. Dans le cas contraire, qui est le cas le plus fréquent, l'emploi de poutres avec montants comprimés s'impose, poutres qui amènent une consommation de métal à peu près constante.

Les poutres les moins avantageuses sont les poutres A — 4° à treillis en N à diagonales comprimées.

Il n'a pas été question des poutres à mailles serrées et montants de renfort. Avec ces poutres, les goussets d'assemblage sont inutiles et le facteur γ perd de son importance. Par contre, il est impossible de maintenir aux obliques un taux de travail uniforme; les barres centrales présentent forcément un excès de résistance. En général, le poids du métal sera proportionnel à

$$1,34\,(19,4 + 13,6 + 7,3) = 54,0$$

ce qui correspond au nombre obtenu aux poutres rectilignes en N à diagonales tirées.

2° Au point de vue de la connaissance du mode de travail

Les poutres à doubles parois verticales, les treillis multiples et les treillis à mailles serrées introduisent des hypothèses supplémentaires aux calculs de résistance, hypothèses dont la réalisation est aléatoire. Ces systèmes ne sont donc pas à l'abri d'objections et il n'en sera fait emploi qu'en cas de nécessité.

B. — COMPARAISON ENTRE LES POUTRES EN TREILLIS ET LES POUTRES A AME PLEINE

1° Poutres rectilignes

189. — Une poutre avec treillis en N à diagonales tirées, qui est le système généralement adopté pèse au mètre courant, dans des conditions ordinaires :

$$\frac{1.46\,\delta pL}{12\,R}\,(19,4 + 7,8 + 9,8) = \frac{4.5\,\delta pL}{R} \qquad (96)$$

tandis que pour une poutre à âme pleine avec raidisseurs, ce poids est :

$$\frac{1,45\,\delta L}{12,5}\left(1,13\,e + \frac{p \times 12,5^2}{6\,R}\right) = 0,116\,\delta L\left(1,13\,e + \frac{26\,p}{R}\right).$$

e est l'épaisseur de l'âme et cette dimension est théoriquement égale à

$$\frac{pL}{2} : \frac{4}{5}\,R\,\frac{4}{5}\,h = \frac{9,8\,p}{R}$$

ce qui donne comme poids au mètre courant :

$$0,116\,\delta L\left(\frac{1,13 \times 9,8\,p}{R} + \frac{26\,p}{R}\right) = \frac{4.3\,\delta pL}{R}\,. \qquad (97)$$

L'économie de métal est environ de 4 p. 100 relativement aux poutres en treillis. Mais, aux poutres droites à âme pleine, l'épaisseur théorique de l'âme est généralement insuffisante ; si cette épaisseur doit être majorée d'un tiers, le poids au mètre courant est

$$0,116\,\delta L\left(\frac{1,13 \times 13\,p}{R} + \frac{26\,p}{R}\right) = \frac{4,7\,\delta p L}{R}. \tag{98}$$

Soit une majoration d'environ 5 p. 100 par rapport au poids des poutres triangulées.

Mais nous devons tenir compte d'une augmentation d'environ 10 p. 100 au prix unitaire des poutres en treillis. En conséquence, les poutres droites à âme pleine feront bénéficier en général d'une économie de 5 p. 100, et cette économie peut atteindre 14 p. 100 au cas où il suffirait de donner à l'âme l'épaisseur théoriquement nécessaire.

On doit donc déconseiller l'emploi d'une poutre droite avec treillis en N, si une poutre à âme pleine est réalisable ; or il en est ainsi jusqu'à 25 mètres d'ouverture.

Nous aurions obtenu une conclusion contraire avec les poutres Warren (treillis en V), car pour ces poutres le poids unitaire est approximativement égal à

$$\frac{4,0\,\delta p L}{R}. \tag{99}$$

Si l'on tient compte de l'augmentation au prix unitaire, ces poutres donnent 6 p. 100 d'économie par rapport aux poutres avec âme pleine à épaisseur renforcée et à peu de chose près l'égalité de prix si l'épaisseur théorique est acceptable à l'âme pleine.

2° Poutres cintrées

Le poids unitaire d'une poutre cintrée en treillis est approximativement

$$\frac{1,42\,\delta p L}{12\,R}(19,8 + 4,7 + 7,4) = \frac{3,8\,\delta p L}{R}. \tag{100}$$

Pour une poutre cintrée à âme pleine avec raidisseurs donnant $n = 0,60$, ce poids est

$$\frac{1,45\,\delta L}{10}\left(0,88\,e + \frac{p \times 10^2}{5,39\,R}\right) = 0,145\,\delta L\left(0,88\,e + \frac{18,6\,p}{R}\right).$$

L'épaisseur théorique de l'âme ne doit pas subir de majoration ; elle est égale à

$$e = \frac{pL}{2} : \frac{4}{5} R \frac{4}{5} \frac{L}{16,67} = \frac{13,0\,p}{R} .$$

Introduisons cette valeur dans la relation précédente. Nous trouvons, comme poids unitaire :

$$0,145\,\delta L \left(\frac{11,5\,p}{R} + \frac{18,6\,p}{R}\right) = \frac{4,36\,\delta pL}{R} . \qquad (101)$$

Il y a cette fois pour les poutres à âme pleine une augmentation de poids de 15 p. 100.

Par conséquent, si l'on tient compte des différences aux prix unitaires, on voit que les poutres cintrées triangulées peuvent faire bénéficier d'une économie de 5 p. 100 par rapport aux mêmes poutres à âme pleine avec raidisseurs.

3° Comparons une poutre cintrée triangulée a une poutre droite a ame pleine

Par suite de l'augmentation au prix unitaire des poutres en treillis, le poids de ces poutres doit être majoré de 10 p. 100 ; il sera donc fictivement de $\frac{4,18\,\delta pL}{R}$ ce qui laisse une économie de 3 p. 100 par rapport aux poutres pleines avec âme à épaisseur théorique et une économie de 11 p. 100 par rapport aux poutres pleines avec âme à épaisseur renforcée.

Mais aux calculs précédents, nous avons supposé que les âmes pleines étaient munies de raidisseurs. Or ces organes majorent le poids de 15 p. 100. L'avantage serait resté aux âmes pleines, si nous avions négligé ces organes.

SEPTIÈME PARTIE

PONTS AVEC POUTRES EN TREILLIS

CHAPITRE PREMIER

PONTS DE CHEMINS DE FER

A. — TAUX DE TRAVAIL DU MÉTAL

190. — Pour les entretoises, les longrines et les rivets, v. n° 90.

Aux poutres maîtresses exécutées en acier doux, le taux de travail sous l'action du poids mort et de la surcharge sera limité à 7,5 kg. au millimètre carré pour les ponts de moins de 20 m. d'ouverture ; on peut atteindre 8,50 kg. vers 25 m. d'ouverture, 10 kg. vers 30 m. d'ouverture et 11,50 kg. aux ponts à grande portée. Toutefois, ces taux subiront une réduction aux barres du treillis fatiguées par des flexions secondaires ; cette réduction sera au moins de 10 p. 100 aux barres comprimées et de 20 p. 100 aux barres tirées.

Les poutres maîtresses présentent parfois des barres alternativement comprimées et étendues, pour lesquelles il importe de s'imposer un taux de travail variant avec l'acier doux entre 6 et 10 kg. selon l'importance des alternances.

Avec le fer, les taux ci-dessus subiront une réduction d'un cinquième.

Les calculs doivent se rapporter à la situation du train la plus défavorable et en considérant la section nette des pièces, trous de rivets déduits.

Pour l'action du vent, on observera les prescriptions ci-après du règlement français du 29 août 1891.

« Art. 5 (pression du vent).

« Le travail du métal sous l'influence des plus grands vents ne « devra pas dépasser de plus d'un kilogramme les limites fixées à « l'article 2 (de 6,50 kg. à 8,50 kg. pour le fer et de 8,50 kg. à « 11,50 kg. pour l'acier par millimètre carré).

« On admettra que la pression du vent par mètre carré de sur- « face verticale peut s'élever à 270 kg., mais que le passage des « trains est interrompu lorsqu'elle atteint 170 kg. On supposera, « en outre, que cette pression s'exerce sur la surface nette, « déduction faite des vides, de chacune des maîtresses poutres, « qu'elle agit intégralement sur l'une d'elles et que, sur la sui- « vante, elle est diminuée d'une fraction de sa valeur égale au « rapport de la surface nette de la première à la surface totale « limitée par son contour; enfin, que l'effet du vent, en arrière de « ces deux poutres, est négligeable. Pour les piles métalliques, « on supposera que la pression s'exerce intégralement sur la « surface nette de toutes les pièces.

« Dans l'hypothèse d'un train placé sur le pont, on comptera, « pour sa surface verticale nette, un rectangle de trois mètres de « hauteur ayant la même longueur que le pont et dont le côté infé- « rieur sera placé à 50 centimètres au-dessus du rail ; on déduira « de ce rectangle la surface nette de la partie de la première « poutre placée en avant et on supposera que la pression du vent « est nulle sur la partie de la seconde poutre masquée par le train.

« Enfin, on s'assurera que les efforts de glissement transversal « et de renversement des tabliers et des piles métalliques sous « l'action du vent n'atteignent pas des limites dangereuses, en « tenant compte des conditions spéciales dans lesquelles pourront « être placés les ouvrages et en supposant que le train défini ci- « dessus est composé de wagons vides. » (v. n° 90 pour le poids de ces wagons.)

B. — CHARGES UNIFORMÉMENT RÉPARTIES DE MÊME ACTION QUE LA SURCHARGE

191. — Voir nos 91 à 93 et 136.

C. — POIDS DE L'OSSATURE MÉTALLIQUE

192. — Nous déterminons ci-après la consommation de métal au mètre courant de tablier par série d'organes.

Les notations ont la signification suivante :

L : portée théorique des poutres maîtresses;

l : écartement d'axe en axe de ces poutres;

l' : largeur libre entre poutres;

v : écartement des rails;

a : distance des essieux en série;

b : écartement d'axe en axe des entretoises;

b' : — — contreventements verticaux;

c : largeur de l'entre-voie;

p : poids total du tablier au mètre courant y compris la surcharge, celle-ci intervenant pour la moyenne des charges unitaires uniformément réparties donnant, pour la portée totale, l'équivalence au point de vue des moments fléchissants et des efforts tranchants;

P : poids de l'essieu isolé à charge renforcée;

P′ : — des essieux en série;

x : — du mètre carré horizontal de tablier, poutres maîtresses et surcharge non comprises (pour les valeurs numériques de ce facteur, v. n°s 109 à 131);

R : taux de travail admissible aux poutres maîtresses et rapporté au mètre carré;

R′ : taux de travail admissible aux entretoises et aux longrines et rapporté au mètre carré;

q : consommation de métal au mètre courant de tablier pour une série d'organes.

Aux applications numériques, il est obligatoire de prendre le mètre comme unité de longueur et le kilogramme comme unité de force[1].

[1] Rappel des formules actuelles. — a) *Formules de M. Croizette Desnoyers. Ponts en tôle pour chemins de fer.*

Poids par mètre linéaire pour les superstructures de ponts métalliques à une voie :

$$51\sqrt{50^2 + (x + 28)^2} - 2420 \qquad \text{(XXX)}$$

1° Entretoises

La formule est différente selon que le tablier est à simple ou à double voie.

a) *Tablier à simple voie.*

Nous avons, pour le moment fléchissant maximum, par application de ce qui est écrit au n° 93 :

$$M = \frac{NP'(l-v)}{4} + \frac{xbl^2}{8}$$

et pour la charge unitaire uniformément répartie

$$\frac{8M}{l^2} = \frac{2NP'(l-v)}{l^2} + xb.$$

(¹ *de la p. précéd.*) Poids par mètre linéaire pour les superstructures de ponts à deux voies :

$$92{,}82\sqrt{50^2 + (x + 28)^2} - 4404 \qquad \text{(XXXI)}$$

Ponts en tôle pour routes et chemins.

Poids par mètre superficiel des superstructures :

$$8{,}50\sqrt{50^2 + (x + 20)^2} - 375 \qquad \text{(XXXII)}$$

x est l'ouverture prise entre les parements des piles et non d'axe en axe des supports et exprimée en mètres.

b) *Formules de M. Debauve.*

Ponts de chemins de fer.

Les poids étant exprimés en kilogrammes et les ouvertures L en mètres, le poids d'un mètre courant d'une voie unique de pont-rails est :

375 + 25 L pour des ponts légers, tablier seul compris ;	(XXXIII)
400 + 30 L — ordinaires — —	(XXXIV)
800 + 30 L par mètre courant de voie, tout compris.	(XXXV)

Ponts-route.

Le poids du métal par mètre courant d'un pont-route comprenant une chaussée de 5,50 et deux trottoirs de 1,00, soit 7,5 m. de largeur totale, s'élève à :

900 + 42 L avec la chaussée empierrée :	(XXXVI)
600 + 28 L — en doubles madriers :	(XXXVII)

ce qui correspond au mètre superficiel à

120 + 5,6 L avec la chaussée empierrée, et à	(XXXVIII)
80 + 3,733 L — en bois.	(XXXIX)

Les formules (XXX) et (XXXIV) donnent respectivement comme poids de métal au mètre linéaire de ponts à simple voie :

Ouvertures	10 m.	20	30	40	50	100	150 m.
Formule (XXX)	783	1115	1485	1884	2305	4588	7009 kg.
— (XXXIV)	700	1000	1300	1600	1900	3400	4900 kg.

Il est visible qu'il y a de fortes discordances aux résultats. Ces formules sont incomplètes : elles ne font entrer en ligne de compte que l'ouverture de l'ouvrage, négligeant les autres facteurs, si nombreux, à même d'influencer sur le poids de l'ossature.

L'entretoise prend une bonne proportion en faisant $m = 7{,}5$, $e = 0{,}008$ et $r = 9$. Comme elle a environ 5 mètres de portée, nous considérons des membrures dont les semelles donnent l'égalité de résistance et, dès lors, il importe de faire $k = 1{,}40$. En dernier lieu, nous supposons que les entretoises extrêmes amènent une majoration de poids de 7 p. 100.

La consommation de métal est par unité de longueur de tablier :

$$\frac{1{,}07 \times 1{,}40 \times 7\,830\, l^2}{7{,}5\, b} \left\{ (1{,}18 \times 0{,}008) + \frac{2NP'(l-v)\overline{7{,}5}^2}{l^2\, 6R'} + \frac{xb\overline{7{,}5}^2}{6R'} \right\}$$

ce qui donne

$$q_1 = \frac{l^2}{b} \left(14{,}8 + \frac{14\,600\, xb}{R'} \right) + \frac{29\,200\, NP'(l-v)}{b\, R'}. \qquad (102)$$

Pour les valeurs de NP', v. n° 93.

b) *Tablier à double voie.*

La charge reportée sur l'entretoise au droit de chaque longrine est encore $N\frac{P'}{2}$, le coefficient N ayant même valeur qu'au cas précédent.

Nous avons :

$$M = 2N\frac{P'}{2}\left(\frac{l-c}{2}\right) - N\frac{P'}{2}v + \frac{xbl^2}{8} = N\frac{P'}{2}(l-c-v) + \frac{xbl^2}{8}$$

et

$$\frac{8M}{l^2} = 4NP'\frac{l-c-v}{l^2} + xb.$$

Si nous reprenons les résultats des recherches effectuées au n° 124, au sujet de A et de B, et si nous faisons $m = 8$, $e = 0{,}008$ et $k = 1{,}37$, nous trouvons que la consommation de métal est

$$\frac{1{,}07 \times 1{,}37 \times 7\,830\, l^2}{8\, b} \left\{ (1{,}06 \times 0{,}008) + \frac{4NP'(l-c-v)\, 8^2}{l^2\, 5{,}65\, R'} + \frac{xb8^2}{5{,}65R'} \right\}$$

ce qui donne

$$q_1 = \frac{l^2}{b} \left(12{,}1 + \frac{16\,300\, xb}{R'} \right) + \frac{65\,000\, NP'(l-c-v)}{b\, R'}. \qquad (103)$$

A l'application des formules (102) et (103), on fera $l = \frac{l+l'}{2}$, afin de tenir compte que ces organes, calculés pour une portée l, n'ont en réalité qu'une longueur l'.

2° Longrines

a) *Longrines sous rails en simple poutrelle.*

Si nous nous reportons au n° 94, nous voyons que la longrine doit être calculée pour une charge unitaire égale à $\frac{N'P'}{b} + xv$.

Dans les ponts en treillis, les longrines sont généralement assez longues, ce qui conduit à supposer que $m = 8{,}5$. Faisons $e = 0{,}010$ et $k = 1{,}20$. Il vient, pour la consommation de métal au mètre courant de pont à simple voie :

$$\frac{2 \times 1{,}20 \times 7\,830\, b}{8{,}5} \left\{ (0{,}63 \times 0{,}01) + \frac{N'P'\,\overline{8{,}5}^2}{b\ 3{,}6\ R'} + \frac{xv\,\overline{8{,}5}^2}{3{,}6\ R'} \right\}$$

ce qui donne aux tabliers à simple voie :

$$q_2 = b\left(14 + \frac{44\,000\,xv}{R'}\right) + \frac{44\,000\,N'P'}{R'} \qquad (104)$$

et aux tabliers à double voie :

$$q_2 = b\left(28 + \frac{88\,000\,xv}{R'}\right) + \frac{88\,000\,N'P'}{R'}. \qquad (105)$$

Si l'âme n'a pas 10 mm. d'épaisseur, on ajoute ou on retranche, au premier terme entre parenthèses, un dixième pour chaque millimètre en plus ou en moins.

Pour les valeurs de N'P', v. n° 94.

b) *Longrines sous rails chaudronnées.*

Lorsque les longrines sont exécutées en fers rivés, elles comprennent généralement une âme de 8 mm. d'épaisseur donnant $m = 7{,}5$ et des cornières correspondant à $r = 5$. Comme il importe de faire $k = 1{,}25$, il vient pour la consommation de métal au mètre courant de pont à simple voie :

$$\frac{2 \times 1{,}25 \times 7\,830\, b}{7{,}5} \left\{ (0{,}58 \times 0{,}008) + \frac{N'P'\,\overline{7{,}5}^2}{b\ 3{,}17\ R'} + \frac{xv\,\overline{7{,}5}^2}{3{,}17\ R'} \right\}$$

ce qui donne aux tabliers à simple voie :

$$q_2 = b\left(12 + \frac{46\,000\,xv}{R'}\right) + \frac{46\,000\,N'P'}{R'} \qquad (106)$$

et aux tabliers à double voie :

$$q_2 = b\left(24 + \frac{92\,000\,xc}{R'}\right) + \frac{92\,000\,N'P'}{R'}. \qquad (107)$$

Si l'âme n'a pas 8 mm. d'épaisseur, on ajoute ou on retranche, au premier terme entre parenthèses, un huitième pour chaque millimètre en plus ou en moins.

c) *Longrines extérieures portant entretoises.*

On peut être conduit à placer des entretoises à distance des montants des poutres maîtresses; ces entretoises s'assemblent aux membrures ou bien à des longrines extérieures prenant appui sur les entretoises placées au droit des montants. Les deux dispositions amènent à peu près même consommation de métal; nous n'examinons que la seconde solution.

Pour un tablier à simple voie, on a pour chacune des longrines, si nous désignons leur portée par b_1 :

$$M = \frac{xl}{2}\,\frac{b_1^2}{8} + \frac{N'P'b_1}{8}$$

et

$$\frac{8M}{b_1^2} = \frac{xl}{2} + \frac{N'P'}{b_1}.$$

En reprenant l'agencement et les proportions des entretoises à simple voie, la consommation de métal aux deux longrines est au mètre courant d'ouvrage :

$$\frac{2 \times 1{,}40 \times 7\,830\,b_1}{7{,}5}\left\{(1{,}18 \times 0{,}008) + \frac{xl\,\overline{7{,}5}^2}{2 \times 6R'} + \frac{N'P'\,\overline{7{,}5}^2}{b_1\,6R'}\right\}$$

ce qui donne

$$q_3 = b_1\left(27{,}6 + \frac{13\,700\,xl}{R'}\right) + \frac{27\,400\,N'P'}{R'}. \qquad (108)$$

Aux tabliers à double voie, le dernier terme sera doublé.

Pour les valeurs de N'P', v. n° 94.

3° Tôles cintrées bétonnées

La consommation de métal au mètre courant de tablier est :

$$q_4 = 80\,l \qquad (109)$$

si l'épaisseur des tôles est de 8 mm. Chaque millimètre de différence à cette cote apporte au coefficient une augmentation ou une diminution de 8 unités.

4° Tôles bouclées

La consommation de métal au mètre courant de tablier est :

$$q_5 = 110\, l \qquad (110)$$

si l'épaisseur des tôles est de 10 mm. Même modification que ci-dessus en cas de discordance à l'épaisseur.

5° Contreventements horizontaux

a) *Tablier à voie supérieure.*

La surface frappée par le vent au tablier peut être estimée, par unité de longueur, à

Membrures.	0,022 L
Montants	0,007 L
Diagonales.	0,010 L
Goussets et divers.	0,003 L
Total.	0,042 L

La surface totale peut être supposée égale à $\frac{L}{9} = 0,111$ L.

La pression unitaire sur la poutre d'arrière sera

$$170 - 170 \frac{0,042 \text{ L}}{0,111 \text{ L}} = 170 \times 0,62 = 105 \text{ kg.}$$

La pression sur le tablier est donc, au mètre courant, de

$$0,042 \text{ L } (170 + 105) = 11,5 \text{ L.}$$

On suppose généralement que la hauteur du matériel roulant est de 3 m., chiffre auquel il importe d'ajouter 0,50 m. pour voie, longrine, etc., ce qui donne une pression de 600 kg. au mètre courant.

Pour le mouvement de lacet, on peut prendre 300 kg. par mètre courant et par voie.

Finalement, nous voyons que la pression au mètre courant de tablier est

Avec les tabliers à simple voie : 900 + 11,5 L.

— double voie : 1200 + 11,5 L.

Le contreventement horizontal comprend deux treillis en croix de Saint-André dont les barres étendues interviennent seules aux calculs de résistance. De plus, nous ne devons pas tenir compte des traverses constituées par les entretoises à la partie inférieure et par les contreventements verticaux à la partie supérieure, organes dont le poids est porté séparément.

Avec des barres à 45°, la tension moyenne est égale à

$$\frac{1}{2}\left(\frac{pL}{2}+\frac{pL}{8}\right)\sqrt{2}=\frac{5\sqrt{2}\,pL}{16}.$$

La longueur totale des diagonales est égale à $2\sqrt{2}$ L ; par conséquent, les organes qui nous occupent donnent au mètre courant d'ouvrage :

$$k\delta\,\frac{5\sqrt{2}\,pL}{16\,R}\,2\sqrt{2}=\frac{1{,}25\,k\delta pL}{R}.$$

Avec l'acier $\delta = 7\,830$ et on peut faire $R = 10\,000\,000$ kg. De plus, dans des conditions ordinaires, $k = 1{,}30$. Si nous introduisons ces valeurs dans la relation précédente, et si nous donnons à p la valeur déterminée ci-dessus, nous trouvons pour la consommation de métal au mètre courant :

Avec les tabliers à simple voie : $q_6 = 1{,}14\,L + 0{,}015\,L^2$. (111)

— double — : $q_6 = 1{,}52\,L + 0{,}015\,L^2$. (112)

b) *Tablier à voie inférieure.*

Avec ce système de tablier, si le treillis et le matériel roulant se superposent, la pression sur le tablier se réduit à

$$170 \times 0{,}025\,L = 4{,}25\,L$$

et le coefficient numérique du second terme devient 0,006 au lieu de 0,015. En conséquence, on peut admettre pour une poutre de hauteur quelconque que ce coefficient est égal à

$$0{,}015 - 0{,}009\,\frac{3{,}5}{h}$$

h étant la hauteur théorique moyenne de la poutre exprimée en mètres.

Dès lors, la consommation de métal est

Avec les tabliers à simple voie : $q_6 = 1,14\ L + \left(0,015 - 0,009\,\frac{3,5}{h}\right) L^2$ (113)

— double — : $q_6 = 1,52\ L + \left(0,015 - 0,009\,\frac{3,5}{h}\right) L^2$ (114)

Aux tabliers avec poutres en garde-corps, il peut arriver que la membrure inférieure soit le seul organe de la construction exposé au vent. Dans ce cas, le second terme est égal à $0,003\ L^2$.

c) *Contreventement horizontal des longrines.*

Pour donner aux longrines une raideur convenable dans le sens horizontal, il est conseillable de les renforcer par un contreventement horizontal indépendant du contreventement examiné ci-dessus, dès que leur longueur dépasse 2,50 m. Ce contreventement supplémentaire donne une consommation de métal égale au mètre courant à

$q_7 = 17,5$ kg. pour les tabliers à simple voie ; (115)
$q_7 = 35$ kg. — double voie. (116)

6° Contreventements verticaux

Le poids des contreventements verticaux est variable selon l'agencement, la largeur l' entre poutres maîtresses et la distance b' d'axe en axe de deux contreventements adjacents.

On a : $$q_8 = \frac{N'' l'}{b'}. \quad (117)$$

Nous indiquons ci-après, pour des conditions moyennes, les valeurs de N″ pour les différents types indiqués à la figure 120, page 333. Ces valeurs subiront une majoration de 5 p. 100 aux tabliers de grande largeur.

Valeurs de N″

Tableau n° 23

Désignation du type	I	II	III	IV	V	VI	VII
Voies ferrées à écartement normal	25	55	85	110	150	275	450
Voies ferrées à petit écartement ou ponts-route	20	40	70	90	110	200	350

Aux ponts de grande ouverture, il est de règle de relier les contreventements verticaux par une ou plusieurs barres longitudinales afin de les empêcher de flamber isolément; il convient de compter pour chacune de ces barres 12 kg. au mètre courant.

7° Platelages

Si l'' est leur largeur en mètres, leur poids peut être estimé à

$$q_9 = 55\, l''. \qquad (118)$$

8° Garde-corps

Poids minimum 25 kg. au mètre courant par garde-corps, à moins qu'il soit fait emploi de simples lisses, lesquelles ne pèsent généralement que 10 kg. au mètre courant par garde-corps. Donc

$$q_{10} \geqq 10 \text{ ou } 25 \text{ kg}. \qquad (119)$$

9° Poutres maîtresses

Le poids des poutres maîtresses est très variable et il est conseillable de le calculer par les formules complètes que nous avons établies à la sixième partie.

Cependant, aux calculs préliminaires, on peut faire emploi de formules simplifiées. Pour connaître ces formules, reportons-nous au n° 189; nous trouvons que, dans des conditions moyennes, le poids au mètre courant est approximativement, pour les deux poutres maîtresses :

Pour les poutres avec treillis en N à diagonales étendues :

$$q_{11} = 2 \times \frac{4{,}5\, \delta\, \frac{p}{2} \mathrm{L}}{\mathrm{R}} = \frac{35\,200\, p\mathrm{L}}{\mathrm{R}}. \qquad (120)$$

Pour les poutres avec treillis en V :

$$q_{11} = 2 \times \frac{4{,}0\, \delta\, \frac{p}{2} \mathrm{L}}{\mathrm{R}} = \frac{31\,300\, p\mathrm{L}}{\mathrm{R}}. \qquad (121)$$

Pour les poutres continues, donner à L la valeur indiquée au n° 179.

Pour les poutres cintrées :

$$q_{11} = 2 \times \frac{3,8\,\delta\,\frac{p}{2}\,L}{R} = \frac{30\,000\,pL}{R}. \qquad (122)$$

10° Appareils d'appui

Nous pouvons écrire, par application de la formule (30'), que le poids des appareils d'appui est, par unité de longueur de tablier :

$$\frac{1}{2}\,p\left(\frac{\lambda}{70} + 0,0066\right) = p\left(\frac{\lambda}{140} + 0,0033\right)$$

relation dans laquelle λ est la longueur du côté fléchi des plaques.

Or, la pierre d'appui a généralement une longueur égale à 0,20 $\sqrt{L}$ et pour la plaque, la longueur peut être portée à 0,14 $\sqrt{L}$, en vue d'avoir sur la pierre une pression unitaire convenable. Dès lors, le poids des appareils d'appui est avec chariot de dilatation :

$$q_{12} = \frac{p}{1\,300}\left(\sqrt{L} + 4,3\right). \qquad (123)$$

Si les appuis sont à glissement, le second terme entre parenthèses disparaît.

Il y aura lieu de faire application des formules de la quatrième partie si une grande approximation est de mise.

D. — APPLICATION

193. — *Déterminer le poids au mètre courant d'un tablier métallique à voie inférieure de 31,30 m. de portée, avec poutres en garde-corps distantes de 4,90 d'axe en axe, tablier destiné à porter une voie ferrée à écartement normal. La largeur libre entre poutres est de 4,5 mètres.*

La surcharge donne 6 400 kg. au mètre courant de voie; les entretoises, distantes de 3,13 m., seront calculées pour des essieux de 18,3 t. distants de 2,10 m. et les longrines, pour un seul essieu de 20 tonnes.

Le taux de travail du métal sera de 9,50 kg. aux poutres maîtresses et de 7,50 kg. aux entretoises et aux longrines.

Le platelage aura 1 m. de largeur.

1° *Entretoises.* La distance des entretoises étant comprise entre 1 et 2 fois la distance des essieux, on a

$$N = 3 - \frac{2a}{b} = 3 - \frac{2 \times 2,1}{3,13} = 1,66 \qquad l = \frac{4,90 + 4,50}{2} = 4,70.$$

Nous trouvons au n° 117 que $x = 240$ kg.

La consommation est de

$$q_1 = \frac{\overline{4,7}^2}{3,13}\left(14,8 + \frac{14\,600 \times 240 \times 3,13}{7\,500\,000}\right) + \frac{29\,200 \times 1,66 \times 18\,300 \times 3,2}{3,13 \times 7\,500\,000} =$$
$$= 7,05\,(14,8 + 1,5) + 121 = 236 \text{ kg.}$$

2° *Longrines.*

$$N' = 1 \text{ vu que } 3,13 < 1,71\, a \text{ (v. n° 94).}$$

x ayant une valeur négligeable, on a :

$$q_2 = (14 \times 3,13) + \frac{44\,000 \times 20\,000}{7\,500\,000} = 44 + 117 = 161 \text{ kg.}$$

3° *Contreventements horizontaux.*

a) Aux poutres :

$$q_6 = (1,14 \times 31,3) + (0,003 \times \overline{31,3}^2) = 36 + 3 = 39 \text{ kg.}$$

b) aux longrines :

$$q_7 = 17,5 \text{ kg.}$$

Le poids total des contreventements horizontaux est donc de 57 kg.

4° *Contreventements verticaux.*

$$q_8 = \frac{25 \times 4,5}{3,13} = 38 \text{ kg.}$$

5° *Platelages.*

$$q_9 = 1 \times 55 = 55 \text{ kg.}$$

6° *Garde-corps.* N'existent pas.

7° *Poutres maîtresses.* — Pour déterminer le poids des poutres maîtresses, nous devons connaître le poids total de l'ouvrage, lequel est incomplètement déterminé. Nous sommes obligé de nous donner une valeur provisoire pour le poids des poutres précitées ; admettons à cet effet 900 kg. au mètre courant. Dans cette hypothèse

$$p = 236 + 161 + 57 + 38 + 55 + \text{voie, soit } 220 + 900 + 6\,400 = 8\,067 \text{ kg.}$$

Par la formule approchée nous avons pour la consommation de métal, si nous supposons que le treillis est en N :

$$q_{11} = \frac{35\,200 \times 8\,067 \times 31,30}{9\,500\,000} = 930 \text{ kg.}$$

Le chiffre que nous nous sommes donné provisoirement est exact à peu de chose près ; en conséquence, nous pouvons adopter 930 kg. comme poids des longerons.

Si l'on veut une grande approximation, on doit faire les calculs par les formules de la 6e partie (voy. p. 308 et 309).

8° *Organes d'appui.* — Ces organes sont supposés ne pas avoir de rouleaux de dilatation. Le poids au mètre courant est de

$$q_{12} = \frac{8\,013}{1\,300}\sqrt{31,30} = 34 \text{ kg.}$$

Finalement, nous voyons que le poids du tablier est, au mètre courant, de

$$q = 236 + 161 + 57 + 38 + 55 + 930 + 34 = 1\,511 \text{ kg.}$$

Le tablier considéré ci-dessus correspond au tablier à voie inférieure de 30 m. d'ouverture du chemin de fer de Pékin à Hankow, ouvrage qui pèse au total 46 571 kg. et au mètre courant 1 488 kg. L'application des formules laisse donc une erreur de 23 kg., soit de 1,5 p. 100.

E. — COMPARAISON ENTRE LES DIVERS TYPES DE TABLIERS

194. a) *Prix de revient.* — Ce que nous avons dit à la sixième partie, au sujet des différences de poids que l'on constate aux divers systèmes de poutres en treillis, s'applique aux poutres maîtresses des constructions qui nous occupent.

Nous ne parlerons plus des avantages ni des inconvénients résultant de l'interposition de ballast entre la voie et l'ossature, ces points ayant été examinés au n° 134, relativement aux ponts à âmes pleines.

Nous nous bornerons à faire une comparaison entre les tabliers à simple voie et à double voie.

Aux tabliers à simple voie, la consommation de métal aux entretoises est, formule (102) :

$$q_1 = \frac{l^2}{b}\left(14,8 + \frac{14\,600\,xb}{R'}\right) + \frac{29\,200\,NP'(l-v)}{bR'}.$$

Faisons : $l = 5,0$ m., $v = 1,50$, $b = 3,5$, $x = 300$ kg., $P' = 20\,000$ kg., $a = 1,50$ et $R' = 7\,500\,000$ kg.

Pour $b = 3,5$ et $a = 1,50$, nous trouvons $N = 2,43$.

Si nous introduisons ces valeurs dans l'expression précédente, celle-ci devient

$$q_1 = 121 + 187 = 308 \text{ kg.}$$

Aux tabliers à double voie, la consommation de métal aux entretoises est, formule (103) :

$$q_1 = \frac{l^2}{b}\left(12,1 + \frac{16\,300\,xb}{R'}\right) + \frac{65\,000\,NP'(l-c-v)}{bR'}.$$

Si nous faisons $l = 8,50$ et $c = 2,00$, et si nous donnons aux autres facteurs les valeurs adoptées ci-dessus, nous trouvons que l'absorption de métal est de

$q_1 = 296 + 600 = 896$ kg. au mètre courant de tablier.

Donc, dans des conditions moyennes, il y aura aux entretoises du tablier à double voie une augmentation de poids de $896 - (2 \times 308) = 280$ kg. au mètre courant de tablier.

La consommation est la même aux deux systèmes pour les longrines, les contreventements horizontaux et les appareils d'appui.

Aux contreventements verticaux, l'économie pour le tablier à double voie résultant de la diminution de largeur (8 m. au lieu de $2 \times 4{,}5$) est absorbée par l'adjonction de barres de liaison et par des renforcements de sections.

Aux poutres maîtresses, la consommation de métal serait la même si les coefficients de flambage avaient même valeur aux deux systèmes. Mais au tablier à deux voies, la section transversale des barres doit être doublée. Or, si on réalise ce renforcement en maintenant les épaisseurs et en doublant les largeurs, les coefficients de flambage deviennent, dans des conditions moyennes, 1,04 au lieu de 1,16 aux membrures, et 1,09 au lieu de 1,36 aux montants, vu que la longueur des barres ne se modifie pas.

Avec les valeurs 1,16 et 1,36, la consommation de métal aux poutres maîtresses est généralement

$$\frac{k\delta pL}{12\,R}(19{,}4 + 7{,}8 + 9{,}8) = \frac{k\delta pL}{12\,R}\,37{,}0.$$

La modification aux coefficients de flambage diminue le premier terme entre parenthèses de 1 unité et le deuxième terme de 1,5. En conséquence, il est possible de réaliser aux poutres maîtresses du pont à double voie une économie de $\frac{2{,}5}{37} = 7$ p. 100, par le fait de l'augmentation de largeur des barres comprimées.

Mais nous savons aussi qu'aux montants centraux il y a généralement excès de métal surtout avec faible charge. Cette perte de métal sera fortement diminuée aux ponts à double voie; si elle est réduite de moitié, nous abaissons le deuxième terme entre parenthèses de 0,30 et l'économie atteint $\frac{2{,}8}{37} = 7{,}5$ p. 100.

Pour deux ponts à simple voie et petite ouverture, les poutres maîtresses donnent environ une consommation de métal de 2 000 kg. au mètre courant; l'économie que l'on peut réaliser à ces organes, au tablier à double voie, sera de 150 kg. qui viennent en déduction de l'augmentation de 280 kg. aux entretoises.

Ce qui précède établit que, aux tabliers à double voie, la consommation de métal est augmentée d'environ 130 kg. au mètre courant pour les petites ouvertures. Aux grandes ouvertures, ce système peut faire réaliser une certaine économie, le poids des poutres maîtresses, qui est le poids prédominant, pouvant être abaissé d'environ 7,5 p. 100 tandis qu'il n'y aura, aux entretoises, qu'une augmentation de poids d'environ 280 kg. au mètre courant.

Nous ne parlerons plus de l'importance des culées et des remblais, ni du remplacement des parties métalliques, ces questions ayant été examinées à la cinquième partie.

Parfois il est fait emploi de tabliers à 3 poutres maîtresses. Dans ce cas, la consommation de métal aux entretoises et aux poutres extérieures est la même qu'à deux tabliers à simple voie indépendants, mais à la poutre intermédiaire on réalise une économie qui peut atteindre 7,5 p. 100. Ce système est donc d'emploi avantageux quelle que soit l'ouverture. Mais il n'échappe pas à l'inconvénient inhérent aux tabliers à double voie, c'est-à-dire qu'il peut donner lieu à difficulté pour le remplacement des parties métalliques. De plus, au passage de la surcharge, les poutres maîtresses subissent des déformations inégales, ce qui donne naissance à des flexions secondaires.

b) *Remarques*. — Les contreventements verticaux du type I (v. fig. 120) donnent le tablier à voie inférieure. Ils sont utilisés lorsqu'il y a lieu de réduire autant que possible la hauteur perdue et que la dimension des poutres ne permet pas le placement de traverses au niveau des membrures supérieures. Ce système ne peut s'employer que jusqu'à 40 ou 45 m. d'ouverture; son application aux grandes portées n'est pas à l'abri d'objections, la stabilité des poutres étant dans ce cas imparfaitement assurée.

Le type II se rapporte au tablier à voie supérieure; il constitue un système économique et rationnel à condition de placer les appuis à hauteur des membrures supérieures afin d'améliorer la stabilité de l'ouvrage. C'est également entre ces membrures que se placera le contreventement horizontal. La largeur théorique de ces ouvrages ne pourra pas être inférieure à $\frac{L}{17}$ aux petites ouvertures, ni à $\frac{L}{20}$ aux très grandes ouvertures, afin d'avoir une raideur convenable dans le sens horizontal; il est donc nécessaire d'adopter des longrines sous rails, aux tabliers à simple voie, si l'ouvrage a plus de 25 m. de portée. Le type qui nous occupe n'est utilisable que si l'on dispose d'une grande hauteur.

On a recours aux types III à VII lorsqu'il y a nécessité d'avoir la voie à la partie inférieure de l'ouvrage et que la hauteur de

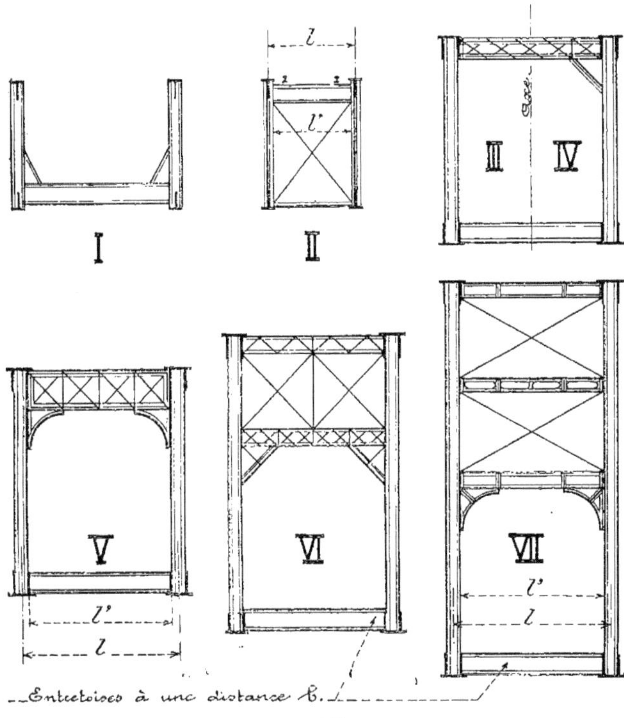

Fig. 120.

celui-ci permet le placement des contreventements supérieurs. Si cette hauteur est légèrement insuffisante, on peut cintrer les traverses supérieures et, dans ce cas, la hauteur minimum admissible aux poutres maîtresses avec matériel à écartement normal sera de :

Hauteur du matériel roulant.	4,80 m.
Rails et jeu au-dessus des entretoises.	0,20 —
Entretoises et semelles	0,70 —
Total.	5,70 m.

Avec les poutres droites, on peut sans inconvénient faire $m = 8$, et, dans ce cas, les systèmes qui nous occupent sont applicables à partir de 45 m. de portée.

Avec les poutres cintrées, on peut faire $m = 6$ et avoir des contreventements supérieurs, à la partie centrale, à partir de 35 m. de portée.

Aux ponts-route, la hauteur minimum est la même; il suffit d'une hauteur libre de 4,50 mais la hauteur perdue sous la surface de roulement a généralement plus d'importance.

Aux tabliers de chemins de fer vicinaux, cette hauteur sera environ de 4,90 m., la hauteur imposée pour le matériel roulant n'étant généralement que de 4,00 m.

CHAPITRE II

PONTS-ROUTE

POIDS DE L'OSSATURE MÉTALLIQUE

195. — Les formules déterminées au n° 192 pour les tôles cintrées ou bouclées, les contreventements verticaux, les garde-corps, les poutres maîtresses et les appareils d'appui sont applicables aux ponts-route. Pour les autres organes, voir ci-après.

1° Entretoises

Les formules que nous donnons au sujet des entretoises sont reprises à la cinquième partie, chapitre II. Toutefois, nous avons réduit la valeur numérique des coefficients, parce que la consommation de métal aux assemblages extrêmes peut être abaissée, vu que nous faisons intervenir séparément le métal nécessaire aux contreventements verticaux et parce que nous ne comptons qu'une majoration de 7 p. 100 au lieu de 10 p. 100 pour les entretoises extrêmes.

P désigne le poids de l'essieu le plus chargé du chariot d'épreuve; pour la signification des autres notations, v. nos 95 *bis* et 137.

a) *Tabliers avec une série de poutres-maîtresses.*

La consommation de métal est aux entretoises

$$q_{13} = l\left(\frac{6{,}8\,\lambda}{b} + \frac{24\,500\,P}{bR'} + \frac{24\,500\,x\lambda}{R'}\right). \qquad (124)$$

λ est la portée théorique d'une entretoise, c'est-à-dire la distance d'axe en axe de deux poutres maîtresses adjacentes ; l est la distance d'axe en axe des garde-corps.

b) *Tabliers avec deux poutres-maîtresses extérieures.*

Voie charretière à simple circulation :

$$q_{13} = l^2 \left(\frac{8,7}{b} + \frac{28\,200\,x}{\mathrm{R}'} \right) + \frac{112\,000\,\mathrm{P}\,(2t + v)\,(l - v - t)}{bl\mathrm{R}'}. \quad (125)$$

Voie charretière à double circulation :

$$q_{13} = l^2 \left(\frac{9,8}{b} + \frac{20\,200\,x}{\mathrm{R}'} \right) + \frac{81\,000\,\mathrm{P}\,(l - c - v)}{b\mathrm{R}'}. \quad (126)$$

Voie charretière de grande largeur :

$$q_{13} = l^2 \left(\frac{8,5}{b} + \frac{24\,500\,x}{\mathrm{R}'} \right) + \frac{39\,000\,000\,t^2}{\mathrm{R}'} + \frac{24\,500\,\mathrm{P}\,(l^2 - 4t^2)}{b\mathrm{R}'\,(v + c)}. \quad (127)$$

c) *Tabliers avec deux poutres-maîtresses et entretoises en encorbellement.*

Voie charretière à simple circulation :

$$q_{13} = \frac{6,6\,l\,(l + 2t)}{b} + \frac{29\,200\,\mathrm{P}\,(l + 2t)}{b\mathrm{R}'} + \frac{29\,200\,x\,(l^2 - 4t^2)\,(l + 2\,t)}{l\mathrm{R}'}. \quad (128)$$

Voie charretière à double circulation :

$$q_{13} = \frac{l}{b} \left(7,8l + 29\,t \right) + \frac{105\,000\,\mathrm{P}\,(l - c - v)}{b\mathrm{R}'} + \frac{26\,400\,x\,(l^2 - 4t^2)}{\mathrm{R}'}. \quad (129)$$

Voie charretière de grande largeur :

$$q_{13} = \frac{l}{b} \left(8,5l + 19\,t \right) + \frac{24\,500\,\mathrm{P}l^2}{b\mathrm{R}'(v + c)} + \frac{24\,500\,x\,(l^2 - 4t^2)}{\mathrm{R}'}. \quad (130)$$

Aux 6 dernières formules, l est la distance d'axe en axe des poutres maîtresses.

2° Longrines

Les recherches faites au n° 147 nous permettent d'écrire que chaque cours de longrines majore le poids unitaire de

$$q_{14} = 6,25\,b + \frac{19\,500}{\mathrm{R}'}\,(\mathrm{N}'\mathrm{P} + xb\lambda') \quad (131)$$

λ' étant la distance d'axe en axe des longrines.

Si l'âme a plus de 8 mm. d'épaisseur, on ajoute 0,75 au coefficient 6,25 par millimètre de différence.

Voir n° 147, pour la valeur de N'.

3° Contreventements horizontaux

La pression sur les poutres-maîtresses est comme précédemment de 11,5 L au mètre courant. Pour la surcharge et les organes accessoires, il y a lieu de compter

$$2{,}40^{m} \times 170^{k} = 400 \text{ kg}.$$

Par conséquent, pour les tabliers à voie supérieure, la consommation de métal est

$$q_{15} = 0{,}50\,\mathrm{L} + 0{,}015\,\mathrm{L}^2. \qquad (132)$$

Pour les tabliers à voie inférieure, elle est

$$q_{15} = 0{,}50\,\mathrm{L} + \left(0{,}015 - 0{,}009\,\frac{2{,}4}{h}\right)\mathrm{L}^2 \qquad (133)$$

avec minimum de $0{,}50\,\mathrm{L} + 0{,}003\,\mathrm{L}^2$.

HUITIÈME PARTIE

GITAGES

---

196. Définitions. — Les pièces portant le revêtement supérieur sont les *gîtes* ou *solives*.

Si les gîtes reposent sur les murs, le plancher est dit à *travures simples*. Il est dit à *travures composées*, si elles prennent appui sur des pièces plus fortes appelées *poutres* ou *longerons*.

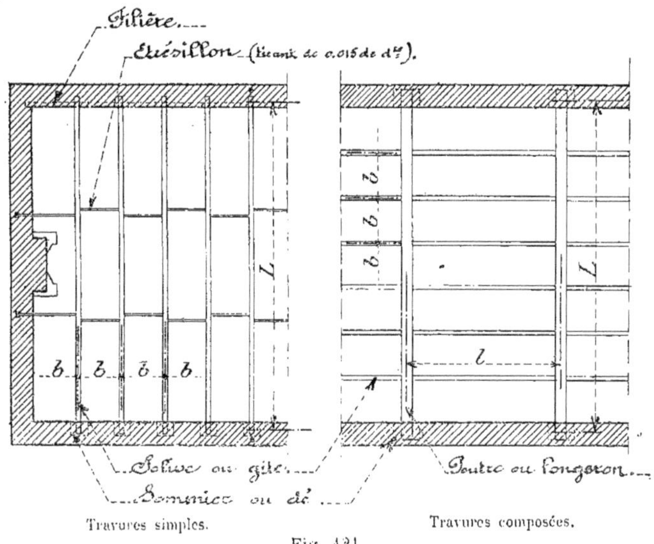

Travures simples. Travures composées.

Fig. 121.

L'ensemble des gîtes et longerons constitue le *gitage*, encore appelé *solivage*.

Les solives prennent appui soit sur une pierre de taille appelée *dé* ou *sommier*, soit sur une pièce longitudinale placée dans le mur et appelée *filière*.

Les pièces maintenant les solives à écartement sont les *étrésillons*.

La figure 121 montre l'agencement des gitages.

Notations. — Nous adoptons les notations ci-après indiquées :

L : portée d'axe en axe des appuis des longerons et des solives d'un plancher ;

l : distance d'axe en axe des longerons ;

b : — — des solives ;

p : poids total du plancher par unité de surface, y compris la surcharge ;

δ : densité du métal ;

R : taux de travail du métal ;

k : coefficient par lequel il faut multiplier le poids théorique de la partie métallique pour obtenir le poids réel y compris les pertes de métal ;

q : poids de la partie métallique par unité de surface.

CHAPITRE PREMIER

A. — POIDS ET AGENCEMENT DES DIVERS SYSTÈMES DE SOLIVAGES

197. — Les poids ci-après sont donnés au mètre carré ; ils se rapportent à des planchers à travures simples.

1° Plancher en bois plafonné

Dans des conditions ordinaires, le plancher a 0,023 d'épaisseur ; les gîtes sont placées à environ 0,37 m. d'axe en axe et elles ont

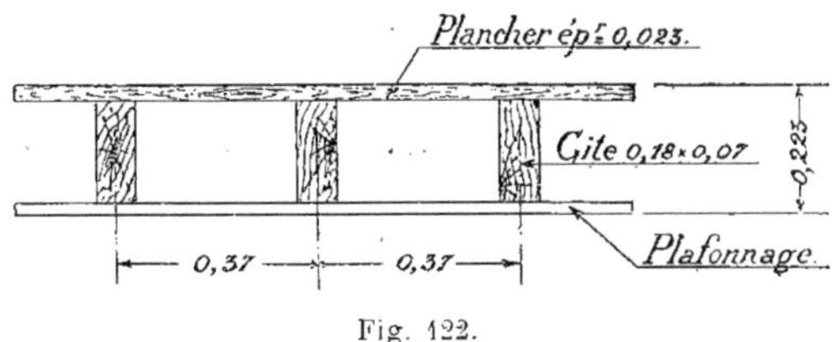

Fig. 122.

0,18 × 0,07 jusqu'à 4,0 m. de portée et 0,23 × 0,08 jusqu'à 5,3 m. de portée. La figure 122 montre la disposition des pièces.

Poids du mètre carré :

Plancher : 0,023 × 700 = ...	16 kg.
Solives de 0,18 × 0,07 ou de 0,23 × 0,08, en moyenne : $\frac{1.0}{0,37} \times 0,20 \times 0,08 \times 700 =$ . . .	30 —
Plafonnage : 0,020 × 2 000 = ...	40 —
Étrésillons, etc..	4 —
Total	90 kg.

2° Plancher sur voussettes

Les voussettes sont exécutées en maçonnerie de briques ou en béton ; elles ont généralement 0,10 d'épaisseur. Leur ouverture ne dépassera pas 0,90 s'il est fait emploi de mortier de chaux ; elle peut atteindre 1,25 et même 1,50 avec mortier de ciment.

Les solives reçoivent des pièces de bois transversales maintenues par des pattes en fer ou clouées sur des filières longitudinales ;

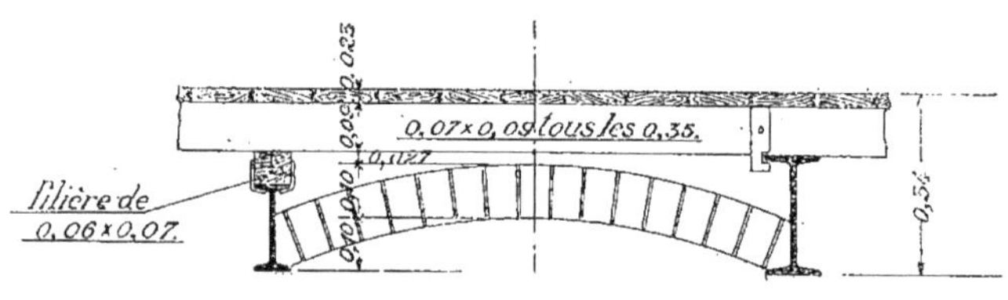

Fig. 123.

elles sont placées à 0,35 m. d'axe en axe. Ces pièces servent à la fixation du plancher.

La figure 123 montre la disposition de l'ouvrage.

Poids du mètre carré :

Plancher : $0,023 \times 700 =$	16 kg.
Solives en bois : $\frac{1,0}{0,35} \times 0,07 \times 0,09 \times 700 =$ . . .	13 —
Voussettes : $0,11 \times 1\,800 =$	200 —
Poutrelles, dans des conditions ordinaires	25 —
Divers	6 —
Total.	260 kg.

3° Parquetage sur voussettes

Les voussettes sont exécutées comme au 2°. Elles sont recouvertes d'un bétonnage bien lissé et parfois de carreaux rouges.

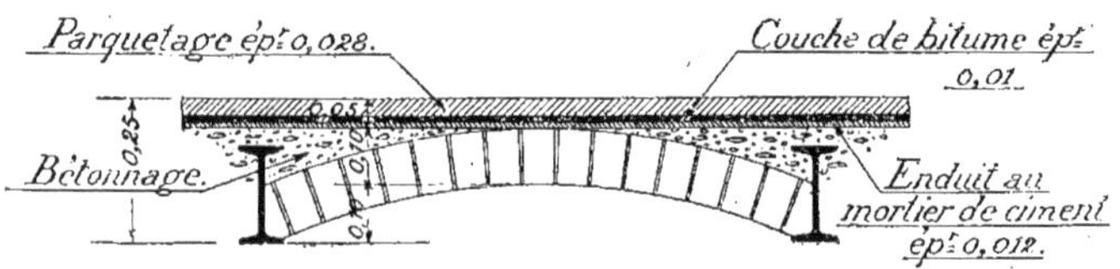

Fig. 124.

Les planches ont des rebords en queue d'hironde et elles sont posées à bain de bitume (v. fig. 124).

Poids du mètre carré :

Parquetage : 0,028 × 700 = ...	20 kg.
Couche de bitume.	15 —
Bétonnage et enduit : 0,05 × 2 000 =.	100 —
Voussettes : 0,11 × 1 800 = ...	200 —
Poutrelles, dans des conditions ordinaires	25 —
Divers	5 —
Total	365 kg.

4° Pavement sur voussettes (v. fig. 125).

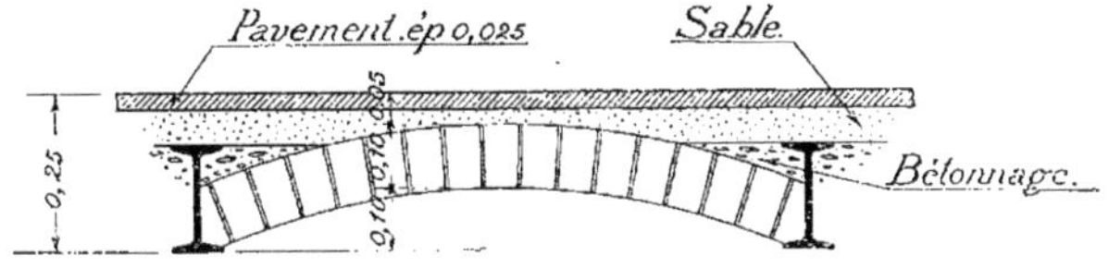

Fig. 125.

Poids du mètre carré :

Pavement de 0,025 d'épaisseur : 0,025 × 2 500 = . .	60 kg.
Couche de sable : . . . . . . 0,04 × 1 500 = . .	60 —
Bétonnage : . . . . 0,05 × 2 000 = . .	100 —
Voussettes : . . . . 0,11 × 1 800 = . .	200 —
Poutrelles, dans des conditions ordinaires : . . .	25 —
Divers	5 —
Total.	450 kg.

B. — POIDS DE LA SURCHARGE

198. — L'intensité de la surcharge varie selon l'affectation du local; on peut admettre les valeurs suivantes :

Greniers	100 kg.	au m²
Pièces ordinaires d'habitation	200	—
Grands salons, hôpitaux et casernes	300	—
Salles pour grandes réunions et salles de bal.	400	—
Magasins de marchandises encombrantes	450	—
Magasins de marchandises lourdes	1 000 à 1 500	—

C. — HAUTEUR DES SOLIVES ET DES LONGERONS

199. 1° *Solives.* — La charge par unité de longueur est pb; elle engendre un moment fléchissant égal à $\frac{1}{8}\,pbL^2$.

Ces pièces sont toujours confectionnées à l'aide de fers I lesquels donnent par application de la formule (14^b) :

$$\frac{I}{V} = h\left(\frac{he}{6} + 0{,}89\ \Omega\right).$$

Aux poutrelles à bourrelets ordinaires, on trouve, à peu de chose près, $\Omega = 0{,}65\ he$. Si nous introduisons cette valeur dans la relation précédente, nous avons en donnant à l'âme 6,5 mm. d'épaisseur et en prenant le mètre comme unité :

$$\frac{I}{V} = 0{,}0048\ h^2.$$

La relation $M = \frac{RI}{V}$ devient :

$$\frac{pbL^2}{8} = 0{,}0048\ Rh^2.$$

Dès lors

$$\frac{L}{h} = m = \sqrt{\frac{0{,}038\ R}{pb}}. \qquad (134)$$

Si nous faisons $R = 12\,000\,000$ kg. et $b = 1{,}00$ m., nous avons :

Valeurs de p :	350	500	600	700	800	1 000	1 200	1 400	1 600	2 000
Valeurs de m :	36	30	28	26	24	21	19	18	17	15

C'est-à-dire que l'on obtiendra généralement les résistances voulues en faisant :

$m = 35$ aux greniers ;

$m = 30$ aux pièces ordinaires ;

$m = 26$ aux grands salons, hôpitaux, etc. ;

$m = 23$ aux salles pour grandes réunions et aux magasins de marchandises encombrantes ;

$m = 17$ aux magasins de marchandises lourdes.

Pour avoir une raideur suffisante, il faut, par application de la formule (3), que m soit inférieur à

$$\frac{0{,}003 \times 22\,000}{0{,}21 \times 12} = 26$$

En dernier lieu, la formule (5) montre que, avec une charge à intensité moyenne, le maximum d'économie correspond à

$$m = \sqrt{\frac{0{,}63 \times 3{,}6 \times 12\,000\,000 \times 0{,}0065}{700}} = 16.$$

Mais, ce rapport sera rarement acceptable parce qu'il conduit à réduire outre mesure la section des bourrelets.

2° *Longerons.* — La charge par unité de longueur est pl ; elle engendre un moment fléchissant égal à $\frac{1}{8}\, pl\mathrm{L}^2$.

Ces pièces sont constituées dans la plupart des cas de poutres chaudronnées avec cornières correspondant à $r = 9$; ces proportions donnent, par application de la formule (14) :

$$\frac{\mathrm{I}}{\mathrm{V}} = h\,(0{,}50\; he + \Omega).$$

En vue d'obtenir une bonne proportion, il convient d'avoir des semelles avec largeur égale aux 2/5 de la hauteur et avec épaisseur maximum ne dépassant pas 3,5 fois l'épaisseur de l'âme. Or ces proportions donnent $\Omega = \frac{2}{5}\, h\; 3{,}5\; e = 1{,}4\; he$. Dès lors, si $e = 0{,}008$,

$$\frac{\mathrm{I}}{\mathrm{V}} = h\,(0{,}50\; he + 1{,}4\; he) = 0{,}015\; h^2$$

et

$$\frac{pl\mathrm{L}^2}{8} = \mathrm{R}\, 0{,}015\; h^2$$

relation qui donne

$$m = \sqrt{\frac{0{,}12\; \mathrm{R}}{pl}}. \qquad (135)$$

Si nous faisons $\mathrm{R} = 12\,000\,000$ et $l = 5{,}0$ m., nous avons :

Valeurs de p :	350	500	600	700	800	1000	1400	2000
Valeurs de m :	29	24	22	20	19	17	14	12

C'est-à-dire que l'on pourra obtenir une résistance suffisante aux longerons en faisant :

$m = 29$ aux greniers ;

$m = 24$ aux pièces ordinaires ;

$m = 20$ aux grands salons, hôpitaux, etc. ;

$m = 18$ aux salles pour grandes réunions et aux magasins de marchandises encombrantes et

$m = 13$ aux magasins avec marchandises lourdes.

Pour avoir une raideur suffisante, il faut que m soit inférieur à

$$\frac{0{,}003 \times 22\,000}{0{,}23 \times 12} = 24.$$

Si l'on désire atténuer l'apparence de lourdeur inévitable aux pièces qui nous occupent, on fera l'assemblage des poutrelles aux

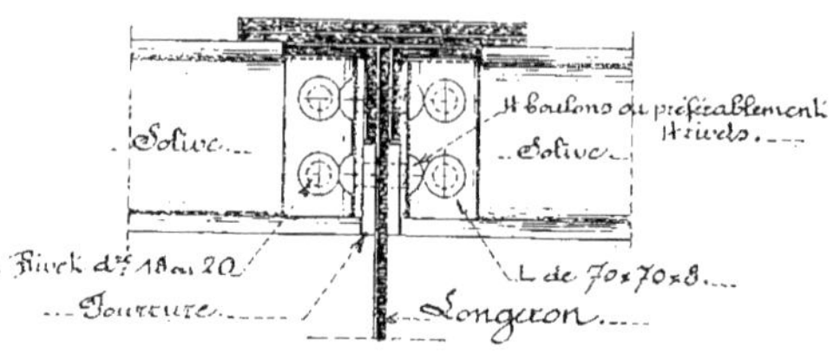

Fig. 126.

longerons suivant les indications de la figure 126. Cette disposition a aussi l'avantage de réduire l'épaisseur du gitage; par contre, elle fait perdre le bénéfice de la continuité des solives.

CHAPITRE II

POIDS DE L'OSSATURE MÉTALLIQUE

A. — LE PLANCHER PORTE UNE SURCHARGE ORDINAIRE

1° Plancher a travures simples

200. — Les solives sont constituées de poutrelles placées à une distance b et auxquelles il convient de donner une épaisseur d'âme de 0,007 et une hauteur variant entre $m = 35$ et $m = 23$. Toutefois, comme m est généralement égal à 26 et comme le poids de la pièce se modifie peu dans les limites citées ci-dessus, nous établissons les calculs en prenant comme base cette dernière valeur.

La charge par unité de longueur étant pb, la consommation de métal par unité de surface est donnée par l'égalité ci-après :

$$q = \frac{1,10 \times 7\,830 \times L}{26} \left(\frac{0,63 \times 0,007}{b} + \frac{p \times 26^2}{3,6 \times 12\,000\,000} \right).$$

Ce qui donne :

$$q = L \left(\frac{1,5}{b} + 0,0052\,p \right). \qquad (136)$$

Si l'âme n'a pas 0,007 d'épaisseur, on ajoute ou on retranche 0,2 au numérateur du premier terme entre parenthèses par millimètre de différence.

Cette relation montre que l'on réduit la consommation de métal, en augmentant l'écartement des solives.

2° Plancher a travures composées

201. — Les longerons sont placés à une distance l; ils portent un poids unitaire égal à pl. La consommation de métal, par unité de surface, est en faisant $r = 10$, $k = 1,42$ et $m = 20$:

$$q = \frac{1,42 \times 7\,830 \times L}{20} \left(\frac{1,13 \times 0,008}{l} + \frac{p \times 20^2}{6 \times 12\,000\,000} \right) =$$
$$= L \left(\frac{5}{l} + 0,0031\,p \right).$$

Pour les solives, la formule (136) peut être reprise à condition de faire $L = l$ et de majorer les coefficients numériques de 5 p. 100 pour tenir compte des organes d'assemblages aux longerons. La consommation de métal à ces organes est dès lors

$$l\left(\frac{1,6}{b} + 0,0055\,p\right).$$

Nous avons pour la consommation totale :

$$q = L\left(\frac{5}{l} + 0,0031\,p\right) + l\left(\frac{1,6}{b} + 0,0055\,p\right). \qquad (137)$$

Recherchons pour quelle valeur de l, ce poids est minimum. La relation précédente peut s'écrire

$$q = 0,0031\,pL + \frac{5\,L + l^2\left(\frac{1,6}{b} + 0,0055\,p\right)}{l}.$$

Le premier terme est invariable, quelle que soit la valeur de l. La consommation de métal sera donc un minimum lorsqu'il en sera ainsi pour le 2e terme, c'est-à-dire lorsque

$$l^2 = \frac{5\,L}{\frac{1,6}{b} + 0,0055\,p}$$

ou lorsque

$$l = \sqrt{\frac{Lb}{0,32 + 0,0011\,pb}}. \qquad (138)$$

B. — LE PLANCHER PORTE UNE FORTE SURCHARGE

202. — Les formules ci-après se rapportent aux planchers avec marchandises lourdes.

1° Plancher a travures simples

On trouve, vu que $m = 17$:

$$q = L\left(\frac{2,2}{b} + 0,0034\,p\right). \qquad (139)$$

2° Plancher a travures composées

Les longerons donnant $m = 13$, on trouve :

$$q = L\left(\frac{7,7}{l} + 0,002\,p\right) + l\left(\frac{2,3}{b} + 0,0036\,p\right). \qquad (140)$$

On réalise la disposition la plus économique en faisant

$$l = \sqrt{\frac{Lb}{0,30 + 0,00047\,pb}}. \qquad (141)$$

Aux formules (136) à (141) le mètre sera obligatoirement l'unité de longueur et le kilogramme l'unité de force; la charge p sera rapportée au mètre carré.

CHAPITRE III

REMARQUES DIVERSES

203. Calculs de résistance. — Les calculs de résistance s'effectueront à l'aide des formules établies à la 3ᵉ et à la 4ᵉ partie, en faisant travailler l'acier laminé à 12 kg. au millimètre carré, taux qui peut être porté à 14 kg. dans des constructions provisoires ou de peu d'importance.

204. Disposition des appuis. — Les appuis se font toujours à simple glissement.

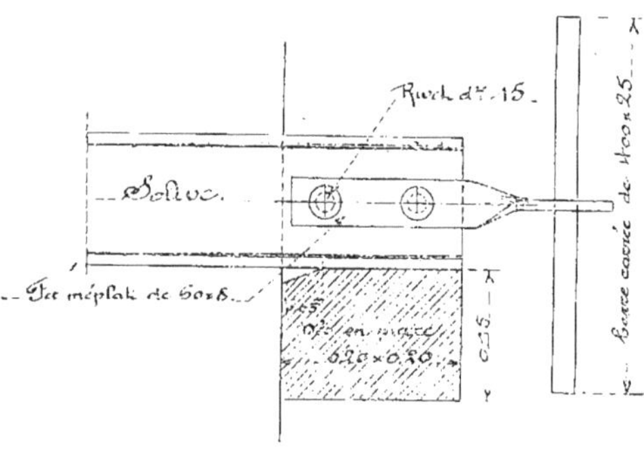

Fig. 127.

La figure 127 montre la disposition souvent adoptée à l'appui des solives avec ancrage. Le sommier mesure 0,20 × 0,20 × 0,15 avec charges ordinaires, dimensions que l'on majorera d'un quart avec lourdes charges ; à la face supérieure, l'arête intérieure est abattue en vue d'éviter que les pressions ne puissent être transmises au sommier au droit du parement.

La figure 128 indique l'agencement des extrémités des longerons avec fortes charges. L'appui comprend une plaque trapézoïdale en acier coulé ayant pour but de maintenir les charges dans la zone centrale du sommier et de les répartir sur une étendue suffisante.

Le longeron est renforcé à sa paroi verticale par un raidisseur et à sa paroi inférieure par une tôle de 15 mm. d'épaisseur.

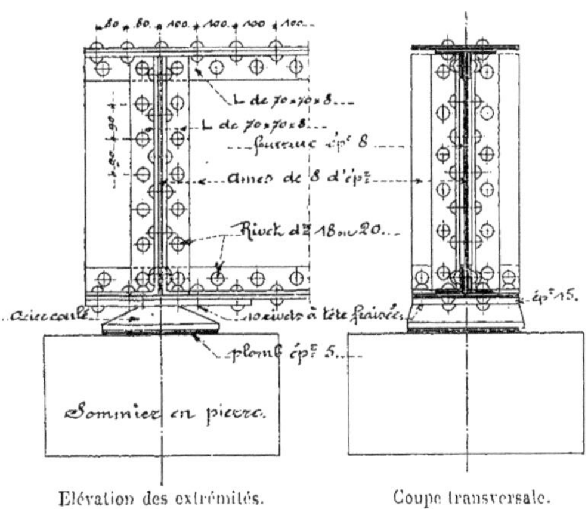

Elévation des extrémités. Coupe transversale.

Fig. 128. — Détails des longerons.

Les cotes renseignées à la figure précitée pourront généralement être suivies.

On laisse parfois un espace entre les maçonneries et les extrémités des longerons afin de permettre les dilatations calorifiques. Cette façon de faire est logique et même indispensable si les murs ont une résistance considérable, mais avec les dimensions qui leur sont habituellement données, ils présentent une certaine flexibilité et il y a déformation des maçonneries et non pas glissement aux appareils d'appui. Cependant, l'espace libre à l'about des poutres peut éviter des accidents en cas d'incendie.

Si l'on néglige l'éventualité d'un incendie, on sera conduit à ancrer les extrémités des longerons parce que cet ancrage apporte à la stabilité des maçonneries une amélioration souvent indispensable.

NEUVIÈME PARTIE

CHARPENTES

DÉFINITIONS ET NOTATIONS

205. Définitions. — On donne la dénomination de *charpente* à l'ensemble des pièces portant la couverture d'un bâtiment.

La couverture se compose de la *couverture proprement dite* et de ses parties accessoires : *lattis*, *voligeage* et *dallage*.

La charpente comprend les *chevrons*, les *sablières*, les *vernes* ou *pannes*, le *faîtage* et les *fermes*.

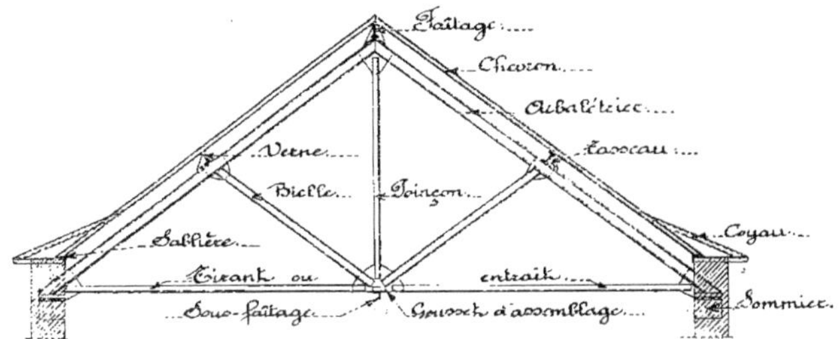

Fig. 129.

Dans les fermes on distingue les *arbalétriers*, les *tirants* ou *entraits*, et les *bielles*. Certains systèmes comportent un *faux entrait* et un *poinçon*.

Si les vernes sont placées sur les fermes, avec un certain dévers, la fixation se fait par l'intermédiaire de pièces triangulaires appelées *tasseaux* ou *chantignolles*. La flexion transversale des vernes est évitée par des *entretoises* et des *écharpes obliques*.

Sous le faîtage, on trouve des *aisseliers* et un *sous-faîtage* qui assurent la stabilité des fermes.

Parfois le pied des chevrons reçoit une pièce moins inclinée qui porte le nom de *coyau*.

La figure 129 montre l'emplacement des pièces énumérées ci-dessus ; voir également la figure 133 pour les entretoises et les écharpes obliques, et la figure 147 pour le faux entrait.

Les versants longitudinaux d'une toiture appelés *longs pans* se terminent soit contre des *pignons* maçonnés, soit contre des versants transversaux appelés *croupe*. Une croupe peut être *droite* ou *biaise*.

La croupe repose sur deux *demi-fermes d'arêtiers ;* parfois on la soutient intermédiairement par une *demi-ferme de croupe*. Dans une croupe, on distingue aussi le *chevron de croupe* qui est le plus long et qui part du faîtage et les *empanons* qui prennent naissance aux arêtiers.

Si la rencontre de deux versants se fait suivant un angle rentrant, celui-ci porte le nom de *noue*.

206. Notations. — Nous adoptons les notations ci-après indiquées :

L : portée d'axe en axe des appuis ;

l : écartement d'axe en axe des fermes ;

λ : distance d'axe en axe des vernes mesurée parallèlement au versant ;

λ' : distance d'axe en axe des vernes mesurée horizontalement ;

α : angle des arbalétriers avec l'horizontale ;

β : — — avec les tirants ;

γ : — tirants avec l'horizontale ;

p_m : poids mort au mètre carré de versant ;

p_v : pression du vent au mètre carré de surface normale à sa direction ;

p_n : poids de la neige au mètre carré de surface horizontale ;

p : poids total de la couverture au mètre carré de versant, y compris la composante verticale des surcharges ;

ε : coefficient de flamblage des arbalétriers ;

θ : — — des autres pièces comprimées ;

δ : densité du métal ;

N″ : coefficient numérique se rapportant aux barres formant treillis (v. n° 213-1°-*b*, page 374);

R : taux de travail du métal ;

k : coefficient par lequel il faut multiplier le poids théorique d'une ferme pour obtenir le poids réel, y compris les pertes de métal ;

Q : poids total de la ferme.

CHAPITRE PREMIER

A. — INCLINAISON ET POIDS DES COUVERTURES

207. — Les poids sont donnés au mètre carré de versant; ils se rapportent à la couverture proprement dite, non compris les surcharges ni les pièces inférieures (chevrons, vernes, etc.).

1° *Zinc à tasseaux.* — Inclinaisons :

Avec les tasseaux ordinaires : 20 à 27°.

— — brevetés : 17 à 45°.

Il est conseillable d'adopter une inclinaison de 22°.

Poids au mètre carré :

Zinc	7,50 kg.
Tasseaux : $\frac{1}{0,75} \times 0,035 \times 0,04 \times 700 =$	1,50 —
Voliges : $0,02 \times 700 =$	14,00 —
Total	23,00 kg.

2° *Zinc ondulé.* — L'inclinaison variera entre 20 et 25° pour un recouvrement de feuilles de 0,10 m. On peut admettre une pente moins forte à condition d'augmenter ce recouvrement.

Poids au mètre carré : 10 kg.

3° *Tuiles flamandes.* — Inclinaison minimum : 37°. Il est conseillable d'adopter une inclinaison de 40°, et même 45° aux versants avec mauvaise orientation.

Poids au mètre carré :

Tuiles	45 kg.
Rejointoyage	5 —
Eau : 15 p. 100	7 —
Lattis : $\frac{1}{0,23}$ $0,03 \times 0,04 \times 700 =$	3 —
Total	60 kg.

4° *Tuiles à emboîtement.* — Inclinaison ordinaire : 30 à 45°. Il est conseillable d'adopter une inclinaison de 35°.

Poids au mètre carré :

Tuiles	40 kg.
Eau : 10 p. 100	4 —
Lattis, comme ci-dessus.	3 —
Total.	47 kg.

Avec un lattis en cornières, le poids serait de 50 kg.

5° *Tuiles plates superposées.* — Inclinaison : 30 à 60°.

Poids au mètre carré :

Tuiles	90 kg.
Eau	5 —
Lattis	5 —
Total.	100 kg.

6° *Ardoises sur voliges.* — Inclinaison : 33 à 90° ; il est conseillable d'avoir plus de 45°.

Poids au mètre carré :

Ardoises	25 kg.
Lattes en bois.	5 —
Crochets	1 —
Voliges.	14 —
Total.	45 kg.

Les lattes seront supprimées si l'on fait emploi d'ardoises clouées. Les lattes en fer donnent généralement 12 kg. au mètre carré.

7° *Ardoises sur plaques creuses.* — Même inclinaison qu'au 6°. Les plaques creuses sont en terre cuite ; elles sont posées au mortier de ciment en lieu et place de voliges entre fers ⊥ ou I formant chevrons. On obtient ainsi une couverture incombustible. Les ardoises sont fixées par crochets sur cornières.

Poids au mètre carré :

Ardoises	25 kg.
Crochets	1 —
Lattis	12 —
Plaques creuses	42 —
Total.	80 kg.

Les plaques creuses peuvent être remplacées par un enduit en béton armé lequel pèse 25 kg. par centimètre d'épaisseur et a généralement 3 ou 4 cm. d'épaisseur.

8° *Plomb sur voliges.* — Inclinaisons : à dilatation libre, 14 à 60°; il ne peut pas être employé à plus de 60°, sinon il s'affaisse; pour les plates-formes, il s'emploie à joints soudés.

Poids au mètre carré :

A joints soudés :

Plomb de 0,003 d'épaisseur : 0,003 × 11 350 = . . .	35 kg.
Voliges : 0,028 × 700 = ...	20 —
Total.	55 kg.

A dilatation libre. — Il y a lieu de placer dans le sens vertical des boudins de dilatation à 0,50 m. d'axe en axe et dans le sens horizontal un recouvrement de 0,15 m. de largeur tous les 0,60 m. (feuilles aussi petites que possible afin d'obtenir une attache énergique et d'empêcher le métal de s'affaisser).

Plomb : $\frac{0,75}{0,60} \times \frac{0,75}{0,50} \times 35,0 =$	65 kg.
Voliges et pattes en cuivre étamé	25 —
Total.	90 kg.

9° *Cuivre sur voliges.* — Inclinaison : 14 à 90°. S'emploie généralement à 3/4 de millimètre d'épaisseur en petites feuilles placées à dilatation libre.

Poids au mètre carré :

Cuivre : $\frac{0,70}{0,60} \times \frac{0,75}{0,50} \times 0,00075 \times 8\,950 =$. . . .	12 kg.
Voliges et pattes	18 —
Total.	30 kg.

10° *Vitrage en verre double épaisseur.* — Inclinaison : 15 à 90°; inclinaison conseillable : 20°.

Poids au mètre carré :

Vitrage : 0,004 × 2 500 =.	10 kg.
Recouvrements.	2 —
Masticage	6 —
Fers à châssis : $\frac{1}{0,33} \times 4 =$	12 kg.
Total.	30 kg.

11° *Vitrage en verre coulé.* — (Martelé ou métallifié). Inclinaison comme ci-dessus.

Poids au mètre carré :

Vitrage : $0{,}007 \times 2500 =$	17,5 kg.
Recouvrements	2,5 —
Masticage.	8.0 —
Fers à châssis : $\frac{1}{0{,}50} \times 6 =$.	12,0 —
Total.	40 kg.

B. — INTENSITÉ DE LA SURCHARGE

208. — La surcharge comprend la neige et le vent.

1° *Neige.* — Soit p_n le poids de la neige par mètre carré de surface horizontale. Par mètre carré de versant, la charge sera $p_n \cos \alpha$.

En pays plat, on admet que $p_n = 40$ kg ; en pays de montagne, cette charge peut être doublée.

2° *Action du vent.* — Soit v la vitesse du vent évaluée en mètres par seconde. La pression au mètre carré de surface normale à sa direction, pression que nous désignerons par p_v, est donnée par l'égalité ci-après :

$$p_v = 0{,}11\, v^2. \tag{XL}$$

Mais, dans une couverture, les versants se présentent obliquement à la direction du vent ; de plus, par suite du frottement sur le sol et sur les obstacles qui s'y trouvent, il y a lieu d'admettre que le vent peut souffler de haut en bas suivant un angle de 10°. Dans cette hypothèse, la pression agissant normalement au versant est par mètre carré :

$$p_v \sin^2 (\alpha + 10^\circ). \tag{XLI}$$

Nous donnons ci-après les valeurs à admettre pour v et pour p_v.

Dans les agglomérations .	$v = 30$ m.	$p_v = 100$ kg.	au mètre carré.
En rase campagne. . . .	$v = 37$ m.	$p_v = 150$	—
Au bord de la mer. . . .	$v = 43$ m.	$p_v = 200$	—

3° *Surcharge totale.* — Aux applications numériques, on doit tenir compte que la neige ne saurait se maintenir sur des versants inclinés à plus de 50°, ni sur le versant frappé par le vent lorsque celui-ci atteint la pression unitaire servant de base aux calculs.

En conséquence, il y a lieu de supposer un des versants chargé de neige pour autant que sa pente soit inférieure à 50° et l'autre versant supportant soit la poussée normale du vent, soit le poids de la neige, si celle-ci donne une sollicitation défavorable, ce qui se présente aux faibles inclinaisons.

Mais les calculs de résistance se compliquent s'il faut tenir compte de la pression normale du vent. Aussi, en pratique, est-il généralement de règle de répartir sur les deux versants une même surcharge verticale à laquelle nous donnons dans la suite l'appellation de *surcharge fictive*; nous déterminons plus loin l'intensité qu'il convient de lui donner.

C. — POIDS DU CHEVRONNAGE

209. — Les chevrons en bois sont généralement des pièces de 0,07 × 0,09 espacées de 0,40 m. d'axe en axe; ce qui donne un poids de 11 kg. au mètre carré de couverture. Dans les constructions de peu d'importance, on fait emploi de chevrons de 0,06 × 0,07, lesquels pèsent 7 kg. au mètre carré.

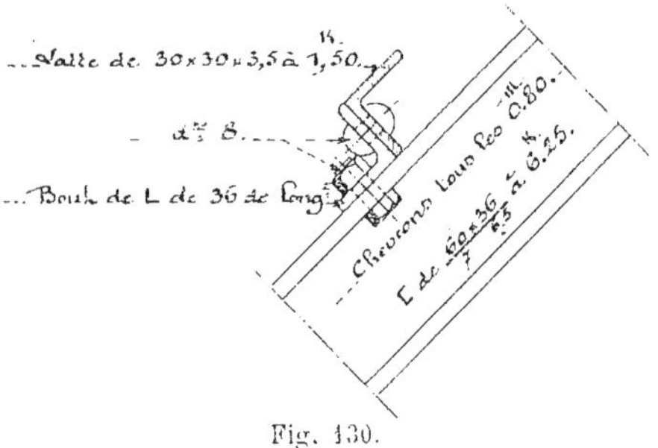

Fig. 130.

Avec des ardoises clouées et des voliges à épaisseur ordinaire (0,018), il conviendra d'avoir un écartement inférieur à 0,37 m. afin de pouvoir clouer convenablement.

Dans les constructions entièrement métalliques, les chevrons sont généralement constitués de fers [de 60 × 36 dont l'espacement varie de 0,80 à 0,55 et le poids de 8 à 12 kg. au mètre carré.

S'il est fait emploi de plaques creuses, les fers seront espacés de 0,42 d'axe en axe et le poids sera de 12 à 15 kg. au mètre carré.

La figure 130 montre la disposition généralement adoptée à l'assemblage des lattes métalliques aux chevrons.

D. — POIDS DES VERNES

210. — Désignons par λ l'écartement des vernes mesuré suivant l'inclinaison de la couverture, par l leur portée et par p' le poids du mètre carré de couverture. Nous supposons qu'elles sont déversées et reliées par des entretoises avec écharpes obliques et que leur poids propre est négligeable ; dès lors, elles doivent être calculées pour une charge unitaire égale à $p'\lambda \cos \alpha$. Si elles sont constituées de poutrelles ayant 7 mm. d'épaisseur d'âme et dont la hauteur correspond à $m = 30$, elles pèseront au mètre carré de couverture, avec un taux de travail de 8 kg. au millimètre carré :

$$\frac{1{,}20 \times 7\,830 \times l}{30} \left(\frac{0{,}63 \times 0{,}007}{\lambda} + \frac{p' \cos \alpha \; 30^2}{3{,}60 \times 8\,000\,000} \right) =$$

$$= l \left(\frac{1{,}4}{\lambda} + 0{,}01 \, p' \cos \alpha \right). \qquad (142)$$

Si les vernes sont placées verticalement, il y a lieu de faire disparaître $\cos \alpha$.

Les entretoises et les écharpes obliques donnent généralement 2 kg. au mètre carré de couverture.

Pour avoir le poids du métal au mètre carré de surface horizontale, on divise les poids précédents par $\cos \alpha$.

CHAPITRE II

CALCULS DE RÉSISTANCE ET DÉTERMINATION DES SURCHARGES FICTIVES

A. — CALCUL DES CHEVRONS

211. — Il est de règle de négliger la continuité de la pièce au droit des vernes.

Si l'inclinaison n'est pas trop faible, il y a lieu de reporter sur chaque portion de chevron une charge verticale uniformément répartie marquée P à la figure 131 et provenant du poids mort et une pression normale V également uniformément répartie et due à la poussée du vent.

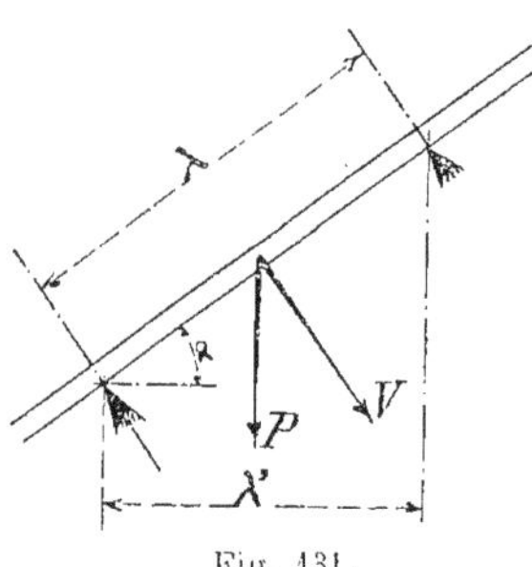

Fig. 131.

Pour les faibles inclinaisons, on néglige la pression du vent et on ajoute à P le poids de la neige.

Si l'on fait intervenir la pression du vent, on peut admettre que les réactions des appuis sont parallèles à la résultante de P et de V, et dans cette hypothèse le chevron ne subit aucune tension longitudinale au milieu de la portée, point où se produit l'action infléchissante la plus défavorable. On a pour celle-ci :

$$M = \frac{P \cos \alpha \lambda}{8} + \frac{V \lambda}{8}$$

relation qui peut s'écrire

$$M = \frac{P\lambda'}{8} + \frac{V\lambda'}{8 \cos \alpha} = \frac{\lambda'}{8} \left(P + \frac{V}{\cos \alpha}\right).$$

Il est visible que nous pouvons ajouter la pression du vent aux charges verticales, à condition de la diviser par cos α. Par conséquent, on supposera, dans un but de simplification, que le vent donne une pression verticale à ajouter au poids mort et dont l'intensité est par unité de surface de versant égale à

$$\frac{p_v \sin^2 (\alpha + 10^\circ)}{\cos \alpha}. \qquad (143)$$

Si P′ est la charge totale ainsi déterminée, on aura

$$M = \frac{P'\lambda'}{8}.$$

C'est-à-dire que, moyennant la simplification proposée, l'examen d'un chevron revient à calculer une pièce horizontale de portée λ' avec charge totale P′ agissant normalement. Ce problème sera résolu par les indications de la troisième partie.

Nous renseignons ci-après l'importance de la surcharge unitaire verticale en comptant sur un vent de 100 à 200 kg. au mètre carré de surface normale à sa direction ou sur une couche de neige pesant 40 kg. au mètre carré horizontal si cette charge est défavorable.

Charges verticales équivalentes aux surcharges réelles pour le calcul des chevrons.

TABLEAU N° 24

	VALEURS de p_v	INCLINAISONS DES VERSANTS						
		10°	**20°**	**30°**	**40°**	**50°**	**60°**	**70°**
	g.	kg.	kg.	kg.	kg.	kg.	kg.	kg.
Dans les agglomérations.	100	40	40	50	80	120	180	290
En rase campagne	150	40	40	75	120	180	270	430
Au bord de la mer	200	40	55	100	160	240	360	570

B. — CALCUL DES VERNES

212. — Les vernes peuvent être *déversées* ou *verticales*, *indépendantes* ou *entretoisées*. Elles sont dites déversées, si elles sont placées avec âme normale aux versants, et entretoisées, si elles sont reliées au milieu de leur portée par des *entretoises* et si les

panneaux inférieurs sont triangulés par des diagonales appelées *écharpes obliques*, suivant ce qui est dessiné à la figure 133.

1° *Vernes déversées indépendantes.* — On calcule la charge verticale P transmise à une verne par le poids mort et la pression normale V due au vent.

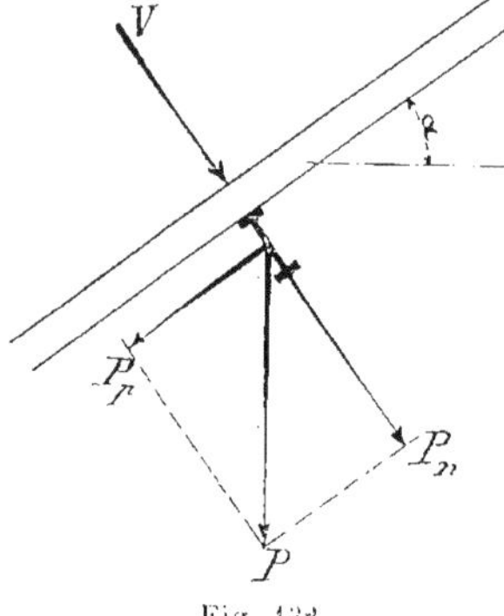

Fig. 132.

On recherche les composantes normales et tangentielles de P marquées respectivement P_n et P_p à la figure 132. Analytiquement, on a :

$$P_n = P \cos \alpha$$

et

$$P_p = P \sin \alpha.$$

Si M_n et $\frac{I}{V}$ sont respectivement les moments fléchissant et résistant pour la flexion normale au versant, et si M_p et $\frac{i}{v}$ sont respectivement les mêmes moments pour la flexion parallèle au versant, on a :

$$M_n = \frac{Pl \cos \alpha + Vl}{8} \quad \text{et} \quad M_p = \frac{Pl \sin \alpha}{8}$$

et il faut avoir :

$$R > \frac{M_n}{\frac{I}{V}} + \frac{M_p}{\frac{i}{v}}.$$

Il y aura lieu de négliger le vent et d'ajouter la neige au poids mort si cette façon de calculer est défavorable.

2° *Vernes déversées entretoisées.* — Cette disposition est dessinée à la figure 133. A cette figure, la verne inférieure porte la notation 1.

Il suffit de calculer les vernes pour les efforts P_n et V dont il est question au 1°, car si on a soin de rester quelque peu en dessous du taux limite imposé pour le travail du métal, on peut négliger la flexion transversale se produisant entre les entretoises et les fermes ainsi que la compression prenant naissance dans la verne marquée 2 à la figure précitée. (Il va de soi qu'aux faibles inclinaisons, on devra négliger V et ajouter à P le poids de la neige.)

La charge transmise sous forme de compression à l'entretoise 1 — 2 peut être estimée à $\frac{1}{2} \frac{pLl \sin \alpha}{2 \cos \alpha} = \frac{pLl \operatorname{tg} \alpha}{4}$, p étant la charge unitaire donnée par le poids mort et la neige. Cette charge donne naissance dans les diagonales à une extension t, et dans la verne 2 à l'effort de compression c dont il a été fait mention au paragraphe précédent; t et c se détermineront par les constructions graphiques indiquées à la figure 133.

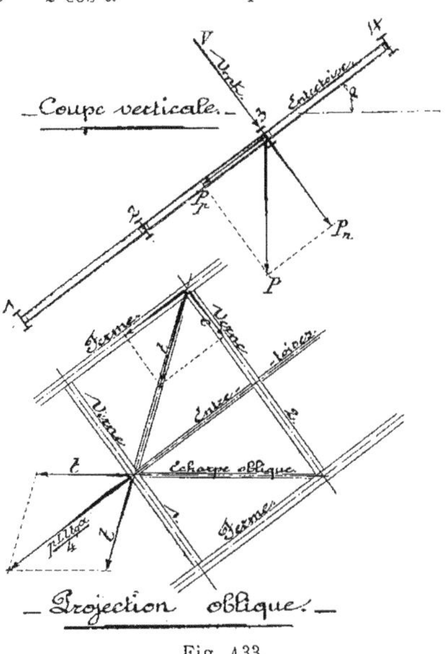

Fig. 133.

La disposition que nous venons de considérer fait bénéficier d'une certaine économie aux vernes et elle tend à écarter les poussées obliques qui pourraient être transmises aux murs par une flexion transversale difficilement évitée aux vernes isolées.

La pression du vent et le poids de la neige donnent même action infléchissante dans la verne si

$$p_v \sin^2 (\alpha + 10^\circ) = p_n \cos^2 \alpha.$$

Or, si on fait $p_v = 100$ kg. et $p_n = 40$ kg., cette égalité est satisfaite si $\alpha = 25^\circ$. Donc, avec les surcharges précitées, on peut se contenter de faire intervenir uniquement la neige, si les versants sont inclinés à moins de 25°. Pour des versants plus raides, on considère le vent pour les vernes et la neige pour les entretoisements.

3° *Vernes verticales indépendantes.* — La pression du vent sera décomposée en deux composantes, l'une verticale s'ajoutant au poids mort et l'autre horizontale amenant une flexion horizontale. On additionnera les actions moléculaires dues aux deux actions infléchissantes.

4° *Vernes verticales entretoisées.* — La charge reportée sur une verne et agissant dans le plan de l'âme est, avec vent, égale à

$$P + \frac{V}{\cos \alpha}.$$

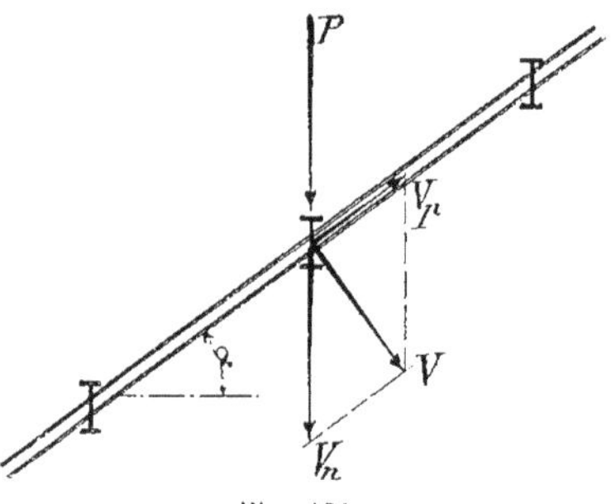

Fig. 134.

La tension maximum des entretoises est

$$\frac{p_e \sin^2 (\alpha + 10^\circ) \, L l \operatorname{tg} \alpha}{4 \cos \alpha}.$$

Elle est dirigée de bas en haut, condition dont il y aura lieu de tenir compte dans le tracé des écharpes de façon à maintenir pour ces pièces un travail par extension.

Pour la flexion des vernes, on néglige la pression du vent et on compte le poids de la neige si cette hypothèse est désavantageuse ; si $p_e = 100$ kg. et si $p_n = 40$ kg., il en est ainsi dès que α est inférieur à 25°.

C. — CALCUL DES FERMES

213. — Nous ne considérons ci-après que les fermes triangulées.

1° Détermination des charges

a) *Hypothèses.*

Les indications du chapitre I font connaître le poids des versants par unité de surface et l'intensité des surcharges réelles.

Pour déterminer la charge reportée sur la ferme au droit de chaque verne, on fait les hypothèses suivantes :

On néglige la continuité qui peut exister aux vernes, c'est-à-dire que l'on suppose ces pièces coupées au droit de chaque ferme ;

On ne tient pas compte que la présence d'entretoisements et d'écharpes obliques a pour conséquence de ne reporter sur ces fermes, que près du pied des arbalétriers, la composante parallèle aux versants d'une partie des charges. Cette hypothèse est d'ailleurs défavorable ;

Pour les vernes prenant appui sur les arbalétriers, à distance des articulations, la charge sera décomposée suivant les charges partielles reportées sur chacun des nœuds voisins en supposant l'arbalétrier coupé en ces points. Les charges partielles qui seraient transmises de ce fait aux appuis seront négligées ;

En dernier lieu, lorsque les arbalétriers présentent un appui intermédiaire, comme c'est le cas, par exemple, aux fermes Polonceau à deux bielles, la continuité des pièces a pour conséquence de majorer la charge reportée sur cet appui ; cette charge devient les 5/8 du poids d'un versant, tandis que la charge du faîtage est réduite aux $\frac{3}{16}$ de ce poids. Si les arbalétriers présentent plusieurs appuis intermédiaires, on néglige l'effet de la continuité des pièces.

b) *Recherche de la surcharge fictive de même action que les surcharges réelles.*

Pour les inclinaisons ordinaires, il y aura lieu de reporter aux différents nœuds, à un des versants, une charge verticale due au poids mort et au poids de la neige et, à l'autre versant, une charge verticale résultant du poids mort et une pression oblique due à la poussée du vent. Or un semblable état de sollicitation amène une certaine complication aux calculs de résistance.

Pour faire disparaître cette complication, recherchons la charge unitaire verticale qui, répartie sur toute l'étendue de la couverture, a même action que les surcharges réelles. Nous avons dit déjà que nous donnerions l'appellation de *surcharge fictive* à cette charge unitaire; nous la désignerons par la lettre π.

Déterminons d'abord la charge fictive qui donne dans les arbalétriers et dans les tirants des tensions longitudinales convenables, c'est-à-dire égales ou supérieures aux efforts qui y prennent naissance sous l'action des surcharges réelles. Examinons à cet effet l'équilibre aux points d'appui où les tensions des barres précitées prennent leur intensité maximum.

Considérons en premier lieu l'appui de gauche correspondant au versant frappé par le vent.

Remarquons que les surcharges réelles engendrent à cet appui une réaction oblique dirigée vers l'extérieur de la ferme comme l'indique la figure 135. Désignons cette réaction par R_r. La surcharge fictive donne une réaction verticale marquée R_f.

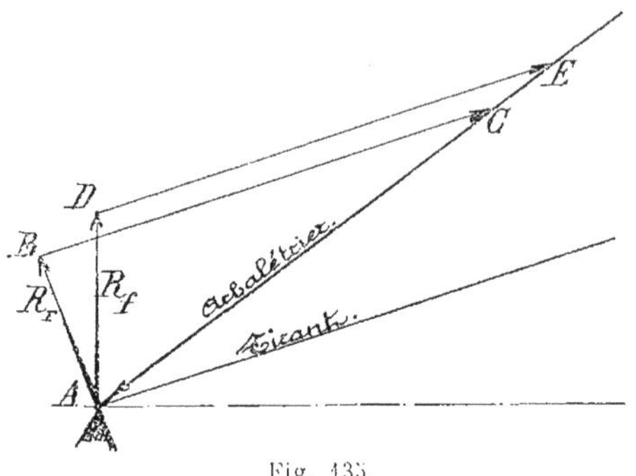

Fig. 135.

R_r produit la force BC comme tension du tirant et la force AC comme compression de l'arbalétrier.

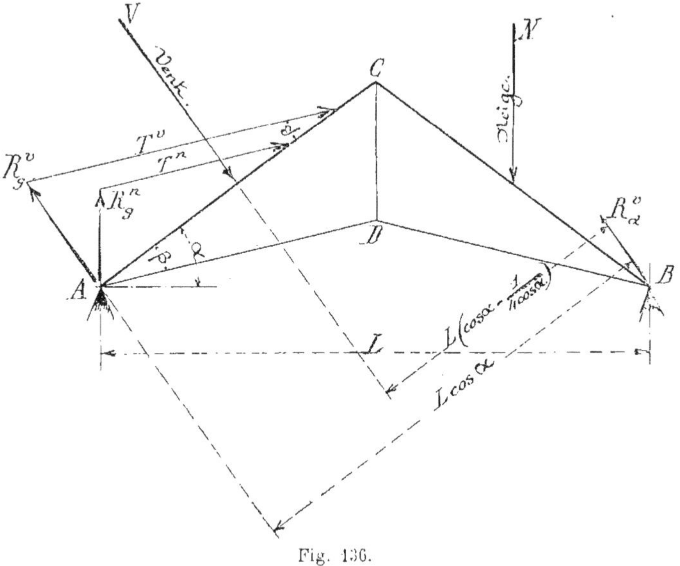

Fig. 136.

R_f donne DE comme tension du tirant et AE comme compression de l'arbalétrier.

Il est visible que nous devons nous imposer l'égalité entre BC et DE vu que nous aurons ainsi AE plus grand que AC.

Déterminons la valeur de BC. Reportons-nous à la figure 136.

La ferme doit être calculée, au point de vue des surcharges, pour la pression du vent agissant sur le versant de gauche et pour le poids de la neige qui peut se maintenir sur l'autre versant.

On peut admettre que la pression du vent, à laquelle nous donnons la notation V, engendre aux appuis des réactions dirigées parallèlement à cette pression, c'est-à-dire normalement à AC. On a pour la réaction de gauche :

$$R_g^v = \frac{VL\left(\cos\alpha - \frac{1}{4\cos\alpha}\right)}{L\cos\alpha} = V\left(1 - \frac{1}{4\cos^2\alpha}\right)$$

et pour la tension dans le tronçon extrême du tirant AD :

$$T^v = \frac{R_g^v}{\sin\beta} = \frac{V\left(1 - \frac{1}{4\cos^2\alpha}\right)}{\sin\beta}.$$

Mais

$$V = \frac{p_v \sin^2(\alpha + 10^\circ)\,Ll}{2\cos\alpha}.$$

Donc,

$$T^v = \frac{p_v \sin^2(\alpha + 10^\circ)\,Ll}{2\cos\alpha\sin\beta}\left(1 - \frac{1}{4\cos^2\alpha}\right).$$

Pour la neige, la réaction de gauche R_g^n est verticale et elle est donnée par l'égalité ci-après :

$$R_g^n = \frac{p_n Ll}{8}.$$

Pour la tension amenée par cette réaction à l'extrémité du tirant, nous avons :

$$T^n = \frac{R_g^n \cos\alpha}{\sin\beta} = \frac{p_n Ll\cos\alpha}{8\sin\beta}.$$

Dès lors, la tension totale dans le tirant est

$$T^v + T^n = \frac{Ll}{2\sin\beta}\left\{\frac{p_v \sin^2(\alpha + 10^\circ)\left(1 - \frac{1}{4\cos^2\alpha}\right)}{\cos\alpha} + \frac{p_n\cos\alpha}{4}\right\}.$$

Mais la surcharge fictive amène une réaction égale à

$$\frac{\pi Ll}{2\cos\alpha}$$

et une tension de tirant égale à

$$\frac{\pi L l \cos\alpha}{2\cos\alpha \sin\beta} = \frac{\pi L l}{2\sin\beta}.$$

Il faut donc avoir

$$\frac{\pi L l}{2\sin\beta} = \frac{L l}{2\sin\beta}\left\{\frac{p_v \sin^2(\alpha+10^\circ)\left(1-\frac{1}{4\cos^2\alpha}\right)}{\cos\alpha} + \frac{p_n\cos\alpha}{4}\right\}$$

d'où il résulte que

$$\pi = p_v \frac{\sin^2(\alpha+10^\circ)\left(1-\frac{1}{4\cos^2\alpha}\right)}{\cos\alpha} + p_n\frac{\cos\alpha}{4}. \qquad (144)$$

Considérons l'appui de droite.

Soit R_d^v la réaction due au vent. La ligne d'action de cette réaction peut être située sous le tirant, être comprise entre le tirant et l'arbalétrier, ou passer au-dessus de l'arbalétrier.

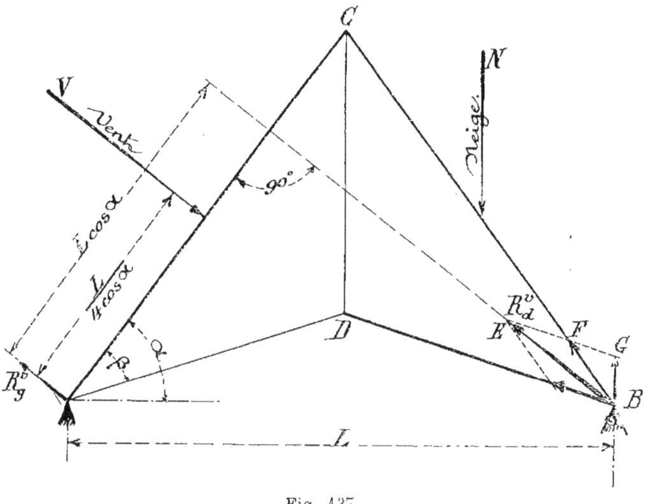

Fig. 137.

Dans le premier cas, le vent et le poids mort produisent des tensions longitudinales de sens contraire. Ce cas ne doit donc pas être considéré.

Dans le second cas, il y a compression aux deux organes et il importe d'avoir l'égalité de travail à l'arbalétrier.

Dans le dernier cas, on démontre par un raisonnement semblable à celui auquel nous avons eu recours pour l'appui de gauche, que s'il y a égalité de travail à l'arbalétrier, la surcharge fictive donne un excès de travail au tirant.

C'est donc uniquement l'égalité de travail à l'arbalétrier qu'il importe d'observer et cela dans l'hypothèse où la réaction due au vent passe au-dessus du tirant.

Reportons-nous à la figure 137. La réaction due au vent, est invariablement égale à

$$R_d^v = V \frac{L}{4 \cos \alpha} : L \cos \alpha = \frac{V}{4 \cos^2 \alpha} = \frac{p_v \sin^2 (\alpha + 10^o) Ll}{8 \cos^3 \alpha} .$$

Représentons cette réaction par la flèche BE tracée dans l'angle β. Cette réaction donne naissance dans l'arbalétrier à un effort de compression dessiné en grandeur par la flèche BF. Nous aurons même compression avec la charge fictive si celle-ci produit une réaction égale à BG, la droite EFG étant tracée parallèlement à BD. Or on a :

$$\frac{BG}{R_d^v} = \frac{\cos (2\alpha - \beta)}{\cos (\alpha - \beta)}$$

d'où

$$BG = R_d^v \frac{\cos (2\alpha - \beta)}{\cos (\alpha - \beta)} = \frac{p_v \sin^2 (\alpha + 10^o) Ll \cos (2\alpha - \beta)}{8 \cos^3 \alpha \cos (\alpha - \beta)} .$$

Cette relation ne se modifie pas si BE se place au-dessus de l'arbalétrier.

La réaction due au poids de la neige est égale à

$$\frac{3 p_n Ll}{8} .$$

La réaction amenée par la surcharge fictive est comme dans le cas précédent :

$$\frac{\pi Ll}{2 \cos \alpha} .$$

Dès lors, on doit avoir :

$$\frac{\pi Ll}{2 \cos \alpha} = \frac{Ll}{2 \cos \alpha} \left\{ p_v \frac{\sin^2 (\alpha + 10^o) \cos (2\alpha - \beta)}{4 \cos^2 \alpha \cos (\alpha - \beta)} + p_n \frac{3 \cos \alpha}{4} \right\}$$

d'où il résulte que

$$\pi = p_v \frac{\sin^2 (\alpha + 10^o) \cos (2\alpha - \beta)}{4 \cos^2 \alpha \cos (\alpha - \beta)} + p_n \frac{3 \cos \alpha}{4} . \qquad (145)$$

Mais, au premier terme, β a une valeur variable. Nous obtiendrons la surcharge la plus intense, en faisant $\beta = \alpha$. Dans cette hypothèse, il vient :

$$\pi = p_v \frac{\sin^2(\alpha + 10^\circ)}{4 \cos \alpha} + p_n \frac{3 \cos \alpha}{4}. \qquad (145^a)$$

Pour les faibles inclinaisons, on devra négliger le vent et supposer que la toiture est entièrement recouverte de neige, hypothèse qui donne

$$\pi = p_n \cos \alpha. \qquad (146)$$

Nous avons donc trois relations pour la surcharge fictive à considérer au calcul des arbalétriers et des tirants. Il va de soi qu'il importe de tenir compte de la surcharge la plus défavorable.

En dernier lieu, recherchons la valeur de la surcharge fictive donnant des tensions convenables dans les barres du treillis. Désignons cette surcharge par π'.

Pour les inclinaisons ordinaires, l'action du vent sera prédomi-

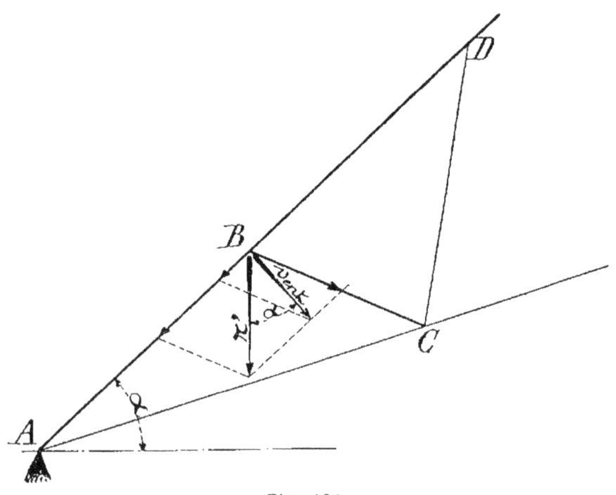

Fig. 138.

nante et il est visible à la figure 138 que la charge verticale fictive devra satisfaire la relation ci-après :

$$\pi' \cos \alpha = p_v \sin^2(\alpha + 10^\circ)$$

ou

$$\pi' = p_v \frac{\sin^2(\alpha + 10^\circ)}{\cos \alpha}. \qquad (147)$$

Pour les faibles inclinaisons, il faudra considérer la neige et on aura

$$\pi' = p_n \cos \alpha. \tag{148}$$

Nous renseignons au tableau n° 25 les valeurs numériques de π et de π' répondant aux formules (144) (145^a) (146) (147) et (148), en comptant sur une pression de vent variant de 100 à 200 kg. au mètre carré de surface normale et une charge de neige de 40 kg. au mètre carré de surface horizontale.

Charges verticales à répartir sur toute la couverture et équivalentes aux surcharges réelles pour le calcul des fermes.

TABLEAU N° 25[1]

	VALEURS de p_v	INCLINAISONS DES VERSANTS						
		10°	20°	30°	40°	50°	60°	70°
	kg.	kg.	kg.	kg.	kg.	kg.	kg.	kg.
Pour les arbalétriers et les tirants inférieurs :								
$\pi =$ Dans les agglomérations	100	40	40	40	50	50	50	70
$\pi =$ En rase campagne	150	40	40	55	70	75	70	110
$\pi =$ Au bord de la mer	200	40	50	70	100	100	90	140
Pour les autres pièces :								
$\pi' =$ Dans les agglomérations	100	40	40	50	80	120	180	290
$\pi' =$ En rase campagne	150	40	40	75	120	180	270	430
$\pi' =$ Au bord de la mer	200	40	55	100	160	240	360	570

Le tableau n° 25 montre qu'il y a lieu, dans le calcul des fermes, de considérer deux valeurs pour la surcharge fictive : une première pour les arbalétriers et les tirants inférieurs et une deuxième plus intense pour les barres du treillis, c'est-à-dire pour les pièces situées entre les organes précités.

Il va de soi que les épures et les calculs nécessaires à la détermination des tensions longitudinales ne devront s'effectuer qu'une seule fois et nous admettrons dans la suite qu'ils soient établis en prenant comme base la surcharge fictive π nécessaire aux barres extérieures. Pour les autres pièces, les tensions longitudinales, déterminées comme il est dit ci-dessus, seront multipliées

[1] Si les versants sont très raides et si, en même temps, l'angle β est très faible, les surchages π renseignées à ce tableau seront entachées d'exagération; il y aura avantage, dans ce cas, à appliquer la formule (145).

par le rapport de la charge totale unitaire réelle à la charge totale unitaire admise.

Par exemple, pour une ferme à construire dans une agglomération avec des versants inclinés à 40°, si le poids mort donne 80 kg. au mètre carré de couverture, on fera les calculs avec une charge totale égale à $80 + 50 = 130$ kg., vu que nous voyons au tableau ci-contre que la surcharge fictive est de 50 kg. pour les barres extérieures.

Pour les barres du treillis, la surcharge fictive devant être de 80 kg., ce qui donne une charge totale de 160 kg., les tensions longitudinales obtenues avec une charge unitaire de 130 kg. seront multipliées par $\frac{160}{130} = 1,23$. Ce rapport sera désigné dans la suite par la notation N''.

2° Détermination des réactions

Les recherches que nous venons de faire au sujet des surcharges permettent de ne considérer que des charges verticales.

En conséquence, si la ferme est symétrique, les réactions des appuis seront égales à la somme des poids transmis aux nœuds d'une demi-ferme.

Si la ferme est dissymétrique, l'intensité des réactions se déterminera en traçant le dynamique et le funiculaire des charges suivant ce qui est exposé aux n°s 31 à 33.

3° Détermination des tensions des barres

La détermination des tensions des barres peut se faire analytiquement ou graphiquement.

Pour la première solution, on aura recours aux indications des n°s 153 et 154, ou bien on appliquera les expressions trigonométriques des n°s 216 à 222 ce qui évite tout rappel de théorie.

Pour la deuxième solution, on utilisera les propriétés du dynamique (v. n° 31). Donnons quelques explications complémentaires à ce sujet.

Considérons la ferme dessinée à la figure 139. Avec la méthode qui nous occupe, on isole successivement chacun des nœuds en ayant soin de suivre un ordre tel que, à chacune des articulations, on n'ait que deux inconnues. La ferme étant symétrique et symétriquement chargée, il suffira d'examiner une demi-ferme ; examinons la demi-ferme de gauche.

Ayant déterminé l'intensité des charges et des réactions, on

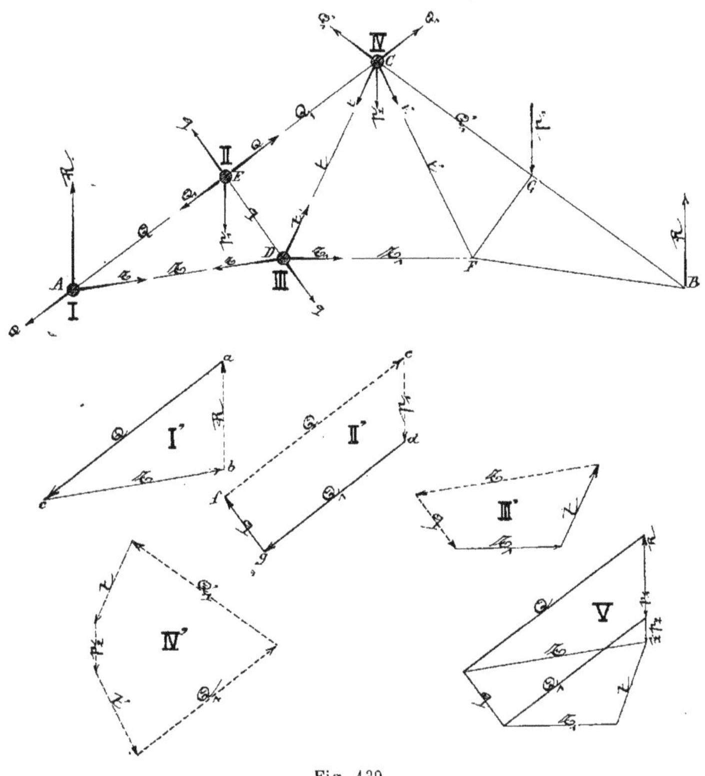

Fig. 139.

considérera en premier lieu le point A. Ce point est en équilibre sous l'action de la réaction R et des tensions inconnues des barres AE et AD. Construisons à un endroit quelconque, en I′, le dynamique de ces forces. A cet effet, traçons *ab* parallèle et proportionnel à R ; par le point *a*, menons une parallèle à AE et par le point *b*, une parallèle à AD. Ces deux droites se coupent en *c*. Pour fermer le polygone nous devons placer une flèche en *b* sur *bc* et en *c* sur *ac*. Les droites *ac* et *bc* nous font connaître, en grandeur et en direction, les efforts sollicitant respectivement les barres AE et AD, efforts auxquels nous donnons les notations Q et T.

Pour savoir si ces efforts agissent sous forme de compression ou d'extension, on les transporte au point A en ayant soin de placer l'extrémité sans flèche en ce point. S'ils se présentent dans le prolongement des barres auxquelles ils se rapportent, comme c'est le cas pour Q, ce sont des efforts de compression. Au contraire, s'ils se placent sur la barre, suivant ce qui se produit pour T, ce sont des efforts d'extension.

Aux dynamiques à établir dans la suite, nous tracerons les forces connues en traits pointillés.

Nous devons maintenant isoler le nœud II; nous ne pouvons pas considérer le nœud III parce que, en ce point, trois efforts sont encore indéterminés. Au nœud II, nous connaissons la charge p_1 et la compression Q; nous devons rechercher les efforts Q_1 et q sollicitant respectivement les barres CE et DE.

Portons les efforts connus les uns à la suite des autres, à partir du point d, en observant la direction qui leur convient. Ainsi, p_1 sera porté de d en e avec flèche en d et Q qui est un effort de compression, sera porté cette fois de e en f avec flèche en e. Par les points d et f, traçons des parallèles aux barres EC et DE. Ces parallèles se coupent en g. Pour fermer le polygone, nous devons placer les flèches sur fg en f et sur dg en g; la première force se rapporte à la barre DE, la seconde à la barre CE. Nous voyons, en reportant les efforts au nœud, qu'ils agissent dans le prolongement des pièces; ce sont donc des efforts de compression.

Nous pouvons maintenant considérer le nœud III, vu que nous connaissons en ce point 2 tensions sur 4. Le dynamique III' donne l'intensité de t et de T_1 et montre que ces efforts agissent sous forme d'extension.

Au dernier nœud, marqué IV, nous connaissons les efforts sans devoir tracer de dynamique, car toutes les tensions sont déterminées aux nœuds précédents. Il faut que ces tensions donnent une résultante nulle. S'il en était autrement, il y aurait eu erreur aux opérations précédentes. Cette condition est parfaitement observée vu que le dynamique IV' tracé avec ces efforts forme un polygone fermé.

Si la ferme avait été dissymétrique ou dissymétriquement chargée, cette vérification aurait dû se faire à l'appui de droite.

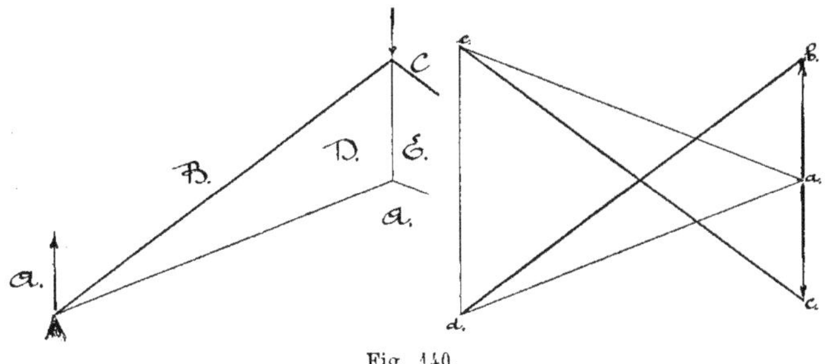

Fig. 140.

En pratique, les dynamiques ne se traceront pas les uns à côté

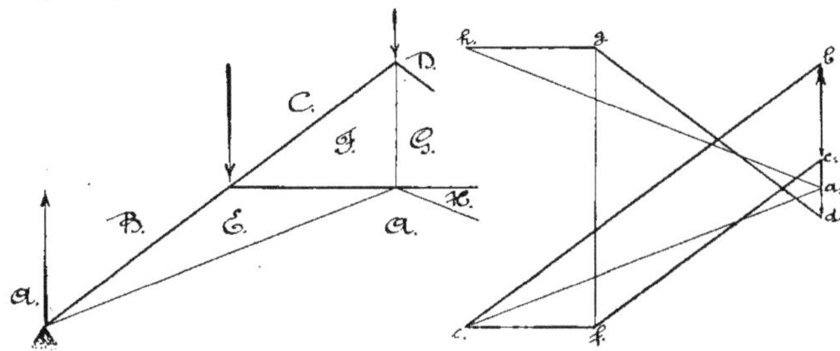

Fig. 141.

des autres ; ils seront juxtaposés suivant ce qui est indiqué au dynamique V.

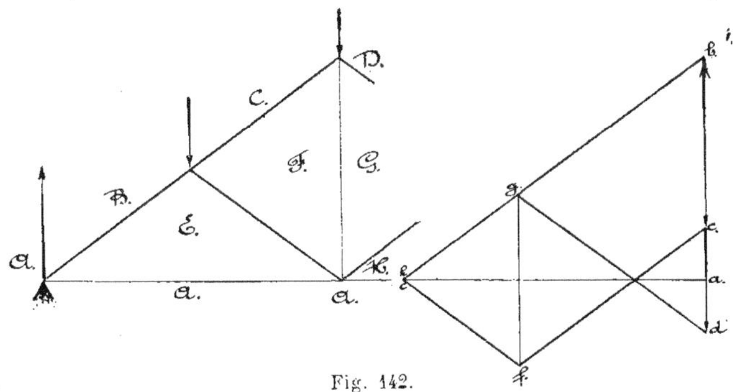

Fig. 142.

Nous renseignons aux figures 140 à 145, le dynamique des tensions pour divers types de fermes.

A ces figures, nous employons la méthode Flemming-Jenkins

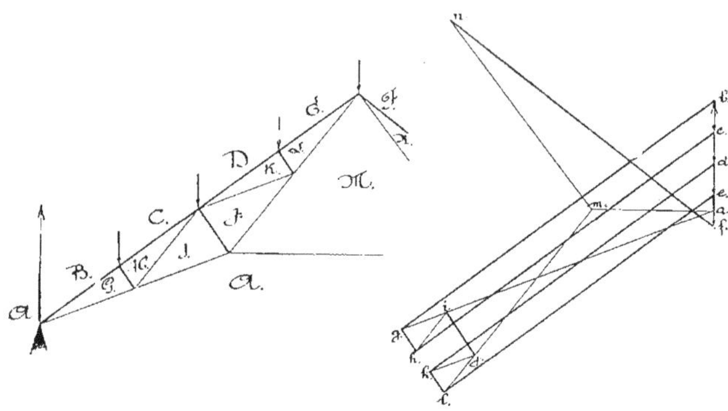

Fig. 143.

pour la désignation des barres, des forces et des tensions inté-

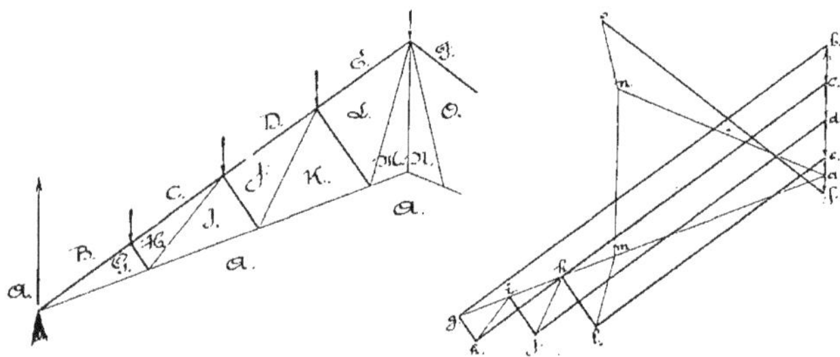

Fig. 144.

rieures, méthode qui consiste à placer des lettres majuscules dans

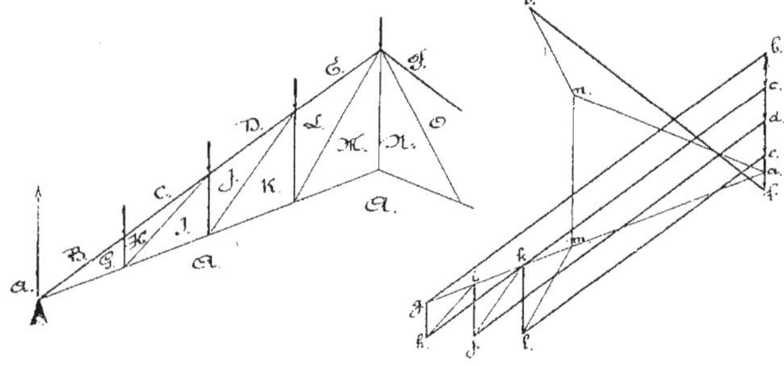

Fig. 145.

les espaces qui séparent les barres ou les forces et des lettres minuscules aux sommets des dynamiques.

Une force ou une barre se désigne par les lettres des espaces qu'elle sépare. Aux dynamiques, les tensions se désignent par les lettres des barres auxquelles elles se rapportent. Ainsi, une tension marquée *gh* concerne la barre GH, c'est-à-dire la barre située entre les espaces G et H.

Aux dynamiques, les efforts de compression sont tracés en traits forts, les efforts de traction en traits faibles et les forces extérieures sont représentées par des flèches.

CHAPITRE III

POIDS DES FERMES

A. — POIDS DES ARBALÉTRIERS COMPRIMÉS ET FLÉCHIS

214. Majoration de section nécessaire aux pièces avec flexion composée. — Nous serons conduit à rechercher le poids de pièces soumises à flexion composée, c'est-à-dire soumises à une action infléchissante et à un effort de tension (compression ou traction). Déterminons la majoration à apporter en ce cas, à la section qui aurait suffi sans action infléchissante.

Soient :

M : le moment fléchissant ;

C : l'effort de tension (compression ou traction) ;

S : la section transversale nécessaire avec action infléchissante ;

h : la hauteur de l'âme de cette section ;

$\frac{I}{V}$: le moment résistant de cette section ;

s : la section transversale sans action infléchissante et

ε : le coefficient de flambage de cette section.

Nous devons connaître le rapport $\frac{S}{s}$. On a :

$$\frac{C}{S} + \frac{M}{\frac{I}{V}} = R$$

$$S = \frac{C}{R} + \frac{MS}{R\frac{I}{V}}.$$

Mais $s = \frac{\varepsilon C}{R}$, si nous admettons que le coefficient de flambage ε égale 1 si la tension agit sous forme de traction. Dès lors,

$$\frac{S}{s} = \frac{1}{\varepsilon}\left(1 + \frac{MS}{C\frac{I}{V}}\right).$$

Mais si nous classons les sections transversales en différentes séries de forme et de proportions données, pour chacune de ces séries, le rapport $\frac{S}{\frac{I}{V}}$ est en raison inverse de la hauteur de l'âme et en raison directe d'un coefficient que nous désignons par n'. Nous pouvons donc écrire :

$$\frac{S}{\frac{I}{V}} = \frac{n'}{h}$$

ce qui donne

$$\frac{S}{s} = \frac{1}{\varepsilon}\left(1 + \frac{n'M}{Ch}\right)$$

et

$$S = s\,\frac{1}{\varepsilon}\left(1 + \frac{n'M}{Ch}\right). \qquad (149)$$

Si la tension longitudinale agit sous forme d'extension $\varepsilon = 1$ et la fraction en évidence disparaît.

Si nous convenons de désigner par N le produit des deux derniers facteurs, nous avons :

$$S = Ns. \qquad (149^a)$$

VALEURS DE n'. — Rappelons que $n' = \frac{Sh}{\frac{I}{V}}$.

Poutrelles et fers [. — La formule (14^b) donne

$$\frac{I}{V} = h\left(\frac{he}{6} + 0,89\,\Omega\right).$$

Désignons par f le rapport $\frac{\Omega}{he}$. Donc $\Omega = fhe$ et

$$\frac{I}{V} = h\left(\frac{he}{6} + 0,89\,fhe\right) = h^2e\left(\frac{1}{6} + 0,89\,f\right)$$

$$S = he + 2fhe = he\,(1 + 2f).$$

Donc

$$n' = \frac{1 + 2f}{\frac{1}{6} + 0,89\,f}.$$

Aux poutrelles à bourrelets étroits et aux fers [, la valeur de f s'écarte peu de 0,50, valeur qui donne $n' = 3,27$.

Aux poutrelles à bourrelets ordinaires, la valeur moyenne de f est 0,65 et on trouve $n' = 3,10$.

Poutres chaudronnées en forme de I. — Si on considère des cornières de même épaisseur que l'âme et dont la largeur correspond à $r = 10$ et à $r = 15$, et si on suppose que chacun des fers méplats composant les membrures a une section égale à 0,30 he, on a le tableau ci-après :

	$r = 10$						$r = 15$					
Nombre de plats à chaque membrure.	1	2	3	4	5	7	1	2	3	4	5	7
$S = he \times$	2.4	3.0	3.6	4,2	4,8	6,0	2.16	2,76	3,36	3,96	4,56	5,76
$\frac{I}{V} = h^2e \times$	0.76	1,06	1,36	1,66	1,96	2,56	0,67	0.97	1,27	1,57	1,87	2,47
$n' =$	3,1	2.8	2.6	2,5	2,5	2,4	3,2	2,9	2,6	2,5	2,4	2,3

Il est visible que la proportion des cornières n'a qu'une influence négligeable et que l'on peut poser

$n' = 3,0$ si les semelles ont peu d'importance relativement à l'âme, et $n' = 2,5$ avec des proportions ordinaires.

Poutres en treillis. — Si Ω désigne la section d'une membrure, on a :

$$S = 2\,\Omega ; \quad \frac{I}{V} = \frac{\Omega h^2}{2} : \frac{h}{2} = \Omega h \quad \text{et} \quad n' = 2.$$

Carré et rectangle pleins. — Si e désigne la largeur et h la hauteur,

$$S = eh ; \quad \frac{I}{V} = \frac{eh^2}{6} \quad \text{et} \quad n' = 6.$$

Cornières à branches égales. — Si nous nous reportons aux n°s 38 et 47, nous sommes conduit à écrire :

$$I = 0,0926\, h^2 S ; \quad V = 0,704\, h ; \quad \frac{I}{V} = 0,132\, Sh \quad \text{et} \quad n' = 7,6.$$

Dans les charpentes, les pièces à flexion composée sont toujours exécutées en poutrelles ou en fers [. Ce qui précède montre que nous pourrons dans la suite poser invraisemblablement

$$n' = 1/2\,(3,27 + 3,10) = 3,20$$

et

$$N = \frac{1}{\varepsilon}\left(1 + \frac{3,20\,M}{Ch}\right). \qquad (149^{b})$$

B. — ÉTABLISSEMENT DES FORMULES DONNANT LE POIDS DES FERMES

215. — Nous désignons ci-après par P, le poids total de la partie des versants comprise entre deux fermes adjacentes ; ce poids est égal à $\frac{pLt}{\cos \alpha}$.

Nous indiquons, pour chaque système de ferme, la longueur λ et l'effort longitudinal C ou T des diverses barres ; nous avons jugé inutile de donner la démonstration des relations renseignées. Pour les efforts longitudinaux, C veut dire que la tension agit en compression et T qu'elle agit en extension.

En divisant l'effort longitudinal par R et en multipliant le quotient par le coefficient de flambage si la barre est comprimée, par le facteur N déterminé au n° 214 si la barre est comprimée et fléchie, et par le facteur N'', dont il est question à la page 374, s'il s'agit d'une barre du treillis, on obtient la section transversale. Le produit de celle-ci par δk, par la longueur λ et par le nombre de pièces semblables, donne le poids partiel q d'une série de pièces. La somme de ces poids fait connaître le poids total Q. Nous ne renseignons ci-après que le résultat de ces opérations.

Aux figures, les barres comprimées sont indiquées par des traits forts.

L'arbalétrier et le tirant sont supposés être à section constante.

1° Ferme composée d'arbalétriers, de tirants et d'un poinçon

216. — La figure 146 montre l'agencement de cette ferme.

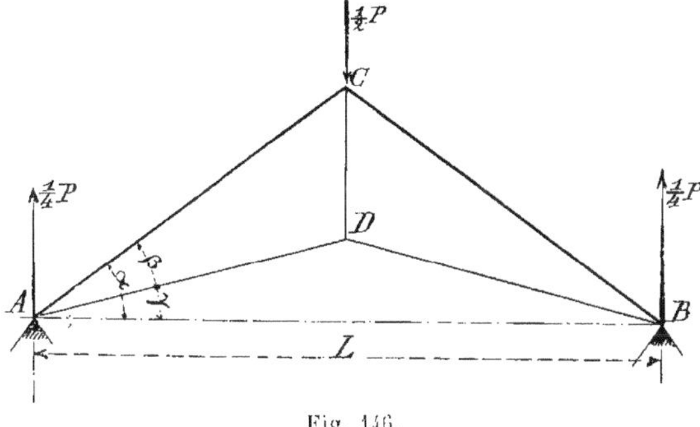

Fig. 146.

a) Ferme avec arbalétriers simplement comprimés.

Les arbalétriers sont simplement comprimés s'ils ne portent aucune charge à distance des nœuds ; pour la ferme qui nous occupe, nous n'aurons donc que la charge $\frac{1}{2}$ P du faîtage.

Arbalétriers AC et BC.

$$\lambda = \frac{L}{2 \cos \alpha} \tag{150}$$

$$C = \frac{P}{4} \frac{\cos \gamma}{\sin \beta} \tag{151}$$

$$q = \frac{k\delta p L^2 l}{4 R \sin \beta} \frac{\varepsilon \cos \gamma}{\cos^2 \alpha}.$$

Tirants AD et BD.

$$\lambda = \frac{L}{2 \cos \gamma} \tag{152}$$

$$T = \frac{P}{4} \frac{\cos \alpha}{\sin \beta} \tag{153}$$

$$q = \frac{k\delta p L^2 l}{4 R \sin \beta} \frac{1}{\cos \gamma}.$$

Poinçon CD.

$$\lambda = \frac{L}{2} (\operatorname{tg} \alpha - \operatorname{tg} \gamma) \tag{154}$$

$$T = \frac{P}{2} \frac{\cos \alpha \sin \gamma}{\sin \beta} \tag{155}$$

$$q = \frac{k\delta p L^2 l}{4 R \sin \beta} \sin \gamma (\operatorname{tg} \alpha - \operatorname{tg} \gamma).$$

Finalement, on a, en additionnant les poids partiels :

$$Q = \frac{k\delta p L^2 l}{4 R \sin \beta} \left\{ \frac{\varepsilon \cos \gamma}{\cos^2 \alpha} + \frac{1}{\cos \gamma} + \sin \gamma (\operatorname{tg} \alpha - \operatorname{tg} \gamma) \right\}. \tag{156}$$

Si le tirant est horizontal, c'est-à-dire si $\beta = \alpha$, on a :

$$Q = \frac{k\delta p L^2 l}{4 R \sin \alpha} \left(\frac{\varepsilon}{\cos^2 \alpha} + 1 \right). \tag{157}$$

Mais, dans ce cas, il est de règle de placer un poinçon dont le travail théorique est nul mais qui a pour but de supporter le tirant; on peut admettre que cet organe pèse 1/2 L tg α, si le mètre et le kilogramme sont pris comme unités.

b) *Ferme avec arbalétriers comprimés et fléchis.*

Nous avons supposé ci-dessus que la ferme ne portait qu'une seule charge au sommet. Or, en pratique, on aura une ou plusieurs vernes fixées à distance des points d'appui des arbalétriers. Cette disposition engendre dans ces dernières pièces une action infléchissante, ce qui conduit à devoir multiplier la section admise ci-dessus par la quantité N déterminée précédemment (formules 149). Mais, pour la ferme qui nous occupe,

$$M = \frac{PL}{32} \text{ et } C = \frac{P}{4} \frac{\cos\gamma}{\sin\beta}.$$

Donc

$$\frac{M}{C} = \frac{L \sin\beta}{8 \cos\gamma}.$$

Remarquons aussi que l'on obtient une bonne proportion en donnant à l'arbalétrier une hauteur égale à la 30ᵉ partie de sa longueur; donc $h = \frac{L}{60 \cos\alpha}$.

Dès lors,

$$N = \frac{1}{\varepsilon}\left(1 + 3{,}2 \frac{L \sin\beta}{8 \cos\gamma} \frac{60 \cos\alpha}{L}\right) = \frac{1}{\varepsilon}\left(1 + \frac{24 \sin\beta \cos\alpha}{\cos\gamma}\right).$$

En conséquence, nous avons les relations ci-après pour le poids total de la ferme avec arbalétriers comprimés et fléchis.

Ferme avec tirants inclinés :

$$Q = \frac{k\delta pL^2 l}{4 R \sin\beta}\left(\frac{\cos\gamma}{\cos^2\alpha} + \frac{24 \sin\beta}{\cos\alpha} + \frac{1}{\cos\gamma} + \sin\gamma(\operatorname{tg}\alpha - \operatorname{tg}\gamma)\right). \quad (158)$$

Ferme avec tirant horizontal :

$$Q = \frac{k\delta pL^2 l}{4 R \sin\alpha}\left(\frac{1}{\cos^2\alpha} + 24 \operatorname{tg}\alpha + 1\right) + \frac{L \operatorname{tg}\alpha}{2}. \quad (159)$$

Pour la deuxième relation, le mètre et le kilogramme seront pris obligatoirement comme unités.

2° Même ferme que ci-dessus avec faux entrait

217. — Le faux entrait est la pièce marquée EF à la figure 147. Nous supposons qu'il se trouve à mi-hauteur de la ferme.

Par suite de la continuité des pièces, le point d'appui intermédiaire de l'arbalétrier porte les $\frac{5}{8}$ du poids d'un versant, soit $\frac{5}{16}$ P; le sommet reçoit donc une charge égale à $\frac{3}{16}$ P. Dès lors, la réaction des appuis est égale à $\frac{13}{32}$ P.

a) *Ferme avec arbalétriers simplement comprimés.*

Arbalétriers AC et BC.

$$\lambda = \frac{L}{2 \cos \alpha} \tag{160}$$

$$C = \frac{13}{16} \frac{P}{\cos \alpha \ \operatorname{tg} \alpha} = \frac{13 P}{16 \sin \alpha} \tag{161}$$

$$q = \frac{k \delta p L^2 l}{32 R \sin \alpha} \frac{26 \varepsilon}{\cos^2 \alpha} .$$

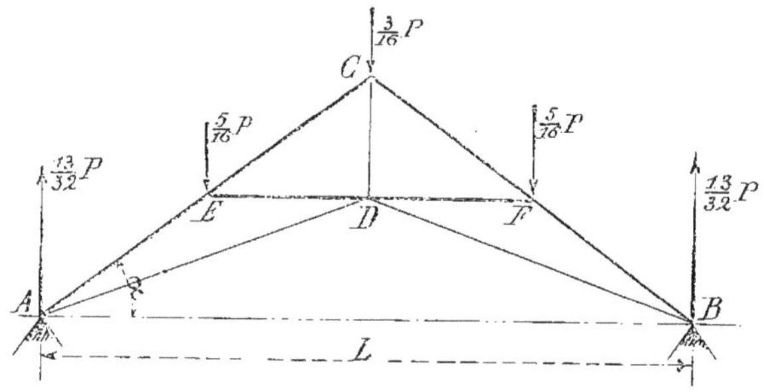

Fig. 147.

Tirants AD et BD.

$$\lambda = \frac{L}{2} \sqrt{1 + \frac{\operatorname{tg}^2 \alpha}{4}} \tag{162}$$

$$T = \frac{13}{16} P \frac{\sqrt{1 + \frac{\operatorname{tg}^2 \alpha}{4}}}{\operatorname{tg} \alpha} \tag{163}$$

$$q = \frac{k \delta p L^2 l}{32 R \sin \alpha} 26 \left(1 + \frac{\operatorname{tg}^2 \alpha}{4}\right) .$$

Faux entrait EF.

$$\lambda = \frac{L}{2} \tag{164}$$

$$C = N'' \frac{5}{16} \frac{P}{\operatorname{tg} \alpha} \tag{165}$$

$$q = \frac{k \delta p L^2 l}{32 R \sin \alpha} 50 N'' .$$

Poinçon CD.

$$\lambda = \frac{L \operatorname{tg} \alpha}{4} \tag{166}$$

$$T = \frac{13 P}{16} \tag{167}$$

$$q = \frac{k \delta p L^2 l}{32 R \sin \alpha} 6{,}5 \operatorname{tg}^2 \alpha .$$

Nous avons donc, en additionnant les poids partiels :

$$Q = \frac{k\delta p L^2 l}{32\, R \sin\alpha} \left\{ \frac{26\, \varepsilon}{\cos^2\alpha} + 26\left(1 + \frac{tg^2\alpha}{4}\right) + 50\, N'' + 6{,}5\, tg^2\alpha \right\}. \qquad (168)$$

b) *Ferme avec arbalétriers comprimés et fléchis.*

On peut admettre que

$$M = \frac{1}{8}\,\frac{P}{4}\,\frac{L}{4} = \frac{PL}{128}.$$

Et comme

$$C = \frac{13}{16}\,\frac{P}{\sin\alpha}$$

$$\frac{M}{C} = \frac{L \sin\alpha}{104}.$$

Nous donnons à l'arbalétrier une hauteur égale au $\frac{1}{20}$ de sa portée, soit $\frac{L}{80 \cos\alpha}$.

Dès lors, nous avons :

$$N = \frac{1}{\varepsilon}\left(1 + \frac{3{,}2\, L \sin\alpha\; 80 \cos\alpha}{104\, L}\right) = \frac{1}{\varepsilon}\left(1 + 2{,}5 \sin\alpha \cos\alpha\right)$$

et

$$Q = \frac{k\delta p L^2 l}{32\, R \sin\alpha} \left\{ \frac{26}{\cos^2\alpha} + 65\, tg\,\alpha + 26\left(1 + \frac{tg^2\alpha}{4}\right) + \right.$$
$$\left. + 50\, N'' + 6{,}5\, tg^2\alpha \right\}. \qquad (169)$$

3° Ferme avec tirant horizontal, poinçon et contre-fiches

218. — La figure 148 montre l'agencement de la ferme.

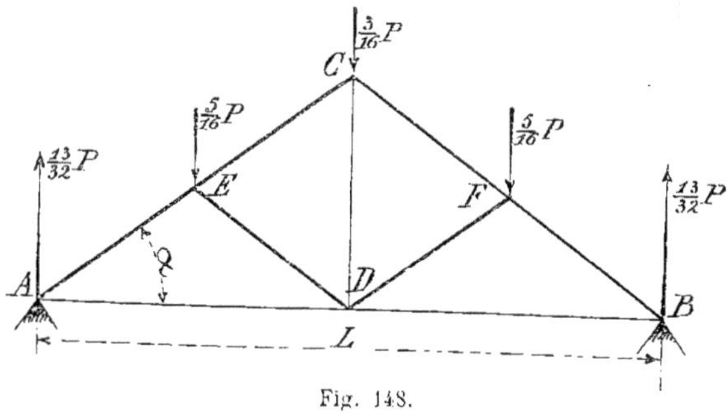

Fig. 148.

La répartition des charges se fait comme à l'exemple précédent.

a) *Ferme avec arbalétriers simplement comprimés.*

Arbalétriers AC et BC.

$$\lambda = \frac{L}{2 \cos \alpha} \tag{170}$$

$$C = \frac{13\ P}{32 \sin \alpha} \tag{171}$$

$$q = \frac{k\delta p L^2 l}{32 \sin \alpha} \ \frac{13\ \varepsilon}{\cos^2 \alpha}.$$

Tirants AD et BD.

$$\lambda = \frac{L}{2} \tag{172}$$

$$T = \frac{13\ P}{32 \operatorname{tg} \alpha} \tag{173}$$

$$q = \frac{k\delta p L^2 l}{32\ R \sin \alpha}\ 13.$$

Contre-fiches DE et DF.

$$\lambda = \frac{L}{4 \cos \alpha} \tag{174}$$

$$C = \frac{5\ P\ N''}{32 \sin \alpha} \tag{175}$$

$$q = \frac{k\delta p L^2 l}{32\ R \sin \alpha} \ \frac{2{,}5\ \theta\ N''}{\cos^2 \alpha}.$$

Poinçon CD.

$$\lambda = \frac{L \operatorname{tg} \alpha}{2} \tag{176}$$

$$T = \frac{5}{16}\ P N'' \tag{177}$$

$$q = \frac{k\delta p L^2 l}{32\ R \sin \alpha}\ 5\ N'' \operatorname{tg}^2 \alpha.$$

En additionnant les poids partiels, nous avons :

$$Q = \frac{k\delta p L^2 l}{32\ R \sin \alpha} \left(\frac{13\ \varepsilon + 2{,}5\ \theta\ N''}{\cos^2 \alpha} + 13 + 5\ N'' \operatorname{tg}^2 \alpha \right). \tag{178}$$

b) *Ferme avec arbalétriers comprimés et fléchis.*

$$M = \frac{1}{8}\ \frac{P}{4}\ \frac{L}{4} = \frac{PL}{128}$$

$$C = \frac{13}{32}\ \frac{P}{\sin \alpha} \qquad h = \frac{L}{80 \cos \alpha}.$$

Dès lors, nous avons :

$$N = \frac{1}{\varepsilon}\,(1 + 5 \sin \alpha \cos \alpha)$$

et

$$Q = \frac{k\delta p L^2 l}{32\,R \sin \alpha}\left(\frac{13 + 2{,}50\,N''}{\cos^2 \alpha} + 65 \operatorname{tg} \alpha + 13 + 5\,N'' \operatorname{tg}^2 \alpha\right). \qquad (179)$$

4° Ferme Polonceau a deux bielles

219. — La figure 149 donne l'agencement de la ferme. La répartition des charges est la même qu'à la ferme 2°.

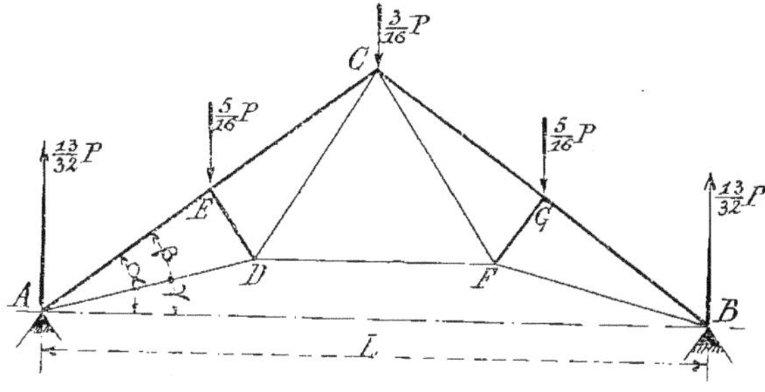

Fig. 149.

a) *Ferme avec arbalétriers simplement comprimés.*

Arbalétriers AC et BC.

$$\lambda = \frac{L}{2 \cos \alpha} \qquad (180)$$

$$C = \frac{13\,P \cos \gamma}{32 \sin \beta} \qquad (181)$$

$$q = \frac{k\delta p L^2 l}{32\,R \cos \alpha}\,13\,\varepsilon\,(\operatorname{tg} \alpha + \cot \beta).$$

Tirants AD et BF.

$$\lambda = \frac{L}{4 \cos \alpha \cos \beta} \qquad (182)$$

$$T = \frac{13\,P \cos \alpha}{32 \sin \beta} \qquad (183)$$

$$q = \frac{k\delta p L^2 l}{32\,R \cos \alpha}\,\frac{13}{2 \sin \beta \cos \beta}.$$

Bielles DE et FG.

$$\lambda = \frac{L \operatorname{tg} \beta}{4 \cos \alpha} \tag{184}$$

$$C = \frac{5 PN'' \cos \alpha}{16} \tag{185}$$

$$q = \frac{k \delta p L^2 l}{32 R \cos \alpha} \, 5\,0\, N'' \operatorname{tg} \beta.$$

Tirant DF.

$$\lambda = \frac{L \cos (\alpha + \beta)}{2 \cos \alpha \cos \beta} = \frac{L}{2} (1 - \operatorname{tg} \alpha \operatorname{tg} \beta) \tag{186}$$

$$T = \frac{P \cos \alpha \cos \beta}{2 \sin (\alpha + \beta)} \tag{187}$$

$$q = \frac{k \delta p L^2 l}{32 R \cos \alpha} \; \frac{8}{\operatorname{tg} (\alpha + \beta)} .$$

Tirants CD et CF.

$$\lambda = \frac{L}{4 \cos \alpha \cos \beta} \tag{188}$$

$$T = \frac{13}{32} \; \frac{P \cos \alpha}{\sin \beta} - \frac{P \cos^2 \alpha}{2 \sin (\alpha + \beta)} \tag{189}$$

$$q = \frac{k \delta p L^2 l}{32 R \cos \alpha} \left(\frac{13}{2 \sin \beta \cos \beta} - \frac{8 \cos \alpha}{\sin (\alpha + \beta) \cos \beta} \right).$$

Les relations précédentes donnent :

$$Q = \frac{k \delta p L^2 l}{32 R \cos \alpha} \left\{ 13\, \varepsilon\, (\operatorname{tg} \alpha + \cot \beta) + \frac{13}{\sin \beta \cos \beta} + 5\,0\, N'' \operatorname{tg} \beta + \right.$$
$$\left. + \frac{8}{\operatorname{tg} (\alpha + \beta)} - \frac{8 \cos \alpha}{\sin (\alpha + \beta) \cos \beta} \right\}. \tag{190}$$

b) *Ferme avec arbalétriers comprimés et fléchis.*

$$M = \frac{PL}{128} \qquad C = \frac{13 P \cos \gamma}{32 \sin \beta} \qquad h = \frac{L}{80 \cos \alpha} .$$

Dès lors, nous avons :

$$N = \frac{1}{\varepsilon} \left(1 + \frac{5 \cos \alpha \sin \beta}{\cos \gamma} \right)$$

et

$$Q = \frac{k \delta p L^2 l}{32 R \cos \alpha} \left\{ 13 (\operatorname{tg} \alpha + \cot \beta) + 65 + \frac{13}{\sin \beta \cos \beta} + 5\,0\, N'' \operatorname{tg} \beta + \right.$$
$$\left. + \frac{8}{\operatorname{tg} (\alpha + \beta)} - \frac{8 \cos \alpha}{\sin (\alpha + \beta) \cos \beta} \right\}. \tag{191}$$

5° Ferme Polonceau a six bielles

220. — Pour la ferme Polonceau à 6 bielles, dessinée à la

figure 150, on peut admettre que la charge reportée en chaque nœud est égale à $\frac{1}{8}$ P. La réaction des appuis est $\frac{7}{16}$ P.

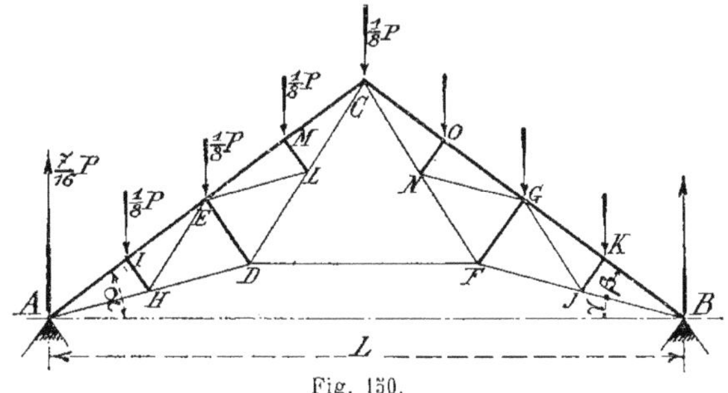

Fig. 150.

a) *Ferme avec arbalétriers simplement comprimés.*

Arbalétriers AC et BC.

$$\lambda = \frac{L}{2 \cos \alpha} \tag{192}$$

$$C = \frac{7 P \cos \gamma}{16 \sin \beta} \tag{193}$$

$$q = \frac{k\delta p L^2 l}{16 R \cos \alpha} 7 \varepsilon (\operatorname{tg} \alpha + \cot \beta).$$

Tirants AD et HE et barres symétriques.

Remarquons que DH = EH et que si nous négligeons N'' pour la barre EH, la tension de DH est égale à la tension de AH diminuée d'une composante égale à la tension de EH. Par conséquent, le poids total des tirants AH, DH et EH est égal au poids d'une barre fictive de longueur AD et ayant même section que AH. Nous avons, pour cette barre fictive :

$$\lambda = \frac{L}{4 \cos \alpha \cos \beta} \tag{194}$$

$$T = \frac{7 P \cos \alpha}{16 \sin \beta} \tag{195}$$

$$q = \frac{k\delta p L^2 l}{16 R \cos \alpha} \frac{7}{2 \sin \beta \cos \beta}.$$

Bielles HI et LM et barres symétriques.

$$\lambda = \frac{L \operatorname{tg} \beta}{8 \cos \alpha} \tag{196}$$

$$C = \frac{P N'' \cos \alpha}{8} \tag{197}$$

$$q = \frac{k\delta p L^2 l}{16 R \cos \alpha} 6 N'' \operatorname{tg} \beta.$$

Bielle DE et barre symétrique.

$$\lambda = \frac{L \operatorname{tg} \beta}{4 \cos \alpha} \tag{198}$$

$$C = \frac{PN'' \cos \alpha}{4} \tag{199}$$

$$q = \frac{k\delta p L^2 l}{16 R \cos \alpha}\, 2\,0 N'' \operatorname{tg} \beta.$$

Barre DF.

$$\lambda = \frac{L \cos (\alpha + \beta)}{2 \cos \alpha \cos \beta} = \frac{L}{2} (1 - \operatorname{tg} \alpha \operatorname{tg} \beta) \tag{200}$$

$$T = \frac{P \cos \alpha \cos \beta}{2 \sin (\alpha + \beta)} \tag{201}$$

$$q = \frac{k\delta p L^2 l}{16 R \cos \alpha} \frac{4}{\operatorname{tg} (\alpha + \beta)} .$$

Barres DL, EL, CL et barres symétriques.

Il nous suffit également de considérer CD et CF en leur donnant sur toute la longueur la section nécessaire aux tronçons supérieurs.

$$\lambda = \frac{L}{4 \cos \alpha \cos \beta} \tag{202}$$

$$T = \frac{7 P \cos \alpha}{16 \sin \beta} - \frac{P \cos^2 \alpha}{2 \sin (\alpha + \beta)} \tag{203}$$

$$q = \frac{k\delta p L^2 l}{16 R \cos \alpha} \left(\frac{7}{2 \sin \beta \cos \beta} - \frac{4 \cos \alpha}{\sin (\alpha + \beta) \cos \beta} \right) .$$

Finalement, nous avons :

$$Q = \frac{k\delta p L^2 l}{16 R \cos \alpha} \left\{ 7\,\varepsilon (\operatorname{tg} \alpha + \cot \beta) + \frac{7}{\sin \beta \cos \beta} + 3\,0 N'' \operatorname{tg} \beta + \right.$$
$$\left. + \frac{4}{\operatorname{tg} (\alpha + \beta)} - \frac{4 \cos \alpha}{\sin (\alpha + \beta) \cos \beta} \right\} . \tag{204}$$

b) *Ferme avec arbalétriers comprimés et fléchis.*

On peut admettre que

$$M = \frac{1}{8} \frac{P}{8} \frac{L}{8} = \frac{PL}{512}$$

et que

$$h = \frac{1}{15} \frac{L}{8 \cos \alpha} = \frac{L}{120 \cos \alpha} .$$

Comme

$$C = \frac{7 P \cos \gamma}{16 \sin \beta}$$

on a

$$N = \frac{1}{\varepsilon}\left(1 + \frac{1,7 \cos \alpha \sin \beta}{\cos \gamma}\right)$$

et

$$Q = \frac{k\delta p L^2 l}{16 R \cos \alpha}\left\{7(\mathrm{tg}\,\alpha + \cot \beta) + 12 + \frac{7}{\sin \beta \cos \beta} + 3\,0\,N'' \,\mathrm{tg}\,\beta + \right.$$
$$\left. + \frac{4}{\mathrm{tg}\,(\alpha + \beta)} - \frac{4 \cos \alpha}{\sin(\alpha + \beta)\cos \beta}\right\}. \qquad (205)$$

6° Fermes anglaise et belge

221. — Les figures 151 montrent la disposition de ces fermes.

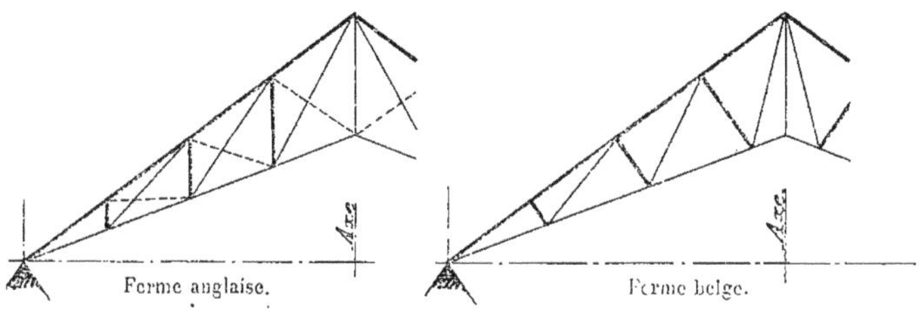

Fig. 151.

Dans la ferme anglaise, on peut placer les diagonales suivant les lignes pointillées mais dans ce cas elles sont comprimées.

Ces fermes s'exécutent souvent en fers assemblés. Les arbalétriers et les tirants sont généralement à section constante et constitués de 2 cornières avec assemblages du type VII (voir fig. 103).

Mais les tracés indiqués ci-dessus donneraient pour les barres du treillis des relations complexes qui apporteraient de la difficulté aux applications numériques. Nous éviterons cette complication, d'ailleurs bien inutile, vu que les barres précitées ne subissent que des efforts longitudinaux à intensité très faible relativement aux tensions des membrures, en considérant le tracé indiqué à la figure 152.

La répartition des charges est la même que dans le cas précédent.

Arbalétriers AC et BC.

Comme à la ferme précédente.

$$q = \frac{k\delta p L^2 l}{16 R \cos\alpha} 7\varepsilon (\mathrm{tg}\,\alpha + \cot\beta).$$

Tirants AD et BD.

$$\lambda = \frac{L}{2\cos\gamma} \tag{206}$$

$$T = \frac{7 P \cos\alpha}{16 \sin\beta} \tag{207}$$

$$q = \frac{k\delta p L^2 l}{16 R \cos\alpha} \frac{7 \cos\alpha}{\sin\beta \cos\gamma}$$

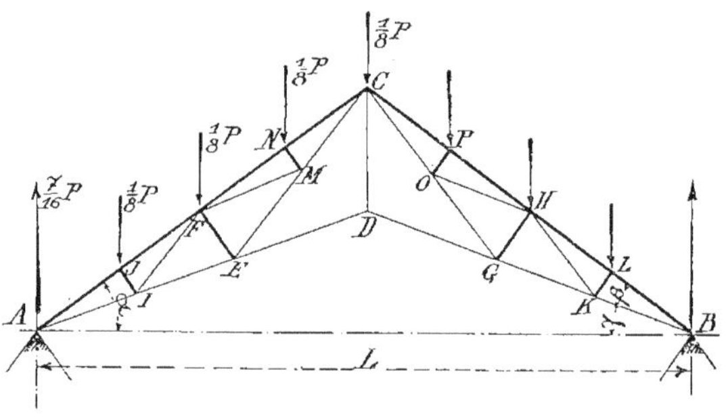

Fig. 152.

Bielles IJ, EF, MN et barres symétriques.
Comme dans le cas précédent.

$$q = \frac{k\delta p L^2 l}{16 R \cos\alpha} 3 0 N'' \mathrm{tg}\,\beta.$$

Barres FI, FM et barres symétriques.

$$\lambda = \frac{L}{8\cos\alpha\cos\beta} \tag{208}$$

$$T = \frac{PN'' \cos\alpha}{16 \sin\beta} \tag{209}$$

$$q = \frac{k\delta p L^2 l}{16 R \cos\alpha} \frac{2 N''}{4 \sin\beta \cos\beta}.$$

Barre CM et barre symétrique.

$$\lambda = \frac{L}{8\cos\alpha\cos\beta} \tag{210}$$

$$T = \frac{3PN'' \cos\alpha}{16 \sin\beta} \tag{211}$$

$$q = \frac{k\delta p L^2 l}{16 R \cos\alpha} \frac{3 N''}{4 \sin\beta \cos\beta}$$

Barre EM et barre symétrique.

$$\lambda = \frac{L}{8 \cos \alpha \cos \beta} \tag{212}$$

$$T = \frac{PN'' \cos \alpha}{8 \sin \beta} \tag{213}$$

$$q = \frac{k\delta p L^2 l}{16 R \cos \alpha} \frac{2N''}{4 \sin \beta \cos \beta}.$$

Poinçon CD.

$$\lambda = \frac{L}{2} (\text{tg}\, \alpha - \text{tg}\, \gamma) \tag{214}$$

$$T = \frac{P \cos \alpha \sin \gamma}{2 \sin \beta} \tag{215}$$

$$q = \frac{k\delta p L^2 l}{16 R \cos \alpha} \frac{4 \cos \alpha \sin \gamma (\text{tg}\, \alpha - \text{tg}\, \gamma)}{\sin \beta}.$$

Finalement, nous avons, avec arbalétriers et tirants inférieurs à section constante :

$$Q = \frac{k\delta p L^2 l}{16 R \cos \alpha} \left\{ 7\varepsilon (\text{tg}\, \alpha + \cot \beta) + \frac{7 \cos \alpha}{\sin \beta \cos \gamma} + 30 N'' \text{tg} \beta + \frac{7N''}{4 \sin \beta \cos \beta} + \frac{4 \cos \alpha \sin \gamma (\text{tg}\, \alpha - \text{tg}\, \gamma)}{\sin \beta} \right\}. \tag{216}$$

Les arbalétriers peuvent présenter un nombre d'appuis différent de celui qui a été admis ci-dessus sans qu'il doive en résulter une modification à la formule. En effet, à la ferme qui nous occupe, il n'y a pas de flexion composée et, dans ce cas, le nombre des appuis intermédiaires a peu d'influence sur le poids total de la ferme; on peut s'en convaincre en comparant les formules (190) et (204).

Nous ne parlerons pas des fermes avec arbalétriers fléchis, vu que, avec les systèmes qui nous occupent, il n'est jamais placé de vernes à distance des nœuds.

7° Fermes anglaise et belge portant plancher

222. — Supposons que la ferme porte en son milieu un poids dû à une charge uniformément répartie p' par mètre carré de plancher. Généralement ce poids sera égal à $\frac{1}{2} p' Ll$.

A la réaction des appuis vient s'ajouter un poids égal à $\frac{1}{4} p' Ll$

qui augmente la fatigue des arbalétriers, des tirants et du poinçon. Aucune modification ne se produit aux autres barres.

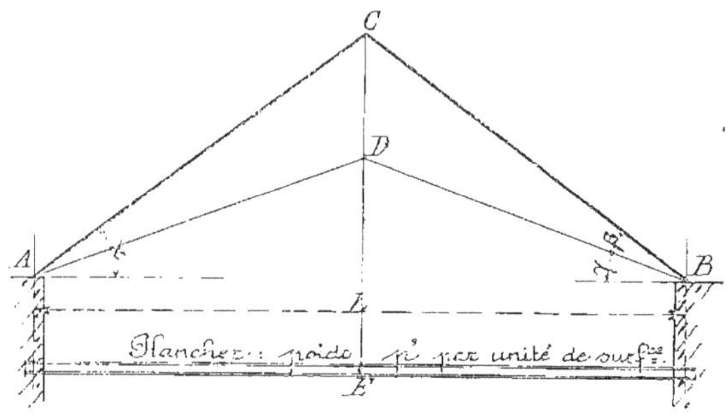

Fig. 153.

Arbalétriers.

$$\lambda = \frac{L}{2 \cos \alpha} \tag{217}$$

L'effort de compression est augmenté de

$$\frac{p'Ll \cos \gamma}{4 \sin \beta} \tag{218}$$

ce qui exige une majoration de poids de

$$\frac{k\delta p'L^2 l}{4R} \varepsilon (\operatorname{tg} \alpha + \cot \beta).$$

Tirants.

$$\lambda = \frac{L}{2 \cos \gamma} \cdot \tag{219}$$

L'effort de tension est augmenté de

$$\frac{p'Ll \cos \alpha}{4 \sin \beta} \tag{220}$$

et l'absorption de métal est augmentée de

$$\frac{k\delta p'L^2 l}{4R} \frac{\cos \alpha}{\sin \beta \cos \gamma} \cdot$$

Poinçon.

$$\lambda = \frac{L}{2} (\operatorname{tg} \alpha - \operatorname{tg} \gamma) \cdot \tag{221}$$

L'effort de tension est augmenté de :

$$\frac{p'Ll \cos \alpha \sin \gamma}{2 \sin \beta} \tag{222}$$

et la consommation de métal de

$$\frac{k\delta p'L^2l}{4R}\,\frac{\cos\alpha\sin\gamma\,(\mathrm{tg}\,\alpha-\mathrm{tg}\,\gamma)}{\sin\beta}.$$

Le poids de la ferme est donc augmenté de

$$\frac{k\delta p'L^2l}{4R}\left\{\varepsilon(\mathrm{tg}\,\alpha+\cot\beta)+\frac{\cos\alpha}{\sin\beta\cos\gamma}+\frac{\cos\alpha\sin\gamma\,(\mathrm{tg}\,\alpha-\mathrm{tg}\,\gamma)}{\sin\beta}\right\}. \quad (223)$$

Ce poids devra être ajouté au poids donné par la formule (216). Il ne comprend pas le tirant de suspension DE.

C. — VALEURS DES COEFFICIENTS

223. — Aux applications numériques, le mètre sera l'unité des longueurs et le kilo l'unité des forces ; les autres facteurs seront rapportés à l'unité correspondante.

1° Taux de travail du métal

Le coefficient R sera rapporté au mètre carré ; il variera entre 6 000 000 et 9 000 000 kg. pour le fer et entre 9 000 000 kg. et 14 000 000 kg. pour l'acier doux.

Toutefois, aux fermes à assemblages rigides, on ne dépassera pas les taux minima renseignés ci-dessus afin de laisser une marge suffisante aux flexions secondaires. Si les barres sont exécutées en cornières, ces flexions sont très importantes[1] et il y aura lieu

[1] Avec les fermes rivées, les flexions secondaires sont très importantes aux barres constituées de simples cornières. En effet, l'assemblage de ces barres se fait par rivets placés dans l'axe de la face extérieure des branches et, avec des cornières à branches égales et d'un huitième d'épaisseur, cette disposition amène une excentricité égale à

$$0{,}704\,a - 0{,}50\,a = 0{,}204\,a,$$

a désignant la largeur des branches.

Si ω est la section de la cornière, on a $\frac{I}{V} = 0{,}132\,a\,\omega$.

Dès lors, si la pièce est soumise à une tension longitudinale C, le travail moléculaire sera

$$f = \frac{C}{\omega} + \frac{C\,0{,}204\,a}{0{,}132\,a\omega} = \frac{2{,}5\,C}{\omega}.$$

C'est-à-dire qu'aux barres constituées de simples cornières, soumises à une tension longitudinale, l'excentricité des assemblages a pour effet de majorer dans le rapport de 1 à 2,5 le taux moyen de travail. En conséquence, avec l'acier doux, ce taux sera compris entre 4 et 6 kg. au millimètre carré, en vue de pouvoir négliger les flexions secondaires dues à l'excentricité de la rivure.

de limiter le taux de travail de l'acier doux à 4 000 000, ou à 6 000 000 s'il s'agit de constructions peu importantes ou provisoires.

2° Densité du métal

δ sera rapporté au mètre cube, ce qui donne 7 700 avec le fer et 7 830 avec l'acier doux.

3° Charge unitaire

p sera rapporté au mètre carré de versant et déterminé d'après ce que nous avons dit aux chapitres I et II.

4° Coefficients de flambage

Nous savons que les coefficients de flambage ε et θ ont pour expression

$$1 + \frac{fII^2}{I^2}.$$

Voir les nos 36 à 38 pour la signification et la valeur des notations. Avec les proportions habituellement données aux arbalétriers, ε varie entre 2,0 et 2,5 ; 2,25 est une valeur moyenne qui conviendra dans la généralité des cas.

Toutefois, aux fermes anglaise et belge, par suite du nombre des appuis, ε varie entre 1,25 et 2,00 ; 1,60 est la valeur moyenne à adopter dans des conditions ordinaires.

Aux barres du treillis, θ varie entre 1,50 et 2,50, 2,00 est une valeur moyenne qui convient généralement.

5° Coefficient N″

Sera calculé suivant ce qui est dit au n° 213-1°-*b*, page 374.

6° Coefficient k

Le coefficient k est le rapport entre le poids réel et le poids théorique. On peut admettre qu'il se décompose comme suit :

	PORTÉE DES FERMES		
	petite.	moyenne.	grande.
a) Poids théorique	1,00	1,00	1,00
b) Métal en regard des trous de rivets et des filetages	0,12	0,10	0,10
c) Plaques d'assemblage et fourrures	0,20	0,16	0,15
d) Plaques d'appui	0,12	0,10	0,08
e) Têtes de rivets et boulons	0,03	0,04	0,04
f) Renforcement aux sections théoriques afin de faire emploi des fers du commerce . . .	0,18	0,10	0,07
g) Excès de métal aux barres formant treillis .	0,15	0,10	0,06
Totaux $k =$.	1,80	1,60	1,50

Aux fermes Polonceau, le poste *f* pourra être réduit de moitié.

On considérera comme portées moyennes, les portées de 10 à 20 m.

D. — REMARQUES AU SUJET DES DIVERS TYPES DE FERMES

1° Fermes Polonceau

224. — L'assemblage des barres se fait exactement suivant l'hypothèse des nœuds articulés; il en résulte que le travail du métal est, à peu de chose près, le chiffre renseigné par la théorie.

Mais l'usinage est onéreux et peu pratique, par suite du travail de soudure, de forge et de filetage nécessaire à certains organes. De plus, vu qu'il est aujourd'hui de règle de n'utiliser que de l'acier doux — lequel se soude assez difficilement — il est conseillable d'abandonner les fermes Polonceau et d'avoir recours, dans la mesure du possible, aux fermes à assemblages rivés.

2° Fermes a assemblages rivés

Chaque arbalétrier aura un appui intermédiaire si la portée n'atteint pas 8 m.; pour des portées plus élevées, faire emploi du type anglais ou belge avec appui au droit de chaque verne.

3° Fermes mixtes

On désigne ainsi les fermes comprenant certaines pièces de bois.

Ce sont généralement les arbalétriers et les faux entraits qui sont exécutés en matière ligneuse.

Ces fermes ont l'inconvénient de réunir, dans un même système triangulé, des barres avec élasticité et dilatation calorifique inégales, et de nécessiter l'emploi de tirants avec extrémités forgées. Disons aussi que l'assemblage des barres métalliques aux pièces de bois ne peut se faire que par des dispositions coûteuses faisant disparaître l'économie résultant de l'emploi du bois.

4° Appuis

Les appuis seront souvent à simple glissement parce que la portée est généralement faible et parce que la flexibilité des murs d'appui permet de négliger les dilatations calorifiques.

CHAPITRE IV

PROPORTIONS DES ORGANES D'ASSEMBLAGE DES FERMES

225. — Nous déterminons ci-après les proportions à donner aux étriers, aux tendeurs et aux plaques d'assemblage, organes surtout utilisés aux fermes Polonceau.

A. — ÉTRIERS

Les étriers sont des pièces fourchées servant à l'assemblage extrême d'un tirant. La figure 154 montre l'agencement de ces pièces.

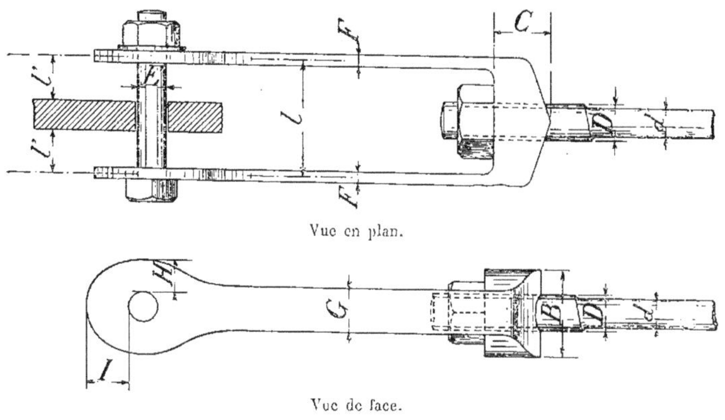

Fig. 154. — Étrier.

Nous désignons par d le diamètre utile du tirant, par l la distance d'axe en axe des brides et par l' le porte-à-faux qui existe généralement à l'axe ; nous déterminons les autres dimensions en fonction de ces trois facteurs.

Faisons remarquer que les étriers, de même que les autres organes d'assemblage dont il sera question ci-après, doivent être calculés avec une certaine prudence car ils peuvent présenter une erreur d'usinage à même d'augmenter considérablement le travail moléculaire. Nous estimons qu'ils doivent être établis avec une sécurité 1 fois 1/2 plus grande qu'aux barres.

1° Diamètre extérieur D du filet.

Afin d'avoir une dimension légèrement trop forte, au fond du filet, on fera

$$D = 1{,}25\ d. \qquad (224)$$

2° Hauteur B de la tête

La hauteur B doit être à même de donner appui à l'écrou ; elle sera donc au moins égale à 2 D = 2,5 d. Pour avoir un excès de largeur, nous ferons

$$B = 3\ d. \qquad (225)$$

3° Épaisseur C de la tête

La tête est un prisme fléchi dont le moment de flexion maximum est égal à

$$\frac{1}{2}\,\frac{\pi d^2}{4}\,R\,\frac{l}{2} = \frac{\pi d^2 l R}{16}\,.$$

Le moment résistant est égal à

$$\frac{1}{6}\,(B - D)\,C^2 = \frac{1{,}75\ dC^2}{6}\,.$$

Il faut donc avoir

$$1{,}5\,\frac{\pi d^2 l\,R}{16} = \frac{1{,}75\ d\ C^2 R}{6}$$

ce qui donne

$$C = \sqrt{dl}. \qquad (226)$$

La distance l sera au minimum égale à 2D + F + *jeu* =

$$= (2{,}5 + 0{,}4 + 0{,}8)\ d = 3{,}7\ d$$

et ce rapport donne, à peu de chose près :

$$C = 2d. \qquad (226^a)$$

4° Diamètre E de l'axe

Deux cas sont à considérer.

1er *Cas.* — Le cisaillement tend à se produire au droit des brides, c'est-à-dire que la distance marquée l' à la figure 154 est à peu près nulle.

Dans ce cas, l'axe n'est pas soumis à flexion et il suffit d'avoir

$$2 \frac{\pi E^2}{4} \frac{4}{5} R = 1,5 \frac{\pi d^2}{4} R,$$

condition qui est satisfaite si

$$E = d\sqrt{\frac{15}{16}}.$$

En conséquence, il y a lieu de faire

$$E = d. \tag{227}$$

2e *Cas.* — Le porte-à-faux l' a une certaine importance.

Le moment fléchissant est égal à

$$\frac{1}{2} \frac{\pi d^2}{4} Rl' = \frac{\pi d^2 l' R}{8}.$$

Le moment résistant est

$$\frac{\pi}{32} E^3.$$

Il faut donc avoir

$$\frac{\pi E^3 R}{32} = \frac{1.5 \pi d^2 l' R}{8}$$

condition qui est satisfaite si

$$E = \sqrt[3]{6 d^2 l'} = 1,82 \sqrt[3]{d^2 l'}.$$

En conséquence, nous poserons

$$E = 2 \sqrt[3]{d^2 l'}. \tag{228}$$

Dans le deuxième cas, E sera au minimum égal à d.

Si on fait $l' = \frac{3,7d}{2}$, on trouve

$$E = 2,5\, d. \tag{228a}$$

5° Épaisseur F des brides

Cette épaisseur doit être suffisante pour maintenir le travail par compression contre l'axe à un taux convenable ; admettons que ce taux peut atteindre le double du taux d'extension. Comme il faut majorer de moitié le coefficient de sécurité, et comme le diamètre de l'axe est au minimum égal à d, on doit avoir :

$$1,5 \frac{\pi d^2}{4} R \leq 2 d F 2 R$$

ce qui donne

$$F \geq \frac{1.5 \pi d}{16} \geq 0,295 d.$$

Nous adoptons :

$$F = 0,4 d. \tag{229}$$

avec minimum de 10 mm.

6° Hauteur G des brides

Il faut avoir :

$$2 FGR = 1,5 \frac{\pi d^2 R}{4}$$

ce qui donne

$$G = 1,5 d. \tag{230}$$

7° Tête des brides

Ces parties ne sauraient se calculer; il importe de choisir des proportions satisfaisant l'œil et ayant subi la sanction de la pratique. En conséquence, nous faisons :

$$H = \frac{5}{6} G = 1,25 d \tag{231}$$

et

$$I = \frac{6}{5} G = 1,8 d. \tag{232}$$

B. — TENDEURS

Les tendeurs sont des pièces servant à régler la longueur des barres au moment du montage. Ce sont des doubles étriers dans lesquels les tirants viennent se visser avec des filets contraires suivant ce qui est indiqué à la figure 155. Les formules précédentes leur sont applicables.

Laissons entre la tige filetée et les brides un jeu égal à $\frac{1}{8} d$.

L'épaisseur des brides étant égale à 0,4 d, et le diamètre de la tige filetée étant égal à 1,25 d, nous avons :

$$l = (1{,}25 + 0{,}125 + 0{,}125 + 0{,}4)\,d = 1{,}9\,d.$$

Dès lors, l'application de la formule (226) donne

$$C = \sqrt{d\,1{,}9\,d} = 1{,}4\,d.$$

En pratique, on fera

$$C = 1{,}5\,d. \qquad (233)$$

Pour les dimensions D, B, F et G, voir le calcul des étriers.

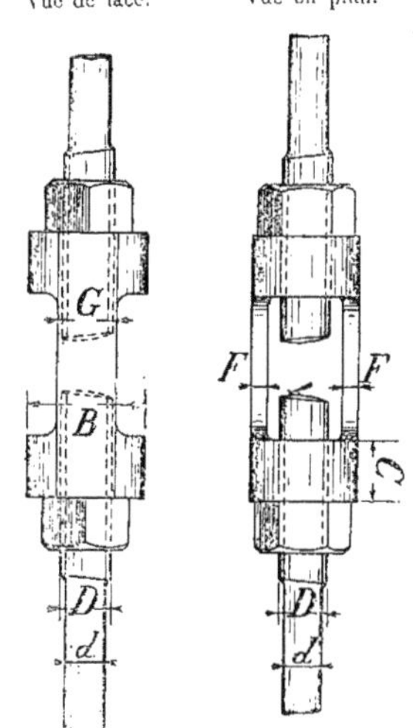

Fig. 155. — Tendeur.

C. — PLAQUES D'ASSEMBLAGES

Pour réunir les tirants et les bielles, il est fait emploi, dans les fermes Polonceau, de plaques agencées suivant les indications de la figure 156.

Au tracé des pièces, on aura soin de faire concourir les lignes d'axe vers un même point qui sera le centre de l'axe de la barre comprimée. Les axes des barres tirées se placeront à une certaine distance de façon à avoir un jeu minimum de 0,01 environ entre les têtes des tirants.

Pour celles-ci, on adoptera les proportions indiquées à la figure précitée, étant entendu que toutes les têtes ont même épaisseur égale au diamètre de la plus forte barre. Les plaques ont une épaisseur égale à la moitié de ce diamètre et le tracé de la ligne de pourtour se fait suivant les proportions indiquées à la vue de face.

Remarque. — Il est indispensable de placer une rondelle sous les écrous des boulons travaillant par cisaillement, afin que la compression de la tige se fasse sur une partie saine, c'est-à-dire non affaiblie par le filetage. Grâce à cette disposition, on peut aussi diminuer le diamètre de la partie filetée, ce qui laisse une certaine économie, évite les détériorations au filet au moment

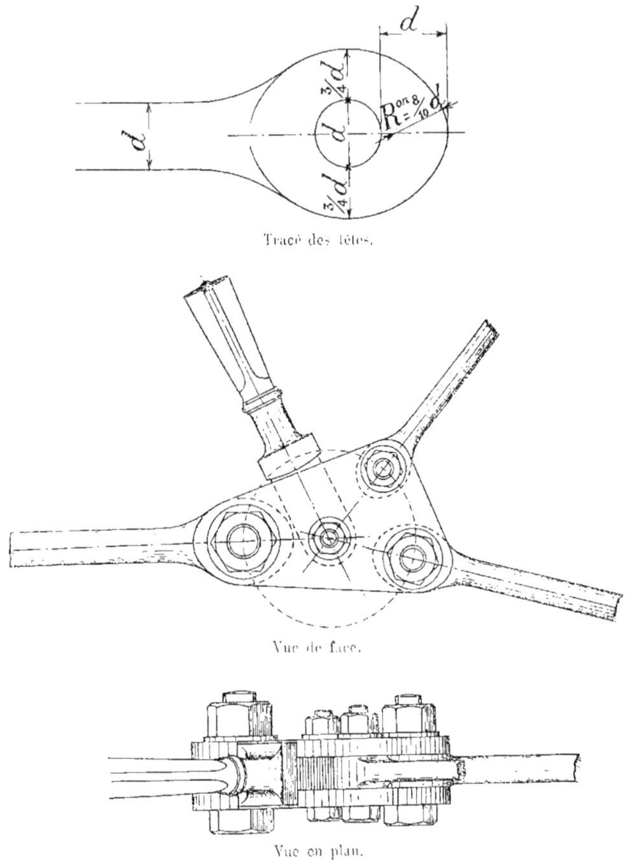

Tracé des têtes.

Vue de face.

Vue en plan.

Fig. 156. — Détails des plaques d'assemblage.

du placement du boulon et facilite ce placement si l'on a soin de raccorder le filet à la tige par une partie tronconique.

CHAPITRE V

MODÈLES DE FERMES ET APPLICATIONS

A. — FERMES ORDINAIRES DE L'ÉGLISE S.S. PIERRE ET PAUL D'OSTENDE

226. — Les figures 157 et 158 font connaître la disposition de ces fermes ; elles sont assimilables aux fermes du type belge dont il a été question au n° 221. Leur portée est de 9 m. et elles sont placées à 5 m. d'axe en axe. Elles sont exécutées en acier doux et le poids d'une ferme est de 1440 kg. non compris les cornières d'attache des vernes.

Application des formules. — Le poids mort de la couverture donne 90 kg. au mètre carré de versant. Les versants étant inclinés à 62° 30', et la charpente étant établie à proximité de la mer, il faut faire intervenir aux calculs une surcharge verticale de 90 kg. au mètre carré pour les pièces extérieures, et de 360 kg. pour les barres du treillis (v. tableau n° 25). Pour les premières pièces, on a $p = 90 + 90 = 180$ kg.; pour les secondes, on a

$$N'' = \frac{360 + 90}{180} = 2,5.$$

$$P = \frac{pLl}{\cos \alpha} = \frac{180 \times 9 \times 5}{0,462} = 17\,500 \text{ kg.}$$

On a, pour l'effort de compression d'un arbalétrier (v. n°s 221 et 220),

$$C = \frac{7\,P \cos \gamma}{16 \sin \beta} = \frac{7 \times 17\,500 \times 0,766}{16 \times 0,383} = 15\,300 \text{ kg.}$$

Cette barre est composée de 2 cornières de 90 × 90 × 11 donnant :

$$\Omega = 2\,(9 + 7,9 - 1,9)\,1,1 = 33 \text{ cm}^2., \quad \varepsilon = 1 + \frac{0.0011 \times 190^2}{9^2} = 1,49$$

et

$$R = \frac{15\,300}{33} \times 1,49 = 690 \text{ kg. au centimètre carré.}$$

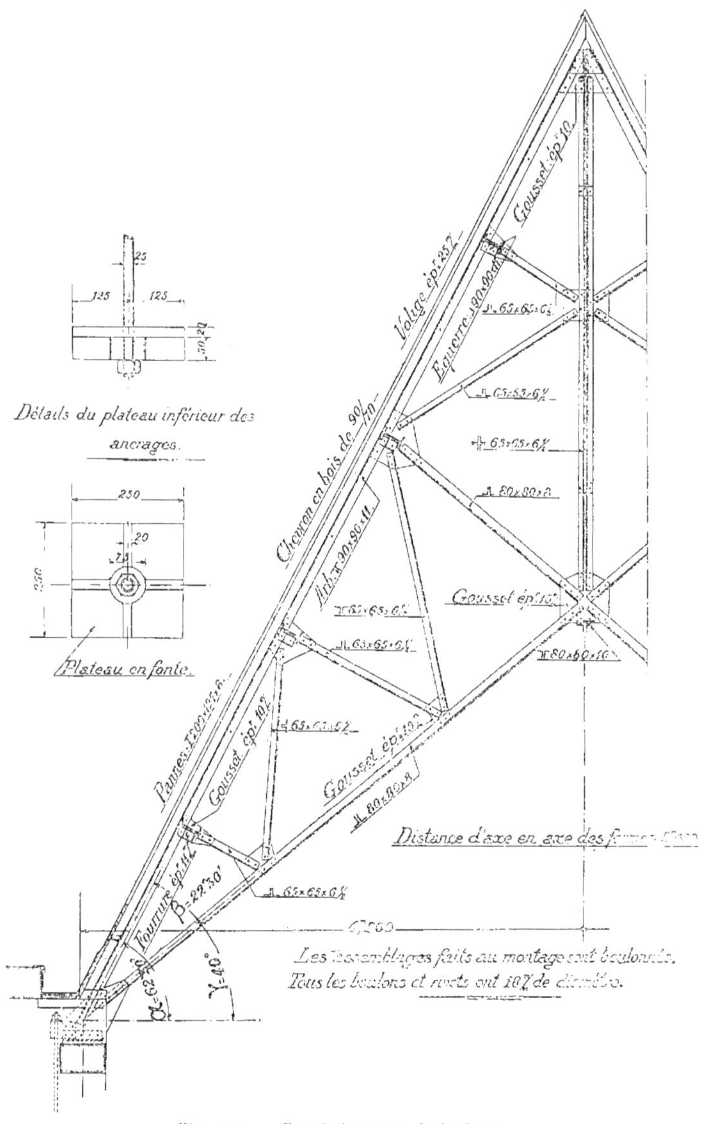

Fig. 157. — Demi-élévation de la ferme.

Le tirant est soumis à un effort de traction égal à (v. n° 221) :

$$T = \frac{7\,P\cos\alpha}{16\sin\beta} = \frac{7 \times 17\,500 \times 0{,}462}{16 \times 0{,}383} = 9\,200 \text{ kg}.$$

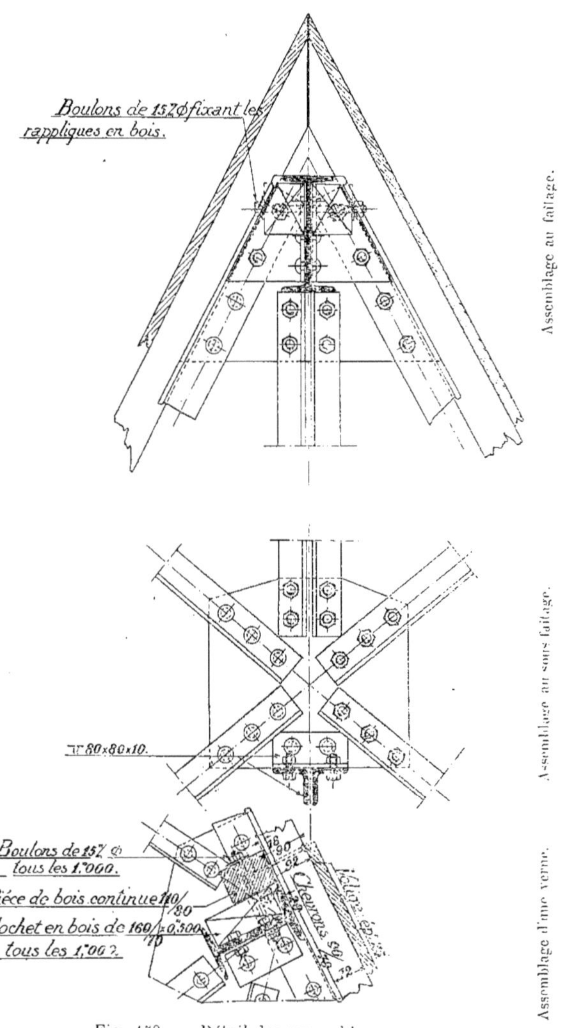

Fig. 158. — Détail des assemblages.

Cette barre est composée de 2 cornières de 80 × 80 × 8 donnant :

$$\Omega = 2\ (8 + 7,2 - 1,9)\ 0,8 = 21,3\ \text{cm}^2. \quad \text{et} \quad f = \frac{9\,200}{21,3} = 435\ \text{kg}.$$

Nous devons donc admettre que la ferme a été calculée pour

un taux de travail de 690 kilogrammes au centimètre carré.

Pour l'application de la formule (216), il importe de faire

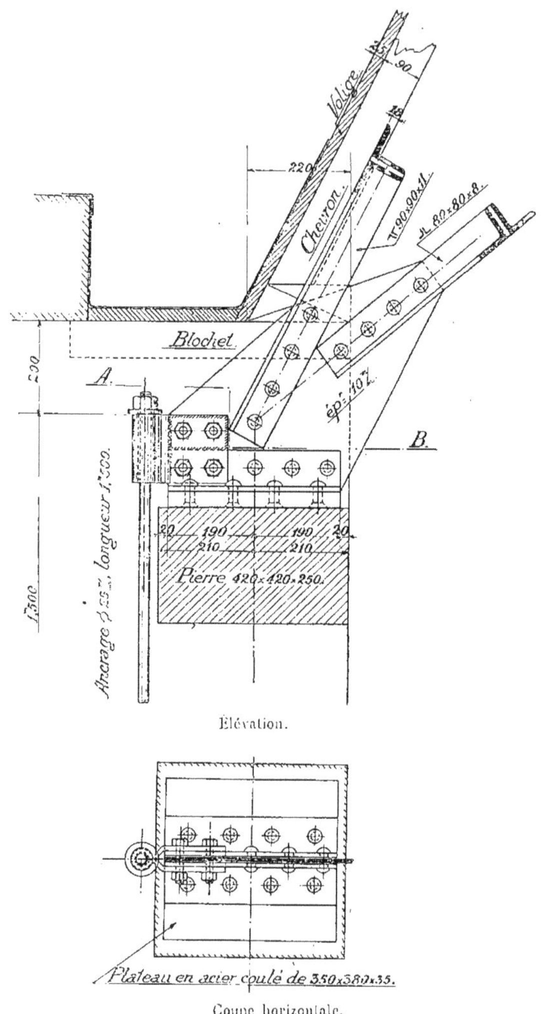

Élévation.

Coupe horizontale.

Fig. 158 *bis*. — Détail du pied des fermes.

$k = 1,60 + 0,05 = 1,65$, afin de tenir compte du faible taux de travail des tirants.

Il vient, sachant que

$$\theta = 1 + \frac{0,0011 \times 165^2}{6,5^2} = 1,71.$$

$$Q = \frac{1,65 \times 7830 \times 180 \times 9^2 \times 5}{16 \times 6\,900\,000 \times 0,462} \Big\{ 7 \times 1,49 \times (1,921 + 2,414) +$$

$$+ \frac{7 \times 0,462}{0,383 \times 0,766} + 3 \times 1,71 \times 2,5 \times 0,414 + \frac{7 \times 2,5}{4 \times 0,383 \times 0,924} +$$

$$+ \frac{4 \times 0,462 \times 0,643 \,(1,921 - 0,839)}{0,383} \Big\} = 18,5 \,(45,2 +$$

$$+ 11,0 + 5,3 + 12,4 + 3,4) = 18,5 \times 77,3 = 1430 \text{ kg. au lieu de } 1\,440.$$

B. — FERMES POLONCEAU DU HANGAR A MARCHANDISES DE GAND

227. — La figure 159 montre l'ensemble de la ferme ; la figure 160 indique l'agencement des assemblages.

Les fermes ont 16 m. de portée et elles sont placées à 3,75 m.

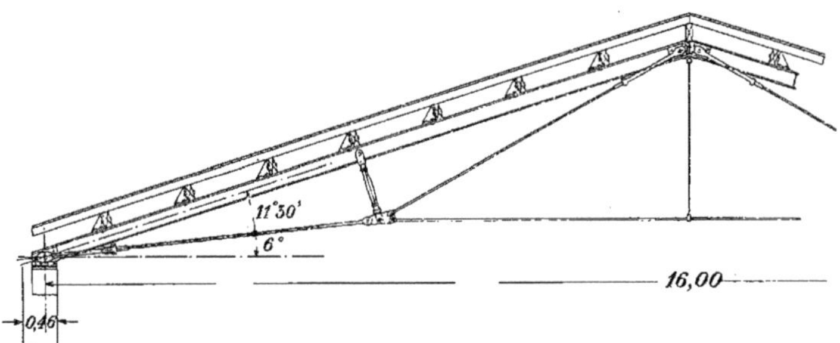

Fig 159. — Demi-élévation de la ferme.

d'écartement. Elles sont exécutées en acier doux travaillant à 10,20 kg. au millimètre carré. Elles pèsent 746 kg. pièce, non compris les plats pliés de fixation des vernes.

L'application de la formule (191) donne, comme poids d'une ferme, sachant que $k = 1,60 - 0,05 = 1,55$, que $p = 100$ kg. et que θ et N'' égalent 1 et disparaissent :

$$Q = \frac{1,55 \times 7830 \times 100 \times 16^2 \times 3,75}{32 \times 10\,200\,000 \times 0,954} \Big\{ 13 \,(0,315 + 4,915) + 65 +$$

$$+ \frac{13}{0,199 \times 0,98} + (5 \times 0,203) + \frac{8}{0,554} - \frac{8 \times 0,954}{0,469 \times 0,98} \Big\} =$$

$$= 3,75 \,(68 + 65 + 67 + 1 + 14 - 17) = 740 \text{ kg.}$$

au lieu de 746 kg.

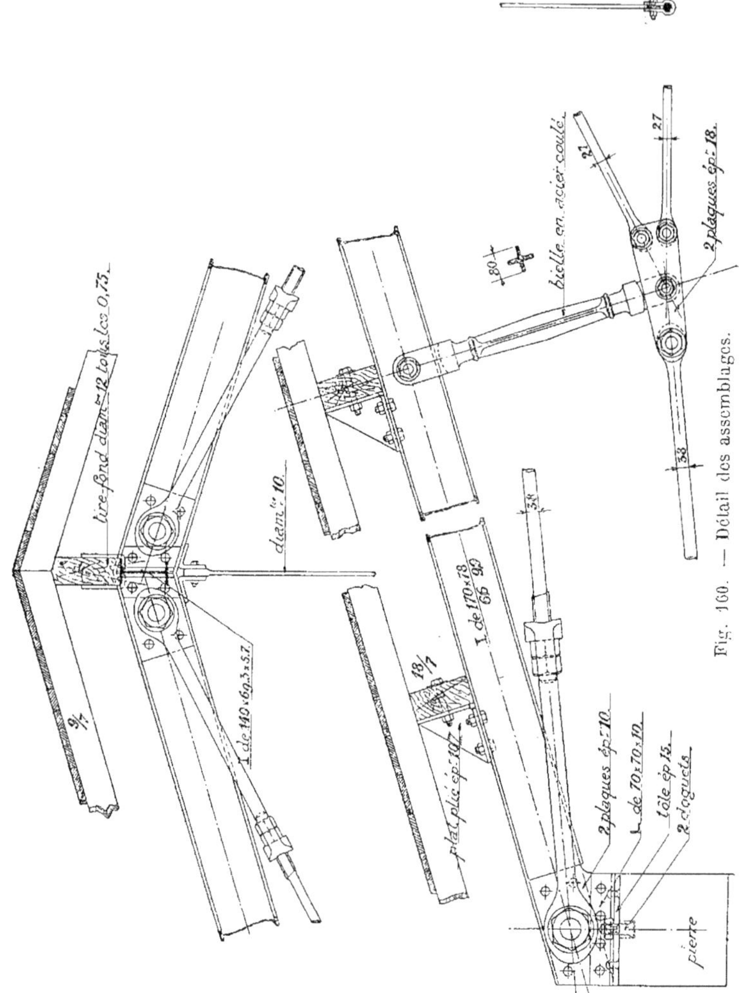

Fig. 160. — Détail des assemblages.

C. — POIDS HABITUEL DES FERMES

228. — Faisons quelques applications des formules relatives au poids des fermes en donnant aux coefficients et aux angles des valeurs moyennes. En conséquence, faisons $\alpha = 35°$, $\beta = 17°$, $\gamma = 18°$ et $N'' = 1,2$.

1° *Ferme Polonceau à 2 bielles avec arbalétriers simplement com-*

primés. — On a par application de la formule (190) en faisant $\varepsilon = 2{,}25$:

$$Q = \frac{8.5\,\delta p L^2 l}{R \cos \alpha}.$$

2° *Même ferme que ci-dessus avec arbalétriers fléchis.*

$$Q = \frac{8.5\,\delta p L^2 l}{R \cos \alpha}.$$

Le résultat ne se modifie pas, parce que nous avons donné à la première application une valeur très élevée au coefficient de flambage ε.

3° *Ferme anglaise ou belge avec arbalétriers simplement comprimés.*

On a, par application de la formule (216) :

$$Q = \frac{7.6\,\delta p L^2 l}{R \cos \alpha}.$$

Si on fait $\beta = \alpha = 35°$, on trouve

$$Q = \frac{4.5\,\delta p L^2 l}{R \cos \alpha}.$$

Si nous nous reportons au n° 189, nous voyons que s'il avait été fait emploi d'une poutre en treillis en N à diagonales étendues, la consommation de métal aurait été au total par application de la formule (96), vu que la charge unitaire est égale à $\frac{pl}{\cos \alpha}$,

$$Q = \frac{4.5\,\delta p L^2 l}{R \cos \alpha}.$$

Ce qui précède montre que si la ferme est rationnellement chargée et agencée, elle équivaut au point de vue économique à une poutre en treillis rectiligne ; par contre, ce poids peut être doublé s'il existe des pièces soumises à flexion composée ou si les tirants sont retroussés.

Si une grande approximation n'est pas de mise, on peut admettre que le poids total de la ferme est égal à

$$Q = \frac{4.5\,\delta p L^2 l}{R \cos \alpha} \qquad (234)$$

si les tirants sont horizontaux et si les arbalétriers sont simplement comprimés. Si les tirants sont retroussés, on a généralement

$$Q = \frac{8\,\delta p L^2 l}{R \cos \alpha}. \tag{235}$$

et le coefficient 8 peut devenir 10, si les arbalétriers sont en même temps fléchis.

Pour avoir le poids au mètre carré de versant, on fait disparaître l'exposant et les facteurs l et $\cos \alpha$.

DIXIÈME PARTIE

FERMES ARTICULÉES

AVANTAGES ET AGENCEMENT DES ROTULES

229. — Les articulations, appelées généralement *rotules*, facilitent les dilatations calorifiques et empêchent un travail anormal du

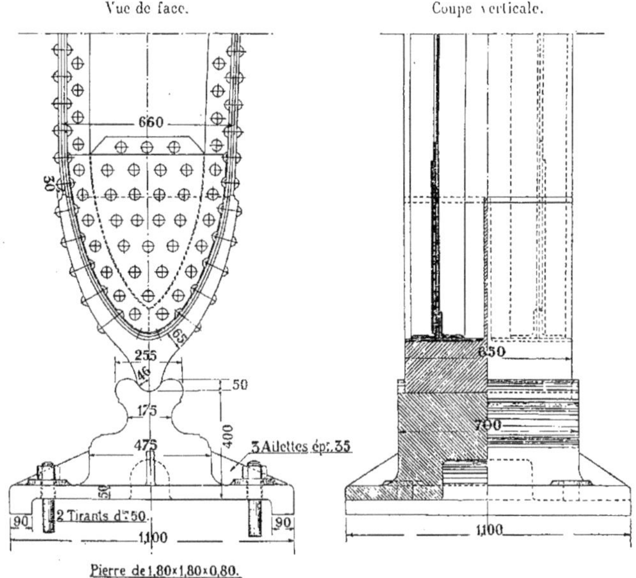

Fig. 161. — Appareils d'appui inférieurs de la gare couverte d'Anvers G. C.

métal dans le cas d'un déplacement des appuis ou d'une erreur de montage. De plus, comme elles sont des points de passage obligés des réactions et de la poussée à la clef, elles apportent une grande exactitude aux calculs de résistance et de stabilité, tout

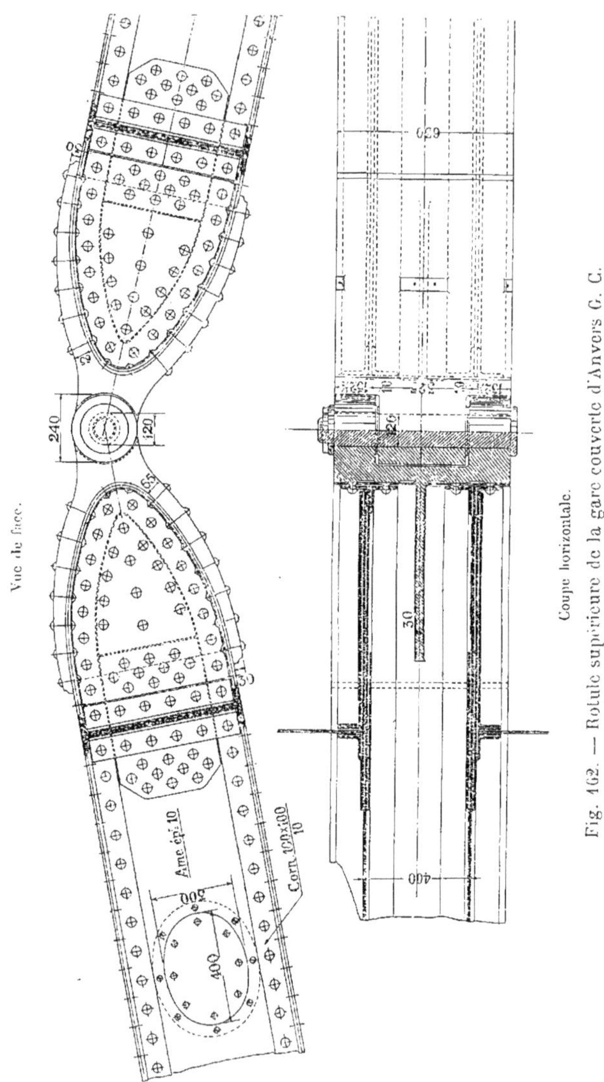

Fig. 162. — Rotule supérieure de la gare couverte d'Anvers C. C.

en permettant la résolution des problèmes par les mathématiques élémentaires.

Signalons les principales dispositions réalisables aux articulations.

a) Les figures 161 et 162 montrent les articulations des fermes intermédiaires de la gare couverte d'Anvers G. C. Les extrémités des poutres sont cintrées et rivées à la face intérieure des sabots. Ceux-ci sont raidis par une nervure intérieure.

b) On peut aussi, suivant ce qui est indiqué à la figure 163,

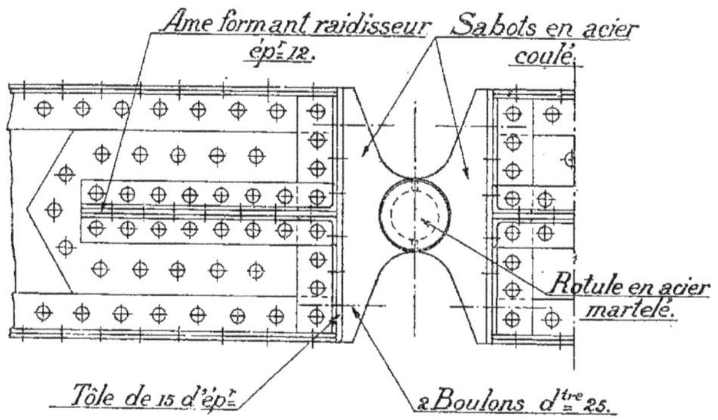

Fig. 163.

dresser les extrémités des poutres suivant des surfaces bien planes et y appliquer des sabots ordinaires.

c) Parfois les sabots sont exécutés en deux pièces indépendantes s'appliquant de part et d'autre de l'âme et fixées par un nombre convenable de rivets travaillant par cisaillement.

d) En dernier lieu, on peut avoir des articulations répondant aux dispositions *b* et *c*. Ainsi les articulations de l'ouvrage d'art représenté à la figure 172 ont un rebord contre lequel s'appuient les âmes, les cornières et les semelles et se terminent par un tenon s'introduisant dans le vide des poutres tubulaires, tenon fixé aux âmes par rivets cisaillés.

Il ne sera question ci-après que de fermes à 3 articulations soumises à l'action de charges verticales.

CHAPITRE PREMIER

CALCULS DE RÉSISTANCE

230. — Dans les poutres en arc, chaque section est généralement soumise à une action infléchissante, à un effort de compression et à un effort de cisaillement.

L'effort de cisaillement doit être reporté sur l'âme ou sur le treillis et doit être considéré isolément, c'est-à-dire que le travail moléculaire qu'il engendre ne doit pas être ajouté au travail résultant des autres actions, lequel se détermine suivant ce qui est dit ci-après.

S'il s'agit de rechercher, pour une section soumise à un moment fléchissant M et à un effort de compression Q agissant normalement et au centre de gravité de la section, le taux de travail F prenant naissance à une distance v de la fibre neutre, on applique la relation suivante :

$$F = + \frac{Q}{\Omega} \pm \frac{M}{\frac{I}{v}} \qquad \text{(XLII)}$$

relation dans laquelle Ω et I sont respectivement la surface de la section transversale et son moment d'inertie par rapport à l'axe passant par le centre de gravité et normal au plan de flexion.

Le deuxième terme est affecté du signe + ou — selon que l'action infléchissante fait travailler la fibre considérée par compression ou par traction. Le taux de travail est maximum aux fibres extrêmes. On aura soin de répartir les charges roulantes de façon à donner au deuxième terme le signe défavorable et l'intensité maximum.

De même qu'aux poutres droites, nous dirons qu'un moment fléchissant est positif lorsqu'il tend à comprimer les fibres supérieures, et négatif dans le cas contraire.

En dernier lieu, au droit des articulations, le moment fléchissant est nul et les réactions ont leur point d'application à l'axe de la rotule.

A. — TRAVAIL PAR COMPRESSION ET PAR FLEXION

1° Travail du a la surcharge

231. — Recherchons les taux de travail qui se présentent dans la section transversale portant la notation *ab* à la figure 164 et dont H est le centre de gravité.

Le moment fléchissant dû à une surcharge partielle uniformément répartie acquiert au point H sa valeur maximum négative lorsque l'arc est entièrement surchargé à la droite de la verticale DD′, D étant le point d'intersection des prolongements des droites BC et AH, et sa valeur maximum positive lorsque la surcharge recouvre entièrement l'arc à la gauche de cette verticale. (Il en est ainsi parce qu'une charge isolée engendre un moment qui est négatif ou positif selon qu'elle agit à la droite ou à la gauche de cette verticale.) De plus, comme nous substituons à la charge roulante une charge uniformément répartie, si la fibre neutre AHB est tracée en arc de parabole à axe vertical avec sommet en B, ces deux moments sont égaux. En effet, si le pont est entièrement recouvert par la charge roulante, le moment fléchissant est nul pour tous les points de la courbe AHB. Il faut donc qu'il y ait égalité entre les moments des deux modes de chargement précités, afin que leur somme donne zéro.

Il n'y a toutefois pas égalité dans l'intensité des efforts normaux ; sous ce rapport, c'est la surcharge de droite qui donne les intensités maxima.

De ce qui précède, nous conclurons que, en ce qui concerne la surcharge, la parabole est la forme la plus avantageuse que l'on puisse réaliser pour le tracé de la fibre neutre de l'arc. En effet, si on s'écarte de ce tracé, on augmente un des moments.

Mais pour le poids mort, il n'en est pas ainsi. Ce poids n'est pas uniformément réparti ; il augmente en intensité de la clef vers les naissances et pour qu'il n'engendre aucune action infléchissante, il faut que la fibre neutre soit rationnellement tracée à une certaine distance au-dessus de la parabole.

Il est visible que pour se trouver dans les conditions les plus favorables, il faudra placer la fibre moyenne entre les deux courbes précitées[1].

Mais ce qui précède nous permet d'avancer que si la fibre neutre est tracée en arc de parabole, nous pouvons, pour la détermination

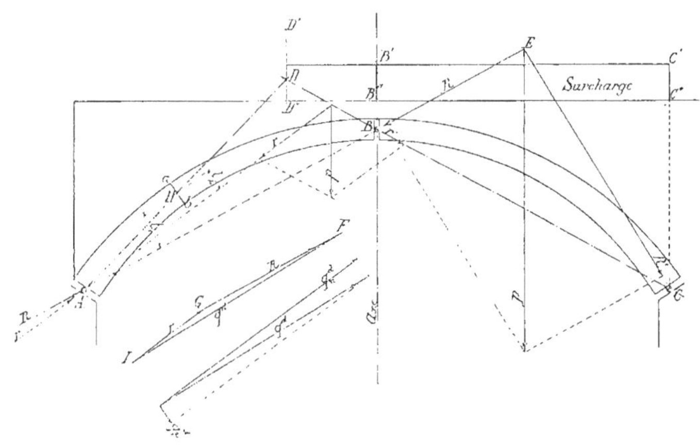

Fig. 164.

de l'intensité du moment fléchissant, considérer indifféremment, soit la surcharge à droite de la verticale DD′, soit la surcharge à gauche de cette verticale. Pour l'examen du travail par compression, nous devons examiner la partie de droite de la surcharge. C'est donc cette dernière partie qu'il suffit de considérer si la fibre neutre présente le tracé précité.

Mais la fibre neutre n'est pas toujours un arc de parabole ; si elle présente un tracé adopté arbitrairement ou adopté en vue de satisfaire des considérations d'aspect, il peut être nécessaire d'examiner l'action infléchissante due à la partie de la surcharge à gauche de DD′. Examinons chacune des parties de la surcharge.

Partie de droite de la surcharge (moments négatifs). — Décomposons cette surcharge en deux parties dont la verticale BB′ est la ligne de division et soient p et P les résultantes des deux surcharges partielles ainsi obtenues (v. fig. 164). P se décompose,

[1] Voir à ce sujet notre *Étude théorique sur la résistance des voûtes.*

suivant la loi du parallélogramme des forces, en deux composantes, l'une R dont la ligne d'action est ABE, et l'autre R' dont la ligne d'action est CE, E étant le point d'intersection du prolongement de AB et de la ligne d'action de P. Nous connaissons donc l'intensité de R et de R'; de même, nous pouvons déterminer l'intensité des composantes r et r' données par la surcharge partielle p.

La réaction de l'appui A comprend deux efforts de même intensité que R et r, mais de direction contraire. Nous savons dès lors que si l_1 et l_2 sont respectivement les bras de levier par rapport à H des réactions R et r, le moment fléchissant M au point précité nous sera donné par l'égalité suivante :

$$M = -(Rl_1 + rl_2). \qquad \text{(XLIII)}$$

Mais d'après les lois de la flexion, nous avons pour le travail f^f par flexion :

$$f^f = \frac{M}{\frac{I}{V}}.$$

Il y a extension à l'arête a et compression à l'arête b.

En outre, les efforts r et R, formant la réaction de l'appui A, engendrent aussi un effort de compression et un effort tranchant dans la section ab. Pour en connaître les intensités, traçons le dynamique FGI qui nous donnera l'intensité et la direction de la résultante q^d des efforts précités.

Si nous décomposons q^d en deux composantes, l'une q^d_n normale à la section ab et l'autre q^d_p parallèle à cette section, le travail f^c par compression sur la section ab nous sera donné par l'égalité suivante, dans laquelle ω est la surface utile de la section transversale :

$$f^c = \frac{q^d_n}{\omega}.$$

La composante q^d_p constitue pour la section considérée un effort de cisaillement à reporter sur l'âme ou sur le treillis.

Finalement, nous pouvons avancer que le travail maximum se produit par compression sur la fibre b et qu'il est égal à :

$$F^b = \frac{q^d_n}{\omega} + \frac{M}{\frac{I}{V_b}}. \qquad \text{(XLIV)}$$

Sur la fibre a, le taux de travail est

$$F_a = \frac{q_n^d}{\omega} - \frac{M}{\frac{I}{V_a}}. \qquad \text{(XLV)}$$

Le dernier résultat sera généralement négatif, ce qui montrera que le travail fibraire se produit en a sous forme d'extension.

A ces deux relations, $V_b = Hb$ et $V_a = Ha$. Si la section est symétrique,

$$V_b = V_a = \frac{ab}{2}.$$

Partie de gauche de la surcharge (moments positifs). — La surcharge est placée entre les verticales AA′ et DD′ (v. fig. 165);

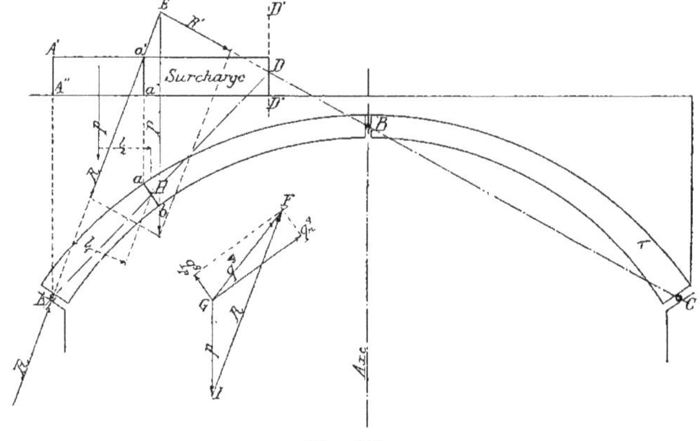

Fig. 165.

elle donne un poids total P dont on recherche les composantes R et R′ agissant suivant AE et CBE, E étant le point d'intersection de la ligne d'action de P et du prolongement de BC. Si nous désignons par p le poids de la surcharge agissant entre les verticales AA′ et aa', et par l_1 et l_2 les bras de levier respectifs, par rapport à H, de R et de p, nous avons :

$$M = +(Rl_1 - pl_2). \qquad \text{(XLVI)}$$

Combinons ensuite p avec la réaction de l'appui A, réaction égale à R, mais de direction contraire; la résultante de ces deux efforts est q^g et elle s'obtient par le tracé du dynamique FGI. q^g donne la composante normale q_n^g et la composante tangentielle q_t^g.

Connaissant M et q_n^q, F^a et F^b s'obtiennent comme précédemment, mais cette fois le travail maximum se produit sur l'arête *a*.

Travail en *a* :

$$F^a = \frac{q_n^q}{\omega} + \frac{M}{\frac{I}{V_a}} \cdot \qquad (XLIV^a)$$

Travail en *b* :

$$F^b = \frac{q_n^q}{\omega} - \frac{M}{\frac{I}{V_b}} \cdot \qquad (XLIV^b)$$

La composante tangentielle q_p^q constitue, comme dans le cas précédent, un effort de cisaillement à reporter sur l'âme ou sur le treillis.

2° Travail du au poids mort

L'arc étant symétrique et symétriquement chargé, il nous suffit de considérer un demi-arc; supposons enlevé le demi-arc de droite par exemple.

Pour que l'équilibre de la partie maintenue ne soit pas détruit, il faut appliquer à la rotule supérieure un effort égal à celui que lui transmettait la demi-ferme supprimée ; désignons cet effort par la lettre T (v. fig. 166).

La symétrie existant dans la forme et dans la répartition des charges conduit à donner une direction horizontale à cet effort. Son point d'application est le centre de la rotule.

En second lieu, nous pouvons calculer le poids des différentes parties de la demi-ferme maintenue et nous pouvons en déterminer la résultante marquée P^m.

Nous connaissons donc l'intensité et la ligne d'action de P^m et la ligne d'action de T. La résultante de ces deux efforts, que nous désignons par Q, doit passer au point d'intersection D des deux lignes d'action précitées. De plus, Q étant la résultante de tous les efforts appliqués à la demi-ferme maintenue, doit avoir même ligne d'action que la réaction de l'appui inférieur laquelle a son point d'application au centre A de la rotule. Dès lors, le point A est un second point de la ligne d'action de Q et AD est la ligne cherchée.

Nous obtiendrons l'intensité des efforts T et Q en traçant le dynamique EFG dont le côté EF est horizontal, le côté FG vertical et de longueur connue égale à P^m et le côté EG parallèle à AD.

Pour connaître le travail dans la section ab considérée précédemment, il y a lieu de rechercher la résultante des charges

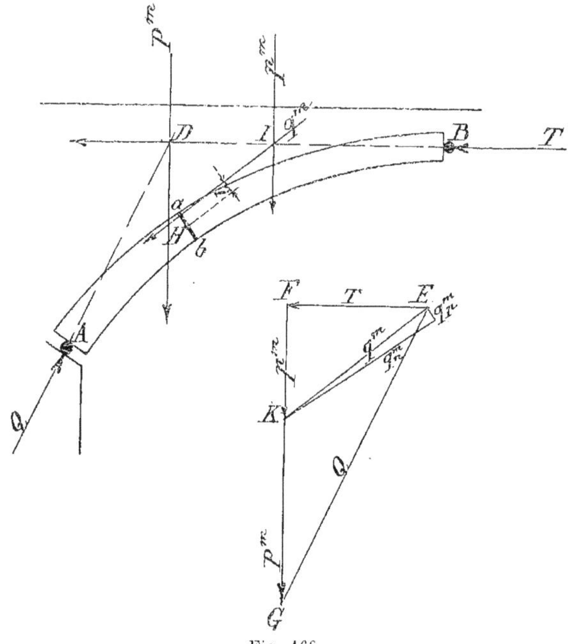

Fig. 166.

agissant sur le tronçon Bba; soit p^m cette résultante. En la combinant avec l'effort T, nous obtenons l'effort q^m qui doit servir de base au calcul de la section précitée. Le dynamique EFK donne l'intensité et la direction de cet effort; en traçant par le point I, situé à l'intersection des lignes d'action de T et de p^m, une parallèle à EK, nous obtenons la ligne d'action de q^m laquelle passe à une distance l du centre de gravité H.

L'effort q^m sera décomposé comme précédemment en ses composantes normale q^m_n et tangentielle q^m_p.

Le poids mort engendre donc dans la section ab un effort de compression q^m_n, une action infléchissante dont le moment est

$q'''l$ (l étant mesuré normalement à la direction de q''') et un effort de cisaillement égal à q'''_p.

Le moment fléchissant est positif ou négatif selon que q''' passe au-dessus ou en dessous du point H. Il est nul si la ligne d'action de q''' passe en H ; il en est ainsi avec des charges continues permanentes uniformément réparties, si la fibre neutre est tracée en arc de parabole à axe vertical avec sommet en B.

Les taux de travail aux fibres extrêmes se déterminent comme aux cas précédents.

3° Travail moléculaire total

Pour connaître la fatigue maximum, on ajoute aux taux de travail amenés par le poids mort les fatigues correspondantes des surcharges partielles les plus défavorables.

232. — Aux arcs à section constante, il suffit de considérer la section la plus défavorablement sollicitée. Aux fermes tracées en arc de parabole à axe vertical, avec charges uniformément réparties, on considérera en conséquence la section adjacente à la rotule inférieure s'il n'y a que des charges permanentes, et la section située aux quarts de la portée s'il y a des charges mobiles d'une certaine importance.

Aux arcs à sections variables, il importe de calculer plusieurs sections ; généralement on se contente de considérer les sections articulées ainsi que 4 ou 5 sections intermédiaires.

Pour les sections adjacentes aux articulations, la sollicitation la plus désavantageuse est donnée par la surcharge totale.

B. — TRAVAIL PAR CISAILLEMENT

233. — Nous avons montré au litt. A comment on détermine l'effort tranchant agissant en un point donné de la fibre neutre. Seulement nous n'avons pas considéré l'état de sollicitation le plus désavantageux. Faisons connaître la situation de la surcharge répondant à cette condition.

Examinons le demi-arc de gauche et supposons que nous ayons tracé par le centre de gravité H de la section considérée la tangente à la fibre neutre, et par la rotule A une parallèle à cette tangente. Deux cas sont à considérer :

1° *La parallèle à la tangente passe au-dessus du point* B (v. fig. 167).

Dans ce cas, on surcharge d'abord le tronçon compris entre les verticales HH' et DD', suivant ce qui est dessiné à la figure précitée, et ensuite les deux tronçons en dehors de ces verticales afin de déterminer le plus défavorable de ces deux états de sollici-

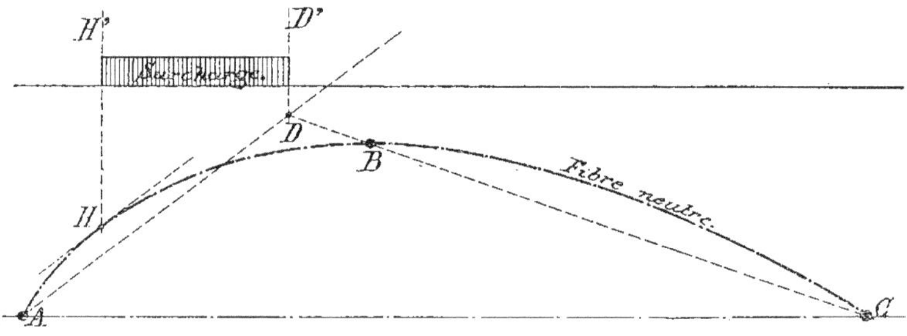

Fig. 167.

tation. (Le point D est le point de rencontre de la parallèle à la tangente et du prolongement de BC).

Cette façon de faire se justifie aisément; il suffit en effet de remarquer que toute charge isolée ayant sa ligne d'action entre les verticales précitées engendre dans la section H un effort tranchant positif, tandis qu'une charge isolée ayant sa ligne d'action à l'extérieur de ces verticales engendre un effort tranchant de signe contraire. On obtient donc la sollicitation la plus défavorable en surchargeant entièrement soit entre les verticales, soit à l'extérieur des verticales.

2° *La parallèle à la tangente passe en dessous du point* B (v. fig. 168).

On obtient en H l'effort tranchant positif maximum en surchargeant entre les verticales HH' et CC' suivant ce qui est dessiné à la figure précitée, et l'effort tranchant négatif maximum en surchargeant entre les verticales HH' et AA'.

On suivra la même méthode que ci-dessus pour la démonstration.

Si l'arc ne porte que des charges uniformément réparties et s'il est tracé en arc de parabole, la surcharge complète donne pour toutes les sections un effort tranchant nul. Par conséquent, les deux surcharges partielles indiquées ci-dessus doivent produire des efforts tranchants de même intensité afin que leur somme soit

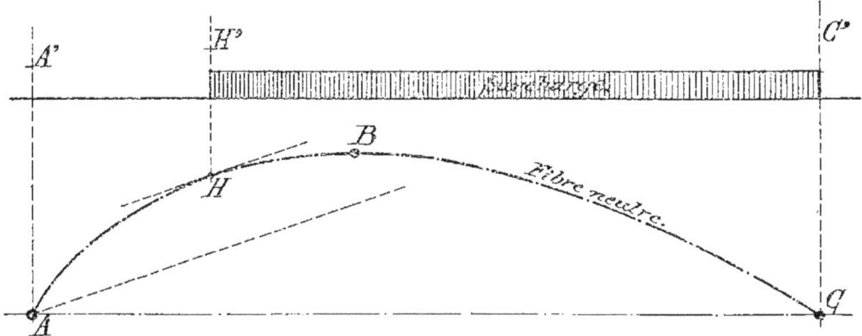

Fig. 168.

égale à zéro. Dans le cas qui nous occupe, il suffit donc de considérer uniquement une de ces surcharges partielles en tenant compte que l'effort tranchant peut être positif ou négatif et, si la poutre est en treillis, que les barres formant l'âme travaillent successivement par tension et par compression.

Calcul des sections. — Si la poutre est à âme pleine, et si nous désignons par T l'intensité de l'effort tranchant et par ω la section nette de l'âme, il faut avoir :

$$T < \frac{4}{5} R\omega. \qquad \text{(XLVII)}$$

Si la poutre est à paroi verticale en treillis, on pourra, dans un but de simplification, négliger la faible obliquité qui peut exister entre les membrures et écrire que la composante tangentielle de la tension de la barre coupée est égale à l'effort tranchant.

C. — SIMPLIFICATIONS AUX CALCULS DE RÉSISTANCE DES FERMES EN ARC DE PARABOLE

234. — Soient (v. fig. 169), pour une section donnée :

Q = la composante normale due au poids mort;

q = la composante normale due aux surcharges partielles de droite;

T = la composante tangentielle maximum due aux surcharges partielles;

M = le moment fléchissant dû aux surcharges partielles;

p_m = la charge permanente uniformément répartie par unité de longueur et

p_r = la charge mobile uniformément répartie par unité de longueur.

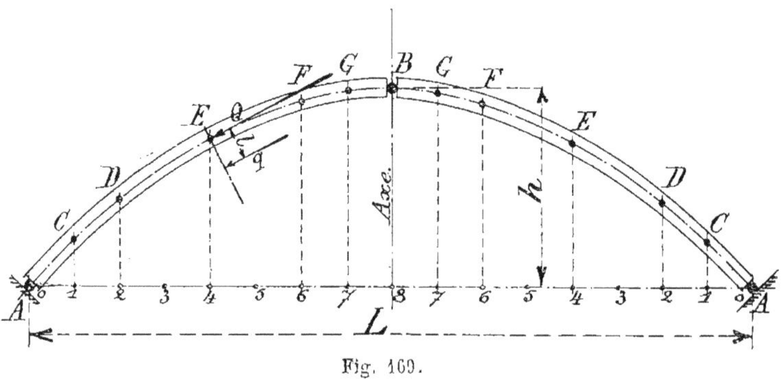

Fig. 169.

Supposons que la ferme soit tracée en arc de parabole à axe vertical avec sommet à la rotule supérieure et que les diverses charges puissent être assimilées à des charges uniformément réparties suivant l'horizontale. Dans ce cas, Q agit au centre de gravité de la section et l'on a la relation ci-après pour le taux de travail :

$$R = \frac{Q + q}{\Omega} + \frac{M}{\frac{I}{V}}. \qquad \text{(XLVIII)}$$

Et pour le travail par cisaillement, ω étant la section nette de l'âme :

$$R = \frac{T}{\omega}. \qquad \text{(IL)}$$

Mais, pour un rapport donné entre l'ouverture et la flèche, Q, q, T et M sont respectivement proportionnels à p_m L, à p_r L, à p_r L et à p_r L². Par conséquent, ces facteurs s'obtiendront en multipliant ces derniers produits par des coefficients dont la valeur dépendra uniquement du rapport m et de l'emplacement de la section considérée, coefficients que nous désignons par les lettres f, f', f'' et f'''. C'est-à-dire que l'on a :

$$Q = f p_m L \tag{236}$$
$$q = f' p_r L \tag{237}$$
$$T = f'' p_r L \tag{238}$$
et
$$M = f''' p_r L^2 \tag{239}$$

VALEURS DE f, f', f'' ET f'''

TABLEAU N° 26

VALEURS DE $m = \frac{L}{h}$		5	6	7	8	9	10	11	12
En A. .	f =	0,800	0,901	1,008	1,118	1,231	1,346	1,463	1,581
	f' =	0,800	0,901	1,008	1,118	1,231	1 346	1,463	1,581
	f'' =	0,130	0.138	0,145	0,149	0,152	0,154	0,156	0,158
	f''' =	0	0	0	0	0	0	0	0
En C. .	f =	0,763	0,868	0,978	1,092	1,207	1.324	1,443	1,563
	f' =	0,510	0,598	0,686	0,778	0.868	0,960	1,053	1,151
	f'' =	0,103	0,108	0,112	0,115	0,117	0,118	0,118	0,119
	f''' =	0,00892	0,00892	0,00892	0,00892	0,00892	0.00892	0,00892	0,00892
En D. .	f =	0,729	0,839	0,952	1,068	1,186	1,305	1,425	1,546
	f' =	0.498	0 585	0,670	0,758	0,847	0.938	1,025	1,112
	f'' =	0,081	0,084	0,087	0,089	0,090	0,091	0,091	0,092
	f''' =	0,01491	0,01491	0,01491	0,01491	0,01491	0,01491	0,01491	0,01491
En E. .	f =	0,673	0,791	0,910	1,031	1,152	1,275	1.398	1,521
	f' =	0,462	0,541	0,622	0,703	0,787	0.868	0,949	1,032
	f'' =	0,059	0,060	0,061	0,061	0.061	0.062	0,062	0,062
	f''' =	0.01875	0,01875	0,01875	0,01875	0,01875	0.01875	0,01875	0,01875
En F. .	f =	0,637	0.760	0,884	1,008	1,132	1,256	1,381	1,505
	f' =	0,408	0,475	0,546	0,618	0,693	0,767	0.840	0,914
	f'' =	0,103	0,104	0,104	0,105	0,105	0,106	0,106	0,106
	f''' =	0,01302	0.01302	0.01302	0,01302	0.01302	0.01302	0,01302	0,01302
En G. .	f =	0 628	0,753	0,877	1,002	1,127	1,252	1,376	1,501
	f' =	0,361	0,428	0,497	0,564	0,633	0,701	0,768	0,835
	f'' =	0,119	0,119	0,119	0.120	0,120	0,120	0,120	0,120
	f''' =	0,00724	0.00724	0,00724	0,00724	0,00724	0,00724	0,00724	0,00724
En B. .	f =	0,625	0.750	0,875	1,000	1,125	1,250	1,375	1,500
	f' =	0,625	0.750	0,875	1.000	1.125	1,250	1,375	1,500
	f'' =	0,125	0,125	0,125	0.125	0,125	0,125	0.125	0,125
	f''' =	0	0	0	0	0	0	0	0

Le tableau n° 26 renseigne les valeurs des facteurs f, f', f'' et f''', pour des valeurs de m variant de 5 à 12 et pour des sections dont les centres de gravité sont marqués A, C, D, E, F, G et B à la figure 169. Ces centres de gravité sont situés sur les verticales passant en certains des points de division de la corde en 16 parties égales, suivant ce que montre la figure précitée.

Ce tableau permet de calculer les arcs tracés et chargés comme il est dit ci-dessus sans rédiger d'épure graphique et sans avoir recours à la théorie des arcs articulés.

Remarque. — La valeur de m est sans influence sur l'intensité des moments fléchissants. Il en résulte que dans les fermes avec forte flèche, la consommation de métal est plus faible et que dans les fermes très surbaissées, le travail par extension est considérablement réduit et peut même disparaître.

235. Application. — *Déterminer la sollicitation et les dimensions de la section marquée E à la figure 169, pour un arc de 60 m. d'ouverture surbaissé au $\frac{1}{6}$ et portant au mètre courant 6480 kg. de poids mort et 3 200 kg. de charge roulante.*

En nous reportant au tableau n° 26, nous voyons que

$$f = 0{,}791 \qquad f' = 0{,}541 \qquad f'' = 0{,}060 \quad \text{et} \quad f''' = 0{,}01875$$

Dès lors,

$$\begin{aligned} Q &= 0{,}791 \times 6480 \times 60 = 306\,000 \text{ kg.} \\ q &= 0{,}541 \times 3200 \times 60 = 104\,000 \text{ —} \\ T &= 0{,}060 \times 3200 \times 60 = 11\,500 \text{ —} \\ M &= 0{,}01875 \times 3200 \times 60^2 = 216\,000 \text{ km.} \end{aligned}$$

On adoptera une section symétrique par rapport à l'axe horizontal parce que les surcharges partielles de gauche et de droite donnent des moments égaux et de signe contraire et parce qu'elles engendrent des efforts normaux dont les intensités ne présentent généralement qu'une différence assez faible qui ne saurait justifier l'emploi d'une section dissymétrique.

On se donnera une première section avec dimensions choisies arbitrairement, section que l'on modifiera dans le sens indiqué par le résultat de vérifications successives. On facilitera ces recherches en considérant au premier essai une section totale S répondant à la formule (149) déterminée au n° 214, formule dans laquelle on négligera le coefficient de flambage ε. Il vient :

$$S = \frac{1}{R}\left(Q + q + \frac{n'M}{h}\right). \qquad (240)$$

Voir les n°s 214 et 244 pour les valeurs de n'.

Cette relation montre qu'il faudra à peu de chose près, avec une hauteur de poutre de 1,50 m. et une section en forme de I, laquelle donne avec des proportions ordinaires $n' = 2{,}5$, une section totale égale, avec un taux de travail de 1 000 kg. au centimètre carré, à :

$$\frac{1}{1\,000}\left(306\,000 + 104\,000 + \frac{21\,600\,000 \times 2.5}{150}\right) = 306 + 104 + 360 = 770$$

Nous obtenons cette surface avec une âme de 1 500 × 15,4 L de 100 × 100 × 15 et 2 semelles de 500 × 43.4; ces dimensions donnent :

$$\frac{I}{V} = 150 \left\{ (150 \times 1{,}5 \times 0{,}368) + (50 \times 4{,}34) \right\} = 44850.$$

Dès lors, le taux de travail réel est de

$$\frac{306\,000 + 104\,000}{770} + \frac{21\,600\,000}{44\,850} = 530 + 480 = 1010 \text{ kg. au lieu de } 1\,000, \text{ taux imposé.}$$

Par conséquent, la section répondant à la formule approximative (240) ne demande pas de modification.

L'âme devra pouvoir résister à un effort tranchant égal à T, soit 11 500 kg.

Or sa section nette sera, à peu de chose près, au droit de la rivure des raidisseurs :

$$\frac{4}{5} 150 \times 1{,}5 = 180 \text{ cm}^2.$$

section à laquelle correspond une résistance au cisaillement de

$$180 \frac{4}{5} 1000 = 144\,000 \text{ kg.} > 11\,500.$$

CHAPITRE II

POIDS DES FERMES ARTICULÉES

236. — Signification des notations :

L : distance d'axe en axe des rotules inférieures;

h : distance verticale entre les rotules d'appui et la rotule supérieure;

m : rapport $\frac{L}{h}$;

h' : hauteur maximum de l'âme;

m' : rapport $\frac{L}{h'}$;

n' : rapport $\frac{Sh'}{\frac{I}{V}}$ correspondant au type de section transversale adopté (v. n° 214);

p : charge continue totale par unité de longueur;

p_m : charge continue permanente par unité de longueur;

p_v : charge continue mobile par unité de longueur;

R : résistance de sécurité du métal;

α : coefficient de flambage des arcs;

β : coefficient de flambage des barres du treillis;

γ : coefficient de flambage des montants;

k et δ : même signification que précédemment;

H, H', I et J : coefficients dont on trouvera la valeur au tableau n° 27.

Il n'est question au présent chapitre que de fermes symétriques, symétriquement chargées, avec fibre neutre tracée en arc de parabole.

A. — ÉTABLISSEMENT DES FORMULES

1° Ferme sans charges roulantes

a) *Ferme à sections constantes.*

237. — La formule (89) déterminée au n° 182 pour les poutres en segment parabolique est applicable aux fermes en arc à condition de négliger le facteur relatif au tirant et de réduire de moitié l'importance des tiges verticales, vu que nous supposons que ces tiges occupent cette fois les segments supérieurs. De plus, nous supprimons le rapport $\frac{R}{R_t}$, qui devrait être $\frac{R}{R_c}$, parce que les montants sont peu fatigués par des flexions secondaires.

Nous avons donc la formule ci-après pour le poids des arcs y compris les montants et non compris la pièce DB'E, étant entendu que nous substituons la notation H' au produit mD de la formule (89) :

$$q = \frac{k \delta p L}{12 R} \left(H'\alpha + \frac{4}{m} \gamma \right). \qquad (241)$$

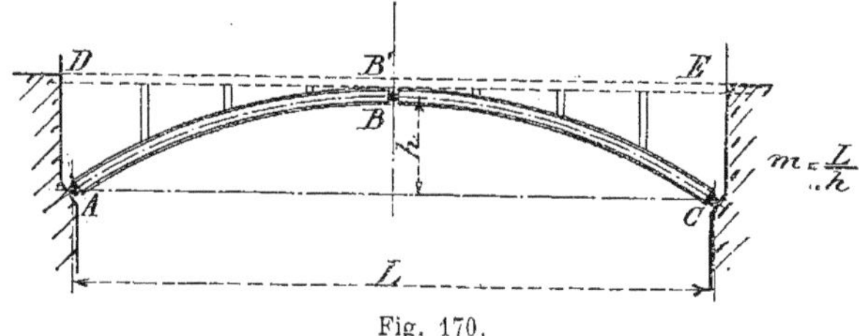

Fig. 170.

b) *Ferme à sections variables.*

238. — Même formule que ci-dessus, mais la valeur de H' s'étant modifiée, nous écrivons :

$$q = \frac{k \delta p L}{12 R} \left(H\alpha + \frac{4}{m} \gamma \right). \qquad (242)$$

(Voir le tableau n° 27 ci-après pour les valeurs de H et de H'.)

2° Ferme avec charges roulantes

a) *Ferme à sections constantes et âme pleine.*

239. — Nous pouvons admettre que la sollicitation la plus désavantageuse se produit à la section marquée ab à la figure 171, section située au quart de la portée.

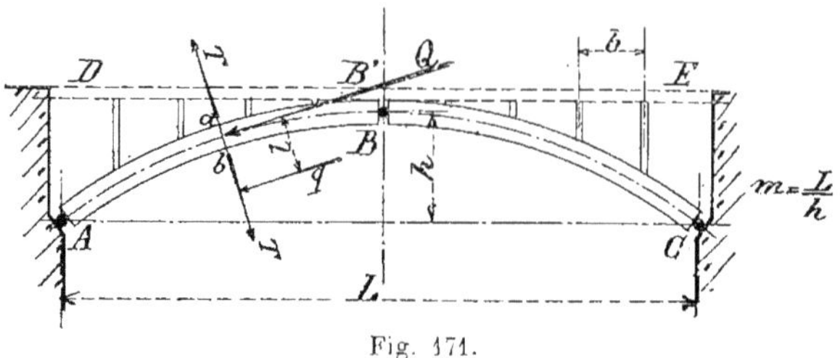

Fig. 171.

Supposons que le poids mort donne naissance à un effort normal Q agissant au centre de gravité de cette section, et que la surcharge partielle la plus désavantageuse engendre un effort q agissant avec un bras de levier l.

Sans action infléchissante, la section transversale serait $\frac{Q+q}{R}\alpha$.

Avec action infléchissante, cette section doit être majorée ; les recherches faites au n° 214 montrent que la section renforcée est, par application de la formule (149), égale à

$$S = \frac{Q+q}{R}\left(1 + \frac{n'M}{Ch'}\right)$$

h' étant la hauteur de l'âme de la section ab.

Mais $M = ql$ et $C = Q + q$. Nous avons donc

$$S = \frac{Q+q}{R}\left(1 + \frac{n'ql}{(Q+q)\,h'}\right) = \frac{1}{R}\left(Q + q + \frac{n'ql}{h'}\right)$$

Mais $h' = \frac{L}{m'}$. De plus, nous avons (v. n° 234) :

$$Q = f p_m L, \qquad q = f' p_r L \qquad \text{et} \qquad ql = f''' p_r L^2.$$

Dès lors, la relation donnant S devient :

$$S = \frac{p_r L}{R}\left(f\frac{p_m}{p_r} + f' + f''' n'm'\right).$$

Au n° 182, nous avons trouvé que la longueur de l'arc est

$$L\left(1 + \frac{8}{3m^2}\right).$$

Par conséquent, le poids moyen de l'arc par unité de longueur est donné par l'égalité ci-après :

$$q = \frac{k\delta p_r L}{12\,R}\, 12\left(1 + \frac{8}{3m^2}\right)\left(f\frac{p_m}{p_r} + f' + f''' n'm'\right).$$

Désignons par I', le produit de $12\left(1+\frac{8}{3m^2}\right)$ par f,
par I le produit de — — par f'
et par J le produit de — — par f'''.

La relation précédente devient :

$$q = \frac{k\delta p_r L}{12 R}\left(I' \frac{p_m}{p_r} + I + J n'm'\right).$$

Mais le produit de la fraction en évidence par le premier terme entre parenthèses correspond au poids moyen d'une ferme à sections variables et qui porterait une charge permanente unitaire p_m; il en résulte que I' doit être égal au coefficient H intervenant à la formule précédente.

Le poids des montants est

$$\frac{k\delta p_r L}{12 R}\frac{4}{m}\gamma\left(\frac{p_m}{p_r}+1\right).$$

Finalement, le poids de la ferme non compris la pièce DB'E, est donné par la relation ci-après :

$$q = \frac{k\delta p_r L}{12 R}\left\{H \frac{p_m}{p_r} + I + J n'm' + \frac{4}{m}\gamma\left(\frac{p_m}{p_r}+1\right)\right\}. \qquad (243)$$

b) *Ferme à sections variables et âme pleine.*

240. — Si la ferme portait une charge continue permanente, égale à $p_m + p_r$ par unité de longueur, son poids unitaire q' serait, d'après ce que nous avons trouvé au n° 238, en faisant disparaître le coefficient de flambage, la ferme subissant une flexion :

$$q' = \frac{k\delta p_r L}{12 R}\left\{H\left(\frac{p_m}{p_r}+1\right) + \frac{4}{m}\gamma\left(\frac{p_m}{p_r}+1\right)\right\}.$$

Mais comme p_r est une charge roulante, les sections transversales correspondant aux charges permanentes ne sont acceptables qu'à proximité des articulations. A distance de ces points, ces sections doivent être renforcées graduellement afin d'avoir à la partie intermédiaire la section admise d'une façon constante au numéro précédent.

Dès lors, nous pouvons admettre, sans crainte d'erreur conséquente, que la consommation de métal à la ferme avec charges roulantes est égale à q' augmenté des $\frac{2}{3}$ de la différence entre q correspondant à la formule (243) et q', et nous avons :

$$q = \frac{k\,\delta\,p_r\,L}{12\,R}\left\{ H\left(\frac{p_m}{p_r} + 0,33\right) + \frac{2}{3}I + \frac{2}{3}\;n'm' + \frac{4}{m}\gamma\left(\frac{p_m}{p_r} + 1\right)\right\}. \quad (244)$$

Au dernier terme entre accolades des formules (243) et (244), p_m ne doit pas comprendre le poids donné par la ferme.

c) *Ferme avec paroi verticale en treillis.*

241. — Les formules précédentes sont d'application à condition de donner à n' la valeur réduite qui convient en l'occurence et que nous avons déterminée au n° 214 et d'ajouter au résultat le poids du treillis. Il nous suffit donc de rechercher celui-ci.

A cet effet, nous considérons uniquement un treillis en V, simple ou double, avec barres inclinées à 45° sur la fibre neutre.

1er *Cas. Les barres du treillis sont à sections constantes.* — Les pièces qui nous occupent doivent être calculées pour un effort tranchant égal à $f''p_rL$ lequel donne naissance à un effort de compression égal à $f''p_rL\sqrt{2}$.

Dès lors la section transversale des barres est

$$\beta\,\frac{f''p_r\,L\sqrt{2}}{R_c}.$$

Leur longueur totale est

$$L\left(1 + \frac{8}{3m^2}\right)\sqrt{2}$$

et le poids moyen des barres du treillis, par unité de longueur de corde, est

$$k\,\delta\,\beta\,\frac{f''p_r\,L\sqrt{2}}{R_c}\left(1 + \frac{8}{3m^2}\right)\sqrt{2} = \frac{k\,\delta\,p_r\,L}{12\,R}\,24\,\beta\,f''\left(1 + \frac{8}{3m^2}\right)\frac{R}{R_c}.$$

Mais les valeurs maxima de f'' varient entre 0,13 et 0,16, et les valeurs de $\left(1 + \frac{8}{3m^2}\right)$, entre 1,11 et 1,01. Les variations sont faibles et aux faibles valeurs de f'' correspondent les fortes valeurs des termes entre parenthèses et inversement. De plus, comme les sections admises s'écartent toujours sensiblement des sections théoriques, nous écrivons que la consommation de métal aux barres du treillis est invariablement égale à

$$\frac{k\delta p_r L}{12\,R} 24\,\beta\, 0{,}16 \times 1{,}11 \frac{R}{R_c} = \frac{k\delta p_r L}{12\,R} 4{,}3\,\beta \frac{R}{R_c}. \qquad (245)$$

2e *Cas. Les barres du treillis sont à sections variables.* — La valeur moyenne des efforts tranchants est à peu de chose près égale à 0,10 p_rL, quelle que soit la valeur de m. Mais les sections théoriques étant irréalisables aux points où les efforts tranchants sont faibles, nous considérons une valeur moyenne égale à 0,13 p_rL. Dès lors, la consommation de métal est

$$\frac{k\delta p_r L}{12\,R} 24\,\beta\, 0{,}13 \times 1{,}11 \frac{R}{R_c} = \frac{k\delta p_r L}{12\,R} 3{,}5\,\beta \frac{R}{R_c}. \qquad (245\,a)$$

Par conséquent, à une ferme avec membrures à égalité de résistance reliées par un treillis en V ou en X, la consommation de métal est

$$q = \frac{k\delta p_r L}{12\,R} \left\{ H\left(\frac{p_m}{p_r} + 0{,}33\right) + \frac{2}{3} I + \frac{2}{3} J\, n'm' + K\beta \frac{R}{R_c} + \frac{4}{m}\gamma\left(\frac{p_m}{p_r} + 1\right) \right\} \qquad (246)$$

étant entendu que K égale 4,3 si les barres du treillis sont à section constante et 3,5 si elles sont à sections variables.

242. Remarques. — Les relations précédentes ne comprennent pas le poids de la pièce DB'E qui sera généralement calculée comme longrine, pour la charge d'une demi-voie, et pèsera dans ce cas, par unité de longueur, b désignant la distance d'axe en axe des montants, λ l'écartement des fermes et x le poids du mètre carré d'ouvrage, fermes et surcharge non comprises (v. n°s 116 et 147),

$$0{,}25\, b + \frac{19\,500}{R} (N'P' + xb\lambda). \qquad (247)$$

Si les montants se trouvent en dessous de la ferme, ils travaillent par extension et leur longueur totale est doublée ; il en résulte qu'au dernier terme des formules donnant le poids des fermes, il y aura lieu, dans ce cas, de prendre 8 comme numérateur, au lieu de 4, et de faire disparaître le facteur γ.

Les formules devront être appliquées plusieurs fois à titre d'essais afin de déterminer la valeur de p et de p_m.

Les formules (243) à (246) peuvent être appliquées dans le cas où l'on aurait à considérer une ferme avec tympans solidaires triangulés; ce système permet de réduire la consommation de métal aux organes principaux, mais comme il majore le coefficient k par suite de l'adjonction de goussets d'assemblage, l'économie de poids disparaît.

3° Poids des articulations

243. — Désignons par

λ : la longueur du côté fléchi des plateaux d'appui sur les maçonneries;

R_p : le taux de compression de la pierre sous ces plateaux;

R_m : le taux de travail par flexion de ces plateaux.

a) *Plateaux d'appui sur les maçonneries.*

Au n° 182, nous trouvons que la charge sur chacun des plateaux est égale à

$$\frac{pLm}{8}\sqrt{1+\frac{16}{m^2}}.$$

Si nous nous reportons au n° 87, nous voyons que le poids Q_1 des deux plateaux est égal à

$$k\delta P\lambda\frac{0,87}{\sqrt{R_pR_m}}=\frac{k\delta pL\lambda m}{9,2\sqrt{R_pR_m}}\sqrt{1+\frac{16}{m^2}}$$

Si nous faisons $\delta=7830$ et $k=1,10$, nous trouvons :

$$Q_1=\frac{940\,pL\lambda m}{\sqrt{R_pR_m}}\sqrt{1+\frac{16}{m^2}}.$$

b) *Rotules et plateaux intermédiaires.*

Le volume total de ces pièces est relativement faible, ce qui permet de tolérer une certaine approximation.

Nous calculons la consommation de métal par l'examen du type représenté à la figure 163.

Désignons par λ_1 la longueur du côté fléchi des plateaux. La surface de la base peut être supposée égale à $\lambda_1\times\frac{3}{4}\lambda_1=\frac{3}{4}\lambda_1^2$, et le volume d'un plateau, égal à $\frac{3}{4}\lambda_1^2 \times \frac{\lambda_1}{5} = \frac{3\lambda_1^3}{20}$. Généralement, $\lambda_1 = 0{,}075\sqrt{L}$ et cette valeur donne pour le poids total Q_2 des organes qui nous occupent :

$$Q_2 = k\delta\, 4\,\frac{3}{20}\, 0{,}075^3\, L\sqrt{L} = 2{,}5\, L\sqrt{L}.$$

Finalement, nous avons pour le poids total des articulations :

$$Q = L\left(\frac{940\, p\lambda m}{\sqrt{R_p R_m}}\sqrt{1+\frac{16}{m^2}} + 2{,}5\sqrt{L}\right). \qquad (248)$$

Dans des conditions ordinaires, on a

$$\lambda = 0{,}18\sqrt{L}, \quad R_p = 40\times 10^4, \quad R_m = 600\times 10^4 \quad \text{et} \quad \sqrt{1+\frac{16}{m^2}} = 1{,}10.$$

Ces valeurs donnent

$$Q = L\sqrt{L}\left(\frac{pm}{8\,300} + 2{,}5\right). \qquad (248^a)$$

A ces formules, les longueurs seront écrites en mètres et les forces en kilogrammes. Les résultats se rapportent au poids total des organes; pour avoir le poids moyen au mètre d'ouvrage, il y a lieu de négliger le facteur L.

B. — VALEURS DES COEFFICIENTS

244. — Aux applications numériques, il sera de règle de prendre comme unités le kilogramme pour les forces et le mètre pour les longueurs; les autres facteurs seront rapportés à l'unité correspondante.

1° Taux de travail du métal

S'il n'est pas fait emploi d'un système en treillis, les pièces ne sont pas fatiguées par des flexions secondaires et les calculs de résistance ne sont pas entachés d'inexactitude. Dès lors, le taux de travail peut être supérieur à celui que l'on aurait admis à ouverture égale aux membrures des poutres triangulées. Nous estimons que cette majoration peut être de 10 p. 100.

2° Densité du métal

$\delta = 7\,830$ avec l'acier et $7\,700$ avec le fer.

3° Charges unitaires

Les charges unitaires seront rapportées au mètre courant et elles correspondront à la moyenne des charges donnant l'équivalence au point de vue des moments et des efforts tranchants pour une ouverture égale aux $\frac{3}{5}$ de l'ouverture réelle (c'est-à-dire égale à la longueur surchargée au calcul de la section la plus fatiguée).

4° Coefficient de flambage

On peut faire $\alpha = 1,15$, $\beta = 1,20$ et $\gamma = 1,50$; seulement, pour ce dernier facteur, on devra tenir compte que la section théorique sera généralement d'un aspect trop léger. (Au pont du boulevard Léopold, dont il est question ci-après, on trouve $\beta = 4$ environ, par suite du renforcement amené par la question d'aspect.)

Coefficient n'. — On admettra les valeurs ci-après indiquées, la plupart établies au n° 214.

a) Carré et rectangle pleins, 6;

b) Cercle évidé, 4,5;

c) Poutrelles et fers [de champ, 3,2;

d) Poutres chaudronnées en forme de I ou de caisson :

si les membrures ont une importance ordinaire, 2,5;

si les membrures ont peu d'importance relativement à l'âme, ce qui se présentera dans le cas de faibles charges, 3,0 ;

e) Poutres chaudronnées en forme de H, l'âme intermédiaire placée horizontalement, 4,5 et 6,0 sans semelles aux membrures;

f) Deux membrures reliées par un treillis, 2,0.

Coefficient m. — On obtient une bonne proportion avec $m = 10$. En cas de nécessité, on peut dépasser ce chiffre s'il s'agit de grandes ouvertures (au pont Alexandre-III, on a $m = \frac{107,50}{6,28} = 17,12$).

Coefficient m'. — Le coefficient m' est égal au rapport de L à la hauteur maximum de l'âme. Si h' est cette hauteur, on a

$$m' = \frac{L}{h'}.$$

La hauteur h' doit être une certaine fonction de la racine carrée de l'ouverture; en conséquence, nous écrivons :

$$h' = m'' \sqrt{L}. \tag{249}$$

m'' varie entre 0,13 et 0,16 aux fermes à âme pleine, et entre 0,15 et 0,18 aux fermes en treillis, L étant écrit en m.

Coefficient k. — On peut admettre que ce coefficient se décompose comme suit :

Poids théorique	1,00
Raidisseurs	0,10
Couvre-joints	0,07
Redans des semelles	0,04
Trous de rivets	0,10
Têtes de rivets.	0,04
Total k =.	1,35

Le terme 0,04 indiqué pour les redans des semelles sera négligé avec les fermes à sections constantes.

Si la poutre est en treillis les raidisseurs peuvent ne pas exister; s'il en est ainsi, on réduira de moitié le terme 0,10 porté ci-dessus pour ces organes, la consommation de métal aux goussets et aux fourrures correspondant à 0,05.

Coefficients H, H', I et J. — Le tableau ci-après n° 27 renseigne les valeurs de ces coefficients. Nous y avons également inscrit les valeurs de $1 + \frac{8}{3m^2}$, c'est-à-dire les valeurs approchées du rapport entre la longueur de l'arc et l'ouverture, rapport dont la connaissance peut être utile au cours de l'étude d'un projet.

Tableau n° 27

$m =$	5	6	7	8	9	10	11	12	14	16	18
H.	9,0	10,2	11,5	12,9	14,3	15,7	17,1	18,6	21,6	24,5	27,4
H'.	10,7	11,6	12,7	14,0	15,3	16,6	18,0	19,3	22,1	25,0	27,9
I	6,1	7,0	7,9	8,8	9,8	10,7	11,6	12,6	14,5	16,5	18,5
J	0,25	0,24	0,24	0,24	0,23	0,23	0,23	0,23	0,23	0,23	0,23
$1 + \frac{8}{3m^2}$ . .	1,107	1,074	1,054	1,042	1,033	1,027	1,022	1,019	1,014	1,011	1,008

CHAPITRE III

EXEMPLES DE FERMES ARTICULÉES

A. — PONT DU BOULEVARD LÉOPOLD A ANVERS

245. — La figure 172 montre l'agencement du pont métallique construit au boulevard Léopold à Anvers pour le relèvement de la gare centrale, sous la direction de M. Cl. Van Bogaert, ingénieur en chef, directeur de service aux chemins de fer de l'État belge.

L'ouverture théorique est de 29,89 m.; la flèche est de 2,833 m.; la hauteur maximum des âmes est de 0,75 m., ce qui correspond à $0,137\sqrt{L}$. Ces dimensions donnent $m = 10,6$ et $m' = 40$.

La hauteur des âmes est de 0,35 à la clef, ce qui correspond à $0,065\sqrt{L}$ [1] et de 0,42 aux naissances, ce qui correspond à $0,077\sqrt{L}$, L étant exprimé en mètres.

La voie repose sur ballast et voussettes de $\frac{1}{10}$ de flèche et 1,15 d'ouverture.

Les arcs sont distants de 3,50 environ, écartement maximum à adopter si l'on s'impose de ne reporter sur chacun d'eux que la surcharge d'une voie. Ils sont calculés pour un poids mort de 4700 kg. au mètre courant et pour une surcharge composée de locomotives du type *Cinquantenaire* lesquelles donnent une charge moyenne d'environ 7 500 kg. au mètre courant de voie sur la longueur correspondant aux $\frac{3}{5}$ de la portée.

Il a été fait emploi d'acier doux pour lequel on s'est imposé un taux de travail de 10 kg. au millimètre carré.

Les pesages ont donné pour un arc, non compris les montants et la longrine supérieure, les résultats ci-après :

Acier laminé, au total :	23 000 kg.	soit au m. ct.	770 kg.
— coulé (rotules) : —	3 350 —	—	112 —
		Total au m. ct.	882 kg.

[1] Au pont Alexandre-III, les arcs ont à la clef 0,75 m. de hauteur ce qui correspond à $0.072\sqrt{L}$.

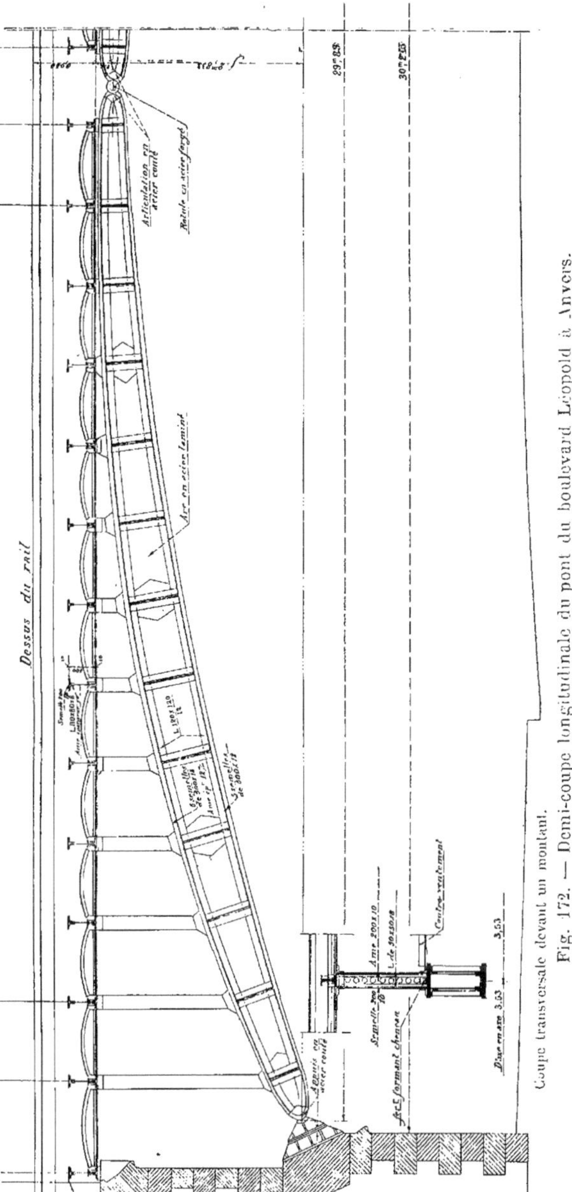

Coupe transversale devant un montant.

Fig. 172. — Demi-coupe longitudinale du pont du boulevard Léopold à Anvers.

Appliquons les formules (244) et (248 ^{a}).

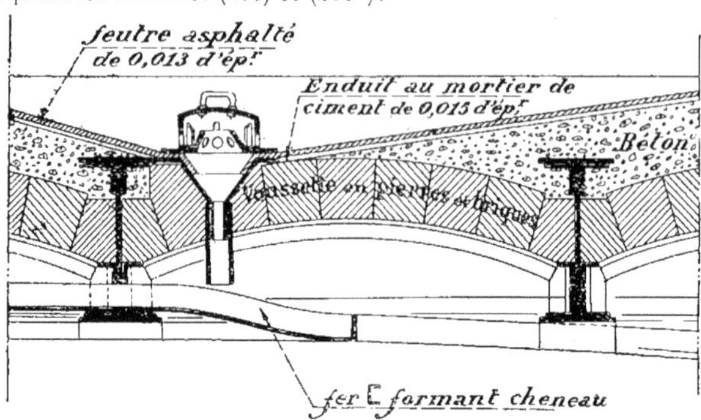

Fig. 172 *bis*. — Coupe des voussettes du pont du boulevard Léopold à Anvers.

Les valeurs de H, I et J étant calculées par interpolations rectilignes, nous trouvons pour le poids de métal au mètre courant : pour l'acier laminé :

$$q = \frac{1,35 \times 7\,830 \times 7\,500 \times 29,89}{12 \times 10\,000\,000} \left\{ 16,5 \left(\frac{4\,700}{7\,500} + 0,33 \right) + \frac{2 \times 11,2}{3} + \frac{2 \times 0,23 \times 2,5 \times 40}{3} \right\} = 19,7\,(15,8 + 7,5 + 15,3) = 760 \text{ kg. au lieu de } 770;$$

et pour les rotules, par application de la formule (248^a) :

$$\sqrt{29,89} \left(\frac{12\,200 \times 10,6}{8\,300} + 2,5 \right) = 5,47\,(15,6 + 2,5) = 99 \text{ kg. au lieu de } 112.$$

La formule (248^a) donne un résultat trop faible, parce que, à l'ouvrage qui nous occupe, les plateaux intermédiaires comportent des tenons très volumineux et parce que les plateaux extérieurs ont reçu un excès de hauteur afin de satisfaire des considérations d'aspect.

B. — GARE COUVERTE D'ANVERS G. C.

246. — La gare couverte d'Anvers G. C., également étudiée par M. l'ingénieur en chef, directeur de service, Cl. Van Bogaert, comprend des fermes articulées dont la figure 173 montre le tracé et les dimensions et dont les figures 161 et 162 font connaître les articulations. Ces fermes sont distantes de 12 m. d'axe en axe ; leur courbe d'intrados est tracée en arc de parabole à axe oblique.

La hauteur de l'âme correspond à $0,18\sqrt{L}$ au droit des reins, à $0,075\sqrt{L}$ à la clef et à $0,082\sqrt{L}$ aux naissances.

La partie chaudronnée est en acier doux travaillant à 12 kg. au millimètre carré sous l'action d'un vent de 100 kg. et d'une couche de neige de 25 kg. au mètre carré. Les pièces fondues sont en acier coulé.

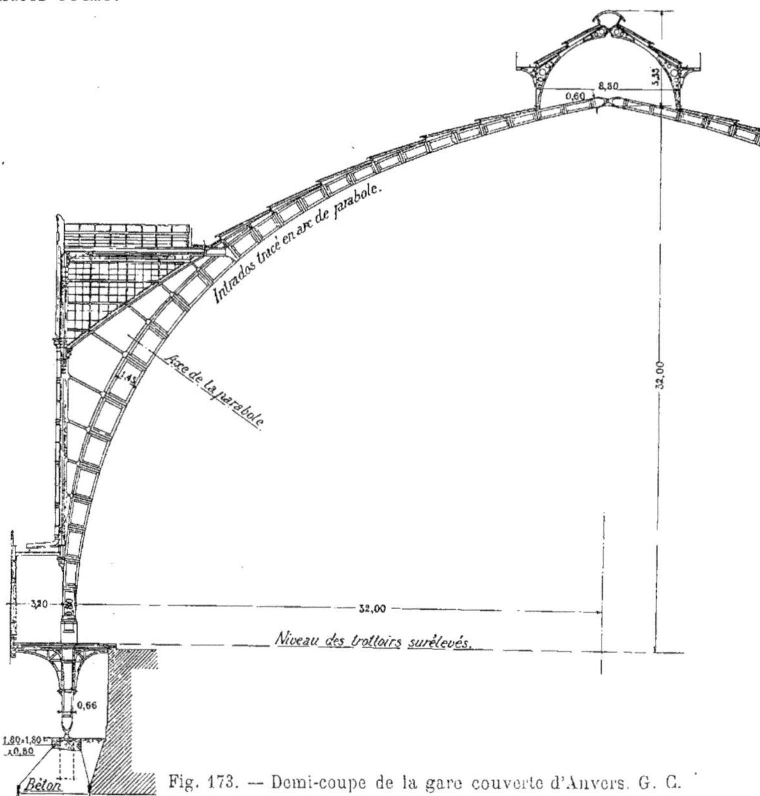

Fig. 173. — Demi-coupe de la gare couverte d'Anvers. G. C.

Il résulte des pesages, que le poids d'une ferme se décompose comme suit :

Acier laminé	81 272 kg.
Articulations	6 264 —
Total.	87 536 kg.

Soit au mètre courant horizontal 1 350 kg.

La charge à l'appui est de 183 600 kg. ; en ce point, on a comme taux de travail :

300 kg. au cm. carré dans le plan diamétral de la rotule ;
15,6 — — sur la pierre ;
8.6 — — sur le béton et
1,7 — — sur le sol (bon sable vert coquillé).

CHAPITRE IV

COMPARAISON ENTRE LES POUTRES EN TREILLIS ET LES FERMES ARTICULÉES

247. — 1° *L'ouvrage ne porte que des charges permanentes.* En donnant à la ferme articulée une flèche moyenne, soit $\frac{1}{8}$, et une forme d'égale résistance, la consommation de métal sera, par application de la formule (242), en faisant $\gamma = 3$:

$$q = \frac{1{,}35\,\delta p\,\mathrm{L}}{12\,\mathrm{R}}\left(12{,}9 \times 1{,}15 + \frac{4}{8}\,3\right) = \frac{1{,}9\,\delta p\,\mathrm{L}}{\mathrm{R}}. \qquad (250)$$

Or, une poutre triangulée en N à diagonales étendues et sans charges roulantes, pèse en moyenne (v. n°s 173 et 188) :

$$q = \frac{1{,}46\,\delta p\,\mathrm{L}}{12\,\mathrm{R}}\left(19{,}4 + 7{,}8 + \frac{9{,}8 \times 6}{7{,}5}\right) = \frac{4{,}3\,\delta p\,\mathrm{L}}{\mathrm{R}}.$$

Il est visible que la ferme articulée laisse une économie considérable.

2° *L'ouvrage porte des charges mobiles.* — Faisons encore à la ferme articulée $m = 8$. Avec forme d'égale résistance, section en I, âme pleine et charge mobile correspondant aux 0,6 de la charge totale (rapport existant à la ferme du boulevard Léopold), la consommation de métal est — v. formule (244) — :

$$q = \frac{1{,}35\,\delta\,0{,}6\,p\,\mathrm{L}}{12\,\mathrm{R}}\left\{12{,}9\left(\frac{0{,}4}{0{,}6} + 0{,}33\right) + \frac{2 \times 8{,}8}{3} + \frac{2 \times 0{,}24 \times 2{,}5 \times 40}{3} + \frac{4 \times 3}{8}\left(\frac{0{,}4}{0{,}6} + 1\right)\right\} =$$

$$= \frac{0{,}0675\,\delta p\,\mathrm{L}}{\mathrm{R}}\,(12{,}9 + 5{,}9 + 16 + 2{,}5) = \frac{2{,}5\,\delta p\,\mathrm{L}}{\mathrm{R}}. \qquad (251)$$

(Si la ferme est surbaissée au $\frac{1}{12}$, le coefficient de la formule précédente est 3.)

Tandis que nous avons trouvé, au n° 189, qu'une poutre avec treillis en N et diagonales tirées pèse en moyenne $\frac{4,5\delta p L}{R}$.

L'emploi d'une ferme en arc laisse donc, dans des conditions ordinaires, une économie de 45 p. 100, avec un surbaissement au 1/8e et une économie de 33 p. 100 avec un surbaissement au 1/12e. En outre, on tiendra compte qu'il se présentera aux culées une augmentation de dépenses si ces massifs sont insuffisamment contre-butés, et une diminution de dépenses si ces massifs reçoivent des poussées latérales à intensité convenable.

Faisons remarquer aussi que les fermes articulées donnent une plus grande sécurité vu qu'il ne s'y manifeste aucune flexion secondaire échappant au calcul et qu'elles pourront subir une plus longue période d'emploi, parce que les rivures y sont moins défavorablement sollicitées.

En dernier lieu, au point de vue de l'aspect, la comparaison est à l'avantage de la ferme en arc dont les lignes n'ont rien qui puisse déplaire. La poutre en treillis, au contraire, rend presque toujours l'ouvrage disgracieux.

On préférera les poutres en arc du type ordinaire aux poutres avec tympans solidaires triangulés, lesquelles subissent des flexions secondaires et forment, en vue perspective, un fouillis de lignes de mauvais effet si plusieurs poutres se superposent. D'ailleurs, le second système ne laisse qu'une faible économie de poids disparaissant par suite d'une augmentation au prix unitaire.

ONZIÈME PARTIE

JOINTS TRANSVERSAUX

248. Définitions. — Les organes d'une poutre sont sectionnés lorsque le laminoir ne peut les fournir à longueur suffisante ; parfois la pièce est exécutée en plusieurs tronçons en vue de faciliter le transport ou le placement. Dans ce cas, les joints sont appelés *joints de montage*.

Les joints nécessitent des rappliques de renforcement, appelées *couvre-joints*, dont le poids atteint généralement 6 à 7 p. 100 du poids net. Au point de vue de la consommation de métal, il y a donc intérêt à en restreindre l'importance.

A. — PROPORTIONS ET POIDS DES RIVETS

249. — Dans la construction des poutres, on n'utilise couramment que deux types de rivets : les rivets à *tête ronde* et les rivets à *tête fraisée*. La figure 174 montre leurs proportions habituelles.

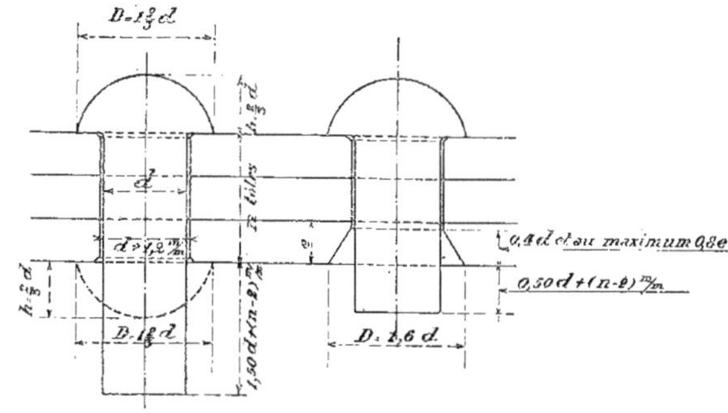

Fig. 174.

1° Dimensions et poids des têtes

a) *Têtes rondes.*

Les têtes rondes sont des segments sphériques auxquels les proportions indiquées à la figure 174 donnent un volume égal à

$$\frac{1}{6}\pi h\left(h^2 + \frac{3\,D^2}{4}\right) = \frac{1}{9}\pi\,d^3\,\frac{91}{36} = 0{,}88\,d^3. \qquad (252)$$

Pour exécuter ces têtes, il faut une longueur de tige égale à

$$0{,}88\,d^3 : \frac{\pi\,d^2}{4} = 1{,}124\,d.$$

Mais à la tête frappée à la bouterolle, il est utile d'avoir un léger excès de matière. De plus, les proportions considérées sont des proportions moyennes dont certains constructeurs s'écartent sensiblement. Pour ces raisons, il convient, dans la rédaction d'un métré, de supposer que le bout de tige de même volume qu'une tête a une longueur égale à 1,20 d.

Dimensions et poids des têtes de rivets sphériques.

Tableau n° 28

Diamètre de la tige à froid.	Diamètre de la tête.	Hauteur de la tête.	Section de la tige.	Poids de la tige au mètre courant.	Tête faite en premier lieu		Tête faite à la bouterolle. Longueur de tige nécessaire.
					Longueur de tige nécessaire	Poids d'une tête.	
d	5/3 d	2/3 d	$\frac{\pi\,d^2}{4}$	$\frac{\pi\,d^2}{4} \times 7830$	1,20 d		1,50 d [1]
mm.	mm.	mm.	mm².	kg.	mm.	kg.	mm.
8	13,3	5,3	50,3	0,394	9,6	0,0038	12,0
10	16,7	6,7	78,5	0,615	12,0	0,0074	15,0
12	20,0	8,0	113,1	0,886	14,4	0,0128	18,0
14	23,3	9,3	153,9	1,205	16,8	0,0202	21,0
15	25,0	10,0	176,7	1,384	18,0	0,0249	22,5
16	26,7	10,7	201,1	1,574	19,2	0,0302	24,0
18	30,0	12,0	254,5	1,993	21,6	0,0430	27,0
20	33,3	13,3	314,2	2,460	24,0	0,0590	30,0
22	36,7	14,7	380,1	2,976	26,4	0,0786	33,0
24	40,0	16,0	452,4	3,542	28,8	0,1020	36,0
25	41,7	16,7	490,9	3,844	30,0	0,1153	37,5

[1] S'il y a plus de 2 tôles au serrage, majorer cette longueur de 1 mm. par tôle supplémentaire.

Mais le trou des tôles laisse de 0,001 à 0,0015 m. de jeu à la tige du rivet à froid et ce vide se remplit par refoulement de la tige. Il en résulte que pour la tête faite au montage, une longueur de tige égale à 1,20 d est insuffisante ; il convient de prévoir une longueur de tige égale à 1,50 d si le serrage comprend deux tôles, chaque tôle supplémentaire demandant une augmentation de longueur de tige de 1 mm.

Le tableau ci-dessus renseigne les diverses indications qui peuvent être utiles au sujet des rivets à têtes rondes.

b) *Têtes fraisées.*

Les proportions renseignées à la figure 174, sont des proportions moyennes souvent adoptées. Ces proportions donnent à la tête fraisée un volume égal à

$$\frac{\pi\, 0{,}4\, d^3}{3} \left\{ \overline{0{,}8}^2 + \overline{0{,}5}^2 + (0{,}8 \times 0{,}50) \right\} = 0{,}54\, d^3. \qquad (253)$$

La section de la tige étant égale à $\frac{\pi d^2}{4}$, le bout de tige de même volume que la tête a une longueur de $0{,}69d$ et il faut théoriquement un surcroît de longueur égal à $(0{,}69 - 0{,}40)d = 0{,}29d$. En pratique, il convient de porter ce surcroît de longueur à $0{,}50d$ et de le majorer de 1 mm. par tôle supplémentaire s'il y a plus de deux tôles au serrage.

Pour avoir un bon travail, il est indispensable que la hauteur de la tête fraisée ne dépasse pas les $\frac{4}{5}$ de l'épaisseur de la tôle.

2° Écartement et poids des rivets en rangées

Le tableau n° 29 donne le poids des têtes par rangée de rivets d'un mètre de longueur. Dans les poutres composées d'une âme et de cornières, il y a deux rangées de rivets. Dans les poutres à une âme, 4 cornières et des semelles, il y a six rangées de rivets si les plats n'ont pas une forte surlargeur relativement aux cornières. Si les semelles dépassent de plus de 70 mm. l'arête extérieure des cornières, elles reçoivent des rangées de rivets en dehors des cornières de façon à empêcher le bâillement, mais on ne place qu'un rivet toutes les deux divisions; cette disposition correspond généralement à huit rangées ordinaires de rivets.

Poids des têtes sphériques pour une rangée de rivets d'un mètre de longueur, soit deux rangées de têtes.

TABLEAU N° 29

Les poids sont donnés en kilogrammes.

DISTANCE d'axe en axe des rivets.	NOMBRE de têtes au mètre courant.	POIDS DES TÊTES AU MÈTRE COURANT, LE DIAMÈTRE DU RIVET ÉTANT DE										
		8	10	12	14	15	16	18	20	22	24	25
mm.												
30	66,7	0.253	0.494	»	»	»	»	»	»	»	»	»
35	57.1	0,217	0.423	0.731	»	»	»	»	»	»	»	»
40	50,0	0.190	0.370	0,640	1.010	»	»	»	»	»	»	»
45	44.4	0.169	0.329	0.568	0,897	1,106	»	»	»	»	»	»
50	40.0	0,152	0.296	0.512	0.808	0.996	1.208	»	»	»	»	»
55	36.4	0.138	0.269	0.466	0.735	0,906	1,099	1,565	»	»	»	»
60	33.3	0.127	0.246	0.426	0.673	0.829	1,006	1.432	1.965	»	»	»
65	30,8	0,117	0.228	0,394	0.622	0.767	0.930	1,324	1,817	2.421	»	»
70	28.6	0.103	0.212	0.366	0.578	0.712	0.864	1.230	1,687	2.248	2.917	»
75	26,7	0.101	0.198	0.342	0,539	0,665	0.806	1,148	1,575	2,099	2,723	3,079
80	25.0	0.095	0.185	0.320	0.505	0.623	0.755	1.075	1,475	1,965	2,550	2,883
85	23.5	»	0.174	0.301	0.475	0.585	0.710	1.011	1.387	1.847	2,397	2,710
90	22.2	»	»	0.284	0.448	0.553	0.670	0.955	1.310	1,745	2,264	2,560
95	21,1	»	»	»	0.426	0.525	0.637	0.907	1.245	1,658	2,152	2,433
100	20.0	»	»	»	»	0.498	0.604	0,860	1,180	1.572	2,040	2,306
105	19,0	»	»	»	»	»	0.574	0,817	1.121	1,493	1,938	2.191
110	18,2	»	»	»	»	»	»	0,783	1.074	1,431	1,856	2.098
115	17.4	»	»	»	»	»	»	»	1,027	1,368	1.775	2.006
120	16.7	»	»	»	»	»	»	»	»	1,313	1,703	1.926
125	16,0	»	»	»	»	»	»	»	»	»	1.632	1,845

L'écartement d'axe en axe de deux rivets peut varier entre 3 et 5 fois le diamètre de la tige.

S'il importe d'obtenir de l'étanchéité, on adopte de petits rivets distancés comme il est dit ci-dessus.

Pour les poutres avec état de sollicitation ordinaire, les rivets sont généralement placés à 100 mm. d'axe en axe, sauf au droit des appuis, où cet écartement est porté à 80 ou 90 mm. si le glissement longitudinal a une très grande intensité (fortes charges avec faible hauteur d'âme).

3 DIAMÈTRE DES RIVETS

Il doit exister une certaine relation entre le diamètre des rivets et l'épaisseur des tôles à assembler en vue d'éviter que la tige ne soit comprimée à un taux dangereux. Cette relation est déterminée au n° 250-2°.

Le diamètre du rivet doit aussi être proportionné à la largeur des fers ; s'il est trop fort, ceux-ci ont une tendance à festonner au droit des trous sous l'effet du poinçonnage et du rivetage. On limitera le diamètre de la tige à :

15 mm.	avec des fers de	55	de largeur ;	
18	—	70	—	
20	—	80	—	
22	—	90	—	et à
25	—	100	—	

Aux barres ou aux ouvrages peu importants, les largeurs peuvent être réduites de 10 mm.

En chaudronnerie, les rivets n'ont jamais moins de 8 mm. de diamètre. Les rivets de 24 et de 25 s'emploient très rarement, car il est difficile de les placer à la bouterolle frappée à la main. Les diamètres de 15 à 22 sont d'application courante.

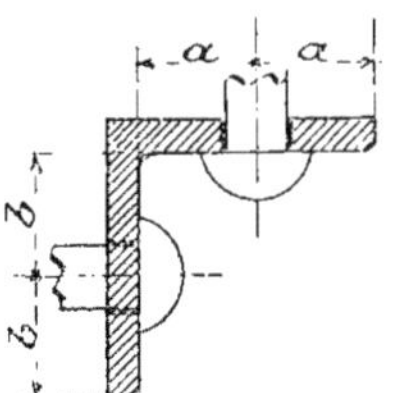

Fig. 175.

L'épaisseur totale des tôles à assembler sera au maximum de 100 mm., sinon il est à craindre que la tête ne se détache au refroidissement.

Aux pièces chaudronnées, les dimensions des cornières déterminent l'emplacement des rivets ; il est de règle de placer l'axe du rivet au milieu de la face intérieure des branches suivant ce qui est indiqué à la figure 175. Aux systèmes en treillis, si certaines barres sont exécutées en simples cornières, les rivets se placent au milieu de la face extérieure en vue de réduire l'excentricité des tensions longitudinales.

B. — RÉSISTANCE D'UN RIVETAGE

250. — La résistance d'un rivetage dépend des rivets et des tôles qu'ils réunissent.

1° Résistance des rivets

Les rivets empêchent le glissement des tôles par l'adhérence qu'ils créent entre ces organes et par la résistance qu'ils présentent au cisaillement. Il est de règle de négliger l'adhérence des tôles qui peut disparaître après un certain laps de temps ; on ne fait intervenir que la résistance au cisaillement. Celle-ci se calcule en supposant que l'effort se répartisse uniformément entre tous les rivets et en prenant comme base une résistance au cisaillement égale aux $\frac{4}{5}$ de la résistance du métal à la traction. Si les pièces à assembler sont calculées avec des taux de travail différents, on considère le taux le plus faible pour déterminer le taux de travail au cisaillement.

Si l'assemblage de deux pièces soumises à un effort longitudinal T se fait par rivets dont le diamètre est d et si la rupture ne peut se produire qu'à la suite du cisaillement de n sections de rivets, il faut avoir

$$n \times \frac{\pi d^2}{4} \times \frac{4}{5} R \geqq T. \tag{254}$$

Si les barres sont calculées avec un taux de travail unitaire égal à R et si Ω est leur section nette, la relation précédente devient :

$$n \times \frac{\pi d^2}{4} \times \frac{4}{5} R \geqq \Omega R$$

ce qui donne

$$n \frac{4}{5} \frac{\pi d^2}{4} \geqq \Omega. \tag{255}$$

L'application numérique des formules précédentes est simplifiée par les tableaux n°s 30 et 31. Le premier renseigne la section utile Ω correspondant à un nombre quelconque de sections de rivets cisaillées ; le second indique la résistance en kilogrammes d'un nombre quelconque de sections de rivets, le travail unitaire au cisaillement étant de 10 kg. au millimètre carré.

Applications. — *Soit à connaître le nombre de rivets de 22 nécessaire pour assembler un plat de 360 × 10 de section nette, soumis à un effort longitudinal, le taux de travail des rivets au cisaillement pouvant être les $\frac{4}{5}$ du taux de travail ayant servi de base au calcul de la section nette.*

Nous avons $\Omega = 360 \times 10 = 3600$. Le tableau n° 30 montre qu'il faut 12 sections de rivets. On placera donc 12 rivets si chaque rivet ne travaille que par une seule section et $\frac{12}{n}$ rivets, si, à chaque rivet, le glissement relatif des tôles tend à cisailler n sections.

Une pièce est soumise à une tension longitudinale de 120000 kg. Combien de sections de rivets de 20 de diamètre faut-il pour assembler une de ses extrémités, les rivets ne pouvant travailler qu'à 6 kg. au millimètre carré.

Le tableau n° 31 étant calculé pour une fatigue unitaire de 10 kg., nous devons considérer, non pas un effort de 120 000 kg., mais un effort de

$$\frac{120\,000 \times 10}{6} = 200\,000 \text{ kg.}$$

Le tableau précité montre qu'il faut 64 sections de rivets, c'est-à-dire 64 rivets si chaque rivet travaille par une section et $\frac{64}{n}$ rivets si chaque rivet tend à être cisaillé en n sections.

Section utile totale en millimètres carrés correspondant à un certain nombre de sections de rivets, la résistance au cisaillement étant les $\frac{4}{5}$ du travail unitaire de la section utile.

TABLEAU N° 30

(Nombres renseignés $n \times \frac{4}{5} \frac{\pi d^2}{4}$).

NOMBRE de sections de rivets.	DIAMÈTRE DES RIVETS												
	8	10	12	14	15	16	18	20	22	24	25	27	30
1	40	63	90	123	141	161	204	251	304	362	393	458	565
2	80	126	181	246	283	322	407	503	608	724	785	916	1 131
3	121	188	271	369	424	483	611	754	912	1 086	1 178	1 374	1 696
4	161	251	362	493	566	643	814	1 005	1 216	1 448	1 571	1 832	2 262
5	201	314	452	616	707	804	1 018	1 257	1 521	1 810	1 964	2 290	2 827
6	241	377	543	739	848	965	1 221	1 508	1 823	2 171	2 356	2 748	3 393
7	282	440	633	862	990	1 126	1 425	1 759	2 129	2 533	2 749	3 206	3 958
8	322	503	724	985	1 131	1 287	1 629	2 011	2 433	2 895	3 142	3 664	4 521
9	362	565	814	1 108	1 272	1 448	1 832	2 262	2 737	3 257	3 534	4 122	5 089
10	402	628	905	1 232	1 414	1 609	2 036	2 513	3 041	3 619	3 929	4 581	5 655
11	442	691	995	1 355	1 555	1 769	2 239	2 765	3 345	3 981	4 320	5 039	6 220
12	483	754	1 086	1 478	1 697	1 930	2 443	3 016	3 649	4 343	4 712	5 497	6 786
13	523	817	1 176	1 601	1 838	2 091	2 647	3 267	3 953	4 705	5 105	5 955	7 351
14	563	880	1 267	1 724	1 979	2 252	2 850	3 519	4 257	5 067	5 498	6 413	7 917
15	603	942	1 357	1 847	2 121	2 413	3 054	3 770	4 562	5 429	5 891	6 871	8 482
16	644	1 005	1 448	1 970	2 262	2 574	3 257	4 021	4 866	5 791	6 283	7 329	9 048
17	684	1 068	1 538	2 094	2 403	2 734	3 461	4 273	5 170	6 152	6 676	7 787	9 613
18	724	1 131	1 629	2 217	2 545	2 895	3 664	4 524	5 474	6 514	7 069	8 245	10 179
19	764	1 194	1 719	2 340	2 686	3 056	3 868	4 775	5 778	6 876	7 461	8 703	10 744
20	804	1 257	1 810	2 463	2 828	3 217	4 072	5 027	6 082	7 238	7 854	9 161	11 310
21	845	1 319	1 900	2 586	2 969	3 378	4 275	5 278	6 386	7 600	8 247	9 619	11 875
22	885	1 382	1 991	2 709	3 110	3 539	4 477	5 529	6 690	7 962	8 639	10 077	12 441
23	925	1 445	2 081	2 832	3 252	3 700	4 682	5 781	6 994	8 324	9 032	10 535	13 006
24	965	1 508	2 172	2 936	3 393	3 860	4 886	6 032	7 298	8 686	9 425	10 993	13 572
25	1 006	1 574	2 262	3 079	3 535	4 021	5 090	6 283	7 603	9 048	9 818	11 451	14 137
26	1 046	1 634	2 352	3 202	3 676	4 182	5 293	6 535	7 907	9 410	10 210	11 909	14 703
27	1 086	1 696	2 443	3 325	3 817	4 343	5 497	6 786	8 211	9 772	10 603	12 367	15 268
28	1 126	1 759	2 533	3 448	3 959	4 504	5 700	7 037	8 515	10 133	10 996	12 825	15 834
29	1 166	1 822	2 624	3 571	4 100	4 665	5 904	7 289	8 819	10 495	11 388	13 283	16 399
30	1 207	1 885	2 714	3 695	4 241	4 826	6 107	7 540	9 123	10 857	11 781	13 742	16 965

Résistance au cisaillement en kilos d'un certain nombre de sections de rivets, le métal travaillant au cisaillement à 10 kg. au millimètre carré.

TABLEAU N° 31

(Nombres renseignés : $n \times \frac{\pi d^2}{4} \times 10$ kg.)

NOMBRE DE SECTIONS DE RIVETS	DIAMÈTRE DE LA TIGE												
	8	10	12	14	15	16	18	20	22	24	25	27	30
1	503	785	1 131	1 539	1 767	2 011	2 545	3 142	3 801	4 524	4 909	5 726	7 069
2	1 005	1 571	2 262	3 079	3 534	4 021	5 089	6 283	7 603	9 048	9 817	11 451	14 137
3	1 508	2 356	3 393	4 618	5 302	6 032	7 634	9 425	11 404	13 572	14 726	17 177	21 206
4	2 011	3 142	4 524	6 158	7 069	8 042	10 179	12 566	15 205	18 096	19 635	22 902	28 274
5	2 514	3 927	5 655	7 697	8 836	10 053	12 724	15 708	19 007	22 620	24 544	28 628	35 343
6	3 016	4 712	6 786	9 236	10 603	12 064	15 268	18 850	22 808	27 143	29 452	34 354	42 412
7	3 519	5 498	7 917	10 776	12 370	14 074	17 813	21 991	26 609	31 667	34 361	40 079	49 480
8	4 022	6 283	9 048	12 315	14 138	16 085	20 358	25 133	30 410	36 191	39 270	45 805	56 549
9	4 524	7 069	10 179	13 855	15 905	18 095	22 902	28 274	34 212	40 715	44 178	51 530	63 617
10	5 027	7 854	11 310	15 394	17 672	20 106	25 447	31 416	38 013	45 239	49 087	57 256	70 686
11	5 530	8 639	12 441	16 933	19 439	22 117	27 992	34 558	41 814	49 763	53 996	62 982	77 755
12	6 032	9 425	13 572	18 473	21 206	24 127	30 536	37 699	45 616	54 287	58 904	68 707	84 823
13	6 535	10 210	14 703	20 012	22 974	26 138	33 081	40 841	49 417	58 811	63 813	74 433	91 892
14	7 038	10 996	15 834	21 552	24 741	28 148	35 626	43 982	53 218	63 335	68 722	80 158	98 960
15	7 541	11 781	16 965	23 091	26 508	30 159	38 171	47 124	57 020	67 859	73 631	85 884	106 029
16	8 043	12 566	18 096	24 630	28 275	32 170	40 715	50 266	60 821	72 382	78 539	91 610	113 098
17	8 546	13 352	19 227	26 170	30 042	34 180	43 260	53 407	64 622	76 906	83 448	97 335	120 166
18	9 049	14 137	20 358	27 709	31 810	36 191	45 805	56 549	68 423	81 430	88 357	103 061	127 235
19	9 551	14 923	21 489	29 249	33 577	38 201	48 349	59 690	72 225	85 954	93 265	108 786	134 303
20	10 054	15 708	22 620	30 788	35 344	40 212	50 894	62 832	76 026	90 478	98 174	114 512	141 372
21	10 557	16 493	23 751	32 327	37 111	42 223	53 439	65 974	79 827	95 002	103 083	120 238	148 441
22	11 059	17 279	24 882	33 867	38 878	44 233	55 983	69 115	83 629	99 526	107 991	125 963	155 509
23	11 562	18 064	26 013	35 406	40 646	46 244	58 528	72 257	87 430	104 050	112 900	131 689	162 578
24	12 065	18 850	27 144	36 946	42 413	48 254	61 073	75 398	91 231	108 574	117 809	137 414	169 646
25	12 568	19 635	28 275	38 485	44 180	50 265	63 618	78 540	95 033	113 098	122 718	143 140	176 715
26	13 070	20 420	29 406	40 024	45 947	52 276	66 162	81 682	98 834	117 621	127 626	148 866	183 784
27	13 573	21 206	30 537	41 564	47 714	54 286	68 707	84 823	102 635	122 145	132 535	154 591	190 852
28	14 076	21 991	31 668	43 103	49 482	56 297	71 252	87 965	106 436	126 669	137 444	160 317	197 921
29	14 578	22 777	32 799	44 643	51 249	58 307	73 796	91 106	110 238	131 193	142 352	166 042	204 989
30	15 081	23 562	33 930	46 182	53 016	60 318	76 341	94 248	114 039	135 717	147 261	171 768	212 058

Résistance au cisaillement en tonnes d'un certain nombre de sections de rivets, le métal travaillant à 10 kilogrammes au millimètre carré.

TABLEAU N° 31 (*suite*).

(Nombres renseignés : $n \times \frac{\pi d^2}{4} \times 10$ kg.)

NOMBRE de sections de rivets.	DIAMÈTRE DE LA TIGE						
	18	**20**	**22**	**24**	**25**	**27**	**30**
32	81,4	100,5	121,6	144,8	157,1	183,2	226,2
34	86,5	06,8	29,2	53,8	66,9	94,7	40,3
36	91,6	13,1	36,8	62,9	76,7	206,1	54,5
38	96,7	19,4	44,4	71,9	86,5	17,6	68,6
40	101,8	25,7	52,1	81,0	96,3	29,0	82,7
42	106,9	31,9	59,7	90,0	206,2	40,5	96,9
44	112,0	38,2	67,3	99,1	16,0	51,9	311,0
46	117,1	44,5	74,9	208,1	25,9	63,4	25,2
48	122,1	50,8	82,5	17,1	35,6	74,8	39,3
50	127,2	57,1	90,1	26,2	45,4	86,3	53,4
52	132,3	63,4	97,7	35,2	55,3	97,7	67,6
54	137,4	69,6	205,3	44,3	65,1	309,2	81,7
56	142,5	75,9	12,9	53,3	74,9	20,6	95,8
58	147,6	82,2	20,5	62,4	84,7	32,1	410,0
60	152,7	88,5	28,1	71,4	94,5	43,5	24,1
62	157,8	94,8	35,7	80,5	304,3	55,0	38,3
64	162,9	201,1	43,3	89,5	14,2	66,4	52,4
66	168,0	07,3	50,9	98,6	24,0	77,9	66,5
68	173,0	13,6	58,5	307,6	33,8	89,3	80,7
70	178,1	19,9	66,1	16,7	43,6	400,8	94,8
72	183,2	26,2	73,7	25,7	53,4	12,2	508,9
74	188,3	32,5	81,3	34,8	63,2	23,7	23,1
76	193,4	38,8	88,9	43,8	73,1	35,1	37,2
78	198,5	45,0	96,5	52,9	82,9	46,6	51,4
80	203,6	51,3	304,1	61,9	92,7	58,0	65,5
82	208,7	57,6	11,7	71,0	402,5	69,5	79,7
84	213,8	63,9	19,3	80,0	12,3	81,0	93,8
86	218,8	70,2	26,9	89,1	22,1	92,4	607,9
88	223,9	76,5	34,5	98,1	32,0	503,9	22,0
90	229,0	82,7	42,1	407,2	41,8	15,3	36,2
92	234,1	89,0	49,7	16,2	51,6	26,8	50,3
94	239,2	95,3	57,3	25,2	61,4	38,2	64,4
96	244,3	301,6	64,9	34,3	71,2	49,7	78,6
98	249,4	07,9	72,5	43,3	81,1	61,1	92,7
100	254,5	14,2	80,1	52,4	90,9	72,6	706,9

2° Travail des rivets par compression

Considérons, par exemple, l'assemblage dessiné à la figure 176. Il est visible que les tensions longitudinales ont pour effet de comprimer la tige et les tôles en ab, en cd et en ef.

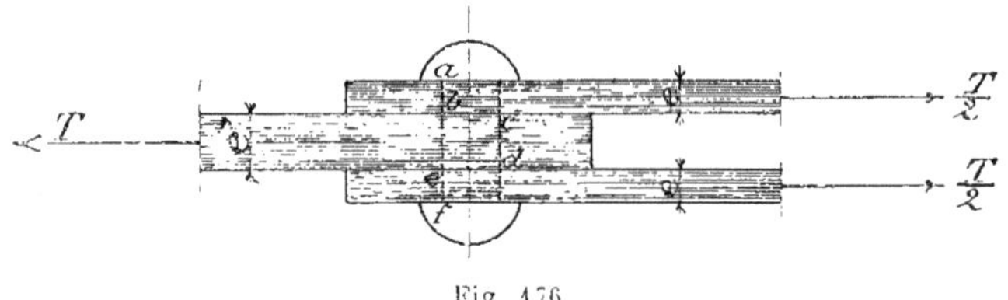

Fig. 176.

Nous proposons de limiter le taux de compression au double du taux de cisaillement.

Supposons que le rivet soit calculé pour une résistance au cisaillement égale à R_s et désignons respectivement par e et e' l'épaisseur des tôles extérieures et intérieure. La résistance d'une section cisaillée est $\frac{\pi d^2}{4} R_s$.

Au passage des tôles extérieures, où le rivet ne travaille que par une section, le taux de compression de la tige sera

$$\frac{\pi d^2}{4} R_s : de = \frac{\pi}{4} \cdot \frac{d}{e} R_s.$$

Et comme ce taux doit être inférieur à $2R_s$, il faut avoir :

$$\frac{\pi}{4} \frac{d}{e} R_s < 2 R_s \quad \text{ou} \quad \frac{\pi}{4} \frac{d}{e} \leq 2.$$

Le plus grand diamètre acceptable répond donc à la relation

$$d = \frac{8e}{\pi} = 2,5 e. \tag{256}$$

Pour la tôle intermédiaire, le rivet travaille par deux sections et il faut avoir :

$$\frac{\pi}{2} \frac{d}{e'} R_s \leq 2 R_s \quad \text{ou} \quad \frac{\pi}{2} \frac{d}{e'} \leq 2$$

c'est-à-dire que l'on doit avoir :

$$d \leq \frac{4e'}{\pi} = 1,25 e'. \qquad (25$$

Lorsque les rivets sont cisaillés sur les deux faces d'une tôle, des considérations pratiques peuvent exiger l'emploi de rivets avec diamètre supérieur à 1,25 e'. Dans ce cas, il y aura lieu de réduire le taux de cisaillement, lequel devra satisfaire la relation suivante,

$$2 \frac{\pi d^2}{4} R_s \leqq de' \, 2 \frac{4}{5} R$$

ce qui donne

$$R_s \leqq R \frac{e'}{d} \qquad (258)$$

Ainsi, si un rivet de 22 traverse une tôle de 12 mm. d'épaisseur, et s'il est cisaillé sur chacune des faces, on devra limiter le travail par cisaillement à

$$R_s = R \frac{12}{22} = 0,55 \text{ R au lieu de } 0,8 \text{ R}$$

que l'on peut atteindre dans des conditions ordinaires.

Nous voyons donc que si le rivet est cisaillé sur chacune des faces d'une tôle de peu d'épaisseur, il importe de réduire considérablement le taux de travail au cisaillement si l'on veut éviter que la compression du trou et de la tige ne prenne trop d'importance.

Parfois, on néglige la relation à maintenir entre le travail par compression et le travail par cisaillement, sous prétexte que la compression ne saurait exister par suite de l'adhérence des tôles, adhérence prenant naissance au moment du refroidissement des rivets. Cependant, c'est une erreur, car l'adhérence peut disparaître ou n'avoir qu'une intensité insuffisante.

3° Résistance des tôles au cisaillement

Le cisaillement des tôles tend à se produire si les parties hachurées présentent une section insuffisante suivant les lignes marquées *abcd* et *a'b'c'd'* à la figure 177.

a) *Calcul de la pince.*

On donne la dénomination de *pince* au métal compris entre le centre de la dernière rangée de rivets et le bord extrême d'un plat ; nous désignons ci-après sa longueur par p.

Il faut avoir, pour les tôles extérieures, pour lesquelles les rivets ne travaillent que par une section, sachant que R_s et R'_s sont respectivement les taux de travail au cisaillement des rivets et des tôles :

$$2 p e R'_s \geq \frac{\pi d^2}{4} R_s \cdot$$

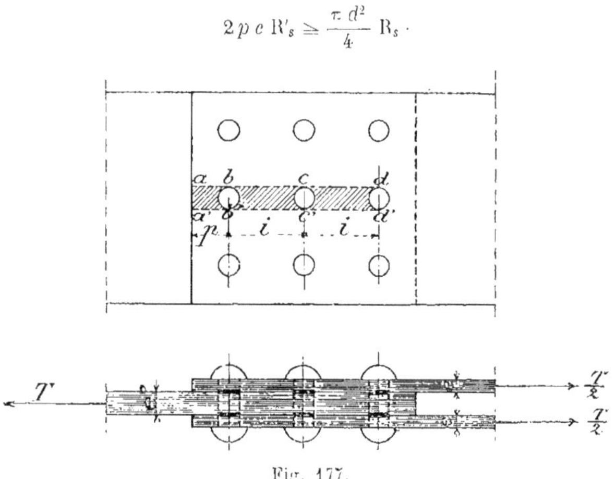

Fig. 177.

Si l'égalité est imposée entre R_s et R'_s, cette relation devient :

$$p \geq \frac{\pi}{8} \frac{d^2}{e} \cdot \qquad (259)$$

A la tôle centrale, où les rivets travaillent par 2 sections, il faut conséquemment avoir :

$$p \geq \frac{\pi}{4} \cdot \frac{d^2}{e} \cdot \qquad (260)$$

Application. — *Quelle est la longueur à donner à la pince, pour une tôle de 8 mm. d'épaisseur, percée de rivets de 20, les rivets étant cisaillés sur chacune des faces de la tôle.*

On a :

$$p = \frac{3,14}{4} \frac{20^2}{8} = 2,15 \times 22 = 39 \text{ mm.}$$

En pratique, on donne à la pince une longueur variant entre 35 et 50 mm.

b) *Calcul de l'intervalle.*

Mêmes formules que ci-dessus pour la pince, c'est-à-dire que la distance entre deux rivets consécutifs doit être égale ou supérieure à la longueur de la pince. L'application précédente montre qu'il doit toujours y avoir excès de métal aux intervalles, vu qu'il est de règle d'écarter les rivets à plus de 3 fois le diamètre.

4° Résistance des tôles a la traction ou a la compression

Le travail est maximum dans les sections passant par le centre des rivets. L'organe lui-même se trouvera toujours dans de bonnes conditions vu qu'il est de règle de le calculer en déduisant la matière perdue à la rivure.

Les couvre-joints doivent être vérifiés ; il importe d'avoir l'égalité entre leur section nette et la section nette de l'organe interrompu.

C. — CALCUL DES JOINTS D'UNE POUTRE

1° Joints d'ame

251. — La figure 178 montre la disposition d'un joint d'âme.

On rapplique, sur l'âme, deux tôles dont la section verticale

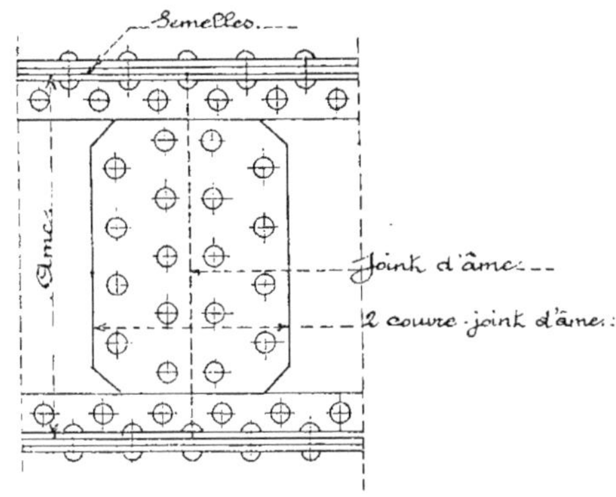

Fig. 178.

nette totale doit être égale ou supérieure à la section nette de l'âme.

Pour déterminer le nombre de rivets nécessaire, on opère comme suit :

Les rivets sont placés en rangées verticales à une distance en rapport avec leur diamètre, généralement à 90 ou 100 mm. d'axe en axe. Soient e l'épaisseur de l'âme, h, sa hauteur, et n, le nombre de rivets d'une rangée y compris les 2 rivets des cornières. La section nette de l'âme sera $(h\text{-}nd)\,e$. Le tableau n° 30 montre le nombre de sections de rivets donnant une résistance équivalente à celle de la section nette précitée. Il ne sera pas inutile de vérifier si les trous de l'âme ne sont pas soumis à une compression trop intense, auquel cas il y aura lieu de majorer le nombre ou le diamètre des rivets.

Application. — Soient $h = 0{,}60$; $e = 0{,}010$; $d = 0{,}020$ et supposons que l'on puisse placer 5 rivets entre les cornières sur une même rangée verticale.

La section nette de l'âme est $\{600 - (7 \times 21)\}\ 10 = 4\,530$ mm². Une lecture au tableau n° 30 montre qu'il faut 18 sections. Les rivets travaillant par deux sections, il faut 9 rivets de chaque côté du joint, ce qui donne l'agencement dessiné à la figure précitée.

Les couvre-joints devront avoir une épaisseur égale à

$$\frac{4530}{2 \times \{450 - (5 \times 21)\}} = 7 \text{ mm.}$$

Si nous tenons compte de la compression de la tige au passage de l'âme, nous trouvons, par application de la formule (258), que les rivets doivent être calculés avec un taux de cisaillement égal à $\frac{10}{20}$ R = 0,5 R au lieu de 0,8 R qui est le taux ayant servi de base à l'établissement du tableau n° 30. En conséquence, il faut un nombre de sections égal à $\frac{18 \times 0.8}{0{,}5} = 28{,}8$, soit 14 rivets de chaque côté du joint au lieu de 9, nombre trouvé précédemment.

2° Joints des cornières

Les joints des cornières ne se placent jamais dans une même section ; il est de règle de les alterner et, dans ces conditions, le calcul d'un joint est très long si l'on s'impose de ne faire emploi que de la quantité de métal et du nombre de rivets strictement nécessaires. En pratique, le calcul exact se fait rarement ; on se contente d'opérer comme suit :

On donne aux couvre-joints une section nette égale à la section nette d'une cornière et on les fixe par un nombre de rivets donnant, de chaque côté des joints, l'égalité de résistance par rapport à la section nette de la cornière.

Application. — Les cornières ont $90 \times 90 \times 10$ et les rivets ont 20 de diamètre. La section nette de la cornière est $(90 + 80 - 21)\ 10 = 1\,490$. Un couvre-joint de $80 \times 80 \times 12$ donne une section utile de $(80 + 68 - 21)\ 12 = 1\,524 > 1\,490$. Le tableau n° 30 montre qu'il faut 6 rivets de chaque côté du joint.

On a, dès lors, l'agencement représenté à la figure 179. Toutefois, remarquons que les rivets du joint d'âme ne sont pas

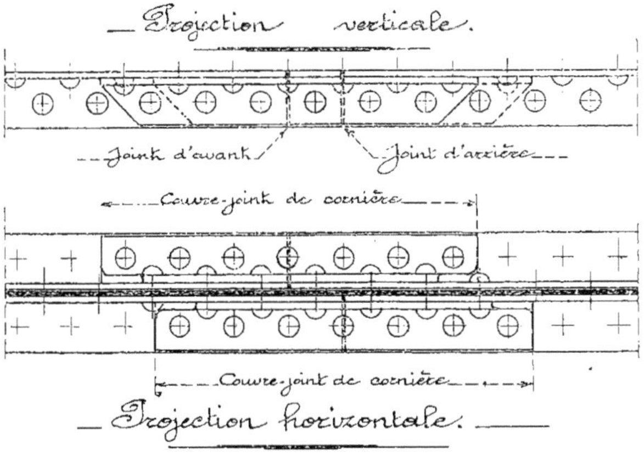

Fig. 179.

répartis uniformément sur toute la hauteur de l'âme, vu que la hauteur des couvre-joints est limitée à la hauteur libre entre cornières. Cette répartition est défectueuse, surtout si les semelles ont peu d'importance. Pour cette raison, il est conseillable d'ajouter aux couvre-joints des cornières deux rivets de chaque côté du joint. Il ne sera généralement pas nécessaire de renforcer les couvre-joints des cornières, car ces organes sont théoriquement trop résistants avec le mode de calculs indiqué ci-dessus, si, bien entendu, les joints des cornières d'une même membrure sont placés en quinconce.

Cette surlongueur des couvre-joints des cornières est aussi utile pendant le transport, car elle renforce les extrémités des semelles.

3° Joints des semelles

On peut avoir des joints de semelles *en escalier*, ou des joints *croisés ;* ces deux dispositions sont indiquées à la figure 180. Le second système a l'inconvénient de faire travailler la rivure par compression à un taux élevé. Nous ne considérons que le joint en escalier à un seul couvre-joint, les autres dispositions étant très rarement utilisées.

Il y a lieu d'observer les règles ci-après énumérées :

1° La section nette du couvre-joint sera égale à la section nette de la plus forte semelle ;

2° Entre deux joints consécutifs, la section totale des rivets

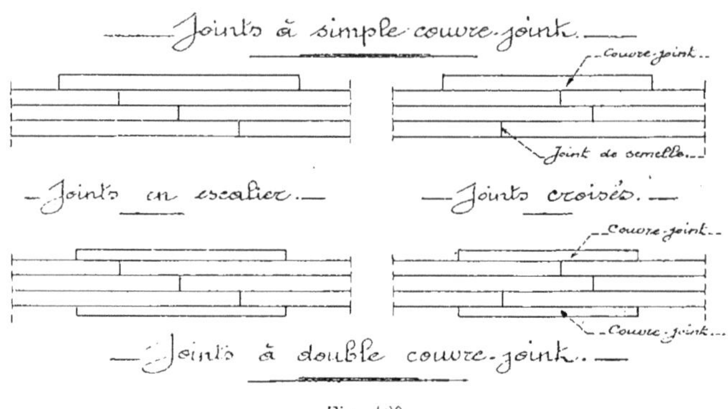

Fig. 180.

cisaillés doit correspondre aux cinq quarts de la section nette d'une semelle. Si les semelles ont des épaisseurs différentes, on répartit les joints comme il est indiqué à la figure 181, afin d'avoir

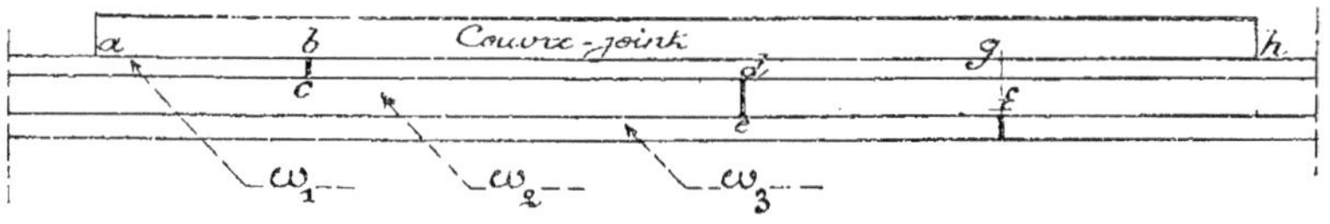

Fig. 181.

l'égalité de résistance entre les rivets *ab* et la section ω_1, entre les rivets *cd* et la section ω_2, entre les rivets *ef* et la section ω_3, etc.

3° D'un joint extrême à l'extrémité du couvre-joint, la section des rivets sera équivalente aux cinq quarts de la section nette interrompue au joint considéré.

Application. — Chaque membrure comprend 3 semelles de 350×10 avec rivets de 20. La section nette d'une semelle est de $\{350 - (2 \times 21)\} 10 = 3080$. Le couvre-joint aura 350×10 et le tableau n° 30 montre qu'il faut au moins 12 rivets entre deux joints consécutifs et aux extrémités du couvre-joint, ce qui donne l'agencement représenté à la figure 182.

D. — EMPLACEMENT RELATIF DES JOINTS

252. — Dans un même joint de montage, l'emplacement relatif des joints est réglé de façon à éviter les difficultés de montage. On

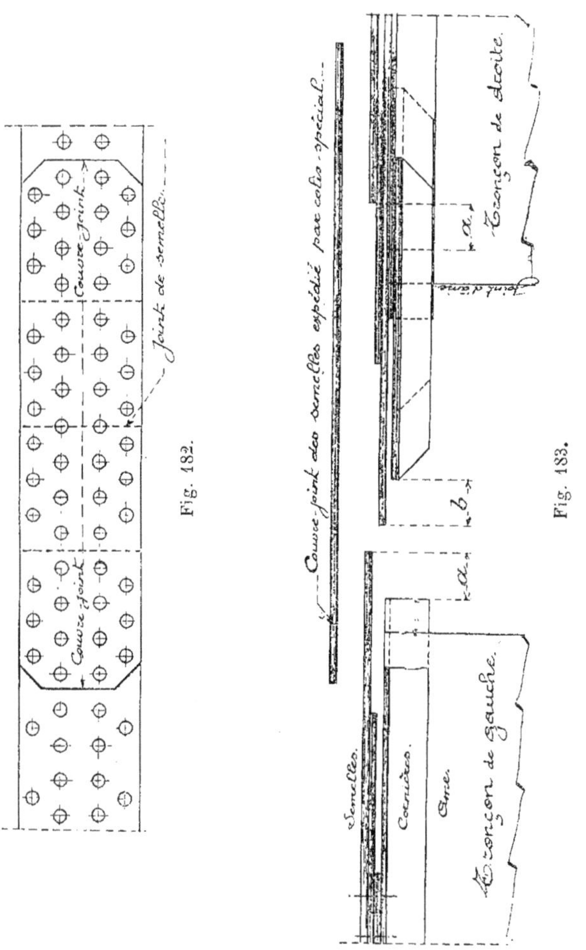

Fig. 182.

Fig. 183.

cherche aussi à renforcer les extrémités des semelles, lesquelles peuvent plier au cours du transport. Les couvre-joints des semelles formeront pour l'expédition un colis spécial. Supposons que les couvre-joints des cornières soient fixés par rivets définitifs et boulons provisoires, par exemple au tronçon de droite (v. fig. 183). Dès lors, il est conseillable de placer les joints des semelles par rapport à ceux des cornières de façon à ce que la distance *a* soit égale à la distance *b*, afin d'avoir, aux deux tronçons, l'égalité pour la saillie maximum des semelles sur la partie rigide de la poutre.

Le joint d'âme passe à égales distances des joints de cornières.

E. — DIMENSIONS ET POIDS DES BOULONS, RONDELLES ET GOUPILLES

253. — Le boulon comprend une *tige* cylindrique ou *corps*, une

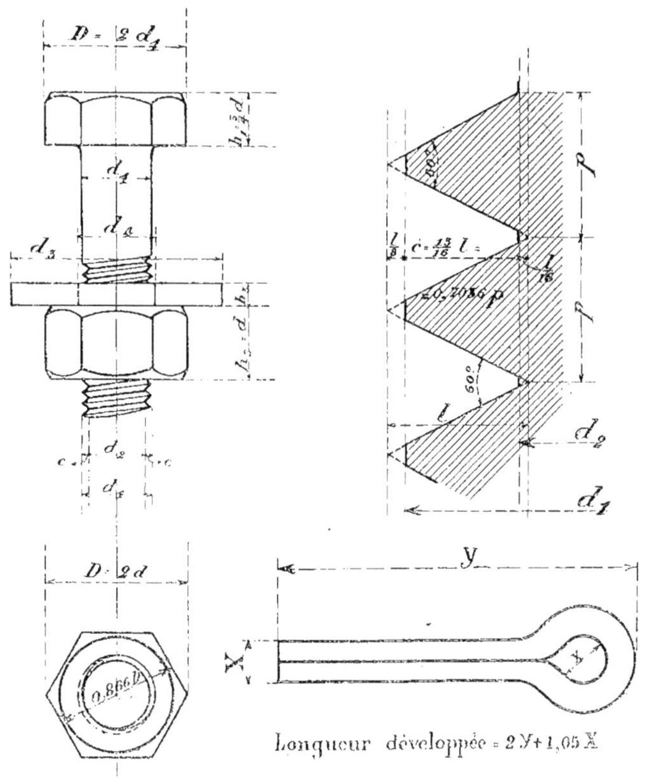

Fig. 184.

tête, une *partie filetée* et un *écrou*. Les boulons employés habituellement sont à tête et écrou hexagonaux et filetage triangulaire. Le filetage peut être à arêtes vives ou à angles arrondis.

La figure 184 et les tableaux n°s 32, 33 et 34, donnent les proportions et les poids des boulons, rondelles et goupilles.

Les dimensions des boulons sont proportionnelles au diamètre de la tige. Toutefois aux boulons de fort diamètre, il est de règle d'adopter un diamètre relativement plus faible pour le cercle circonscrit aux parties hexagonales.

Nous ferons remarquer que l'outillage dont dispose l'industrie donne à l'extérieur du filet un nombre exact de millimètres. Il suffirait, en théorie, d'une tige brute de même dimension pour obtenir un filet sain, mais comme les laminoirs ne peuvent garantir un diamètre mathématiquement exact et que, de plus, les barres ne sont pas toujours bien rondes et qu'elles peuvent être couvertes d'oxyde ou présenter des pailles, le fabricant commande généralement les barres destinées à la confection des boulons à tige brute avec une tolérance de 2/10 de mm. en plus au diamètre. Cette surépaisseur est facilement enlevée à l'opération du taraudage.

Aux boulons ordinaires (de charpentes, d'éclisses, etc.) on admet généralement une tolérance de 1/10e de mm. en plus ou en moins au diamètre de la partie filetée. S'il s'agit de boulons pour la mécanique, on peut exiger une précision rigoureuse moyennant une augmentation au prix unitaire.

Pour les boulons à placer au montage, et lorsque les trous destinés à les recevoir sont forés, le corps est tourné au diamètre du trou et le filet est exécuté avec un jeu minimum de 1 mm. Ce jeu facilite le montage et met le filet à l'abri des détériorations qui pourraient se produire au moment du placement.

Pour empêcher le desserrage de l'écrou, on fait emploi de goupilles ou de rondelles *Grover*, ou bien on se contente de mater l'extrémité saillante de la tige.

Dimensions des boulons, rondelles et goupilles (v. fig. 184 pour la signification des lettres.)

TABLEAU N° 32

d_1	d_2	d_3 sur bois.	d_3 sur fer.	d_4	D	h_1	h_2	h_3	p	c	X	Y	LONGUEUR développée de la goupille.	SECTION du corps.	SECTION utile au filetage.	d_1
6	4,592	18	15	6,5	12	4,5	6	2	1	0,704	2	19	40	28.3	17	6
8	6,240	24	20	8,5	16	6	8	3	1,25	0,880	2	19	40	50.3	31	8
10	7,890	30	24	10,5	20	7,5	10	3	1,5	1,055	3	26	55	78,5	49	10
12	9,538	36	29	12,5	24	9	12	4	1,75	1,231	3	26	55	113,1	71	12
14	11,186	42	33	14,5	28	10,5	14	4	2	1,407	4	32	68	153,9	98	14
16	13,186	48	38	17	32	12	16	5	2	1,407	4	38	80	201.0	136	16
18	14,482	54	43	19	36	13,5	18	5	2,5	1,759	5	45	95	254,5	165	18
20	16,482	60	48	21	40	15	20	5	2,5	1,759	5	45	100	314.2	213	20
22	18,482	66	52	23	44	16,5	22	5	2,5	1,759	6	50	106	380,1	268	22
24	19,778	72	56	25	48	18	24	6	3	2,111	6	55	116	452,4	307	24
26	21,778	78	60	27	52	19,5	26	6	3	2,111	7	59	125	530,9	373	26
28	23,778	84	64	29	56	21	28	6	3	2,111	7	64	135	615,8	444	28
30	25,074	90	68	32	60	22,5	30	6	3,5	2,463	8	71	150	706,9	494	30
36	30,372	108	80	38	72	27	36	7	4	2,814	9	82	173	1 017,9	725	36
40	34,372	120	88	42	80	30	40	7	4	2,814	10	90	191	1 256,6	928	40
46	39,668	129	92	48	80	34,5	46	7	4,5	3,166	12	105	223	1 661,9	1 235	46
50	42,964	135	96	52	90	37,5	50	7	5	3,518	14	115	245	1 963,5	1 450	50
56	48,260	135	100	58	90	42	56	7	5,5	3,870	16	130	277	2 463,0	1 829	56
60	52,260	—	125	62	100	45	60	8	5,5	3,870	18	145	309	2 827,4	2 145	60
70	61,556	—	140	72	115	52,5	70	8	6,0	4,222	20	165	351	3 848,5	2 976	70
80	70,150	—	160	82	130	60	80	8	7	4,925	22	180	383	5 026,6	3 866	80
90	79,444	—	185	92	150	67,5	90	8	7,5	5,278	24	200	425	6 361,7	4 956	90
100	88,742	—	210	102	170	75	100	8	8	5,629	26	220	467	7 854,0	6 185	100

POIDS DES BOULONS, RONDELLES ET GOUPILLES

La section transversale de l'écrou et de la tête a une surface égale à

$$6 \times \frac{D}{2} \times \frac{0{,}866\ D}{4} = 0{,}6495\ D^2.$$

Le poids de la tête ou de l'écrou, ce dernier supposé être massif, est égal à

$$\delta \times 0{,}6495\ D^2 \times h_{1\ ou\ 2} = 7\,830 \times 0{,}6495\ D^2 h_{1\ ou\ 2} = 5\,086\ D^2 h_{1\ ou\ 2}.$$

TABLEAU N° 33

(Les longueurs sont données en millimètres; les poids en grammes, par pièce, en supposant que la densité de l'acier soit 7 830 et en prenant comme base les dimensions du tableau n° 32).

DIAMÈTRE du corps.	POIDS du corps au mètre courant.	POIDS de la tête.	POIDS de l'écrou sans déduction du trou.	POIDS TOTAL de la tête et de l'écrou massif.	RONDELLE sur bois.	RONDELLE sur fer.	GOUPILLE
6	221	3,3	4,4	7,7	3,5	2,2	0,5
8	394	7,8	10,4	18,2	9,3	6,0	0,5
10	615	15,3	20,3	35,6	14,6	8,6	1,5
12	886	26,4	35,2	61,6	28,0	16,8	1,5
14	1 205	41,9	55,8	97,7	38,2	21,6	3,3
16	1 574	62,5	83,3	145,8	62,0	35,5	3,9
18	1 993	89,0	118,6	207,6	78,6	45,8	7,3
20	2 460	122	163	285	97,1	57,3	7,7
22	2 976	163	217	380	117,7	66,9	11,7
24	3 542	211	281	492	168,2	92,7	12,8
26	4 157	268	358	626	198	106	18,8
28	4 821	335	447	782	229	120	20,3
30	5 535	412	549	961	261	133	29,5
36	7 970	712	949	1 661	440	214	43,1
40	9 839	976	1 302	2 278	544	258	58,7
46	13 013	1 123	1 497	2 620	618	265	98,7
50	15 374	1 545	2 060	3 605	667	280	147,7
56	19 285	1 730	2 307	4 037	640	286	218,0
60	22 139	2 289	3 052	5 341	—	580	308,0
70	30 133	3 531	4 708	8 239	—	709	431,7
80	39 358	5 157	6 876	12 033	—	929	570,0
90	49 812	7 724	10 299	18 023	—	1 265	752,7
100	61 497	11 024	14 699	25 723	—	1 655	970,7

Poids d[...]

(Les poids sont donnés en g[...]

LONGUEUR du corps.	6	8	10	12	14	16	18	20	22	24
5	1,1	2,0	3,1	4,4	6,0	7,9	10,0	12,3	14,9	17,7
10	2,2	3,9	6,1	8,9	12,1	15,7	19,9	24,6	29,8	35,4
15	3,3	5,9	9,2	13,3	18,1	23,6	29,9	36,9	44,6	53,1
20	4,4	7,9	12,3	17,7	24,1	31,5	39,9	49,2	59,5	70,8
25	5,5	9,8	15,4	22,1	30,1	39,4	49,8	61,5	74,4	88,6
30	6,6	11,8	18,4	26,6	36,2	47,2	59,8	73,8	89,3	106,3
35	7,7	13,8	21,5	31,0	42,2	55,1	69,7	86,1	104,2	124,0
40	8,9	15,7	24,6	35,4	48,2	63,0	79,7	98,4	119,1	141,7
45	10,0	17,7	27,7	39,9	54,2	70,8	89,7	110,7	133,9	159,4
50	11,1	19,7	30,7	44,3	60,3	78,7	99,6	123,0	148,8	177,1
55	12,2	21,6	33,8	48,7	66,3	85,6	109,6	135,3	163,7	194,8
60	13,3	23,6	36,9	53,1	72,3	94,5	119,6	147,6	178,6	212,5
65	14,4	25,6	40,0	57,6	78,3	102,3	129,5	159,9	193,5	230,2
70	15,5	27,6	43,0	62,0	84,4	110,2	139,5	172,2	208,3	248,0
75	16,6	29,5	46,1	66,4	90,4	118,1	149,4	184,5	223,2	265,7
80	17,7	31,5	49,2	70,8	96,4	125,9	159,4	196,8	238,1	283,4
85	18,8	33,5	52,3	75,3	102,5	133,8	169,4	209,1	253,0	301,1
90	19,9	35,4	55,3	79,7	108,5	141,7	179,3	221,4	267,9	318,8
95	21,0	37,4	58,4	84,1	114,5	149,6	189,3	233,7	282,8	336,5
100	22,1	39,4	61,5	88,6	120,5	157,4	199,3	246,0	297,6	354,2
110	24,3	43,3	67,6	97,4	132,6	173,2	219,2	270,6	327,4	389,6
120	26,6	47,2	73,8	106,3	144,6	188,9	239,1	295,2	357,2	425,1
130	28,8	51,2	79,9	115,1	156,7	204,7	259,0	319,8	386,9	460,5
140	31,0	55,1	86,1	124,0	168,7	220,4	279,0	344,4	416,7	495,9
150	33,2	59,0	92,2	132,8	180,8	236,1	298,9	369,0	446,5	531,3
160	35,4	63,0	98,4	141,7	192,9	251,9	318,8	393,6	476,2	566,8
170	37,6	66,9	104,5	150,5	204,9	267,6	338,7	418,2	506,0	602,2
180	39,8	70,8	110,7	159,4	217,0	283,4	358,7	442,8	535,8	637,6
190	42,1	74,8	116,8	168,3	229,0	299,1	378,6	467,4	565,5	673,0
200	44,3	78,7	123,0	177,1	241,1	314,9	398,5	492,0	595,3	708,4

ULON

ensions en millimètres.)

?s												LONGUEUR du corps.
	30	36	40	46	50	56	60	70	80	90	100	
1	27,7	39,9	49,2	65	77	96	111	151	197	249	307	5
2	55,3	79,7	98,4	130	154	193	221	301	394	498	615	10
3	83,0	119,6	147,6	195	231	289	332	452	590	747	922	15
4	110,7	159,4	196,8	260	307	386	443	603	787	996	1 230	20
5	138,4	199,3	246,0	325	384	482	553	753	984	1 245	1 537	25
6	166,0	239,1	295,2	390	461	579	664	904	1 181	1 494	1 845	30
7	193,7	279,0	344,4	455	538	675	775	1 055	1 378	1 743	2 152	35
9	221,4	318,8	393,6	521	615	771	886	1 205	1 574	1 992	2 460	40
0	249,1	358,7	442,8	586	692	868	996	1 356	1 771	2 242	2 767	45
1	276,7	398,5	492,0	651	769	964	1 107	1 507	1 968	2 491	3 075	50
2	304,4	438,4	541,2	716	846	1 061	1 218	1 657	2 165	2 740	3 382	55
3	332,1	478,2	590,4	781	922	1 157	1 328	1 808	2 361	2 989	3 690	60
4	359,8	518,1	639,6	846	999	1 254	1 439	1 959	2 558	3 238	3 997	65
5	387,4	557,9	688,8	911	1 076	1 350	1 550	2 109	2 755	3 487	4 305	70
6	415,1	597,8	738,0	976	1 153	1 446	1 660	2 260	2 952	3 736	4 612	75
7	442,8	637,6	787,2	1 041	1 230	1 543	1 771	2 411	3 149	3 985	4 920	80
8	470,5	677,5	836,4	1 106	1 307	1 639	1 882	2 561	3 345	4 234	5 227	85
0	498,1	717,3	885,6	1 171	1 384	1 736	1 992	2 712	3 542	4 483	5 535	90
0	525,8	757,2	934,8	1 236	1 461	1 832	2 103	2 863	3 739	4 732	5 842	95
1	553,5	797,0	983,9	1 301	1 537	1 929	2 214	3 013	3 936	4 981	6 150	100
3	608,8	876,7	1 082	1 431	1 691	2 121	2 435	3 315	4 329	5 479	6 765	110
5	664,2	956,4	1 181	1 562	1 845	2 314	2 657	3 616	4 723	5 977	7 380	120
8	719,5	1 036	1 279	1 692	1 999	2 507	2 878	3 917	5 117	6 476	7 995	130
0	774,9	1 116	1 378	1 822	2 152	2 700	3 099	4 219	5 510	6 974	8 610	140
2	830,2	1 196	1 476	1 952	2 306	2 893	3 321	4 520	5 904	7 172	9 224	150
4	885,6	1 275	1 574	2 082	2 460	3 086	3 542	4 821	6 297	7 970	9 839	160
5	940,9	1 355	1 673	2 212	2 614	3 279	3 764	5 123	6 691	8 468	10 454	170
5	996,2	1 435	1 771	2 342	2 767	3 471	3 985	5 424	7 084	8 966	11 069	180
1	1 052	1 514	1 870	2 472	2 921	3 664	4 206	5 725	7 478	9 464	11 684	190
3	1 107	1 594	1 968	2 603	3 075	3 857	4 428	6 027	7 872	9 962	12 299	200

DOUZIÈME PARTIE

CHAPITRE PREMIER

RÈGLEMENTS MINISTÉRIELS FRANÇAIS RELATIFS AUX CALCULS DES PONTS MÉTALLIQUES

Les calculs des ponts métalliques sont réglementés, en France, par la circulaire du ministre des Travaux publics du 29 août 1891 et par la circulaire du ministre de l'Intérieur du 21 mai 1892.

Nous donnons ci-dessous le texte complet de ces circulaires qui s'appliquent aux ponts-rails, aux ponts-routes et aux ponts-canaux.

MINISTÈRE
DES
TRAVAUX PUBLICS

—

REVISION
DE LA
CIRCULAIRE MINISTÉRIELLE
DU 9 JUILLET 1877

—

NOUVEAU RÈGLEMENT
RELATIF AUX ÉPREUVES
DES PONTS MÉTALLIQUES

—

INSTRUCTION
POUR L'APPLICATION
DU RÈGLEMENT

—

CIRCULAIRE N° 4

RÉPUBLIQUE FRANÇAISE

Paris, le 29 août 1891.

MONSIEUR LE PRÉFET,

Une circulaire ministérielle du 9 juillet 1877 a déterminé les épreuves à faire subir aux ponts métalliques supportant les voies de chemins de fer ainsi qu'à ceux établis pour le passage des voies de terre.

L'art des constructions métalliques ayant subi depuis lors des changements importants, l'un de mes prédécesseurs a chargé une commission spéciale, composée d'inspecteurs généraux et d'ingénieurs des ponts et chaussées, de rechercher les modifications qu'il pourrait y avoir lieu d'apporter aux prescriptions de la circulaire précitée.

Sur le rapport de cette commission, et après une discussion approfondie, le Conseil général des ponts et chaussées a adopté un projet de règlement déterminant les conditions auxquelles devront désormais satisfaire les ponts métalliques.

Conformément aux propositions du Conseil, j'ai approuvé le règlement dont il s'agit qui est annexé à la présente circulaire.

Les instructions suivantes sont destinées à en indiquer le but et à en faciliter l'application.

CHAPITRE PREMIER

Ponts supportant des voies de fer.

I. — Voies de largeur normale

Article premier. — L'adoption d'un train-type a pour objet d'uniformiser les conditions d'établissement des ponts métalliques et de mettre leur résistance en rapport avec les plus fortes charges qui soient actuellement appelées à circuler sur les chemins de fer français. C'est ce train qui devra servir de base aux calculs. Toutefois, il y aura lieu de substituer aux machines et wagons-types les machines et wagons en service sur le réseau auquel appartiendra l'ouvrage à construire, dans les cas exceptionnels où il résultera de cette substitution une augmentation des efforts supportés par les différentes pièces de l'ouvrage.

Art. 2. — Les coefficients du travail de la fonte sont fixés surtout en vue de la vérification des efforts supportés par les ouvrages existants ; pour les constructions neuves, l'emploi de ce métal, lorsqu'il sera exposé à travailler à l'extension, ne devra être admis que dans des cas tout à fait exceptionnels.

Les règles fixées pour le fer et l'acier ont été établies de façon à réduire d'une manière générale les limites du travail du métal en raison des variations du sens et de la grandeur des efforts qu'il est appelé à supporter ; mais elles ne tiennent pas compte des différences qui peuvent se produire, à ce point de vue, entre les divers points des plates-bandes d'une même poutre, et qui, eu égard aux règles habituellement suivies pour les constructions métalliques, ne peuvent entraîner des inégalités de résistance inquiétantes.

Il appartiendra d'ailleurs aux ingénieurs, lorsqu'ils le jugeront utile, de déterminer ces différences par une analyse détaillée et de faire varier en conséquence les limites du travail du métal. Pour fixer ces limites, ils pourront faire usage des formules suivantes, dont les résultats sont suffisamment d'accord avec les données de la pratique :

1° Lorsque les efforts correspondant pour la même pièce aux différentes positions des surcharges seront toujours de même sens (extension ou compression) :

Pour le fer . . . . $6 \text{ kg.} + 3 \text{ kg.} \frac{A}{B}$

Pour l'acier . . . . $8 \text{ kg.} + 4 \text{ kg.} \frac{A}{B}$

(A représentant le plus petit et B le plus grand des efforts auxquels la pièce est exposée.)

2° Lorsque le sens des efforts totaux correspondant pour la même pièce aux différentes positions de la surcharge, variera selon ses positions (extension et compression alternatives) :

Pour le fer. . . . . 6 kg. — 3 kg. $\frac{C}{B}$

Pour l'acier . . . . 8 kg. — 4 kg. $\frac{C}{B}$

(B représentant le plus grand en valeur absolue des efforts supportés par la pièce et C le plus grand des efforts en sens contraire.)

Ces formules sont données à titre de simple indication et ne limitent en rien l'initiative des ingénieurs qui pourront employer telle méthode qu'ils jugeront convenable.

Les coefficients fixés à l'article 2 ne sont applicables aux pièces comprimées directement que lorsque celles-ci seront assez courtes pour qu'il n'y ait pas lieu de les renforcer en vue d'éviter qu'elles puissent fléchir sous l'action de la charge. Dans le cas contraire, on devra tenir compte des prescriptions de l'article 6 et diminuer, en conséquence, le travail du métal.

Les ingénieurs ne perdront pas de vue les efforts supplémentaires qui pourront résulter de la répartition dissymétrique des charges, notamment dans les ponts biais et dans ceux sur lesquels la voie est en courbe.

L'évaluation des sections nettes et, par suite, le calcul définitif des efforts supportés par les différentes pièces, doivent être faits seulement lorsque la position des joints des tôles aura été arrêtée et après la détermination du nombre, du diamètre et de la position des rivets.

Le soin de déterminer le rapport entre le diamètre des rivets et l'épaisseur des pièces à assembler est laissé aux ingénieurs, qui se guideront d'après les données de la pratique.

Art. 3. — Il n'a pas paru nécessaire de déterminer la qualité de la fonte à laquelle correspondent les coefficients fixés à l'article 2 ; cette détermination est, au contraire, indispensable pour l'acier dont les propriétés peuvent varier dans des limites très étendues, et même pour le fer dont la résistance, et surtout la ductilité, sont parfois insuffisantes pour inspirer une sécurité complète. Les qualités définies par le règlement sont celles des métaux dont l'emploi peut être considéré comme normal dans la construction des ponts ; mais, notamment en ce qui concerne l'acier, le choix qui en a été fait pour fixer les coefficients usuels, n'est pas un obstacle à l'emploi d'un métal de qualité différente dans le cas où il sera justifié. Dans l'état actuel de la métallurgie, il est possible d'élever jusqu'à 55 kilogrammes la résistance de l'acier avec un allongement de 19 p. 100, sans qu'il cesse de remplir les conditions nécessaires pour la construction des ponts, et l'augmentation de la résistance permet d'élever proportionnellement la limite des efforts normaux par millimètre carré. Mais, à mesure que la dureté de l'acier augmente, des précautions plus minutieuses sont nécessaires dans la fabrication pour que son emploi soit exempt de tout danger, et la rédaction des projets est d'autant plus délicate qu'on adopte des coefficients de travail plus élevés ; aussi l'Administration se réserve-t-elle de n'autoriser de dérogation à la règle générale que dans les cas où elles seront justifiées par l'importance de l'ouvrage et lorsque les conditions dans lesquelles celui-ci devra être construit, offriront des garanties suffisantes au point de vue de l'exécution.

Les cahiers des charges devront, dans tous les cas, renfermer l'énumération des conditions nécessaires pour assurer l'emploi des matériaux de bonne qualité et l'exécution des travaux selon les règles de l'art. Le but de l'article 3 est de définir les qualités du métal auxquelles correspondent les coefficients indiqués à l'article 2, et d'éviter les dangers que l'emploi de l'acier a quelquefois présentés ; ses prescriptions ne sauraient être considérées comme suffisantes pour empêcher les malfaçons aussi bien dans la fabrication du métal que dans sa mise en œuvre.

Art. 4. — Les poids, les dimensions et le groupement des machines, tenders et wagons définis à l'article 4 ont été choisis de manière à donner au train-type une composition qui se rapproche, autant que possible, de celle des trains les plus lourds, formés avec le matériel actuellement en service sur les principaux réseaux.

Les efforts que les ponts auront à supporter normalement ne dépasseront donc pas, en général, ceux qui correspondront au passage du train-type, ils pourront leur être supérieurs si les machines et tenders sont groupés différemment, ou s'il existe dans le train des wagons vides ; mais l'augmentation de travail du métal qui en résultera, n'atteindra jamais un kilogramme par millimètre carré et les coefficients fixés par l'article 2 ont été établis de manière à permettre sans danger, dans cette limite, une augmentation exceptionnelle des efforts. On pourra donc se borner à faire les calculs au moyen du train-type, sous la réserve énoncée ci-dessus à propos de l'article premier.

L'Administration entend laisser aux ingénieurs une entière liberté en ce qui concerne le choix des méthodes employées pour faire les calculs ; la seule obligation qu'elle leur impose est de déterminer avec une exactitude suffisante la limite des efforts supportés par chacune des pièces qui composent l'ouvrage dans les conditions définies par l'article 4. Ainsi on pourra, si on le juge utile, faire usage pour le calcul des moments fléchissants, *ainsi que pour celui des efforts tranchants, de surcharges virtuelles uniformément réparties, sauf à justifier que ces surcharges produisent des efforts supérieurs ou au moins égaux à ceux qui seraient déterminés en chaque point par le passage du train-type.*

Quelle que soit la méthode employée, les résultats des calculs devront être groupés dans des épures, de manière à faire ressortir la loi des variations des efforts dans les différentes pièces de l'ouvrage et à faciliter les vérifications.

Art. 5. — Les pressions maxima dues à l'effort du vent, qui sont fixées par l'article 5, sont celles qui sont généralement admises par les constructeurs ; elles sont suffisantes pour donner toute sécurité dans les conditions ordinaires. Il appartiendra aux ingénieurs de proposer l'adoption de pressions plus fortes pour les ouvrages qui seront à construire à une grande hauteur ou dans le voisinage de la mer ; ils pourront, au contraire, pour les ponts convenablement abrités, tenir compte de la diminution de l'intensité du vent qui résultera des circonstances locales. Ils auront également à déterminer, d'après le mode de construction des supports et le système d'attache des sommiers et des palées aux maçonneries, quelle est la limite à partir de laquelle les efforts de glissement transversal et de renversement des tabliers et des piles métalliques devront être considérés comme dangereux.

Il y aura lieu de calculer, pour les grands ouvrages, non seulement les efforts horizontaux, mais aussi l'augmentation des efforts verticaux qui peut résulter, pour certaines pièces, de l'inégale répartition des charges entre les deux files de rails sous l'action du vent.

Art. 6. — Les vérifications relatives au flambage devront être faites pour la fonte comme pour le fer et l'acier.

Lorsqu'on aura recours à des formules de la forme $R' = KR$, dans lesquelles R' représente le coefficient de travail à adopter pour la pièce considérée, et R le coefficient de travail correspondant à une longueur très petite, on prendra uniformément pour R, dans les pièces soumises à des efforts de sens variables, 6 kilogrammes pour le fer et 8 kilogrammes pour l'acier; on substituera la valeur ainsi trouvée pour R' au coefficient calculé au moyen des règles fixées à l'article 2, s'il en résulte une augmentation de la section de la pièce considérée, à moins que l'on ne modifie la forme des pièces ou leur disposition, de manière à accroître la résistance au flambage.

Art. 7. — Dans le calcul des flèches, on *pourra* faire entrer les poids et les dimensions des machines et wagons *du train d'épreuve, au lieu des éléments similaires du train-type, mais seulement dans le cas où la composition du train d'épreuve pourrait être établie à l'avance avec une entière certitude.*

Art. 8. — La limite des efforts que les tabliers métalliques peuvent subir sans danger pendant le lançage est laissée à l'appréciation des ingénieurs ; cette limite peut, en effet, varier selon la constitution des ouvrages et selon les conditions dans lesquelles ils seront mis en place. La présence de montants verticaux, dans les poutres à treillis ou à croix de Saint-André, les moyens employés pour consolider les parties faibles, la durée du lançage, etc., sont autant d'éléments dont il y a lieu de tenir compte et que les ingénieurs auront à examiner avant d'arrêter leurs propositions.

Art. 9. — Les longueurs des trains d'épreuve *et leurs positions* ne sont fixées que pour les ponts à poutres droites et les ponts en arcs. Pour les *ponts de types exceptionnels*, les ingénieurs auront à déterminer, dans chaque cas, la longueur du train la plus convenable pour produire sur les principales pièces des efforts aussi rapprochés que possible de ceux qui auront été donnés par le calcul.

Les positions à donner aux trains d'épreuves seront déterminées d'après la portée et la constitution des poutres ; elles seront, dans tous les cas, choisies de manière à produire les plus grands efforts, non seulement sur les plates-bandes [1], mais sur les treillis.

L'épreuve par poids roulant à la vitesse de 40 kilomètres devra être supprimée lorsque les circonstances locales (voisinage de plaques tournantes dans une gare, insuffisance du rayon des courbes, etc.) l'exigeront.

On devra prendre les dispositions nécessaires pour que les flèches puissent

[1] Les plates-bandes sont aussi désignées sous les noms de bandes, semelles, tables, membrures, cordes ou brides.

être mesurées et vérifiées à toute époque, dans des conditions satisfaisantes de précision ; on établira, au besoin, des plates-formes spéciales pour faciliter les opérations de nivellement ; on placera des repères fixes, non seulement sur les piles et culées lorsqu'elles seront exposées à des tassements, mais en dehors de l'ouvrage ; enfin, lorsqu'il y aura lieu, on devra faire subir aux flèches observées les corrections nécessaires pour tenir compte de l'influence variable de la température sur les arcs, et on s'efforcera d'éliminer, dans les poutres droites, les erreurs résultant de la différence de dilatation entre les bandes supérieure et inférieure. On évitera à cet effet, de prolonger chacune des épreuves au delà du temps nécessaire pour que les déformations normales puissent se produire, et on choisira, de préférence, les premières heures du jour ou un temps couvert pour faire les nivellements destinés à la mesure des flèches permanentes.

Les niveaux des points les plus bas, au milieu et aux extrémités de chaque pont, pourront être relevés directement, pourvu qu'ils soient rattachés, par une mesure facile à effectuer sans erreur, à ceux des points qu'on aura choisis comme intermédiaires.

On mesurera séparément la flèche de chaque poutre, et pour les grandes portées, notamment lorsque les semelles ne seront pas parallèles, on mesurera les abaissements de points intermédiaires entre le milieu de la travée et chaque appui.

Le rapport à l'appui du procès-verbal des épreuves fournira la comparaison des flèches observées avec celles *données par le calcul.*

A cet effet le calcul des flèches sous l'action du train d'épreuve devra toujours être annexé au procès-verbal d'épreuve. Ce procès-verbal sera classé dans un dossier destiné à recevoir aussi les résultats des constatations ultérieures.

Les épreuves réglementaires ne doivent pas dispenser d'une surveillance attentive des ponts pendant les premiers mois qui suivent leur mise en service, notamment en ce qui concerne le jeu des appareils de dilatation et, pour les poutres à travées solidaires, l'invariabilité du niveau des appuis.

Art. 10. — Les prescriptions de l'article 10 s'appliquent à la fois à la disposition des fers et aux installations spéciales destinées à donner un accès facile aux différentes parties de la construction ; on devra chercher à rendre les principales pièces accessibles sans échafaudages spéciaux et sans qu'il soit nécessaire de circuler le long des poutres dans des conditions dangereuses.

Art. 11. — Le contour fixé par l'article 11 a été déterminé en vue de réserver aux goussets, consoles, etc., un espace aussi grand que possible, sans que les ponts métalliques présentent au passage des trains des obstacles plus rapprochés de la voie que les autres ouvrages d'art ; on devra, en outre, tenir compte, dans l'étude des projets, de la nécessité de ménager aux agents circulant à pied sur la voie les moyens de se garer d'une manière facile et sûre.

Art. 12. — La réserve formulée dans l'article 12 n'a pas pour but de limiter les poids des machines ; mais elle empêchera que les ouvrages soient exposés à recevoir des surcharges en vue desquelles ils n'auront pas été calculés, sans qu'on ait déterminé, au préalable, le maximum des efforts qu'elles imposeraient au métal.

II. — Voies étroites

Art. 13. — Sauf en ce qui concerne les poids et les dimensions des machines et des wagons, les épreuves par poids roulant et le contour intérieur limite, les conditions imposées pour la construction des ponts métalliques sont les mêmes pour les lignes à voies étroites que pour les lignes à voie normale, tant que la largeur de la voie ne descend pas au-dessous de un mètre.

Art. 14. — Pour les ouvrages destinés à supporter des voies de largeur inférieure à un mètre, les conditions seront déterminées dans chaque cas particulier ; on ne perdra pas de vue, dans les propositions à faire à ce sujet, que la diminution de largeur de la voie ne saurait être un motif pour restreindre les garanties de sécurité et que si les règles posées précédemment à ce sujet peuvent être atténuées, c'est seulement dans le cas où il s'agira de lignes industrielles destinées exclusivement au transport des marchandises.

CHAPITRE II

Ponts supportant des voies de terre.

Art. 15. — Les prescriptions de l'article 15 sont applicables à tous les ponts métalliques pour voie de terre destinés à supporter le passage des voitures.

Art. 16. — Les conditions fixées pour les efforts à faire supporter aux différentes pièces sont les mêmes que celles qui sont relatives aux ponts supportant des voies de fer.

Art. 17. — Les bases fixées pour les calculs par l'article 17 ont été établies seulement en vue de la circulation normale sur les routes. Lorsqu'un pont pourra être appelé à recevoir des chargements exceptionnels tels que ceux qui sont nécessités par certains transports industriels ou militaires, il y aura lieu d'en tenir compte dans les calculs. De même, dans le cas où une voie de fer comportant l'emploi de locomotives ou de machines d'un poids équivalent devra être établie sur la route, on appliquera les prescriptions des articles 13 et 14.

Lorsque les ingénieurs seront amenés à proposer l'adoption de surcharges inférieures aux surcharges réglementaires, ils devront tenir compte de la possibilité de la rectification des routes dans la région, de l'amélioration progressive des moyens de transport, de l'extension croissante de l'emploi des rouleaux compresseurs à vapeur, etc.

Art. 18. — Les observations faites précédemment au sujet des articles 5, 6, 7, 8 et 10 sont applicables aux ponts métalliques pour voies de terre.

Art. 19. — *Les épreuves par poids mort sont définies d'une manière précise dans l'article 19 du règlement pour tous les ponts d'un type courant.*

Pour les ponts d'un type exceptionnel, les ingénieurs auront à se rendre compte, lors de la rédaction des projets, de la longueur des surcharges d'épreuves et des emplacements qu'elles doivent successivement occuper en vue de développer les efforts maxima dans les différents organes de la construction. Ils indiqueront dans un article du cahier des charges les dispositions qui leur paraîtront devoir être prescrites, tant pour les épreuves par poids mort que pour les épreuves par poids roulant.

La faculté qui est donnée de remplacer par un poids mort de 400 kilogrammes par mètre carré sur la moitié de la largeur de la chaussée une ou plusieurs files de voitures dans l'épreuve par poids roulant ne fait pas obstacle à ce que ladite épreuve soit faite exclusivement par poids roulant, si on n'éprouve pas de difficulté sérieuse à réunir le nombre de véhicules convenable pour couvrir toute la largeur de la chaussée sur la longueur voulue.

CHAPITRE III

Ponts-canaux.

Art. 20. — La hauteur de 0,30 m. d'eau au-dessus du mouillage normal devra être augmentée, pour le calcul des ponts, dans les cas exceptionnels où, pour une raison quelconque, il y aurait lieu de prévoir des variations plus étendues du niveau de l'eau dans le bief.

Art. 21. — Dans le cas où certaines pièces seraient, par leur position, exposées particulièrement à être oxydées, leur épaisseur devrait être augmentée en conséquence.

Art. 22. — Les observations relatives aux articles 5, 6, 8 et 10 sont applicables aux ponts-canaux métalliques.

Art. 23. — On devra tenir compte, en ce qui concerne le calcul des flèches, de la réserve faite plus haut relative aux cas exceptionnels dans lesquels il y aurait lieu de prévoir une surélévation de l'eau supérieure à 0,30 m.

Art. 24. — Les observations relatives à l'article 9 concernant la mesure des flèches permanentes, la pose des repères, etc..., sont applicables aux ponts-canaux.

Je vous prie, Monsieur le Préfet, etc.

Revision de la circulaire ministérielle du 9 juillet 1877 sur les ponts métalliques.

RÈGLEMENT

CHAPITRE PREMIER

Ponts supportant des voies de fer.

I. — Voies de largeur normale

Article premier. *Conditions à remplir.* — Les ponts à travées métalliques qui portent des voies de fer de largeur normale, devront être en état de livrer passage aux trains autorisés à circuler sur le réseau auquel ils appartiennent et, en outre, au train-type défini à l'article 4 ci-dessous.

ART. 2. *Limites du travail du métal.* — Les dimensions des différentes pièces des ponts seront calculées de telle sorte que, dans la position la plus défavorable des trains désignés à l'article premier et en tenant compte de la charge permanente ainsi que des efforts accessoires tels que ceux qui peuvent être produits par les variations de température, le travail [1] du métal par millimètre carré de section nette, c'est-à-dire déduction faite des trous de rivets ou de boulons, ne dépasse pas les limites indiquées ci-dessous :

I. Pour la fonte supportant un effort d'extension directe . . . . 1,50 kg.
Pour la fonte travaillant à l'extension dans des pièces soumises à des efforts tendant à les faire fléchir . . . . 2,50 kg.
Pour la fonte supportant un effort de compression 6.00 kg.

II. Pour le fer et l'acier travaillant à l'extension, à la compression ou à la flexion, les limites exprimées en kilogrammes par millimètre carré de section seront fixées aux valeurs suivantes :

Pour le fer . . . . 6,50 kg.
Pour l'acier . . . . 8,50 kg.

Toutefois ces limites seront abaissées respectivement :

A 5,50 kg. pour le fer et à 7,50 kg. pour l'acier dans les pièces de pont, longerons et entretoises sous rail.

A 4 kg. pour le fer et à 6 kg. pour l'acier, pour les barres de treillis et autres pièces exposées à des efforts alternatifs d'extension et de compression ; ces dernières limites pourront néanmoins être rapprochées des précédentes pour les pièces qui seront soumises à de faibles variations de ces efforts.

Dans l'établissement du projet des ouvrages métalliques d'une ouverture supérieure à 30 mètres, les ingénieurs pourront appliquer au calcul des fermes principales des limites supérieures à celles qui ont été fixées plus haut, sans jamais dépasser :

Pour le fer . . . . 8,50 kg.
Pour l'acier . . . . 11,50 kg.

Ils devront justifier, dans chaque cas particulier, les diverses limites dont ils auront cru devoir faire usage.

Lorsque des fers laminés dans un seul sens seront soumis à des efforts de traction perpendiculaire au sens du laminage, les coefficients seront réduits d'un tiers dans les calculs relatifs à ces efforts.

Les coefficients concernant l'acier ne subiront pas cette réduction.

[1] Le mot « travail » est entendu, non dans le sens scientifique, mais dans le sens d'effort imposé au métal par unité de surface, qui lui est donné dans la pratique des constructions.

On appliquera aux efforts de cisaillement et de glissement longitudinal les mêmes limites qu'aux efforts d'extension et de compression, mais en leur faisant subir une réduction d'un cinquième, étant entendu que les pièces auront les dimensions nécessaires pour résister au voilement ; pour le fer laminé dans un seul sens, on fera subir à ces coefficients une réduction d'un tiers, lorsque l'effort tendra à séparer les fibres métalliques.

Le nombre et les dimensions des rivets seront calculés de telle sorte que le travail de cisaillement du métal ne dépasse pas les quatre cinquièmes de la limite qui aura été admise pour la plus faible des pièces à assembler et que le travail d'arrachement des têtes, s'il s'en produit, ne dépasse pas 3 kilogrammes par millimètre carré en sus de l'effort résultant du serrage.

III. Les calculs justificatifs de la rivure seront toujours fournis à l'appui des projets en même temps que les calculs des dimensions des diverses pièces.

Il en sera de même des calculs des assemblages par boulons dans les ponts en fonte.

Art. 3. *Qualités du fer et de l'acier auxquelles correspondent les limites de travail du métal fixées par l'article 2.* — Les coefficients de travail du métal fixés ci-dessus pour le fer et l'acier correspondent aux qualités définies par les conditions suivantes :

DÉSIGNATION	ALLONGEMENT minimum de rupture mesuré sur des éprouvettes de 200^{mm}. de longueur.	RÉSISTANCE minimum à la traction par $^{mm^2}$ mesurée sur des éprouvettes de 200^{mm}. de longueur.
Fer laminé — Fer profilé et plat (dans le sens du laminage)	8 p. 100	32 kg.
Fer laminé — Tôle — dans le sens du laminage.	8 —	32 —
Fer laminé — Tôle — dans le sens perpendiculaire au laminage.	3.5 —	28 —
Acier laminé	22 —	42 —
Rivets en fer	16 —	36 —
Rivets en acier	28 —	38 —

Les cahiers des charges fixeront pour l'acier le minimum et le maximum entre lesquels devra être compris le rapport de la limite pratique d'élasticité à la résistance à la rupture. Le minimum ne devra pas être inférieur à 1/2 et le maximum ne devra pas dépasser 2/3.

Des coefficients de travail plus élevés pourront être autorisés par l'Administration pour des métaux de qualités différentes, si des justifications suffisantes sont produites.

On ne tolérera dans aucun cas l'emploi d'aciers fragiles et on s'assurera fréquemment, pendant la construction, de la qualité du métal à ce point de vue, au moyen d'essais de trempe et d'expériences faites en pliant des barres percées de trous au poinçon. Les cahiers des charges devront renfermer des prescriptions détaillées à cet égard sans préjudice des autres conditions relatives aux qualités du métal.

Dans tous les cas, lorsqu'on emploiera l'acier, les trous des rivets seront forés ou alésés après le perçage sur une épaisseur d'au moins un millimètre et les bords des pièces coupées à la cisaille seront affranchis sur la même épaisseur.

Art. 4. *Composition du train-type.* — *Les auteurs des projets de travées métalliques devront justifier par des calculs suffisamment détaillés qu'ils ont satisfait aux prescriptions des articles 1, 2 et 3 qui précèdent.*

En ce qui concerne les fermes longitudinales, ils seront tenus d'examiner l'hypothèse du passage, sur chaque voie, du train-type défini ci-dessous.

Le train-type se composera de deux machines à quatre essieux, de leurs tenders et de wagons chargés. Les poids et dimensions des machines, tenders et wagons chargés sont donnés par le tableau et la figure 185 ci-après :

DÉSIGNATION	MACHINE	TENDER	WAGON chargé.
Nombre d'essieux.	4	2	2
Charge par essieu.	14 t.	12 t.	8 t.
Distance du tampon d'avant au 1er essieu . . .	2.60 m.	2,00 m.	1,50 m.
Écartement des essieux entre eux.	1.20 m.	2.50 m.	3.00 m.
Distance du dernier essieu au tampon d'arrière.	2.60 m.	2.00 m.	1,50 m.
Poids total	56 t.	24 t.	16 t.
Longueur totale.	8,80 m.	6,50 m.	6,00 m.

Les machines, avec leurs tenders, seront placées toutes deux en tête du train.

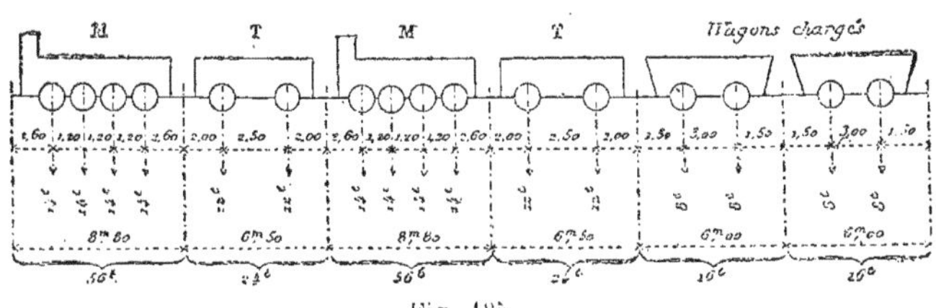

Fig. 185.

L'ensemble du train sera supposé occuper successivement différentes positions le long de la portée, et ces positions seront choisies de manière à réaliser en chaque point les plus grands efforts tranchants et fléchissants que le passage du train-type puisse déterminer.

Les dimensions des pièces qui ne font pas partie des fermes longitudinales et notamment celles des pièces de pont seront calculées d'après les plus grands efforts qu'elles pourront avoir à supporter, soit dans l'hypothèse du passage du train-type, soit dans l'hypothèse du passage d'un essieu isolé pesant 20 tonnes, si cette dernière réalise les plus grands efforts.

Art. 5. *Pression du vent.* — Le travail du métal sous l'influence des plus grands vents ne devra pas dépasser de plus de un kilogramme les limites fixées à l'article 2 ci-dessus.

On admettra que la pression du vent par mètre carré de surface verticale peut s'élever à 270 kilogrammes, mais que le passage des trains est interrompu lorsqu'elle atteint 170 kilogrammes. On supposera, en outre, que cette pression s'exerce sur la surface nette, déduction faite des vides, de chacune des maîtresses-poutres, qu'elle agit intégralement sur l'une d'elles et que, sur la suivante, elle est diminuée d'une fraction de sa valeur égale au rapport de la surface nette de la première à la surface totale limitée par son contour; enfin, que l'effet du vent, en arrière de ces deux poutres, est négligeable. Pour les piles métalliques, on supposera que la pression s'exerce intégralement sur la surface nette de toutes les pièces.

Dans l'hypothèse d'un train placé sur le pont, on comptera, pour sa surface verticale nette, un rectangle de trois mètres de hauteur ayant la même longueur que le pont et dont le côté inférieur sera placé à 50 centimètres au-dessus du rail : on déduira de ce rectangle la surface nette de la partie de la première poutre placée en avant et on supposera que la pression du vent est nulle sur la partie de la seconde poutre masquée par le train.

Enfin, on s'assurera que les efforts de glissement transversal et de renversement des tabliers et des piles métalliques sous l'action du vent n'atteignent pas des limites dangereuses, en tenant compte des conditions spéciales dans lesquelles pourront être placés les ouvrages et en supposant que le train défini ci-dessus est composé de wagons vides.

Art. 6. *Pièces travaillant à la compression.* — On s'assurera, autant que possible, que les pièces travaillant à la compression, soit d'une manière continue, soit d'une manière intermittente, ne sont pas exposées à flamber.

Art. 7. *Calcul des flèches.* — On fournira, à l'appui des projets, le calcul des flèches sous l'action de la charge permanente et sous l'action de la surcharge.

Art. 8. *Calcul des efforts pendant le lançage.* — Lorsque la mise en place du tablier devra être faite au moyen d'un lançage, on devra justifier que le travail du métal pendant cette opération n'atteindra dans aucune pièce une limite dangereuse.

Art. 9. — Chaque travée métallique sera soumise à deux natures d'épreuves, l'une par poids mort, l'autre par poids roulant.

§ 1. — *Composition des trains d'épreuves.*

Épeuves. Poids. — *Ces épreuves seront faites au moyen de trains composés de deux machines attelées en tête et de wagons chargés.*

Les poids des éléments de ces trains se rapprocheront autant que possible de ceux du train-type défini à l'article 4.

En tout cas ils devront être au moins égaux aux plus forts poids des éléments similaires appelés à circuler sur la voie considérée.

Longueurs. — *Les longueurs de ces trains seront fixées comme suit :*

Pour les ponts à travées indépendantes, la longueur mesurée entre les deux essieux extrêmes sera au moins égale à la plus grande portée.

Pour les ponts à travées solidaires, la longueur, mesurée comme ci-dessus, devra être suffisante pour couvrir les deux plus grandes travées consécutives.

§ 2. — *Ponts à une seule voie ou à voies indépendantes.*

Épreuve par poids mort. — *Pour l'épreuve par poids mort, le train d'essai sera placé successivement dans les positions qui produiront les plus grands efforts sur les pièces principales du pont.*

Il suffira toutefois, en général, d'opérer de la manière suivante :

a) *Pour les ponts à travées indépendantes, le train d'essai sera amené successivement sur chaque travée de manière à la couvrir complètement, puis à en couvrir une moitié seulement, les machines étant placées en tête du train.*

Il séjournera dans chacune de ces positions au moins pendant une demi-heure.

b) *Pour les ponts à travées solidaires, chaque travée sera d'abord chargée isolément comme il vient d'être dit. A cet effet, le train d'essai sera coupé à la longueur voulue. Ensuite on chargera simultanément les deux travées contiguës à chaque pile à l'exclusion de toutes les autres, au moyen du train d'essai tout entier.*

c) *Pour les ponts en arcs, on chargera d'abord toute la longueur de la portée, puis chaque moitié seulement et enfin la partie médiane en y plaçant les deux locomotives nez à nez lorsque faire se pourra et réduisant la composition du train à ces deux locomotives.*

Épreuve par poids roulant. — *Les épreuves par poids roulant seront au nombre de deux. Elles seront faites au moyen des mêmes trains qu'on fera circuler sur le pont, d'abord à la vitesse de 20 kilomètres à l'heure, puis à celle de 40 kilomètres à l'heure. Toutefois l'épreuve à la vitesse de 40 kilomètres pourra être ajournée jusqu'à l'époque où la voie aux abords du pont sera suffisamment consolidée.*

§ 3. — *Ponts à voies solidaires.*

Pour les ponts à deux voies solidaires entre elles, l'épreuve par poids mort se fera d'abord sur chaque voie séparément comme il a été dit au paragraphe précédent, l'autre voie restant libre, puis sur les deux voies simultanément. Il en sera de même pour l'épreuve par poids roulant. L'épreuve simultanée des deux voies se fera dans ce cas au moyen de deux trains marchant dans le même sens aux vitesses fixées ci-dessus.

§ 4. — *Ponts de types exceptionnels.*

Pour les ponts d'un type exceptionnel, les dispositions des épreuves devront être réglées dans un article spécial du cahier des charges.

A défaut, elles seront arrêtées par l'Administration supérieure, sur la proposition des ingénieurs chargés du contrôle de la construction, le concessionnaire ou entrepreneur entendu.

§ 5. — *Mesure des flèches.*

Visite. Repères. — *On mesurera au moment des épreuves, la flèche maximum au milieu de chaque travée, sous l'influence d'abord de la charge immobile, puis de la surcharge en mouvement.*

Lorsque, sur une même ligne, il se trouvera plusieurs ponts, de construction identique, dont l'ouverture ne dépassera pas 10 mètres, la mesure des flèches pourra n'être faite que pour l'un d'entre eux.

Immédiatement après les épreuves de chaque pont, la partie métallique sera visitée dans tous ses détails.

En outre, pour les ponts d'une ouverture supérieure à 10 mètres, les niveaux des points les plus bas des sections des poutres ou des arcs, au milieu de chaque travée et à ses extrémités, seront repérés avant les épreuves à deux points fixes choisis de manière à permettre de constater, après l'enlèvement de la surcharge, et ensuite à une époque quelconque, les déformations qui se seraient produites; on repérera par rapport aux mêmes points le dessus de chacun des appuis. Le procès-verbal des épreuves contiendra les renseignements nécessaires pour permettre de retrouver ultérieurement ces repères.

ART. 10. — *Dispositions à prendre pour faciliter la visite et l'entretien.* — On s'attachera à rendre faciles la visite, la peinture et la réparation des parties métalliques, et on fera connaître dans les mémoires à l'appui des projets les mesures prises à cet effet.

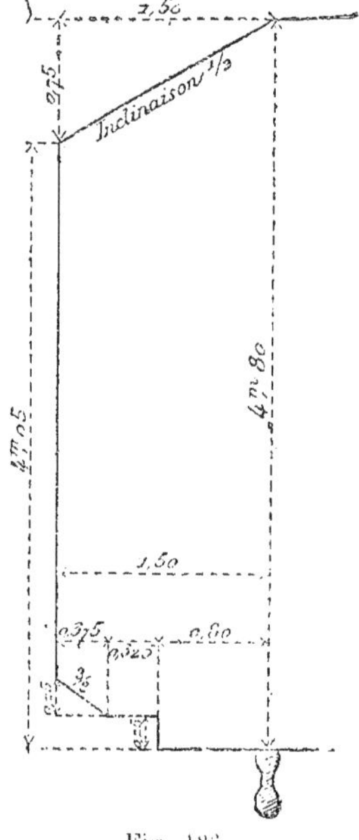

Fig. 186.

ART. 11. — *Distance au rail le plus voisin des pièces les plus rapprochées de la voie.* — Les pièces les plus rapprochées de la voie ne pourront, à partir de cinquante centimètres jusqu'à quatre mètres cinq centimètres de hauteur au-dessus du rail le plus voisin, être placées à moins de un mètre cinquante centimètres de l'axe de ce rail. Les pièces placées à une distance moindre ne pourront, à la partie inférieure, *jusqu'à quatre-vingts centimètres de l'axe du rail le plus voisin, faire saillie sur le niveau de ce rail, et à partir de quatre-vingts centimètres du même axe, dépasser une ligne brisée composée : 1° d'une verticale de vingt-cinq centimètres de hauteur; 2° d'une horizontale de trois cent vingt-cinq millimètres de longueur; 3° d'une ligne inclinée à trois de base pour deux de hauteur; à la partie supérieure les mêmes pièces devront rester au-dessus d'une même ligne s'abaissant avec une inclinaison de deux de base pour un de hauteur à partir d'un point pris à l'aplomb de l'axe du rail le plus voisin et à quatre mètres quatre-vingts centimètres au-dessus de ce rail. Aucune pièce placée au-dessus des voies ou entrevoies ne pourra être à moins de quatre mètres quatre-vingts centimètres de hauteur au-dessus du niveau des rails.*

ART. 12. — *Limite du poids des machines qui pourront circuler sur les ponts sans autorisation préalable.* — La mise en circulation, sur les ponts, de machines dont le poids moyen par mètre courant dépasserait de plus de un dixième celui de la machine-type déterminée à l'article 4 ci-dessus, ou dont un des essieux aurait à supporter une charge supérieure à 18 tonnes, ne pourra avoir lieu qu'en vertu d'une autorisation spéciale du ministre des Travaux publics.

II. — VOIES ÉTROITES

ART. 13. — *Ponts pour les chemins de fer à voie de un mètre et au-dessus.* — Les prescriptions relatives aux ponts pour chemins de fer à voie normale sont applicables aux chemins de fer à voie étroite, dont la largeur ne sera pas inférieure à un mètre, sauf les modifications indiquées ci-dessous.

Le poids par essieu des machines du train-type (art. 4) sera réduit à $10^t \times l$, l étant la largeur de la voie entre les bords intérieurs des rails. Les dimensions des machines et les poids et dimensions des wagons seront les mêmes que pour la voie normale et les tenders seront supposés avoir les mêmes poids et les mêmes dimensions que les wagons chargés.

Pour le calcul du travail du métal sous l'action d'un essieu isolé, on admettra une charge de $14\,t \times l$.

La seconde épreuve par poids roulant (art. 9) sera faite à la vitesse de 35 kilomètres à l'heure.

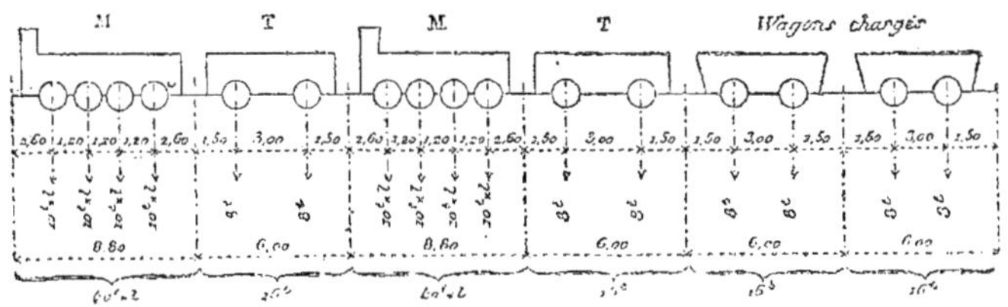

Fig. 187.

Le contour à l'intérieur duquel aucune pièce des ponts ne devra faire saillie (art. 11) sera déterminé, dans chaque cas, en tenant compte des minima de largeur et de hauteur autorisés, pour les ouvrages d'art, sur la ligne à laquelle appartiendra le pont à construire.

La charge d'essieu maximum, dont le passage ne pourra avoir lieu sur les ponts sans autorisation spéciale (art. 12), sera fixée à $12\,t \times l$, l étant la largeur de la voie entre les bords intérieurs des rails.

Les trains à employer aux épreuves seront composés avec le plus lourd matériel propre à la ligne sur laquelle est placé le pont métallique.

Art. 14. *Ponts pour chemins de fer à voie de largeur inférieure à un mètre.* — Les conditions auxquelles devront satisfaire les ponts supportant des voies de chemins de fer de moins de 1 mètre de largeur seront déterminées, dans chaque cas, sur la proposition du concessionnaire, par le ministre des Travaux publics, en tenant compte des poids et des dimensions des machines appelées à circuler sur l'ouvrage.

CHAPITRE II

Ponts supportant des voies de terre.

Art. 15. *Conditions à remplir.* — Les ponts à travées métalliques qui portent des voies de terre devront être en état de livrer passage à toute voiture dont la circulation est autorisée par le règlement du 10 août 1852 sur la police du roulage et des messageries, c'est-à-dire aux voitures attelées au maximum de cinq chevaux si elles sont à deux roues et de huit chevaux si elles sont à quatre roues.

Art. 16. *Limites de travail du métal.* — Les dimensions des différentes pièces des ponts seront calculées dans les conditions fixées à l'article 2, sauf la substitution au train-type des surcharges définies par l'article 17 ci-dessous.

Art. 17. — *Surcharges à adopter pour le calcul.* — On s'assurera que le travail du métal par millimètre carré dans chaque pièce ne dépasse pas les limites fixées à l'article 2 ci-dessus :

1° Sous l'action d'une surcharge uniformément répartie de 400 kilogrammes par mètre carré sur toute la largeur de l'ouvrage y compris les trottoirs.

2° Sous le passage de tombereaux à un essieu, traînés par deux chevaux (v. fig. 64) et formant autant de files continues que le comportera la largeur de la chaussée. On admettra, pour faire ce calcul, que les trottoirs sont surchargés uniformément à raison de 400 kilogrammes par mètre carré, et que les tombereaux et leurs attelages ont les poids et dimensions suivants :

Tombereaux. .	Poids	6 t.
	Longueur (non compris les brancards).	3,00 m.
	Largeur de voie.	1,70 m.
	Largeur de chaussée occupée. . . .	2,25 m.
Chevaux . . .	Poids	700 kg.
	Longueur (y compris les traits et brancards).	2,50 m.

On s'assurera que le travail du métal par millimètre carré, dans chaque pièce ne dépasse pas de plus d'un kilogramme les limites fixées à l'article 2, dans le cas où on substituerait à l'un des tombereaux un véhicule pesant 11 tonnes, ayant les mêmes dimensions et traîné par cinq chevaux sur une seule file (v. fig. 65) et, dans le cas où ces tombereaux seraient remplacés, sur toute la surface du tablier du pont, par des chariots à deux essieux traînés par huit chevaux (v. fig. 66) sur deux files ayant les poids et dimensions suivants :

Chariots . . .	Poids sur chaque essieu.	8 t.
	Longueur	6,00 m.
	Largeur de la voie.	1,70 m.
	Écartement des essieux.	3,00 m.
	Distance du premier essieu à l'avant du chariot.	1,50 m.
	Distance du second essieu à l'arrière du chariot.	1,50 m.
	Largeur de chaussée occupée.	2,25 m.
Chevaux . . .	Poids	700 kg.
	Longueur (y compris les traits et brancards).	2,50 m.

Lorsqu'il s'agira d'ouvrages à établir sur les routes à fortes pentes, placées dans des conditions telles que la circulation des charges indiquées ci-dessus ne puisse pas être considérée comme possible dans le présent ni dans l'avenir, l'Administration se réserve d'autoriser l'emploi, dans les calculs, de charges moindres qui seront déterminées d'après les circonstances locales. Dans aucun cas, la charge uniformément répartie ne pourra descendre au-dessous de

300 kilogrammes par mètre carré, et les autres charges indiquées ci-dessus ne pourront être réduites de plus de moitié.

Art. 18. — *Pression du vent, pièces travaillant à la compression, calcul des flèches, calcul des efforts pendant le lançage, dispositions à prendre pour faciliter la visite et l'entretien, surveillance.* — Les prescriptions des articles 5, 6, 7, 8 et 10 ci-dessus sont applicables aux ponts pour voie de terre. Toutefois, pour le calcul des efforts résultant de l'effet du vent (art. 5), il ne sera pas tenu compte de la présence possible de véhicules sur le pont.

Art. 19. *Épreuves.* — Chaque travée métallique sera soumise à deux natures d'épreuves : l'une par poids mort, l'autre par poids roulant.

Composition des surcharges d'épreuve. — *Pour l'épreuve par poids mort la surcharge d'épreuve sera de 400 kilogrammes par mètre carré de tablier, trottoir compris.*

Pour l'épreuve par poids roulant les véhicules seront disposés en files continues et devront se rapprocher, autant que possible, comme poids et écartement des essieux, de ceux désignés pour types dans le troisième alinéa de l'article 17. En tout cas, ces véhicules devront représenter, avec leurs attelages, une charge minima de 400 kilogrammes par mètre carré, en prenant 2,25 m. pour largeur de la zone occupée.

Longueur des files de voitures. — *Les longueurs des files de voitures seront fixées comme suit :*

Pour les ponts à travées indépendantes et pour les ponts en arcs, la longueur sera au moins égale à la plus grande portée.

Pour les ponts à travées solidaires, la longueur devra être suffisante pour couvrir les deux plus grandes travées consécutives.

Nombre des files de voitures. — *Le nombre des files de voitures devra être égal au quotient de la largeur de la chaussée par le nombre 2,25 m. Toutefois, ce nombre pourra être réduit quand il y aura difficulté à réunir assez de véhicules pour constituer toutes les files, mais il devra être suffisant pour couvrir au moins la moitié de la largeur du tablier ; le surplus de cette largeur sera alors occupé par une surcharge à poids mort de 400 kilogrammes par mètre carré, répartie de chaque côté des files.*

Épreuve par poids mort. — *Il sera procédé aux épreuves par poids mort de la manière suivante :*

Pour les ponts à travées indépendantes, la surcharge sera étendue successivement d'une extrémité à l'autre, avec interruption d'une demi-heure au moment où la surcharge aura atteint la moitié de la portée. Lorsque la totalité de la travée aura été couverte, la surcharge devra demeurer en place pendant une demi-heure.

Pour les ponts à travées solidaires, chaque travée sera d'abord chargée isolément comme il vient d'être dit ci-dessus, puis on chargera simultanément les travées contiguës à chaque pile, à l'exclusion de toutes les autres.

Pour les ponts en arcs, chaque travée sera chargée sur la totalité de sa portée, ensuite sur chaque moitié et, enfin, dans la partie médiane seulement.

Épreuve par poids roulant. — *On procédera aux épreuves par poids rou-*

tant en faisant circuler au pas les files de voitures d'une extrémité à l'autre du pont.

On fera passer, en outre, sur le pont un véhicule comprenant au moins un essieu chargé de 11 tonnes.

Tempéraments aux surcharges d'épreuve. — *Lorsque, dans le cas prévu par le dernier alinéa de l'article 17, les surcharges ayant servi à faire les calculs auront été réduites, les surcharges à employer pour faire les épreuves seront réduites dans la même proportion.*

Les règles fixées par l'article 9 pour les épreuves des ponts d'un type exceptionnel ainsi que pour les constatations à faire, pendant et après les épreuves, et enfin pour les mesures à prendre en vue des vérifications ultérieures, sont applicables aux ponts supportant des voies de terre.

Chargements exceptionnels. — *Le passage, sur le tablier du pont, de chargements notablement supérieurs à ceux qui auront été adoptés dans les calculs relatifs à la stabilité de l'ouvrage ne pourra avoir lieu qu'en vertu d'une autorisation spéciale donnée par le préfet conformément au rapport de l'ingénieur en chef.*

CHAPITRE III

Ponts-canaux métalliques.

Art. 20. *Conditions à remplir.* — Les ponts-canaux devront être en état de recevoir la charge d'eau correspondant au mouillage normal, augmenté de trente centimètres.

Art. 21. *Limites du travail du métal.* — Les dimensions des différentes pièces des ponts-canaux seront calculées de manière à ce que le travail du métal par millimètre carré de section nette, déduction faite des trous de rivets, ne dépasse nulle part 8k,50 pour le fer et 11k,50 pour l'acier.

Art. 22. *Pression du vent, pièces travaillant à la compression, calcul des efforts pendant le lançage, dispositions à prendre pour faciliter la visite et l'entretien, surveillance.* — Les prescriptions des articles 5, 6, 8 et 10 sont applicables aux ponts-canaux. Pour l'application de l'article 5, on tiendra compte de la présence de la bâche ainsi que de celle des bateaux sur l'ouvrage ; le calcul sera fait en admettant une pression de 270 kilogrammes par mètre carré de surface verticale ; la surface des bateaux exposée au vent sera comptée pour un rectangle de 1,50 m. de hauteur au-dessus de la bâche ayant la même longueur que le pont.

Art. 23. *Calcul des flèches.* — On fournira, à l'appui des projets, le calcul des flèches sous l'action du poids propre du pont et sous l'action de la surcharge d'eau prévue à l'article 20.

Art. 24. *Épreuves.* — L'épreuve des ponts canaux consistera dans la mesure des flèches avant et après le remplissage au maximum de hauteur fixé par l'article 20.

Immédiatement après les épreuves, l'ouvrage sera visité dans toutes ses parties ; en outre, on repérera à deux points fixes, avant l'épreuve, les niveaux des points les plus bas des sections des poutres et des axes au milieu de chaque travée et à ses extrémités, de manière à pouvoir, après la mise en charge et à une époque quelconque, mesurer les déformations qui se seraient produites; on repérera, par rapport aux mêmes points, le dessus de chacun des appuis. Le procès-verbal des épreuves contiendra les renseignements nécessaires pour permettre ultérieurement de retrouver ces repères.

CHAPITRE IV

Dispositions diverses.

Art. 25. *Contrôle des épreuves.* — Pour les ouvrages construits ou entretenus par des concessionnaires, les épreuves seront faites en présence d'un ingénieur chargé du contrôle ; les procès-verbaux détaillés, dont elles devront être l'objet, seront dressés dans la forme qui sera prescrite par l'Administration.

Art. 26. *Dérogation aux prescriptions du règlement.* — L'administration se réserve d'apprécier les cas exceptionnels qui pourraient motiver des dérogations quelconques aux prescriptions du présent règlement.

Paris, le 29 août 1891.

Le ministre des Travaux publics,

Yves GUYOT.

MINISTÈRE DE L'INTÉRIEUR. — CIRCULAIRE MINISTÉRIELLE DU 21 MAI 1892

Paris, le 21 mai 1892.

Monsieur le Préfet,

Une circulaire de l'un de mes prédécesseurs, en date du 26 mai 1881, a déterminé les conditions auxquelles doivent satisfaire les ponts à travées métalliques dépendant des chemins vicinaux. L'expérience a fait reconnaître que les règles précédemment établies sont susceptibles de quelques modifications et qu'elles doivent, en outre, être complétées sur divers points.

Le service vicinal devra donc désormais se conformer aux prescriptions de la présente circulaire, pour l'étude des projets d'ouvrages de cette nature.

Conditions à remplir. — I. Les ponts à travées métalliques dépendant des chemins vicinaux doivent être en état de livrer passage aux voitures les plus lourdement chargées en usage dans la contrée, sans dépasser les limites résultant des lois et règlements sur la police du roulage.

Limite du travail du métal. — II. Les dimensions des différentes pièces seront calculées de telle sorte que, dans la position la plus défavorable des surcharges que l'ouvrage peut avoir à supporter, et en tenant compte de la charge permanente ainsi que des efforts accessoires tels que ceux qui peuvent être produits par les variations de température, le travail du métal par millimètre carré ne dépasse pas les limites indiquées ci-dessous :

1° Pour la fonte supportant un effort d'extension directe 1,50 kg.
Pour la fonte travaillant à l'extension dans des pièces soumises à des efforts tendant à les faire fléchir. . . 2,50 kg.
Pour la fonte supportant un effort de compression . . . 6,00 kg.
2° Pour le fer et l'acier travaillant à l'extension, à la compression ou à la flexion . . . .
Fer . . . . 6,00 kg.
Acier . . . . 8,00 kg.

Toutefois pour les fermes principales des ouvrages d'une ouverture supérieure à 30 mètres, ces limites pourront être élevées jusqu'à 7 kilogrammes pour le fer et 9 kilogrammes pour l'acier.

Le nombre et le diamètre des rivets seront déterminés de telle sorte que le travail de cisaillement du métal ne dépasse pas les quatre cinquièmes de la limite qui aura été admise pour la plus faible des pièces à assembler, et que le travail d'arrachement des têtes, s'il s'en produit, ne dépasse pas 3 kilogrammes par millimètre carré en sus de l'effort résultant du serrage.

Dimensions minima. — III. L'épaisseur des semelles des poutres et des barres de treillis ne sera pas inférieure à huit millimètres ; celle des autres pièces de l'ossature à sept millimètres. On ne pourra descendre au-dessous de cette dernière limite que pour certaines pièces accessoires entièrement apparentes au-dessus de la chaussée, telles que garde-corps et contreventements supérieurs.

Qualités du fer et de l'acier auxquelles correspondent les limites du travail du métal fixées par l'article 2. — IV. Les coefficients du travail du métal fixés ci-dessus pour le fer et l'acier correspondent aux qualités définies par les conditions suivantes :

DÉSIGNATION		ALLONGEMENT minimum de rupture mesuré sur des éprouvettes de 200 mm. de longueur.	RÉSISTANCE minimum à la traction par mm² mesurée sur des éprouvettes de 200 mm. de longueur.
Fer laminé	Fer profilé et plat (dans le sens du laminage)	8 p. 100	32 kilogr.
	Tôle : dans le sens du laminage	8 —	32 —
	Tôle : dans le sens perpendiculaire au laminage. .	3,5 —	28 —
Acier laminé		22 —	42 —
Rivets en fer.		16 —	36 —
Rivets en acier		28 —	38 —

Les devis détermineront pour l'acier le minimum et le maximum entre lesquels devra être compris le rapport de la limite pratique d'élasticité à la résistance à la rupture. Le minimum ne devra pas être inférieur à 1/2 et le maximum ne devra pas dépasser 2/3.

Des coefficients de travail plus élevés pourront être autorisés par l'Administration pour des métaux de qualités différentes si des justifications suffisantes sont produites.

On ne tolérera dans aucun cas l'emploi d'aciers fragiles et on s'assurera fréquemment, pendant la construction, de la qualité du métal à ce point de vue au moyen d'essais de trempe et d'expériences faites en pliant des barres percées de trous au poinçon.

Les devis doivent renfermer des prescriptions détaillées à cet égard sans préjudice des autres conditions relatives aux qualités du métal.

Dans tous les cas, lorsqu'on emploiera l'acier, les trous de rivets seront forés ou alésés après le perçage sur une épaisseur d'au moins un millimètre et les bords des pièces coupées à la cisaille seront affranchis sur la même épaisseur.

Surcharges à adopter pour le calcul. — V. On s'assurera que le travail du métal par millimètre carré dans chaque pièce ne dépasse pas les limites fixées à l'article 2 ci-dessus :

1° Sous l'action d'une surcharge uniformément répartie de 300 kilogrammes par mètre carré sur toute la largeur de l'ouvrage y compris les trottoirs ;

2° Sous le passage des véhicules les plus lourds en usage dans le pays en prenant toutefois 6 tonnes comme minimum du poids de ces véhicules. On admettra autant de ces voitures attelées que le tablier pourra en contenir sur le nombre de files que comporte la largeur de la voie, concurremment avec la surcharge de 300 kilogrammes sur les trottoirs.

Pression du vent. — VI. Le travail du métal sous l'influence des plus grands vents ne devra pas dépasser de plus de 1 kilogramme les limites fixées à l'article 2 ci-dessus.

On admettra que la pression du vent par mètre carré de surface verticale peut s'élever à 270 kilogrammes.

Pièces travaillant à la compression. — VII. On s'assurera que les pièces travaillant à la compression, soit d'une manière continue, soit d'une manière intermittente, ne sont pas exposées à flamber.

Travail pendant le lançage. — VIII. Lorsque la mise en place d'un tablier sera faite au moyen d'un lançage, le travail du métal pendant cette opération ne devra atteindre dans aucune pièce une limite dangereuse.

Calculs de résistance. — IX. Les calculs justificatifs des dimensions des diverses pièces seront joints aux projets.

Ceux relatifs à la rivure et aux flèches pourront n'être fournis que pour les travées d'une ouverture supérieure à 20 mètres.

Épreuves. — X. Chaque travée sera soumise à deux natures d'épreuves, l'une par poids mort et l'autre par poids roulant.

La première épreuve aura lieu au moyen d'une surcharge uniformément répartie de 300 kilogrammes par mètre carré de tablier, trottoirs compris.

Sur les ponts à travées indépendantes, la surcharge sera étendue successivement d'une extrémité à l'autre, avec interruption d'une demi-heure au moment où la surcharge aura atteint la moitié de la portée. Lorsque la totalité de la travée aura été couverte, la surcharge devra demeurer en place pendant une demi-heure.

Pour les ponts à travées solidaires, chaque travée sera d'abord chargée isolément, comme il vient d'être dit ci-dessus, puis on chargera simultanément les travées contiguës à chaque pile, à l'exclusion de toutes les autres.

Pour les ponts en arc, chaque travée sera chargée sur la totalité de sa portée, ensuite sur chaque moitié et, enfin, sur la partie médiane seulement.

On procédera à l'épreuve par poids roulant avec les véhicules les plus lourds en usage dans la contrée, les trottoirs étant chargés à raison de 300 kilogrammes par mètre carré.

Les longueurs des files des voitures seront fixées ainsi qu'il suit :

Ponts à travées indépendantes et ponts en arc, la longueur sera au moins égale à la plus grande portée ;

Ponts à travées solidaires, la longueur devra être suffisante pour couvrir les deux plus grandes travées consécutives.

On fera circuler au pas les files de voitures d'une extrémité à l'autre du pont.

On mesurera la flèche maximum au milieu de chaque travée, sous l'influence d'abord de la charge par poids mort, puis de la charge par poids roulant.

En outre, les niveaux des points les plus bas des poutres ou des arcs, au milieu de chaque travée et à ses extrémités, seront repérés avant les épreuves à deux points fixes, choisis en dehors de l'ouvrage de manière à permettre de constater, après l'enlèvement de la surcharge, et ensuite à une époque quelconque, les déformations qui se seraient produites ; on repérera, par rapport aux mêmes points, le dessus de chacun des appuis. Le procès-verbal des épreuves contiendra les renseignements nécessaires pour permettre de retrouver ultérieurement ces repères.

Les dispositions des épreuves concernant les ponts d'un type exceptionnel seront réglées par un article spécial du devis.

Entretien et visites périodiques. — XI. La surveillance et l'entretien des ponts métalliques doivent être l'objet de soins incessants.

Indépendamment d'une visite annuelle portant principalement sur l'état de la rivure, ces ouvrages seront soumis, au moins une fois tous les cinq ans, et, dans tous les cas, chaque fois qu'on renouvellera la peinture, à un examen détaillé et à une vérification des flèches permanentes. Dans chacune de ces opérations, on s'assurera de l'état des pièces, du serrage des boulons et des rivets, du jeu des appareils de dilatation et de l'état des maçonneries qui les supportent ; enfin, pour les ponts à travées solidaires, on vérifiera le nivellement des appuis.

La première visite et la première vérification des flèches auront lieu avant le 1er janvier 1893.

Les résultats de cette première visite et des vérifications quinquennales seront consignés dans des tableaux dont copie sera adressée à l'Administration supérieure.

Recevez, etc.

CHAPITRE II

RENSEIGNEMENTS DIVERS

A. — POIDS DE SUBSTANCES DIVERSES

TABLEAU N° 35.

(Les poids sont donnés en kilogrammes au mètre cube).

1° Matériaux de construction.

Ardoise	2 600
Argile	1 930
Asphalte comprimé	2 100
Basalte	2 500
Béton de pierrailles	2 500
Ciment Portland	1 300
Craie	1 225
Gravier	1 400 à 1 800
Grès	1 900 à 2 700
Maçonnerie de briques	1 800
— moellons	2 400
— pierres de taille	2 500
Marbre	2 500 à 2 850
Mortier	1 700
Pierres très compactes	2 500 à 2 800
— ordinaires	2 300 à 2 500
— tendres	2 100 à 2 300
Plâtre gâché	1 600
Sable humide	1 900
— sec	1 400 à 1 640
— terreux	1 700
Terre ordinaire	1 250 à 1 700
— végétale	1 150 à 1 400
— argileuse	1 400 à 1 600
— glaise	1 900
— avec sable et gravier	1 900
Verre à vitres	2 640

2° Métaux et métalloïdes.

Acier forgé	7 840
— laminé	7 830
— fondu	7 830 à 7 920
Aluminium	2 670
Cuivre rouge fondu	8 790
— laminé	8 950
Fer forgé	7 780
— laminé	7 700
Fonte de fer	7 200
Laiton	8 400
Plomb	11 350
Zinc	7 190
Bronze	8 500
— phosphoreux	8 800
Soudure au plomb	9 400

3° Bois.

Chêne	700 à 1 100
Hêtre	780 à 850
Peuplier d'Italie	400 à 850
— blanc d'Espagne	530 à 910
Sapin rouge	660
Chêne en bûches	400 à 600
Sapin —	330 à 500

4° Combustibles.

Charbon de bois	240 à 550
Coke des usines à gaz	350
— fours	400
Houille en morceaux	750 à 880
— poussier	1 200 à 1 500
Tourbe humide	750
— sèche	300 à 500

5° Liquides.

Bière	1 050
Cidre	1 020
Eau distillée	1 000
— de mer	1 026
Huile	900 à 940
Lait	1 030
Vin	990 à 1 080
Vinaigre	1 020

6° Matières diverses.

Caoutchouc	990
Fourrages : foin en meule	100
— foin pressé	300 à 900
— paille	60 à 100
— blé en gerbes et en meules	100 à 120

Grains : avoine	470	Farine	380
— blé	750	— tassée	650
— seigle	700	Sciure de bois	550

B. — POIDS DES BARRES CARRÉES ET RONDES EN ACIER

Tableau n° 36

(Les poids sont donnés en kilogrammes au mètre courant et ils sont calculés pour une densité de 7.830 kg.).

Dia. ou côté en mm.	BARRES carrées.	BARRES rondes.	Dia. ou côté en mm.	BARRES carrées.	BARRES rondes.	Dia. ou côté en mm.	BARRES carrées.	BARRES rondes.	Dia. ou côté en mm.	BARRES carrées.	BARRES rondes.
2	0,031	0.025	17	2.263	1,777	40	12.528	9.839	95	70,666	55,501
3	0,070	0,055	18	2,537	1,993	42	13,812	10,848	100	78,300	61,497
4	0.125	0.098	19	2,827	2,220	44	15,159	11,906	110	94,743	74,411
5	0,196	0.154	20	3,132	2.460	45	15,856	12.453	120	112,752	88,555
6	0,282	0,221	22	3.790	2,976	46	16,568	13,013	130	132,327	103,929
7	0.384	0.301	24	4.510	3,542	48	18.040	14,169	140	153,468	120.533
8	0.501	0,394	25	4,894	3.844	50	19.575	15,374	150	176.175	138,368
9	0,634	0.498	26	5,293	4.157	55	23,686	18,603	160	200.448	157,431
10	0,783	0.615	28	6.139	4,821	60	28,188	22,139	170	226,287	177,725
11	0,947	0,744	30	7.047	5,535	65	33,082	25,982	180	253,692	199.249
12	1,128	0.886	32	8,018	6,297	70	38.367	30,133	190	282,663	222,003
13	1,323	1,039	34	9,051	7,109	75	44,044	34,592	200	313.200	245,987
14	1,535	1.205	35	9,592	7,533	80	50,112	39,358			
15	1.762	1,384	36	10.148	7.970	85	56.572	44,431			
16	2.004	1,574	38	11.307	8.880	90	63.423	49,812			

C. — POIDS DES BARRES RONDES EN FONTE DE FER

Tableau n° 37

(Les poids sont donnés en kilogrammes au mètre courant et ils sont calculés pour une densité de 7 200 kg.).

DIAMÈTRE en mm.	POIDS	DIAMÈTRE en mm.	POIDS	DIAMÈTRE en mm.	POIDS	DIAMÈTRE en mm.	POIDS	DIAMÈTRE en mm.	POIDS
50	14,137	105	62,345	160	144,765	215	261,396	270	412,240
55	17,106	110	68,424	165	153,954	220	273,696	275	427,649
60	20,357	115	74,786	170	163.426	225	286.278	280	443,342
65	23,892	120	81,430	175	173.180	230	299,142	285	459.317
70	27,709	125	88,357	180	183.218	235	312,290	290	475,574
75	31,809	130	95,567	185	193,538	240	325.720	295	492.115
80	36,191	135	103.060	190	204.141	245	339,433	300	508,938
85	40,856	140	110,835	195	215,026	250	353,429		
90	45,804	145	118,894	200	226,195	255	367.708		
95	51,035	150	127,235	205	237,646	260	382,269		
100	56,549	155	135,858	210	249,380	265	397,113		

D. — POIDS DES TUBES EN FER POUR CONDUITES D'EAU, DE GAZ OU DE VAPEUR

TABLEAU N° 38

(Les poids sont donnés en kilogrammes au mètre courant, les dimensions en millimètres).

DIAMÈTRE intérieur.	ÉPAISSEUR de paroi.	POIDS	DIAMÈTRE intérieur.	ÉPAISSEUR de paroi.	POIDS
5	2,5	0,45	40	4,5	4,90
8	2,5	0,64	50	5	6,74
12	2,5	0,90	60	5	7,96
15	3	1,32	70	5	9,20
20	3,5	2,01	80	5	10,41
26	4	2,90	90	5	11,63
33	4,5	4,13	100	6	15,60

E. — POIDS DES FEUILLES DE DIVERS MÉTAUX

TABLEAU N° 39

(Les poids sont donnés en kilogrammes au mètre carré).

ÉPAISSEUR en millimètres.	ACIER	FER	FONTE	CUIVRE ROUGE	PLOMB
1	7,83	7,70	7,20	8,79	11,35
2	15,66	15,40	14,40	17,58	22,70
3	23,49	23,10	21,60	26,36	34,06
4	31,32	30,80	28,80	35,15	45,41
5	39,15	38,50	36,00	43,94	56,76
6	46,98	46,20	43,20	52,73	68,11
7	54,81	53,90	50,40	61,52	79,46
8	62,64	61,60	57,60	70,30	90,82
9	70,47	69,30	64,80	79,09	102,17
10	78,30	77,00	72,00	87,88	113,52
11	86,13	84,70	79,20	96,67	124,87
12	93,96	92,40	86,40	105,46	136,22
13	101,79	100,10	93,60	114,24	147,58
14	109,62	107,80	100,80	123,03	158,93
15	117,45	115,50	108,00	131,82	170,28
16	125,28	123,20	115,20	140,61	181,63
17	133,11	130,90	122,40	149,40	192,98
18	140,94	138,60	129,60	158,18	204,34
19	148,77	146,30	136,80	166,97	215,69
20	156,60	154,00	144,00	175,76	227,04

F. — POIDS DES PLATS EN ACIER

TABLEAU N° 40

(Les poids sont donnés en kilogrammes au mètre courant et ils sont calculés pour une densité de 7830 kg.).

LARGEUR en mètres.	ÉPAISSEUR EN MILLIMÈTRES												
	4	5	6	7	8	9	10	11	12	13	14	15	18	20
0,010	0,313	0,392	0,470	0,548	0,626	0,705	0,783	0,861	0,940	1,018	1,096	1,175	1,409	1,566
0,020	0,626	0,783	0,940	1,096	1,253	1,409	1,566	1,723	1,879	2,036	2,192	2,349	2,819	3,132
0,030	0,940	1,175	1,409	1,644	1,879	2,114	2,349	2,584	2,819	3,054	3,289	3,524	4,228	4,698
0,040	1,253	1,566	1,879	2,192	2,506	2,819	3,132	3,445	3,758	4,072	4,385	4,698	5,638	6,264
0,050	1,566	1,958	2,349	2,741	3,132	3,524	3,915	4,307	4,698	5,090	5,481	5,873	7,047	7,830
0,060	1,879	2,349	2,819	3,289	3,758	4,228	4,698	5,168	5,638	6,107	6,577	7,047	8,456	9,396
0,070	2,192	2,741	3,289	3,837	4,385	4,933	5,481	6,029	6,577	7,125	7,673	8,222	9,866	10,962
0,080	2,506	3,132	3,758	4,385	5,011	5,638	6,264	6,890	7,517	8,143	8,770	9,396	11,275	12,528
0,090	2,819	3,524	4,228	4,933	5,638	6,342	7,047	7,752	8,456	9,161	9,866	10,571	12,685	14,094
0,100	3,132	3,915	4,698	5,481	6,264	7,047	7,830	8,613	9,396	10,179	10,962	11,745	14,094	15,660
0,110	3,445	4,307	5,168	6,029	6,890	7,752	8,613	9,474	10,336	11,197	12,058	12,920	15,503	17,226
0,120	3,758	4,698	5,638	6,577	7,517	8,456	9,396	10,336	11,275	12,215	13,154	14,094	16,913	18,792
0,130	4,072	5,090	6,107	7,125	8,143	9,161	10,179	11,197	12,215	13,233	14,251	15,269	18,322	20,358
0,140	4,385	5,481	6,577	7,673	8,770	9,866	10,962	12,058	13,154	14,251	15,347	16,443	19,732	21,924
0,150	4,698	5,873	7,047	8,222	9,396	10,571	11,745	12,920	14,094	15,269	16,443	17,618	21,141	23,490
0,160	5,011	6,264	7,517	8,770	10,022	11,275	12,528	13,781	15,034	16,286	17,539	18,792	22,550	25,056
0,170	5,324	6,656	7,987	9,318	10,649	11,980	13,311	14,642	15,973	17,304	18,635	19,967	23,960	26,622
0,180	5,638	7,047	8,456	9,866	11,275	12,685	14,094	15,503	16,913	18,322	19,732	21,141	25,369	28,188
0,190	5,951	7,439	8,926	10,414	11,902	13,389	14,877	16,365	17,852	19,340	20,828	22,316	26,779	29,754
0,200	6,264	7,830	9,396	10,962	12,528	14,094	15,660	17,226	18,792	20,358	21,924	23,490	28,188	31,320
0,210	6,577	8,222	9,866	11,510	13,154	14,799	16,443	18,087	19,732	21,376	23,020	24,665	29,597	32,886
0,220	6,890	8,613	10,336	12,058	13,781	15,503	17,226	18,949	20,671	22,394	24,116	25,839	31,007	34,452
0,230	7,204	9,005	10,805	12,606	14,407	16,208	18,009	19,810	21,611	23,412	25,213	27,014	32,416	36,018
0,240	7,517	9,396	11,275	13,154	15,034	16,913	18,792	20,671	22,550	24,430	26,309	28,188	33,826	37,584
0,250	7,830	9,788	11,745	13,703	15,660	17,618	19,575	21,533	23,490	25,448	27,405	29,363	35,235	39,150

0,300	9,396	11,745	14,094	16,443	18,792	21,141	23,490	25,839	28,188	30,537	32,886	35,235	42,282	46,980
0,310	9,709	12,137	14,564	16,991	19,418	21,846	24,273	26,700	29,128	31,555	33,982	36,410	43,691	48,546
0,320	10,022	12,528	15,034	17,539	20,045	22,550	25,056	27,562	30,067	32,573	35,078	37,584	45,101	50,112
0,330	10,336	12,920	15,503	18,087	20,671	23,255	25,839	28,423	31,007	33,591	36,175	38,759	46,510	51,678
0,340	10,649	13,311	15,973	18,635	21,298	23,960	26,622	29,284	31,946	34,609	37,271	39,933	47,920	53,244
0,350	10,962	13,703	16,443	19,184	21,924	24,665	27,405	30,146	32,886	35,627	38,367	41,108	49,329	54,810
0,360	11,275	14,094	16,913	19,732	22,550	25,369	28,188	31,007	33,826	36,644	39,463	42,282	50,738	56,376
0,370	11,588	14,486	17,383	20,280	23,177	26,074	28,971	31,868	34,765	37,662	40,559	43,457	52,148	57,942
0,380	11,902	14,877	17,852	20,828	23,803	26,779	29,754	32,729	35,705	38,680	41,656	44,631	53,557	59,508
0,390	12,215	15,269	18,322	21,376	24,430	27,483	30,537	33,591	36,644	39,698	42,752	45,806	54,967	61,074
0,400	12,528	15,660	18,792	21,924	25,056	28,188	31,320	34,452	37,584	40,716	43,848	46,980	56,376	62,640
0,410	12,841	16,052	19,262	22,472	25,682	28,893	32,103	35,313	38,524	41,734	44,944	48,155	57,785	64,206
0,420	13,154	16,443	19,732	23,020	26,309	29,597	32,886	36,175	39,463	42,752	46,040	49,329	59,195	65,772
0,430	13,468	16,835	20,201	23,568	26,935	30,302	33,669	37,036	40,403	43,770	47,137	50,504	60,604	67,338
0,440	13,781	17,226	20,671	24,116	27,562	31,007	34,452	37,897	41,342	44,788	48,233	51,678	62,014	68,904
0,450	14,094	17,618	21,141	24,665	28,188	31,712	35,235	38,759	42,282	45,806	49,329	52,853	63,423	70,470
0,460	14,407	18,009	21,611	25,213	28,814	32,416	36,018	39,620	43,222	46,823	50,425	54,027	64,832	72,036
0,470	14,720	18,401	22,081	25,761	29,441	33,121	36,801	40,481	44,161	47,841	51,521	55,202	66,242	73,602
0,480	15,034	18,792	22,550	26,309	30,067	33,826	37,584	41,342	45,101	48,859	52,618	56,376	67,651	75,168
0,490	15,347	19,184	23,020	26,857	30,694	34,530	38,367	42,204	46,040	49,877	53,714	57,551	69,061	76,734
0,500	15,660	19,575	23,490	27,405	31,320	35,235	39,150	43,065	46,980	50,895	54,810	58,725	70,470	78,300
0,550	17,226	21,533	25,839	30,146	34,452	38,759	43,065	47,372	51,678	55,985	60,291	64,598	77,517	86,130
0,600	18,792	23,490	28,188	32,886	37,584	42,282	46,980	51,678	56,376	61,074	65,772	70,470	84,564	93,960
0,650	20,358	25,448	30,537	35,627	40,716	45,806	50,895	55,985	61,074	66,164	71,253	76,343	91,611	101,790
0,700	21,924	27,405	32,886	38,367	43,848	49,329	54,810	60,291	65,772	71,253	76,734	82,215	98,658	109,620
0,750	23,490	29,363	35,235	41,108	46,980	52,853	58,725	64,598	70,470	76,343	82,215	88,088	105,705	117,450
0,800	25,056	31,320	37,584	43,848	50,112	56,376	62,640	68,904	75,168	81,432	87,696	93,960	112,752	125,280
0,850	26,622	33,278	39,933	46,589	53,244	59,900	66,555	73,211	79,866	86,522	93,177	99,833	119,799	133,110
0,900	28,188	35,235	42,282	49,329	56,376	63,423	70,470	77,517	84,564	91,611	98,658	105,705	126,846	140,940
0,950	29,754	37,193	44,631	52,070	59,508	66,947	74,385	81,824	89,262	96,701	104,139	111,578	133,893	148,770
1,000	31,320	39,150	46,980	54,810	62,640	70,470	78,300	86,130	93,960	101,790	109,620	117,450	140,940	156,600

LARGEUR en mètres.	ÉPAISSEUR EN MILLIMÈTRES													
	4	5	6	7	8	9	10	11	12	13	14	15	18	20
1,050	32,886	41,108	49,329	57,551	65,772	73,994	82,215	90,437	98,658	106,880	115,101	123,323	147,987	164,430
1,100	34,452	43,065	51,678	60,291	68,904	77,517	86,130	94,743	103,356	111,969	120,582	129,19[illegible]	155,034	172,260
1,150	36,018	45,023	54,027	63,032	72,036	81,041	90,045	99,050	108,054	117,059	126,063	135,068	162,081	180,090
1,200	37,584	46,980	56,376	65,772	75,168	84,564	93,960	103,356	112,752	122,148	131,544	140,940	169,128	187,920
1,250	39,150	48,938	58,725	68,513	78,300	88,088	97,875	107,663	117,450	127,238	137,025	146,813	176,175	195,750
1,300	40,716	50,895	61,074	71,253	81,432	91,611	101,790	111,969	122,148	132,327	142,506	152,685	183,222	203,580
1,350	42,282	52,853	63,423	73,994	84,564	95,135	105,705	116,276	126,846	137,417	147,987	158,558	190,269	211,410
1,400	43,848	54,810	65,772	76,734	87,696	98,658	109,620	120,582	131,544	142,506	153,468	164,430	197,316	219,240
1,450	45,414	56,768	68,121	79,475	90,828	102,182	113,535	124,889	136,242	147,596	158,949	170,303	204,363	227,070
1,500	46,980	58,725	70,470	82,215	93,960	105,705	117,450	129,195	140,940	152,685	164,430	176,175	211,410	234,900
1,550	48,546	60,683	72,819	84,956	97,092	109,229	121,365	133,502	145,638	157,775	169,911	182,048	218,457	242,730
1,600	50,112	62,640	75,168	87,696	100,224	112,752	125,280	137,808	150,336	162,864	175,392	187,920	225,504	250,560
1,650	51,678	64,598	77,517	90,437	103,356	116,276	129,195	142,115	155,034	167,954	180,873	193,793	232,551	258,390
1,700	53,244	66,555	79,866	93,177	106,488	119,799	133,110	146,421	159,732	173,043	186,354	199,665	239,598	266,220
1,750	54,810	68,513	82,215	95,918	109,620	123,323	137,025	150,728	164,430	178,133	191,835	205,538	246,645	274,050
1,800	56,376	70,470	84,564	98,658	112,752	126,846	140,940	155,034	169,128	183,222	197,316	211,410	253,692	281,880
1,850	57,942	72,428	86,913	101,399	115,884	130,370	144,855	159,341	173,826	188,312	202,797	217,283	260,739	289,710
1,900	59,508	74,385	89,262	104,139	119,016	133,893	148,770	163,647	178,524	193,401	208,278	223,155	267,786	297,540
1,950	61,074	76,343	91,611	106,880	122,148	137,417	152,685	167,954	183,222	198,491	213,759	229,028	274,833	305,370
2,000	62,640	78,300	93,960	109,620	125,280	140,940	156,600	172,260	187,920	203,580	219,240	234,900	281,880	313,200

G. — POIDS DES TÔLES STRIÉES

TABLEAU N° 41

(Les poids sont donnés en kilogrammes au mètre carré; les dimensions en millim.).

ÉPAISSEUR non compris les stries.	4,5	5	6	7	8	9	10	11	12
POIDS { stries en carré. .	42	46	54	62	70	78	85	93	101
POIDS { stries en losange.	39	43	51	59	67	75	82	90	98

H. — POIDS DES FEUILLES DE ZINC DU COMMERCE

TABLEAU N° 42

(Les poids sont donnés en kilogrammes au mètre carré).

NUMÉRO du zinc.	ÉPAISSEUR en millimètres.	POIDS	NUMÉRO du zinc.	ÉPAISSEUR en millimètres.	POIDS	NUMÉRO du zinc.	ÉPAISSEUR en millimètres.	POIDS
1	0,100	0,700	10	0,500	3,500	19	1,470	10,290
2	0,143	1,001	11	0,580	4,060	20	1,600	11,200
3	0,186	1,302	12	0,660	4,620	21	1,780	12,460
4	0,228	1,596	13	0,740	5,180	22	1,960	13,720
5	0,250	1,750	14	0,820	5,740	23	2,140	14,980
6	0,300	2,100	15	0,950	6,650	24	2,320	16,240
7	0,350	2,450	16	1,080	7,560	25	2,500	17,500
8	0,400	2,800	17	1,210	8,470	26	2,680	18,760
9	0,450	3,150	18	1,340	9,380			

On admet généralement, sur le poids des feuilles, une tolérance de 1/36 en plus ou en moins.

I. — POIDS ET MOMENTS DES POUTRELLES DU COMMERCE EN ACIER

TABLEAU N° 43[1]

HAUTEUR	LARGEUR des bourrelets.	ÉPAISSEUR d'âme.	ÉPAISSEUR des bourrelets.	POIDS	$\frac{I}{V}$	$\frac{i}{v}$
40	25	3	3,5	2	3	0,7
50	28,5	3	4.8	3,25	6,4	1,3
60	33	4	4,5	4,25	10	1,7
76	32 à 34	3,5 à 5,5	5,5	4,5 à 5,7	13,1 à 15	1,7 à 2,1
76	76 à 78	6 à 8	8.6	13 à 14.2	34,3 à 36.3	13.7 à 14,1

[1] Ce tableau est extrait de l'album de la Société « La Providence » de Marchienne-au-Pont (Bel-

HAUTEUR	LARGEUR des bourrelets.	ÉPAISSEUR d'âme.	ÉPAISSEUR des bourrelets.	POIDS	$\frac{I}{V}$	$\frac{i}{v}$
80	40 à 43,1	3,9 à 7	5,9	6 à 7,8	19,6 à 22	3,5 à 4,3
90	46 à 48,8	4,3 à 7	6,3	7,1 à 9	26,2 à 30	4,5 à 5,5
100	50 à 52	4,5 à 6,5	6,8	8,3 à 9,8	34,4 à 39	5,7 à 6,2
100	44 à 47	4 à 7	7	7,8 à 10	31 à 36	4.4 à 5,2
101	76 à 89	5 à 9	8.6	12,8 à 16	60.2 à 67	18,5 à 22,8
110	54 à 57	4,8 à 7.8	7,2	9,6 à 12.3	43,8 à 49	7 à 8
120	58 à 60,9	5.4 à 8	7.7	11,4 à 13,8	55,1 à 62	8,7 à 9,9
120	44 à 47	4.5 à 7.5	7.5	9 à 11.5	42 à 48	4,8 à 5.6
120	50 à 53	5 à 8	8	10,5 à 13.3	46.9 à 54,1	6,4 à 7.6
120	72 à 75	6 à 9	9	15 à 17,8	75 à 82,2	15,5 à 16,9
127	76 à 79	5 à 8	8,2	14 à 17	77 à 85	16,4 à 16,7
127	114 à 118	7 à 11	10,5	26 à 32	149.9 à 160.6	43,3 à 46,5
130	62 à 65.1	5.4 à 8.5	8,1	12,6 à 15,7	67.8 à 76	10,4 à 11,8
140	66 à 69.3	5,7 à 9	8,6	14.3 à 17,9	82,7 à 93.4	12,5 à 14
140	47 à 50	4.5 à 7.5	7.5	10.5 à 13.5	55 à 64.8	5,4 à 6,4
140	50 à 53.5	5.5 à 9	9	12,5 à 16,3	67 à 78,4	6,4 à 8,3
140	70 à 73	6,5 à 9.5	9,5	17 à 20,3	94 à 103,8	15,6 à 17
150	70 à 73.5	6 à 9.5	9	16 à 20,1	99 à 112	14,8 à 16,5
150	80 à 85	7 à 12	9	19 à 24,9	113 à 131,7	19,2 à 22
152	76 à 80	6 à 10	9 4	17,5 à 22,3	111 à 126,4	16,4 à 19,4
152	128 à 133	7 à 13	12.5	33 à 40	215.9 à 239	62 à 74
160	74 à 77,5	6,3 à 10	9,5	17,9 à 22.5	118 à 133	17,4 à 19.9
160	50 à 54	5.3 à 9,3	8	12,5 à 17,5	73 à 90	6,7 à 8
160	80 à 84	7 à 11	12	23 à 28	150 à 167	25.6 à 28,5
160	80 à 84	6 à 10	9	18.5 à 23.5	120 à 137	18,1 à 21,4
170	78 à 82	6 6 à 10.6	9,9	19,8 à 24,6	139 à 158	20,2 à 22,6
178	95 à 99	6 à 10	10	22 à 27,5	166 à 187	30 à 32,9
180	82 à 86 1	6.9 à 11	10.4	21,9 à 27.7	162 à 184	23,4 à 27
180	55 à 59	5,5 à 9 5	8,7	15 à 20,6	100 à 121,6	7,2 à 10,2
190	86 à 90.3	7.2 à 11,5	10.8	24 à 30,4	187 à 213	26,8 à 29,9
200	90 à 94.5	7.5 à 12	11.3	26.2 à 33.4	216 à 246	30,7 à 34,5
200	62 à 66	6 à 10	10	20 à 26.3	146 à 172,6	12.8 à 14,9
200	98 à 102	7 à 11	11.5	26.5 à 33	233 à 259,6	36,8 à 40,2
200	127 à 131	8 à 12	12.5	35.5 à 41.8	309 à 335,6	64 à 71.8
203	152 à 156	8 à 12	12,5	42 à 47.5	377 à 404,4	96 à 101,7
210	94 à 98.2	7,8 à 12	11.7	28,5 à 35,5	246 à 277	34,6 à 38,6
220	68 à 72	7 à 11	11,7	24 à 30,9	197 à 229,2	17,8 à 20,4
220	98 à 102.4	8 1 à 12.5	12.2	31 à 38,5	281 à 316	39,2 à 43,8
230	102 à 106.1	8.4 à 12.5	12.6	33,5 à 40,9	317 à 353	43,9 à 48,5
235	90 à 94	7 à 11	9,7	25.5 à 32.9	238 à 274.8	25.7 à 28,4
235	90	10	13	34,3	307	35
235	100 à 104	7.5 à 11.5	10.5	29 à 36.4	277 à 313,8	35 à 38,3
240	106 à 110 3	8,7 à 13	13,1	36.2 à 44,3	357 à 398	49,3 à 54,2
241	114 à 118	7 à 11	11	32 à 39,5	326 à 364,6	47,7 à 51.4
250	115 à 119	10 à 14	15	45 à 53	452 à 493,6	66,4 à 71,6
254	114 à 118,5	6,5 à 11	12	34 à 42	367 à 415,5	46 à 56.1
254	127 à 131	8 à 12	12,5	39,5 à 47	428 à 471	64 à 72
254	152 à 156	8 à 12	15	50 à 58	572 à 615	115 à 122
260	113 à 117,1	9.4 à 13,5	14,1	41,9 à 50,2	446 à 492	60,3 à 66
280	119 à 122 9	10,1 à 14	15,2	47,9 à 56,5	547 à 597	72,1 à 78,1
300	125 à 129,2	10,8 à 15	16.2	54,1 à 64	659 à 722	84,8 à 91,1
304	152 à 159 5	8,5 à 16	15	55 à 72	728.5 à 836.3	115,6 à 124
304	158 à 164	10 à 16	22	75 à 89	1012,3 à 1104,7	183,3 à 198,1
320	131 à 135	11,5 à 16,5	17,3	61 à 71	787 à 880	99 à 106,7
340	137 à 142	12,2 à 17,2	18,3	68 à 81,8	931 à 1034	115 à 126
355	152 à 157	11 à 16	18,2	72 à 85,5	1053 à 1158	138,9 à 149
360	143 à 148	13 à 18	19,5	76,1 à 90,7	1098 à 1213	134 à 146

gique). — Les dimensions sont données en millimètres, les moments en centimètres cubes et les poids en kilogrammes au mètre courant. $\frac{I}{V}$ est le moment résistant par rapport à l'axe normal à l'âme et $\frac{i}{v}$ le même moment par rapport à l'axe parallèle à l'âme.

J. — POIDS ET MOMENTS DES FERS [DU COMMERCE EN ACIER

TABLEAU N° 44[1].

HAUTEUR	LARGEUR	ÉPAISSEUR d'âme.	POIDS	$\frac{I}{V}$	$\frac{i}{v}$	DISTANCE v
36	27	4	2 6/10	3,494	0,853	18
36 1/2	31 1/4	6 1/2	4	5,529	2,558	19
40	20	5	3 2/10	3,961	0,996	13
42	14	5	2 5/10	3,072	1,109	9,5
50	43	5 1/2	2 6/10	3.564	1,177	8,5
60	35	6	6 1/10	12,091	3,364	23,7
60	36	4	5	11,877	3.554	21,4
76	52	7	11 1/2	30,804	10,787	33
76	56	11	13 9/10	34,654	12,910	37
77	31	11	9	20,807	3,440	22
77	35	15	11 8/10	25.030	4,327	24
80	53	7	10 1/4	31,411	10,165	35
80	58	12	13 4/10	36,744	12,280	40,1
90	65	8	13 6/10	44.976	16,085	44,3
90	71	14	17 1/2	53,076	18,685	50,1
102	76	8	18 1/2	76,782	19,129	49
102	80	12	21 3/4	83.718	21,279	53,5
105	65	8	14 6/10	59.693	16,710	44,5
105	71	14	19 6/10	70,718	20,049	51,2
106	50	10	17 1/2	66,025	16,586	32
106	56	16	22 6/10	77,261	20,470	36,5
117 1/2	65	10	18	77,259	20,483	43,4
117 1/2	71	16	23 6/10	91,065	24,505	48,8
139	90	9	25	139,358	27,104	61.6
139	94	13	29 4/10	152,055	29,493	66,6
145	60	8	16 2/10	87,817	16,110	42,4
145	66	14	23	108.843	19,299	48,8
152	60	7	15 1/2	88,058	14,942	44
152	66	13	22 7/10	111,162	18,293	50
160	65	8	18	110,892	19,608	47
160	71	14	25 1/2	136,492	23,602	53
175	60	8	19 1/2	121,819	17,698	43,6
175	66	14	27 7/10	152,454	21,652	49,4
200	70	7	20	138,837	18,118	53
200	76	13	29 1/2	178.837	24,737	57,6
200	80	10	29 1/2	209,861	36,095	57
200	86	16	39	249,861	43,661	64
200	95	11	35	264,506	55,846	68
200	101	17	44 1/2	304,506	64,624	73,8
235	90	10	32 1/2	280,086	44,881	67
235	96	16	43 1/2	335,310	51,490	73,5
250	80	10	34 3/10	315,820	43,732	59
250	86	16	46	378,320	48,217	65.2
250	85	8	29	276,996	40,126	62,5
250	91	14	41	339,496	46,586	70
250	90	11	38 6/10	361,271	55,647	66
250	96	17	50 3/10	423,771	64,031	72
260	90	10	36 1/2	339,935	49,730	66
260	96	16	48 8/10	407,535	56,362	73,5
300	75	10	35	357,497	32.592	58
300	81	16	49	447,497	37,562	64,3
303	90	10	40	441,868	52,690	70
303	96	16	54 2/10	533,677	64,067	75

[1] Ce tableau est extrait de l'album de la Société J. Cockerill de Seraing (Belgique). — Les dimensions sont données en millimètres, les moments en centimètres cubes et les poids en kilogrammes au mètre courant. $\frac{I}{V}$ est le moment résistant par rapport à l'axe normal à l'âme et $\frac{i}{v}$ le même moment par rapport à l'axe parallèle à l'âme.

K. — POIDS ET MOMENTS DES CORNIÈRES A BRANCHES ÉGALES EN ACIER

TABLEAU N° 45.

(Les I et les $\frac{I}{V}$ sont donnés par rapport à l'axe parallèle à l'une des branches, le centimètre étant pris comme unité.)

DIMENSIONS des cornières		SURFACE des sections.	POIDS du mètre courant.	DISTANCE de l'axe neutre à		MOMENT d'inertie I	MOMENT résistant $\frac{I}{V}$
Largeur des branches.	Épaisseur des branches.			la base V'	l'arête V		
mm.	mm.	mm²	kg.	mm.	mm.		
20	3	111	0,869	6,10	13,90	0,40	0,29
»	4	144	1,128	6,44	13,56	0,50	0,37
25	3	141	1,104	7,35	17,65	0,82	0,46
»	4	184	1,441	7,71	17,29	1,03	0,60
30	3	171	1,339	8,61	21,39	1,46	0,68
»	4	224	1,754	8,96	21,04	1,85	0,88
»	5	275	2,153	9,32	20,68	2,21	1,07
35	3	201	1,574	9,86	25,14	2,36	0,94
»	4	264	2,067	10,22	24,78	3,02	1,22
»	5	325	2,545	10,58	24,42	3,63	1,49
40	4	304	2,380	11,47	28,53	4,61	1,61
»	5	375	2,936	11,83	28,17	5,56	1,97
»	6	444	3,477	12,19	27,81	6,45	2,32
45	4	344	2,693	12,72	32,28	6,65	2,06
»	5	425	3,328	13,09	31,91	8,07	2,53
»	6	504	3,946	13,45	31,55	9,39	2,98
»	7	581	4,549	13,80	31,20	10,63	3,41
50	5	475	3,719	14,34	35,66	11,25	3,15
»	6	564	4,416	14,70	35,30	13,13	3,72
»	7	651	5,097	15,06	34,94	14,89	4,26
»	8	736	5,763	15,41	34,59	16,56	4,79
55	5	525	4,111	15,59	39,41	15,17	3,85
»	6	624	4,886	15,96	39,04	17,74	4,54
»	7	721	5,645	16,32	38,68	20,2	5,21
»	8	816	6,389	16,67	38,33	22,5	5,87
60	6	684	5,356	17,21	42,79	23,3	5,45
»	7	791	6,194	17,57	42,43	26,6	6,27
»	8	896	7,016	17,93	42,07	29,7	7,06
»	9	999	7,822	18,28	41,72	32,6	7,82
»	10	1 100	8,613	18,63	41,37	35,5	8,57
65	7	861	6,742	18,82	46,18	34,2	7,41
»	8	976	7,642	19,18	45,82	38,3	8,36
»	9	1 089	8,527	19,54	45,46	42,4	9,27
»	10	1 200	9,396	19,90	45,10	46,3	10,17

DIMENSIONS des cornières		SURFACE des sections.	POIDS du mètre courant.	DISTANCE de l'axe neutre à		MOMENT d'inertie I	MOMENT résistant $\frac{I}{V}$
Largeur des branches.	Epaisseur des branches.			la base V′	l'arête V		
mm.	mm.	mm².	kg.	mm.	mm.		
70	7	931	7,290	20,08	49,92	43,2	8,66
»	8	1 056	8,268	20,44	49,56	48,4	9,77
»	9	1 179	9,232	20,80	49,20	53,4	10,85
»	10	1 300	10,179	21,15	48,85	58,2	11,91
»	11	1 419	11,111	21,51	48,49	62,7	12.94
75	8	1 136	8.895	21,69	53,31	60,2	11,29
»	9	1 269	9.936	22,05	52,95	66,4	12,55
»	10	1 400	10,962	22,41	52,59	72,5	13,78
»	11	1 529	11,972	22,77	52,23	78,3	14,99
80	8	1 216	9,521	22,95	57,05	73.8	12,92
»	9	1 359	10,641	23.31	56.69	81,5	14,38
»	10	1 500	11,745	23,66	56,34	89,0	15,79
»	11	1 639	12,833	24,02	55,98	96.2	17,19
»	12	1 776	13.906	24,38	55,62	103,2	18,55
85	9	1 449	11,346	24,57	60,43	98,4	16.33
»	10	1 600	12,528	24,92	60,08	108	17,96
»	11	1 749	13,695	25,27	59,73	117	19,54
»	12	1 896	14,846	25,63	59,37	125	21,09
90	9	1 539	12,050	25,90	64,10	118	18.40
»	10	1 700	13,311	26,18	63,82	129	20,24
»	11	1 859	14,556	26,54	63,46	140	22,05
»	12	2 016	15,785	26,89	63.11	150	23,81
100	9	1 719	13,460	28,32	71.68	164	22,93
»	10	1 900	14,877	28,68	71,32	180	25,24
»	11	2 079	16,279	29,05	70,95	195	27,51
»	12	2 256	17,664	29,40	70,60	210	29,75
»	13	2 431	19,035	29,74	70.26	224	31,90
»	14	2 604	20,389	30,12	69,88	238	34,10
»	15	2 775	21,728	30,48	69,52	252	36,23
110	10	2 100	16,443	31,19	78,81	243	30,83
»	11	2 299	18,001	31,55	78,45	263	33,59
»	15	3 075	24,077	32,99	77,01	342	44,44
120	10	2 300	18,009	33,69	86,31	319	36,99
»	12	2 736	21,423	34,42	85,58	373	43,61
»	15	3 375	26,426	35,50	84,50	450	53,25
130	13	3 211	25,142	37,28	92,72	514	55,45
140	14	3 724	29,159	40,15	99,85	691	69,25
150	15	4 275	33,473	43,02	106,98	911	85,18
»	20	5 600	43,848	44,82	105,15	1159	110,22

L. — POIDS ET DIMENSIONS DES TUYAUX EN FONTE POUR CONDUITES D'EAU

(Les dimensions sont données en mm., les poids en *kg.* au mètre utile).

TABLEAU N° 46. — 1° *Tuyaux à emboîtements.*

DIAMÈTRE intérieur.	DIAMÈTRE intérieur de l'emboîtement	DIAMÈTRE extérieur du tuyau.	ÉPAISSEUR du tuyau.	PROFONDEUR de l'emboîtement.	LONGUEUR utile du tuyau.	POIDS kg.
20	47	33	6.5	60	1 000	6
30	57	43	»	»	2 000	7
40	70	56	8	70	»	10
50	81	66	»	85	2 500	12
60	94	79	9.5	»	3 000	16
70	104	89	»	»	»	18
80	115	100	10	90	»	22
90	125	110	»	»	»	25
100	135	120	»	100	»	28
110	145	130	»	»	»	30
120	156	141	10.5	»	»	33
130	167	151	»	»	»	36
150	188	172	11	»	»	42
175	215	198	11.5	»	»	53
200	241	224	12	»	»	60
225	267	249	»	»	»	71
250	294	276	13	»	»	80
300	346	328	14	110	»	100
350	399	379	14.5	»	4 000	128
400	450	430	15	»	»	155
450	502	482	16	»	»	175
500	553	533	16.5	120	»	210
600	656	636	18	»	»	268
700	758	738	19	»	»	336
800	860	840	20	»	»	410
900	964	942	21	130	»	468
1 000	1 072	1 048	24	»	»	600
1 200	1 276	1 252	26	»	»	810

TABLEAU N° 47. — 2° *Tuyaux à brides.*

DIAMÈTRE intérieur.	DIAMÈTRE extérieur des brides.	DIAMÈTRE de centre à centre des trous.	NOMBRE de trous.	DIAMÈTRE des trous.	LONGUEUR des tuyaux.	POIDS kg.	DIAMÈTRE intérieur.	DIAMÈTRE extérieur des brides.	DIAMÈTRE de centre à centre des trous.	NOMBRE de trous.	DIAMÈTRE des trous.	LONGUEUR des tuyaux.	POIDS kg.
20	Ovales. 70×130	90	2	18	1 000	8	250	400	350	6	24	3 000	80
30	Ovales. 75×140	90	»	»	2 000	9	300	450	400	8	»	»	100
40	Ovales. 80×150	110	»	»	2 000	12	350	520	465	10	»	»	128
50	170	125	4	»	2 500	14	400	575	520	12	25	»	155
60	175	128	»	20	3 000	18	500	680	625	12	»	»	210
75	185	145	»	»	»	22	600	790	725	16	»	»	268
80	200	160	»	»	»	24	700	900	830	18	»	»	336
100	230	180	»	22	»	30	800	1000	930	20	»	»	410
125	260	210	»	»	»	37	900	1100	1030	22	»	»	468
150	290	240	6	»	»	44	1000	1200	1130	24	»	»	600
175	320	270	»	24	»	55	1200	1400	1330	30	»	»	810
200	350	300	»	»	»	62							

M. — POIDS DES TUYAUX EN PLOMB

TABLEAU N° 48

(Les dimensions sont données en millimètres; les poids sont donnés en kilogrammes au mètre courant pour une densité de 11 350).

DIAMÈTRE intérieur.	ÉPAISSEUR DES PAROIS														
	1,5	2	2,5	3	3,5	4	4.5	5	5,5	6	6,5	7	7,5	8	8,5
4 ½	0.32	0.46	0.62	0.80	1.00	1.21	1.44	1.69							
6	0.40	0.57	0,76	0,96	1.19	1.43	1.69	1.96							
8	0.51	0.71	0.94	1.18	1.44	1.71	2.01	2.32							
10	0.62	0.86	1.11	1.39	1.69	2.00	2.33	2.67							
12	0.72	1.00	1.29	1.60	1.93	2.28	2.65	3.03							
14	0.83	1.14	1,47	1.82	2.18	2.57	2.97	3.39							
16	0.94	1,28	1,65	2.03	2,43	2,85	3.29	3.74							
18	1.04	1,43	1.83	2.25	2.68	3.14	3.61	4.10	4,64	5.14					
20	1.15	1.57	2.01	2.46	2.93	3,42	3.93	4.46	5.00	5.56	6.14	6.74	7.36	7.99	8,64
22	1,26	1.71	2,18	2,67	3,18	3.71	4.25	4.81	5.39	5,99	6.61	7.24	7.89	8.56	9,25
25	1.42	1,93	2,45	3,00	3.56	4.14	4.73	5.35	5,98	6.63	7.30	7.99	8,69	9.42	10,15
28	1,58	2,14	2.72	3,32	3.93	4.57	5.22	5.88	6.57	7,27	8.00	8.74	9,50	10,27	11,06
30	. . . .	2,28	2.90	3.53	4.18	4.85	5.54	6.24	6.96	7,70	8,46	9.24	10,03	10.84	11,67
35	. . . .	2,64	3.35	4.07	4.81	5.56	6.35	7.43	7.94	8.77	9.62	10.48	11,37	12.27	13,49
37	. . . .	. . . .	3.52	4.28	5.07	5.85	6.66	7.49	8.34	9.20	10.08	10,98	11.90	12.84	13,79
40	. . . .	. . . .	3,79	4,60	5,43	6.28	7.14	8.02	8.93	9.84	10.78	11.73	12 71	13,70	14.70
45	. . . .	. . . .	. . . .	5.14	6.05	6.99	7.94	8.92	9.91	10.91	11.94	12.98	14,04	15.42	16.22
50	. . . .	. . . .	. . . .	5,67	6.68	7.70	8.75	9.81	10,89	11,98	13.09	14,23	15,38	16,55	17,73
55	. . . .	. . . .	. . . .	. . . .	7,30	8.42	9,55	10.70	11.87	13.05	14.26	15,48	16.72	17,97	19,25
60	. . . .	. . . .	. . . .	. . . .	7,93	9.13	10.35	11.59	12.85	14.12	15.42	16 73	18.06	19.40	20.77
65	. . . .	. . . .	. . . .	. . . .	. . . .	9.84	11.45	12.48	13,83	15,49	16.58	17,97	19,39	20.83	22,28
70	. . . .	. . . .	. . . .	. . . .	. . . .	10.56	11,96	13.37	14.81	16,26	17.73	19,22	20,73	22.25	23,80
80	. . . .	. . . .	. . . .	. . . .	. . . .	11.98	13.56	15,16	16,77	18.40	20.05	21.72	23,40	25.44	26,83
90	. . . .	. . . .	. . . .	. . . .	. . . .	13,41	15.47	16.94	18.73	20.54	22.37	24.22	26,08	27,96	29.86
100	. . . .	. . . .	. . . .	. . . .	. . . .	14.84	16.77	18.72	20,69	22,68	24,69	26.71	28 75	30.84	32,89
110	. . . .	. . . .	. . . .	. . . .	. . . .	16.26	18.38	20.51	22.66	24.82	27.01	29,21	31 43	33.67	35.92
120	. . . .	. . . .	. . . .	. . . .	. . . .	17,69	19.98	22.29	24.62	26.96	29.32	31,71	34 10	36.52	38,95

N. — RÉSISTANCE A LA TRACTION DES BARRES RONDES

Tableau n° 49.

DIAMÈTRE	SECTION en mm².	RÉSISTANCE, LE TRAVAIL AU MILLIMÈTRE CARRÉ ÉTANT ÉGAL A :									
		4,8 = $\frac{4}{5}$ de 6	6	6,4 = $\frac{4}{5}$ de 8	7,2 = $\frac{4}{5}$ de 9	7,5	8 = $\frac{4}{5}$ de 10	9	9,6 = $\frac{4}{5}$ de 12	10	12
6	28,27	136	170	181	204	212	226	254	271	283	339
8	50,27	241	302	322	362	377	402	452	483	503	603
9	63,62	305	382	407	458	477	509	573	611	636	763
10	78,54	377	471	503	565	589	628	707	754	785	942
11	95,03	456	570	608	684	713	760	856	912	950	1 140
12	113,10	543	679	724	814	848	905	1 018	1 086	1 131	1 357
13	132,73	637	796	849	956	995	1 062	1 195	1 274	1 327	1 593
14	153,94	739	924	985	1 108	1 155	1 232	1 385	1 478	1 539	1 847
15	176,71	848	1 060	1 131	1 272	1 325	1 414	1 590	1 696	1 767	2 121
16	201,06	965	1 206	1 287	1 448	1 508	1 608	1 810	1 930	2 011	2 413
17	226,98	1 090	1 362	1 453	1 634	1 702	1 816	2 043	2 179	2 270	2 724
18	254,47	1 221	1 527	1 629	1 832	1 909	2 036	2 290	2 443	2 545	3 054
19	283,53	1 361	1 701	1 815	2 041	2 126	2 268	2 552	2 722	2 835	3 402
20	314,16	1 508	1 885	2 011	2 262	2 356	2 513	2 827	3 016	3 142	3 770
21	346,36	1 663	2 078	2 217	2 494	2 598	2 771	3 117	3 325	3 464	4 156
22	380,13	1 825	2 281	2 433	2 737	2 851	3 041	3 421	3 649	3 801	4 562
23	415,48	1 994	2 493	2 659	2 991	3 116	3 324	3 739	3 989	4 155	4 986
24	452,39	2 171	2 714	2 895	3 257	3 393	3 619	4 072	4 343	4 524	5 429
25	490,87	2 356	2 945	3 142	3 534	3 682	3 927	4 418	4 712	4 909	5 890
27	572,56	2 748	3 435	3 664	4 122	4 294	4 580	5 153	5 497	5 726	6 871
28	615,75	2 956	3 695	3 941	4 433	4 618	4 926	5 542	5 911	6 158	7 389
30	706,86	3 393	4 241	4 524	5 089	5 301	5 655	6 362	6 786	7 069	8 482
35	962,11	4 618	5 773	6 158	6 927	7 216	7 697	8 659	9 236	9 621	11 545
40	1 256,64	6 032	7 540	8 043	9 048	9 425	10 053	11 310	12 064	12 566	15 080
45	1 590,43	7 634	9 543	10 179	11 451	11 928	12 723	14 314	15 268	15 904	19 085
50	1 963,50	9 425	11 781	12 566	14 137	14 72[illegible]	15 708	17 672	18 850	19 635	23 562
55	2 375,83	11 404	14 255	15 205	17 106	17 819	19 007	21 382	22 808	23 758	28 510
60	2 827,43	13 572	16 965	18 096	20 358	21 206	22 619	25 447	27 143	28 274	33 929
65	3 318,31	15 928	19 910	21 237	23 892	24 887	26 546	29 865	31 856	33 183	39 820
70	3 848,45	18 473	23 091	24 630	27 709	28 863	30 788	34 636	36 945	38 485	46 181
75	4 417,86	21 206	26 507	28 274	31 809	33 134	35 343	39 761	42 411	44 179	53 014
80	5 026,55	24 127	30 159	32 170	36 191	37 699	40 212	45 239	48 255	50 266	60 319
85	5 674,50	27 238	34 047	36 317	40 856	42 559	45 396	51 071	54 475	56 745	68 094
90	6 361,73	30 536	38 170	40 715	45 804	47 713	50 894	57 256	61 073	63 617	76 341
95	7 088,22	34 023	42 529	45 365	51 035	53 162	56 706	63 794	68 047	70 882	85 059
100	7 853,98	37 699	47 124	50 265	56 549	58 905	62 832	70 686	75 398	78 540	94 248

O. — TABLE DES SINUS NATURELS, COSINUS, TANGENTES, COTANGENTES ET DÉVELOPPEMENT DES ARCS POUR UN RAYON D'UN MÈTRE

TABLEAU N° 50

1° Minutes.

MINUTES	SINUS NATURELS	COSINUS NATURELS	TANGENTES NATURELLES	COTANGENTES naturelles	DÉVELOPPEMENT DE L'ARC correspondant
1′	0,0002 909	0,9999 999	0,0002 909	3437,74667	0,00029 089
2′	0,0005 818	0,9999 998	0,0005 818	1718,87319	0,00058 178
3′	0,0008 727	0,9999 996	0,0008 727	1145,91530	0,00087 266
4′	0,0011 636	0,9999 993	0,0011 636	859,43630	0,00116 355
5′	0,0014 544	0,9999 989	0,0014 544	687,54887	0,00145 444
6′	0,0017 453	0,9999 984	0,0017 458	572,95721	0,00174 532
7′	0,0020 362	0,9999 979	0,0020 362	491,10600	0,00203 622
8′	0,0023 271	0,9999 973	0,0023 271	429,71757	0,00232 711
9′	0,0026 180	0,9999 966	0,0026 180	381,97099	0,00261 799
10′	0,0029 089	0,9999 959	0,0029 089	343,77371	0,00290 888
11′	0,0031 998	0,9999 949	0,0031 998	312,52137	0,00319 977
12′	0,0034 906	0,9999 939	0,0034 907	286,47773	0,00349 066
13′	0,0037 815	0,9999 928	0,0037 816	264,44080	0,00378 155
14′	0,0040 724	0,9999 917	0,0040 725	245,55198	0,00407 243
15′	0,0043 633	0,9999 905	0,0043 633	229,18166	0,00436 332
16′	0,0046 542	0,9999 892	0,0046 543	214,85762	0,00465 421
17′	0,0049 451	0,9999 878	0,0049 451	202,21875	0,00494 510
18′	0,0052 360	0,9999 863	0,0052 361	190,98419	0,00523 599
19′	0,0055 268	0,9999 847	0,0055 269	180,93220	0,00552 688
20′	0,0058 177	0,9999 830	0,0058 176	171,88540	0,00581 776
21′	0,0061 086	0,9999 813	0,0061 087	163,70019	0,00610 865
22′	0,0063 995	0,9999 795	0,0063 996	156,25908	0,00639 954
23′	0,0066 904	0,9999 776	0,0066 905	149,46501	0,00669 043
24′	0,0069 813	0,9999 756	0,0069 814	143,23712	0,00698 132
25′	0,0072 721	0,9999 735	0,0072 723	137,50745	0,00727 220
26′	0,0075 630	0,9999 713	0,0075 632	132,21851	0,00756 309
27′	0,0078 539	0,9999 691	0,0078 541	127,32134	0,00785 398
28′	0,0081 448	0,9999 658	0,0081 450	122,77396	0,00814 487
29′	0,0084 357	0,9999 644	0,0084 360	118,54018	0,00843 576
30′	0,0087 265	0,9999 619	0,0087 269	114,58865	0,00872 665
31′	0,0090 174	0,9999 593	0,0090 178	110,89205	0,00901 753
32′	0,0093 083	0,9999 566	0,0093 087	107,42648	0,00930 842
33′	0,0095 992	0,9999 539	0,0095 996	104,17093	0,00959 931
34′	0,0098 900	0,9999 511	0,0098 905	101,10690	0,00989 020
35′	0,0101 809	0,9999 482	0,0101 814	98,217943	0,01018 109
36′	0,0104 718	0,9999 452	0,0104 724	95,489475	0,01047 197
37′	0,0107 627	0,9999 421	0,0107 623	92,908487	0,01076 286
38′	0,0110 535	0,9999 389	0,0110 542	90,463336	0,01105 375
39′	0,0113 444	0,9999 356	0,0113 451	88,143572	0,01134 463

TABLE DES SINUS NATURELS, COSINUS, TANGENTES,

MINUTES	SINUS NATURELS	COSINUS NATURELS	TANGENTES NATURELLES	COTANGENTES naturelles	DÉVELOPPEMENT DE L'ARC correspondant
40′	0,0116 353	0,9999 323	0,0116 361	85,939791	0,01163 553
41′	0,0119 261	0,9999 289	0,0119 270	85,843507	0,01192 642
42′	0,0122 170	0,9999 254	0,0122 179	81,847041	0,01221 730
43′	0,0125 079	0,9999 218	0,0125 088	79,943430	0,01250 819
44′	0,0127 987	0,9999 181	0,0127 998	78,126342	0,01279 908
45′	0,0130 896	0,9999 143	0,0130 907	76,390009	0,01308 997
46′	0,0133 805	0,9999 104	0,0133 817	74,729165	0,01339 086
47′	0,0136 713	0,9999 065	0,0136 726	73,138991	0,01367 174
48′	0,0139 622	0,9999 025	0,0139 635	71,615070	0,01396 263
49′	0,0142 530	0,9998 984	0,0142 545	70,153346	0,01425 352
50′	0,0145 439	0,9998 942	0,0145 454	68,750087	0,01454 441
51′	0,0148 348	0,9998 899	0,0148 364	67,401854	0,01483 530
52′	0,0151 256	0,9998 855	0,0151 273	66,105472	0,01512 619
53′	0,0154 165	0,9998 811	0,0154 183	64,858007	0,01541 707
54′	0,0157 073	0,9998 766	0,0157 093	63,656741	0,01570 796
55′	0,0159 982	0,9998 720	0,0160 002	62,499154	0,01599 885
56′	0,0162 890	0,9998 673	0,0162 912	61,382905	0,01628 974
57′	0,0165 799	0,9998 625	0,0165 821	60,305820	0,01658 063
58′	0,0168 707	0,9998 576	0,0168 731	59,265872	0,01687 152
59′	0,0171 616	0,9998 527	0,0171 641	58,261174	0,01716 240
60′	0,0174 524	0,9998 477	0,0174 551	57,289962	0,01745 329

2° Degrés.

DEGRÉS	SINUS NATURELS	COSINUS NATURELS	TANGENTES NATURELLES	COTANGENTES naturelles	DÉVELOPPEMENT DE L'ARC correspondant
1°	0,0174 524	0,9998 477	0,0174 551	57,289962	0,01745 329
10′	0,0203 608	0,9997 927	0,0203 650	49,103881	0,02036 217
20′	0,0232 690	0,9997 292	0,0232 753	42,964077	0,02327 106
30′	0,0261 769	0,9996 573	0,0261 859	38,188459	0,02617 994
40′	0,0290 847	0,9995 769	0,0290 970	34,367771	0,02908 882
50′	0,0319 922	0,9994 881	0,0320 086	31,241577	0,03199 770

COTANGENTES ET DÉVELOPPEMENT DES ARCS (SUITE)

DEGRÉS	SINUS NATURELS	COSINUS NATURELS	TANGENTES NATURELLES	COTANGENTES naturelles	DÉVELOPPEMENT DE L'ARC correspondant
2°	0,0348 995	0,9993 908	0,0349 208	28,636253	0,03490 658
10′	0,0378 065	0,9992 851	0,0378 335	26,431600	0,03781 547
20′	0,0407 131	0,9991 709	0,0407 469	24,541758	0,04072 435
30′	0,0436 194	0,9990 482	0,0436 609	22,903765	0,04363 323
40′	0,0465 253	0,9989 171	0,0465 757	21,470401	0,04654 211
50′	0,0494 308	0,9987 775	0,0494 913	20,205553	0,04945 099
3°	0,0523 360	0,9986 295	0,0524 078	19,081137	0,05235 988
10′	0,0552 406	0,9984 731	0,0553 251	18,074977	0,05226 876
20′	0,0581 448	0,9983 081	0,0582 434	17,169337	0,05817 764
30′	0,0610 485	0,9981 348	0,0611 626	16,349856	0,06108 652
40′	0,0639 517	0,9979 529	0,0640 829	15,604784	0,06399 541
50′	0,0668 544	0,9977 627	0,0670 043	14,924417	0,06690 429
4°	0,0697 565	0,9975 640	0,0699 268	14,300666	0,06981 317
10′	0,0726 580	0,9973 569	0,0728 505	13,72674	0,07272 205
20′	0,0755 589	0,9971 413	0,0757 755	13,19688	0,07563 093
30′	0,0784 591	0,9969 173	0,0787 017	12,70621	0,07853 982
40′	0,0813 587	0,9966 849	0,0816 293	12,25051	0,08144 870
50′	0,0842 576	0,9964 440	0,0845 583	11,82617	0,08435 758
5°	0,0871 557	0,9961 947	0,0874 887	11,43005	0,08726 646
10′	0,0900 532	0,9959 369	0,0904 206	11,05943	0,09017 534
20′	0,0929 499	0,9956 708	0,0933 540	10,71191	0,09308 423
30′	0,0958 458	0,9953 962	0,0962 890	10,38540	0,09599 311
40′	0,0987 408	0,9951 132	0,0992 257	10,07803	0,09890 199
50′	0,1016 351	0,9948 217	0,1021 641	9,78817	0,10181 087
6°	0,1045 284	0,9945 218	0,1051 042	9,51436	0,10471 976
10′	0,1074 210	0,9942 136	0,1080 462	9,25530	0,10762 864
20′	0,1103 126	0,9938 969	0,1109 899	9,00983	0,11053 752
30′	0,1132 032	0,9935 718	0,1139 356	8,77689	0,11344 640
40′	0,1160 929	0,9932 383	0,1168 831	8,55555	0,11635 528
50′	0,1189 816	0,9928 964	0,1198 328	8,34496	0,11926 417
7°	0,1218 697	0,9925 462	0,1227 846	8,14435	0,12217 305
10′	0,1247 560	0,9921 874	0,1257 384	7,95302	0,12508 193
20′	0,1276 416	0,9918 203	0,1286 943	7,77035	0,12799 081
30′	0,1305 262	0,9914 499	0,1316 525	7,59575	0,13089 969
40′	0,1334 096	0,9910 609	0,1346 129	7,42871	0,13380 858
50′	0,1362 919	0,9906 687	0,1375 757	7,26873	0,13671 746

TABLE DES SINUS NATURELS, COSINUS, TANGENTES,

DEGRÉS	SINUS NATURELS	COSINUS NATURELS	TANGENTES NATURELLES	COTANGENTES naturelles	DÉVELOPPEMENT DE L'ARC correspondant
8°	0,1391 731	0,9902 680	0,1405 408	7,11537	0,13962 634
10′	0,1420 531	0,9898 590	0,1435 084	6,95385	0,14253 522
20′	0,1449 319	0,9894 416	0,1464 784	6,82694	0,14544 410
30′	0,1478 094	0,9890 158	0,1494 510	6,69116	0,14835 299
40′	0,1506 857	0,9885 817	0,1524 261	6,56055	0,15126 187
50′	0,1535 607	0,9881 392	0,1554 040	6,43484	0,15417 075
9°	0,1564 345	0,9876 883	0,1583 845	6,31375	0,15707 963
10′	0,1593 069	0,9872 291	0,1613 677	6,19703	0,15998 851
20′	0,1621 779	0,9867 615	0,1643 537	6,08444	0,16289 740
30′	0,1650 476	0,9862 856	0,1673 426	5,97576	0,16580 528
40′	0,1679 159	0,9858 013	0,1703 344	5,87080	0,16871 516
50′	0,1707 828	0,9853 087	0,1733 292	5,76937	0,17162 404
10°	0,1736 482	0,9848 077	0,1763 270	5,67128	0,17453 293
10′	0,1765 121	0,9842 985	0,1793 278	5,57638	0,17744 181
20′	0,1793 746	0,9837 808	0,1823 318	5,48451	0,18035 069
30′	0,1822 355	0,9832 549	0,1853 390	5,39552	0,18325 957
40′	0,1850 949	0,9827 206	0,1883 495	5,30928	0,18616 845
50′	0,1879 527	0,9821 781	0,1913 632	5,22566	0,18907 734
11°	0,1908 090	0,9816 271	0,1943 803	5,14455	0,19198 622
10′	0,1936 636	0,9810 680	0,1974 008	5,06584	0,19489 510
20′	0,1965 166	0,9805 005	0,2004 248	4,98940	0,19780 398
30′	0,1993 679	0,9799 247	0,2034 523	4,91516	0,20071 286
40′	0,2022 176	0,9792 817	0,2067 867	4,84300	0,20362 175
50′	0,2030 655	0,9787 483	0,2095 181	4,77286	0,20653 063
12°	0,2079 117	0,9781 476	0,2125 565	4,70463	0,20943 951
10′	0,2107 561	0,9775 386	0,2155 988	4,63825	0,21234 839
20′	0,2135 988	0,9769 215	0,2186 448	4,57363	0,21525 727
30′	0,2164 396	0,9762 960	0,2216 947	4,51071	0,21816 616
40′	0,2192 786	0,9756 623	0,2247 485	4,44942	0,22107 504
50′	0,2221 158	0,9750 208	0,2278 063	4,38969	0,22398 392
13°	0,2249 511	0,9743 701	0,2308 682	4,33148	0,22689 280
10′	0,2277 844	0,9737 116	0,2339 342	4,27471	0,22980 168
20′	0,2306 159	0,9730 448	0,2370 044	4,21933	0,23271 057
30′	0,2334 454	0,9723 699	0,2400 787	4,16530	0,23561 945
40′	0,2362 729	0,9716 867	0,2431 575	4,11256	0,23852 833
50′	0,2390 984	0,9709 954	0,2462 405	4,06107	0,24143 721

COTANGENTES ET DÉVELOPPEMENT DES ARCS (SUITE)

DEGRÉS	SINUS NATURELS	COSINUS NATURELS	TANGENTES NATURELLES	COTANGENTES naturelles	DÉVELOPPEMENT DE L'ARC correspondant
14°	0,2419 219	0,9702 957	0,2493 280	4,01078	0,24434 609
10′	0,2447 433	0,9695 879	0,2524 200	3,96165	0,24725 498
20′	0,2475 627	0,9688 718	0,2555 165	3,91364	0,25016 386
30′	0,2503 800	0,9681 476	0,2586 176	3,86671	0,25307 274
40′	0,2531 952	0,9674 152	0,2617 234	3,82083	0,25598 162
50′	0,2560 082	0,9666 746	0,2648 339	3,77595	0,25889 051
15°	0,2588 190	0,9659 258	0,2679 492	3,73205	0,26179 939
10′	0,2616 277	0,9651 688	0,2710 693	3,68909	0,26470 827
20′	0,2644 342	0,9644 037	0,2741 944	3,64705	0,26761 715
30′	0,2672 384	0,9636 305	0,2773 245	3,60588	0,27052 603
40′	0,2700 403	0,9628 490	0,2804 597	3,56557	0,27343 492
50′	0,2728 400	0,9620 594	0,2835 999	3,52609	0,27634 380
16°	0,2756 374	0,9612 617	0,2867 453	3,48741	0,27925 268
10′	0,2784 324	0,9604 558	0,2898 961	3,44951	0,28216 156
20′	0,2812 251	0,9596 418	0,2930 521	3,41236	0,28507 044
30′	0,2840 153	0,9588 197	0,2962 135	3,37594	0,28797 933
40′	0,2868 032	0,9579 895	0,2993 803	3,34023	0,29088 821
50′	0,2895 887	0,9571 512	0,3025 527	3,30521	0,29379 709
17°	0,2923 717	0,9563 048	0,3057 306	3,27085	0,29670 597
10′	0,2951 522	0,9554 502	0,3089 143	3,23714	0,29961 485
20′	0,2979 303	0,9545 876	0,3121 036	3,20406	0,30252 374
30′	0,3007 058	0,9537 169	0,3152 988	3,17159	0,30543 262
40′	0,3034 788	0,9528 382	0,3184 998	3,13972	0,30834 150
50′	0,3062 492	0,9519 514	0,3217 067	3,10842	0,31125 038
18°	0,3090 170	0,9510 565	0,3249 196	3,07768	0,31415 926
10′	0,3117 822	0,9501 536	0,3281 387	3,04749	0,31706 815
20′	0,3145 448	0,9492 426	0,3313 639	3,01783	0,31997 703
30′	0,3173 047	0,9483 236	0,3345 953	2,98869	0,32288 591
40′	0,3200 619	0,9473 966	0,3378 330	2,96004	0,32579 479
50′	0,3228 164	0,9464 616	0,3410 771	2,93189	0,32870 368
19°	0,3255 682	0,9455 185	0,3443 277	2,90421	0,33161 256
10′	0,3283 172	0,9445 675	0,3475 846	2,87700	0,33452 144
20′	0,3310 634	0,9436 085	0,3508 483	2,85023	0,33743 032
30′	0,3338 069	0,9426 415	0,3541 186	2,82391	0,34033 920
40′	0,3365 475	0,9416 665	0,3573 956	2,79802	0,34324 809
50′	0,3392 853	0,9406 835	0,3606 795	2,77254	0,34615 697

TABLE DES SINUS NATURELS, COSINUS, TANGENTES,

DEGRÉS	SINUS NATURELS	COSINUS NATURELS	TANGENTES NATURELLES	COTANGENTES naturelles	DÉVELOPPEMENT DE L'ARC correspondant
20°	0,3420 202	0,9396 926	0,3639 703	2,74748	0,34906 585
10′	0,3447 522	0,9386 937	0,3672 680	2,72281	0,35197 473
20′	0,3474 813	0,9376 869	0,3705 728	2,69853	0,35488 361
30′	0,3502 074	0,9366 722	0,3738 847	2,67462	0,35779 250
40′	0,3529 306	0,9356 495	0,3772 038	2,65109	0,36070 138
50′	0,3556 208	0,9346 189	0,3805 303	2,62791	0,36361 026
21°	0,3583 679	0,9335 804	0,3838 640	2,60509	0,36651 914
10′	0,3610 821	0,9325 340	0,3872 053	2,58261	0,36942 802
20′	0,3637 932	0,9314 797	0,3905 511	2,56046	0,37233 691
30′	0,3665 013	0,9304 175	0,3939 105	2,53865	0,37524 579
40′	0,3692 062	0,9293 475	0,3972 746	2,51715	0,37815 467
50′	0,3719 080	0,9282 696	0,4006 465	2,49597	0,38106 355
22°	0,3746 066	0,9271 839	0,4040 262	2,47509	0,38397 243
10′	0,3773 021	0,9260 903	0,4074 139	2,45451	0,38688 132
20′	0,3799 944	0,9249 888	0,4108 097	2,43422	0,38979 020
30′	0,3826 834	0,9238 795	0,4142 136	2,41422	0,39269 908
40′	0,3853 693	0,9227 624	0,4176 257	2,39449	0,39560 796
50′	0,3880 518	0,9216 375	0,4210 460	2,37504	0,39851 685
23°	0,3907 311	0,9205 049	0,4244 748	2,35585	0,40142 573
10′	0,3934 071	0,9193 644	0,4279 120	2,33693	0,40433 461
20′	0,3960 798	0,9182 161	0,4313 579	2,31826	0,40724 349
30′	0,3987 491	0,9170 601	0,4348 124	2,29984	0,41015 237
40′	0,4014 150	0,9158 963	0,4382 756	2,28167	0,41306 126
50′	0,4040 775	0,9147 247	0,4417 476	2,26374	0,41597 014
24°	0,4067 366	0,9135 454	0,4452 286	2,24604	0,41887 902
10′	0,4093 923	0,9123 584	0,4487 187	2,22857	0,42178 790
20′	0,4120 446	0,9111 637	0,4522 179	2,21132	0,42469 678
30′	0,4146 932	0,9099 613	0,4557 264	2,19430	0,42760 567
40′	0,4173 385	0,9087 511	0,4592 439	2,17749	0,43051 455
50′	0,4199 801	0,9075 333	0,4627 709	2,16090	0,43342 343
25°	0,4226 183	0,9063 078	0,4663 076	2,14451	0,43633 231
10′	0,4252 528	0,9050 746	0,4698 539	2,12832	0,43924 119
20′	0,4278 838	0,9038 338	0,4734 098	2,11233	0,44215 008
30′	0,4305 111	0,9025 853	0,4769 755	2,09654	0,44505 896
40′	0,4331 348	0,9013 291	0,4805 512	2,08094	0,44796 784
50′	0,4357 548	0,9000 654	0,4841 368	2,06553	0,45087 672

COTANGENTES ET DÉVELOPPEMENT DES ARCS (SUITE)

DEGRÉS	SINUS NATURELS	COSINUS NATURELS	TANGENTES NATURELLES	COTANGENTES naturelles	DÉVELOPPEMENT DE L'ARC correspondant
26°	0,4383 712	0,8987 940	0,4877 326	2,05030	0,45378 561
10′	0,4409 838	0,8975 151	0,4913 386	2,03526	0,45669 449
20′	0,4435 927	0,8962 285	0,4949 549	2,02039	0,45960 337
30′	0,4461 978	0,8949 343	0,4985 816	2,00569	0,46251 225
40′	0,4487 992	0,8936 327	0,5022 189	1,99116	0,46542 113
50′	0,4513 968	0,8923 233	0,5058 668	1,97680	0,46833 002
27°	0,4539 905	0,8910 065	0,5095 255	1,96261	0,47123 890
10′	0,4565 804	0,8896 821	0,5131 950	1,94858	0,47414 778
20′	0,4591 664	0,8883 502	0,5168 755	1,93470	0,47705 666
30′	0,4617 486	0,8870 108	0,5205 670	1,92098	0,47996 554
40′	0,4643 269	0,8856 639	0,5242 698	1,90741	0,48287 443
50′	0,4669 012	0,8843 095	0,5279 839	1,89400	0,48578 331
28°	0,4694 716	0,8829 476	0,5317 094	1,88073	0,48869 219
10′	0,4720 380	0,8815 782	0,5354 465	1,86760	0,49160 107
20′	0,4746 004	0,8802 014	0,5391 952	1,85462	0,49450 995
30′	0,4771 588	0,8788 171	0,5429 557	1,84177	0,49741 884
40′	0,4797 131	0,8774 254	0,5467 281	1,82906	0,50032 772
50′	0,4822 634	0,8760 262	0,5505 125	1,81649	0,50323 660
29°	0,4848 096	0,8746 197	0,5543 091	1,80405	0,50614 548
10′	0,4873 517	0,8732 058	0,5581 179	1,79174	0,50905 436
20′	0,4898 897	0,8717 844	0,5619 391	1,77955	0,51196 325
30′	0,4924 236	0,8703 557	0,5657 728	1,76749	0,51487 213
40′	0,4949 533	0,8689 196	0,5696 191	1,75556	0,51778 101
50′	0,4974 787	0,8674 762	0,5734 783	1,74375	0,52068 989
30°	0,5000 000	0,8660 254	0,5773 503	1,73205	0,52359 877
10′	0,5025 170	0,8645 673	0,5812 353	1,72047	0,52650 766
20′	0,5050 299	0,8631 019	0,5851 335	1,70901	0,52941 654
30′	0,5075 384	0,8616 292	0,5890 450	1,69766	0,53232 542
40′	0,5100 426	0,8601 491	0,5929 699	1,68643	0,53523 430
50′	0,5125 425	0,8586 618	0,5969 084	1,67530	0,53814 319
31°	0,5150 381	0,8571 673	0,6008 606	1,66428	0,54105 207
10′	0,5175 293	0,8556 655	0,6048 266	1,65337	0,54396 095
20′	0,5200 161	0,8541 564	0,6088 067	1,64256	0,54686 983
30′	0,5224 986	0,8526 402	0,6128 008	1,63185	0,54977 871
40′	0,5249 766	0,8511 166	0,6168 092	1,62125	0,55268 760
50′	0,5274 502	0,8495 860	0,6208 320	1,61074	0,55559 648

TABLE DES SINUS NATURELS, COSINUS, TANGENTES,

DEGRÉS	SINUS NATURELS	COSINUS NATURELS	TANGENTES NATURELLES	COTANGENTES naturelles	DÉVELOPPEMENT DE L'ARC correspondant
32°	0,5299 193	0,8480 481	0,6248 693	1,60033	0,55850 536
10′	0,5323 839	0,8465 030	0,6289 215	1,59002	0,56141 424
20′	0,5348 440	0,8449 508	0,6329 883	1,57981	0,56432 312
30′	0,5372 996	0,8433 914	0,6370 703	1,56969	0,56723 201
40′	0,5397 507	0,8418 249	0,6411 673	1,55966	0,57014 089
50′	0,5421 971	0,8402 513	0,6452 797	1,54972	0,57304 977
33°	0,5446 390	0,8386 706	0,6494 081	1,53986	0,57595 865
10′	0,5470 763	0,8370 827	0,6535 511	1,53010	0,57886 754
20′	0,5495 000	0,8354 878	0,6577 103	1,52043	0,58177 642
30′	0,5519 370	0,8338 858	0,6618 856	1,51084	0,58468 530
40′	0,5543 603	0,8322 768	0,6660 769	1,50133	0,58759 418
50′	0,5567 790	0,8306 607	0,6702 845	1,49190	0,59050 306
34°	0,5591 929	0,8290 376	0,6745 083	1,48256	0,59341 195
10′	0,5616 021	0,8274 074	0,6787 492	1,47330	0,59632 083
20′	0,5640 065	0,8257 703	0,6830 066	1,46411	0,59922 971
30′	0,5664 062	0,8241 262	0,6872 810	1,45501	0,60213 859
40′	0,5688 011	0,8224 751	0,6915 724	1,44598	0,60504 747
50′	0,5711 912	0,8208 170	0,6958 813	1,43703	0,60795 636
35°	0,5735 764	0,8191 521	0,7002 076	1,42815	0,61086 524
10′	0,5759 568	0,8174 801	0,7045 515	1,41934	0,61377 412
20′	0,5783 323	0,8158 013	0,7089 133	1,41061	0,61668 300
30′	0,5807 030	0,8141 155	0,7132 931	1,40195	0,61959 188
40′	0,5830 687	0,8124 229	0,7176 911	1,39336	0,62250 077
50′	0,5854 294	0,8107 233	0,7221 075	1,38484	0,62540 965
36°	0,5877 853	0,8090 170	0,7265 425	1,37638	0,62831 853
10′	0,5901 361	0,8073 038	0,7309 963	1,36800	0,63122 741
20′	0,5924 819	0,8055 837	0,7354 691	1,35968	0,63413 629
30′	0,5948 228	0,8038 569	0,7399 611	1,35142	0,63704 518
40′	0,5971 586	0,8021 232	0,7444 724	1,34323	0,63995 406
50′	0,5994 893	0,8003 827	0,7490 033	1,33511	0,64286 294
37°	0,6018 150	0,7986 355	0,7535 540	1,32704	0,64577 182
10′	0,6041 356	0,7968 815	0,7581 248	1,31904	0,64868 070
20′	0,6064 511	0,7951 208	0,7627 157	1,31110	0,65158 959
30′	0,6087 614	0,7933 533	0,7673 270	1,30323	0,65449 847
40′	0,6110 666	0,7915 792	0,7719 589	1,29541	0,65740 735
50′	0,6133 666	0,7897 983	0,7766 117	1,28764	0,66031 623

COTANGENTES ET DÉVELOPPEMENT DES ARCS (SUITE)

DEGRÉS	SINUS NATURELS	COSINUS NATURELS	TANGENTES NATURELLES	COTANGENTES naturelles	DÉVELOPPEMENT DE L'ARC correspondant
38°	0,6156 615	0,7880 107	0,7812 855	1,27994	0,66322 512
10′	0,6179 511	0,7862 165	0,7859 808	1,27230	0,66613 400
20′	0,6202 355	0,7844 157	0,7906 975	1,26471	0,66904 288
30′	0,6225 146	0,7826 082	0,7954 359	1,25717	0,67195 176
40′	0,6247 885	0,7807 940	0,8001 963	1,24969	0,67486 064
50′	0,6270 571	0,7789 733	0,8049 790	1,24227	0,67776 953
39°	0,6293 204	0,7771 460	0,8097 841	1,23490	0,68067 841
10′	0,6315 784	0,7753 121	0,8146 118	1,22758	0,68358 729
20′	0,6338 309	0,7734 716	0,8194 625	1,22031	0,68649 617
30′	0,6360 782	0,7716 246	0,8243 364	1,21310	0,68940 505
40′	0,6383 201	0,7697 710	0,8292 337	1,20593	0,69231 394
50′	0,6405 566	0,7679 110	0,8341 547	1,19882	0,69522 282
40°	0,6427 875	0,7660 444	0,8390 996	1,19175	0,69813 170
10′	0,6450 132	0,7641 714	0,8440 688	1,18474	0,70104 058
20′	0,6472 334	0,7622 919	0,8490 624	1,17777	0,70394 947
30′	0,6494 480	0,7604 060	0,8540 807	1,17085	0,70685 835
40′	0,6516 572	0,7585 136	0,8591 240	1,16398	0,70976 723
50′	0,6538 609	0,7566 147	0,8641 926	1,15715	0,71267 611
41°	0,6560 590	0,7547 096	0,8692 868	1,15037	0,71558 499
10′	0,6582 516	0,7527 980	0,8744 067	1,14363	0,71849 388
20′	0,6604 386	0,7508 800	0,8795 528	1,13694	0,72140 276
30′	0,6626 201	0,7489 557	0,8847 253	1,13029	0,72431 164
40′	0,6647 959	0,7470 251	0,8899 245	1,12369	0,72722 052
50′	0,6669 661	0,7450 881	0,8951 506	1,11713	0,73012 940
42°	0,6691 306	0,7431 448	0,9004 039	1,11061	0,73303 829
10′	0,6712 895	0,7411 953	0,9056 851	1,10414	0,73594 717
20′	0,6734 427	0,7392 394	0,9109 941	1,09770	0,73885 605
30′	0,6755 902	0,7372 773	0,9163 312	1,09131	0,74176 493
40′	0,6777 320	0,7353 090	0,9216 968	1,08496	0,74467 381
50′	0,6798 681	0,7333 345	0,9270 914	1,07864	0,74758 270
43°	0,6819 984	0,7313 537	0,9325 151	1,07237	0,75049 158
10′	0,6841 229	0,7293 667	0,9379 683	1,06613	0,75340 046
20′	0,6862 416	0,7273 736	0,9434 513	1,05994	0,75630 934
30′	0,6883 545	0,7253 744	0,9489 646	1,05378	0,75921 822
40′	0,6904 617	0,7233 690	0,9545 083	1,04766	0,76212 711
50′	0,6925 630	0,7213 574	0,9600 829	1,04158	0,76503 599

TABLE DES SINUS NATURELS, COSINUS, TANGENTES,

DEGRÉS	SINUS NATURELS	COSINUS NATURELS	TANGENTES NATURELLES	COTANGENTES naturelles	DÉVELOPPEMENT DE L'ARC correspondant
44°	0,6946 584	0,7193 398	0,9656 889	1,03553	0,76794 487
10′	0,6967 479	0,7173 161	0,9713 262	1,02952	0,77085 375
20′	0,6988 315	0,7152 863	0,9769 956	1,02355	0,77376 263
30′	0,7009 093	0,7132 505	0,9826 973	1,01761	0,77667 152
40′	0,7029 810	0,7112 086	0,9884 316	1,01170	0,77958 040
50′	0,7050 469	0,7091 607	0,9941 991	1,00583	0,78248 928
45°	0,7071 068	0,7071 068	1,0000 000	1,00000	0,78539 816
30′	0,7132 505	0,7009 093	1,0176 074	0,98270	0,79412 481
46°	0,7193 398	0,6946 584	1,0355 305	0,96569	0,80285 146
30′	0,7253 744	0,6883 545	1,0537 801	0,94896	0,81157 810
47°	0,7313 537	0,6819 984	1,0723 686	0,93252	0,82030 475
30′	0,7372 773	0,6755 902	1,0913 085	0,91633	0,82903 139
48°	0,7431 448	0,6691 306	1,1106 125	0,90040	0,83775 804
30′	0,7489 557	0,6626 201	1,1302 944	0,88473	0,84648 469
49°	0,7547 096	0,6560 590	1,1503 684	0,86929	0,85521 133
30′	0,7694 060	0,6494 480	1,1708 496	0,85408	0,86393 798
50°	0,7660 444	0,6427 875	1,1917 536	0,83910	0,87266 463
30′	0,7716 246	0,6360 782	1,2130 970	0,82434	0,88139 127
51°	0,7771 460	0,6293 204	1,2348 971	0,80978	0,89011 792
30′	0,7826 082	0,6225 146	1,2571 723	0,79544	0,89884 456
52°	0,7880 107	0,6156 615	1,2799 417	0,78129	0,90757 121
30′	0,7933 583	0,6087 614	1,3032 254	0,76733	0,91629 786
53°	0,7986 355	0,6018 150	1,3270 448	0,75355	0,92502 450
30′	0,8038 569	0,5948 228	1,3514 224	0,73996	0,93375 115
54°	0,8090 170	0,5877 853	1,3763 819	0,72654	0,94247 780
30′	0,8141 155	0,5807 030	1,4019 483	0,71329	0,95120 444
55°	0,8191 521	0,5735 764	1,4281 473	0,70021	0,95993 109
30′	0,8241 262	0,5664 062	1,4550 090	0,68728	0,96865 773
56°	0,8290 376	0,5591 929	1,4825 610	0,67451	0,97738 428
30′	0,8338 858	0,5519 370	1,5108 352	0,66189	0,98611 103
57°	0,8386 706	0,5446 390	1,5398 649	0,64941	0,99483 767
30′	0,8433 914	0,5372 996	1,5696 856	0,63607	1,00356 432
58°	0,8480 481	0,5299 193	1,6003 345	0,62487	1,01229 097
30′	0,8526 402	0,5224 986	1,6318 517	0,61280	1,02101 761
59°	0,8571 673	0,5150 381	1,6642 797	0,60086	1,02974 426
30′	0,8616 292	0,5075 384	1,6976 631	0,58904	1,03847 090

COTANGENTES ET DÉVELOPPEMENT DES ARCS (SUITE)

DEGRÉS	SINUS NATURELS	COSINUS NATURELS	TANGENTES NATURELLES	COTANGENTES naturelles	DÉVELOPPEMENT DE L'ARC correspondant
60°	0,8660 254	0,5000 000	1,7320 508	0,57735	1,04719 755
30′	0,8703 557	0,4924 236	1,7674 940	0,56577	1,05592 420
61°	0,8746 197	0,4848 096	1,8040 477	0,55431	1,06465 084
30′	0,8788 171	0,4771 588	1,8417 709	0,54296	1,07337 749
62°	0,8829 476	0,4694 716	1,8807 264	0,53171	1,08210 414
30′	0,8870 108	0,4617 486	1,9209 821	0,52057	1,09083 078
63°	0,8910 065	0,4539 905	1,9626 104	0,50953	1,09955 743
30′	0,8949 343	0,4461 978	2,0056 897	0,49858	1,10828 407
64°	0,8987 940	0,4383 712	2,0503 038	0,48773	1,11701 072
30′	0,9025 853	0,4305 111	2,0965 436	0,47698	1,12573 737
65°	0,9063 078	0,4226 183	2,1445 069	0,46631	1,13446 401
30′	0,9099 613	0,4146 932	2,1942 997	0,45573	1,14319 066
66°	0,9135 454	0,4067 366	2,2460 368	0,44523	1,15191 731
30′	0,9170 601	0,3987 491	2,2998 425	0,43481	1,16064 395
67°	0,9205 049	0,3907 311	2,3558 527	0,42447	1,16937 060
30′	0,9238 795	0,3826 834	2,4142 136	0,41421	1,17809 724
68°	0,9271 839	0,3746 066	2,4750 869	0,40403	1,18682 329
30′	0,9304 175	0,3665 013	2,5386 479	0,39391	1,19553 054
69°	0,9335 804	0,3583 679	2,6050 892	0,38386	1,20427 718
30′	0,9366 722	0,3502 074	2,6746 215	0,37388	1,21300 383
70°	0,9396 926	0,3420 202	2,7474 772	0,36397	1,22173 048
30′	0,9426 415	0,3338 069	2,8239 129	0,35412	1,23045 712
71°	0,9455 185	0,3255 682	2,9042 106	0,34433	1,23918 377
30	0,9483 236	0,3173 047	2,9886 850	0,33460	1,24791 042
72°	0,9510 057	0,3090 170	3,0766 837	0,32492	1,25663 706
30′	0,9537 169	0,3007 058	3,1715 948	0,31530	1,26536 371
73°	0,9563 048	0,2923 717	3,2708 526	0,30573	1,27409 035
30′	0,9588 197	0,2840 153	3,3759 434	0,29621	1,28281 700
74°	0,9612 617	0,2756 374	3,4874 145	0,28675	1,29154 365
30′	0,9636 305	0,2672 384	3,6058 835	0,27732	1,30027 029
75°	0,9659 258	0,2588 190	3,7320 509	0,26795	1,30899 694
30′	0,9681 476	0,2503 800	3,8667 131	0,25862	1,31772 359
76°	0,9702 957	0,2419 219	4,0107 798	0,24933	1,32645 023
30′	0,9723 699	0,2334 454	4,1652 998	0,24008	1,33517 688
77°	0,9743 701	0,2249 511	4,3314 752	0,23087	1,34390 352
30′	0,9762 960	0,2164 396	4,5107 085	0,22169	1,35263 017

DEGRÉS	SINUS NATURELS	COSINUS NATURELS	TANGENTES NATURELLES	COTANGENTES naturelles	DÉVELOPPEMENT DE L'ARC correspondant
78°	0,9781 476	0,2079 117	4,7046 304	0,21256	1,36135 682
30′	0,9799 247	0,1993 679	4,9151 570	0,20345	1,37008 346
79°	0,9816 271	0,1908 090	4,1445 535	0,19438	1,37881 011
30′	0,9832 549	0,1822 355	5,3955 172	0,18534	1,38753 676
80°	0,9848 077	0,1736 482	5,6712 805	0,17633	1,39626 340
30′	0,9862 856	0,1650 476	5,9757 644	0,16734	1,40499 005
81°	0,9876 883	0,1564 345	6,3137 522	0,15838	1,41371 669
30′	0,9890 158	0,1478 094	6,6911 562	0,14945	1,42244 334
82°	0,9902 680	0,1391 731	7,1153 705	0,14054	1,43116 999
30′	0,9914 449	0,1305 262	7,5957 541	0,13165	1,43989 663
83°	0,9925 462	0,1218 693	8,1443 444	0,12278	1,44862 328
30′	0,9935 718	0,1132 032	1,7768 874	0,11394	1,45734 993
84°	0.9945 218	0,1045 284	9,5143 652	0,10510	1,46607 657
30′	0,9953 962	0,0958 458	10,3853 970	0,09629	1,47480 322
85°	0,9961 947	0.0871 557	11,4300 526	0,08749	1,48352 986
30′	0,9969 173	0,0784 591	12,7062 040	0,07870	1,49225 651
86°	0,9975 640	0,0697 565	14,3006 677	0,06993	1,50098 316
30′	0,9981 348	0,0610 485	16,3498 550	0,06116	1,50970 980
87°	0,9986 295	0.0523 360	19,0811 359	0,05241	1,51843 645
30′	0,9990 482	0,0436 194	22,9037 650	0,04366	1,52716 310
88°	0,9993 908	0,0348 995	28,6362 500	0,03492	1,53588 974
30′	0,9996 573	0,0261 769	38,1884 590	0,02619	1,54461 639
89°	0,9998 477	0,0174 524	57,2899 605	0,01746	1,55334 303
30′	0,9999 619	0.0087 265	114,5886 500	0,00873	1,56206 968
90°	1,0000 000	0,0000 000	Infinie.	0,00000	1,57079 633

P. — TABLE DES NOMBRES DE 1 A 1000

donnant le nombre n, le carré n^2, le cube n^3, la racine carrée $\sqrt{n}$, la racine cubique $\sqrt[3]{n}$, le logarithme vulgaire $\log n$ et 1000 fois l'inverse du nombre $1000 \frac{1}{n}$, enfin la longueur de la circonférence $n\pi$ et la surface du cercle $\frac{\pi n^2}{4}$ ayant n comme diamètre.

TABLEAU N° 51

n	n^2	n^3	$\sqrt{n}$	$\sqrt[3]{n}$	$\log n$	$1000.\frac{1}{n}$	πn	$\frac{\pi n^2}{4}$
1	1	1	1,0000	1,0000	0,00000	1000,000	3,142	0,7854
2	4	8	1,4142	1,2599	0,30103	500,000	6,283	3,1416
3	9	27	1,7321	1,4422	0,47712	333,333	9,425	7,0686
4	16	64	2,0000	1,5874	0,60206	250,000	12,566	12,5664
5	25	125	2,2361	1,7100	0,69897	200,000	15,708	19,6350
6	36	216	2,4495	1,8171	0,77815	166,667	18,850	28,2743
7	49	343	2,6458	1,9129	0,84510	142,857	21,991	38,4845
8	64	512	2,8284	2,0000	0,90309	125,000	25,133	50,2655
9	81	729	3,0000	2,0801	0,95424	111,111	28,274	63,6173
10	100	1000	3,1623	2,1544	1,00000	100,000	31,416	78,5398
11	121	1331	3,3166	2,2240	1,04139	90,9091	34,558	95,0332
12	144	1728	3,4641	2,2894	1,07918	83,3333	37,699	113,097
13	169	2197	3,6056	2,3513	1,11394	76,9231	40,841	132,732
14	196	2744	3,7417	2,4101	1,14613	71,4286	43,982	153,938
15	225	3375	3,8730	2,4662	1,17609	66,6667	47,124	176,715
16	256	4096	4,0000	2,5198	1,20412	62,5000	50,265	201,062
17	289	4913	4,1231	2,5713	1,23045	58,8235	53,407	226,980
18	324	5832	4,2426	2,6207	1,25527	55,5556	56,549	254,469
19	361	6859	4,3589	2,6684	1,27875	52,6316	59,690	283,529
20	400	8000	4,4721	2,7144	1,30103	50,0000	62,832	314,159
21	441	9261	4,5826	2,7589	1,32222	47,6190	65,973	346,361
22	484	10648	4,6904	2,8020	1,34242	45,4545	69,115	380,133
23	529	12167	4,7958	2,8439	1,36173	43,4783	72,257	415,476
24	576	13824	4,8990	2,8845	1,38021	41,6667	75,398	452,389
25	625	15625	5,0000	2,9240	1,39794	40,0000	78,540	490,874
26	676	17576	5,0990	2,9625	1,41497	38,4615	81,681	530,929
27	729	19683	5,1962	3,0000	1,43136	37,0370	84,823	572,555
28	784	21952	5,2915	3,0366	,44716	35,7143	87,965	615,752
29	841	24389	5,3852	3,0723	1,46240	34,4828	91,106	660,520
30	900	27000	5,4772	3,1072	1,47712	33,3333	94,248	706,858
31	961	29791	5,5678	3,1414	1,49136	32,2581	97,389	754,768
32	1024	32768	5,6569	3,1748	1,50515	31,2500	100,531	804,248
33	1089	35937	5,7446	3,2075	1,51851	30,3030	103,673	855,299
34	1156	39304	5,8310	3,2396	1,53148	29,4118	106,814	907,920
35	1225	42875	5,9161	3,2711	1,54407	28,5714	109,956	962,113
36	1296	46656	6,0000	3,3019	1,55630	27,7778	113,097	1017,88
37	1369	50653	6,0828	3,3322	1,56820	27,0270	116,239	1075,21
38	1444	54872	6,1644	3,3620	1,57978	26,3158	119,381	1134,11
39	1521	59319	6,2450	3,3912	1,59106	25,6410	122,522	1194,59

n	n^2	n^3	$\sqrt{n}$	$\sqrt[3]{n}$	$\log n$	$1000.\frac{1}{n}$	πn	$\frac{\pi n^2}{4}$
40	1600	64000	6,3246	3,4200	1,60206	25,0000	125,66	1256,64
41	1681	68921	6,4031	3,4482	1,61278	24,3902	128,81	1320,25
42	1764	74088	6,4807	3,4760	1,62325	23,8095	131,95	1385,44
43	1849	79507	6,5574	3,5034	1,63347	23,2558	135,09	1452,20
44	1936	85184	6,6332	3,5303	1,64345	22,7273	138,23	1520,53
45	2025	91125	6,7082	3,5569	1,65321	22,2222	141,37	1590,43
46	2116	97336	6,7823	3,5830	1,66276	21,7391	144,51	1661,90
47	2209	103823	6,8557	3,6088	1,67210	21,2766	147,65	1734,94
48	2304	110592	6,9282	3,6342	1,68124	20,8333	150,80	1809,56
49	2401	117649	7,0000	3,6593	1,69020	20,4082	153,94	1885,74
50	2500	125000	7,0711	3,6840	1,69897	20,0000	157,08	1963,50
51	2601	132651	7,1414	3,7084	1,70757	19,6078	160,22	2042,82
52	2704	140608	7,2111	3,7325	1,71600	19,2308	163,36	2123,72
53	2809	148877	7,2801	3,7563	1,72428	18,8679	166,50	2206,18
54	2916	157464	7,3485	3,7798	1,73239	18,5185	169,65	2290,22
55	3025	166375	7,4162	3,8030	1,74036	18,1818	172,79	2375,83
56	3136	175616	7,4833	3,8259	1,74819	17,8571	175,93	2463,01
57	3249	185193	7,5498	3,8485	1,75587	17,5439	179,07	2551,76
58	3364	195112	7,6158	3,8709	1,76343	17,2414	182,21	2642,08
59	3481	205379	7,6811	3,8930	1,77085	16,9492	185,35	2733,97
60	3600	216000	7,7460	3,9149	1,77815	16,6667	188,50	2827,43
61	3721	226981	7,8102	3,9365	1,78533	16,3934	191,64	2922,47
62	3844	238328	7,8740	3,9579	1,79239	16,1290	194,78	3019,07
63	3969	250047	7,9373	3,9791	1,79934	15,8730	197,92	3117,25
64	4096	262144	8,0000	4,0000	1,80618	15,6250	201,06	3216,99
65	4225	274625	8,0623	4,0207	1,81291	15,3846	204,20	3318,31
66	4356	287496	8,1240	4,0412	1,81954	15,1515	207,35	3421,19
67	4489	300763	8,1854	4,0615	1,82607	14,9254	210,49	3525,65
68	4624	314432	8,2462	4,0817	1,83251	14,7059	213,63	3631,68
69	4761	328509	8,3066	4,1016	1,83885	14,4928	216,77	3739,28
70	4900	343000	8,3666	4,1213	1,84510	14,2857	219,91	3848,45
71	5041	357911	8,4261	4,1408	1,85126	14,0845	223,05	3959,19
72	5184	373248	8,4853	4,1602	1,85733	13,8889	226,19	4071,50
73	5329	389017	8,5440	4,1793	1,86332	13,6986	229,34	4185,39
74	5476	405224	8,6023	4,1983	1,86923	13,5135	232,48	4300,84
75	5625	421875	8,6603	4,2172	1,87506	13,3333	235,62	4417,86
76	5776	438976	8,7178	4,2358	1,88081	13,1579	238,76	4536,46
77	5929	456533	8,7750	4,2543	1,88649	12,9870	241,90	4656,63
78	6084	474552	8,8318	4,2727	1,89209	12,8205	245,04	4778,36
79	6241	493039	8,8882	4,2908	1,89763	12,6582	248,19	4901,67
80	6400	512000	8,9443	4,3089	1,90309	12,5000	251,33	5026,55
81	6561	531441	9,0000	4,3267	1,90849	12,3457	254,47	5153,00
82	6724	551368	9,0554	4,3445	1,91381	12,1951	257,61	5281,02
83	6889	571787	9,1104	4,3621	1,91908	12,0482	260,75	5410,61
84	7056	592704	9,1652	4,3795	1,92428	11,9048	263,89	5541,77

n	n^2	n^3	$\sqrt{n}$	$\sqrt[3]{n}$	$\log n$	$1000.\frac{1}{n}$	πn	$\frac{\pi n^2}{4}$
85	7225	614125	9,2195	4,3968	1,92942	11,7647	267,04	5674,50
86	7396	636056	9,2736	4,4140	1,93450	11,6279	270,18	5808.80
87	7569	658503	9,3274	4.4310	1,93952	11,4943	273,32	5944,68
88	7744	681472	9,3808	4.4480	1,94448	11,3636	276,46	6082,12
89	7921	704969	9,4340	4,4647	1,94939	11,2360	279,60	6221,14
90	8100	729000	9,4868	4,4814	1,95424	11,1111	282,74	6361,73
91	8281	753571	9,5394	4,4979	1,95904	10,9890	285,88	6503,88
92	8464	778688	9,5917	4,5144	1,96379	10,8696	289,03	6647,61
93	8649	804357	6,6437	4,5307	1,96848	10,7527	292,17	6792,91
94	8836	830584	9,6954	4,5468	1,97313	10,6383	295,31	6939,78
95	9025	857375	9,7468	4,5629	1,97772	10,5263	298,45	7088,22
96	9216	884736	9.7980	4,5789	1,98227	10,4167	301,59	7238.23
97	9409	912673	9,8489	4,5947	1,98677	10,3093	304,73	7389,81
98	9604	941192	9,8995	4,6104	1,99123	10,2041	307,88	7542,96
99	9801	970299	9,9499	4,6261	1,99564	10,1010	311,02	7697,69
100	10000	1000000	10,0000	4,6416	2,00000	10,0000	314,16	7853,98
101	10201	1030301	10,0499	4,6570	2,00432	9,90099	317,30	8011,85
102	10404	1061208	10,0995	4,6723	2.00860	9,80392	320,44	8171,28
103	10609	1092727	10,1489	4,6875	2,01284	9,70874	323,58	8332,29
104	10816	1124864	10,1980	4,7027	2,01703	9,61538	326,73	8494,87
105	11025	1157625	10,2470	4,7177	2.02119	9,52381	329,87	8659,01
106	11236	1191016	10,2956	4,7326	2,02531	9,43396	333,01	8824,73
107	11449	1225043	10,3441	4,7475	2,02938	9,34579	336,15	8992,02
108	11664	1259712	10,3923	4,7622	2,03342	9,25926	339,29	9160,88
109	11881	1295029	10,4403	4,7769	2,03743	9,17431	342,43	9331,32
110	12100	1331000	10,4881	4,7914	2,04139	9,09091	345,58	9503,32
111	12321	1367631	10,5357	4,8059	2,04532	9,00901	348,72	9676,89
112	12544	1404928	10,5830	4,8203	2,04922	8,92857	351,86	9852,03
113	12769	1442897	10,6301	4,8346	2,05308	8,84956	355,00	10028,7
114	12996	1481544	10,6771	4,8488	2,05690	8,77193	358,14	10207,0
115	13225	1520875	10,7238	4,8629	2,06070	8,69565	361,28	10386,9
116	13456	1560896	10,7703	4,8770	2.06446	8,62069	364,42	10568,3
117	13689	1601613	10,8167	4,8910	2,06819	8,54701	367,57	10751,3
118	13924	1643032	10,8628	4,9049	2,07188	8,47458	370,71	10935,9
119	14161	1685199	10,9087	4,9187	2,07555	8,40336	373,85	11122,0
120	14400	1728000	10,9545	4,9324	2,07918	8,33333	376,99	11309,7
121	14641	1771561	11,0000	4,9461	2,08279	8,26446	380,13	11499,0
122	14884	1815848	11,0454	4,9597	2,08636	8,19672	383,27	11689,9
123	15129	1860867	11,0905	4,9732	2,08991	8,13008	386.42	11882.3
124	15376	1906624	11,1355	4,9866	2,09342	8,06452	389,56	12076,3
125	15625	1953125	11,1803	5,0000	2,09691	8,00000	392,70	12271,8
126	15876	2000376	11,2250	5.0133	2,10037	7,93651	395,84	12469,0
127	16129	2048383	11,2694	5,0265	2,10380	7,87402	398,98	12667,7
128	6384	2097152	11,3137	5,0397	2,10721	7,81250	402,12	12868,0
129	6641	2146689	11,3578	5,0528	2,11059	7,75194	405,27	13069.8

n	n^2	n^3	$\sqrt{n}$	$\sqrt[3]{n}$	$\log n$	$1000 \cdot \frac{1}{n}$	πn	$\frac{\pi n^2}{4}$
130	16900	2197000	11,4018	5,0658	2,11394	7,69231	408,41	13273,2
131	17161	2248091	11,4455	5,0788	2,11727	7,63359	411,55	13478,2
132	17424	2299968	11,4891	5,0916	2,12057	7,57576	414,69	13684,8
133	17689	2352637	11,5326	5,1045	2,12385	7,51880	417,83	13892,9
134	17956	2406104	11,5758	5,1172	2,12710	7,46269	420,97	14102,6
135	18225	2460375	11,6190	5,1299	2,13033	7,40741	424,12	14313,9
136	18496	2515456	11,6619	5,1426	2,13354	7,35294	427,26	14526,7
137	18769	2571353	11,7047	5,1551	2,13672	7,29927	430,40	14741,1
138	19044	2628072	11,7473	5,1676	2,13988	7,24638	433,54	14957,1
139	19321	2685619	11,7898	5,1801	2,14301	7,19424	436,68	15174,7
140	19600	2744000	11,8322	5,1925	2,14613	7,14286	439,82	15393,8
141	19881	2803221	11,8743	5,2048	2,14922	7,09220	442,96	15614,5
142	20164	2863288	11,9164	5,2171	2,15229	7,04225	446,11	15836,8
143	20449	2924207	11,9583	5.2293	2,15534	6,99301	449,25	16060,6
144	20736	2985984	12,0000	5,2415	2,15836	6,94444	452,39	16286,0
145	21025	3048625	12,0416	5,2536	2,16137	6,89655	455,53	16513,0
146	21316	3112136	12,0830	5,2656	2,16435	6.84932	458,67	16741,5
147	21609	3176523	12.1244	5,2776	2,16732	6,80272	461,81	16971,7
148	21904	3241792	12,1655	5,2896	2,17026	6,75676	464,96	17203,4
149	22201	3307949	12,2066	5,3015	2,17319	6,71141	468,10	17436,6
150	22500	3375000	12,2474	5,3133	2,17609	6,66667	471,24	17671,5
151	22801	3442951	12,2882	5,3251	2,17898	6,62252	474,38	17907,9
152	23104	3511808	12,3288	5.3368	2,18184	6,57893	477,52	18145,8
153	23409	3581577	12,3693	5,3485	2,18469	6,53595	480,66	18385,4
154	23716	3652264	12,4097	5,3601	2,18752	6,49351	483,81	18626,5
155	24025	3723875	12,4499	5,3717	2,19033	6.45161	486,95	18869,2
156	24336	3796416	12.4900	5,3832	2,19312	6,41026	490,09	19113,4
157	24649	3869893	12,5300	5,3947	2,19590	6,36943	493,23	19359,3
158	24964	3944312	12,5698	5,4061	2,19866	6,32911	496,37	19609,7
159	25281	4019679	12,6095	5,4175	2,20140	6,28931	499,51	19855,7
160	25600	4096000	12,6491	5.4288	2,20412	6,25000	502,65	20106,2
161	25922	4173281	12.6886	5,4401	2,20683	6,21118	505,80	20358,3
162	26244	4251528	12,7279	5.4514	2,20952	6,17284	508,94	20612,6
163	26569	4330747	12,7671	5,4626	2,21219	6,13497	512,08	20867,2
164	26896	4410944	12,8062	5,4737	2,21484	6,09756	515,22	21124,1
165	27225	4492125	12,8452	5,4848	2,21748	6,06061	518,36	21382,5
166	27556	4574296	12,8841	5,4959	2,22011	6,02410	521,50	21642,4
167	27899	4657463	12.9228	5,5069	2,22272	5,98802	524,65	21904,0
168	28224	4741632	12,9615	5,5178	2,22531	5,95238	527,79	22167,1
169	28561	4826809	13,0000	5,5288	2,22789	5,91716	530,93	22431,8
170	28900	4913000	13,0384	5,5397	2,23045	5,88235	534,07	22698,0
171	29241	5000211	13,0767	5,5505	2,23300	5,84795	537,21	22965,8
172	29584	5088448	13,1149	5,5613	2,23553	5,81395	540,35	23235,2
173	29929	5177717	13,1529	5,5721	2,23805	5,78035	543,50	23506,2
174	30276	5268024	13,1909	5,5828	2,24055	5,74713	546,64	23778,7

n	n^2	n^3	$\sqrt{n}$	$\sqrt[3]{n}$	$\log n$	$1000.\frac{1}{n}$	πn	$\frac{\pi n^2}{4}$
175	30625	5359375	13,2288	5,5934	2,24304	5,71429	549,78	24052,8
176	30976	5451776	13,2665	5,6041	2,24551	5,68182	552,92	24328,5
177	31329	5545233	13,3041	5,6147	2,24797	5,64972	556,06	24605,7
178	31684	5639752	13,3417	5,6252	2,25042	5,61798	559,20	24884,6
179	32041	5735339	13,3791	5,6357	2,25285	5,58659	562,35	25164,9
180	32400	5832000	13,4164	5,6462	2,25527	5,55556	565,49	25446,9
181	32761	5929741	13,4536	5,6567	2,25768	5,52486	568,63	25730,4
182	33124	6028568	13,4907	5,6671	2,26007	5,49451	571,77	26015,5
183	33489	6128487	13,5277	5,6774	2,26245	5,46448	574,91	26302,2
184	33856	6229504	13,5647	5,6877	2,26482	5,43478	578,05	26590,4
185	34225	6331625	13,6015	5,6980	2,26717	5,40541	581,19	26880,3
186	34596	6434856	13,6382	5,7083	2,26951	5,37634	584,34	27171,6
187	34969	6539203	13,6748	5,7185	2,27184	5,34759	587,48	27464,6
188	35344	6644672	13,7113	5,7287	2,27416	5,31915	590,62	27759,1
189	35721	6751269	13,7477	5,7388	2,27646	5,29101	593,76	28055,2
190	36100	6859000	13,7840	5,7489	2,27875	5,26316	596,90	28352,9
191	36481	6967871	13,8203	5,7590	2,28103	5,23560	600,04	28652,1
192	36864	7077888	13,8564	5,7690	2,28330	5,20833	603,19	28952,9
193	37249	7189057	13,8924	5,7790	2,28556	5,18135	606,33	29255,3
194	37636	7301384	13,9284	5,7890	2,28780	5,15464	609,47	29559,2
195	38025	7414875	13,9642	5,7989	2,29003	5,12821	612,61	29864,8
196	38416	7529536	14,0000	5,8088	2,29226	5,10204	615,75	30171,9
197	38809	7645373	14,0357	5,8186	2,29447	5,07614	618,89	30480,5
198	39204	7762392	14,0712	5,8285	2,29667	5,05051	622,04	30790,7
199	39601	7880599	14,1067	5,8383	2,29885	5,02513	625,18	31102,6
200	40000	8000000	14,1421	5,8480	2,30103	5,00000	628,32	31415,9
201	40401	8120601	14,1774	5,8578	2,30320	4,97512	631,46	31730,9
202	40804	8242408	14,2127	5,8675	2,30535	4,95050	634,60	32047,4
203	41209	8365427	14,2478	5,8771	2,30750	4,92611	637,74	32365,5
204	41616	8489664	14,2829	5,8868	2,30963	4,90196	640,88	32685,1
205	42025	8615125	14,3178	5,8964	2,31175	4,87805	644,03	33006,4
206	42436	8741816	14,3527	5,9059	2,31387	4,85437	647,17	33329,2
207	42849	8869743	14,3875	5,9155	2,31597	4,83092	650,31	33653,5
208	43264	8998912	14,4222	5,9250	2,31806	4,80769	653,45	33979,5
209	43681	9129329	14,4568	5,9345	2,32015	4,78469	656,59	34307,0
210	44100	9261000	14,4914	5,9439	2,32222	4,76190	659,73	34636,1
211	44521	9393931	14,5258	5,9533	2,32428	4,73934	662,88	34966,7
212	44944	9528128	14,5602	5,9627	2,32634	4,71698	666,02	35298,9
213	45369	9663597	14,5945	5,9721	2,32838	4,69484	669,16	35632,7
214	45796	9800344	14,6287	5,9814	2,33041	4,67290	672,30	35968,1
215	46225	9938375	14,6629	5,9907	2,33244	4,65116	675,44	36305,0
216	46656	10077696	14,6969	6,0000	2,33445	4,62963	678,58	36643,5
217	47089	10218313	14,7309	6,0092	2,33646	4,60829	681,73	36983,6
218	47524	10360232	14,7648	6,0185	2,33846	4,58716	684,87	37325,3
219	47961	10503459	14,7986	6,0277	2,34044	5,56621	688,01	37668,5

n	n^2	n^3	$\sqrt{n}$	$\sqrt[3]{n}$	$\log n$	$1000.\frac{1}{n}$	πn	$\frac{\pi n^2}{4}$
220	48400	10648000	14,8324	6,0368	2,34242	4,54545	691,15	38013,3
221	48841	10793861	14,8661	6,0459	2,34439	4,52489	694,29	38359,6
222	49284	10941048	14,8997	6,0550	2,34635	4,50450	697,43	38707,6
223	49729	11089567	14,9332	6,0641	2,34830	4,48431	700,58	39057,1
224	50176	11239424	14,9666	6,0732	2,35025	4,46429	703,72	39408,1
225	50625	11390625	15,0000	6,0822	2,35218	4,44444	706,86	39760,8
226	51076	11543176	15,0333	6,0912	2,35411	4,42478	710,00	40115,0
227	51529	11697083	15,0665	6,1002	2,35603	4,40529	713,14	40470,8
228	51984	11852352	15,0997	6,1091	2,35793	4,38596	716,28	40828,1
229	52441	12008989	15,1327	6,1180	2,35984	4,36681	719,42	41187,1
230	52900	12167000	15,1658	6,1269	2,36173	4,34783	722,57	41547,6
231	53361	12326391	15,1987	6,1358	2,36361	4,32900	725,71	41909,6
232	53824	12487168	15,2315	6,1446	2,36549	4,31034	728,85	42273,3
233	54289	12649337	15,2643	6,1534	2,36736	4,29185	731,99	42638,5
234	54756	12812904	15.2971	6,1622	2,36922	4,27350	735,13	43005,3
235	55225	12977875	15,3297	6,1710	2,37107	4,25532	738,27	43373,6
236	55696	13144256	15,3623	6,1797	2,37291	4,23729	741,42	43743,5
237	56169	13312053	15,3948	6,1885	2.37475	4,21941	744,56	44115,0
238	56644	13481272	15,4272	6,1972	2,37658	4,20168	747,70	44488,1
239	57121	13651919	15,4596	6,2058	2,37840	4,18410	750,84	44862,7
240	57600	13824000	15,4919	6,2145	2,38021	4.16667	753,98	45238,9
241	58081	13997521	15,5242	6,2231	2,38202	4.14938	757,12	45616,7
242	58564	14172188	15,5563	6,2317	2,38382	4,13223	760,27	45996,1
243	59049	14348907	15,5885	6,2403	2,38561	4,11523	763.41	46377,0
244	59536	14526784	15,6205	6,2488	2,38739	4,09836	766,55	46759,5
245	60025	14706125	15,6525	6,2573	2,38917	4.08163	769,69	47143,5
246	60516	14886936	15,6844	6.2658	2,39094	4,06504	772,83	47529,2
247	61009	15069223	15,7162	6,2743	2,39270	4,04858	775,97	47916,4
248	61504	15252992	15,7480	6,2828	2.39445	4,03226	779,11	48305,1
249	62001	15438249	15,7797	6,2912	2,39620	4,01606	782,26	48695,5
250	62500	15625000	15,8114	6,2996	2,39794	4,00000	785,40	49087,4
251	63001	15813251	15.8430	6,3080	2,39967	3,98406	788,54	49480,9
252	63504	16003008	15,8745	6,3164	2,40140	3,96825	791,68	49875,9
253	64009	16194277	15,9060	6,3247	2,40312	3,95257	794,82	50272,6
254	64516	16387064	15,9374	6,3330	2,40483	3,93701	797,96	50670,7
255	65025	16581375	15,9687	6,3413	2,40654	3,92157	801,11	51070,5
256	65536	16777216	16,0000	6,3496	2,40824	3,90625	804,25	51471,9
257	66049	16974593	16,0312	6,3579	2,40993	3,89105	807,39	51874,8
258	66564	17173512	16,0624	6,3661	2,41162	3,87597	810,53	52279,2
259	67081	17373979	16,0935	6,3743	2,41330	3,86100	813,67	52685,3
260	67600	17576000	16,1245	6,3825	2,41497	3,84615	816,81	53092,9
261	68121	17779581	16,1555	6,3907	2,41664	3,83142	819,96	53502,1
262	68644	17984728	16,1864	6,3988	2,41830	3,81679	823,10	53912,9
263	69169	18191447	16,2173	6,4070	2,41996	3,80228	826,24	54325,2
264	69696	18399744	16,2481	6,4151	2,42160	3,78788	829,38	54739,1

n	n^2	n^3	$\sqrt{n}$	$\sqrt[3]{n}$	$\log n$	$1000 \cdot \frac{1}{n}$	πn	$\frac{\pi n^2}{4}$
265	70225	18609625	16,2788	6,4232	2,42325	3,77358	832,52	55154,6
266	70756	18821096	16,3095	6,4312	2,42488	3,75940	835,66	55571,6
267	71289	19034163	16,3401	6,4393	2,42651	3,74532	838,81	55990,2
268	71824	19248832	16,3707	6,4473	2,42813	3,73134	841,95	56410,4
269	72361	19465109	16,4012	6,4553	2,42975	3,71747	845,09	56832,2
270	72900	19683000	16,4317	6,4633	2,43136	3,70370	848,23	57255,5
271	73441	19902511	16,4621	6,4713	2,43297	3,69004	851,37	57680,4
272	73984	20123648	16,4924	6,4792	2,43457	3,67647	854,51	58106,9
273	74529	20346417	16,5227	6,4872	2,43616	3,66300	857,65	58534,9
274	75076	20570824	16,5529	6,4951	2,43775	3,64964	860,80	58964,6
275	75625	20796875	16,5831	6,5030	2,43933	3,63636	863,94	59395,7
276	76176	21024576	16,6132	6,5108	2,44091	3,62319	867,08	59828,5
277	76729	21253933	16,6433	6,5187	2,44248	3,61011	870,22	60262,8
278	77284	21484952	16,6733	6,5265	2,44404	3,59712	873,36	60698,7
279	77841	21717639	16,7033	6,5343	2,44560	3,58423	876,50	61136,2
280	78400	21952000	16,7332	6,5421	2,44716	3,57143	879,65	61575,2
281	78961	22188041	16,7631	6,5499	2,44871	3,55872	882,79	62015,8
282	79524	22425768	16,7929	6,5577	2.45025	3,54610	885,93	62458,0
283	80089	22665187	16,8226	6,5654	2,45179	3,53357	889,07	62901,8
284	80656	22906304	16,8523	6,5731	2,45332	3,52113	892,21	63347,1
285	81225	23149125	16,8819	6.5808	2,45484	3,50877	895,35	63794,0
286	81796	23393656	16,9115	6,5885	2,45637	3,49650	898,50	64242,4
287	82369	23639903	16,9411	6,5962	2,45788	3,48432	901,64	64692,5
288	82944	23887872	16,9706	6,6039	2,45939	3,47222	904,78	65144,1
289	83521	24137569	17,0000	6,6115	2,46090	3,46021	907,92	65597,2
290	84100	24389000	17,0294	6,6191	2,46240	3,44828	911,06	66052,0
291	84681	24642171	17,0587	6,6267	2,46389	3,43643	914.20	66508,3
292	85264	24897088	17,0880	6,6343	2,46538	3,42466	917,35	66966,2
293	85849	25153757	17,1172	6,6419	2,46687	3,41297	920,49	67425,6
294	86436	25412184	17,1464	6,6494	2,46835	3,40136	923,63	67886,7
295	87025	25672375	17,1756	6,6569	2,46982	3,38983	926,77	68349,3
296	87616	25934336	17,2047	6,6644	2,47129	3,37838	929,91	68813,4
297	88209	26198073	17,2337	6,6719	2,47276	3,36700	933,05	69279,2
298	88804	26463592	17,2627	6,6794	2,47422	3,35570	936,19	69746,5
299	89401	26730899	17,2916	6,6869	2,47567	3,34448	939,34	70215,4
300	90000	27000000	17,3205	6,6943	2,47712	3,33333	942,48	70685,8
301	90601	27270901	17,3494	6,7018	2,47857	3,32226	945,62	71157,0
302	91204	27543608	17,3781	6,7092	2,48001	3,31126	948,76	71631,5
303	91809	27818127	17,4069	6,7166	2,48144	3,30033	951,90	72106,6
304	92416	28094464	17,4356	6,7240	2,48287	3,28947	955,04	72583,4
305	93025	28372625	17,4642	6,7313	2,48430	3,27869	958,19	73061,7
306	93636	28652616	17,4929	6,7387	2,48572	3,26797	961,33	73541.5
307	94249	28934443	17,5214	6,7460	2,48714	3,25733	964,47	74023,0
308	94864	29218112	17,5499	6,7533	2,48855	3,24675	967,61	74506,0
309	95481	29503629	17,5784	6,7606	2,48996	3,23625	970,75	74990,6

n	n^2	n^3	$\sqrt{n}$	$\sqrt[3]{n}$	$\log n$	$1000.\frac{1}{n}$	πn	$\frac{\pi n^2}{4}$
310	96100	29791000	17,6068	6,7679	2,49136	3,22581	973,89	75476,8
311	96721	30080231	17,6352	6,7752	2,49276	3,21543	977,04	75964,5
312	97344	30371328	17,6635	6,7824	2,49415	3,20513	980,18	76453,8
313	97969	30664297	17,6918	6,7897	2,49554	3,19489	983,32	76944,7
314	98596	30959144	17,7200	6,7969	2,49693	3,18471	986,46	77437,1
315	99225	31255875	17,7482	6,8041	2,49831	3,17460	989,60	77931,1
316	99856	31554496	17,7764	6,8113	2,49969	3,16456	992,74	78426,7
317	100489	31855013	17,8045	6,8185	2,50106	3,15457	995,88	78923,9
318	101124	32157432	17,8326	6,8256	2,50243	3,14465	999,03	79422,6
319	101761	32461759	17,8606	6,8328	2,50379	3,13480	1002.2	79922,9
320	102400	32768000	17,8885	6,8399	2,50515	3,12500	1005,3	80424,8
321	103041	33076161	17,9165	6,8470	2,50651	3,11527	1008,5	80928,2
322	103684	33386248	17,9444	6,8541	2,50786	3,10559	1011.6	81433,2
323	104329	33698267	17,9722	6.8612	2,50920	3,09598	1014,7	81939,8
324	104976	34012224	18,0000	6,8683	2,51055	3,08642	1017,9	82448,0
325	105625	34328125	18,0278	6,8753	2,51188	3,07692	1021,0	82957,7
326	106276	34645976	18,0555	6,8824	2,51322	3,06748	1024,2	83469,0
327	106929	34965783	18,0831	6,8894	2,51455	3,05810	1027,3	83981,8
328	107584	35287552	18,1108	6,8964	2,51587	3,04878	1030,4	84496,3
329	108241	35611289	18,1384	6,9034	2,51720	3,03951	1033,6	85012,3
330	108900	35937000	18,1659	6,9104	2,51851	3,03030	1036,7	85529,9
331	109561	36264691	18 1934	6,9174	2,51983	3,02115	1039,9	86049,0
332	110224	36594368	18,2209	6.9244	2,52114	3,01205	1043,0	86569,7
333	110889	36926037	18,2483	6,9313	2,52244	3,00300	1046,2	87092,0
334	111556	37259704	18,2757	6,9382	2,52375	2,99401	1049,3	87615,9
335	112225	37595375	18,3030	6,9451	2,52504	2,98507	1052.4	88141,3
336	112896	37933056	18,3303	6,9521	2,52634	2,97619	1055,6	88668,3
337	113569	38272753	18,3576	6,9589	2,52763	2,96736	1058,7	89196,9
338	114244	38614472	18,3848	6,9658	2,52892	2,95858	1061,9	89727,0
339	114921	38958219	18,4120	6,9727	2,53020	2,94985	1065,0	90258,7
340	115600	39304000	18,4391	6,9795	2,53148	2,94118	1068,1	90792,0
341	116281	39651821	18,4662	6,9864	2,53275	2,93255	1071,3	91326,9
342	116964	40001688	18.4932	6,9932	2,53403	2,92398	1074.4	91863,3
343	117649	40353607	18.5203	7,0000	2,53529	2,91545	1077,6	92401,3
344	118336	40707584	18,5472	7,0068	2,53656	2,90698	1080,7	92940,9
345	119025	41063625	18,5742	7,0136	2,53782	2,89855	1083,8	93482,0
346	119716	41421736	18,6011	7,0203	2,53908	2,89017	1087,0	94024,7
347	120409	41781923	18,6279	7,0271	2,54033	2,88184	1090,1	94569,0
348	121104	42144192	18,6548	7,0338	2,54158	2,87356	1093,3	95114,9
349	121801	42508549	18,6815	7,0406	2,54283	2,86533	1096,4	95662,3
350	122500	42875000	18,7083	7,0473	2,54407	2.85714	1099,6	96211,3
351	123201	43243551	18,7350	7,0540	2,54531	2,84900	1102,7	96761,8
352	123904	43614208	18,7617	7,0607	2,54654	2,84091	1105,8	97314,0
353	124609	43986977	18,7883	7,0674	2,54777	2,83286	1109,0	97867,7
354	125316	44361864	18,8149	7,0740	2,54900	2,82486	1112,1	98423,0

n	n^2	n^3	$\sqrt{n}$	$\sqrt[3]{n}$	$\log n$	$1000.\frac{1}{n}$	πn	$\frac{\pi n^2}{4}$
355	126025	44738875	18,8414	7,0807	2,55023	2,81690	1115,3	98979,8
356	126736	45118016	18,8680	7,0873	2,55145	2,80899	1118,4	99538,2
357	127449	45499293	18,8944	7,0940	2,55267	2,80112	1121,5	100098
358	128164	45882712	18,9209	7,1006	2,55388	2,79330	1124,7	100660
359	128881	46268279	18,9473	7,1072	2,55509	2,78552	1127,8	101223
360	129600	46656000	18,9737	7,1138	2,55630	2,77778	1131,0	101788
361	130321	47045881	19,0000	7,1204	2,55751	2,77008	1134,1	102354
362	141044	47437928	19,0263	7,1269	2,55871	2,76243	1137,3	102922
363	131769	47832147	19,0526	7,1335	2,55991	2,75482	1140,4	103491
364	132496	48228544	19,0788	7,1400	2,56110	2,74725	1143,5	104062
365	133225	48627125	19,1050	7,1466	2,56229	2,73973	1146,7	104635
366	133956	49027896	19,1311	7,1531	2,56348	2,73224	1149,8	105209
367	134689	49430863	19,1572	7,1596	2,56467	2,72480	1153,0	105784
368	135424	49836032	19.1833	7,1661	2,56585	2,71739	1156,1	106362
369	136161	50243409	19,2094	7,1726	2,56703	2,71003	1159,2	106941
370	136900	50653000	19.2354	7,1791	2,56820	2,70270	1162,4	107521
371	137641	51064811	19,2614	7,1855	2,56937	2,69542	1165,5	108103
372	138384	51478848	19,2873	7,1920	2,57054	2,68817	1168,7	108687
373	139129	51895117	19,3132	7,1984	2,57171	2,68097	1171,8	109272
374	139876	52313624	19,3391	7,2048	2,57287	2,67380	1175,0	109858
375	140625	52734375	19,3649	7,2112	2,57403	2,66667	1178,1	110447
376	141376	53157376	19,3907	7,2177	2,57519	2,65957	1181,2	111036
377	142129	53582633	19,4165	7,2240	2,57634	2,65252	1184,4	111628
378	142884	54010152	19,4422	7,2304	2,57749	2,64550	1187,5	112221
379	143641	54439939	19,4679	7,2368	2,57864	2,63852	1190,7	112815
380	144400	54872000	19,4936	7,2432	2,57978	2,63158	1193,8	113411
381	145161	55306341	19,5192	7,2495	2,58092	2,62467	1196,9	114009
382	145924	55742968	19,5448	7,2558	2.58206	2,61780	1200,1	114608
383	146689	56181887	19,5704	7,2622	2,58320	2,61097	1203,2	115209
384	147456	56623104	19,5959	7,2685	2,58433	2,60417	1206,4	115812
385	148225	57066625	19,6214	7,2748	2,58546	2,59740	1209,5	116416
386	148996	57512456	19,6469	7,2811	2,58659	2,59067	1212,7	117021
387	149769	57960603	19,6723	7,2874	2,58771	2,58398	1215,8	117628
388	150544	58411072	19,6977	7,2936	2,58883	2,57732	1218,9	118237
389	151321	58863869	19,7231	7,2999	2,58995	2,57069	1222,1	118847
390	152100	59319000	19,7484	7,3061	2,59106	2,56410	1225,2	119459
391	152881	59776471	19,7737	7,3124	2,59218	2,55754	1228,4	120072
392	153664	60236288	19,7990	7,3186	2,59329	2,55102	1231,5	120687
393	154449	60698457	19.8242	7,3248	2,59439	2,54453	1234,6	121304
394	155236	61162984	19,8494	7,3310	2,59550	2,53807	1237,8	121922
395	156025	61629875	19,8746	7,3372	2,59660	2,53165	1240,9	122541
396	156816	62099136	19,8997	7,3434	2,59770	2,52525	1244,1	123163
397	157609	62570773	19 9249	7,3496	2,59879	2,51889	1247,2	123786
398	158404	63044792	19,9499	7,3558	2,59988	2,51256	1250,4	124410
399	159201	63521199	19,9750	7,3619	2,60097	2,50627	1253,5	125036

n	n^2	n^3	$\sqrt{n}$	$\sqrt[3]{n}$	$\log n$	$1000.\frac{1}{n}$	πn	$\frac{\pi n^2}{4}$
400	160000	64000000	20,0000	7,3681	2,60206	2,50000	1256,6	125664
401	160801	64481201	20,0250	7,3742	2,60314	2,49377	1259,8	126293
402	161604	64964808	20,0499	7,3803	2,60423	2,48756	1262,9	126923
403	162409	65450827	20,0749	7,3864	2,60531	2,48139	1266,1	127556
404	163216	65939264	20,0998	7,3925	2,60638	2,47525	1269,2	128190
405	164025	66430125	20,1246	7,3986	2,60746	2,46914	1272,3	128825
406	164836	66923416	20,1494	7,4047	2,60853	2,46305	1275,5	129462
407	165649	67419143	20,1742	7,4108	2,60959	2,45700	1278,6	130100
408	166464	67917312	20,1990	7,4169	2,61066	2,45098	1281,8	130741
409	167281	68417929	20,2237	7,4229	2,61172	2,44499	1284,9	131382
410	168100	68921000	20,2485	7,4290	2,61278	2,43902	1288,1	132025
411	168921	69426531	20,2731	7,4350	2,61384	2,43309	1291,2	132670
412	169744	69934528	20,2978	7,4410	2,61490	2,42718	1294,3	133317
413	170569	70444997	20,3224	7,4470	2,61595	2,42131	1297,5	133965
414	171396	70957944	20,3470	7,4530	2,61700	2,41546	1300,6	134614
415	172225	71473375	20,3715	7,4590	2,61805	2,40964	1303,8	135265
416	173056	71991296	20,3961	7,4650	2,61909	2,40385	1306,9	135918
417	173889	72511713	20,4206	7,4710	2,62014	2,39808	1310,0	136572
418	174724	73034632	20,4450	7,4770	2,62118	2,39234	1313,2	137228
419	175561	73560059	20,4695	7,4829	2,62221	2,38663	1216,3	137885
420	176400	74088000	20,4939	7,4889	2,62325	2,38095	1319,5	138544
421	177241	74618461	20,5183	7,4948	2,62428	2,37530	1322,6	139205
422	178084	75151448	20,5426	7,5007	2,62531	2,36967	1325,8	139867
423	178929	75686967	20,5670	7,5067	2,62634	2,36407	1328,9	140531
424	179776	76225024	20,5913	7,5126	2,62737	2,35849	1332,0	141196
425	180625	76765625	20,6155	7,5185	2,62839	2,35294	1335,2	141863
426	181476	77308776	20,6398	7,5244	2,62941	2,34742	1338,3	142531
427	182329	77854483	20,6640	7,5302	2,63043	2,34192	1341,5	143201
428	183184	78402752	20,6882	7,5361	2,63144	2,33645	1344,6	143872
429	184041	78953589	20,7123	7,5420	2,63246	2,33100	1347,7	144545
430	184900	79507000	20,7364	7,5478	2,63347	2,32558	1350,9	145220
431	185761	80062991	20,7605	7,5537	2,63448	2,32019	1354,0	145896
432	186624	80621568	20,7846	7,5595	2,63548	2,31481	1357,2	146574
433	187489	81182737	20,8087	7,5654	2,63649	2,30947	1360,3	147254
434	188356	81746504	20,8327	7,5712	2,63749	2,30415	1363,5	147934
435	189225	82312875	20,8567	7,5770	2,63849	2,29885	1366,6	148617
436	190096	82881856	20,8806	7,5828	2,63949	2,29358	1369,7	149301
437	190969	83453453	20,9045	7,5886	2,64048	2,28833	1372,9	149987
438	191844	84027672	20,9284	7,5944	2,64147	2,28311	1376,0	150674
439	192721	84604519	20,9523	7,6001	2,64246	2,27790	1379,2	151363
440	193600	85184000	20,9762	7,6059	2,64345	2,27273	1382,3	152053
441	194481	85766121	21,0000	7,6117	2,64444	2,26757	1385,4	152745
442	195364	86350888	21,0238	7,6174	2,64542	2,26244	1388,6	153439
443	196249	86938307	21,0476	7,6232	2,64640	2,25734	1391,7	154134
444	197136	87528384	21,0713	7,6289	2,64738	2,25225	1394,9	154830

n	n^2	n^3	$\sqrt{n}$	$\sqrt[3]{n}$	$\log n$	$1000.\frac{1}{n}$	πn	$\frac{\pi n^2}{4}$
445	198025	88121125	21,0950	7,6346	2,64836	2,24719	1398,0	155528
446	198916	88716536	21,1187	7,6403	2,64933	2,24215	1401,2	156228
447	199809	89314623	21,1424	7,6460	2,65031	2,23714	1404,3	156930
448	200704	89915392	21,1660	7,6517	2,65128	2,23214	1407,4	157633
449	201601	90518849	21,1896	7,6574	2,65225	2,22717	1410,6	158337
450	202500	91125000	21,2132	7,6631	2,65321	2,22222	1413,7	159043
451	203401	91733851	21,2368	7,6688	2,65418	2,21730	1416,9	159751
452	204304	92345408	21,2603	7,6744	2,65514	2,21239	1420,0	160460
453	205209	92959677	21,2838	7,6801	2,65610	2,20751	1423,1	161171
454	206116	93576664	21,3073	7,6857	2,65706	2,20264	1426,3	161883
455	207025	94196375	21,3307	7,6914	2,65801	2,19780	1429,4	162597
456	207936	94818816	21,3542	7,6970	2,65896	2,19298	1432,6	163313
457	208849	95443993	21,3776	7,7026	2,65992	2,18818	1435,7	164030
458	209764	96071912	21,4009	7,7082	2,66087	2,18341	1438,8	164748
459	210681	96702579	21,4243	7,7138	2,66181	2,17865	1442,0	165468
460	211600	97336000	21,4476	7,7194	2,66276	2,17391	1445,1	166190
461	212521	97972181	21,4709	7,7250	2,66370	2,16920	1448,3	166914
462	213444	98611128	21,4942	7,7306	2,66464	2,16450	1451,4	167639
463	214369	99252847	21,5174	7,7362	2,66558	2,15983	1454,6	168365
464	215296	99897344	21,5407	7,7418	2,66652	2,15517	1457,7	169093
465	216225	100544625	21,5639	7,7473	2,66745	2,15054	1460,8	169823
466	217156	101194696	21,5870	7,7529	2,66839	2,14592	1464,0	170554
467	218089	101847563	21,6102	7,7584	2,66932	2,14133	1467,1	171287
468	219024	102503232	21,6333	7,7639	2,67025	2,13675	1470,3	172021
469	219961	103161709	21,6564	7,7695	2,57117	2,13220	1473,4	172757
470	220900	103823000	21,6795	7,7750	2,67210	2,12766	1476,5	173494
471	221841	104487111	21,7025	7,7805	2,67302	2,12314	1479,7	174234
472	222784	105154048	21,7256	7,7860	2,67394	2,11864	1482,8	174974
473	223729	105823817	21,7486	7,7915	2,67486	2,11416	1486,0	175716
474	224676	106496424	21,7715	7,7970	2,67578	2,10970	1489,1	176460
475	225625	107171875	21,7945	7,8025	2,67669	2,10526	1492,3	177205
476	226576	107850176	21,8174	7,8079	2,67761	2,10084	1495,4	177952
477	227529	108531333	21,8403	7,8134	2,67852	2,09644	1498,5	178701
478	228484	109215352	21,8632	7,8188	2,67943	2,09205	1501,7	179451
479	229441	109902239	21,8861	7,8243	2,68034	2,08768	1504,8	180203
480	230400	110592000	21,9089	7,8297	2,68124	2,08333	1508,0	180956
481	231361	111284641	21,9317	7,8352	2,68215	2,07900	1511,1	181717
482	232324	111980168	21,9545	7,8406	2,68305	2,07469	1514,2	182467
483	233289	112678587	21,9773	7,8460	2,68395	2,07039	1517,4	183225
484	234256	113379904	22,0000	7,8514	2,68485	2,06612	1520,5	183984
485	235225	114084125	22,0227	7,8568	2,68574	2,06186	1523,7	184745
486	236196	114791256	22,0454	7,8622	2,68664	2,05761	1526,8	185508
487	237169	115501303	22,0681	7,8676	2,68753	2,05339	1530,0	186272
488	238144	116214272	22,0907	7,8730	2,68842	2,04918	1533,1	187038
489	239121	116930169	22,1133	7,8784	2,68931	2,04499	1536,2	187805

n	n^2	n^3	$\sqrt{n}$	$\sqrt[3]{n}$	$\log n$	$1000.\frac{1}{n}$	πn	$\frac{\pi n^2}{4}$
490	240100	117649000	22,1359	7,8837	2,69020	2,04082	1539,4	188574
491	241081	118370771	22,1585	7,8891	2.69108	2,03666	1542,5	189345
492	242064	119095488	22,1811	7,8944	2,69197	2,03252	1545,7	190117
493	243049	119823157	22,2036	7,8998	2,69285	2,02840	1548,8	190890
494	244036	120553784	22,2261	7,9051	2,69373	2,02429	1551,9	191665
495	245025	121287375	22,2486	7,9105	2.69461	2,02020	1555,1	192442
496	246016	122023936	22,2711	7,9158	2,69548	2,01613	1558,2	193221
497	247009	122763473	22,2935	7,9211	2,69636	2,01207	1561.4	194000
498	248004	123505992	22,3159	7,9264	2,69723	2,00803	1564,5	194782
499	249001	124251499	22,3383	7,9317	2,69810	2,00401	1567,7	195565
500	250000	125000000	22,3607	7,9370	2,69897	2,00000	1570,8	196350
501	251001	125751501	22,3830	7,9423	2,69984	1,99601	1573,9	197136
502	252004	126506008	22.4054	7,9476	2,70070	1,99203	1577,1	197923
503	253009	127263527	22.4277	7,9528	2,70157	1,98807	1580,2	198713
504	254016	128024064	22,4499	7,9581	2,70243	1,98413	1583,4	199504
505	255025	128787625	22,4722	7,9634	2,70329	1,98020	1586,5	200296
506	256036	129554216	22,4944	7,9686	2,70415	1,97628	1589.6	201090
507	257049	130323843	22,5167	7,9739	2,70501	1,97239	1592,8	201886
508	258064	131096512	22,5389	7,9791	2,70586	1,96850	1595,9	202683
509	259081	131872229	22,5610	7,9843	2,70672	1,96464	1599,1	203482
510	260100	132651000	22,5832	7,9896	2,70757	1,96078	1602,2	204282
511	261121	133432831	22,6053	7,9948	2,70842	1,95695	1605.4	205084
512	262144	134217728	22,6274	8,0000	2,70927	1,95312	1608,5	205887
513	263169	135005697	22,6495	8,0052	2,71012	1,94932	1611,6	206692
514	264196	135796744	22,6716	8,0104	2,71096	1,94553	1614,8	207499
515	265225	136590875	22,6936	8,0156	2,71181	1,94175	1617,9	208307
516	266256	137388096	22,7156	8,0208	2,71265	1.93798	1621,1	209117
517	267289	138188413	22,7376	8,0260	2,71349	1,93424	1624,2	209928
518	268324	138991832	22,7596	8,0311	2,71433	1,93050	1627,3	210741
519	269361	139798359	22,7816	8,0363	2,71517	1,92678	1630,5	211556
520	270400	140608000	22,8035	8,0415	2,71600	1,92308	1633,6	212372
521	271441	141420761	22,8254	8,0466	2,71684	1.91939	1636,8	213189
522	272484	142236648	22,8473	8,0517	2,71767	1,91571	1639,9	214008
523	273529	143055667	22,8692	8,0569	2,71850	1,91205	1643,1	214829
524	274576	143877824	22,8910	8 0620	2,71933	1,90840	1646.2	215651
525	275625	144703125	22,9129	8,0671	2,72016	1,90476	1649,3	216475
526	276676	145531576	22,9347	8,0723	2,72099	1,90114	1652,5	217301
527	277729	146363183	22,9565	8,0774	2,72181	1,89753	1655,6	218128
528	278784	147197952	22,9783	8,0825	2,72263	1,89394	1658,8	218956
529	279841	148035889	23,0000	8,0876	2,72346	1,89036	1661,9	219787
530	280900	148877000	23,0217	8,0927	2,72428	1,88679	1665,0	220618
531	281961	149721291	23,0434	8,0978	2,72509	1,88324	1668,2	221452
532	283024	150568768	23,0651	8,1028	2,72591	1,87970	1671,3	222287
533	284089	151419437	23,0868	8,1079	2,72673	1,87617	1674,5	223123
534	285156	152273304	23,1084	8,1130	2,72754	1,87266	1677,6	223961

n	n^2	n^3	$\sqrt{n}$	$\sqrt[3]{n}$	$\log n$	$1000.\frac{1}{n}$	πn	$\frac{\pi n^2}{4}$
535	286225	153130375	23,1301	8,1180	2,72835	1,86916	1680,8	224801
536	287296	153990656	23,1517	8,1231	2,72916	1,86567	1683,9	225642
537	288369	154854153	23,1733	8,1281	2,72997	1,86220	1687,0	226484
538	289444	155720872	23,1948	8,1332	2,73078	1,85874	1690,2	227329
539	290521	156590819	23,2164	8,1382	2,73159	1,85529	1693,3	228175
540	291600	157464000	23,2379	8.1433	2,73239	1,85185	1696.5	229022
541	292681	158340421	23,2594	8.1483	2,73320	1,84843	1699,6	229871
542	293764	159220088	23,2809	8,1533	2,73400	1,84502	1702,7	230722
543	294849	160103007	23,3024	8,1583	2,73480	1.84162	1705,9	231574
544	295936	160989184	23,3238	8,1633	2,73560	1,83824	1709,0	232428
545	297025	161878625	23,3452	9,1683	2,73640	1,83486	1712,2	233283
546	298116	162771336	23,3666	8,1733	2,73719	1,83150	1715,3	234140
547	299209	163667323	23,3880	8,1783	2,73799	1,82815	1718,5	234998
548	300304	164566592	23,4094	8,1833	2,73878	1,82482	1721,6	235858
549	301401	165469149	23,4307	8,1882	2,73957	1,82149	1724,7	236720
550	302500	166375000	23,4521	8,1932	2,74036	1,81818	1727,9	237583
551	303601	167284151	23,4734	8,1982	2,74115	1,81488	1731,0	238448
552	304704	168196608	23,4947	8,2031	2,74194	1,81159	1734,2	239314
553	305809	169112377	23,5160	8,2081	2,74273	1,80832	1737,3	240182
554	306916	170031464	23,5372	8,2130	2,74351	1,80505	1740,4	241051
555	308025	170953875	23,5584	8,2180	2,74429	1,80180	1743,6	241922
556	309136	171879616	23,5797	8,2229	2,74507	1,79856	1746,7	242795
557	310249	172808693	23,6008	8,2278	2,74586	1,79533	1749,9	243669
558	311364	173741112	23,6220	8,2327	2,74663	1,79211	1753.0	244545
559	312481	174676879	23,6432	8,2377	2,74741	1,78891	1756,2	245422
560	213600	175616000	23,6643	8,2426	2,74819	1,78571	1759,3	246301
561	314721	176558481	23,6854	8,2475	2,74896	1,78253	1762,4	247181
562	315844	177504328	23,7065	8,2524	2,74974	1,77936	1765,6	248063
563	316969	178453547	23,7276	8,2573	2,75051	1,77620	1768,7	248947
564	318096	179406144	23,7487	8,2621	2,75128	1,77305	1771,9	249832
565	319225	180362125	23,7697	8,2670	2,75205	1,76991	1775,0	250719
566	320356	181321496	23,7908	8,2719	2,75282	1,76678	1778,1	251607
567	321489	182284263	23,8118	8,2768	2,75358	1,76367	1781,3	252497
568	322624	183250432	23.8328	8,2816	2,75435	1,76056	1784,4	253388
569	323761	184220009	23,8537	8,2865	2,75511	1,75747	1787,6	254281
570	324900	185193000	23,8747	8,2913	2,75587	1,75439	1790,7	255176
571	326041	186169411	23,8956	8,2962	2,75664	1,75131	1793,8	256072
572	327184	187149248	23,9165	8,3010	2,75740	1,74825	1797,0	256970
573	328329	188132517	23,9374	8,3059	2,75815	1,74520	1800,1	257869
574	329476	189119224	23,9583	8,3107	2,75891	1,74216	1803,3	258770
575	330625	190109375	23,9792	8,3155	2,75967	1,73913	1806,4	259672
576	331776	191102976	24,0000	8,3203	2,76042	1,73611	1809,6	260576
577	332929	192100033	24,0208	8,3251	2,76118	1,73310	1812,7	261482
578	334084	193100552	24,0416	8,3300	2,76193	1,73010	1815,8	262389
579	335241	194104539	24,0624	8,3348	2,76268	[illegible]	1819,0	263298

n	n^2	n^3	$\sqrt{n}$	$\sqrt[3]{n}$	log n	$1000 \cdot \frac{1}{n}$	πn	$\frac{\pi n^2}{4}$
580	336400	195112000	24,0832	8,3396	2,76343	1,72414	1822,1	264208
581	337561	196122941	24,1039	8,3443	2,76418	1,72117	1825,3	265120
582	338724	197137368	24,1247	8,3491	2,76492	1,71821	1828,4	266033
583	339889	198155287	24,1454	8,3539	2,76567	1,71527	1831,5	266948
584	341056	199176704	24,1661	8,3587	2,76641	1,71233	1834,7	267865
585	342225	200201625	24,1868	8,3634	2,76716	1,70940	1837,8	268783
586	343396	201230056	24,2074	8,3682	2,76790	1,70648	1841,0	269703
587	344569	202262003	24,2281	8,3730	2,76864	1,70358	1844,1	270624
588	345744	203297472	24,2487	8,3777	2,76938	1,70068	1847,3	271547
589	346921	204336469	24,2693	8,3825	2,77012	1,69779	1850,4	272471
590	348100	205379000	24,2899	8,3872	2,77085	1,69492	1853,5	273397
591	349281	206425071	24,3105	8,3919	2,77159	1,69205	1856,7	274325
592	350464	207474688	24,3311	8,3967	2,77232	1,68919	1859,8	275254
593	351649	208527857	24,3516	8,4014	2,77305	1,68634	1863,0	276184
594	352836	209584584	24,3721	8,4061	2,77379	1,68350	1866,1	277117
595	354025	210644875	24,3926	8,4108	2,77452	1,68067	1869,2	278051
596	355216	211708736	24,4131	8,4155	2,77525	1,67785	1872,4	278986
597	356409	212776173	24,4336	8,4202	2,77597	1,67504	1875,5	279923
598	357604	213847192	24,4540	8,4249	2,77670	1,67224	1878,7	280862
599	358801	214921799	24,4745	8,4296	2,77743	1,66945	1881,8	281802
600	360000	216000000	24,4949	8,4343	2,77815	1,66667	1885,0	282743
601	361201	217081801	24,5153	8,4390	2,77887	1,66389	1888,1	283687
602	362404	218167208	24,5357	8,4437	2,77960	1,66113	1891,2	284631
603	363609	219256227	24,5561	8,4484	2,78032	1,65837	1894,4	285578
604	364816	220348864	24,5764	8,4530	2,78104	1,65563	1897,5	286526
605	366025	221445125	24,5967	8,4577	2,78176	1,65289	1900,7	287475
606	367236	222545016	24,6171	8,4623	2,78247	1,65017	1903,8	288426
607	368449	223648543	24,6374	8,4670	2,78319	1,64745	1906,9	289379
608	369664	224755712	24,6577	8,4716	2,78390	1,64474	1910,1	290333
609	370881	225866529	24,6779	8,4763	2,78462	1,64204	1913,2	291289
610	372100	226981000	24,6982	8,4809	2,78533	1,63934	1916,4	292247
611	373321	228099131	24,7184	8,4856	2,78604	1,63666	1919,5	293206
612	374544	229220928	24,7386	8,4902	2,78675	1,63399	1922,7	294166
613	375769	230346397	24,7588	8,4948	2,78746	1,63132	1925,8	295128
614	376996	231475544	24,7790	8,4994	2,78817	1,62866	1928,9	296092
615	378225	232608375	24,7992	8,5040	2,78888	1,62602	1932,1	297057
616	379456	233744896	24,8193	8,5086	2,78958	1,62338	1935,2	298024
617	380689	234885113	24,8395	8,5132	2,79029	1,62075	1938,4	298992
618	381924	236029032	24,8596	8,5178	2,79099	1,61812	1941,5	299962
619	383161	237176659	24,8797	8,5224	2,79169	1,61551	1944,6	300934
620	384400	238328000	24,8998	8,5270	2,79239	1,61290	1947,8	301907
621	385641	239483061	24,9199	8,5316	2,79309	1,61031	1950,9	302882
622	386884	240641848	24,9399	8,5362	2,79379	1,60772	1954,1	303858
623	388129	241804367	24,9600	8,5408	2,79449	1,60514	1957,2	304836
624	389376	242970624	24,9800	8,5453	2,79518	1,60256	1960,4	305815

n	n^2	n^3	$\sqrt{n}$	$\sqrt[3]{n}$	$\log n$	$1000.\frac{1}{n}$	πn	$\frac{\pi n^2}{4}$
625	390625	244140625	25,0000	8,5499	2,79588	1,60000	1963,5	306796
626	391876	245314376	25,0200	8,5544	2,79657	1,59744	1966,6	307779
627	393129	246491883	25,0400	8,5590	2,79727	1,59490	1969,8	308763
628	394384	247673152	25,0599	8,5635	2,79796	1,59236	1972,9	309748
629	395641	248858189	25,0799	8,5681	2,79865	1,58983	1976,1	310736
630	396900	250047000	25,0998	8,5726	2,79934	1,58730	1979,4	311725
631	398161	251239591	25,1197	8,5772	2,80003	1,58479	1982,3	312715
632	399424	252435968	25,1396	8,5817	2,80072	1,58228	1985,5	313707
633	400689	253636137	25,1595	8,5862	2,80140	1,57978	1988,6	314700
634	401956	254840104	25,1794	8,5907	2,80209	1,57729	1991,8	315696
635	403225	256047875	25,1992	8,5952	2,80277	1,57480	1994,9	316692
636	404496	257259456	25,2190	8,5997	2,80346	1,57233	1998,1	317690
637	405769	258474853	25,2389	8,6043	2,80414	1,56986	2001,2	318690
638	407044	259694072	25,2587	8,6088	2,80482	1,56740	2004,3	319692
639	408321	260917119	25,2784	8,6132	2,80550	1,56495	2007,5	320695
640	409600	262144000	25,2982	8,6177	2,80618	1,56250	2010,6	321699
641	410881	263374721	25,3180	8.6222	2,80686	1,56006	2013,8	322705
642	412164	264609288	25,3377	8,6267	2,80754	1,55763	2016,9	323713
643	413449	265847707	25,3574	8.6312	2,80821	1,55521	2020,0	324722
644	414736	267089984	25,3772	8,6357	2,80889	1,55280	2023,2	325733
645	416025	268336125	25,3969	8,6401	2,80956	1,55039	2026,3	326745
646	417316	269586136	25,4165	8,6446	2,81023	1,54799	2029,5	327759
647	418609	270840023	25,4362	8,6490	2,81090	1,54560	2032.6	328775
648	419904	272097792	25,4558	8,6535	2,81158	1,54321	2035,8	329792
649	421201	273359449	25,4755	8,6579	2,81224	1.54083	2038,9	330810
650	422500	274625000	25,4951	8,6624	2,81291	1,53846	2042,0	331831
651	423801	275894451	25,5147	8,6668	2,81358	1,53610	2045.2	332853
652	425104	277167808	25,5343	8,6713	2.81425	1,53374	2048,3	333876
653	426409	278445077	25,5539	8,6757	2,81491	1,53139	2051,5	334901
654	427716	279726264	25,5734	8,6801	2,81558	1,52905	2054,6	335927
655	429025	281011375	25,5930	8,6845	2,81624	1,52672	2057,7	336955
656	430336	282300416	25,6125	8,6890	2,81690	1,52439	2060,9	337985
657	431649	283593393	25,6320	8,6934	2,81757	1,52207	2064,0	339016
658	432964	284890312	25,6515	8,6978	2,81823	1,51976	2067,2	340049
659	434281	286191179	25,6710	8,7022	2,81889	1,51745	2070,3	341083
660	435600	287496000	25,6905	8,7066	2,81954	1,51515	2073.5	342119
661	436921	288804781	25,7099	8,7110	2.82020	1,51286	2076,6	343157
662	438244	290117528	25,7294	8,7154	2,82086	1,51057	2079,7	344196
663	439569	291434247	25,7488	8,7198	2,82151	1,50830	2082,9	345237
664	440896	292754944	25,7682	8,7241	2,82217	1,50602	2086,0	346279
665	442225	294079625	25,7876	8,7285	2,82282	1,50376	2089,2	347323
666	443556	295408296	25,8070	8,7329	2,82347	1,50150	2092,3	348368
667	444889	296740963	25,8263	8,7373	2,82413	1,49925	2095,4	349415
668	446224	298077632	25,8457	8,7416	2,82478	1,49701	2098,6	350464
669	447561	299418309	25,8650	8,7460	2,82543	1,49477	2101,7	351514

n	n^2	n^3	$\sqrt{n}$	$\sqrt[3]{n}$	log n	$1000.\frac{1}{n}$	πn	$\frac{\pi n^2}{4}$
670	448900	300763000	25,8844	8,7503	2.82607	1,49254	2104,9	352565
671	450241	302111711	25,9037	8,7547	2,82672	1,49031	2108,0	353618
672	451584	303464448	25,9230	8,7590	2,82737	1,48810	2111,2	354673
673	452929	304821217	25.9422	8,7634	2,82802	1,48588	2114,3	355730
674	454276	306182024	25.9615	8,7677	2,82866	1,48368	2117,4	356788
675	455625	307546875	25,9808	8,7721	2,82930	1,48148	2120,6	357847
676	456976	308915776	26,0000	8,7764	2,82995	1,47929	2123,7	358908
677	458329	310288733	26,0192	8,7807	2.83059	1,47710	2126,9	359971
678	459684	311665752	26.0384	8,7850	2,83123	1,47493	2130,0	361035
679	461041	313046839	26,0576	8,7893	2,83187	1,47275	2133,1	362101
680	462400	314432000	26,0768	8,7937	2,83251	1,47059	2136,3	363168
681	463761	315821241	26,0960	8,7980	2,83315	1,46843	2139.4	364237
682	465124	317214568	26,1151	8,8023	2,83378	1,46628	2142,6	365308
683	466489	318611987	26,1343	8,8066	2,83442	1,46413	2145,7	366380
684	467856	320013504	26,1534	8,8109	2,83506	1,46199	2148,8	367453
685	469225	321419125	26,1725	8,8152	2,83569	1,45985	2152,0	368528
686	470596	322828856	26,1916	8,8194	2,83632	1,45773	2155,1	369605
687	471969	324242703	26,2107	8,8237	2,83696	1,45560	2158,3	370684
688	473344	325660672	26,2298	8.8280	2,83759	1,45349	2161,4	371764
689	474721	327082769	26,2488	8,8323	2,83822	1,45138	2164,6	372845
690	476100	328509000	26,2679	8,8366	2.83885	1,44928	2167,7	373928
691	477481	329939371	26,2869	8.8408	2.83948	1,44718	2170.8	375013
692	478864	331373888	26.3059	8,8451	2,84011	1,44509	2174,0	376099
693	480249	332812557	26.3249	8,8493	2.84073	1,44300	2177,1	377187
694	481636	334255384	26,3439	8,8536	2,84136	1,44092	2180,3	378276
695	483025	335702375	26,3629	8,8578	2,84198	1,43885	2183.4	379367
696	484416	337153536	26,3818	8.8621	2.84261	1,43678	2186,5	380459
697	485809	338608873	26.4008	8,8663	2,84323	1,43472	2189,7	381553
698	487204	340068392	26.4197	8,8706	2.84386	1,43266	2192.8	382649
699	488601	341532099	26,4386	8,8748	2,84448	1,43062	2196,0	383746
700	490000	343000000	26,4575	8,8790	2,84510	1,42857	2199.1	384847
701	491401	344472101	26.4764	8,8833	2,84572	1,42653	2202,3	385945
702	492804	345948408	26,4953	8,8875	2,84634	1,42450	2205.4	387047
703	494209	347428927	26,5141	8,8917	2,84696	1,42248	2208,5	388151
704	495616	348913664	26,5330	8,8959	2,84757	1,42045	2211,7	389256
705	497025	350402625	26,5518	8,9001	2,84819	1,41844	2214,8	390363
706	498436	351895816	26,5707	8.9043	2,84880	1,41643	2218,0	391471
707	499849	353393243	26,5895	8.9085	2,84942	1,41443	2221,1	392580
708	501264	354894912	26,6083	8,9127	2,85003	1,41243	2224,2	393692
709	502681	356400829	26,6271	8,9169	2,85065	1,41044	2227,4	394805
710	504100	357911000	26,6458	8,9211	2,85126	1,40845	2230,5	395919
711	505521	359425431	26,6646	8,9253	2,85187	1,40647	2233,7	397035
712	506944	360944128	26,6833	8,9295	2,85248	1,40449	2236,8	398153
713	508369	362467097	26,7021	8,9337	2,85309	1,40252	2240,0	399272
714	509796	363994344	26,7208	8,9378	2,85370	1,40056	2243,1	400393

n	n^2	n^3	$\sqrt{n}$	$\sqrt[3]{n}$	$\log n$	$1000 . \frac{1}{n}$	πn	$\frac{\pi n^2}{4}$
715	511225	365525875	26,7395	8,9420	2,85431	1,39860	2246,2	401515
716	512656	367061696	26,7582	8,9462	2,85491	1,39665	2249,4	402639
717	514089	368601813	26,7769	8,9503	2,85552	1,39470	2252,5	403765
718	515524	370146232	26,7955	8,9545	2,85612	1,39276	2255,7	404892
719	516961	371694959	26,8142	8,9587	2,85673	1,39082	2258,8	406020
720	518400	373248000	26,8328	8,9628	2,85733	1,38889	2261,9	407150
721	519841	374805361	26,8514	8,9670	2,85794	1,38696	2265,1	408282
722	521284	376367048	26,8701	8,9711	2,85854	1,38504	2268,2	409415
723	522729	377933067	26,8887	8,9752	2,85914	1,38313	2271,4	410550
724	524176	379503424	26,9072	8,9794	2,85974	1,38122	2274,5	411687
725	525625	381078125	26,9258	8,9835	2,86034	1,37931	2277,7	412825
726	527076	382657176	26,9444	8,9876	2,86094	1,37741	2280,8	413965
727	528529	384240583	26,9629	8,9918	2,86153	1,37552	2283,9	415106
728	529984	385828352	26,9815	8,9959	2,86213	1,37363	2287,1	416248
729	531441	387420489	27,0000	9,0000	2,86273	1,37174	2290,2	417393
730	532900	389017000	27,0185	9,0041	2,86332	1,36986	2293,4	418539
731	534361	390617891	27,0370	9,0082	2,86392	1,36799	2296,5	419685
732	535824	392223168	27,0555	9,0123	2,86451	1,36612	2299,6	420835
733	537289	393832837	27,0740	9,0164	2,86510	1,36426	2302,8	421986
734	538756	395446904	27,0924	9,0205	2,86570	1,36240	2305,9	423138
735	540225	397065375	27,1109	9,0246	2,86629	1,36054	2309,1	424292
736	541696	398688256	27,1293	9,0287	2,86688	1,35870	2312,2	42544[illegible]
737	543169	400315553	27,1477	9,0328	2,86747	1,35685	2315,4	426604
738	544644	401947272	27,1662	9,0369	2,86806	1,35501	2318,5	427762
739	546121	403583419	27,1846	9,0410	2,86864	1,35318	2321,6	428922
740	547600	405224000	27,2029	9,0450	2,86923	1,35135	2324,8	430084
741	549081	406869021	27,2213	9,0491	2,86982	1,34953	2327,9	431247
742	550564	408518488	27,2397	9,0532	2,87040	1,34771	2331,1	432412
743	552049	410172407	27,2580	9,0572	2,87099	1,34590	2334,2	433578
744	553536	411830784	27,2764	9,0613	2,87157	1,34409	2337,3	434746
745	555025	413493625	27,2947	9,0654	2,87216	1,34228	2340,5	435916
746	556516	415160936	27,3130	9,0694	2,87274	1,34048	2343,6	437087
747	558009	416832723	27,3313	9,0735	2,87332	1,33869	2346,8	438259
748	559504	418508992	27,3496	9,0775	2,87390	1,33690	2349,9	439432
749	561001	420189749	27,3679	9,0816	2,87448	1,33511	2353,1	440609
750	562500	421875000	27,3861	9,0856	2,87506	1,33333	2356,2	441786
751	564001	423564751	27,4044	9,0896	2,87564	1,33156	2359,3	442965
752	565504	425259008	27,4226	9,0937	2,87622	1,32979	2362,5	444146
753	567009	426957777	27,4408	9,0977	2,87679	1,32802	2365,6	445328
754	568516	428661064	27,4591	9,1017	2,87737	1,32626	2368,8	446511
755	570025	430368875	27,4773	9,1057	2,87795	1,32450	2371,9	447697
756	571536	432081216	27,4955	9,1098	2,87852	1,32275	2375,0	448883
757	573049	433798093	27,5136	9,1138	2,87910	1,32100	2378,2	450072
758	574564	435519512	27,5318	9,1178	2,87967	1,31926	2381,3	451262
759	576081	437245479	27,5500	9,1218	2,88024	1,31752	2384,5	452453

n	n^2	n^3	$\sqrt{n}$	$\sqrt[3]{n}$	$\log n$	$1000.\frac{1}{n}$	πn	$\frac{\pi n^2}{4}$
760	577600	438976000	27,5681	9.1258	2,88081	1,31579	2387,6	453646
761	579121	440711081	27,5862	9.1298	2,88138	1,31406	2390,8	454841
762	580644	442450728	27,6043	9,1338	2,88195	1,31234	2393,9	456037
763	582169	444194947	27,6225	9,1378	2,88252	1,31062	2397.0	457234
764	583696	445943744	27,6405	9,1418	2,88309	1,30890	2400,2	458434
765	585225	447697125	27,6586	9.1458	2,88366	1,30719	2403,3	459635
766	586756	449455096	27,6767	9,1498	2,88423	1,30548	2406,5	460837
767	588289	451217663	27,6948	9,1537	2,88480	1,30378	2409,6	462041
768	589824	452984832	27,7128	9,1577	2,88536	1,30208	2412,7	463247
769	591361	454756609	27,7308	9,1617	2,88593	1,30039	2415,9	464454
770	592900	456533000	27,7489	9,1657	2,88649	1,29870	2419,0	465663
771	594441	458314011	27,7669	9,1696	2,88705	1,29702	2422,2	466873
772	595984	460099648	27,7849	9,1736	2,88762	1,29534	2425,3	468085
773	597529	461889917	27,8029	9.1775	2,88818	1,29366	2428,5	469298
774	599076	463684824	27,8209	9,1815	2,88874	1,29199	2431,6	470513
775	600625	465484375	27,8388	9,1855	2,88930	1,29032	2434,7	471730
776	602176	467288576	27,8568	9.1894	2,88986	1,28866	2437,9	472948
777	603729	469097433	27,8747	9,1933	2,89042	1,28700	2441.0	474168
778	605284	470910952	27,8927	9,1973	2,89098	1.28535	2444,2	475389
779	606841	472729139	27,9106	9,2012	2,89154	1,28370	2447,3	476612
780	608400	474552000	27,9285	9.2052	2,89209	1,28205	2450,4	477836
781	609961	476379541	27,9464	9,2091	2,89265	1,28041	2453,6	479062
782	611524	478211768	27,9643	9,2130	2,89321	1,27877	2456,7	480290
783	613089	480048687	27,9821	9,2170	2,89376	1.27714	2459.9	481519
784	614656	481890304	28,0000	9,2209	2,89432	1,27551	2463,0	482750
785	616225	483736625	28.0179	9,2248	2,89487	1,27389	2466,2	483982
786	617796	485587656	28,0357	9,2287	2,89542	1,27226	2469,3	485216
787	619369	487443403	28,0535	9.2326	2,89597	1,27065	2472,4	486451
788	620944	489303872	28,0713	9,2365	2,89653	1,26904	2475,6	487688
789	622521	491169069	28,0891	9,2404	2,89708	1,26743	2478,7	488927
790	624100	493039000	28,1069	9,2443	2,89763	1,26582	2481,9	490167
791	625681	494913671	28,1247	9.2482	2,89818	1,26422	2485,0	491409
792	627264	496793088	28,1425	9,2521	2,89873	1,26263	2488,1	492652
793	628849	498677257	28.1603	9.2560	2,89927	1,26103	2491,3	493897
794	630436	500566184	28,1780	9,2599	2,89982	1,25945	2494,4	495143
795	632025	502459875	28,1957	9,2638	2,90037	1,25786	2497,6	496391
796	633616	504358336	28,2135	9,2677	2,90091	1,25628	2500,7	497641
797	635209	506261573	28,2312	9,2716	2,90146	1,25471	2503,8	498892
798	636804	508169592	28,2489	9.2754	2,90200	1,25313	2507,0	500145
799	638401	510082399	28,2666	9,2793	2,90255	1,25156	2510,1	501399
800	640000	512000000	28,2843	9,2832	2,90309	1,25000	2513.3	502655
801	641601	513922401	28,3019	9,2870	2,90363	1,24844	2516,4	503912
802	643204	515849608	28,3196	9,2909	2,90417	1,24688	2519,6	505171
803	644809	517781627	28,3373	9,2948	2,90472	1,24533	2522,7	506432
804	646416	519718464	28,3549	9,2986	2,90526	1,24378	2525,8	507646

n	n^2	n^3	$\sqrt{n}$	$\sqrt[3]{n}$	$\log n$	$1000 . \frac{1}{n}$	πn	$\frac{\pi n^2}{4}$
805	648025	521660125	28,3725	9,3025	2,90580	1,24224	2529,0	508958
806	649636	523606616	28,3901	9,3063	2,90634	1,24069	2532,1	510223
807	651249	525557943	28,4077	9,3102	2,90687	1,23916	2535,3	511490
808	652864	527514112	28,4253	9,3140	2,90741	1,23762	2538,4	512758
809	654481	529475129	28,4429	9,3179	2,90795	1,23609	2541,5	514028
810	656100	531441000	28,4605	9,3217	2,90849	1,23457	2544,7	515300
811	657721	533411731	28,4781	9,3255	2,90902	1,23305	2547,8	516573
812	659344	535387328	28,4956	9,3294	2,90956	1,23153	2551,0	517848
813	660969	537367797	28,5132	9,3332	2,91009	1,23001	2554,1	519124
814	662596	539353144	28,5307	9,3370	2,91062	1,22850	2557,3	520402
815	664225	541343375	28,5482	9,3408	2,91116	1,22699	2560,4	521681
816	665856	543338496	28,5657	9,3447	2,91169	1,22549	2563,5	522962
817	667489	545338513	28,5832	9,3485	2,91222	1,22399	2566,7	524245
818	669124	547343432	28,6007	9,3523	2,91275	1,22249	2569,8	525520
819	670761	549353259	28,6182	9,3561	2,91328	1,22100	2573,0	526814
820	672400	551368000	28,6356	9,3599	2,91381	1,21951	2576,1	528102
821	674041	553387661	28,6531	9,3637	2,91434	1,21803	2579,2	529391
822	675684	555412248	28,6705	9,3675	2,91487	1,21655	2582,4	530681
823	677329	557441767	28,6880	9,3713	2,91540	1,21507	2585,5	531973
824	678976	559476224	28,7054	9,3751	2,91593	1,21359	2588,7	533267
825	680625	561515625	28,7228	9,3789	2,91645	1,21212	2591,8	534562
826	682276	563559976	28,7402	9,3827	2,91698	1,21065	2595,0	535858
827	683929	565609283	28,7576	9,3865	2,91751	1,20919	2598,1	537157
828	685584	567663552	28,7750	9,3902	2,91803	1,20773	2601,2	538456
829	687241	569722789	28,7924	9,3940	2,91855	1,20627	2604,4	539758
830	688900	571787000	28,8097	9,3978	2,91908	1,20482	2607,5	541061
831	690561	573856191	28,8271	9,4016	2,91960	1,20337	2610,7	542365
832	692224	575930368	28,8444	9,4053	2,92012	1,20192	2613,8	543671
833	693889	578009537	28,8617	9,4091	2,92065	1,20048	2616,9	544979
834	695556	580093704	28,8791	9,4129	2,92117	1,19904	2620,1	546288
835	697225	582182875	28,8964	9,4166	2,92169	1,19760	2623,2	547599
836	698896	584277056	28,9137	9,4204	2,92221	1,19617	2626,4	548912
837	700569	586376253	28,9310	9,4241	2,92273	1,19474	2629,5	550226
838	702244	588480472	28,9482	9,4279	2,92324	1,19332	2632,7	551541
839	703921	590589719	28,9655	9,4316	2,92376	1,19190	2635,8	552858
840	705600	592704000	28,9828	9,4354	2,92428	1,19048	2638,9	554177
841	707281	594823321	29,0000	9,4391	2,92480	1,18906	2642,1	555497
842	708964	596947688	29,0172	9,4429	2,92531	1,18765	2645,2	556819
843	710649	599077107	29,0345	9,4466	2,92583	1,18624	2648,4	558142
844	712336	601211584	29,0517	9,4503	2,92634	1,18483	2651,5	559467
845	714025	603351125	29,0689	9,4541	2,92686	1,18343	2654,6	560791
846	715716	605495736	29,0861	9,4578	2,92737	1,18203	2657,8	562122
847	717409	607645423	29,1033	9,4615	2,92788	1,18064	2660,9	563452
848	719104	609800192	29,1204	9,4652	2,92840	1,17925	2664,1	564783
849	720801	611960049	29,1376	9,4690	2,92891	1,17786	2667,2	566116

n	n^2	n^3	$\sqrt{n}$	$\sqrt[3]{n}$	$\log n$	$1000.\frac{1}{n}$	πn	$\frac{\pi n^2}{4}$
850	722500	614125000	29,1548	9,4727	2,92942	1,17647	2670,4	567450
851	724201	616295051	29,1719	9,4764	2,92993	1,17509	2673,5	568786
852	725904	618470208	29,1890	9,4801	2,93044	1,17371	2676,6	570124
853	727609	620650477	29,2062	9,4838	2,93095	1,17233	2679,8	571463
854	729316	622835864	29,2233	9,4875	2,93146	1,17096	2682,9	572803
855	731025	625026375	29,2404	9,4912	2,93197	1,16959	2686,1	574146
856	732736	627222016	29,2575	9,4949	2,93247	1,16822	2689,2	575490
857	734449	629422793	29,2746	9,4986	2,93298	1,16686	2692,3	576835
858	736164	631628712	29,2916	9,5023	2,93349	1,16550	2695,5	578182
859	737881	633839779	29,3087	9,5060	2,93399	1,16414	2698,6	579530
860	739600	636056000	29,3258	9,5097	2,93450	1,16279	2701,8	580880
861	741321	638277381	29,3428	9,5134	2,93500	1,16144	2704,9	582232
862	743044	640503928	29,3598	9,5171	2,93551	1,16009	2708,1	583585
863	744769	642735647	29,3769	9,5207	2,93601	1,15875	2711,2	584940
864	746496	644972544	29,3939	9,5244	2,93651	1,15741	2714,3	586297
865	748225	647214625	29,4109	9,5281	2,93702	1,15607	2717,5	587655
866	749956	649461896	29,4279	9,5317	2,93752	1,15473	2720,6	589014
867	751689	651714363	29,4449	9,5354	2,93802	1,15340	2723,8	590375
868	753424	653972032	29,4618	9,5391	2,93852	1,15207	2726,9	591738
869	755161	656234909	29,4788	9,5427	2,93902	1,15075	2730,0	593102
870	756900	658503000	29,4958	9,5464	2,93952	1,14943	2733,2	594468
871	758641	660776311	29,5127	9,5501	2,94002	1,14811	2736,3	595835
872	760384	663054848	29,5296	9,5537	2,94052	1,14679	2739,5	597204
873	762129	665338617	29,5466	9,5574	2,94101	1,14548	2742,6	598575
874	763876	667627624	29,5635	9,5610	2,94151	1,14416	2745,8	599947
875	765625	669921875	29,5804	9,5647	2,94201	1,14286	2748,9	601320
876	767376	672221376	29,5973	9,5683	2,94250	1,14155	2752,0	602696
877	769129	674526133	29,6142	9,5719	2,94300	1,14025	2755,2	604073
878	770884	676836152	29,6311	9,5756	2,94349	1,13895	2758,3	605451
879	772641	679151439	29,6479	9,5792	2,94399	1,13766	2761,5	606831
880	774400	681472000	29,6648	9,5828	2,94448	1,13636	2764,6	608212
881	776161	683797841	29,6816	9,5865	2,94498	1,13507	2767,7	609595
882	777924	686128968	29,6985	9,5901	2,94547	1,13379	2770,9	610980
883	779689	688465387	29,7153	9,5937	2,94596	1,13250	2774,0	612366
884	781456	690807104	29,7321	9,5973	2,94645	1,13122	2777,2	613750
885	783225	693154125	29,7489	9,6010	2,94694	1,12994	2780,3	615143
886	784996	695506456	29,7658	9,6046	2,94743	1,12867	2783,5	616534
887	786769	697864103	29,7825	9,6082	2,94792	1,12740	2786,6	617927
888	788544	700227072	29,7993	9,6118	2,94841	1,12613	2789,7	619321
889	790321	702595369	29,8161	9,6154	2,94890	1,12486	2792,9	620717
890	792100	704969000	29,8329	9,6190	2,94939	1,12360	2796,0	622114
891	793881	707347971	29,8496	9,6226	2,94988	1,12233	2799,2	623513
892	795664	709732288	29,8664	9,6262	2,95036	1,12108	2802,3	624913
893	797449	712121957	29,8831	9,6298	2,65085	1,11982	2805,4	626315
894	799236	714516984	29,8998	9,6334	2,95134	1,11857	2808,6	627718

n	n^2	n^3	$\sqrt{n}$	$\sqrt[3]{n}$	$\log n$	$1000.\frac{1}{n}$	πn	$\frac{\pi n^2}{4}$
895	801025	716917375	29,9166	9,6370	2,95182	1,11732	2811,7	629124
896	802816	719323136	29,9333	9,6406	2,95231	1,11607	2814,9	630530
897	804609	721734273	29,9500	9,6442	2,95279	1,11483	2818,0	631938
898	806404	724150792	29,9666	9,6477	2,95328	1,11359	2821,2	633348
899	808201	726572699	29,9833	9,6513	2,95376	1,11235	2824,3	634760
900	810000	729000000	30,0000	9,6549	2,95424	1,11111	2827,4	636173
901	811801	731432701	30,0167	9,6585	2,95472	1,10988	2830,6	637587
902	813604	733870808	30,0333	9,6620	2,95521	1,10865	2833,7	639001
903	815409	736314327	30,0500	9,6656	2,95569	1,10742	2836,9	640421
904	817216	738763264	30,0666	9,6692	2,95617	1,10619	2840,0	641840
905	819025	741217625	30,0832	9,6727	2,95665	1,10497	2843,1	643261
906	820836	743677416	30,0998	9,6763	2,95713	1,10375	2846,3	644683
907	822649	746142643	30,1164	9,6799	2,95761	1,10254	2849,4	646107
908	824464	748613312	30,1330	9,6834	2,95809	1,10132	2852,6	647533
909	826281	751089429	30,1496	9,6870	2,95856	1,10011	2855,7	648960
910	828100	753571000	30,1662	9,6905	2,95904	1,09890	2858,8	650388
911	829921	756058031	30,1828	9,6941	2,95952	1,09769	2862,0	651818
912	831744	758550528	30,1993	9,6976	2,95999	1,09649	2865,1	653250
913	833569	761048497	30,2159	9,7012	2,96047	1,09529	2868,3	654684
914	835396	763551944	30,2324	9,7047	2,96095	1,09409	2871,4	656118
915	837225	766060875	30,2490	9,7082	2,96142	1,09290	2874,6	657555
916	839056	768575296	30,2655	9,7118	2,96190	1,09170	2877,7	658993
917	840889	771095213	30,2820	9,7153	2,96237	1,09051	2880,8	660433
918	842724	773620632	30,2985	9,7188	2,96284	1,08932	2884,0	661874
919	844561	776151559	30,3150	9,7224	2,96332	1,08814	2887,1	663317
920	846400	778688000	30,3315	9,7259	2,96379	1,08696	2890,3	664761
921	848241	781229961	30,3480	9,7294	2,96426	1,08578	2893,4	666207
922	850084	783777448	30,3645	9,7329	2,96473	1,08460	2896,5	667654
923	851929	786330467	30,3809	9,7364	2,96520	1,08342	2899,7	669103
924	853776	788889024	30,3974	9,7400	2,96567	1,08225	2902,8	670554
925	855625	791453125	30,4138	9,7435	2,96614	1,08108	2906,0	672006
926	857476	794022776	30,4302	9,7470	2,96661	1,07991	2909,1	673460
927	859329	796597983	30,4467	9,7505	2,96708	1,07875	2912,3	674915
928	861184	799178752	30,4631	9,7540	2,96755	1,07759	2915,4	676372
929	863041	801765089	30,4795	9,7575	2,96802	1,07643	2918,5	677831
930	864900	804357000	30,4959	9,7610	2,96848	1,07527	2921,7	679291
931	866761	806954491	30,5123	9,7645	2,96895	1,07411	2924,8	680752
932	868624	809557568	30,5287	9,7680	2,96942	1,07296	2928,0	682216
933	870489	812166237	30,5450	9,7715	2,96988	1,07181	2931,1	683680
934	872356	814780504	30,5614	9,7750	2,97035	1,07066	2934,2	685147
935	874225	817400375	30,5778	9,7785	2,97081	1,06952	2937,4	686615
936	876096	820025856	30,5941	9,7819	2,97128	1,06838	2940,5	688084
937	877969	822656953	30,6105	9,7854	2,97174	1,06724	2943,7	689555
938	879844	825293672	30,6268	9,7889	2,97220	1,06610	2946,8	691028
939	881721	827936019	30,6431	9,7924	2,97267	1,06496	2950,0	692502

n	n^2	n^3	$\sqrt{n}$	$\sqrt[3]{n}$	$\log n$	$1000.\frac{1}{n}$	πn	$\frac{\pi n^2}{4}$
940	883600	830584000	30,6594	9,7959	2,97313	1,06383	2953,1	693978
941	885481	833237621	30,6757	9,7993	2,97359	1,06270	2956,2	695455
942	887364	835896888	30,6920	9,8028	2,97405	1,06157	2959,4	696934
943	889249	838561807	30,7083	9,8063	2,97451	1,06045	2962,5	698415
944	891136	841232384	30,7246	9,8097	2,97497	1,05932	2965,7	699897
945	893025	843908625	30,7409	9,8132	2,97543	1,05820	2968,8	701380
946	894916	846590536	30,7571	9,8167	2,97589	1,05708	2971,9	702865
947	896809	849278123	30,7734	9,8201	2,97635	1,05597	2975,1	704352
948	898704	851971392	30,7896	9.8236	2,97681	1,05485	2978,2	705840
949	900601	854670349	30,8058	9,8270	2,97727	1,05374	2981,4	707330
950	902500	857375000	30,8221	9,8305	2,97772	1,05263	2984,5	708822
951	904401	860085351	30,8383	9,8339	2,97818	1,05152	2987,7	710315
952	906304	862801408	30,8545	9,8374	2,97864	1,05042	2990,8	711809
953	908209	865523177	30,8707	9,8408	2,97909	1,04932	2993.9	713306
954	910116	868250664	30,8869	9,8443	2,97955	1,04822	2997,1	714803
955	912025	870983875	30,9031	9,8477	2,98000	1,04712	3000.2	716303
956	913936	873722816	30,9192	9,8511	2,98046	1,04603	3003.4	717804
957	915849	876467493	30,9354	9,8546	2,98091	1,04493	3006,5	719306
958	917764	879217912	30,9516	9,8580	2,98137	1,04384	3009,6	720810
959	919681	881974079	30,9677	9,8614	2,98182	1,04275	3012,8	722316
960	921600	884736000	30,9839	9,8648	2,98227	1,04167	3015,9	723823
961	923521	887503681	31,0000	9,8683	2,98272	1,04058	3019,1	725332
962	925444	890277128	31,0161	9,8717	2,98318	1,03950	3022,2	726842
963	927369	893056347	31,0322	9,8751	2,98363	1,03842	3025,4	728354
964	929296	895841344	31,0483	9,8785	2,98408	1,03734	3028,5	729867
965	931225	898632125	31,0644	9,8819	2,98453	1,03627	3031,6	731382
966	933156	901428696	31.0805	9,8854	2,98498	1,03520	3034,8	732899
967	935089	904231063	31,0966	9,8888	2,98543	1,03413	3037,9	734417
968	937024	907039232	31,1127	9,8922	2,98588	1,03306	3041,1	735937
969	938961	909853209	31,1288	9,8956	2,98632	1,03199	3044,2	737458
970	940900	912673000	31,1448	9,8990	2,98677	1,03093	3047,3	738981
971	942841	915498611	31,1609	9,9024	2,98722	1,02987	3050,5	740506
972	944784	918330048	31,1769	9,9058	2,98767	1,02881	3053,6	742032
973	946729	921167317	31,1929	9,9092	2,98811	1,02775	3056,8	743559
974	948676	924010424	31,2090	9,9126	2,98856	1,02669	3059,9	745088
975	950625	926859375	31,2250	9,9160	2,98900	1,02564	3063.1	746619
976	952576	929714176	31,2410	9,9194	2,98945	1,02459	3066,2	748151
977	954529	932574833	31,2570	9,9227	2,98989	1,02354	3069,3	749685
978	956484	935441352	31,2730	9,9261	2,99034	1,02249	3072,5	751221
979	958441	938313739	31,2890	9,9295	2,99078	1,02145	3075,6	752758
980	960400	941192000	31,3050	9,9329	2,99123	1,02041	3078,8	754296
981	962361	944076141	31,3209	9,9363	2,99167	1,01937	3081,9	755837
982	964324	946966168	31,3369	9,9396	2,99211	1,01833	3085,0	757378
983	966289	949862087	31,3528	9,9430	2,99255	1,01729	3088,2	758922
984	968256	952763904	31,3688	9,9464	2,99300	1,01626	3091,3	760466

n	n^2	n^3	$\sqrt{n}$	$\sqrt[3]{n}$	$\log n$	$1000.\frac{1}{n}$	πn	$\frac{\pi n^2}{4}$
985	970225	955671625	31,3847	9,9497	2,99344	1,01523	3094,5	762013
986	972196	958585256	31,4006	9,9531	2,99388	1,01420	3097,6	763561
987	974169	961504803	31,4166	9,9565	2,99432	1,01317	3100,8	765111
988	976144	964430272	31,4325	9,9598	2,99476	1,01215	3103,9	766662
989	978121	967361669	31,4484	9,9632	2,99520	1,01112	3107,0	768214
990	980100	970299000	31,4643	9,9666	2,99564	1,01010	3110,2	769769
991	982081	973242271	31,4802	9,9699	2,99607	1,00908	3113,3	771325
992	984064	976191488	31,4960	9,9733	2,99651	1,00806	3116,5	772882
993	986049	979146657	31,5119	9,9766	2,99695	1,00705	3119,6	774441
994	988036	982107784	31,5278	9,9800	2,99739	1,00604	3122,7	776002
995	990025	985074875	31,5436	9,9833	2,99782	1,00503	3125,9	777564
996	992016	988047936	31,5595	9,9866	2,99826	1,00402	3129,0	779128
997	994009	991026973	31,5753	9,9900	2,99870	1,00301	3132,2	780693
998	996004	994011992	31,5911	9,9933	2,99913	1,00200	3135,3	782260
999	998001	997002999	31,6070	9,9967	2,99957	1,00100	3138,5	783828

APPENDICE

PONTS DE CHEMINS DE FER

NOUVEAU TRAIN-TYPE BELGE

Une récente dépêche impose, pour le calcul des ouvrages d'art de certaines lignes belges, le moteur dont la composition est indiquée à la figure 188.

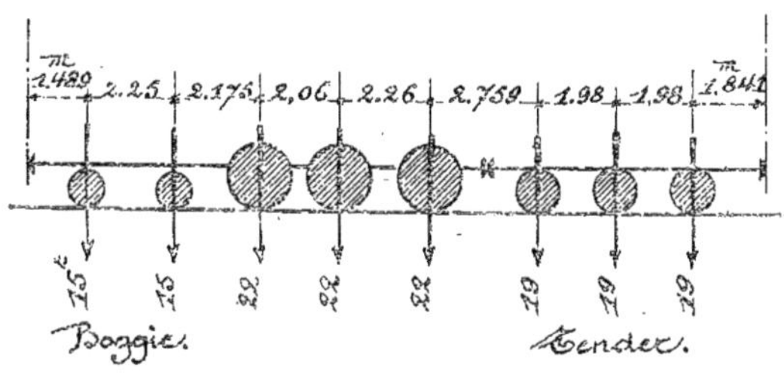

Fig. 188.

Ce moteur donne une longueur totale de 18,794 m., un poids total de 153 tonnes et un poids moyen de 8,2 t. au mètre courant.

Le tableau n° 52 renseigne les charges équivalentes à un train comprenant deux de ces moteurs suivis de wagons de 44 tonnes. Le tableau n° 53 fait connaître les valeurs de NP', de N'P' et de N''P', intervenant au calcul des entretoises et des longrines.

Charges uniformément réparties équivalentes au train-type défini ci-dessus.

TABLEAU N° 52

(Les charges sont données en tonnes.)

OUVERTURES en mètres.	CHARGES POUR LES moments.	CHARGES POUR LES efforts tranchants.	OUVERTURES en mètres.	CHARGES POUR LES moments.	CHARGES POUR LES efforts tranchants.	OUVERTURES en mètres.	CHARGES POUR LES moments.	CHARGES POUR LES efforts tranchants.
2	22.0	22.0	9	10.4	12.2	25	8.5	9.5
3	14.7	19.3	10	10.1	11.8	27.5	8.4	9.4
4	12.2	16.3	12.5	9.7	11.3	30	8,3	9,3
5	11.3	15.1	15	9.3	10.7	35	8.2	9.2
6	11.3	14.3	17.5	9,1	10.2	40	8.2	9,0
7	11.0	13.2	20	8.9	9.8	45	8.2	8.8
8	10.5	12.6	22.5	8.7	9.6	50	8,1	8.7

Valeurs de NP', de N'P' et de N''P'.

TABLEAU N° 53

(Valeurs données en tonnes.)

Écartement b des entretoises en m.	<2,06	2,5	3,0	3,5	4,0	4,5
Valeur de NP'.	22,00	27,98	34,32	38,85	42,24	45,76
— N'P'.	22,00	22,00	22,00	22,00	24,25	26,16
— N''P'	22,00	25,87	28,89	31,05	32,67	34,81

TABLE DES MATIÈRES

PREMIÈRE PARTIE

ÉLÉMENTS DE RÉSISTANCE DES MATÉRIAUX ET DE STATIQUE GRAPHIQUE

DEUXIÈME PARTIE

PIÈCES ABOUTÉES. SIMPLIFICATION AUX CALCULS DE RÉSISTANCE

TROISIÈME PARTIE

POUTRES A AME PLEINE

Pages.

QUATRIÈME PARTIE

ORGANES D'APPUI

CINQUIÈME PARTIE

PONTS AVEC POUTRES A AME PLEINE

SIXIÈME PARTIE

POUTRES EN TREILLIS

SEPTIÈME PARTIE

PONTS AVEC POUTRES EN TREILLIS

HUITIÈME PARTIE

GITAGES

NEUVIÈME PARTIE

CHARPENTES

DIXIÈME PARTIE

FERMES ARTICULÉES

ONZIÈME PARTIE

JOINTS TRANSVERSAUX

DOUZIÈME PARTIE

ÉVREUX, IMPRIMERIE DE CHARLES HÉRISSEY

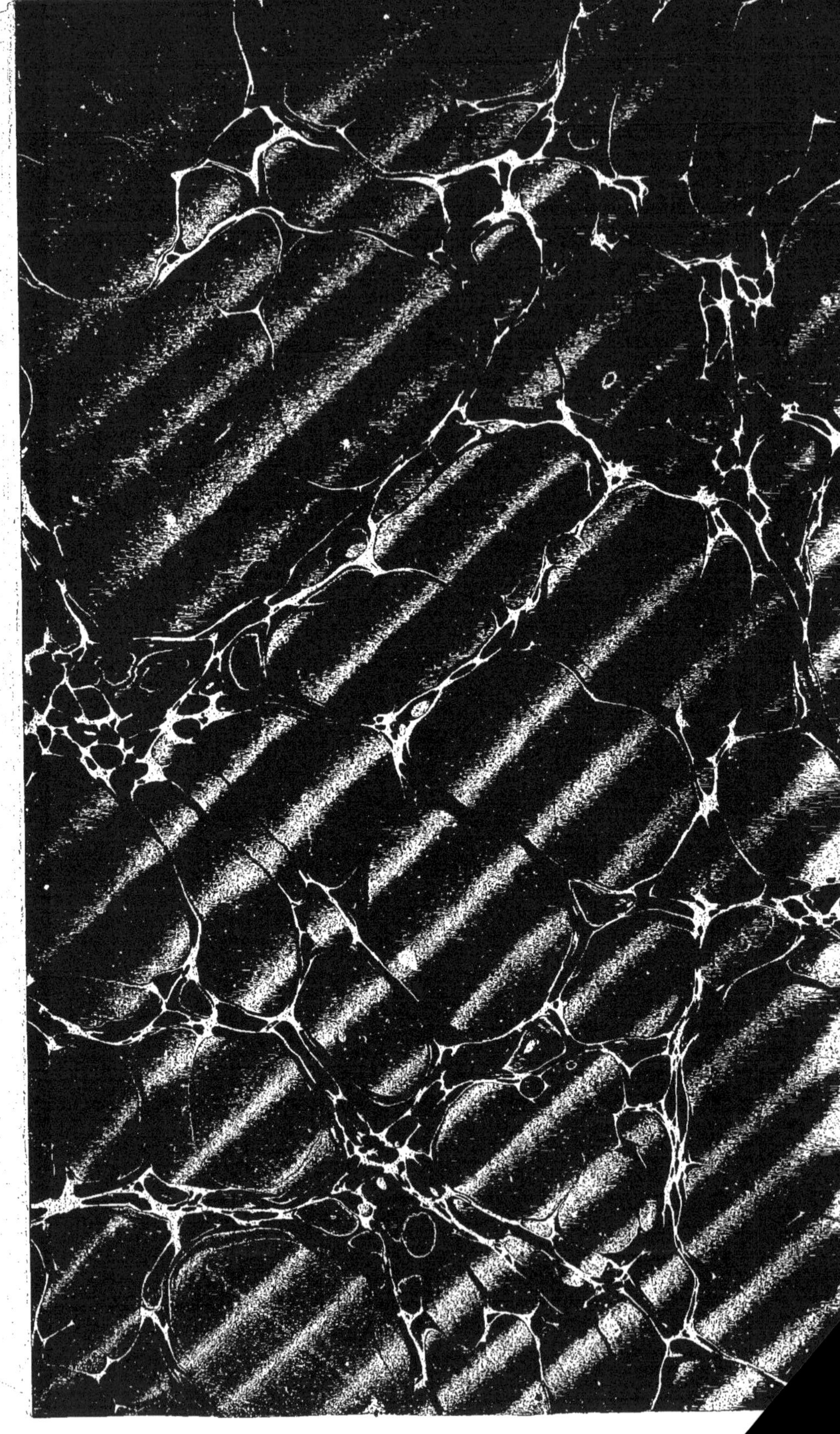

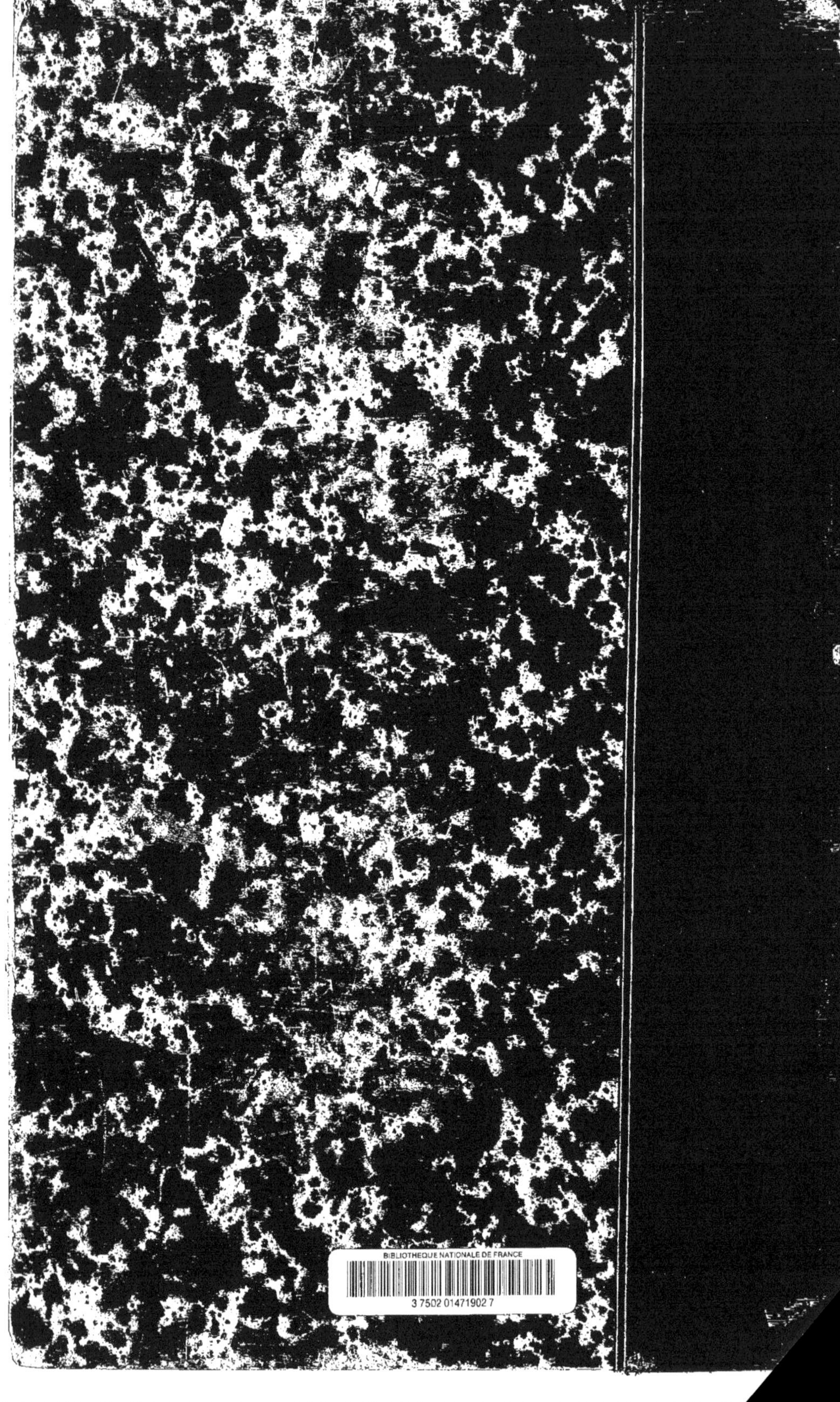
BIBLIOTHEQUE NATIONALE DE FRANCE
3 7502 01471902 7

www.ingramcontent.com/pod-product-compliance
Ingram Content Group UK Ltd.
Pitfield, Milton Keynes, MK11 3LW, UK
UKHW022320190726
13856UKWH00001B/108